新型储能技术
创新路线图

新型储能技术创新路线图编委会◎编著

TECHNOLOGY ROADMAP
FOR NEW ENERGY STORAGE

机械工业出版社
CHINA MACHINE PRESS

《新型储能技术创新路线图》是各储能领域专家及其团队的研究积累和总结，编制了现阶段至2030年新型储能技术关键指标，并描绘了未来发展技术路线图。本书内容明确了新型储能的定义和边界，介绍了全球新型储能产业的发展共识，强调了新型储能技术在电力系统中的重要性，提出了新型储能技术发展的重大意义，包括保障能源安全、推进绿色转型、培育支柱产业、建立全球优势、打造中国名片等方面。此外，还全面概括了电化学储能、机械储能、电磁储能、储热（冷）和氢储能等新型储能技术发展和工程化应用，并对能源电子技术、储能系统集成技术及电化学储能电站安全技术进行了全面的总结。

本书对政府、企业、科研机构等相关领域人员有很高的参考价值，对促进新型储能技术的创新和发展，推动我国能源产业结构升级，打造新的经济增长点具有重要的作用，本书将为我国新型储能技术的发展提供关键指导和参考。

图书在版编目（CIP）数据

新型储能技术创新路线图/新型储能技术创新路线
图编委会编著. -- 北京：机械工业出版社，2024. 9.
ISBN 978-7-111-76174-7

Ⅰ. TK02

中国国家版本馆 CIP 数据核字第 2024DS4240 号

机械工业出版社（北京市百万庄大街 22 号　邮政编码 100037）
策划编辑：刘星宁　　　　　　　　　责任编辑：刘星宁
责任校对：孙明慧　李可意　景　飞　　封面设计：马若濛
责任印制：张　博
北京华联印刷有限公司印刷
2024 年 10 月第 1 版第 1 次印刷
184mm×260mm · 31 印张 · 2 插页 · 670 千字
标准书号：ISBN 978-7-111-76174-7
定价：268.00 元

电话服务　　　　　　　　　网络服务
客服电话：010-88361066　机　工　官　网：www.cmpbook.com
　　　　　010-88379833　机　工　官　博：weibo.com/cmp1952
　　　　　010-68326294　金　书　网：www.golden-book.com
封底无防伪标均为盗版　机工教育服务网：www.cmpedu.com

咨询委员会

编　委　会

FOREWORD 序

新型储能产业市场广阔、发展潜力巨大，对促进经济社会发展全面绿色转型具有重要意义。世界各国高度重视新型储能产业科技融合发展，将发展新型储能作为提升能源电力系统调节能力、综合效率和安全保障能力，支撑新型电力系统建设的重要举措。现阶段，新型储能行业整体处于由研发示范向商业化初期的过渡阶段，在技术装备研发、示范项目建设、商业模式探索、政策体系构建等方面取得了实质性进展，市场应用规模稳步扩大，对能源转型的支撑作用初步显现。为进一步促进新型储能产业竞争力，支持高新技术产业化基地建设，推进产学研用融合发展，持续壮大新型储能产业，实现规模化、体系化高质量发展，编委会组织近百位专家历时一年编制《新型储能技术创新路线图》。该路线图的出版将在支撑政府行业管理、引领产业技术创新，以及引导社会各类资源集聚方面发挥非常重要的作用。

该路线图是各储能领域专家及其团队的研究积累和总结，编制了现阶段至 2030 年新型储能技术关键指标，并描绘了未来发展技术路线图。本书内容明确了新型储能的定义和边界，介绍了全球新型储能产业的发展共识，强调了新型储能技术在电力系统中的重要性，提出了新型储能技术发展的重大意义，包括保障能源安全、推进绿色转型、培育支柱产业、建立全球优势、打造中国名片等方面。此外，还全面概括了电化学储能、机械储能、电磁储能、储热（冷）和氢储能等新型储能技术发展和工程化应用，并对能源电子技术、储能系统集成技术及电化学储能电站安全技术进行了全面的总结。

我相信本书的出版将对政府、企业、科研机构等相关领域人员有很高的参考价值，对促进新型储能技术的创新和发展，推动能源产业结构升级，打造新的经济增长点具有重要的作用，本书将为新型储能技术的发展提供关键指导和参考。我愿意推荐本书给全国有关读者。

谨以此序言，向所有关心和支持新型储能技术发展的朋友们表示衷心的感谢！

张久俊

2024 年 6 月

前言 PREFACE

　　新型储能是构建新型电力系统的重要技术和基础装备，也是催生能源新业态、抢占国际战略新高地的重要领域。研究探索和推广新型储能技术将在能源结构调整、能源利用效率提升、电力系统优化、新兴产业发展、环境保护以及应对气候变化等领域产生重大意义。当前，新型储能产业迎来重要战略机遇期，各种新型储能技术百花齐放。未来十年，新型储能技术将在安全、成本、性能、寿命等领域取得更多核心技术方面的突破，形成成熟且多样化的产业集群。

　　为推动新型储能规模化、产业化高质量发展，编委会针对新型储能技术创新路线和产业发展战略开展研究，以期为相关领域的政策制定、科技攻关、资金投入等提供参考和依据。

　　新型储能是汇集新能源技术、储能本体技术、储能支撑技术和电气工程的融合交叉学科，技术创新路线的研究涉及能源、电力、信息、材料、机械、化学、金融、自动化等多个领域。自 2023 年 3 月，编委会开始启动《新型储能技术创新路线图》(简称《路线图》)编制工作。期间通过文献研究、实地调研、专家访谈、会议论坛等多种方式组织了来自政府部门、高校院所、科技企业及社会团体等单位的近千名专家、工程技术人员及企业家参与广泛的调研和细致的论证。《路线图》主要编制单位包括有研(广东)新材料技术研究院、广东新型储能国家研究院有限公司、清华大学深圳国际研究生院、广东省大汽联科技有限公司、广东省科学技术情报研究所、南方科技大学、北京理工大学、华南理工大学、中山大学、工业和信息化部电子第五研究所、佛山仙湖实验室、深圳大学、深圳市清新电源研究院、中国科学院广州能源研究所等。

　　《路线图》共分为 10 章，围绕新型储能高质量发展，擘画蓝图，开展技术分析与研判，规划创新发展策略。其中第 1 章是概述，明确新型储能内涵与边界，系统梳理产业链、技术链和电化学储能电站的构成，进一步规范新型储能分类，探讨了技术创新愿景、目标与发展方向；第 2 ~ 9 章是路线图的核心内容，分别为电化学储能、机械储能、电磁储能、储热(冷)、氢储能等 5 大本体技术以及能源电子技术、储能系统集成技术、电化学储能电站安全技术等 3 大规模化支撑技术，这几章紧密结合我国的产业特征，分析国内外技术现状，研判发展趋势，凝练创新需求；第 10 章提出了新型储能未来发展路径和策略。

新型储能产业具有显著的战略性、引领性、颠覆性特点。《路线图》紧贴新一轮科技革命和产业变革趋势，面向国家重大需求和战略必争领域，系统分析产品技术现状及核心参数，逐个研判新型储能不同技术路线的产业化进程和发展优先级，提出技术创新愿景与技术攻关重点问题清单，提出前瞻部署、梯次培育的技术创新路径，为推动创新链产业链资金链人才链深度融合提供重要参考，为引领科技进步、带动产业升级、培育新质生产力提供战略指引。在参考《路线图》的基础上，政府部门能够更好地统筹引导科技企业、高校院所等创新主体结合产业基础和资源禀赋，发挥新型举国体制优势，合理规划、精准培育和错位发展新型储能产业，发挥前沿技术增量器作用，瞄准高端、智能和绿色等方向，加快传统产业转型升级，为建设现代化产业体系提供新动力。通过本书的阅读，希望读者能够更全面更深刻地领会新型储能技术在新型电力系统构建中的重要性，更准确更科学地认识新型储能技术的发展现状和未来趋势。

《路线图》的编制受中国工程院重大战略咨询项目（广东省新型储能产业发展战略与技术路线研究，2024-DFZD-19）的资助，在此致以诚挚的感谢。

受数据资料和编写时间所限，《路线图》难免有疏漏之处，恳请各位读者批评指正！

孙学良

2024 年 6 月

目 CONTENTS
录

◄◄ 第 2 章　电化学储能 ►►

◀◀ 第 3 章　机械储能 ▶▶

◀◀ 第 4 章　电磁储能 ▶▶

◀◀ 第 5 章　储热（冷）▶▶

◀◀ 第 6 章　氢储能 ▶▶

◀◀ 第7章　能源电子技术 ▶▶

◄◄ 第 8 章 储能系统集成技术 ►►

◄◄ 第 9 章 电化学储能电站安全技术 ►►

◄◄ 第 10 章　产业科技未来发展策略 ►►

◄◄ 附　录 ►►

第 1 章

概　述

CHAPTER 01

能源变革对人类社会发展具有决定性、全局性的影响。以习近平同志为核心的党中央高度重视能源工作，党的十八大以来，习近平总书记从国家发展和安全的战略高度，对做好能源工作作出了一系列重要论述，为推动新时代能源发展提供了战略指引、根本遵循和行动指南，开辟了中国特色能源发展新道路。习近平总书记指出，能源保障和安全事关国计民生，是须臾不可忽视的"国之大者"。我国积极把握全球能源绿色低碳转型的趋势和机遇，提出能源安全新战略、"双碳"目标以及构建清洁低碳、安全高效的现代能源体系的部署，积极培育能源新质生产力，支撑了我国经济社会的高质量发展。2024 年政府工作报告提出，"深入推进能源革命，控制化石能源消费，加快建设新型能源体系。加强大型风电光伏基地和外送通道建设，推动分布式能源开发利用，提高电网对清洁能源的接纳、配置和调控能力，发展新型储能"。新型储能首次被写入政府工作报告中，为产业科技发展按下"加速键"。新型储能是建设新型电力系统的重要技术和基础装备，是推动能源变革的重要支撑。"十四五"是"两个一百年"奋斗目标的历史交汇期，是加快推进能源技术革命的关键时期。加快推动新型储能产业高质量发展，并将新型储能及其关联产业培育成带动我国相关产业优化升级的新增长点，是贯彻落实"四个革命、一个合作"能源安全新战略的重要任务之一。以碳达峰、碳中和为目标，坚持以技术创新为内生动力、以市场机制为根本依托、以政策环境为有力保障，积极开创技术、市场、政策多轮驱动良好局面，牢牢把握新一轮科技革命和产业变革趋势，在推进科技创新和产业创新深度融合中培育和壮大新质生产力，加快塑造新型储能高质量、规模化发展新动能新优势，为加快构建清洁低碳、安全高效的能源体系提供有力支撑。

1.1 基本概念

1.1.1 定义与边界

1. 新型储能定义

储能是指借助介质或设备通过物理或化学方法，实现能量的转换与存储的过程。能量以各种形式存在，任何形式的能量都可以转换成另一种形式。按照物质不同运动形式分类，能量分为核能、机械能、化学能、内能（热能）、电能、辐射能、光能、生物能等，这些不同形式的能量之间可以通过物理效应或化学反应而相互转化。储能一直伴随人类社会发展，随着科技不断进步，不同历史时期的储能方式也呈现差异性，如在古代，人类通过木柴、煤炭等存储热能；在现代，人类通过各类型电池、抽水电站等存储电能等。

新型储能是指除抽水蓄能外，以输出电力为主要形式，并对外提供电力服务的储能技术。新型储能技术在我国能源结构调整中具有重要的作用和意义，是第三次工业革命的重要推动力。新型储能可以提高能源利用效率、保障能源供应安全、推动可再生清洁能源发展、优化能源结构、支持智能电网建设，为实现我国能源的清洁、低碳、可持续发展提供重要支撑。

2021 年 7 月 15 日，国家发展改革委和国家能源局联合印发了《关于加快推动新型储能发展的指导意见》（发改能源规〔2021〕1051 号），提出"抽水蓄能和新型储能是支撑新型电力系统的重要技术和基础装备，对推动能源绿色转型、应对极端事件、保障能源安全、促进能源高质量发展、支撑应对气候变化目标实现具有重要意义"，首次将"抽水蓄能"和"新型储能"并行提出、互为补充。2021 年 9 月 24 日，国家能源局发布《新型储能项目管理规范（暂行）》（国能发科技规〔2021〕47 号），该规范第二条提出"本规范适用于除抽水蓄能外以输出电力为主要形式，并对外提供服务的储能项目"，对新型储能给出概念界定。2023 年 5 月 26 日，由国家能源局牵头制定的行业标准《新能源基地送电配置新型储能规划技术导则》（NB/T 11194—2023）对外发布，其中对新型储能术语明确解释为"除抽水蓄能外以输出电力为主要形式，并对外提供服务的储能项目。包括但不限于电化学储能、空气压缩储能、重力储能、抽汽蓄热储能等"，从国家层面上对新型储能进行了明确定义。

2. 新型储能边界

现阶段，国家政策文件中所指的新型储能通常是支撑电源侧、电网侧和用户侧电能存储，为发电厂、电力调度部门和用户提供各类型电力服务，协同源网荷一体化调控运行的储能技术。通常，电源侧和电网侧都会配置具备一定规模的大型储能项目，用于调峰调频、风光电消纳。随着新型电力系统的构建，发展和储备用户侧与电网互动调节能力是极具经济性的电网供需平衡保障手段。近年来，用户侧参与电网互动的需求不断增强，例如新能源汽车与电网融合互动、用户侧参与电力市场交易等。因此，新型储能边界可进一步拓展到小型储能项目，同时涵盖动力电池、消费电池等多种储能形式以及充电桩、备用电源、移动电源、燃料电池等多种应用形式，如图 1.1-1 所示。

总体来讲，新型电力系统是"源网荷 + 储"。新型储能是支撑新型电力系统的重要技术和基础装备，一是能够为电网运行调控提供削峰填谷、调频、应急备用、黑启动、需求响应支撑等多种辅助服务，是提升传统电力系统灵活性、经济性和安全性的重要手段；二是能够显著提高风、光等可再生能源发电的消纳水平，支撑分布式电力及智能微电网，是推动主体能源由化石能源向可再生能源更替的关键技术；三是能够促进能源生产消费开放共享和灵活交易、实现多能协同，是构建能源互联网、推动电力体制改革和促进能源新业态发展的核心基础。

3. 新型储能分类

新型储能技术包括储能本体技术和储能支撑技术，其中储能本体技术包括锂离子电池、钠离子电池、液流电池、固态电池等电化学储能技术，压缩空气、飞轮等机械储能技术，超级电容器、超导磁储能等电磁储能技术，储热（冷）技术以及氢储能技术等五大类型。储能支撑技术包括能源电子技术、储能系统集成技术和电化学储能电站安全技术等三大类。新型储能建设具有选址灵活、建设周期短、响应快速灵活、功能特性多样等特点，可同抽水蓄能在开发时序、建设布局和响应特性等方面充分互补，共同为新型电力系统建设提供支撑。各种新型储能技术在功率密度、存储时长、循环寿命、建设成本方面各不相同。根据电力系统对储能的需求，储能技术的应用场景涉及电源侧（集中式可再生能源并网、火电厂辅助调频）、电网侧（电网输配及辅助服务）、用户侧（分布式家庭光伏、工业园区、智能微电网）。不同应用场景对应不同性能要求的储能技术，储能应用场景的多样性决定了储能技术必定向多元化方向发展，不存在"吃遍天"的超级储能技术。

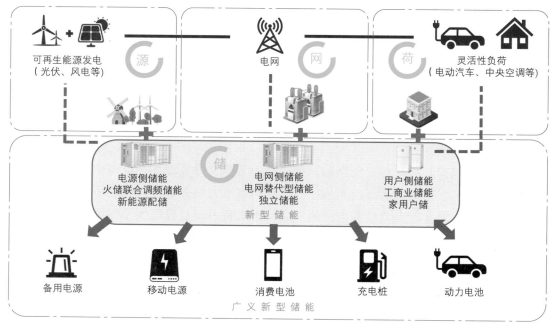

图 1.1-1　新型储能的边界

（1）按时长划分

储能时长是指储能系统在额定功率下持续运行（放电）的时间。根据储能时长的不同，储能技术可分为短时高频储能（＜30min）、中短时储能（30min ~ 4h）、长时储能（＞4h）。

1）短时高频储能：一般是指储能时长在 30min 以下的储能技术，典型技术包括飞轮储能、超级电容器、超导磁储能、高功率锂离子电池储能，主要用于提供快速响应的电力调节，例如电网调频、电压暂降治理、应对瞬时停电等。

2）中短时储能：一般是指储能时长在 30min ~ 4h 的储能技术，典型技术包括锂离子电池、钠离子电池、钠硫电池、固态电池等，主要用于调节电力系统中的峰谷负荷，例如平滑风电和光伏发电的输出、提高可再生能源利用率、电网调峰、大型应急电源、数据中心等。

3）长时储能：一般是指储能时长在 4h 以上的储能技术（含跨天、跨月、跨季节的超长时储能技术），典型技术包括液流电池、压缩空气、氢储能、储热（冷）等，主要用于实现电力的长期存储与调节，例如大规模削峰填谷、黑启动、通信基站、沙戈荒地区千万千瓦级新能源外送等。

（2）按规模划分

按储能项目建设方式可分为储能电站和分散式储能装置，储能电站按功率、能量规模可分为大型储能、中型储能和小型储能，见表1.1-1。

表1.1-1 储能电站规模划分

储能电站	指标	大型储能	中型储能	小型储能
锂离子/钠离子电池	功率P	$P \geqslant 100MW$ 或	$5MW < P < 100MW$ 或	$500kW \leqslant P \leqslant 5MW$ 或
	能量E	$E \geqslant 100MWh$	$10MWh < E < 100MWh$	$500kWh \leqslant E \leqslant 10MWh$
超级电容器	功率P	$P \geqslant 100MW$ 或	$5MW < P < 100MW$ 或	$500kW \leqslant P \leqslant 5MW$ 或
	能量E	$E \geqslant 20MWh$	$250kWh < E < 20MWh$	$25kWh \leqslant E \leqslant 250kWh$
液流电池	功率P	$P \geqslant 100MW$ 或	$5MW < P < 100MW$ 或	$500kW \leqslant P \leqslant 5MW$ 或
	能量E	$E \geqslant 200MWh$	$20MWh < E < 200MWh$	$500kWh \leqslant E \leqslant 20MWh$
飞轮储能系统	功率P	$P \geqslant 100MW$	$5MW < P < 100MW$	$500kW \leqslant P \leqslant 5MW$
压缩空气储能系统	功率P	$P \geqslant 100MW$	$10MW < P < 100MW$	$1MW \leqslant P \leqslant 10MW$

资料来源：《电力储能系统建设运行规范》（DB11/T 1893—2021）。

4. 新型储能关键指标

新型储能虽有众多类型，技术原理也不尽相同，但均存在能量存储和释放的过程，以电化学储能电站为例，一般可通过以下几类指标评价储能技术的基本特性。①装机功率（MW或GW）：装机功率是衡量新型储能规模的重要指标之一。新型储能装机功率是指在功率调节范围内，储能系统/电站能够输出的最大功率。②装机容量（MWh或GWh）：装机容量也是衡量新型储能规模的重要指标之一。新型储能装机容量是在正常工作条件下，电力储能系统最大可用储能电能量的保证值。通常，新型储能装机规模用装机功率/容量两个指标共同描述，例如，一个装机功率为100MW、储能时间为2h的储能系统，其装机容量为200MWh，描述其装机规模为100MW/200MWh。③能量密度（Wh/kg或Wh/L）：指的是单位重量/单位体积的储能系统所存储的有效能量，1Wh等于3600J的能量。能量密度是由储能系统的材料特性决定的，比如磷酸铁锂电池能量密度约为160Wh/kg。④功率密度（W/kg或W/L）：指的是单位重量/单位体积的储能系统在放电时以何种速率进行能量输出。功率密度也是由材料的特性决定的，并且功率密度和能量密度没有直接关系，并不是说能量密度越高功率密度就越高，功率密度其实描述的是倍率性能，即储能系统可以以多大的电流放电。⑤充放电倍率（C）：充放电倍率＝

充放电电流／额定容量，用"C"来表示电池充放电能力倍率，1C 表示电池 1h 完全放电时的电流强度。⑥能量转换效率（％）：是指储能系统在评价周期内储能单元总放电量与总充电量的比值，一般用来评价储能系统的经济性。⑦循环寿命（次）：储能系统每经历一次完整的充放电过程即为一次循环，储能系统在寿命周期内所能实现的最大循环次数为循环寿命。⑧自放电率（％）：自放电率又称荷电保持能力，是指储能系统在不使用的情况下，其电量自发减少的速率。具体来说，自放电率是储能系统在开路状态下，所存储的电量在一定条件下的保持能力，以一定的时间衡量自放电占总容量的百分率，例如锂离子电池的自放电率一般为每个月 1％ 以下。

此外，针对新型储能建设项目还有两项重要经济指标，分别为初始投资成本和全生命周期度电成本。新型储能初始投资成本为能量成本、储能变流器（PCS）成本、电池管理系统（BMS）成本、能量管理系统（EMS）成本、建设成本以及其他成本的总和，其中能量成本为储能本体技术的成本，以磷酸铁锂电池储能电站为例，其能量成本即为电池系统成本。新型储能全生命周期度电成本也称为平准化储能成本，考虑了储能系统的投资成本、运营和维护成本以及储能系统的寿命周期，并将其平均分摊到每单位存储的能量上，以得出每单位能量的平均成本，计算公式为初始投资成本、充电成本、运维成本等总成本与累积输送电量的比值。

1.1.2　路线图的目的与范围

《新型储能技术创新路线图》（以下简称《路线图》），依据《国家发展改革委 国家能源局关于加快推动新型储能发展的指导意见》（发改能源规〔2021〕1051 号）以及《"十四五"新型储能发展实施方案》（发改能源〔2022〕209 号）等政策，结合我国新型储能领域技术基础和产业特征，围绕新型储能领域的科技创新，梳理国内外新型储能的技术现状和产品现状，分析研判核心技术和关键部件的发展路径，探讨我国新型储能产业技术高效能、高质量发展的发展策略，在培育壮大新型储能这一新兴产业的过程中，发挥产业科技创新的主导作用，引导政府部门、科技企业和高校院所抢抓机遇，超前布局，牢牢把握新一轮科技革命和产业变革，加速培育新质生产力，建设现代化产业体系，推进新型工业化。

"十三五"以来，新型储能产业迅猛发展，助力能源转型和新型电力系统构建的作用初步显现。在"十四五"时期，须进一步加强顶层设计，完善宏观政策，创新市场机制，加强项目管理，大力推动新型储能高质量发展。出台《国家发展改革委 国家能源局关于加快推动新型储能发展的指导意见》（发改能源规〔2021〕1051 号）是解决新型储能发展新阶段突出矛盾的客观需要和重要应对举措，为我国新型储能的发展制定了具体路径：通过多元化技术研发和产学研用融合方式强化我国在新型储能关键短板技术、创新资源培育和优化配置等方面的能力；通过开展技术应用示范、重大装备示范和重大项目建设着力培育和壮大产业链，增强我国新型储能产业科技竞争力，加快形成新质生产力。

为进一步细化党中央、国务院的决策部署，坚持创新引领、抢占新型储能技术创新发展前沿，提出新型储能技术创新框架，促进新技术、新产品的发展，引导我国新型储能领域各类创新主体的创新活动，在广东省委、省政府和相关部门的指导和支持下，编委会多次组织专家深入开展《路线图》研究，探讨我国新型储能技术创新中长期发展目标，为产业科技发展提供参考意见。

1. 编制目的

（1）研判核心技术，指出发展方向

《路线图》结合我国新型储能领域技术创新基础和产业集聚特征，分析国内外新型储能的技术研发现状和产品应用现状，研判核心技术和关键部件的发展趋势，有助于跟进国际先进技术，布局科技创新战略，从而突破高性能、长寿命、高安全、低成本的新型储能技术，并通过产业科技集聚的规模化效应来实现整体产业的标准化和竞争力。《路线图》通过分析核心技术，为我国从事新型储能相关的科技企业、高校院所等提供重要指引，为社会资本、财政资金向新型储能核心技术和产品的支持提供科学参考，培育产业链各环节优质企业和服务机构，抢占新型储能产业制高点。

（2）凝练重大需求，找准关键问题

通过对技术和产业发展的现状分析，结合市场需求，提炼新型储能产业发展所面临的最紧迫的问题，形成创新需求清单，明确技术壁垒和研究目标，实现市场、产业、技术的有效衔接，从而保证了科技创新及其成果的应用前景，实现对产业发展的重大支撑。《路线图》提出我国新型储能技术发展的总体目标与发展策略，以期为我国新型储能领域的关键核心技术创新、体系化产业发展路径和技术发展路径提供清晰指导，有效促进我国新型储能产业研发能力跃上新台阶。

（3）提出实施策略，助力行业发展

《路线图》为资本市场助力新型储能相关产业提供了一份产业科技创新发展现状和未来趋势的研究报告，为政府相关部门重点领域资金投入提供科学指引，是培育新型储能成为工业经济新的重要增长点的实施指南。《路线图》有利于加快科技创新进程，加速产业集聚，提升投资回报，为国家政策、投资决策、合作战略和创新战略等一系列设计规划提供参考依据，有效引导创新资源优化配置，在不同时期和领域进行合理的投入，为加快产业技术进步提供有力保证。

（4）激发全过程创新，推动高质量发展

通过《路线图》编制工作，深入研究市场、技术、政策关联性，加强高校院所、科技企业、政府部门和社会资本有效衔接，进一步激发新型储能领域"基础研究+技术攻关+成果转化+科技金融+人才支撑"的全过程创新，深化"以需求和问题为导向"的创新理念，为行业发展的科学决策、全面统筹和合理规划提供理论依据，使得新型储能产业在规划引导、政策机制、技术攻关、成果孵化、金融投资等方面进一步完善，优化创新资源分配，保障产业科技高质量发展。

2. 编制范围

新型储能技术创新体系由创新资源、创新环境和关键核心技术攻关共同支撑，通过推动创新链、产业链、资金链、人才链深度融合，围绕产业链部署创新链，以科技创新赋能产业升级；围绕创新链布局产业链，促进科技创新衍生出新兴产业；围绕创新链完善资金链，借助资本力量促进产业化发展；依托创新链、产业链、资金链平台聚集人才，构建人才链强大的智力支撑，从而有效带动产业集聚、应用示范推广等，培育构建新型储能未来产业生态，推动新型储能产业高质量发展，抢占产业科技制高点。新型储能技术创新体系如图 1.1-2 所示。

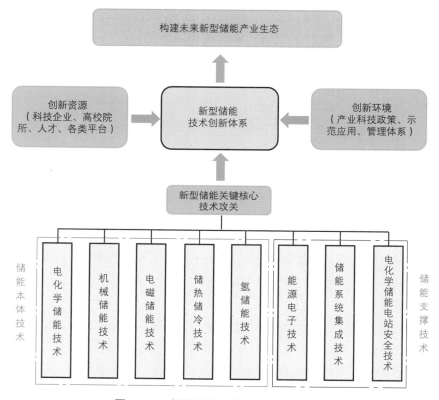

图 1.1-2　新型储能技术创新体系示意图

《路线图》针对新型储能技术创新体系的构建，编研内容主要围绕全产业链先进基础材料、关键核心零部件、高端工艺装备、前沿产业技术等方面，面向电化学储能技术、机械储能技术、电磁储能技术、储热储冷技术、氢储能技术、能源电子技术、储能系统集成技术、电化学储能电站安全技术等 8 大领域，重点分析新型储能重点领域技术短板，面向国家重大需求、产业紧迫问题，从技术现状、发展态势、关键指标等维度深入分析 120 个技术点并凝练技术创新需求。《路线图》聚焦新型储能全生命周期生态系统，针对产业科技薄弱环节，着力补齐短板、拉长长板、锻造新板，加快提升新型储能产业链、供应链韧性和竞争力，确保产业链、供应链的"自主可控、安全高效"。

1.2　产业链构成

1.2.1　产业链总体情况

新型储能要实现高质量、规模化发展，需要科技创新和产业发展的高效协同。"十三五"期间，新型储能由研发示范向商业化初期过渡。"十四五"以来，随着新型储能技术的突破、"双碳"目标深入推进和能源电力绿色低碳转型发展步伐加快，新型储能应用需求迅速增长，推动新型储能产业提速发展。国家相关政策着力推动增强新型储能产业竞争力，支持储能高新技术产业化基地建设，促进产学研用融合发展，持续壮大新型储能产业。总体来看，2024～2030年是新型储能产业发展的战略机遇期，是支撑2030年构建新型能源体系的重要窗口期。建立完善的新型储能产业链体系是保障能源安全发展的重要举措，有助于推动我国能源产业结构升级，打造新的经济增长点。

"十三五"以来，在新型储能技术研发及示范应用的带动下，我国新型储能产业整体得到了较快的发展。目前，我国新型储能发展整体处于商业化初期阶段，各类新型储能技术形成了不同规模的产业链。储能相关的产业链分布较为广泛。储能产业的上游主要是原材料供应行业以及设备制造商等，包括储能电池供应以及电池管理系统和储能变流器等支持设备，主要涵盖电化学储能、物理储能等主要技术。储能产业的中游主要是系统集成商，部分设备制造商、专业集成商均参与该环节。该环节负责将不同种类的储能部件进行设计、制造以及集成，最终整合为满足各类场景需求的储能系统。储能产业下游包括发电侧储能、电网侧储能、各类工商业分布式储能和家庭用户储能等，例如锂离子电池储能电站、压缩空气储能电站的运行维护等。

得益于不断扩大的电动汽车电池应用需求，锂离子电池技术开发和产业应用相互促进，使得锂离子电池产业迅猛发展，涌现出宁德时代、比亚迪等众多大型电池生产商，同时促进了上游原材料厂商和下游集成设备厂商的发展。"十四五"以来，新型储能需求迅速增加，锂离子电池储能相关企业凭借动力电池产业的积累迅速发展，带动了锂离子电池储能全产业链的进步。目前，锂离子电池已经形成了较为完备的产业链，在新型储能工程应用中占据了主导地位，在新型储能装机中占比超过97%。

其他新型储能装机中，液流电池、压缩空气储能占据一定比重。"十三五"以来，液流电池、压缩空气储能等技术的试点示范应用带动了相应产业的发展，形成了一定规模的产能。未来，钠离子电池各方面技术性能有望达到当前锂离子电池水平，且成本有较大下降预期，相关产业也在快速发展。其他新型储能技术装机占比较低，大多处于研发试验向示范应用的过渡阶段，相应产能规模较小，尚未建立完备的产业体系。

1.2.2　锂离子电池产业链

目前我国新型储能以磷酸铁锂电池储能电站为主，形成以"储能电池 + 储能电站"为支撑的"两链十环"产业链布局，如图1.2-1所示。

储能电池产业链简图

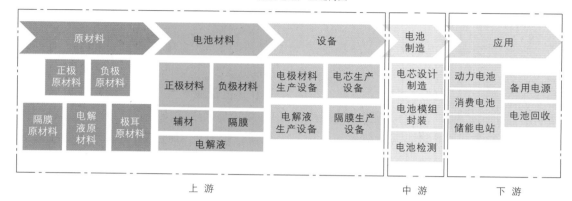

储能电站产业链简图

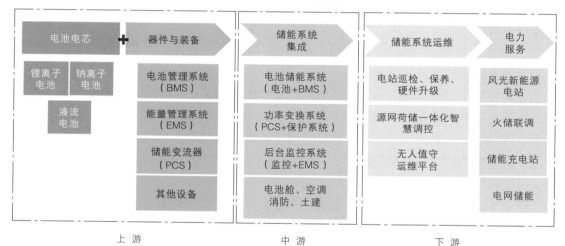

图 1.2-1 储能电池与储能电站产业链简图

储能电池产业链上游主要包括原材料、电池材料、设备等多个环节。原材料涉及锂、磷、铁、铝、铜、石墨、锂盐、酯类等，电池材料包括正极材料、负极材料、电解液、集流体、隔膜等，设备包括电池材料生产设备、电芯生产设备、电解液生产设备等。磷酸铁锂电池是目前储能电池的主要生产方案。正极材料与锂离子电池的电化学性能密切相关，其决定了电池的能量密度、循环寿命和安全性能。正极材料为磷酸铁锂，成本占比 45% ~ 50%；负极材料以石墨等碳负极材料为主，占比 5% ~ 12%；电解液以六氟磷酸锂为主，占比 15% ~ 20%；隔膜分为干法隔膜和湿法隔膜（性能更优），占比 15% ~ 20%；其他材料如添加剂、集流体、导电剂等，占比 10% ~ 15%。储能电池产业链中游主要为电池制造，电池材料经封装、化成等步骤制成电芯，电芯经串并联形成模组、电池簇，最终应用于各个场景，涉及电芯设计制造、电池模组封装、电池检测等。作为产业链中的关键部分，储能电池制造行业的竞争十分激烈。目前，我国储能电池行业的竞争优势比较明显，以宁德时代、比亚迪、亿纬锂能、欣旺达为代表的企业市场份额占比较大。储能电池产业链下游主要为储能电站、备用电源等应用场景，此外，使用后的电池经拆解、回收等环节进行循环利用。

储能电站包括电芯、电池模组、电池簇、能源电子器件，同时配套 3S 系统（BMS、PCS、EMS）等设备进行电化学储能系统集成，最终以集装箱预制舱形式交付设备并整体安装。储能电站产业链上游一般是各类电化学储能电池和各类能源电子装备，包括磷酸铁锂电池、钠离子电池、电池管理系统（BMS）、能量管理系统（EMS）、储能变流器（PCS）以及各类智能传感器和电力电子器件等。储能的中游产业一般是指储能系统集成，即根据各类场景要求，设计优化储能系统。该环节按照用户需求，选择合适的储能技术和产品，并针对储能单位进行组合利用，从而应用于工商业用户侧、发电侧、电网侧等各类场景。当前，储能系统集成一般为多样化项目，即根据具体的应用场景进行电池选择、系统控制合成以及管理系统搭建。相比于一般的电动汽车电池系统，储能系统集成更为复杂精密，涵盖电池管理、热安全管理、智能监控运行等多个因素。从国内市场竞争格局来看，储能系统集成行业的总体集中度不高。此外，当前储能系统的商业模式多是投资、运营一体化的方式。一些公司正进一步进行业务细分，转而关注储能电站的智能运维以及精细化管理。储能电站产业链下游包含储能系统运维和电力服务，按照应用场景可以分为电源侧、电网侧和用户侧。电源侧储能主要由华能、华电、大唐、国电投、国家能源集团等国有电力集团完成。目前电网侧的集成厂商主要是以南瑞、中天、许继为代表的电力企业。这些电力企业是电网的长期合作伙伴，了解电网的实际运行情况。目前，我国用户侧储能项目规模较小，且多为工商业用户，家庭用户较少。此外，电化学储能的资源回收和利用还未得到充分的市场发掘和重视，未来这将会成为储能下游产业发展的重要增长点。

目前我国锂离子电池储能产业链发展较为完备，产业链各个环节均有一批国际领军企业。同时，形成了激烈的市场竞争格局，并不断涌现出新技术、新产品，使得锂离子电池储能产业结构不断升级，具备了支撑锂离子电池储能规模化发展的产业基础。锂离子电池产业链全景图和电化学储能电站产业链全景图见附录 A 和附录 B。

1.3 技术链构成

从技术原理分类，新型储能技术包括电化学储能、氢储能、机械储能、电磁储能、储热（冷）等五大本体技术，以及能源电子技术、储能系统集成技术、电化学储能电站安全技术等三大规模化支撑技术。

1. 电化学储能

电化学储能是利用化学元素作储能介质，通过化学反应将化学能和电能进行相互转换来存储能量，根据电池材料不同主要可分为锂离子电池、钠离子电池、固态电池、铅炭电池、钠硫电池、液流电池等形式。一方面，电化学储能的能量密度与能量转换效率较高，且响应速度较快，能够有效满足电力系统调峰调频需求；另一方面，其功率和能量可根据不同应用需求灵活配置，几乎不受外部气候及地理因素的影响。以功能分类，电化学储能可分为三种：容量型储能（能量长时存储）、能量型储能（高能量输入/输出）、功率型储能（瞬间高功率输入/输出）。容量型储能和能量型储能需要满足小时级以上的放电需求，适用于新能源发电侧的消纳、用户侧的峰谷价差套利等，未来趋势是容量不断扩大、成本降低。对于能量型储能项目而言，电池系统的容量增大将带来项目产热量的提升，储能温控的需求及重要性将随之上升。功率型储能需要满足大功率放电需求，适用于电网侧调峰调频场景，未来趋势是电池高倍率化。火电机组联合调频、电网侧储能调频辅助服务等场景，要求储能电池满足高倍率充放电的需求，实现分钟级、秒级，甚至毫秒级功率调节的能力，快速响应负荷变化。新能源发电项目装机量的增加将加大电网侧调峰调频的需求，电池高倍率化驱使储能系统的功率密度不断提高，因而发热量亦将不断增大，储能温控的需求及重要性亦将随之上升。电化学储能技术链如图 1.3-1 所示。

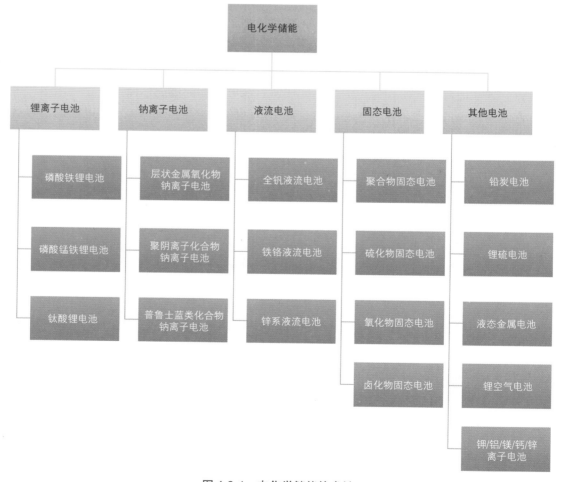

图 1.3-1　电化学储能技术链

2. 氢储能

氢储能主要是指利用氢作为二次能源的载体。利用待弃掉的风电制氢，通过电解水将水分解为氢气和氧气，并以一定形式存储氢气，后续可直接用氢作为能量的载体。氢储能分为广义氢储能和狭义氢储能。狭义氢储能是指"电—氢—电"模式，即利用富余的、非高峰的或低质量的电力（如风光电、谷电等）来大规模制氢，将电能转化为氢能存储起来，然后再在电力输出不足时利用氢气通过燃料电池或其他方式转换为电能输送上网，发挥电力调节的作用。制氢技术包括碱性电解水制氢、质子交换膜电解水制氢、固体氧化物电解水制氢等。储氢技术包括高压气态储氢、低温液态储氢、固态储氢、有机液态储氢等。氢能向电能的转化通过燃料电池技术，包括质子交换膜燃料电池（PEMFC）技术、固体氧化物燃料电池技术等。广义氢储能是指"电—氢—X"模式，X 指交通、化工和钢铁等领域，此时氢能不再重新上网发电，而是直接应用于其他场景。相较于狭义氢储能"电—氢—电"的两次能量转换，广义氢储能的经济性更好。氢储能技术链如图 1.3-2 所示。

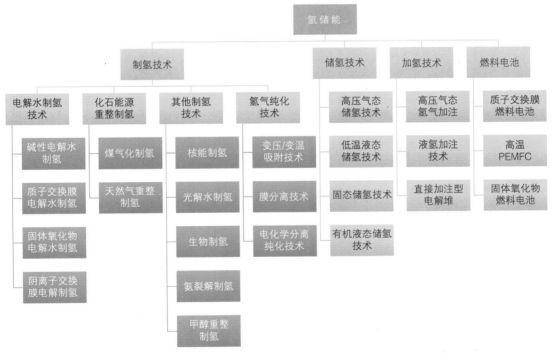

图 1.3-2　氢储能技术链

3. 机械储能

机械储能的应用形式主要包括压缩空气储能、飞轮储能。压缩空气储能是以压缩空气为载体实现能量存储和利用的一种储能技术。电网负荷低谷期，电能驱动压缩机从环境中吸取空气，将其压缩至高压状态后存入储气装置，电能在该过程中被转化为压缩空气的内能和势能；电网负荷高峰期，储气装置中存储的压缩空气进入空气膨胀机中膨胀做功发电，具有容量大、寿命长、单位成本低、经济性好等优势，在系统能效得到进一步提升后，有望成为继抽水蓄能后第二大适合 GW 级大规模、长时储能的技术。压缩空气储能技术主要包括绝热压缩空气储能技术、液态压缩空气储能技术、超临界压缩空气储能技术等。飞轮储能是一种机电能量转换与存储装置，由飞轮电机本体、储能变流器及控制系统等组成。充电时，外部电能经储能变流器转换，驱动控制飞轮电机作为电动机加速旋转，飞轮存储动能；放电时，飞轮电机作为发电机运行，转速降低将动能转换为电能输出。飞轮储能具有寿命长、充电时间短、功率密度大、转换效率高、维护简单等优点，但储能密度低，目前主要用于电力调频领域。机械储能技术链如图 1.3-3 所示。

图 1.3-3　机械储能技术链

4. 电磁储能

电磁储能包括超级电容器储能和超导磁储能，在功率密度、倍率性能和循环寿命方面优势巨大，能够平滑电网低频功率振荡，改善电压和频率特性。目前超导磁储能还处于实验室阶段，超级电容器已经被广泛应用于车辆起动电源、脉冲电源、电力调频等领域。超级电容器介于电池和电容之间，是将电能存储于电场中的一种储能形式，是通过电极与电解质之间形成的界面双层来存储能量的新型器件。超级电容器在充放电过程中几乎不发生化学反应，具有功率密度高（100W/kg）、循环寿命超长（100 万次）、工作温域宽（-40 ~ 80℃）等优点。超导磁储能装置是利用超导体的电阻为零特性制成的将电能转化为磁能存储的装置，其不仅可以在超导体电感线圈内无损耗地存储电能，还可以通过电力电子换流器与外部系统快速交换有功和无功功率，用于提高电力系统稳定性、改善供电品质。超导磁储能响应速度快、功率密度大、储能密度大、转换效率高，但受限于低成本超导材料和高效率冷却技术的发展，距离大规模应用较远。电磁储能技术链如图 1.3-4 所示。

图 1.3-4　电磁储能技术链

5. 储热（冷）

储热技术是以储热材料为媒介将太阳能光热、地热、工业余热、低品位废热等热能加以存储并在需要时释放或转换为电能，力图解决由于时间、空间或强度上的热能供给与需求间不匹配所带来的问题，最大限度地提高整个系统的能源利用率而逐渐发展起来的一种技术。储热技术包括显热储热、潜热储热和热化学储热。显热储热是靠储热介质的温度变化来存储热量，是目前最成熟和应用最广的储热技术。潜热储热是指利用物质在固 - 液、液 - 气、气 - 固和固 - 固等相变过程需要吸收或放出相变潜热的原理进行吸放热，因此也被称为相变储热。热化学储热是指通过可逆的化学吸附或化学反应存储和释放热能，储热密度高、热量损失小、可对热能进行长期存储和冷热复合存储。值得指出的是，储热技术并不单指存储和利用高于环境温度的热能，而且包括存储和利用低于环境温度的热能，即储冷技术，主要包括水蓄冷、冰蓄冷和共晶盐蓄冷。储热（冷）技术链如图 1.3-5 所示。

6. 能源电子技术

能源电子产业是电子信息技术和新能源需求融合创新产生并快速发展的新兴产业，是生产能源、服务能源、应用能源的电子信息技术及产品的总称，主要包括太阳能光伏、新型储能电池、重点终端应用、关键信息技术及产品（光储端信）等领域。新型储能领域涉及的能源电子技术是指应用电力电子器件实现储能系统应用的关键技术和核心部件，主要包括新型储能系统、新能源微电网等智能化多样化产品及服务供给、智能传

感器、电池管理芯片、功率器件、直流变换器、能源路由器、开关设备、柔性配电装备
等关键设备。能源电子技术链如图 1.3-6 所示。

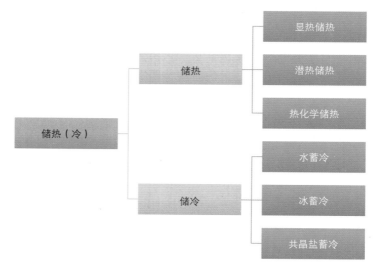

图 1.3-5　储热（冷）技术链

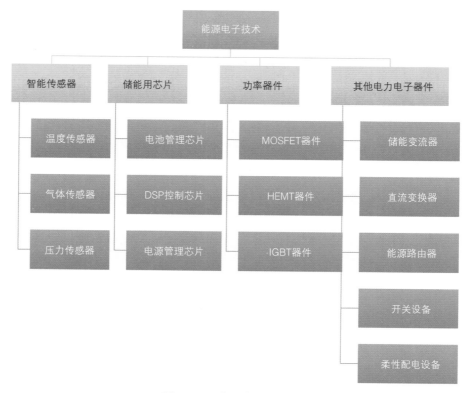

图 1.3-6　能源电子技术链

7. 储能系统集成技术

储能系统集成是按照用户需求，选择合适的储能技术和产品，将各个单元组合起来，为电源侧、电网侧、用户侧等各类场景打造一站式解决方案，使储能电站的整体性能达到最优。储能系统集成涉及直流侧的电池设备和交流侧的变流设备，对储能的安全和性能起重要作用。储能系统集成是将各储能部件多维集成，以构成可完成存储电能和供电的系统，系统集成从实施过程看由系统设计、设备集成、控制策略制定等组成，主要涵盖电池管理系统（BMS）、储能变流器（PCS）、能量管理系统（EMS）、电池簇、电池控制柜、本地控制器、温控系统与消防系统等关键设备。BMS 主要用于集合各类传感器采集到的电池电压、温度等基本信息，并通过自身的管理策略和控制算法实现对电池运行状态的监测、管控和预警功能。PCS 是接收 EMS 指令控制储能电池充放电过程的交直流功率变换系统，PCS 是储能电池与电网能量交互的桥梁，直接决定储能系统的涉网特性。EMS 是利用信息技术对储能电站内的储能系统和变电站系统进行实时监控的信息系统，具有功率调度控制、电压无功控制、电池荷电状态维护、平滑出力控制、经济优化调度、优化管理、智能维护及信息查询等功能。系统集成是一项从零散到整合、从整合到最优的工程。在对电池、PCS、集装箱等各部件性能充分了解的基础上，根据运行场景和场站需求，最大化优化整体设计，释放整个系统的潜能。评价标准包括安全性、经济性及影响全寿命周期运行的其他要素。随着储能在电力系统中的规模化应用，如何对大量的储能设备实现有效的运行控制，使其与传统的发、输、配、用各环节统筹协调成为适应能源清洁转型的系统，是大规模储能健康发展的关键。储能系统集成技术链如图 1.3-7 所示。

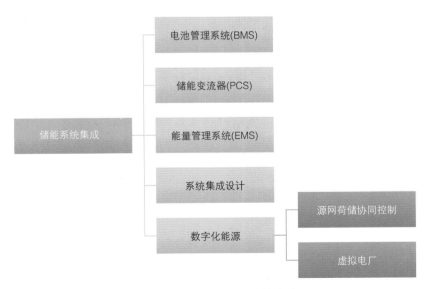

图 1.3-7 储能系统集成技术链

8. 电化学储能电站安全技术

电化学储能电站安全技术是保障储能电池和储能系统安全稳定运行的支撑保障技术，主要包括电芯安全、电池系统安全、电站运维安全、电站并网安全、用户侧安全等。电化学储能电站事故主要表现为系统过热、火灾、爆炸等，多源于电池材料本征安全问题、电池系统缺陷、电气故障保护系统不完备以及储能系统综合管理体系不足等多个因素，涉及储能电池和系统的设计制造、管理、预警、消防以及控制等多方面，通常是多个诱因交互作用导致的系统性问题。因此，需要从系统思维的角度出发，全面分析储能电站安全需求，关注源头危害因素，防范衍生类危险因素；关注本体安全、场站安全、涉网安全，树立"大安全观"，构建多层级安全防控体系。电化学储能电站安全技术与装备的研发和应用是电化学储能规模化应用的关键一环。电化学储能电站安全技术链如图 1.3-8 所示。

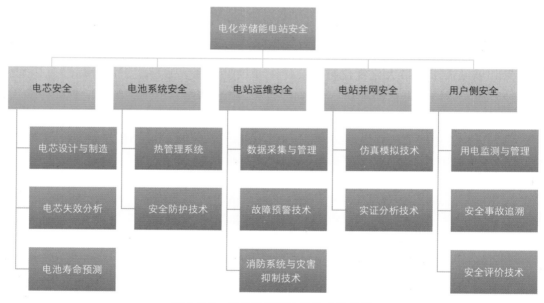

图 1.3-8　电化学储能电站安全技术链

1.4　电化学储能电站构成

1.4.1　系统构成

电化学储能电站典型构成如图 1.4-1 所示，整个电站由电池系统、变流系统、接网系统、能量管理系统（EMS）四大系统构成。

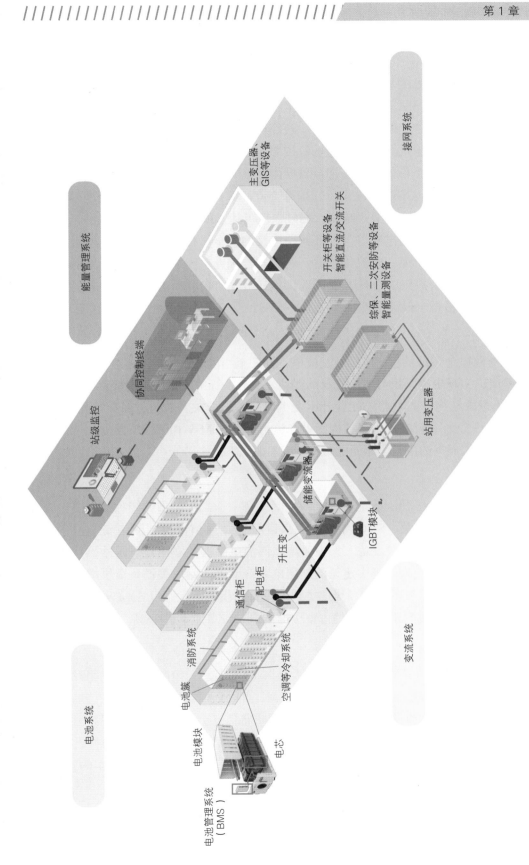

图 1.4-1　电化学储能电站典型构成图

能量管理系统

接网系统

站级监控　协同控制终端

主变压器、GIS等设备

开关柜等设备　智能直流/交流开关

综保、二次安防等设备　智能量测设备

站用变压器

储能变流器

IGBT模块

升压变

配电柜　通信柜

电池簇　消防系统　空调等冷却系统

变流系统

电池系统

电池模块　电芯

电池管理系统（BMS）

19

1. 电池系统

电池系统是储能电站的核心组成部分，也是能量发生存储与释放的单元。一般采用多层级、模块化的集成方式，多以户外集装箱（柜）方式布置，也有采用站房式布置。电池系统主要由电池簇、消防系统、空调（液冷机）等冷却系统、通信柜、配电柜、汇流柜以及舱（柜）体等组成。电池系统一般按照电芯、电池模块、电池簇、电池单元四个层级组装而成，若干个单体电池经过金属导体的串并联后组成电池模块，常采用抽式结构，端口电压根据电池串联数决定，一般在 200V 以下；多个电池模块经过串联后组成电池簇，一般采用柜式或框架式结构，端口电压可达 1000～1500V，未来甚至可以更高，为管理电池簇主回路输出端口与外部回路连接的安全可控，电池簇一般配置电池管理系统、高压绝缘检测单元、电流传感器、熔断器、预充电阻、接触器和断路器等控制系统和开关保护器件，并集成于高压箱内部。以 50MW/100MWh 独立储能电站为例，目前电池系统成本约占整个储能电站设备成本的 65%，受储能电池的价格波动影响较大。

2. 变流系统

变流系统将电池系统的直流电变成交流电，并升至相应电压等级（一般为 6/10/35kV）送至接网系统，实现电池系统与电网能量的互动。变流系统主要包含储能变流器、升压变（若采用高压级联结构，则不需要配置升压变）以及高压开关、通信、保护等配套设备。储能变流器又可分为跟网型变流器和构网型变流器。以 50MW/100MWh 独立储能电站为例，目前变流系统成本约占整个储能电站设备成本的 13%。

3. 接网系统

接网系统是连接变压升压系统与大电网之间所有一、二次设备的统称，主要包含开关柜、主变压器、GIS 开关、SVG 等电气一次设备以及通信设备、网络安全设备、综保设备、计量设备等电气二次设备。大规模独立储能电站需独立建设升压站，从而满足 110kV 或 220kV 的系统接入。集中建设的站用电系统能够为站内关键负荷供电，还可满足电池系统、升压变流系统的空调、风扇类暖通设备的供电需求。以 50MW/100MWh 独立储能电站为例，目前接网系统成本约占整个储能电站设备成本的 18%。

4. 能量管理系统

能量管理系统（EMS）是储能电站的"大脑"，可以监测、控制和优化储能设备的能量流动，实现能量流和信息流的可视化与高效交互，此外还需接受上级监控系统的调度控制和运行管理，按照调度和建设方运维平台相关要求将信息上传到各级监控系统。主要包括 SCADA 系统、协同控制终端、数据采集与存储器、EMS 软件系统等软硬件设备。以 50MW/100MWh 独立储能电站为例，目前 EMS 成本约占整个储能电站设备成本的 4%。

1.4.2　关键技术

为保障储能电站安全、高效、经济、可靠运行，提升新型储能技术装备水平，围绕制约新型储能规模化发展的系列问题，推动新型储能跨行业、多场景应用，重点突破状态辨识与寿命预测、故障感知与安全预警、电网适应性与支撑技术、多元储能协同控制、源网荷储智慧联动和智能运维等六大关键共性技术。

1. 状态辨识与寿命预测

储能状态辨识是指借助一些先进算法与传感技术来了解储能设备的当前状态，比如电池荷电状态（SoC）、健康状态（SoH）等。通过状态辨识，可以及时了解电池的电量与健康状态，避免过度放电或充电，延长电池寿命；寿命预测技术则是根据储能设备的历史数据和使用情况，结合实验室数据和历史数据，借助大数据、人工智能（AI）、智能算法等先进技术对其寿命进行精准预测，有助于提前规划电池保养、更换或维护计划，确保储能系统稳定运行。

2. 故障感知与安全预警

故障感知与安全预警通常需要借助各种传感器和监测设备，来实时监测储能系统的关键参数，比如温度、电压、电流等。一旦发现异常，系统就会发出预警信号，提醒工作人员及时采取措施，避免故障的扩大。此外，一些先进的算法和模型也可以用来分析故障数据，预测可能出现的问题，从而提前进行维护和检修，以提高储能系统的安全性和可靠性。

3. 电网适应性与支撑技术

电网适应性主要是指储能系统能够在电网电压、频率等发生变化时，保持稳定的运行状态，并且能够快速响应电网的需求；而支撑技术则是指储能系统能够为电网提供各种辅助服务，比如调频、调压、备用容量等。要实现良好的电网适应性和支撑能力，通常需要以下几个方面的技术支持：①高性能的储能设备，比如构网型变流器；②先进的控制算法，用于实时监测电网状态，并根据电网需求对储能系统进行精确控制；③通信技术，确保储能系统与电网之间的信息交互顺畅。电网适应性与支撑技术的发展可以提高电网的稳定性和可靠性，促进可再生能源的大规模接入。

4. 多元储能协同控制

多元储能协同控制是指不同类型、不同时长的储能装置发挥各自优势，共同为电网的稳定和高效运行贡献力量，这些储能装置包括锂离子电池、超级电容器、飞轮等。多元储能协同控制技术可以根据电网的实时需求，合理地分配各个储能设备的工作任务，比如在需要快速响应时，调用超级电容器；在需要大量能量时，调用锂离子电池。同时，协同控制技术还需要考虑各个储能设备的状态和寿命，避免过度使用某一个设备，从而延长整个系统的使用寿命，保障整个系统持续稳定工作。

5. 源网荷储智慧联动

源网荷储智慧联动技术是通过先进的信息通信技术和智能控制系统，实现对各个部分的实时监测和精准控制，根据负荷的变化，灵活地调整电源的输出，借助储能设备的灵活调节，通过经济性调动负荷的智能响应，最终实现电网稳定、经济与高效运行。

6. 智能运维

储能智能运维主要通过运用物联网、大数据、人工智能等先进技术，实现对储能设备的远程监控、故障预警、数据分析等功能，及时发现潜在的问题，并提前采取措施，避免故障的发生，确保储能系统的稳定运行。同时，还可以根据储能设备的运行数据，进行优化调整，提高系统的效率和性能，并为运维人员提供便捷的管理平台与运维工具，提升运维效果，降低运维成本。

1.4.3 核心设备及组件

真正实现新型储能从能用到敢用、好用的蜕变，全面推动高安全、低成本、长寿命的规模化储能装备、技术进步和产业转型升级，其重点在于突破储能电池、电池管理系统（BMS）、消防探测与灭火系统、储能变流器（PCS）、功率半导体器件、智能交流/直流开关、智能量测设备、协同控制终端等八大核心设备及组件。

1. 储能电池

储能电池是电化学储能电站中最核心的部件。以锂离子电池储能电站为例，储能电池不仅包括最核心的电芯部分，还包括针对储能电芯性能、技术特性、应用工况等相匹配的电池模块、电池簇和电池舱（柜）。对于锂离子电池，未来发展聚焦超长寿命、高安全、大容量锂离子电池技术以及低成本、高安全、高能效、高集成度电池系统集成技术；对于钠离子电池、液流电池、固态电池等电池技术，其发展目标依然是技术成熟度与应用经济性的提升。

2. 电池管理系统

电池管理系统（BMS）作为电池系统的"大脑"，集合各类传感器采集到的电池电压、温度等基本信息，通过自身的管理策略和控制算法实现对电池运行状态的监测、管控和预警。其核心功能包括信息采集、状态估算、能量控制、故障诊断、安全保护、信息管理、系统通信等。未来发展聚焦于 SoX（SoC、SoH、SoE 等）估算、面向工程应用的算法技术、基于机理和模型的算法技术、结合云端大数据技术的算法技术等核心算法技术，以及智能化、高精度监测、多功能集成、安全性提升等功能开发与性能提升。

3. 消防探测与灭火系统

电化学储能的安全问题备受关注，各地对储能电站的消防安全提出了更严格的要求。目前储能电站的安全防护设计方案基于"预防为主、防消结合"的方针，最大限度保障储能系统安全，其核心在于消防探测与灭火介质。以锂离子电池储能电站为例，消防探测是指针对锂离子电池热失控时析出氢气、一氧化碳等可燃气体的化学机理，通过在电池舱（室）装设氢气、一氧化碳等可燃气体探测器等方式进行多级预警，并通过电池管理系统快速地对电池热失控的状态进行多级联动。目前，国内对锂离子电池的灭火尚无明确有效的灭火技术，广泛使用的灭火系统主要有七氟丙烷灭火系统、全氟己酮灭火系统、细水雾灭火系统等，各类灭火系统在项目中具有广泛应用，由于锂离子电池安全的复杂性，一般在储能区域场地设置水消防作为消防的保障措施。未来消防探测技术可能会更加智能化和精准化，包括借助声学、光学、力学等更丰富的传感设备甚至植入式传感器来实现电池热失控状态的精准探测；在灭火系统方面也会针对电池热失控的机理与过程，开发更有针对性的环保、高效和自适应灭火介质。

4. 储能变流器

储能变流器（PCS）是一种将电能进行转换和控制的装置，其主要作用是对电能进行变换，例如将直流电转换为交流电，或者对交流电的电压、频率、相位等进行调节。PCS是直流端储能电池与交流端电网（或交流负荷）进行能量交互的桥梁，直接决定储能系统的涉网特性，同时也决定了直流端动态输出特性即充放电控制能力，从而很大程度影响电池的使用寿命。PCS通常包括功率半导体器件、控制电路、散热器等组成部分，未来发展趋势包括高效化和高功率密度、智能化和数字化、多功能集成、新材料和器件应用等；特别是为解决新能源大量接入所导致的"低惯量""弱阻尼"问题，构网型大容量模块化储能变流器成为研发热点。

5. 功率半导体器件

功率半导体器件是用于处理高功率电能的电子器件，在储能电站中广泛应用于PCS、SVG等电力电子设备中。一些常见的功率半导体器件及其特点如下：①绝缘栅双极型晶体管（IGBT）：IGBT结合了MOSFET和双极型晶体管的优点，具有高开关速度、低导通压降和较高的耐压能力。它在现代电力电子系统特别是PCS中广泛应用。②金属氧化物半导体场效应晶体管（MOSFET）：MOSFET是一种具有高开关速度和低导通电阻的器件，适用于高频开关应用。③碳化硅（SiC）器件：碳化硅器件具有更高的耐压能力、更低的导通电阻和更高的开关速度，能在更高温度下工作，提供更好的能效和性能。未来发展趋势主要包括碳化硅和氮化镓技术、高功率密度、更高的开关频率、智能驱动和控制、多电平拓扑结构、集成化和模块化、可靠性和耐久性、绿色环保等。

6. 智能交流/直流开关

智能交流/直流开关是一种具有智能化控制功能的开关设备，它可以实现对交流电或直流电的自动切换和控制，在储能电站中将逐渐替代传统的交直流开关设备。这种开关通常采用先进的传感器、微控制器或其他智能控制技术，能够根据设定的条件和规则，自动进行开关操作，以满足不同的应用需求。它具有自动化控制、精确控制、远程监控和控制、故障诊断和保护、节能增效、适应性强等特性，可以提高系统的智能化水平，提升能源管理效率。未来主要发展趋势是智能化、自动化、可定制化，并与人工智能、能源互联网、电力电子技术深度融合。

7. 智能量测设备

智能量测设备是一种具有智能化功能的测量设备，它结合了先进的传感器技术、数据处理能力和通信功能，能够自动采集、处理和传输测量数据，具有自动化测量、数据处理与分析、远程监控与数据传输、适应性与可定制性、高精度与高可靠性、预警与故障诊断等特点，能够为储能系统的高效、安全、稳定运行提供准确的数据支持。未来发展趋势主要包括多参数测量、无线通信、小型化和低功耗、智能化数据分析、互操作性、云端连接等。

8. 协同控制终端

协同控制终端是一种用于实现多个设备或系统之间协同工作的终端设备，是储能电站能量管理系统（EMS）的核心组成部分，相当于储能电站大脑 EMS 的"神经元"。它可以起到协调、控制和管理多个设备或系统的作用，以实现整个储能电站高效、智能、安全运行，主要具有设备控制与协调、数据交互与共享、实时监控与反馈等功能。未来发展趋势主要包括更强大的连接性、智能化与自动化、边缘计算能力、可视化与交互性、安全性提升、跨平台与互操作性、个性化与定制化等，将在"源网荷储一体化"运行中发挥重要作用。

1.5 发展历程

1.5.1 人类社会中的储能

储能伴随了人类对于能量应用的全部探索进程。储能的本质在于实现能量的供需均衡，保证人类在需要时能够稳定地获取充足的能量。自人类首次点燃篝火以来，对于存储能量方式的探寻就没有停下过脚步。我们的祖先运用木柴维持火焰的持续燃烧，或利用天然材料为食物保温，展现了对储能的初步探索。存储能量的探索与人类的能源发展史是息息相关的。

1. 原始能源时代（70 万年前）

早在距今 150 万年前，人类就学会并掌握了使用天然火种，这一时期，人类主要依赖自然界直接提供的能源，如火、阳光、风和水流等。这些能源具有以下几个特点：①这类能源均属于自然界中可直接获得的能源，无需转化；②能源本身具备时效性，无法随时获得，如阳光、风力、水流等能源依赖于自然界的条件；③能源本身具备波动性，风力和水流等自然力量是不可预测的，因此它们的能量输出也会随时间变化而波动；④能源无法长期存储，也没有相应的存储技术。因此，人类只能实时地获取和使用这些能源，无法提前规划或储备。

2. 第一次能源革命（70 万～12 万年前）

第一次能源革命的里程碑事件是人工取火和火种保存技术的出现，人工取火出现的时间距今 70 万 ~ 12 万年。人类从此开始掌握更高效、更可控的能源利用方式。这使得人类有能力存储能源，并更好地控制能源的使用。最初，存储能量的方式主要是存储可燃物，如薪柴、煤炭等，以便在需要时随时提取。尽管人类在能量存储方面取得了一些进步，但能量的热能和光能需求仍然无法被长期存储。这是因为热能和光能是自然界的普遍现象，它们产生和消失的速度非常快，无法被长期存储。尽管如此，存储的生物质能源仍在一定程度上提高了人类的生存质量，并为农业活动的开展提供了基础。

3. 第二次能源革命（18 世纪 60 年代）

随着人类文明的发展，第二次能源革命与工业革命相伴到来。第二次能源革命可以分为两个阶段，第一阶段起始于 18 世纪 60 年代，主要的里程碑事件是瓦特蒸汽机的发明与运用，促进了人类社会的生产效率大大提高。随着大量蒸汽机的制造与使用，作为这时期唯一的能源，煤炭的供给能力与需求水平也大幅提升，化石能源取代生物质能成为人类的首要能源。第二阶段起始于 19 世纪 80 年代，内燃机、汽轮机的出现，使石油、天然气等其他化石能源走上舞台。第二次能源革命改变了人类的能源结构和能源利用方式，给人类社会带来了巨大影响。储能对象与方式也进一步发生改变。第二次能源革命的两个阶段，主要区别在于能源的种类以及能量转换效率的提升，从能量转化方式以及步骤来讲，并不存在太大的区别。

第二次能源革命后，储能对象从简单的生物质能转变为化石能源，采集与存储方式也变得更为复杂。能量的使用也需经过多道程序。化石能源需要通过燃烧转变为热能，再进一步通过烧水转变为水蒸气的内能，进而推动汽轮机产生机械能。用能方式的改变也进一步推动了能源存储方式的改变。煤炭、石油、天然气等的存储方式根据各自特性均不相同，受限于科学技术发展，这一时期储能仍然存在大量问题无法解决。

4. 第三次能源革命（19 世纪 60 年代）

随着电力的出现，人类社会迎来了第三次能源革命。电能具备更为广泛的能量转换潜力，逐步取代热能，成为人类生产生活中使用最为广泛的能量形式。正是因为电能具备足够广泛的能量转换潜力，人类开始探索如何能够将电能暂时性转换为其他能量形式进行存储。第三次能源革命存在三个阶段。第一个阶段起始于 19 世纪 60 年代，里程碑事件为火力发电机的发明。在这一时期，火力发电机主要依托于蒸汽机作为动力源，带动转子进行发电。这标志着人类进一步拓展了能量转换方式，将热能进一步转化为电能。第二阶段起始于 1882 年，里程碑事件为美国威斯康星州的福克斯河上建成了世界上第一座水电站，标志着人类首次拉开水力发电的帷幕。此外，人类通过水电技术的逆向化，第一次尝试将转化后的能量进行有目的性、大规模、主动的存储，通过水力发电的逆向推导，开发出了人类历史上第一种真正意义上的大规模、有效的能量存储模式——抽水蓄能，并于 1882 年在瑞士苏黎世建设了世界上第一座抽水蓄能电站。我国第一座水电站——石龙坝水电站建成于 1912 年，位于云南省昆明市螳螂川上游，落差 15m。第三阶段起始于 1954 年，贝尔实验室第一次制造出单晶硅光伏电池，标志着人类第一次通过可再生能源产生了电能。在光伏之后，人类又开发出了风能、地热能等新能源。这一阶段探索出的新能源，与传统化石能源相比，具备以下特点：①新能源是自然界能够直接获取的能源，获取方式简单；②新能源是可再生的，资源丰富；③新能源分布广泛，任何地区都可获取。能源发展新时代起始于2020年，随着地球环境问题的不断恶化，新能源的快速发展成为这个时代最突出的标志。2020年9月22日，习近平总书记在第七十五届联合国大会一般性辩论上郑重宣布，中国二氧化碳排放力争于2030年前达到峰值，努力争取2060年前实现碳中和，标志着储能发展新时代开启。中国光伏发电量从2014年的251亿kWh提高至2023年的2940亿kWh；风力发电量从2014年的1534亿kWh提高至2023年的8090.5亿kWh。以清洁能源为核心的新型能源体系在逐步建立。随着可再生能源技术的发展和普及，电力系统改革逐渐成为全球能源转型的重要方向之一。2021年3月15日，中央财经委员会第九次会议提出构建以新能源为主体的新型电力系统，为新时代能源电力发展指明了科学方向，也为全球电力可持续发展提供了中国方案。

表1.5-1总结归纳了人类社会储能形式变化的演进过程。

表1.5-1 人类社会储能形式变化时间表

能源	里程碑	能量形态	能量转化	能源存储	能量存储
第一次能源革命（距今70万~12万年）					
薪柴（生物质能）	钻木取火	热能	生物质能→热能	采集木柴、树叶等可燃物质	—
第二次能源革命（18世纪60年代）					
第一阶段（18世纪60年代）	化石能源	蒸汽机	热能	化石能→热能→机械能	采集煤炭	—
第二阶段（19世纪80年代）	化石能源	内燃机	热能	化石能→热能→机械能	采集石油、天然气	—
第三次能源革命（19世纪60年代）					
第一阶段（1860年）	化石能源	火力发电机	电能	化石能→热能→机械能→电能	采集煤炭、石油、天然气	—
第二阶段（1882年）	化石能源、清洁能源	水轮机、核电机组	电能	机械能→电能；核能→电能	建设水库，增加势能；核燃料开采	抽水蓄能
第三阶段（1954年）	化石能源、清洁能源	新能源发电机	电能	光能→电能；机械能→电能；热能→机械能→电能	—	新型储能
能源发展新时代（2020年）	清洁能源	双碳目标提出	电能	清洁能源→电能	—	新型储能

1.5.2　电力系统中的储能

电力系统中的储能是指一种能够在特定时间内存储能量，并在需要时再释放出来的技术。储能技术对于优化能源结构、提高电能使用效率、提高供电可靠性和稳定性具有重要作用。根据储能技术的发展历程可以分为四个阶段：无储能时代、储能发展萌芽期、储能技术爆发期、储能发展新时代。

1. 无储能时代（1888 年前）

电力的发展始于 1831 年，法拉第提出了电磁感应原理并制成第一台圆盘式单机直流发电机。人类对电能的系统化建设则始于 1852 年，英法联盟公司成立并制成蒸汽机驱动的电磁式直流发电机。从此人类进入直流电时代。在 19 世纪末至 20 世纪初，直流电被广泛使用，其中，爱迪生对直流电的发展做出了重要贡献，1882 年，爱迪生在纽约珍珠街建造了自己的第一座发电厂，并利用直流发电机给发电厂周围 1mile [一] 范围内的 60 户居民供应电能，这也是历史上第一次民用电供给。由于电力系统整体体量很小，供需平衡容易调节，因此，电力系统的储能在这一时期没有发展场景。

电化学储能电池的相关技术在这一时期已经开始探索。早在 1800 年，意大利物理学家亚历山德罗・伏打（Alessandro Volta）发明了著名的伏打电堆（Voltaic Pile），这是人类历史上第一个可以将化学能转化为电能的装置。伏打电堆的发明不仅为电化学储能技术奠定了基础，同时也为后来的电器研究和应用提供了强大的动力。1841 年，英国化学家罗伯特・威廉・本森（Robert William Benson）发明了名为 "本森电池"（Benson Cell）的新型电池。这种电池以铂为电极，以硫酸和氢气为电解质，具有较高的能量密度和较长的使用寿命，为电化学储能技术的进一步发展开辟了新的道路。

2. 储能发展萌芽期（1888 ~ 1969 年）

1888 年，尼古拉・特斯拉发明了世界上第一台交流电发电机，并于 1896 年在尼亚加拉发电厂投产运营了两相交流发电机，将负荷为 3750kW/5000V 的交流电送到 40km 外的布法罗市，标志现代电力系统开始建立。随着电力走进人类社会日常生活，为了平衡电力系统供需，大量储能技术开始萌芽。

抽水蓄能是人类使用最早同时也是最广泛的电力储能技术。1882 年，瑞士建成了全球首座抽水蓄能电站——苏黎世奈特拉电站，其容量为 515kW，落差高达 153m，标志着人类首次成功运用物理方式实现了电能的存储。20 世纪 50 ~ 60 年代是抽水蓄能的起步阶段。从第二次世界大战后经济复苏期结束到 1973 年世界石油危机前，美欧日等发达国家经历了长达 20 余年的经济高速增长期，随着工业化时代的来临，电力负荷迅速增长；家用电器普及化，电力负荷的峰谷差也迅速增加，具有良好调峰填谷性能的抽水蓄能电站得以迅速发展。20 世纪 50 年代抽水蓄能电站年均增加装机容量 200MW，到

1960 年全世界抽水蓄能电站装机容量达到 3420MW。这一时期西欧国家始终引领着世界抽水蓄能电站建设的潮流。20 世纪 60 年代年均增长 1259MW，到 1970 年，全世界抽水蓄能电站装机容量增至 16010MW；60 年代后期，美国抽水蓄能装机容量跃居世界第一，并保持 20 多年。

飞轮储能和压缩空气储能等其他物理储能技术开始萌芽，技术成熟度逐步提升，展现出巨大的应用前景。飞轮储能技术在 19 世纪中叶已经开始发展。1832 年，美国人瑟古德首次提出了利用旋转飞轮来存储和释放能量的构想，这一开创性的想法为飞轮储能技术的后续发展奠定了基石。1879 年，约瑟夫·惠尔赖特在柏林成功研制出首款适用于电力系统调峰和应急电源的飞轮储能设备，标志着飞轮储能技术开始融入电力系统应用领域。压缩空气储能技术的探索始于 1860 年，奥伯曼（R.E. Opperman）与伍德（W.R. Wood）两位美国科学家首次提出了压缩空气储能的基本概念。1950 年，美国内布拉斯加州的奥马哈市发电厂首次引入了压缩空气储能技术的原型机，进一步推动了技术的创新与发展。

电化学储能技术处于小型电池研发阶段，开始逐渐影响人类生产生活。1860 年，电化学储能技术迎来了一次划时代的变革。法国物理学家加斯东·普兰特（Gaston Planté）成功发明了第一块蓄电池——铅蓄电池。铅蓄电池以其高能量密度、低成本和稳定的性能迅速成为电化学储能领域的主导产品，广泛应用于工业、交通、生活等领域。1887 年，英国科学家赫勒森成功研发出干电池。1890 年，爱迪生发明了可充电的铁镍电池，进一步推动了小型电池技术的发展。这时期的电池在容量、寿命和安全性等方面存在明显的不足，难以满足大规模储能应用的实际需求。我国在 1960 年开始碱性电池的研发工作，由西安庆华厂承担，标志着我国正式开始了新型储能相关技术的研究。

3. 储能技术爆发期（1970～2019 年）

20 世纪 70～80 年代，抽水蓄能技术迎来黄金发展阶段。1973 年和 1979 年两次石油危机后，燃油电站比重下降，核电站建设开始迅猛发展。同时，常规水电比重下降，电网调峰能力下降，低谷富裕电量大增，急需削峰填谷性能优越的抽水蓄能电站与之配套。这一时期，抽水蓄能电站年均增长率分别达到 11.26% 和 6.45%。到 1990 年底，全世界抽水蓄能电站装机规模增至 86879MW。进入 20 世纪 90 年代后，发达国家经济增长速度有所放慢，抽水蓄能电站建设年均增长率从 80 年代的 6.45% 降至 2.75%，到 2000 年全世界抽水蓄能电站装机规模达到 114000MW。日本超过美国成为抽水蓄能电站装机容量最大的国家。进入 21 世纪，随着亚洲国家经济增长速度的提升，特别是中国、韩国和印度，电力需求旺盛，对抽水蓄能电站的需求增加迅猛。2010 年全世界抽水蓄能电站装机规模达到 135000MW，年均增长率为 1.71%。2020 年达到 159490MW，年均增长率为 1.68%。我国的储能建设起步晚，发展快。我国于 1968 年建成第一座混合式抽水蓄能电站——河北省平山县岗南水电站，标志着我国正式进入现代储能发展领域。2017 年我国抽水蓄能电站装机容量超越日本，达到 28490MW，成为全世界抽水蓄能电站规模最大的国家。截至 2020 年底，我国在运行的抽水蓄能电站有 32 座，规模 31490MW，在建抽水蓄能装机规模 45450MW。

随着全球能源绿色低碳转型，新型储能技术在这一时期开始受到关注。人类开始探索除了传统抽水蓄能之外的其他储能技术，电化学储能、机械储能、电磁储能、氢储能和储热（冷）技术的相关前瞻研究与产业化爆发增长，新型储能技术快速发展。电化学储能技术方面，1980 年，"锂电之父"——约翰·古迪纳夫（John B. Goodenough）教授与日本索尼公司合作开发了钴酸锂正极材料，这一材料具有高电压、高能量密度和良好的安全性能，是现代消费类锂离子电池的关键组成部分。1991 年日本索尼公司开发出第一款商业用锂离子电池。1997 年，古迪纳夫教授和日本科学家共同报道了橄榄石型 $LiFePO_4$（磷酸铁锂）的锂离子脱嵌特性，标志着以锂离子电池为代表的电化学储能技术进入快速技术突破期。此后，锂离子电池在各类电子产品、新能源汽车和储能电站中普遍使用，制备技术取得重大突破，成本大幅下降。2011 年 1 月 23 日，我国南方电网调峰调频公司建成并投运了世界首座调峰调频锂离子电池储能电站——深圳宝清电池储能电站，设计规模为 10MW/40MWh，首期工程规模为 4MW/16MWh，首次验证了兆瓦级电池储能系统在电网中运行的可行性及特性，标志着以锂离子电池为代表的新型储能技术已经具备商业化应用条件。钠离子电池方面，2019 年 3 月 29 日，中科海钠科技有限责任公司自主研发的 30kW/100kWh 钠离子电池储能电站在江苏省溧阳市成功示范运行，比亚迪、宁德时代、亿纬锂能等领军企业开始纷纷布局钠离子电池。机械储能方面，1978 年，全球第一座压缩空气储能电站——Huntorf 电站在德国建成并投入商业应用。2003 年，美国灯塔电力（Beacon Power）公司开发出飞轮矩阵组原型机，并建立世界上第一个大规模飞轮储能项目。此外，液流电池、固态电池、氢能储运技术、超级电容器、超导磁储能和储热等其他储能技术的基础研究与应用研究也相继取得重大进展，并在实验室和示范项目中得到验证，这些技术的发展为储能技术的商业化应用奠定了基础。在此时期，世界各国政府开始出台政策支持新型储能技术的研发和应用。我国政府也在"十三五"期间加大了对新型储能技术的支持力度，推动了储能技术的规模化发展。

总的来说，新型储能技术在这一时期得到了快速推进，各种新型储能技术不断涌现并得到应用。随着技术的不断进步和成本的降低，新型储能技术的应用范围也越来越广泛。

4. 储能发展新时代（2020 年至今）

2020 年 9 月 22 日，在第七十五届联合国大会一般性辩论上，国家主席习近平向全世界郑重宣布——中国"二氧化碳排放力争于 2030 年前达到峰值，努力争取 2060 年前实现碳中和"，标志着储能发展新时代的到来。

抽水蓄能作为技术最成熟、经济最优、最具大规模开发条件、生命周期最长的绿色低碳灵活调节电源，在储能发展新时代继续保持增长态势。根据国际水电协会发布的

《世界水电展望》报告，全球 2023 年新增抽水蓄能装机约 10.5GW，占全年新增储能装机的 12.3%，总装机达到 201GW。抽水蓄能技术在我国发展迅速，已形成全产业链发展体系和专业化发展模式，规模居世界第一。截至 2023 年，我国抽水蓄能总装机已达 50GW，占全球抽水蓄能总装机的 25%。2022 年，国内首台自主研发的 5MW 级全功率变速恒频抽水蓄能机组在四川春厂坝抽水蓄能电站成功并网发电，标志着我国在快速响应全功率变速恒频可逆式抽水蓄能成套设备设计、制造和协同控制等关键技术方面取得了重大进展。

新型储能行业整体处于由研发示范向商业化初期的过渡阶段，各类技术逐步成熟，取得重要突破。2022 年 9 月 30 日，中国科学院工程热物理研究所建成的世界首套百兆瓦先进压缩空气储能国家示范项目在河北张家口顺利并网发电，该项目总规模为 100MW/400MWh，是目前世界单机规模最大、效率最高的新型压缩空气储能电站。2022 年 10 月 30 日，由中国科学院大连化学物理研究所提供技术支撑的迄今全球功率最大、容量最大的百兆瓦级液流电池储能调峰电站正式并网发电，总建设规模为 200MW/800MWh。以磷酸铁锂电池为主流的电化学储能技术在电力系统中已开始商业化应用。2023 年 8 月，美国 Vistra Energy 公司在加利福尼亚州建成全球规模最大的商业化运营锂离子电池储能系统——莫斯兰汀（Moss Landing）储能系统，总体规模达到 750MW/3000MWh。2023 年，全球新增新型储能装机 42GW，占储能新增装机总量的 86.4%，是抽水蓄能的 7 倍，全球累计新型储能装机 88.2GW，占储能总装机的 30%。2023 年，我国新型储能总装机达 31.4GW，占全球新型储能总装机的 36.5%，2023 年新增 22.6GW，标志着新型储能开始向规模化、产业化、市场化发展。

广东省作为我国改革开放的先行示范区，始终致力于新型储能技术的深入探索与推进。依托广东省新能源发展基础优势，加大力度支持新型储能技术持续攻关，推动新型储能产业链稳健发展。2023 年 11 月，工业和信息化部批复同意建设的国家地方共建新型储能创新中心落户广州，进一步助力我国新型储能领域全产业链发展。2023 年，广东省新型储能总装机规模显著增长，突破 1.6GW，同比增长高达 125%。为了进一步推动新型储能技术的发展和应用，广东省发展和改革委员会于 2023 年 12 月公布了新型储能重大应用场景机会清单，预计总投资达 248.4 亿元，总装机规模为 2.14GW/3.82GWh，其中包括 13 个百兆瓦级的新型储能项目。

新型储能技术经历了 50 余年的发展，取得了颠覆性进展，关键技术和核心装备不断迭代、应用场景逐步拓展，商业模式逐步规范、市场规模稳步扩大，有力推动了能源转型和新型电力系统构建。随着能源数字化智能化不断发展，新型储能技术发展已经进入全新的历史阶段，将推动世界能源格局变革。近几年，世界主要国家相继发布新型储能产业科技发展战略，投入大量资金开展关键技术研发和推广应用，未来新型储能装机规模将快速增长。未来十年是发展新型储能的战略机遇期和历史关键阶段，能源变革将加速到来。

1.6 产业科技发展背景与现状

随着碳达峰碳中和的推进，风能、太阳能等新能源得到了快速发展。光伏发电和风力发电间歇性、随机性、波动性强，受资源位置约束，造成电力供需在时间、空间尺度上的不平衡，给电力系统带来前所未有的挑战。以电化学储能为代表的新型储能具有响应速度快、项目选址灵活和建设周期短等特点，能够实现主动支撑、惯量管理、快速频率响应和黑启动等功能，可作为重要的灵活调节资源助力构建新型电力系统。因此，新型储能是构建新型电力系统的重要技术和基础装备，是实现碳达峰碳中和目标的重要支撑，也是催生国内能源新业态、抢占国际战略新高地的重要领域。"十三五"以来，我国新型储能行业整体处于由研发示范向商业化初期的过渡阶段，在技术装备研发、示范项目建设、商业模式探索、政策体系构建等方面取得了实质性进展，市场应用规模稳步扩大，对能源转型的支撑作用初步显现。

1. 发展新型储能成为全球能源战略共识

世界发达国家纷纷将发展新型储能产业上升为国家或地区战略，近期出台了一系列相关支持政策，期望从政策、金融、市场、技术和人才等方面加大投入力度，以促进新型储能产业加快发展，提升全球竞争力。美国是全球储能产业发展较早的国家，拥有全球近一半的示范项目。表前储能，即新能源配储与电网侧独立储能，占据美国新型储能主要市场。美国新型储能产业科技发展主要由美国联邦主导路线，各州推动发展。2022年3月，Wood Mackenzie 调研机构和美国清洁能源协会发布的《美国储能市场监测报告》显示，2021 年美国新增电池储能系统装机容量达到 3.5GW。在美国储能产业的规模化发展中，政府引导起着至关重要的作用。美国联邦政府和州政府都非常重视新型储能战略部署和政策规划建设。从国家层面上看，美国主要依靠目标规划、补贴税优等政策拉动。产业政策早期，美国主要聚焦于技术研发，例如《2011—2015 储能计划》"电池 500计划"，以及"储能联合研究中心"（JCESR）的成立等，有效促进了新型储能技术研发和下一代电池关键性技术突破，推动了示范项目的建设。在综合性部署方面，2020 年美国能源部发布《储能大挑战路线图》，提出在储能技术研发、生产制造与供应链、技术转化、政策与评估、劳动力发展五大方面开展行动。近两年，美国逐渐重视新型储能供应链安全问题，2022 年先后发布《可持续的储能供应链政策指南》和《电网储能供应链深度评估报告》，总结其储能产业的供应链安全风险并提出相应保障举措。从各州层面上看，美国各州也针对储能出台了相应的激励政策，立法和监督机构将部署储能系统作为能源政策的优先事项。在目标部署方面，纽约州计划 2030 年将可再生能源使用占比提升至 50%，2040 年实现 100% 无碳电力的目标，并发布了能源愿景改革计划，制定了储能路线图，计划到 2025 年储能装机容量达到 1.5GW，2030 年达到 3GW。在激励政策方面，加利福尼亚州主要围绕用户侧储能开展计划，包含自发电激励计划、投资税收减免政策以及净电量结算制度。

欧盟新型储能市场主要为表后市场，以工商业储能与户储为主。欧盟采取多种计划联合的方式，构建创新生态系统。欧盟极为重视对新型储能技术的研发，全力加强技术路线和规划制定，推动新型储能的规模化发展。2010 年，欧盟成立"欧洲能源研究联盟"，确定了化学储能、电化学储能、机械储能、储热、超导磁储能和储能技术经济六个重点技术领域。2017 年，《欧洲储能技术发展路线图》提出组建欧洲电池联盟（EBA）、欧洲技术与创新平台"电池欧洲"（Batteries Europe）和推进"电池 2030+"（Battery 2030）联合计划。其中，EBA 旨在支持欧洲创新解决方案和制造能力的提升；"电池欧洲"旨在制定长远愿景、战略研究议程与发展路线；"电池 2030+"旨在召集欧洲顶尖的学术机构、研究所和工业领域的相关人士，通过合作在储能电池技术等方面进行长期的研究，为欧洲电池行业不断实现技术突破提供助力。三个研究计划联合，针对不同技术成熟度的研究，分别推进短、中、长期研发工作，相互衔接互补，构建欧盟电池研究创新生态系统。

日本推动新能源发展，积极调整阶段政策。日本国土面积小、能源需求量占比大，相比大规模太阳能发电站，更倾向于发展家庭户侧分布式光伏和储能。在储能激励政策上，鼓励住宅采用储能系统，对家用电池储能系统和可再生能源发电配备储能系统等进行购置和安装补贴。此外，日本从新能源战略出发，积极制定和调整针对储能的阶段政策，2016 年发布《面向 2050 年的能源环境技术创新战略》，明确将电化学储能技术纳入五大技术创新领域，提出重点研发低成本、安全可靠、可快速充放电的先进储能电池技术（包括固态锂离子电池、锂硫电池、金属空气电池、多价离子电池等）。2020 年发布《绿色增长战略》，在新型电池技术等能源相关领域做出规划。2021 年《日本基本能源计划》经历第六次更新，鼓励可再生能源发展，激发储能行业需求。

现阶段，世界主要发达国家新型储能相关技术在高安全、低成本、高可靠、长寿命等方面初步满足规模化发展的要求，美国、欧盟、日本、韩国等在新型储能关键技术、装备部件、标准体系、市场环境、商业生态上处于先进地位。

在电化学储能方面，美国特斯拉、日本松下以及韩国三星、LG、SK On 在锂离子电池领域处于世界先进水平；美国 Natron Energy、英国 Faradion、法国 Tiamat Energy 等在钠离子电池正极材料领域全球领先；日本可乐丽开发的硬碳负极材料实现 320 ~ 405mAh/g 的容量以及 88% ~ 90% 的首次库仑效率；日本丰田、松下、出光兴产和美国 Solid-power 在硫化物全固态电池领域全球领先；日本住友、加拿大 Vanteck 在全钒液流电池领域具备成熟技术，处于先进水平。在机械储能方面，德国 RWE Power、加拿大 Hydrostor、英国 Highview power 等分别在绝热压缩空气和液态压缩空气等技术领域实现商业化运营；美国 Beacon Power、德国 Piller Power 的飞轮储能产品成功应用于电力调频领域，单体最大功率达 1.6MW，处于世界先进水平。在电磁储能方面，以美国 Maxwell、日本松下和韩国 Nesscap 为代表的发达国家企业在技术上有着先发优势；日本可乐丽长期占据我国超级电容炭 70% ~ 80% 的市场份额；日本 NKK、美国 Celgard 等在超级电容器隔膜领域长期占据技术优势。在氢储能方面，美国 Plug Power、英国 ITM Power

在质子交换膜电解槽制氢领域全球领先，已实现单槽 500Nm³/h 的成熟技术；德国 Voith Composites、日本丰田等在高压气态储氢领域全球领先，美国 Air Products、德国 Linde、英国 BOC 等拥有成熟的、商业化的低温液态储氢技术，处于垄断地位。在能源电子、储能系统集成、电化学储能电站安全等三大规模化支撑技术方面，美国、日本、德国、瑞士等发达国家在智能传感器、电源管理芯片、功率半导体器件、电池管理系统等领域布局较早，产品系列覆盖广、性能可靠，处于全球领先地位。

2. 我国新型储能产业迎来重要战略机遇期

能源活动是我国温室气体的主要来源之一。作为流程型工业的典型高排放行业，即发电、化工、钢铁、有色、建材工业过程的二氧化碳（CO_2）排放约占全国总排放的近 50%，是我国碳排放的主要来源。因此，CO_2 高排放行业能源利用清洁低碳化转型发展势在必行。我国要实现碳达峰、碳中和目标意味着必须进行颠覆性的能源革命、科技革命和经济转型。发展变革性低碳技术，通过工艺源头创新和流程再造，在典型流程工业中率先实现碳达峰、碳中和，是支撑我国"双碳"目标实现的关键。

随着"双碳"成为全球共识，新能源在整个能源体系中的比重将大幅增加。未来能源体系将是以新能源为主体、多种形式能源互补而成的多元化能源体系。未来的新型电力系统将是以最大化消纳新能源为主要任务，以智能电网为枢纽平台，以源网荷储互动与多能互补为支撑，具有清洁低碳、安全可控、灵活高效、智能友好、开放互动基本特征的电力系统。随着新型电力系统对调节能力需求提升、新能源开发消纳规模不断加大，风力发电、光伏发电本身的波动性和间歇性决定了新型电力系统必须具备较强的灵活性。从技术属性来看，新型储能建设周期短、选址简单灵活、调节能力强，与新能源开发消纳的匹配性更好，优势逐渐凸显。储能作为电能的载体，是解决以风、光为主的新能源系统波动性、间歇性的有效技术，可有效地促进电力系统运行中电源和负荷的平衡，提高大规模新能源并网运行的安全性、经济性和灵活性，同时储能技术也成为构建智能电网与实现可再生能源发电的核心关键。因此，通过新型储能技术实现可再生能源大规模并网，从而推动能源低碳转型的技术路径被业界寄予厚望，新型储能技术也迎来爆发式增长。我国在锂离子电池、压缩空气储能等技术方面已达到世界领先水平，面向世界能源科技竞争，支撑绿色低碳科技创新，加快新型储能技术创新体系建设刻不容缓。此外，新型储能是催生能源工业新业态、打造经济新引擎的突破口之一，是实现可再生能源规模应用和构建以新能源为主体的新型电力系统、实现"双碳"目标的重要抓手。在构建国内国际双循环相互促进新发展格局背景下，国内外大规模新型储能项目陆续启动，储能技术呈现出锂离子电池、钠离子电池、液流电池、压缩空气储能、铅炭电池、储热技术等"百家争鸣"的局面，与此同时，越来越多的企业通过扩产或合作方式投身储能产业，储能产业呈现蓬勃发展的良好局面，加速新型储能产业布局面临重大机遇。

现阶段，我国新型储能技术整体处于商业化初期，技术水平整体处于并跑状态，在电化学储能、压缩空气储能、氢储能等某些细分领域处于世界先进地位，部分技术指标处于世界领先水平，在锂离子电池、钠离子电池、固态电池、压缩空气、超级电容器、氢储能、能源电子、储能系统集成等方面初步形成了技术创新体系。

在电化学储能方面，我国整体实力位居世界领先地位，宁德时代、比亚迪、亿纬锂能、瑞浦兰钧、海辰储能等一大批储能电池科技企业在锂离子电芯 / 电池制造领域占据绝对领先地位；德方纳米、贝特瑞、新宙邦等企业掌握锂离子电池正负极材料和电解液等电池材料的成熟技术和产业化能力；中科海钠、钠创新能源、众钠能源等企业开发的钠离子电池产品能量密度达 155Wh/kg，循环寿命为 2000 ~ 6000 次；北京卫蓝、清陶能源、赣锋锂业等企业已实现氧化物半固态电池商业化能力，电池能量密度为 250 ~ 420Wh/kg；广汽集团、蜂巢能源、恩力动力等企业自主研发的硫化物全固态电池已达到世界先进水平；大连融科储能、北京普能、乐山伟力得、上海电气等企业掌握全钒液流电池电堆及关键材料商业化生产技术，处于国际领先地位。在机械储能方面，中国能建、清华大学、中国科学院工程热物理研究所等机构技术实力达到世界先进水平，已建成世界首个非补燃压缩空气储能电站，并实现并网运行；盾石磁能、沈阳微控、深圳坎德拉等企业开发功率超 1MW 的单体飞轮储能系统，成功应用于电网调频服务，总体技术水平已接近欧美发达国家。在电磁储能方面，福建元力、河南大潮、中国科学院山西煤化所等机构突破超级电容炭材料制备技术，具备自主知识产权；中轻特材、柔创纳科等企业初步实现超级电容器隔膜的国产化替代；宁波中车、上海奥威、南通江海、今朝时代等企业在双电层超级电容器和混合型超级电容器的技术研发和产品开发方面均达到了国际先进水平。在氢储能方面，阳光电源、赛克赛斯、派瑞氢能等企业的质子交换膜电解槽技术快速发展，加速追赶欧美发达国家，目前已掌握 300 ~ 400Nm³/h 的成熟技术，并处于 500 ~ 800Nm³/h 样机研制验证阶段；国内的Ⅰ ~ Ⅳ型高压气态储氢瓶已具备完全自主的知识产权能力，其中Ⅰ、Ⅱ型瓶已实现完全国产化，但Ⅲ、Ⅳ型瓶的关键材料和部件性能指标较国外还有差距，特别是碳纤维材料、70MPa 高压阀门等；中科富海、中泰股份、国富氢能等企业近年来在低温液态储氢上取得一定技术进步，但总体仍处于起步阶段。在能源电子、储能系统集成、电化学储能电站安全等三大规模化支撑技术方面，我国智能传感器已形成自主知识产权，但在产品性能参数上与国外存在差距；电源管理芯片的设计制造能力仍落后于世界发达国家，IGBT 等功率半导体器件的研发制造仍受制于人，与世界先进水平差距较大；电池管理系统、储能变流器和能量管理系统已实现商业化规模发展，总体处于全球第一梯队，宁德时代、比亚迪、上能电气、科华数能、索英电气、阳光电源、宝光智中、南瑞继保、许继电气等是代表性企业。

3. 政策先行加速产业科技发展

新型储能是我国正在布局的重点产业领域，是推动高质量建设制造强国、培育经济新增长点的重要发力点，未来市场空间广阔、发展潜力巨大。在政策层面，国家发展改革委和国家能源局启动了对储能发展的整体规划部署，密集出台了一系列储能相关政策。2021 年 7 月，国家发展改革委、国家能源局发布《关于加快推动新型储能发展的指导意见》（发改能源规〔2021〕1051 号），相比同年 3 月发布的《关于推进电力源网荷储一体化和多能互补发展的指导意见》（发改能源规〔2021〕280 号）和 4 月 19 日发布的《关于 2021 年风电、光伏发电开发建设有关事项的通知（征求意见稿）》，储能的市场地位、商业模式和经济价值逐渐得到承认与明确。2021 年 10 月，中共中央、国务院先后发布了《中共中央 国务院关于完整准确全面贯彻新发展理念做好碳达峰碳中和工作的意见》和《国务院关于印发 2030 年前碳达峰行动方案的通知》（国发〔2021〕23 号），首次将推动新型储能发展作为加快构建清洁低碳安全高效能源体系、建设新型电力系统的重要布局和主要工作之一；并明确了到 2025 年，新型储能装机容量达到 3000 万 kW 以上的总体目标。2021 年 12 月，国家能源局正式颁布《电力并网运行管理规定》（国能发监管规〔2021〕60 号）和《电力辅助服务管理办法》（国能发监管规〔2021〕61 号）文件，明确将新型储能、虚拟电厂、负荷聚集商等作为辅助服务市场的新主体；并增加了电力辅助服务新品种，完善了辅助服务分担共享新机制，疏导电力系统运行日益增加的辅助服务费。2022 年 2 月，国家发展改革委、国家能源局印发的《"十四五"新型储能发展实施方案》（发改能源〔2022〕209 号）提出，到 2025 年，新型储能由商业化初期步入规模化发展阶段、具备大规模商业化应用条件；到 2030 年，新型储能全面市场化发展，全面支撑能源领域碳达峰目标如期实现。2022 年 5 月，国家发展改革委、国家能源局印发《关于进一步推动新型储能参与电力市场和调度运用的通知》（发改办运行〔2022〕475 号），提出要建立完善适应储能参与的市场机制，鼓励新型储能自主选择参与电力市场，进一步明确新型储能市场定位，提升新型储能利用水平。2023 年 1 月，工业和信息化部等六部门制定《关于推动能源电子产业发展的指导意见》（工信部联电子〔2022〕181 号），提出推动能源电子产业有效支撑新能源大规模应用，成为推动能源革命的重要力量，主要涉及太阳能光伏、新型储能电池、重点终端应用、关键信息技术及产品等领域。此外，新能源、能源互联网等相关政策中提到支持储能行业发展，这些政策多从本行业出发，辐射到关联领域，对加大新型储能技术研发、推动储能市场的示范应用、推动储能向电力系统及能源互联网等领域渗透起到重要作用。在国家政策的指引下，北京、上海、广东、江苏、浙江、山东等省份纷纷出台推动新型储能高质量发展的相关政策，抢抓新型储能产业发展战略机遇期，着力构建技术、市场、政策多轮驱动的良好局面。我国新型储能领域重要政策，见表 1.6-1。

表 1.6-1 我国新型储能领域重要政策汇总

地区	序号	政策名称	发布部门	发布时间
国家	1	《关于开展分布式发电市场化交易试点的通知》（发改能源〔2017〕1901 号）	国家发展改革委、国家能源局	2017 年 10 月
	2	《关于推进电力源网荷储一体化和多能互补发展的指导意见》（发改能源规〔2021〕280 号）	国家发展改革委、国家能源局	2021 年 2 月

（续）

地区	序号	政策名称	发布部门	发布时间
国家	3	《关于加快推动新型储能发展的指导意见》（发改能源规〔2021〕1051号）	国家发展改革委、国家能源局	2021年7月
	4	《关于鼓励可再生能源发电企业自建或购买调峰能力增加并网规模的通知》（发改运行〔2021〕1138号）	国家发展改革委、国家能源局	2021年7月
	5	《关于加快建设全国统一电力市场体系的指导意见》（发改体改〔2022〕118号）	国家发展改革委、国家能源局	2022年1月
	6	《"十四五"新型储能发展实施方案》（发改能源〔2022〕209号）	国家发展改革委、国家能源局	2022年1月
	7	《关于完善能源绿色低碳转型体制机制和政策措施的意见》（发改能源〔2022〕206号）	国家发展改革委、国家能源局	2022年1月
	8	《关于进一步推动新型储能参与电力市场和调度运用的通知》（发改办运行〔2022〕475号）	国家发展改革委办公厅、国家能源局综合司	2022年5月
	9	《关于推动能源电子产业发展的指导意见》（工信部联电子〔2022〕181号）	工业和信息化部等六部门	2023年1月
	10	《关于第三监管周期区域电网输电价格及有关事项的通知》（发改价格〔2023〕532号）	国家发展改革委	2023年5月
	11	《关于做好可再生能源绿色电力证书全覆盖工作 促进可再生能源电力消费的通知》（发改能源〔2023〕1044号）	国家发展改革委、财政部、国家能源局	2023年7月
上海	12	《上海市碳达峰实施方案》（沪府发〔2022〕7号）	上海市人民政府	2022年7月
	13	《上海打造未来产业创新高地发展壮大未来产业集群行动方案》（沪府发〔2022〕11号）	上海市人民政府	2022年9月
	14	《上海市科技支撑碳达峰碳中和实施方案》（沪科合〔2022〕28号）	上海市科学技术委员会等部门	2022年10月
北京	15	《北京市"十四五"时期能源发展规划》（京政发〔2022〕10号）	北京市人民政府	2022年2月
	16	《北京市碳达峰实施方案》（京政发〔2022〕31号）	北京市人民政府	2022年10月
广东	17	《广东省推动新型储能产业高质量发展的指导意见》（粤府办〔2023〕4号）	广东省人民政府办公厅	2023年3月
	18	《关于加快推动新型储能产品高质量发展的若干措施》（粤制造强省〔2023〕24号）	广东省制造强省建设领导小组办公室	2023年3月

（续）

地区	序号	政策名称	发布部门	发布时间
广东	19	《广东省促进新型储能电站发展若干措施》（粤发改能源函〔2023〕684号）	广东省发展改革委、广东省能源局	2023年5月
	20	《广东省独立储能电站建设规划布局指引》（粤能电力〔2023〕36号）	广东省能源局	2023年5月
	21	《广东省能源局关于新能源发电项目配置储能有关事项的通知》（粤能新能函〔2023〕396号）	广东省能源局	2023年6月
江苏	22	《江苏省"十四五"新型储能发展实施方案》（苏发改能源发〔2022〕831号）	江苏省发展改革委	2022年8月
	23	《关于推进战略性新兴产业融合集群发展的实施方案》（苏政办发〔2023〕8号）	江苏省人民政府办公厅	2023年2月
浙江	24	《关于浙江省加快新型储能示范应用的实施意见》（浙发改能源〔2021〕393号）	浙江省发展改革委、浙江省能源局	2021年11月
河北	25	《河北省"十四五"新型储能发展规划》（冀发改能源〔2022〕481号）	河北省发展改革委	2022年4月
湖南	26	《湖南省先进储能材料及动力电池产业链三年行动计划（2021—2023年）》（湘制造强省办〔2020〕8号）	湖南制造强省建设领导小组办公室	2021年1月
山东	27	《山东省新型储能工程发展行动方案》（鲁能源科技〔2022〕200号）	山东省能源局	2022年12月
新疆	28	《关于建立健全支持新型储能健康有序发展配套政策的通知》（新发改规〔2023〕5号）	新疆维吾尔自治区发展改革委	2023年5月
广西	29	《加快推动广西新型储能示范项目建设的若干措施（试行）》（桂发改电力规〔2023〕217号）	广西壮族自治区发展改革委	2023年3月
青海	30	《青海省国家储能发展先行示范区行动方案（2021—2023年）》（青政函〔2020〕99号）	青海省发展改革委	2022年8月
内蒙古	31	《关于加快推动新型储能发展的实施意见》（内政办发〔2021〕86号）	内蒙古自治区人民政府办公厅	2021年12月
	32	《自治区支持新型储能发展若干政策（2022—2025年）》（内政办发〔2022〕88号）	内蒙古自治区人民政府办公厅	2022年12月
宁夏	33	《关于加快促进储能健康有序发展的通知》（宁发改能源（发展）〔2021〕411号）	宁夏回族自治区发展改革委	2021年7月

4. 多元化关键核心技术发展逐步成熟

现阶段，我国新型储能技术由以磷酸铁锂电池为代表的电化学储能占据主导，机械储能、电磁储能、氢储能、储热（冷）等多元化技术路线百花齐放。电化学储能技术中，锂离子电池储能技术初步实现了规模化应用，将成为实现碳达峰目标进程中发展速度最快、应用前景最广的新型储能技术。磷酸铁锂电池性能大幅提升，电池能量密度提高至 200Wh/kg，循环寿命提高至 1000～2000 次，成本下降迅速，储能系统建设成本降至 0.8～1.6 元 /Wh，平准化度电成本降至 0.58～0.73 元 /kWh（按照储能每天充放电循环一次）。近年来，锂离子电池储能产业科技研发、规模化集成、安全防护等关键技术水平持续提升，产业链持续完善，技术水平世界领先，通过了规模化应用功能验证，面向电力系统应用的技术标准体系和应用管理体系日趋完善。预计到 2030 年，锂离子电池储能电站单位容量成本将低于抽水蓄能电站，为 500～700 元 /kWh，度电成本接近 0.1 元。钠离子电池方面已突破层状氧化物、聚阴离子化合物正极材料、硬碳负极材料的规模化制备技术，现阶段钠离子电芯能量密度达 160Wh/kg，循环寿命达 3000～4000 次，电芯成本为 0.6～0.8 元 /Wh，初步具备商业化规模化应用条件，亿纬锂能、比亚迪、欣旺达等龙头企业逐步形成产能。液流电池方面已攻克全钒液流电池卡脖子技术，基本能够实现关键材料、部件、单元系统和储能系统的国产化，循环寿命超过 16000 次，储能系统建设成本降至 3000～4000 元 /kWh，正在建设百兆瓦级工程示范项目。其他电化学储能技术如固态电池、锂硫电池、金属电池等尚在研究开发阶段。氢储能技术中，稀土系、钛系固态储氢材料趋于成熟，储氢装备自主可控，储氢容量达到 1.4～2.0wt%，储氢成本为 1 万～2 万元 /kg H_2，实现固态氢能发电并网，整体处于研究和示范阶段。机械储能技术中，压缩空气储能方面开展了新型压缩空气储能研究，并在关键技术上取得较大突破，实现 300MW 级先进压缩空气储能技术试验示范，容量成本降至 640 元 /kWh。飞轮储能方面自主掌握了飞轮转子、磁悬浮轴承、永磁同步电机系统等关键技术，成功开发 MW 级飞轮储能系统，实现了电力调频领域工程应用。电磁储能技术中，超级电容器储能方面混合型电容器实现较大突破，能量密度已达到 50～80Wh/kg，功率密度已达到 1～10kW/kg，充放电循环次数在 30000 次以上，已实现与锂离子电池在储能电站的混合应用。值得注意的是，锂离子电池以外的其他新型储能技术在部分指标方面具有相对优势，是储能多元化应用场景的备选。但相关技术在综合性能方面离实际应用需求还存在较大差距，应用经济性还需提升，实际应用效果仍需进一步跟踪评估与验证，同时还需加快面向电力系统应用的技术标准体系和应用管理体系建设。

5. 体系化产业应用生态逐步完备

我国正在构建以新型储能为支撑的新型电力系统。近年来，我国电力储能装机快速增长，根据国家能源局的统计数据，截至 2023 年底，全国已建成投运新型储能项目累计装机规模达 3139 万 kW/6687 万 kWh，平均储能时长 2.1h。2023 年新增装机规模约 2260 万 kW/4870 万 kWh，较 2022 年底增长超过 260%，近 10 倍于"十三五"末装机规模。储能行业呈现多元化发展趋势。锂离子电池储能仍占绝对主导地位，其集成规模向吉瓦级发展。钠离子电池储能、压缩空气储能、液流电池储能、飞轮储能等技术创新取得长足进步，应用规模逐步增大，应用模式逐渐增多。2023 年以来，多个 300MW 等级压缩空气储能项目、100MW 等级液流电池储能项目、MW 级飞轮储能项目和钠离子电池储能项目开工建设，重力储能、液态空气储能、二氧化碳储能等新技术落地实施，总体呈现多元化发展态势。截至 2023 年底，已投运锂离子电池储能占比 97.4%，铅炭电池储能占比 0.5%，压缩空气储能占比 0.5%，液流电池储能占比 0.4%，其他新型储能技术占比 1.2%。

现阶段，我国储能应用技术初步突破安全过程管控、储能电站能量精准管控、源 - 网 - 荷 - 储智慧调控等关键技术，先后开展了新能源发电配储提升并网友好性、常规火电配置混合式储能机组调频、大容量储能电站调峰、分布式储能构建智能微电网、工商业储能电站共享等多样性示范工程，相关核心技术指标达到国际先进水平。截至 2023 年底，新型储能累计装机规模排名前 5 的省份分别是：山东 398 万 kW/802 万 kWh、内蒙古 354 万 kW/710 万 kWh、新疆 309 万 kW/952 万 kWh、甘肃 293 万 kW/673 万 kWh、湖南 266 万 kW/531 万 kWh，装机规模均超过 200 万 kW；宁夏、贵州、广东、湖北、安徽、广西等 6 省份装机规模超过 100 万 kW。分区域看，华北、西北地区新型储能发展较快，装机占比超过全国 50%，其中西北地区占 29%，华北地区占 27%。

新型储能多应用场景发挥功效，商业模式逐步拓展，国家和地方层面政策机制不断完善，对能源转型的支撑作用初步显现，有力支撑新型电力系统构建：一是促进新能源开发消纳，截至 2023 年底，新能源配建储能装机规模约 1236 万 kW，主要分布在内蒙古、新疆、甘肃等新能源发展较快的省份；二是提高系统安全稳定运行水平，独立储能、共享储能装机规模达 1539 万 kW，占比呈上升趋势，主要分布在山东、湖南、宁夏等系统调节需求较大的省份；三是服务用户灵活高效用能，广东、浙江等省工商业用户储能迅速发展。

1.7　产业科技发展重大意义

实现碳达峰碳中和，努力构建清洁低碳、安全高效的能源体系，是党中央、国务院作出的重大决策部署。抽水蓄能和新型储能是支撑新型电力系统的重要技术和基础装备，两者互为补充，共同发展，对推动能源绿色转型、应对极端事件、保障能源安全、促进能源高质量发展、支撑应对气候变化目标实现具有重要意义。

1. 保障能源安全，推进绿色转型

我国是世界最大的能源消费国，有效保障国家能源安全始终是我国能源发展的首要问题。只有把能源的饭碗端在自己手里，充分保障国家能源安全，才能把握未来发展主动权。在今后较长一段时间内，我国能源需求总量还将持续增长，所以要统筹可再生能源特别是新能源与化石能源之间的互补和优化组合。能源消费总量中，可再生能源使用比例逐步增长，在能源可靠供应方面，化石能源发挥基础性调节和兜底保障作用。储能能够显著提高风、光等可再生能源的消纳水平，支撑分布式电力及微电网系统，是推动

主体能源由化石能源向可再生能源更替的关键技术。通过大规模导入新型储能技术，能够在很大程度上解决可再生能源发电的随机性和波动性问题，使间歇性的、低密度的可再生清洁能源得以广泛、有效地利用，并且逐步成为经济上有竞争力的能源。

2. 重塑电力系统，引领能源变革

新型储能能够促进能源生产消费开放共享和灵活交易、实现多能协同，是构建能源互联网，推动电力体制改革和促进能源新业态发展的核心基础。新型储能技术的应用将贯穿于电力系统发电、输电、配电、用电的各个环节，可以有效缓解高峰负荷供电需求，提高现有电网设备的利用率和电网的运行效率；可以有效应对电网故障的发生，可以提高电能质量和用电效率，满足经济社会发展对优质、安全、可靠供电和高效用电的要求；储能系统的规模化应用还将有效延缓或减少电源和电网建设，提高电网的整体资产利用率，彻底改变现有电力系统的建设模式，促进其从外延扩张型向内涵增效型转变。

近年来，电力系统"双高"特征凸显，电网在安全稳定运行、电力电量平衡、新能源发电消纳等方面面临挑战。高比例新能源的接入导致电力系统转动惯量降低，调节能力和抗扰动能力下降。同时，配电网有源化造成可切负荷量下降。新能源发电"大装机小电量""极热无风、晚峰无光"特征显著，使迎峰度夏、迎峰度冬期间保障电力供应难度增大，日内电力供需平衡的不确定性增加。新能源发电成为电力保供的重要参与者，对于新能源发电出力预测的准确性要求更高。风光资源丰富的地区与电力需求大的地区呈逆向分布，新能源电力消纳和外送的难度较大。为保安全、保供应、促消纳，电力系统需要针对新能源发电日周期（逐日）波动和日内（逐小时）波动增强相应的灵活调节能力。新型储能可提供毫秒到数天宽时间尺度上的双向灵活调节能力以及功率、能量的双重支撑，将成为新型电力系统必不可少的调节手段。在保安全方面，在高比例新能源发电和大容量直流接入的地区，新型储能电站可为电力系统提供惯量支撑和一次调频，降低受端电网频率失稳的风险。在保供应方面，在峰谷差较大的局部电网中，规模化的新型储能电站可满足尖峰时段供电需求，降低负荷峰谷差，延缓输电网建设及配电网改造升级投资，提高电网设备的利用率。在促消纳方面，在高比例新能源发电集中接入电网的地区，规模化的新型储能电站作为调峰资源，可助力提高新能源电力消纳水平；在高比例分布式电源接入中低压配电网的地区，分布式新型储能电站可抑制分布式电源接入造成的功率波动，降低电压越限风险，提升配电网对新能源发电的接纳能力。

3. 培育支柱产业，拉动经济增长

我国在锂离子电池储能等技术方面达到世界领先水平。各类新型储能技术路线协同发展，创新示范应用陆续落地，商业模式逐步拓展，相关政策机制不断完善，新型储能逐步驶入快车道。新型储能是实现"双碳"目标的关键配套，来自国内外的需求正迅速攀升，从上游的原材料、装备制造，中游的储能电池、储能电站至下游的回收利用，都带来庞大的工业投资机会。新型储能已然成为全球能源产业竞争的新高地，是催生能源工业新业态、打造经济新引擎的突破口之一。

随着可再生能源装机规模快速增长，电力系统对各类调节性资源需求迅速增长，新型储能项目加速落地，装机规模持续快速提升。2023 年全国风电、光伏发电新增并网装机达 10.5 亿 kW，是新型储能快速增长的根本原因。仅 2023 年 1～6 月，全国新投运装机规模约 863 万 kW/1772 万 kWh，相当于此前历年累计装机规模总和。从投资规模来看，"十四五"以来，新增新型储能装机直接推动经济投资超 1000 亿元，带动产业链上下游进一步拓展，成为我国经济发展"新动能"。其中广东省最具代表性，在产业政策积极引导下，2023 年前三季度，广东省新型储能产业营业收入超 2890 亿元，同比增长 7.3%，装机规模达到 100 万 kW，成为拉动广东省经济增长的重要支柱产业，为广东省高质量发展开辟了全新赛道。当下，市场对新型储能的投资热情空前高涨，大量资本涌入新型储能行业，有望推动新型储能技术和产业进一步成熟。近年来我国新型储能行业持续火热，仅 2023 年上半年的行业融资总额就达到 734 亿元，涉及锂离子电池、钠离子电池、液流电池、便携式 / 户储系统、储能安全、电池回收等多个领域。海博思创、蜂巢能源等十余家新型储能产业链企业进入上市进程或完成上市。全国现存储能相关企业已超 10 万家，2023 年全国新注册储能相关企业高达 5.02 万家，约占总数的 50%。在资本的强力助推下，我国新型储能上下游产业链将不断成熟，新型储能成本有望成为战略性支柱产业。

4. 建立全球优势，打造中国名片

在全球积极应对气候变化推进"碳中和"进程的背景下，新型储能技术和产品需求快速增长，作为新型储能主体部分的电池领域，成为全球贸易竞争的一大阵地。各国为了增强本国供应链的韧性，积极出台产业政策，加强核心产业在全球的产业链布局。中国在储能电池中游产业链环节的正极材料、负极材料、电解液和隔膜四大核心领域，都具有世界一流水平的国际竞争力；在下游产业链环节，中国、日本和韩国主导了世界竞争格局，中国具有较强的市场竞争力，发展潜力巨大。新型储能产业技术的创新和进一步发展能够继续巩固我国在该领域的先发优势，对外形成技术壁垒，使珠三角、长三角等新型储能产业集聚区成长为全球范围内储能产业供应链的重要组成部分，打造新型储能"中国名片"。

1.8　技术创新愿景与目标

1.8.1　发展愿景

结合《"十四五"新型储能发展实施方案》等国家政策文件，根据产业实际与发展需求，本书研究提出到 2030 年，我国新型储能产业规模、技术水平及创新能力居全球前列，成为世界新型储能产业集聚区、科技创新"策源地"。新型储能核心技术装备完全自主可控，市场机制灵活，商业模式成熟，新型储能装机规模基本满足新型电力系统需求，成功实现能源体系转型与电力系统重塑。储能电池、能源电子产品、电力系统工程项目等新型储能全产业链产品成为我国外贸出口的"主力军"，形成一批国际知名品牌。新型储能产业成为我国构建新质生产力、打造战略性支柱产业、推动经济高质量发展的

成功实践，支撑碳达峰碳中和工作取得重大成效，为中国式现代化建设提供安全可靠的能源保障。

一是产业规模大幅提升，发展水平稳居全球前列。我国新型储能产业综合实力快速提升，人才、技术、信息等高端要素向新型储能产业加速集聚，产业体系更加健全完善，产业基础高级化、产业链现代化水平大幅提高，形成具有国际竞争力的全球新型储能产业创新高地，新型储能产业培育成为我国战略性支柱产业之一。新型储能产业上下游进一步协同发展，一批全球领先的新型储能领军企业不断涌现，在国际市场上获得广泛认可和关注。新型储能实现规模化应用，高端产品供给能力大幅提升，形成与国内外新能源需求相适应的产业规模。

二是核心技术装备自主可控，技术水平全球领先。新型储能核心技术和重大装备攻关取得重大突破，储能新材料、新技术、新装备等全面实现自主可控，核心技术自主化基本实现，保障我国能源体系更加可靠、更加安全；电化学储能、机械储能、电磁储能、储热（冷）、氢储能等领域的核心技术与装备发展成熟，储能多元化技术、全过程安全、智慧调控等技术开发取得变革性、颠覆性突破，新型储能技术和产品经过多轮迭代，在高安全、低成本、高可靠、长寿命等方面实现突破性进展，一批关键核心技术达到世界领跑水平，实现全面引领全球能源革命。

三是创新体系全面加强，科研成果加快落地转化。依托国家战略科技力量，建成一批新型储能领域的实验室、技术创新中心等优势平台和产业联盟，构建形成国家级产业创新研发及服务平台，新型储能原始创新能力全面增强，全过程创新能力大幅提升，建成具有国际影响力的新型储能产业技术创新高地，建成面向市场导向的科技研发与中试验证平台，人才培养体系和学科建设健全完善，科研成果转化能力加速跃升，一批高水平科技成果实现产业化落地。

四是产业生态合理有序，有力支撑国家能源战略实施。新型储能生态体系进一步完善，融合应用水平达到全球领先水平，市场机制和商业模式健全稳定，标准体系成熟完善，新型储能在新产品、新业态、新模式等方面得到极大拓展和大规模应用，新型储能在国际市场形成强大的竞争优势。我国新型储能与电力系统各环节深度融合，满足新型电力系统现实需求，能源供应链安全性、稳定性大幅增强，新能源高质量发展取得显著成效，支撑经济社会全面绿色低碳转型，提前实现碳达峰目标，服务经济社会发展大局。

1.8.2 发展目标

从当前到 2030 年是我国新型储能产业科技互促双强、高质量发展的战略机遇期和重要窗口期，国家相关政策文件作出了明确的部署。国家发展改革委、国家能源局 2022 年 1 月正式印发的《"十四五"新型储能发展实施方案》，提出了 2025 年、2030 年两个阶段的新型储能发展目标，到 2030 年我国新型储能要实现全面市场化发展。2023 年 6 月发布的《新型电力系统发展蓝皮书》，由国家能源局统筹组织 11 家研究机构共同编制而成，以 2030 年、2045 年、2060 年为构建新型电力系统的重要时间节点，制定新型电力系统"三步走"发展路径，包括加速转型期（2023～2030 年）、总体形成期（2030～2045 年）、巩固完善期（2045～2060 年），有计划、分步骤推进新型电力系统建设。新型储能未来发展与新型电力系统建设紧密衔接，将实现多应用场景、多技术路线协同发展，实现本质安全、风险可控，实现更高功率、更高效率、更大规模、更低成本。根据产业实际与发展需求，本书进一步探讨提出未来新型储能发展目标。

1）到 2027 年，新型储能步入规模化发展阶段，开展大规模商业化应用。新型储能产业营收达 3 万亿元，年均复合增长 15% 以上，装机规模达 4000 万 kW 以上，占全球市场规模达 30%，带动电力系统投资超 1 万亿元；新型储能技术创新能力大幅提高，核心技术装备自主可控水平提升，在高安全、低成本、高可靠、长寿命等方面取得长足进步，标准体系不断完善，产业体系完备，市场环境和商业模式走向成熟⊖。电化学储能技术性能进一步提升，系统成本降低 30% 以上，锂离子电池的安全性、循环次数和能量密度等指标得到提升，电池安全性能大幅提高；液流电池实现提升转化效率及降低成本，具备规模应用价值。氢储能以示范应用为主，在特定场景实现商业落地；清洁能源制氢及氢能储运技术取得突破性进展，掌握核心技术和制造工艺，能量转化效率得到提升，大规模储氢、远距离运氢初步实现产业应用。机械储能领域，兆瓦级压缩空气储能、飞轮储能等逐步发展成熟，大型压缩空气储能应用规模稳步增长，兆瓦级高性能飞轮储能在特定场合实现商业应用。电磁储能集中发展超级电容器，超级电容器单体制备技术水平快速提升，能量密度及技术经济性进一步提高。储热（冷）等长时储能技术实现更大范围应用。

2）到 2030 年，新型储能走向成熟发展阶段，建立以市场为主导的产业生态。新型储能产业营收超过 5 万亿元，装机规模超过 5000 万 kW，占全球市场总规模 35% 以上，带动电力系统投资超 2 万亿元；新型储能核心技术装备自主可控，技术创新和产业水平稳居全球前列，标准体系、市场机制、商业模式成熟健全，多应用场景多技术路线规模化发展；与电力系统各环节深度融合发展，装机规模基本满足新型电力系统相应需求，全面支撑能源领域碳达峰目标提前实现⊖。电化学储能技术发展到新阶段，在各个场景中均有成熟应用，吉瓦级新型储能系统实现应用。氢储能领域形成较为完备的产业技术创新体系，以及清洁能源制氢、储氢、运氢供应体系，可再生能源制氢广泛应用，氢储能成为主流的长时储能技术。百兆瓦级先进压缩空气储能系统实现集成与示范，飞轮储能在磁悬浮轴承、高强度复合材料和电力电子等领域取得突破性进展，兆瓦级高性能飞轮系统达到成熟水平。超级电容器领域的能量密度和功率密度大幅提升，在特定场合实现商业应用。储热技术在终端用热需求较大的地区实现规模化应用，百兆瓦级高温热储能电站实现示范应用。

⊖　资料来源：国家发展改革委、国家能源局发布的《关于加快推动新型储能发展的指导意见》《"十四五"新型储能发展实施方案》等政策文件。

⊜　资料来源：同上。

1.9　趋势研判

未来十年，我国新型储能产业科技发展趋势研判如下：

1）基于新型储能的新型电力系统全面建成，中国引领世界能源转型。

风电、光伏等可再生能源成为电力供给的主力，火电逐步从发电供应主体转变为深度调节主体，水电发展为区域供电的基础，核电发挥稳定基荷的作用，核、水、风、光等多种清洁能源协同互补发展，新型低碳零碳负碳技术广泛应用，电力系统碳排放总量达到碳达峰目标要求。

新型储能技术与新型电力系统各环节实现深度融合。新型储能与新能源、常规电源协同优化运行，充分挖掘储能潜力，电源侧系统调节能力与容量支撑能力获得显著增强。电网侧新型储能技术得到全面推广，电力安全保障水平与系统综合效率显著提升。用户侧新型储能方式多样化拓展，共享储能及其交易平台、虚拟电厂、云储能等创新应用模式不断涌现。新型储能技术与智慧城市、乡村振兴、智慧交通等领域跨界融合发展。我国成为全球新型电力系统建设策源地，引领全球能源转型。

新型储能技术创新、产业水平稳居全球前列。锂离子电池、钠离子电池、固态电池、液流电池、压缩空气储能、飞轮储能、电磁储能、储热（冷）、氢储能、能源电子、全过程安全、智慧调控等新型储能的技术、材料、装备完成重大突破。在基础通用、规划设计、设备试验、施工验收、并网运行、检修监测、运行维护、安全应急等八个方面，建成适应技术创新趋势、满足产业发展需求、对标国际先进水平的新型储能标准体系，引领国际标准化工作；建成具有国际影响力的新型储能科技创新平台，全面构建新型储能技术创新体系。

全球新型储能产业发展呈"一超多强"竞争格局。全球新型储能产业主要集聚在中国、欧美、日韩，以电化学储能为主。中国在全球新型储能的产值占比达到70%以上。全球新型储能市场分布由中国、欧美、日韩延伸至非洲、中东、澳大利亚、新西兰等地区，其中欧洲、日韩、非洲以家庭户用等分布式储能为主，占整体规模20%；北美、澳大利亚等以电源侧的大规模储能为主，占整体规模30%；中国新型储能装机在电源侧、电网侧、用户侧协同提升，占整体规模的半壁江山。中国供应商在非洲、南美、中东地区新型储能装机的渗透率逐步提升，形成较强竞争力。

2）短时高频、中短时储能技术实现多场景广泛应用；长时储能技术持续迭代，有望实现颠覆性突破。

针对负荷跟踪、系统调频、惯量支撑、爬坡、无功支持及机械能回收等秒级和分钟级应用需求，飞轮储能、超级电容器等短时高频储能技术与多元储能技术的混合应用会成为成熟模式。新能源装机规模将持续增加，以锂离子电池、钠离子电池等为代表的中短时储能仍为产业应用主流，加速催生对大规模长时储能的需求。在中短时储能中，固态锂离子电池需要进一步提高循环寿命、高温稳定性，降低电池全寿命周期的成本；钠离子电池需要进一步提升能量密度和循环寿命；两者是未来重要发展方向。我国多省市相继要求新能源配置储能时长需达4h以上，针对新能源消纳和系统调峰需求，以液流电池、压缩空气、高效储热、氢储能等为代表的大容量、长时间尺度储能技术不断迭代，应用技术取得重大突破，迎来爆发增长，有望打开规模化商业发展之路。长时储能系统将成为高比例新能源下"成本最低的灵活性解决方案"。针对新能源消纳、跨省区外送、清洁能源季节性波动等场景，可再生能源制氢、制氨等跨日、跨周等长时储能技术取得突破性进展，满足规模化应用需求。总体来讲，单一储能技术无法满足电网对电力储能高功率密度、高能量密度、长循环寿命和快响应等特性的需求，主动支撑型混合储能技术将克服单一储能技术的制约，未来混合储能的灵活组配、多时间尺度协同复用调控等技术取得突破和应用。

3）电源侧、电网侧新型储能装机规模稳步提升，用户侧增长迅速。

截至 2023 年底，我国已投运新型储能项目累计装机规模约 34.5GW/74.5GWh，其中，电源侧、电网侧、用户侧储能累计投运总能量占比分别为 5：4：1，2030 年该比例将转变为 3：1：1，新型储能项目累计装机规模有望突破 150GW/500GWh。新能源配储技术装备高速发展。以独立储能为代表的电网侧储能由于其电网互动友好性以及相对清晰的商业模式，在政策和市场中得到了较高的关注，发展前景广阔。用户侧储能可为能源调度、需求响应和分布式能源的接入提供支持，将在能源互联网的背景下发挥重要作用，增长趋势持续向好。随着峰谷电价差的进一步拉大、电力市场化脚步的加快、叠加政策和补贴以及用电刚需，工商业储能凭借峰谷套利的盈利模式，成为诸多企业节能减排、降低成本的重要手段。

4）电化学储能技术日趋成熟，成为商业应用主流；多元化储能技术协同发展，部分路线实现重大突破。

电化学储能技术特别是锂离子电池在未来一段时间占据主流地位，在低成本、长寿命、高安全方面继续实现性能提升，重点突破高安全、高能量密度固态电池，锂硫电池和锂空气电池具备商业化可能。钠离子电池成为下一代储能电池的重要技术路线，层状氧化物和聚阴离子正极材料进一步提升能量密度和循环寿命，在宽温域、高安全、低成本的应用场景中部分取代锂离子电池。在长时储能领域，液流电池突破超高选择性离子传导膜设计与制备、高功率密度高能效大功率电堆技术，实现用户侧储能的商业化运营。压缩空气突破高效变速气动设计、水下等压存储技术，实现电源侧、电网侧商业化运营。氢储能中制氢技术突破低/非贵金属催化剂技术，单堆规模提高 10 倍，储氢技术突破常规条件下高容量高可靠可逆的固态/有机液体介质储氢系统，固态储氢和有机液体储氢将率先建成一批示范工程项目。其他新型储能技术会呈现多元并蓄发展的态势，应用领域极大拓展，多种储能技术结合系统需求实现联合应用，满足多时间尺度应用需求。

5）能源电子核心技术、关键器件取得突破，加速新型储能高质量发展，培育形成具有全球竞争优势的供应链集群。

能源电子产业有效支撑新型储能大规模应用，成为推动新型储能发展的重要力量。能源电子产业综合实力持续提升，关键材料、核心装备等自主可控，形成与国内外新能源需求相适应的产业规模。产业集群和生态体系不断完善，5G/6G、先进计算、人工智能、工业互联网等新一代信息技术通过能源电子产品在新型储能领域广泛应用，培育形成若干具有国际领先水平的能源电子产品供应商，学科建设和人才培养体系健全。面向新型储能的能源电子关键信息技术及产品取得进展，突破电力电子器件、柔性电子、传感物联、智慧能源信息系统及其相关的先进计算、工业软件、传输通信、工业机器人等适配性技术；小型化、高性能、高效率、高可靠的功率半导体、传感类器件、光电子器件等基础电子元器件及专用设备、先进工艺、关键技术研发能力和供给能力处于国际先进水平；能源电子产业实现数字化、智能化发展，重点突破全环境仿真平台、先进算力算法、工业基础软件、人工智能等技术。

6）能源数字化智能化发展推动新型储能实现更高效率、更大范围、更加智能的新应用生态。

能源流与信息流的深度融合成为未来社会变革的核心驱动力，有望衍生真正意义的下一代能源革命。能源系统各环节数字化智能化创新应用体系初步构筑、数据要素潜能充分激活，能源装备智能感知与智能终端技术、能源系统智能调控技术、能源系统网络安全技术等制约能源数字化智能化发展的共性关键技术取得突破，基于大数据和人工智能的能源系统智能感知与智能调控体系初步形成，能源数字化智能化新模式、新业态持续涌现，培育壮大一批数字化能源科技企业，能源系统运行与管理模式向全面标准化、深度数字化和高度智能化加速转变，能源行业网络与信息安全保障能力明显增强，能源系统效率、可靠性、包容性稳步提高，能源生产和供应多元化加速拓展、质量效益加速提升，数字技术与能源产业融合发展对能源行业提质增效与碳排放强度和总量"双控"的支撑作用全面显现。

在电力系统建设方面，新型电力系统建设依托数字化与智能化的有力支撑，实现电网的数字化表征、仿真和决策机制。重点突破新能源和水能功率预测技术，实现气象要素、电源状态、电网运行、用户需求、储能配置等变量因素的统筹分析。新能源智能化水平大幅提升，实现新能源发电可靠并网及有序消纳。人工智能和数字孪生技术在电网智能辅助决策与调控领域成功应用。建成基于数据驱动和人工智能的输电智能巡检体系、配电智能运维体系、电网灾害智能感知体系。智能微电网和高可靠性数字配电系统快速发展，用户侧分布式电源与新型储能资源的智能高效配置与运行优化控制水平大幅提升。

在能源交易消费方面，能源消费环节依靠数字化和智能化技术深度融合实现节能和效率提升。传统高载能工业负荷、工商业可中断负荷、电动汽车充电网络、智能楼宇等关键领域的需求侧响应能力得到极大的挖掘利用，终端能源利用效能显著提高，多能互补集成供能基础设施初步建成，能源综合梯级利用水平提升。面向终端用户的能源托管、碳排放计量、绿电交易等多样化增值服务茁壮成长。能源消费环节的节能提效与智慧城市、数字乡村建设实现了统筹规划，有力支撑区域能源的绿色低碳循环发展体系构建。

在能源生态构建方面，突破储能与供能、用能系统协同调控及诊断运维智能化技术，建成全国新型储能大数据平台，服务数字治理。综合能源服务与新型智慧城市、智慧园区、智能楼宇等用能场景深度耦合。新能源汽车与新型电力系统深度融合互动，有望形成车网互动、光储充放等新模式新业态。

第 2 章

电化学储能

CHAPTER 02

电化学储能技术主要是利用化学元素作储能介质，通过这些元素之间的化学反应而实现充放电过程的储能技术，具备灵活配置、快响应速度、高能量转换效率、易批量化生产和强规模化应用适应性等优点，是新型储能技术最重要的发展方向，但在安全性、循环寿命和价格成本等方面仍有待突破。目前，在电力系统中应用较为广泛的电化学储能技术主要包括锂离子电池、钠离子电池、固态电池、液流电池、铅炭电池以及电池回收和梯次利用技术等。近年来，电化学储能技术在能量转换效率、安全性和经济性方面均取得了重大突破，极具产业应用价值。

储能型电池体系未来有望成为电池产业领域新的重要分支。针对不同应用场景，电化学电池分为消费型电池、动力型电池和储能型电池，三种电池体系的对比见表 2-1。消费型电池要求低成本和高功率输出，该体系中常用的正极材料为钴酸锂，并选用聚合物电解质作为电解液。动力型电池追求高质量/体积能量密度、高倍率性能和高安全性，常用磷酸铁锂类或层状过渡金属氧化物作为正极材料，所选用的电解液为有机液态电解液。现阶段消费型和动力型电池生产工艺体系已非常成熟，其制备技术和生产装备大部分可以直接用于储能型电池制备。电化学储能电站通常为固定式预制舱，对电池重量、占地面积无苛刻的限制，因此储能型电池主要追求高安全性和低成本。由于钴酸锂电池和三元锂电池成本较高且安全性较差，一般难以将其材料体系移植到储能型电池领域；磷酸铁锂电池、层状氧化物钠离子电池和聚阴离子钠离子电池具有低成本和高安全性，适用于储能型电池。此外，由于固态电池具备本征安全特性，且能量密度高于液态电池，在没有体积限制的条件下可能率先在新型储能领域实现产业规模应用。由此来看，储能型电池与消费型和动力型电池在应用场景、经济指标和性能指标等方面存在一定差异，不能直接转接使用，未来有可能成为一种新的电池品类。

表 2-1　消费型电池、动力型电池和储能型电池对比

电池类型	正极材料体系	成本	循环寿命	安全性	能量密度
消费型电池	钴酸锂	高	低	低	高
动力型电池	磷酸铁锂	低	高	高	低
	层状过渡金属氧化物	高	低	低	高
储能型电池	磷酸铁锂	低	高	高	低
	钠基层状氧化物	低	低	高	高
	钠基聚阴离子类材料	低	高	高	低

2.1　锂离子电池

锂离子电池技术是目前应用规模最大的新型储能技术，商业化应用始于 20 世纪 90 年代，经过 30 余年的发展，已经在消费电子、新能源汽车、储能等方面实现广泛应用。国家工业和信息化部发布数据显示，2023 年我国锂离子电池总产量超过 940GWh，同比增长 25%，行业总产值超过 1.4 万亿元。其中，储能型锂离子电池产量为 185GWh。目

前，储能型锂离子电池质量能量密度大多为 140 ~ 220Wh/kg，循环寿命为 2000 ~ 10000次，能量转换效率为 90% ~ 95%。

2.1.1　技术分析

锂离子电池通过锂离子在正负极材料中的嵌入和脱出实现能量存储。充电时，锂离子从正极材料中脱出，经过电解液到达并嵌入负极；同时正极材料失去电子，由外部电路传输到达负极，放电过程与之相反。

锂离子电池技术主要包含活性材料、非活性材料以及电芯组装技术，其分解如图 2.1-1 所示。其中，活性材料主要包括锂离子电池正负极材料。非活性材料是指对电池体系起支撑作用的各组分，如电解液、导电碳、粘结剂、集流体、隔膜等。电芯组装技术主要包括极片制备、切割、卷绕、装配、注液、化成及检测过程。活性材料的发展趋势主要体现在开发更高容量、更低成本、更长循环寿命以及更佳工作电压的正负极材料上。非活性材料以及电芯组装技术的发展主要用于支撑活性材料的高性能指标需求，从电极材料的纳米级界面、微观堆垛方式、宏观均一性等多个角度充分发挥活性材料的功能。电芯组装技术的发展趋势是提升装配速度，并有效提高电芯的能量密度、安全性和循环寿命等。随着科技的不断进步和创新，新型电池技术如固态电池、钠离子电池等不断涌现。这些新技术的出现将为电池电芯行业带来新的发展机遇和增长点。虽然目前使用的钴酸锂 / 石墨材料体系与 1991 年日本索尼（SONY）首次推出的锂离子电池没有本质区别，但其质量能量密度已经从 80Wh/kg 左右上升到 300Wh/kg。储能型锂离子电池的发展更加注重轻量化、高比能量、低成本、长循环寿命、高安全性等指标。

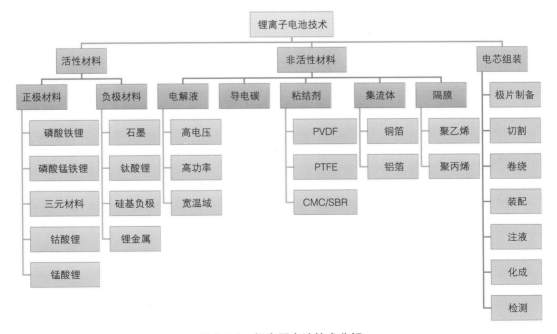

图 2.1-1　锂离子电池技术分解

2.1.1.1　正极材料

正极材料是决定锂离子电池能量密度和成本的关键组分，其成本约占电芯成本的30%。锂离子电池正极材料按照结构可分为橄榄石型、层状过渡金属氧化物型以及尖晶石型材料。根据材料的电化学性能、安全性以及成本特点，三类材料在不同领域均有应用。橄榄石型正极材料，以磷酸铁锂正极为代表，具有结构稳定、成本低等优势，但也存在功率密度和能量密度低的问题。层状材料的发展历程较长，钴酸锂正极材料是主要代表，由于其快充性能，且体积能量密度较高，被广泛应用于手机、笔记本电脑等消费电子领域。为降低成本，研究人员在钴酸锂中引入锰、镍、铝等元素，开发了三元正极材料，已经大规模应用于新能源汽车等行业。三元锂离子电池在充放电过程中存在氧析出和热稳定性差的风险，安全性相对较低。虽然在《防止电力生产事故的二十五项重点要求（2023 版）》（国能发安全〔2023〕22 号）文件中没有规定不允许使用三元材料基锂离子电池，但是基于安全性考虑，三元正极材料应用到储能电站还存在争议。尖晶石型正极材料代表为锰酸锂（$LiMn_2O_4$）以及镍取代的高压尖晶石型镍锰酸锂（$LiNi_{0.5}Mn_{1.5}O_4$），其优势是成本低，但由于 Mn^{3+} 存在姜 - 泰勒（Jahn-Teller）畸变，发生歧化反应后会形成大量的 Mn^{2+} 并溶解在电解液中，导致其循环寿命降低，目前应用领域相对较窄，主要是轻型电动自行车等领域。各类材料的性能及优缺点对比见表 2.1-1。本章围绕储能型锂离子电池展开探讨，因此正极材料技术路线限定在磷酸铁锂和磷酸锰铁锂两类材料。

表 2.1-1　几类锂离子电池正极材料的对比

材料种类	中值电压 /V	振实密度 / (g/cm^3)	比容量 / (mAh/g)	循环寿命 / 次	安全风险	原材料成本	典型应用领域
磷酸铁锂	3.2	1.0 ~ 1.4	150	> 2000	低	低	储能动力
磷酸锰铁锂	3.85	0.7 ~ 0.8	148	> 1000	低	低	储能动力
层状钴酸锂	3.7	2.8 ~ 3.0	150	> 500	高	高	消费类电子
层状三元高镍	3.8	2.0 ~ 2.4	200 ~ 220	> 1000	高	较高	动力
锰酸锂	3.8	2.2 ~ 2.4	120	> 500	低	低	轻型动力

1. 磷酸铁锂

（1）技术现状

1）研发技术现状：现阶段，磷酸铁锂的基础研究逐渐放缓，材料性能逼近极限（磷酸铁锂理论比容量为 170mAh/g），从研发层面更多依靠先进设备进一步挖掘验证锂离子的脱嵌机制、剖析其低电导率的根本原因以及提升方式。国际上，美国侧重基础研究，在磷酸铁锂的机制研究上处于领先水平。美国麻省理工学院 Martin Z. Bazant 教授借助原位扫描透射 X 射线显微镜（STXM）技术打破了锂离子在固体电极材料中移动速度限制电池效率的常规认知，颠覆性地发现了碳涂层界面的离子电子传输速率是限制磷酸铁锂电极性能的根本原因。美国斯坦福大学、美国 SLAC 国家加速器实验室和日本丰田研究所等团队在磷酸铁锂基础研究上经验丰富，拥有高水平的研究成果。

国内磷酸铁锂正极材料的基础研究和产业技术研究协同发展，整体处于国际领先水平，在材料制备和生产装备等方面具有明显优势，在低温性能方面有待提升。国内主要研发团队和企业代表有北京大学陈继涛团队、中南大学李新海团队、比亚迪、宁德时代、深圳德方纳米、深圳本征方程等。其中中南大学李新海团队通过黄磷 - 磷酸 - 磷酸铁 - 磷酸铁锂的一体化生产工艺，极大简化了生产制造流程，降低了磷酸铁锂的生产成本，其产品的粉末压实密度大于 $2.3g/cm^3$，全电池 0.5C 的比容量大于 145mAh/g，循环 12000 次比容量保持率大于 70%。深圳本征方程具有独创的液态前驱体合成高质量石墨烯路线，将其与磷酸铁锂前驱体材料复合制备出了低极化率、高倍率性能的石墨烯包覆磷酸铁锂材料，目前得到的磷酸铁锂材料充电比容量在 163mAh/g 以上，充放电极化电压低于 50mV，1C 放电比容量约为 146mAh/g。

2）产品技术现状：国外具备磷酸铁锂正极材料规模化产能的企业较少，磷酸铁锂的量产能力也大都依赖于国内企业。早期，美国和加拿大在磷酸铁锂规模化生产上掌握核心技术，随着国内低成本合成磷酸铁锂路线的突破，北美相关企业如 A123 系统（A123 Systems）等逐渐退出舞台。德国 IBU 科技（IBU-Tec）长期以回转窑和热处理而在业界闻名，是欧洲唯一的磷酸铁锂材料供应商。IBU 科技通过两种不同粒径磷酸铁锂粉末 IBUvolt LFP200 和 IBUvolt LFP400 的级配，提高了电极的压实密度和电导率，实现了电池质量能量密度的显著提高。2021 年 11 月，江苏龙蟠科技发布公告，宣布旗下控股子公司常州锂源将在印度尼西亚中苏拉威西省莫罗瓦利县莫罗瓦利工业园（IMIP）内投资开发建设年产 10 万 t 磷酸铁锂正极材料项目。项目总投资约为 2.35 亿美元。江苏龙蟠科技也将由此而成为第一家走出国门、进军海外市场的中国磷酸铁锂生产企业。2023 年，青山控股在智利投资超 2.33 亿美元，在安托法加斯塔地区建设最大年产能 12 万 t 的磷酸铁锂工厂，该工厂预计 2025 年 5 月投运。

我国磷酸铁锂正极材料已经实现大规模商业化应用，市场集中度较高，巴斯夫杉杉、湖南裕能、德方纳米、常州锂源、融通高科、湖北万润、国轩高科等领先企业掌握核心技术并占据了全球市场绝大部分份额。其中，湖南裕能和德方纳米位于行业第一梯队。湖南裕能出货量占 25%，其生产的 Y6 磷酸铁锂具有高压实密度特性（极限极片压实密度高达 $2.65g/cm^3$），可逆比容量在 156mAh/g 以上，是目前高端动力电池普遍采用的磷酸铁锂正极材料。德方纳米出货量占 18%。其生产的 DY-3 磷酸铁锂具有优异的循环性能（室温下 1C 倍率循环 12000 次），容量保持率高达 80% 以上，可逆比容量在 157mAh/g 以上，适合应用在长寿命储能电池体系中。

（2）分析研判

磷酸铁锂正极材料是当前储能型锂离子电池的主流技术路线，且将长期占据主导地位。电化学储能电站要求电芯具备高安全性、长循环寿命、低成本等条件。目前的正极材料中，磷酸铁锂正极具备安全性高、规模化技术成熟、综合成本低、电化学性能平衡的优点，能满足电化学储能电站对电池材料的需求。

低温性能、高纯物相和低成本是磷酸铁锂正极材料的核心攻关方向。磷酸铁锂正极材料存在低温性能差的问题，目前最低工作温度约为 −20℃，尚不能满足高寒地区的储能需求。元素掺杂和粉末表面包覆有利于提高锂离子的扩散速率和电子电导率，是提升磷酸铁锂正极材料低温性能的关键。现阶段在元素掺杂和包覆改性方面已开展了大量的工作，具备较好的研究基础，但仍需要进一步优化和改进：①多元素高熵掺杂。目前，磷酸铁锂材料的主要掺杂元素包括 Mg、Mo、Co、V、Mn、Ni、Zn、Cu、Cr 等。单元素掺杂无法彻底解决磷酸铁锂正极材料的低温问题，未来应当重点关注高熵掺杂。高熵掺杂是指在维持磷酸铁锂橄榄石结构的基础上，引入多种元素（≥ 3 种）扩大锂离子的传输通道并提升电子电导率。②多源碳包覆。目前碳包覆聚焦于碳源的选择上，对性能的提升有限。未来碳包覆的研究应重点关注优化包覆层厚度、组合不同碳源等，调控锂离子在磷酸铁锂材料表面的动力学行为，降低界面传输能垒，在保证电子电导率的同时提升材料的离子电导率。③协同调控。掺杂和包覆的协同调控有望实现"1+1 > 2"的效果，值得重点关注。

高纯物相是保证磷酸铁锂正极材料高稳定性和高安全性的前提，但是目前规模化生产中仍存在杂相问题。原材料纯度和生产工艺是提升物相纯度的关键。在过度追求低成本的生产中，原材料因简化的提纯工序导致杂质含量偏高；同时受材料合成过程中煅烧温度、时间等因素的影响，引发元素偏析进而导致杂质的生成。解决磷酸铁锂正极材料杂质问题的方法是要严格控制原材料纯度并改进材料合成工艺，包括优化煅烧时间、调节煅烧温度、引入掺杂元素等。

低成本是保证磷酸铁锂正极材料大规模应用于电化学储能电站的必要条件，需长期攻关降本增效关键技术及装备。实现低成本生产磷酸铁锂正极材料的关键方法：①低成本合成技术路线优选。全固相烧结法设备简单、工艺成熟、能够兼容大部分原材料，为主流技术路线。液相法由德方纳米独创，具有工艺壁垒，只能使用特定原材料。②低成本原材料获取。结合合成技术路线，尽量选取低成本原材料，例如盐湖提锂得到的碳酸锂、氧化亚铁等。③废料回收利用。工业生产中会产生大量诸如硫酸亚铁之类的工业废料，通过回收提纯作为原料引入磷酸铁锂的生产工艺中，可大幅降低成本。

（3）关键指标（见表 2.1-2）

表 2.1-2　磷酸铁锂正极材料关键指标

指标	单位	现阶段	2027 年	2030 年
材料比容量	mAh/g	155	158	163
−20℃低温容量保持	%	75	78	81
电芯质量能量密度	Wh/kg	180	200	220
循环寿命	次	6000	8000	12000
产品成本	万元 /t	4.1	4.0	3.9

2. 磷酸锰铁锂

（1）技术现状

1）研发技术现状：磷酸锰铁锂电池是在磷酸铁锂电池材料体系基础上进行的升级，提升了磷酸铁锂电池现有能量密度。锰基锰铁锂正极材料在相同设计状况下能量密度较磷酸铁锂增加20%，且其高放电工作电位与现有通用电解液体系的稳定电化学窗口兼容，可以达到目前高电压三元镍钴锰酸锂（NCM）电池的能量密度，同时通过电芯结构创新设计，可进一步降低储能系统全生命周期度电成本，提升能量综合利用效率，是下一代储能用锂离子电池必然的发展趋势。

磷酸锰铁锂（$LiMn_xFe_{1-x}PO_4$）是在磷酸铁锂（$LiFePO_4$）的基础上掺杂一定比例的锰（Mn）而形成的新型磷酸盐类锂离子电池正极材料，磷酸锰铁锂保持了磷酸铁锂所具有的橄榄石型的稳定结构。$LiMn_xFe_{1-x}PO_4$ 中的 x 代表了锰与铁的比例，即锰的掺杂比。锰的掺杂比例对磷酸锰铁锂的性质有着重要的影响：一方面，磷酸锰铁锂中锰与铁比例的增加能够提高电压平台，磷酸铁锂电压平台约为3.4V，锰掺杂后电压平台可提升至 $3.8 \sim 4.1V$；另一方面锰掺杂比例过高会因为锰的姜 - 泰勒效应从而使材料比容量降低、容量快速衰减、容量保持率降低、循环性变差等。一般认为，最佳的锰铁比至少在1:1以上。磷酸锰铁锂正极材料具有较高电压平台，有效提升了能量密度，在循环寿命、安全性方面也可比肩磷酸铁锂正极材料。在低温性能方面，三元材料 > 磷酸锰铁锂 > 磷酸铁锂。三元材料在 $-20℃$ 容量保持率一般高于80%。而磷酸铁锂和磷酸锰铁锂由于电导率低，低温性能比三元材料差。磷酸锰铁锂与磷酸铁锂同属于磷酸盐体系，制备工艺类似。高性能磷酸锰铁锂需要通过原子级别混合的制备方法实现，因此液相法天然更适合于磷酸锰铁锂生产，性能更佳；固相法工艺路线简单，更适合工业化生产。国外磷酸锰铁锂的研究相对滞后，主要原因包括：一是磷酸锰铁锂的研究沿用磷酸铁锂工艺路线，国外磷酸铁锂产能较小，相关研究积累较少；二是国外更加注重发展高压富锰基材料体系，未将磷酸锰铁锂纳入发展战略。磷酸锰铁锂行业处于发展初期，没有标准前驱体，需要正极材料企业自行制备，提高了行业技术壁垒。深圳德方纳米和宁德时代分别采用水热法和溶胶凝胶法；江苏力泰锂能、北京当升科技采用共沉淀法；天津容百斯科兰德、湖北万润采用固相法；天津容百斯科兰德下一代将转向固液一体化方法。深圳德方纳米沿袭液相法、湖北万润沿袭固相法，设备沿袭性强，工艺基本与磷酸铁锂一致。深圳德方纳米通过液相工艺改进，采用"涅甲界面改性技术"等创新工艺，大幅提升磷酸锰铁锂的循环性能，预计目前量产中试产品循环性已经超过3000次。

2）产品技术现状：目前深耕磷酸锰铁锂材料体系的企业有深圳德方纳米、江苏力泰锂能、北京当升科技、宁波容百科技、湖南裕能、湖北融通高科、广东光华、湖北金泉新等。深圳德方纳米的磷酸锰铁锂产品已有小批量出货，预计2024年出货量开始增加。江苏力泰锂能现有年产2000t磷酸锰铁锂生产线，并计划新建年产3000t磷酸锰铁锂生产线。磷酸锰铁锂可以单独作为正极材料使用，也可以与锰酸锂或者三元材料混搭作为正极材料。星恒电源在磷酸锰铁锂复合改善技术上有所突破，通过将动力锰酸锂与磷酸锰铁锂进行混合，降低三价锰的含量，抑制姜 - 泰勒（Jahn-Teller）效应及锰的溶解，建立良好的电子和离子通道，改善材料的循环性能和低温性能。宁波容百科技生产的磷酸锰铁锂（LMFP-64），压实密度约为 2.3g/cm³，可逆比容量为 155mAh/g，1C 比容量为 140mAh/g 左右，循环寿命为 2000 ~ 2500 次。以深圳德方纳米的磷酸铁锂产品为例，DY-1 与 DF-5 在 −20℃ 的容量保持率分别为 73%、60%，比宁波容百科技的磷酸锰铁锂（LMFP-64）产品 75% 的保持率差；从低温性能看，经过 2000 次循环，宁波容百科技的磷酸锰铁锂容量保持率为 88.7%，略低于深圳德方纳米 DY-3 的 89.4%。由于目前磷酸锰铁锂技术成熟度低（姜 - 泰勒效应无法有效解决），故其循环寿命还达不到磷酸铁锂同等水平。现阶段磷酸锰铁锂正极材料性能水平对比见表 2.1-3。

表 2.1-3　磷酸锰铁锂正极材料国内外领先水平对标表

	指标	湖南裕能	新国荣	当升科技	德方纳米
材料性能	0.1C 放电比容量 / (mAh/g)	155	156	155	156
	压实密度 / (g/cm³)	2.38	2.25	2.35	2.4
	0.1C 平均电压 /V	3.71	3.70	3.71	3.71
	比表面积 / (m²/g)	21	19	18	17
电池性能	能量密度 / (Wh/kg)	200	200	200	205
	循环寿命 / 次	2100（预测值）	2000（预测值）	—	2500（预测值）

（2）分析研判

高锰含量是磷酸锰铁锂正极材料未来提升能量密度的重要发展方向。为提升磷酸锰铁锂能量密度，锰含量需要 ≥ 50%，目前研究集中在锰铁比（Mn:Fe）为 5:5、6:4、7:3、8:2、9:1，量产产品锰铁比范围多在 6:4 ~ 7:3 之间。随着锰含量的增大，会引发两大关键问题。关键问题一：合适的锰铁比例难以确定。磷酸锰铁锂材料导电性能差，锰易溶出，倍率性能、循环性能有待提升。锰铁比例及辅助元素添加的协调改性技术，是提高材料的电化学性能和热稳定性能的关键。不同的锰铁比例会对材料性质产生截然不同的影响，选择合适的比例并辅以少量掺杂元素，既能够有效结合锰铁两种元素的优势特点，还能避免因某一元素过量带来的材料结构和电化学性能出现偏差甚至恶化的问题。关键问题二：磷酸锰铁锂材料结构不稳定。电池在循环或高温存储过程中锰离子发生歧化反应溶解在电解液中，形成产气现象，导致电池循环寿命差（尤其是高温下）。其中主要的原因是磷酸锰铁锂材料中锰的溶出并在负极沉积，进一步引发与电解液副反应和负极失效。此外，磷酸铁锂与锰元素的氧化还原与电压切换较为困难，易产生电压跳变等问题。

磷酸锰铁锂正极材料的新型制备技术、三元复配技术以及与正极材料相适配的电解液技术是解决以上关键问题的核心技术。核心技术一：①通过将磷酸锰铁锂正极材料一次颗粒尺度纳米化，缩短锂离子在颗粒内部的传导路程，将一次颗粒成型，提高其振实密度；②通过 Mg^{2+}、Zn^{2+}、Cu^{2+}、Co^{3+}、Ni^{2+}、Cr^{3+}、V^{3+}、Ti^{4+}、Zr^{4+} 等协同离子掺杂改性调控技术，解决"锰溶出"问题并抑制锰氧八面体在不同充放电阶段的畸变，进而提高材料的热稳定性和循环寿命；③采用表面包覆技术和构建导电网络，提高材料电导率；④通过疏水性基团包覆技术降低磷酸锰铁锂正极材料的吸水性，有效解决该类材料因水分偏高导致的安全问题；⑤发展低成本、绿色制造的一致性工程化制备技术，实现高性能磷酸锰铁锂正极材料的低成本、大规模制备。核心技术二：①优化电解液添加剂以降低电解液中 HF 含量，减少 HF 对正极的腐蚀，抑制正极材料中锰的溶出；②通过电解液正极成膜添加剂提升正极界面膜的稳定性，提高材料循环性能和安全性能；③通过金属离子络合剂将溶出的锰络合在电解液中，阻止锰在负极沉积；④通过电解液负极成膜添加剂提升负极界面膜稳定性，防止枝晶形成和提高电池安全性；⑤通过功能添加剂与溶剂、锂盐的复配，优化电解液配方，提升锰系电池综合性能。核心技术三：通过磷酸锰铁锂与三元复配提升电池循环寿命和安全性。复配可提升电芯循环寿命，三元正极与磷酸锰铁锂电压窗口接近，颗粒尺寸方面三元正极材料中位粒径是磷酸锰铁锂颗粒的若干倍，复合后可以实现正极材料间的大小粒径互相搭配，即磷酸锰铁锂填补三元正极材料颗粒间的空隙，提高离子扩散效率，进而提高正极材料的循环性能。复配可提升电芯安全性能，三元材料针刺后会起明火，掺杂 10% 磷酸锰铁锂即可使三元材料不起明火，仅冒烟；掺杂 15% 可以不起火，使峰值温度下降，电芯安全性显著提升。

（3）关键指标（见表 2.1-4）

表 2.1-4　磷酸锰铁锂正极材料关键指标

指标	单位	现阶段	2027 年	2030 年
材料比容量	mAh/g	155	156	158
放电电压	V（vs. Li$^+$/Li）	3.85	3.86	3.88
电芯质量能量密度	Wh/kg	205	215	225
循环寿命	次	1000	2500	3000
产品成本	万元 /t	4.3	4.2	4.1

2.1.1.2　负极材料

锂离子电池较为常见的负极材料主要包括碳材料和非碳材料，其中碳材料进一步分为石墨化碳、无定形碳和碳纳米材料；非碳材料进一步分为钛基材料、锡基材料、硅基材料和氮化物，如图 2.1-2 所示。各类负极材料性能特点对比见表 2.1-5。

提升负极材料比容量对提高能量密度具有重要意义。在大规模商业化应用方面，负极材料以人造石墨为主。人造石墨的负极材料理论比容量为 372mAh/g，随产业日趋成熟，目前高端石墨已接近理论容量，提升空间较小。而同族硅基材料的常温理论比容量为 3580mAh/g，高温理论比容量为 4200mAh/g，是石墨理论比容量的 10 倍。负极材料比容量越高，电池的整体质量则越低，相应的质量能量密度则越高，当质量能量密度要求达到 280Wh/kg 时，选择硅基材料作为负极才能满足要求。在此背景下，比容量高的硅基负极材料成为各大负极厂商重点研究的对象。现阶段，受限于硅基负极较低的循环寿命和首次效率，储能型电池通常使用石墨负极。

图 2.1-2　锂离子电池负极材料分类图

表 2.1-5　不同负极材料性能特点对比

负极材料	材料比容量 /（ mAh/g ）	首次库仑效率（ % ）	振实密度 /（ g/cm³ ）	循环寿命 / 次	安全性	倍率性能
天然石墨	340 ～ 370	90 ～ 93	0.8 ～ 1.2	> 1000	一般	差
人造石墨	310 ～ 370	90 ～ 96	0.8 ～ 1.1	> 1500	良好	良好
中间相炭微球	280 ～ 340	90 ～ 94	0.9 ～ 1.2	> 1000	良好	优秀
软碳	250 ～ 300	80 ～ 85	0.7 ～ 1.0	> 1000	良好	优秀
硬碳	250 ～ 400	80 ～ 85	0.7 ～ 1.0	> 1500	良好	优秀
钛酸锂	165 ～ 170	98 ～ 99	1.5 ～ 2.0	> 30000	优秀	优秀
硅基材料	> 950	60 ～ 92	0.6 ～ 1.1	300 ～ 500	良好	一般

资料来源：陆浩，等 . 锂离子电池负极材料产业化技术进展 [J]. 储能科学与技术，2016，5（ 2 ）：109-119.

1. 石墨负极

石墨化碳材料是锂离子电池使用最广泛的负极材料，分为天然石墨、人造石墨、中间相炭微球。未经处理的天然石墨颗粒表面存在较多缺陷，反应活性不均匀，并且晶粒粒度较大，充放电过程晶体结构易被破坏，造成充放电库仑效率偏低，循环性能偏差，因此，天然石墨通常需要经过粉碎、球化、纯化、表面处理等改性处理工序制成。天然石墨通常采用天然鳞片状石墨作为原料，其自带晶体结构，无需高温石墨化，因此制备能耗较低，成本更便宜（原材料成本占比 80% 左右），人造石墨一般是由易石墨化的针状焦、石油焦、沥青焦等原材料经过破碎、造粒、石墨化、筛分等四大工序制成，从工艺角度看，造粒、石墨化和炭化工序决定了负极材料的综合性能。从原料选择角度看，高端石墨通常选择针状焦，低端石墨通常选择石油焦；从成本构成角度看，石墨化成本占比近 50%，而原料成本占比近 42%，因此，人造石墨的降本方向通常是开发新的石墨化工艺（如连续式取代间歇式）或寻求更低电价和绿电资源丰富的地区进行生产。中间相炭微球（MCMB）是指沥青类化合物热处理时，发生热缩聚反应生成具有各向异性的中间相小球体，把中间相小球从沥青母体中分离出来形成的微米级球形碳材料。MCMB是一种新型功能材料，具有优良的导电性、导热性、稳定性、易石墨化等性能，是制备高性能炭材料的优质前驱体，它能够紧密堆积而形成高密度电极，具有较低的表面积，减少了在充放电过程中发生的副反应；内部晶体结构呈径向排列，意味着其表面存在许多暴露着的石墨晶体边缘，然而 MCMB 比容量较低（300～350mAh/g）且成本较高，在储能领域应用较少。现阶段，虽然天然石墨比容量和压实密度更高，成本较低，但天然石墨表面缺陷较多，副反应严重，与电解液兼容性差，循环性能不如人造石墨。且天然石墨结晶度更高，具有明显的各向异性，嵌锂后体积变化更大。人造石墨比容量可达356mAh/g，具有较低且平稳的嵌锂电位（0.25～0.005V）以及优异的循环寿命（可达数千次）等核心优势，是目前综合性能最好的商业化储能电池负极材料。2023 年全球人造石墨负极材料渗透率从 2022 年的 79% 提升至 84%。

（1）技术现状

全球电池厂商不断扩大产能，推动了石墨负极材料的需求激增。2023 年全球负极材料产量 176.21 万 t，其中我国负极材料占比进一步提升至 97.3%。出货量方面，全球出货量 167.95 万 t，其中我国占据了 95% 的份额。现阶段，石墨负极材料已逐渐逼近理论比容量 372mAh/g，提升空间有限。此外，由于锂离子在石墨负极中缓慢的嵌入动力学，石墨负极也被广泛认为是商用锂离子电池快速充电能力的主要障碍。研发层面需要更多依靠先进设备和更深层次的理论研究来进一步了解锂离子在石墨中的插层、存储和扩散的机制来改善石墨储锂。

国际上，日本、美国等发达国家早期在理论和产业化上积累了丰富经验，处于技术先进水平，现阶段主要由高校院所开展石墨负极的前沿基础研究。日本对负极研发方面在最初阶段占据巨大优势。日本企业例如索尼（SONY）研发的石油针状焦、本田（HONDA）研发的 MCMB 以及三菱化学研发的改性天然石墨都具有广泛的市场应用。日本索尼公司率先将石油焦作为负极应用于商业化锂离子电池中，开创了以碳为负极材料的体系，但仍需面对石油焦结构不规整、比容量低等问题。随后日本大阪煤气（Osaka Gas）公司成功将 MCMB 作为负极应用于锂离子电池中，这一技术应用使得日本企业在锂离子电池和负极材料方面走在了时代的前列，MCMB 成为当时使用最广泛的负极材料。日本爱知工业大学（Aichi Institute of Technology）和日本佐贺大学（Saga University）高级研究中心在对石墨表面氟化和碳包覆改性方面拥有高水平研究成果。在石墨的表面处理方面，美国劳伦斯伯克利国家实验室（Lawrence Berkeley National Laboratory，LBNL）经高温空气气氛氧化处理，使直径 4 ~ 40nm 孔的表面积进一步降低，提高了石墨循环性能和首次效率，并保持了可逆容量和倍率性能基本没有发生改变。德国马克斯·普朗克科学促进协会（Max Planck Institute for the Advancement of Science，MPIAS）进一步挖掘石墨结构的容量潜力，当形成高容量的 LiC 或 Li_2C_2 化合物时可获得 1000mAh/g 以上的高比容量。

我国石墨负极研发处于世界领先水平，行业头部企业的产能和技术水平持续提高，行业集中度已处于较高水平。其中深圳贝特瑞负极材料出货量连续 14 年位列全球第一，在天然石墨方面代表业内最高水平，公司已经掌握粉体精细加工与控制技术、热处理工艺、碳材料和电化学先进技术，开发出了一系列低膨胀、长循环寿命的天然石墨产品，其第三代天然石墨通过人造化改性，总体性能已接近人造石墨。其 LSN 系列粒径分布为 8.0 ~ 18.0μm，首次比容量大于 355mAh/g，首次库仑效率大于 95%；MSG 系列粒径为 15 ~ 25μm，首次比容量大于 360mAh/g，首次库仑效率大于 94%。在人造石墨方面起步相对较晚，但近年来加速赶超，已经与国内人造石墨龙头企业上海杉杉、上海璞泰来等并列第一梯队。其 AGP-2L-D 系列产品粒径为 14μm，振实密度大于 $1.25g/cm^3$，比表面积小于 $1.4m^2/g$，极片压实密度为 $1.5 ~ 1.55g/cm^3$，首次比容量为 340 ~ 345mAh/g，循环性能可达 10000 次以上。SFC-R 系列产品粒径为 14 ~ 17μm，振实密度大于 $0.95g/cm^3$，比表面积小于 $2m^2/g$，极片压实密度为 $1.65 ~ 1.7g/cm^3$，首次比容量大于 352mAh/g，可实现高于 6C 的充电能力。上海杉杉是人造石墨负极材料龙头企业，2005 年成功开发出首款以针状焦和沥青为原料的人造石墨负极。2018 年，上海杉杉研发行业内首款低温快充高能量密度负极材料——QCG 系列负极材料，凭借全球领先的液相融合碳化技术，实现振实密度大于 $0.9g/cm^3$，比表面积小于 $2m^2/g$，首次比容量为 354mAh/g，首次库仑效率高于 91%，3C 快充等技术指标；EV7 系列产品粒径为 16μm，振实密度大于 $0.9g/cm^3$，比表面积小于 $2m^2/g$，首次比容量为 354mAh/g，首次库仑效率高于 91%。上海杉杉的人造石墨出货量和产品性能均处于全球领先地位。其他代表性企业有上海璞泰来及其子公司江西紫宸、广东凯金、湖南中科星城、福建翔丰华、深圳斯诺、广东东岛、河北坤天、金汇能、浙江碳一、青岛科硕、科达新材等。

高校院所方面，复旦大学夏永姚团队通过控制石墨负极化成温度对溶剂化结构、界面化学进行调控，使石墨负极在 25℃下 5C 时具有 256mAh/g 的电化学性能。中国科学技术大学俞书宏院士团队开发了一种低黏度浆料技术，利用不同尺寸颗粒石墨在浆料中沉降速度的差异性，成功构建出双梯度结构石墨负极，有效提升锂离子电池倍率性能，实现 6min 内充电 60%。清华大学深圳国际研究生院康飞宇教授团队发明了碳包覆微膨改性鳞片石墨负极材料及其制备技术，显著提高了商用天然鳞片石墨负极的快速充电性能、宽使用温度范围和循环寿命。

（2）分析研判

人造石墨在循环性能、安全性能、充放电倍率表现方面均展现出优于天然石墨的特点，是未来 5～10 年负极材料的主流技术路线。天然石墨具备成本和比容量的优势，但其颗粒大小不均一、表面缺陷较多以及与电解液相容性较差，在小型、低端、低成本等特定应用场景发挥作用。现阶段，人造石墨和天然石墨规模化制备技术已相当成熟，各厂商可根据不同场景电池的要求制备不同性能的石墨负极材料，石墨负极材料已逼近理论极限，未来主要发展方向是进一步降低制备成本和提高倍率性能。

在人造石墨方面，粒度分布控制和石墨化程度是影响人造石墨材料性能的关键。人造石墨制备的核心环节造粒工艺和石墨化工艺，同时也是产品的主要技术壁垒。各企业制备工艺有所差异，通常根据产品应用场景权衡负极的倍率性能、循环寿命、首次库仑效率与压实密度等综合性能指标，最终确定制备工艺。例如在造粒工序，颗粒越小，倍率性能越好，但首次库仑效率和压实密度（影响体积能量密度和比容量）越差，而合理的粒度分布可以提高负极的比容量；颗粒的形貌对倍率性能和低温性能等也有较大影响。石墨化的壁垒在于石墨化工艺中无固定升温方式，需要根据原材料种类、特性决定加工曲线送电图，对产品良率与成本控制有较大影响。原材料挥发酚与石墨化加热温度是决定石墨化程度的关键参数，能够最终影响电池容量与产品质量。石墨化是人造石墨负极材料生产中能耗和成本最高的工序，石墨化炉种类多样，但高温以及高耗电量难以避免。我国目前主流的石墨化炉为艾奇逊石墨化炉和内串式石墨化炉。未来人造石墨负极材料应重点关注以下方向：①通过对石墨负极采取表面处理、表面包覆以及元素掺杂等手段，开发面向储能的低成本、长循环、高倍率的人造石墨负极材料；②开发连续造粒、预碳化和低能耗石墨化等制造技术及装备。

在天然石墨方面，提升倍率性能和循环寿命是核心方向。新型天然石墨的开发重点应放在界面改性上。天然石墨材料的离子电导率和电位较低，在低温、快速充电等非正常测试条件下容易发生锂析出，锂枝晶的产生会导致电池短路，带来极大的安全隐患。而且天然石墨本身存在很多活性基团，使得石墨与溶剂的相容性差、电极循环寿命短。通过对天然石墨进行的球化处理和界面改性可以降低锂离子脱嵌界面的活化能，提高其倍率性能，特别是界面修饰层还能起到稳定材料结构的作用。未来天然石墨负极材料应重点关注以下技术攻关方向：①开发天然石墨多路线耦合改性技术，包括氧化改性、表面包覆碳改性、金属/合金涂层改性、元素掺杂改性、气相氟化、等离子处理、酸处理、机械研磨等两种或者两种以上的改性方式的结合；②开发高效球化设备以及微粉高值化利用技术。

（3）关键指标（见表 2.1-6）

表 2.1-6 石墨负极材料关键指标

指标（人造石墨）	单位	现阶段	2027 年	2030 年
材料比容量	mAh/g	350	360	370
首次库仑效率	%	91～93	93～94	95～96

（续）

指标（人造石墨）	单位	现阶段	2027 年	2030 年
循环寿命	次	2000～6000	3000～8000	4000～10000
制造成本	万元/t	3.5	3	2
振实密度	g/cm³	1.25	1.40	1.55

2. 硅基负极

（1）技术现状

随着锂离子电池性能要求不断提升，传统石墨负极材料不能满足锂离子电池进一步提升能量密度、安全性的要求。一方面，锂离子电池的质量能量密度主要由正极材料比容量、负极材料比容量以及正负极电势差决定。电池质量能量密度随着正极材料比容量的上升而显著提高，而在正极材料比容量一定的条件下，负极材料比容量对电池的比容量的提升并非成线性关系，在负极材料比容量 300～1200mAh/g 阶段，电池比容量提升效果显著。另一方面，快充技术是锂离子电池技术进步的方向，需要电芯材料的革新相匹配。石墨负极材料由于其层状结构决定锂离子必须从材料的端面嵌入，然后扩散至颗粒内部，致使传输路径较长，嵌锂过程较慢，限制了锂离子电池的快充应用，同时其对锂电位（0.05V）过低也致使在大电流充电过程中发生锂沉积副反应造成析锂，析出的锂金属以枝晶的形式生长，有可能会刺穿隔膜，危害电池安全。

为提升锂离子电池的能量密度，需开发更高比容量的负极材料。硅基材料储锂机理与石墨负极材料不同，其主要是通过与锂形成 $Li_{12}Si_7$、$Li_{13}Si_4$、Li_7Si_3、$Li_{22}Si_5$ 等多种合金相，其中最高锂含量的合金相为 $Li_{22}Si_5$，硅和锂完成合金化反应，1 个硅可以和 4.4 个锂进行合金化，其理论比容量高达 4200mAh/g，是石墨负极的 10 倍左右，是目前已知比容量最高的锂离子电池负极材料。采用硅基负极材料的锂离子电池质量能量密度可以提升 8% 以上，同时每千瓦时电池的成本可以下降至少 3%。此外，硅基负极安全性能更佳。硅基负极材料相对于石墨负极（约 0.05V vs. Li/Li⁺）具有较高的脱嵌锂电位（约 0.4V vs. Li/Li⁺），在充电时可以避免表面的析锂现象，提高了锂离子电池的安全性，被认为是最具发展潜力的锂离子电池负极材料之一。碳基负极和硅基负极性能对比见表 2.1-7。

表 2.1-7　碳基负极和硅基负极性能对比

材料	密度/（g/cm³）	嵌锂相	质量比容量/（mAh/g）	体积比容量/（mAh/cm³）	体积变化率（%）	电位/（V vs. Li/Li⁺）
碳（C）	2.25	LiC_6	372	837	12	0.05
硅（Si）	2.33	$Li_{4.4}Si$	4200	9786	320	0.4

现阶段，硅基负极材料的大规模商业化应用仍然受限。主要原因有以下三点：①锂化时体积膨胀效应和固体电解质界面（SEI）膜不稳定导致循环性能差。与石墨负极的插层机理不同，硅的晶体结构为共价四面体的三维体相结构，通过与锂形成 Li-Si 合金的形式进行充放电。硅在脱/嵌锂过程中的体积膨胀率可达 300% 以上，放电时锂离子

脱出又会形成间隙，体积明显的变化会产生强大的应力，造成硅基负极的碎裂粉化，从而从电极片上脱落，引起容量急剧衰减，降低循环寿命。此外，SEI 膜可以有效地阻止电池副反应的发生，因此，SEI 膜的机械强度、完整性、电化学及热力学稳定性等是决定电池循环性能的关键。循环过程中随着硅体积的变化不断产生新的表面，导致 SEI 膜反复破坏和重建，不断地消耗来自正极的锂和电解液，导致不可逆的容量损失和低初始充电效率，并且 SEI 膜厚度会随着电化学循环不断增加，过厚的 SEI 膜层阻碍电子转移和锂离子扩散，导致阻抗增大。②导电性能差。相比于作为良导体的石墨，作为半导体的硅在常温下的电导率较低。不佳的导电性导致电子在硅体相中的传输和锂离子的扩散受阻，硅基负极的动力学性能受到影响。具体表现为硅基负极难以承受较大的充放电电流，电池的倍率性能较差。③首次库仑效率低。首次库仑效率可衡量锂离子电池充放电能力的高低，关系着产品能否投入使用。随着硅含量的提升，首次库仑效率降低。硅材料的首次充电不可逆循环损耗最高达到 30%（石墨为 5%～10%）。由于硅基自身巨大的体积膨胀导致在锂化过程中 SEI 膜反复破裂，使得大量锂离子随着电极材料一起流失，造成严重的不可逆的锂离子消耗，造成首次库仑效率较低。图 2.1-3 对硅基负极材料的主要瓶颈问题及应对技术进行了总结梳理。

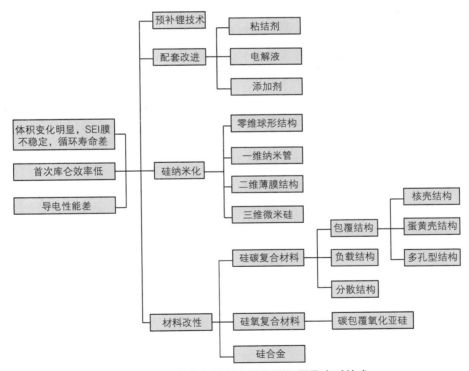

图 2.1-3　硅基负极材料主要瓶颈问题及应对技术

为推进硅基负极材料商业化应用。人们从以下几个维度着手改进。一是预锂化技术，通过在硅基负极预先加入少量的锂源来补充副反应和 SEI 膜形成过程中消耗的锂，以提高首次循环库仑效率和循环稳定性，预锂化技术主要用于氧化亚硅材料。美国 FMC

锂（FMC Lithium）公司开发的锂粉补锂（SLMP）是目前唯一一种可以工业化的预锂化方法，粉末是由约 97% 金属锂和 3% 的碳酸锂组成的核壳结构，预锂化后预计负极的首次不可逆容量减少 20%～40%。预锂化有望成为下一代负极的关键技术之一，核心难题在于锂粉末的生产安全性。二是负极辅材改进，改进粘结剂、电解液及添加剂也能一定程度上减小硅基负极缺陷。合适的粘结剂可以缓解硅基负极循环过程中的体积膨胀，保护硅表面持续生成 SEI 膜，维持电极结构稳定。在电解液中加入添加剂旨在形成稳定致密的 SEI 膜以提高硅基负极的循环稳定性。当前，对硅基负极有效的添加剂主要有碳酸亚乙烯酯、氟代碳酸乙烯酯、二草酸硼酸锂、丁二酸酐等。三是材料结构纳米化，硅纳米材料表面原子平均结合能高，可以在体积膨胀过程中更好地释放应力，有效地避免结构坍塌。纳米化硅结构主要包括：零维球形结构、一维纳米管结构或柱状结构、二维薄膜结构和三维微米硅。硅颗粒尺寸越小，电池循环性能越好。硅纳米颗粒在锂离子电池应用中的临界粒径为 150nm，粒径大于 150nm 的硅颗粒在锂离子电池循环中容易出现断裂现象，纳米化技术存在生产成本较高、材料均一性不好等缺陷。四是复合材料技术，目前技术较为成熟的复合硅基负极材料为硅碳负极和硅氧负极。硅碳负极是以碳作为分散基体，纳米硅作为活性物质的新型负极材料，碳材料用于缓冲硅在脱嵌锂离子过程中产生的应力和形变，保持电极结构的完整性，并维持电极内部电接触。硅碳负极根据结构的不同可分为包覆结构、负载结构、分散结构等。目前能够商业化批量供货的硅碳负极比容量在 450mAh/g 左右，首次库仑效率高但体积膨胀较大，因此其循环性能相对较差。在硅碳负极的制备过程中，需要首先制备纳米硅颗粒，最外层由碳做包覆层形成壳核结构，目前主流技术方法有研磨法纳米硅碳路线和化学气相沉积（CVD）硅碳路线，其中研磨法的工艺极限约为 50nm，无法满足更高的技术要求，目前研磨法硅碳负极已千吨级量产供货，应用于消费电子领域，价格在 25 万～30 万元 /t；而 CVD 硅碳所需生产流程短，设备少，理论成本低，因此被称为最具终局意义的硅碳负极解决方案，随着未来硅烷价格的下降、硅烷利用率的提升和 CVD 设备的增加，CVD 硅碳将进一步拉开和其他硅碳负极路线的成本差距，最终量产成本有望降低到 20 万元 /t 以下，目前该技术制备的硅碳负极已在消费电子领域小部分量产。硅氧负极采用氧化亚硅和石墨材料混合，比较成熟的技术路线是碳包覆氧化亚硅结构，相比硅材料，氧化亚硅材料在嵌锂过程中的体积膨胀大大减小（约 118%），其循环性能得到较大提升。通常是先制备锂离子电池用氧化亚硅，然后进行碳包覆等后续工艺，目前已进入产业应用阶段，成本较高，首次库仑效率相对较低，但循环性能较好，主要用于动力电池领域。目前硅氧负极研发进展较快，市场上出货量最大的为氧化亚硅负极材料，而硅碳负极材料的制备工艺相对复杂，尚未形成标准化制备方法，规模化生产存在一定困难。

硅基负极产业化时间较短，1996 年开始硅基负极的研究，2012 年日本松下（Panasonic）推出含硅电池，2013 年和 2014 年分别实现硅碳负极、硅氧负极的产业化，并于 2015 年和 2017 年陆续推向消费和动力电池领域。

国际上，美国、日本、韩国硅基负极的技术水平处于领先地位。日本松下早在 2013

年就量产了 NCR18650C 电池，采用硅碳负极，容量高达 4000mAh。美国特斯拉（Tesla）4680 电池在传统石墨负极材料中加入 10% 的氧化亚硅，负极材料容量增加到 550mAh/g 以上，单体能量密度达 300Wh/kg 以上，成功应用于 Model 3 车型上，引领硅基负极应用趋势。日本信越化学（Shin-Etsu Chemical）专攻硅氧负极方向，该公司在全球一共申请了约 210 项与硅基负极材料相关的专利，其中包括硅氧负极 187 项，2019 年推出可以商用的预锂化硅氧负极产品，首次库仑效率提升至 85% 以上，循环超 1000 次。美国斯拉（SILA）率先推出最早可以商业化的 CVD 硅，通过硅烷、碳氢气体共同沉积形成致密的硅碳结构，但乙烯和硅难以形成一致性高的纳米级别包覆，工艺难度比想象中的高，目前业界声音逐步减小。美国 Group 14 采用新型 CVD 硅碳技术，核心是通过一种多孔碳骨架来储硅，并通过多孔碳内部的空隙来缓冲硅嵌锂过程中的体积膨胀，其中碳骨架本身密度小、质量轻，因此循环优异，能量密度高，其产品 SCC 55 碳硅比例为 45∶55，比容量达到 1650mAh/g，首次库仑效率为 90%。韩国蔚山国家科学技术研究所（UNIST）采用 CVD 在多孔碳基底上沉积亚纳米级硅，同时在外层包覆乙烯形成硅碳材料，有效提升了负极材料的循环和存储性能，在 2875 次循环后容量保持率为 91%，存储 1 年后容量保持率仍为 97.6%。碳包覆硅颗粒中纳米硅不仅能够缓解硅负极材料巨大的体积变化，而且碳基底也能够构建导电网络，提升导电性能，此外包覆碳层能够降低电解液直接接触硅表面的面积，有利于形成稳定的 SEI 膜，提升材料的循环存储稳定性。其他代表性企业如日本日立化成（Hitachi-Chemical）、韩国加德士（GS Caltex Corporation）、韩国大洲（Daejoo）和美国安普瑞斯（Amprius）等在硅碳 / 硅氧负极材料领域具备技术优势。

国内硅基负极技术发展目前正处于并跑水平。从市场规模看，2023 年我国硅基负极（硅碳和硅氧）市场份额占比 3.4%，据高工产业研究院数据，预计 2025 年我国硅基负极出货量有望超过 6 万 t。从规模量产和商业应用来看，硅氧负极最易实现，氧化亚硅的制备难度小，通常在制成氧化亚硅后通过真空蒸镀在表面进行碳沉积。硅氧负极商业化领先于硅碳负极，且在动力领域应用更为主流。现阶段，动力电池领域主要用硅氧负极，虽然硅氧负极容量不如硅碳负极，但循环性能相对较好，而循环寿命对于动力电池更为重要。硅碳负极由于循环性能劣势，目前主要用于电动工具以及消费电子等领域。目前国内各大负极厂商对硅氧负极均有布局，如深圳贝特瑞、上海杉杉等。从技术指标看，国内企业采用研磨法制备硅碳负极的主要有深圳贝特瑞、深圳本征方程和溧阳天目先导等，研磨法硅碳负极年出货量在千吨级，主流产品比容量为 800 ~ 1500mAh/g，首次库仑效率为 83% ~ 88%。采用 CVD 硅碳负极路线的企业主要有浙江兰溪致德、溧阳天目先导、浙江碳一、上海杉杉和北京壹金新能源等，主流产品比容量集中在 1500 ~ 2200mAh/g，首次库仑效率为 86% ~ 92%，累计规划产能超过千吨级，在消费电子领域目前均已实现批量出货。

2013 年，深圳贝特瑞开始研发第一代硅氧负极；2015 年，完成产品出货，主要应用于消费和动力领域，已完成多款氧化亚硅产品的技术开发和量产工作，比容量达到

1500mAh/g 以上。硅氧解决膨胀方案主要通过氧原子与硅结合为纳米级别的化合物，能抑制硅在充放电时的体积变化，提升循环寿命。其 BSO-1 系列产品粒径为 5μm，振实密度大于 $0.8g/cm^3$，比表面积小于 $4m^2/g$，首次比容量约为 1600mAh/g，首次库仑效率大于 76%；第二代硅氧负极通过预镁方案提升首次效率，其 BSO-L 系列产品粒径为 5μm，振实密度大于 $0.9g/cm^3$，比表面积小于 $5m^2/g$，首次比容量约为 1400mAh/g，首次库仑效率大于 86%。目前，深圳贝特瑞的硅碳负极材料已经开发至第五代产品，比容量最高达 2000mAh/g 以上，主持制定国家首个硅碳负极领域国家标准《硅炭》（GB/T 38823—2020），具备 3000t 产能，是唯一拥有硅碳负极外国订单的企业。在兼顾首次效率的情况下，目前量产的硅碳负极 DXB5 系列产品粒径为 16μm，振实密度大于 $0.8g/cm^3$，比表面积小于 $3m^2/g$，首次比容量约为 450mAh/g，首次库仑效率大于 93%，核心参数突破石墨负极瓶颈。上海杉杉具备一定出货能力，其开发的硅碳负极材料 SG50 系列产品粒径为 10～15μm，振实密度为 0.9～$1.1g/cm^3$，比表面积小于 $3m^2/g$，比容量大于 500mAh/g，首次库仑效率为 91.5%。硅氧负极 GS60 系列产品粒径为 12μm，振实密度大于 $1g/cm^3$，比表面积小于 $3m^2/g$，比容量大于 600mAh/g，首次库仑效率为 88.5%。湖南中科星城研发的 PS 系列硅碳负极产品通过物理或化学方法制备纳米硅，并将纳米硅担载在碳基载体上，以降低硅基的嵌锂体积膨胀，产品粒径为 11μm，振实密度大于 $0.8g/cm^3$，比表面积小于 $5m^2/g$，比容量大于 1300mAh/g，首次效率为 84%。研发的硅氧负极参数用 CVD 技术对 SiO 进行包覆，并通过多类型预锂技术，提高产品首次效率。该系列产品具有高首次效率、低膨胀等特点，产品粒径为 7μm，振实密度大于 $1.05g/cm^3$，比表面积小于 $3m^2/g$，首圈比容量大于 1300mAh/g，首次库仑效率为 91%。中国科学院陈立泉院士和李泓团队孵化天目先导公司，碳基底的孔容孔径以及硅的沉积量都能做到精确管控，比容量能达到 1500～2200mAh/g，首次库仑效率达到 86%～92%，目前也在消费电子领域批量供货。鉴于该工艺具有无锆杂质、硅碳复合物粒径较小的优点，目前已被作为主流技术进行研发和试生产。其他代表性企业如江西紫宸、宁德时代、比亚迪、力神、比克、万向 A123、正拓能源、凯金能源、石大胜华、硅宝科技、翔丰华、微宏动力也具备较强研发实力。

（2）分析研判

硅碳负极和硅氧负极是硅基负极材料的主流技术路线，未来 10 年有望逐步扩大锂离子电池负极材料的市场渗透率。但目前以上两种材料还未实现大规模商业化应用，主要原因在于其循环寿命、首次库仑效率、制备成本等均不及石墨负极材料，且相应配套的导电剂、粘结剂、电解液、集流体等仍不成熟。

对于硅碳负极，提升循环性能是商业化应用的关键因素，通过降低硅比例牺牲其能量密度，控制硅碳材料的锂化程度可以人为调控其充放电过程中的体积变化，从而在较低的容量下获得更高的循环性能。因此，针对硅碳负极在储能电池中的应用除了通过纳米硅颗粒的形貌调控、与不同碳材料的复合结构设计等常规方式以外，还可以研究其合金化过程的体积变化率及其与性能衰减的相关性等。研究高强度粘结剂可以很大程度缓解硅基材料的体积膨胀变化。另外，纳米化、多孔化、预锂化等方法均可以提升其循环寿命。然而，要将硅基负极循环寿命提升至储能要求，单纯从缓解体积变化的角度无法从根本上解决问题，仍需要从硅基材料合金化的本质等方面提出具有创新性的解决方案。

对于硅氧负极，提升首次库仑效率是其商业化应用的关键。硅氧材料较硅单质有效缓解了体积膨胀，提升了循环性能，但降低了首次库仑效率。由于氧的引入，氧化亚硅（SiO_x，$0 < x < 2$）首次嵌锂的过程中会生成金属锂氧化物 Li_xO 及锂硅化合物，可有效缓冲脱嵌锂产生的体积膨胀，从而提高循环性能，SiO_x 材料的副作用是 SiO 使得 Li 在首次嵌入到材料的过程中会生成没有电化学活性的 Li_4SiO_4，导致 Li^+ 的不可逆消耗，使得 SiO_x 材料的首次库仑效率远远低于石墨和硅碳材料，并且理论比容量相对硅碳及纳米硅也较低。现阶段预锂化技术是解决硅氧负极首次库仑效率低的主流技术手段，包括化学预锂化、电化学预锂化、掺杂锂化添加剂和与锂的直接接触（短路法）等方法，其中，可通过混合氧化亚硅与锂化合物进行高温煅烧，得到高首次效率的硅氧负极材料；或将氧化亚硅置于含有锂化合物的有机溶剂中，以此提高氧化亚硅的初始库仑效率。未来硅氧负极材料应重点关注以下技术方向：①预锂化硅氧负极材料制备技术；②高效率低成本 SiO_x 批量化制备及结构优化关键技术；③新型碳纳米材料（碳纳米管、石墨烯等）——SiO_x 复合负极制备技术。

（3）关键指标（见表 2.1-8）

表 2.1-8　硅基负极材料关键指标

	指标	单位	现阶段	2027 年	2030 年
硅碳负极	材料比容量	mAh/g	2000	2200	2500
	质量能量密度	Wh/kg	≥ 350	≥ 400	≥ 450
	循环寿命	次	> 800	> 1000	> 1200
	制造成本	万元 /t	30	23	20
	首次库仑效率	%	88	90	92
硅氧负极	材料比容量	mAh/g	1300	1500	2000
	质量能量密度	Wh/kg	≥ 300	≥ 350	≥ 400
	循环寿命	次	> 1200	> 1800	> 2500
	制造成本	万元 /t	60	40	20
	首次库仑效率	%	86	88	90

2.1.1.3　电解液

锂离子电池电解液是电池中离子传输的载体，在锂离子电池正、负极之间起到传导离子的作用，其直接影响锂离子电池的能量密度、功率密度、宽温应用、循环寿命、安全性等方面的性能。电解液一般由高纯度的有机溶剂、电解质锂盐、必要的添加剂等原料，在一定条件下、按一定比例配制而成。其中溶剂是电解液主体，占比 65% ~ 90%，主要包括环状碳酸酯（PC、EC）、链状碳酸酯（DEC、DMC、EMC）和羧酸酯类（MF、MA、EA、MA、MP）等。锂盐提供传输锂离子，占比 9% ~ 20%，主要包括 $LiPF_6$、LiFSI 等。添加剂属于电解液的核心成分，占比 3% ~ 20%，添加剂的不同会极大地影响电池的性能，属于电解液配方的核心。添加剂按照功能可以分为正负极成膜添加剂、导电添加剂、阻燃添加剂、过充保护添加剂、低阻抗添加剂、除水除酸添加剂、品质稳定添加剂、多功能添加剂等。

为了保证电池性能的一致性，锂离子电池电解液具有严格的品质标准，对于杂质的管控在 ppm 级别，具体见《锂离子电池用电解液》（SJ/T 11723—2018）标准的要求（见表 2.1-9）。

表 2.1-9　锂离子电池用电解液品质标准

项目		指标
色度[1]（Hazen）		≤ 50
水分（ppm）		≤ 20.0
游离酸[2]（以 HF 算，ppm）		≤ 50.0
密度（25℃，g/cm^3）		标称值 ± 0.010
电导率（25℃，mS/cm）		标称值 ± 0.3
金属杂质含量（ppm）	钾（K）	≤ 2.0
	钠（Na）	≤ 2.0
	铁（Fe）	≤ 2.0
	钙（Ca）	≤ 2.0
	铅（Pb）	≤ 2.0
	铜（Cu）	≤ 2.0
	锌（Zn）	≤ 2.0
	镍（Ni）	≤ 2.0
	铬（Cr）	≤ 2.0
氯离子（Cl^-）含量（ppm）		≤ 5.0
硫酸根（SO_4^{2-}）含量（ppm）		≤ 10.0

① 特殊组分锂离子电池用电解液的色度由供需双方协商决定。
② 特殊组分锂离子电池用电解液的游离酸值由供需双方协商决定。

1. 高电压电解液

（1）技术现状

近年来，尖晶石镍锰酸锂、层状富锂锰基材料等新型高压正极材料逐渐被开发，其电压可达 4.8V 以上，但仍未得到商业化应用。最重要的原因是当前商用电解液的工作电压无法与之匹配。当工作电压 > 4.3V 时，传统电解液通常会发生分解，这是由于常用的有机碳酸酯类溶剂，如链状碳酸酯 DMC、EMC、DEC，以及环状碳酸酯 PC、EC 等在高电压下不稳定。目前，研究较多的是通过使用耐高压材料来提高电解液的工作电压，包括使用高压溶剂、高压添加剂及高浓度锂盐电解液等。国际上的电芯厂关于镍锰酸锂、层状富锂锰基正极还处于基础研究阶段，科研院所则更多是在新型成膜添加剂，高压溶剂如砜类、腈类，含磷溶剂及氟代溶剂等体系的尝试和探索；而国内企业和高校的开发进展相对更快，国内的电芯厂如比亚迪、宁德时代、国轩高科、欣旺达、蜂巢、清陶等均在新型高压电池体系方向积极布局，并与正极材料厂商如宁波容百、厦门钨业、瑞翔新材等合作，共同开发下一代高压电池产品。国内的电解液厂商如深圳新宙邦、广州天赐、国泰华荣、法恩莱特等在高压电解液体系方向均开发了样品并向下游客户送测，其中深圳新宙邦所开发的自主知识产权的添加剂磷酸三丙炔酯（TPP）在提升电池高温性能方面表现出了明显的优势。部分国内电芯企业在 5V LNMO 体系的开发上取得较大进展，可实现常温 1C 循环 1000 ~ 1500 次，容量保持率 ≥ 80%，但高温存储产气和高温循环保持率依然面临较大挑战。国内科研院所中，东莞松山湖材料实验室的黄学杰团队在高压材料体系上取得较大突破，他们研发的第三代锂离子电池——尖晶石镍锰酸锂电池，已经实现了中试，有望最快在 2024 年投入应用，和现有的磷酸铁锂电池相比，能量密度可提升 50% 以上，每千瓦时电池成本下降 30%。广东省在新能源领域具有强大的竞争力，不仅有产品研发能力出色的电芯厂如比亚迪、欣旺达、亿纬锂能、珠海冠宇等，还拥有国内的电解液龙头广州天赐和深圳新宙邦等，在高压电解液领域具有先发优势。

（2）分析研判

高压化是未来锂离子电池的重要发展方向之一，对于提升电池能量密度、降低瓦时成本具有重要意义。然而受限于溶剂本身的电化学稳定性，氧化稳定性普遍较低，当前常用的碳酸酯如 EC、PC、EMC、DEC、DMC 等会在高压下氧化分解，固液界面处的副反应加剧，电解液发生不可逆的氧化分解导致气体生成，导致电池鼓胀，增大极化电压，界面阻抗增加；此外电极材料高压化后可能加剧金属离子溶出，破坏电极结构，离子溶出后迁移至负极侧，催化电解液分解，电池内部的电解液快速反应消耗，最终造成高电压电池容量衰减和循环失效。因此，高压电解液的开发是关键一环，提升界面的稳定性，抑制电解液氧化分解是高电压电解液开发所要解决的关键问题。

为了达成上述目标，需要解决以下问题：一是提升电解液本身的耐高压性能，包括本征的耐高压特性和电化学稳定性，如通过对溶剂分子结构进行修饰和优化，包括氟代碳酸酯、氟代羧酸酯及氟代醚类、腈类、砜类等溶剂的开发，引入高电负性分子基团如 F^-、$-CN$、$-SO_2$ 等可以极大地提高电解液的氧化稳定性，拓宽其电化学窗口，并促进稳定的 SEI 膜形成，由于溶剂是电解液中占比最大的组分，提升它们的稳定性对于电解液本体的耐压性能非常重要；此外也可以通过锂盐的种类或浓度改变溶剂化结构，包括高浓电解液或局部高浓电解液等，通过增加锂离子与溶剂分子络合数目，能增强电解液在电极的钝化能力，抑制电解液在高电压下的氧化分解，同时由于自由溶剂分子数量的减少，电解液的溶剂化结构改变使锂盐阴离子处于最低未占据分子轨道（LUMO），锂盐可优先还原分解形成 SEI 膜，从而抑制了电解液的分解，并有效增强了电解液体系的循环稳定性，但是需要考虑其对电解液的黏度和电导率带来的影响。二是要考虑电解液和正负极材料界面的兼容性，CEI 和 SEI 膜界面的稳定性和修复性对于电池的性能发挥具有非常重要的作用，因此开发新型的耐高压成膜添加剂也是实现电池性能提升的关键一环，如具有特殊官能团的磷系、硫系、硼系添加剂等，这些功能型添加剂可优先于电解液氧化分解构建电极/电解液界面膜，从而抑制电解液的氧化分解和过渡金属的溶解，并在电池的全生命周期具备持续修复的能力，以阻止溶剂分子在界面处的副反应，大幅提升高压电池的电化学性能。

（3）关键指标（见表 2.1-10）

表 2.1-10　高电压电解液关键指标

指标	单位	现阶段	2027 年	2030 年
离子电导率	mS/cm	5～6	6～8	7～10
抗氧化性电压	V	4.3～4.5	4.6～4.8	4.9～5.2
高温循环寿命	次	300	700	1000
高温存储产气量	mL/Ah	＞10	3～6	＜1
制造成本	万元/t	5	4.5	4

2. 高功率电解液

（1）技术现状

超级快充是未来锂离子电池的发展趋势。锂离子电池高功率电解液主要解决以下两个方面的问题：一是高倍率充电下 SEI 膜电荷迁移阻抗增加，使充电过程电极极化加大；二是高倍率充电下锂离子电池在恒流充电的后期易产生析锂现象，导致 SEI 膜状况恶化，电池性能变差。在电解液中加入利于高倍率充放电的锂盐或者溶剂，可在一定程度上改善电池高功率性能。例如通过加入效果优于 VC 的成膜添加剂降低高倍率充放电下电极界面电荷传递阻抗，或加入锂盐沉积改善剂，防止高倍率充电时锂枝晶生长，改善电池的高功率性能。

目前超级快充的技术路线主要有两种：①以美国特斯拉（Tesla）为代表的升温快充。将电芯加热到 40～65℃，通过温升来提升电解液和 SEI 膜的传质能力，电解液的设计核心为提升高温稳定性，兼顾高动力学。目前来说仅有美国特斯拉采用升温快充的方案，其所采用的电解液技术来自于自研，其核心是使用高含量的 LiFSI 等锂盐加添加剂组合，有效提升了电解液在高温下的稳定性，最终可以实现 85kW 及以上的快充能力，同时还可以兼顾电池的循环寿命。目前针对高温快充电解液的开发主要以美国 Battery 500 项目参与单位在进行相关技术的开发，同时特斯拉自身也在进行产品的迭代。国内的一部分科研院所，如北京理工大学深圳汽车研究院（电动车辆国家工程实验室深圳研究院）也在积极配合国内的电动汽车厂进行相关技术的开发。②以宁德时代的神行电池为代表的常温快充。其是通过在电解液中引入超低黏度的羧酸酯类溶剂提升动力学，实现电解液本征传质能力的提升。宁德时代的常温快充在电解液方面则有比较大的变动，主要是引入了乙酸乙酯等高动力学性能的材料实现常温下动力学性能的提升，极限可以实现 366kW 的快充能力，配合使用液冷超充站可以实现更大的充电功率。目前常温快充电解液的开发以我国为主，以宁德时代为代表的电芯厂在电解液方面以自研为主，实现了 4C 快充电解液的开发。国内的电解液厂商如深圳新宙邦、广州天赐材料等也在积极配合合肥国轩高科、深圳欣旺达、惠州亿纬锂能、广州巨湾技研、江苏蜂巢能源等电芯厂联合进行快充电解液的开发，其中深圳新宙邦配合客户开发的 6C 电解液已经初步通过认证，4C 磷酸铁锂电解液也已经通过重要客户的认证和批量交付。从目前的技术现状来说，单纯的快充窗口提升至 4C 已经是可以实现的，但高温性能和安全方面的风险还有待时间的进一步确认。

（2）分析研判

提升倍率性能是锂离子电池的重要发展方向。对于电解液而言，为保证高功率性能，首先需要较高的锂离子电导率，且形成的界面膜要有较低的阻抗，进而加快离子传输，避免负极析锂。主要原因是高倍率充放电导致极化增大，锂在负极表面析出，存在安全隐患。其次需要解决充电窗口与电池高温性能的兼顾问题，高倍率充 / 放电导致电池内部产生大量的热量，存在安全隐患；同时，温度不均匀分布导致电池一致性差，引发容量快速损失。

为解决这样的痛点，需要对超充电池高温下的失效机制有比较清晰的认知，并在电解液方面进行针对性调整。电导率方面，需要设计开发具备低黏度、高电导能力的 Li^+ 传质环境，降低快充过程中的热效应。如新型亚胺锂盐 LiFSI 由于其阴离子结构较大，可改善电解液电导率和黏度，提升锂离子扩散系数和低温脉冲性能，但需要解决铝箔腐蚀的问题；和常规的碳酸酯溶剂相比，羧酸酯溶剂的黏度更具优势，可显著提高电解液电导率并降低黏度，改善电池的功率性能，但羧酸酯溶剂与负极兼容性差，需要进一步优化分子结构。考虑到快充 / 快放条件下，大电流会导致电池温升明显，对于正负极与电解液界面膜的高温稳定性提出了更高的要求。开发高倍率条件下提升 SEI 膜高温稳定性的添加剂，且需要保证在电池循环过程中的内阻增长，防止在恒流充电的后期产生析锂现象，导致 SEI 膜状况恶化，电池性能变差。同时针对高温和安全的要求，对配方进行综合设计和调控，最终实现快充、高温和安全性能之间的平衡。

（3）关键指标（见表 2.1-11）

表 2.1-11　高功率电解液关键指标

指标	单位	现阶段	2027 年	2030 年
离子电导率（25℃）	mS/cm	7～10	8～14	10～16
热箱通过温度	℃	130	135	140
充电窗口	C	4	5	6
电池循环寿命	次	2000	2500	3000
制造成本	万元 /t	3	2.5	2

3. 宽温域电解液

（1）技术现状

1）研发技术现状：一些特殊应用场景需要锂离子电池突破当前常用的温度范围（15～35℃）。过低的工作温度会使电解液黏度增大、电解质盐溶解度降低、Li^+ 去溶剂化能垒升高等，使得锂离子电池内电化学反应的电荷转移受到影响、动力学过程变慢，造成电池极化增加、容量下降，甚至难以工作。浙江大学范修林和美国马里兰大学王春生团队通过使用低溶剂化能的小尺寸溶剂氟乙腈（FAN）设计宽温域电解质，表现出超高的电导率。使用这种电解质的石墨‖NMC811 全电池在 −35℃、−60℃ 和 −80℃ 时，和室温容量相比，保持率分别为 76%、63% 和 51%，但由于 FAN 本身的沸点较低，在高温下存在一定安全问题。清华大学邱新平团队提出了一种丙酮（DMK）为溶剂的新型电解质，即使在 −40℃ 下，离子电导率也大于 10mS/cm，但由于溶剂本身的局限性，在高温及高电压下受到极大挑战。此外，过低的工作温度还可能改变电化学反应路径。如在低温下，本应嵌入石墨负极层间的 Li^+ 可能在石墨负极表面被还原，形成枝晶，危害电池安全。而在高温工作环境中，由于电解液/电极界面稳定性下降，无法阻止电极和电解液副反应的发生。此外，过高的工作温度对于电极材料的热稳定性也有一定挑战。因此需要开发宽温域电解液来满足这些场景的应用要求。

2）产品技术现状：传统电解液主要是以碳酸酯溶剂为主，通过环状碳酸酯与线性碳酸酯之间的组合，并联合采用 DTD 等高温稳定且阻抗较低的添加剂，行业目前可以将电池的使用温度扩展到 −20～55℃，在 −20℃ 时可以释放 70% 以上的容量，55℃ 循环可以实现 1000 次以上的寿命。从结果中可以看到在高温和低温极限时，电池可以运行，但性能方面还是出现了明显的降低。深圳新宙邦配合客户开发的 LBC3578N73 电解液可以实现 85℃ 存储 270 天，容量保持率 > 70%，但该配方在低温性能方面也存在着一定程度的妥协。

基于传统材料的锂离子电池电解液的温度区间最多拓展至 −20～55℃，采用新型材料或新型设计的电解液可以更进一步地将使用范围拓展至 −70～85℃，但目前新型电解液还是存在高低温不能兼顾的问题，因此急需开发具有宽液程⊖ 的新材料来进一步拓展应用温度范围。

（2）分析研判

目前来看，宽温域电解液的应用场景更多集中在某些特殊领域。在极端低温或高温条件下，需对电解液组分重新设计，以满足非常规的需求。宽温域电解液的组分设计主要包括液相改性和电解液/电极界面改性。电解液应具备较宽的液态温度范围、良好的电化学稳定性和较高的低温离子电导率，提升电解液/电极界面锂离子和电荷交换能力，以及增强电解液和电极材料相容性也十分重要。液相改性主要通过开发新型电解质锂盐和宽液态范围溶剂来实现，界面改性主要通过开发高温/低温添加剂来实现。由于新型

⊖ 液程指的是电解液处于液态的温度区间。

锂盐价格昂贵且制备困难，而常用的 $LiPF_6$ 综合性能和经济性最好，短期内不会被其他锂盐替代，因此新型溶剂和添加剂的开发是宽温域电解液开发的关键问题。传统溶剂和添加剂的最佳组合将使用温度扩展到 $-20 \sim 55℃$，极限温度时性能有所下降。为解决这样的问题，急需开发具有宽液程、高介电常数和良好氧化还原稳定性的溶剂，同时需要进一步开发新型添加剂，以提升 SEI 膜在 80℃ 以上的长期稳定性。对于极端低温的使用场景，主要从溶剂角度进行设计，电解液本体的黏度、电导率等物化性能对于低温性能的发挥影响显著，开发低黏度、低凝固点、电化学稳定性好的溶剂是提高电解液宽温域性能的有效途径。线性羧酸酯和部分氟代酯可有效降低电解液黏度，使电解液在低温下有较高的电导率，并且有助于在石墨负极表面形成稳定的低阻抗 SEI 膜。然而大部分线性羧酸酯类溶剂的相对熔点和沸点较低，如蒸气压力过大，则无法保证电池的使用性能和安全性能。比如采用乙酸甲酯 MA（沸点 56℃）为主要溶剂的锂离子软包电池，低温性能优异，但是电池从 50℃ 开始出现变形，从而无法正常使用。因此需要通过低阻抗耐高温添加剂来提升电池的高温性能，防止大规模的安全隐患出现。在极端高温领域，技术攻关重点主要集中在提升电解液沸点、闪点及电解液 / 电极界面稳定性等。高温添加剂的使用对于性能的改善至关重要，其作用原理是抑制高温下电解液与正负极界面副反应的发生。例如利用聚硅烷长链结构和易于功能化改性的特点，通过优化功能侧基的化学结构和取代率，制备添加剂，使之在正极表面形成热稳定性和化学稳定性较高的保护层，从而提升电池高温性能。

（3）关键指标（见表 2.1-12）

表 2.1-12　宽温域电解液关键指标

指标	单位	现阶段	2027 年	2030 年
离子电导率（−20℃）	mS/cm	< 2	2.5	3
低温循环能力（−10℃）	次	100	300	500
高温循环能力（55℃）	次	1000	1500	2000
制造成本	万元 /t	3.5	3	2.5

2.1.1.4　隔膜

隔膜是电池的重要组成部分，是用于防止两极接触而发生短路的微孔高分子功能材料，其性能直接影响到电池容量、循环性能及安全性，是技术壁垒最高的锂离子电池材料，其成本约占锂离子电池的 15%。我国隔膜起步较晚，近几年锂离子电池隔膜国产化率在不断提升，市场占有率和产能都位居世界前列，但高端隔膜国产化率依然较低。目前市场主流隔膜主要有聚丙烯（PP）单层微孔膜、聚乙烯（PE）单层微孔膜、多层复合膜和涂布膜等聚烯烃微孔膜。聚烯烃微孔膜类隔膜具有力学性能好和电化学性能稳定等优点，但也存在高温稳定性差、电解质润湿性差的缺点。锂离子电池经过长期循环使用后会生成锂枝晶，有刺破隔膜引发短路的风险，这要求隔膜具备较好的抗穿刺强度。随着锂离子电池的发展，具备热响应开关、枝晶预警及阻燃功能的新型涂覆隔膜逐渐发展起来，抑制电池升温的正反馈过程，提高了电池的安全性能。

隔膜分为干法隔膜和湿法隔膜。干法隔膜安全性高，且成本较低，因此大多应用于大型磷酸铁锂电池中；而湿法隔膜孔隙率高、孔径的均匀性好和透气率较高，拉伸强度大，可制备的厚度更薄，因此在重视能量密度的三元电池中应用更广泛。干法隔膜和湿法隔膜对比见表 2.1-13。

表 2.1-13　干法隔膜和湿法隔膜对比

分类	干法		湿法
工艺原理	干法单向拉伸	干法双向拉伸	同步和异步拉伸
	晶片分离	晶型转化	相分离
适用材料	PP 膜、PE 膜、多层膜	较厚的单层 PP 膜	单层 PE 膜
工艺特点	精度要求高、控制难度高、污染小	成本较高，需溶剂及成孔剂等添加剂	投资大、周期长、能耗高
优点	微孔尺寸均匀、成本低、微孔导通性好	工艺简单、成本低、抗穿刺强度高、横向拉伸强度高、膜厚度范围宽、短路率低	微孔尺寸分布均匀，孔隙率和透过性可控范围广，适宜生产薄产品
缺点	横向拉伸强度差、短路率稍高	孔径不均匀、稳定性差	工艺复杂、成本高、耐热性差

1. 干法隔膜

（1）技术现状

全球隔膜市场主要由中国、韩国、日本三个国家主导，全球隔膜供应以中国为主，其余海外隔膜企业则以日韩企业为主。2023 年，我国隔膜企业出货量的全球占比已经突破83%，出货量达 176.9 亿 m²，同比增长 32.8%，其中干法隔膜出货量为 47.5 亿 m²。目前干法隔膜处于大规模应用阶段，主要包含 PE、PP、PP/PE/PP 等隔膜。干法隔膜主要应用在大巴车、电动工具和储能中，对设备的能量密度要求较低，但是对成本非常敏感。国外主要厂商有日本旭化成、日本宇部、日本东丽、韩国 SKI 等。日本旭化成自 1970 年开始研发锂离子电池隔膜。2015 年，日本旭化成收购美国老牌干法隔膜企业赛尔格（Celgard），其隔膜市场地位进一步提升。日本旭化成 Celgard 隔膜有 14μm、16μm、20μm 及 25μm 等规格，其中 14μm 隔膜是以 PP 为原料，其抗穿刺强度可以达到 290gf[⊖]，孔隙率为 43%，横向 / 纵向拉伸强度达到 150/1800kg/cm²。而韩国 SKI 成立时以醋酸纤维和涤纶为主，在之后的投资中逐步布局电池材料行业。国内重点企业主要有深圳中兴新材、深圳星源材质、河南惠强新材、深圳博盛新材、河北沧州明珠，2023 年这 5 家头部企业合计占据超过 80% 国内市场份额。深圳中兴新材及深圳星源材质的干法隔膜出货量分别排名第一及第二。深圳中兴新材专注于干法隔膜，已布局专利 172 项。其从 25μm 基膜发展到10μm 基膜，技术迭代速度较快，10μm 基膜已进入客户电芯评测阶段，开发的高强度基

[⊖] lgf ≈ 0.0098N。

膜可以达到 9μm。深圳星源材质干法、湿法双路线并重，已取得授权专利近 200 项。其开发了 14μm、12μm、10μm 等多种厚度隔膜产品，其中 12μm 隔膜抗穿刺强度达到了 350gf，突出了轻薄化、高强度、耐撕裂、低收缩的产品特点。

（2）分析研判

薄型化始终是锂离子电池隔膜行业发展的重点。下游薄型化、功能化需求进一步提升，对隔膜产品性能及功能提出更高要求。同时，由于近年来新能源汽车补贴退坡使成本压力向上游传导，干法隔膜成本优势凸显。在干法隔膜领域，10μm 及以下隔膜的规模化应用将是行业下一阶段研发聚焦的主要问题，需要在原材料、配方、工艺上进行突破。在储能领域，干法隔膜在成本、安全性上具备优势，干法单拉隔膜占据主要地位，干法双拉隔膜在市场上未获得大规模应用。干法隔膜发展的主要瓶颈其一在于隔膜横向强度低、容易撕裂，未来需优化基膜材料、加强隔膜结构设计、优化工艺制程参数等。其二在于生产流程较多，每个环节都需要高精度控制，设备选型必须根据工艺特点定向匹配，隔膜设备具有非标化设计、调试时间长、质量要求高等特点，需要依据生产工艺独立设计。与此同时，伴随各细分应用领域的成熟，下游对隔膜的选型也将更有侧重，推动隔膜向功能化方向发展。

（3）关键指标（见表 2.1-14）

表 2.1-14　干法隔膜关键指标

指标	单位	现阶段	2027 年	2030 年
耐高温性	℃	150	180	> 180
厚度	μm	10 ~ 25	10 ~ 20	10 ~ 16
孔隙率	%	48 ~ 50（倍率型） 33 ~ 45（容量型）	48 ~ 50（倍率型） 33 ~ 45（容量型）	48 ~ 50（倍率型） 33 ~ 45（容量型）
抗穿刺强度	gf	200 ~ 400	250 ~ 450	300 ~ 500
横向拉伸强度	MPa	≥ 10	≥ 10	≥ 10
纵向拉伸强度	MPa	130 ~ 160	140 ~ 170	150 ~ 180

2. 湿法隔膜

（1）技术现状

湿法制备工艺流程主要为将烃类液体等高沸点小分子增塑剂与聚烯烃树脂熔融成均相混合物，利用降温过程中发生的相分离现象形成膜片，加热膜片至近熔点温度，双向拉伸并保温，随后将增塑剂从薄膜中萃取出来，得到亚微米尺寸微孔膜材料。湿法工艺制备的隔膜厚度更薄，均匀性更好，理化性能及力学性能更好，但需添加溶剂等，成本有所上升。湿法工艺分为湿法双向异步拉伸工艺以及双向同步拉伸工艺两种，两者工艺流程基本相同，其中异步拉伸工艺流程包括投料、流延、单独纵向拉伸、单独横向拉伸、萃取、定型、分切等。同步拉伸技术则是在拉伸过程中同时进行横、纵两个方向的拉伸。同步拉伸技术增强了隔膜厚度均匀性，但车速慢，可调性略差。对比干法隔膜，湿法隔膜在厚度、均匀性、拉伸强度、抗穿刺强度、透气性能、安全性、吸液率等方面更出色，适用于动力电池等高容量电池。随着新能源汽车和电网储能等产业的迅猛发展，大容量高比能电池快速放量，带动了湿法隔膜产业的快速发展。

从全球锂离子电池隔膜竞争格局来看，中日韩三分天下。根据 EVTank 统计，2023 年我国锂离子电池湿法隔膜出货量达到 129.4 亿 m^2，占总出货量的 73.1%。全球锂离子电池隔膜出货量前 16 强中，国外企业有日本旭化成、东丽、住友、宇部、W-Scope 及韩国 SKI 等。国内企业占据 10 位，其中云南恩捷股份位居行业龙头，市占率第一。技术方面，韩国 SKI 隔膜产品厚度覆盖 $10 \sim 25\mu m$，其研发重心为多层孔隔膜技术、熔炼型复合隔膜技术、隔膜粘合剂层技术以及隔膜制备方法创新。云南恩捷股份的技术研发重心为 $7\mu m$ 超高强度基膜开发、油性涂布动力电池产品开发、半固态电解质隔膜研究以及耐 150℃ 高温氧化铝 $2\mu m$ 涂层水性涂布膜开发。在产品质量方面，国产隔膜厚度、孔隙分布以及孔径分布的一致性较国外高端隔膜稍低，云南恩捷股份的湿法隔膜良率超过 78%，国内隔膜行业平均良率为 60%。在工艺技术方面，云南恩捷股份采用基膜＋涂覆一体化的在线涂覆工艺，降低母卷到最终成品的消耗，提升隔膜良率。在涂覆方面，云南恩捷股份实现商业化的涂覆技术包括水性／油性陶瓷涂覆、水性／油性聚合物涂覆（PVDF）以及芳纶涂覆等。

（2）分析研判

对比干法隔膜，湿法隔膜可实现超薄化，具备横向的拉升强度高、不易撕裂、热关闭温度低、安全性较好等优势。湿法隔膜的未来发展方向为研发新型涂覆材料，开发新型涂覆工艺，通过涂覆提升可靠性和耐高温性。近两年湿法隔膜的涂覆比例达到 80% 以上。湿法隔膜涂覆一体化为主流技术路线，目前锂离子电池涂覆技术路线为无机材料涂覆、有机材料涂覆、有机和无机材料涂覆相结合的方式。隔膜涂覆技术的两个关键问题是：①提升隔膜高温性能，一般采用水系陶瓷（可以承受 150℃ 热收缩）；②提升隔膜粘结性，一般采用 PVDF-HFP，由于 PVDF-HFP 价格贵、用量大，在涂覆原材料成本中占比大，PVDF-HFP 国产化将有效降低涂覆隔膜成本，此外，非氟PMMA 类聚合物涂层材料逐步实现替代 PVDF-HFP，无论是从涂布隔膜成本与性能，还是电池制造工艺均有明显的应用优势。涂覆改性可有效降低隔膜热收缩率，提高抗穿刺强度，安全性得到显著提升，同时可以增强隔膜与电解液之间的浸润性，提高离子电导率。

涂覆工序定制化特征明显，需要根据下游电池厂实际需求进行加工，涂覆溶剂及颗粒的搭配不同决定了最终产品的差异性。未来技术趋势为从隔膜材质、生产方法、功能性多样化等方面，开发各种新型多功能性涂覆隔膜。一是在隔膜材料中加入无机纳米粉，进而形成刚性骨架，研发新型耐热性隔膜；二是在已制备好的隔膜或无纺布表面涂覆纳米纤维涂层进行改性，优化粘结性和兼容性，最大限度提高耐高温性和安全性。

（3）关键指标（见表 2.1-15）

表 2.1-15　湿法隔膜关键指标

指标	单位	现阶段	2027 年	2030 年
耐高温性	℃	135～150	180	>180
厚度	μm	5～16（湿法） 4（涂覆层）	7～12（湿法） 3（涂覆层）	5～9（湿法） 2（涂覆层）
孔隙率	%	48～55（倍率型） 33～45（容量型）	48～55（倍率型） 33～45（容量型）	48～55（倍率型） 33～45（容量型）
抗穿刺强度	gf	200～400	250～450	300～500
横向拉伸强度	MPa	130～150	140～160	150～170
纵向拉伸强度	MPa	140～160	150～170	160～180

2.1.1.5　集流体

集流体是指与活性物质充分接触，并将电池活性物质产生的电流汇集起来，以便形成较大的对外输出电流的结构或零件。电池行业通常将铝箔作为正极集流体，铜箔作为负极集流体。理想的电池集流体应满足以下几个条件：电导率高，化学与电化学稳定性好，机械强度高，与电极活性物质的兼容性和结合力好，廉价易得，质量轻。

1. 铜箔

铜箔是由铜或铜合金通过轧制或电解等工艺制成的箔材。根据加工工艺的不同，铜箔可分为电解铜箔和压延铜箔两大类。其中，电解铜箔是利用电化学原理通过铜电解而制成的，制成生箔的内部组织结构为垂直针状结晶构造，其生产成本相对较低。压延铜箔是利用塑性加工原理，通过对铜锭的反复轧制 - 退火工艺而制成的，其内部为片状结晶组织结构，压延铜箔产品的延展性较好。新能源汽车、可再生能源发电及储能产业受到国家的大力支持，电池需求量猛增，并由此带动了储能电池及其负极集流材料铜箔的需求量快速增长，成为推动我国铜箔行业发展的强劲动力。

（1）技术现状

为进一步提升电池能量密度，电池企业通常要求电池铜箔极薄化，厚度在 18μm 以下，使用最多的是 12μm 以下的铜箔，目前主流的是 8μm 和 6μm 铜箔。相较 8μm 锂离子电池铜箔，采用 6μm 电池铜箔，可将锂离子电池的能量密度提升 5%。因此，6μm 电池铜箔国内市场的市占率显著增长，2022 年已经达到了 78%，同比增加 12%。全球 6μm 以下产能主要集中在韩国日进、深圳诺德股份等企业，对于 6μm 以下的极薄铜箔，由于其在抗拉强度、延伸率、耐热性和耐腐蚀性等重要技术指标方面难以满足下游客户的应用需求，还未能实现大规模量产。4.5μm 电池铜箔是目前国内外已规模应用的最先进的锂离子电池铜箔，相较 8μm 锂离子电池铜箔，采用 4.5μm 电池铜箔可将锂离子电池的能量密度提升 9%。但 4.5μm 铜箔生产工艺更复杂、技术难度更大，容易出现针孔、断带、打褶、撕边、切片掉粉、单卷长度短、高温氧化放热等不良现象，使得锂离子电池端生产良率和效率较低，导致市场应用进程放慢。目前日本三井率先成功开发 3～5μm 超薄载体铜箔，部分日韩企业甚至实现了 1.5μm 铜箔的生产，但是应用领域多在 PCB 领域或特殊电池领域。国内深圳诺德股份等 12 家铜箔厂商掌握 4.5μm 极薄铜箔的生产技术，其中深圳诺德股份、广东嘉元科技等部分企业已实现小批量供货。复合铜箔是传统电解铜箔的良好替代材料，相比传统铜箔，有着能够帮助电池提升能量密度、控制生产成本的优点，更加贴合市场需求。深圳龙电华鑫、甘肃德福科技和深圳诺德股份产量占比均超过 10%，行业地位稳固，广东嘉元科技、江西铜博科技和长春化工紧随其后。复合铜箔按照高分子材料可分为 PET（聚对苯二甲酸乙二醇脂）、PP（聚丙烯）、PVC（聚氯乙烯）、PI（聚酰亚胺）等，其中 PET 技术最为成熟，同时部分企业也开始研发更加安全的 PP 铜箔。目前复合铜箔主流产品厚度在 6.5μm，主要结构为 1μm 铜箔 +4.5μm 高分子材料 +1μm 铜箔。随着设备开发、工艺制造等技术水平的不断进步提升，未来复合铜箔厚度有望降低到 4.5μm（1μm 铜箔 +2.5μm 高分子材料 +1μm 铜箔）。由于目前高延伸、高抗拉锂离子电池铜箔在行业内暂无统一标准，其标准基本根据下游需求来制订。如目前在消费类电池的主流技术标准中，以 6μm 为例，高抗拉铜箔的抗拉强度基本在 400 ~ 600MPa，高延伸铜箔的延伸率 > 6%。

（2）分析研判

随着锂离子电池朝着高容量化、高密度化、薄型化、智能化、高速化方向发展，未来电池铜箔技术方向也朝着超薄化、低轮廓化、高抗张化、高延伸率发展。

1）高抗拉强度且高延伸率铜箔。高抗拉强度和高延伸率，意味着铜箔拥有更好的可加工性，能够延长铜箔使用寿命，高强度高延伸率铜箔是电池铜箔的发展要求。目前技术方向包括铜箔原材料的织构调控、纳米晶强化、位错强化、孪晶强化等。

2）低轮廓或超低轮廓铜箔。为了适应多层板高密度布线技术发展，新型低轮廓和超低轮廓电解铜箔相继出现。这类铜箔表面光滑，等轴晶，结晶细腻，不含柱状晶，具备高温高延伸率以及较好的尺寸稳定性和硬度。目前技术难点包括电解液配方、添加剂、电镀条件等。

3）极薄铜箔。铜箔材料技术方向朝"密、薄、平"发展，电池铜箔的厚度向 35μm、18μm、12μm、9μm、6μm、4.5μm 及以下的极薄化方向发展，能够降低成本，提升电池的能量密度，延长使用寿命。目前的技术难点包括添加剂应用技术、电解液净化技术、铜箔防氧化技术和铜箔分切技术等，此外制造领域难点在于物性控制、设备精度和稳定性以及生产工艺技术掌控等。

4）复合铜箔。复合铜箔采用"铜 - 高分子材料 - 铜"的"三明治"结构，较传统铜箔有着明显的优势，更少的使用铜能够有效降低电池本身重量，提升电池能量密度，同时也具有更柔软的质地、更好的延展性、更优秀的抗压性能。复合铜箔按照高分子材料可分为 PET、PP、PI、PVC 等。PET 材料熔点高且韧性好，在磁控溅射环节稳定性较好，热膨胀系数低，有助于提升电池循环寿命，以其优异的绝缘性和耐热性在市场上占据更多份额，是未来复合铜箔的主流技术路线；难点是负极侧的电解液兼容问题，需要突破电解液添加剂等关键技术。PP 材料密度最低，可最大幅度提高能效且耐酸碱性能及高温循环表现优异，但熔点和机械强度不如 PET 材料，在磁控溅射环节基膜易被刺穿，与铜的结合性问题仍有待突破。PI 材料性能优异，但成本过高难以推广。PVC 材料价格便宜，但耐油性较差，容易发生溶胀导致加工过程中的材料损伤。

（3）关键指标（见表 2.1-16）

表 2.1-16　铜箔集流体关键指标

指标	单位	现阶段	2027 年	2030 年
厚度	μm	6	≤ 4.5	≤ 3.0
抗拉强度	MPa	≥ 300	≥ 350	≥ 400
延伸率	%	≥ 3.0	≥ 4.0	≥ 4.5
表面粗糙度	μm	≤ 0.3	≤ 0.25	≤ 0.2
厚度均匀性	g/m²	≤ 2.0	≤ 1.8	≤ 1.5

2. 铝箔

铝箔因导电性好、质地软、制造技术成熟、成本低等特点成为锂离子电池正极集流体的首选。锂离子电池铝箔需要具备以下条件：①良好的导电性：铝箔需要具有良好的导电性能，以确保电池正极和负极之间的电流传输效率；②良好的机械性能：铝箔需要具有足够的强度和韧性，以抵御电池组装和使用过程中的应力和变形；③高纯度：铝箔需要具有高纯度，以减少杂质对电池性能的影响；④良好的耐腐蚀性：铝箔需要具有良好的耐腐蚀性，以在电池中的酸性或碱性环境下保持稳定。

（1）技术现状

目前市场上动力电池用铝箔厚度大多为 12 ~ 13μm，储能领域电池铝箔的主流厚度为 13μm。日本、韩国在电池铝箔前沿领域具有明显优势，日本是铝箔技术的开创者和引领者，拥有日本联合铝业（UACJ）、日本三菱铝业（Mitsubishi Aluminum Co.）、日本制箔等龙头企业，我国电池铝箔近 80% 依赖日本进口。在 8μm 等高端铝箔方面，国外如日本联合铝业、韩国乐天处于领先位置。近年来国内企业实力不断增强，处于跟跑地位。国内领先企业包括江苏鼎胜新材（市占率超过了 40%）、河南神火股份、河北华北铝业、浙江永杰新材等，拥有抗拉强度 280MPa、厚度 8 ~ 9μm 等技术储备。其中，江苏鼎胜新材、河南神火股份已实现 8μm 电池铝箔量产，正在研发 7μm 甚至更薄铝箔。复合铝箔具有降低重量、节约材料成本、提升安全性等优势，部分企业在开展研发，重庆金美新材料能够量产 8μm 复合铝箔。此外，涂碳铝箔是利用功能涂层对铝箔进行表面处理的一项突破性的技术创新，技术原理是将分散的纳米导电石墨、碳包覆粒等均匀地涂覆在铝箔上，涂层厚度单面控制在 1μm 以内，涂层能提供极佳的静态导电性能，收集活性物质的微电流，从而可以大幅度降低正负极材料和集流体之间的接触电阻，并能提高两者之间的附着能力，减少粘结剂的使用量。涂碳铝箔相比传统铝箔，在倍率充放电性能、低温性能以及循环性能上均有显著提升。国内外代表性企业有日本昭和电工（Showa Denko Group）、日本东洋铝业（Toyal Group）、广东莱尔科技、深圳宇锵、江苏鼎盛新材等，已能量产厚度为 7 ~ 30μm 的涂碳铝箔。

（2）分析研判

随着电池行业快速增长的需求，电池集流体正向更薄、高抗拉强度、高延伸率和更低成本的方向发展，超薄高力学性能电池铝箔和复合铝箔是未来发展的两个趋势。

1）超薄高力学性能铝箔。超薄高力学性能铝箔能够提升能量密度和降低成本。因此为满足电池铝箔超薄高强度要求，向铝合金中添加微量合金元素，如添加微量稀土元素或其他元素，在不降低铝箔电学性能的同时提高强度，减薄厚度。但从目前技术角度来看，当厚度减到 8μm 以下时，电池铝箔再往下减薄的难度比较大，不仅保证力学性能有难度，在涂布时也易断带。

2）复合铝箔。复合铝箔可以提升电池能量密度、提高电池的安全性并有效降低成本，在储能、快充领域等高安全性场景存在刚需。复合铝箔的技术路线更为明确，各家厂商主要是围绕真空蒸发镀膜制备技术和良率提升进行各自的优化，工序相较于复合铜箔更为简洁。但是复合铝箔存在镀膜次数多、良率低等问题，导致复合铝箔生产成本较高，比传统铝箔至少贵 2 倍以上，从经济角度看目前尚不具备大规模应用的条件。

（3）关键指标（见表 2.1-17）

表 2.1-17　铝箔集流体关键指标

指标	单位	现阶段	2027 年	2030 年
厚度	μm	12	8	6
抗拉强度	MPa	≥ 200	≥ 280	≥ 300
延伸率	%	≥ 3.4	≥ 4	≥ 4.5
表面润湿张力	N/m	30×10^{-3}	$\geq 28 \times 10^{-3}$	$\geq 26 \times 10^{-3}$
针孔个数	个 /m^2	≤ 5	≤ 3	≤ 1

2.1.1.6　粘结剂

粘结剂是电池电极片中的重要组成材料之一，其主要作用是连接电极活性物质、导电剂和电极集流体，使电极活性物质、导电剂和集流体间具有整体的连接性，从而减小电极的阻抗，是锂离子电池材料中技术含量较高的附加材料。按照分散介质的性质可分为油性粘结剂和水性粘结剂。目前，广泛应用的油性粘结剂主要为聚偏氟乙烯（PVDF）、氢化丁腈树脂、改性聚丙烯腈、改性聚酰亚胺，水性粘结剂主要包括丁苯橡胶（SBR）和羧甲基纤维素（CMC）、苯丙乳液。此外，聚丙烯酸（PAA）、聚丙烯腈（PAN）和聚丙烯酸酯等水性粘结剂也占有一定市场。常用粘结剂分类与特征见表 2.1-18。

（1）技术现状

正极粘结剂主要为油性粘结剂聚偏氟乙烯（PVDF），占比 90% 以上。根据联合市场研究（Allied market research）公司数据，2022 年 PVDF 总市场达到 154 亿元。锂离子电池粘结剂是 PVDF 主要应用领域之一，占比约 18.8%。全球目前锂离子电池用 PVDF 主要供应商有法国阿科玛、比利时苏威和日本吴羽化学。三大制造商所占份额超过 70%。

中国是最大的消费市场，约占 61%，其次是日本，约占 15%。PVDF 聚合对操作条件非常敏感。比利时苏威和日本吴羽化学的锂离子电池用 PVDF 都采用悬浮聚合方式，一致性较好，杂质含量较低。法国阿科玛的锂离子电池用 PVDF 采用乳液聚合方式，一致性较差，杂质含量略高，批次稳定性差，优点是乳液聚合的 PVDF 比较好溶解，但分子量较高的部分也有可能溶解不完全。悬浮聚合方式的 PVDF 较难溶解，但是批次稳定性好，对工序控制来说比较有利。比利时苏威 Solef® 1006 型号 PVDF 产品比重为 1.75 ~ 1.80，模量达到了 1800 ~ 2500MPa，吸水性为 < 0.04，肖氏硬度 D 达到了 73 ~ 80（2mm），摩擦系数为 0.2 ~ 0.4，耐磨性达到了 5 ~ 10mg/1000 rev，介电强度达到了 20 ~ 25kV/mm。法国阿科玛 Kynar 500®PVDF 产品比重为 1.76，熔体黏度达到 3100Pa·s，熔体流动速率为 4.0g/10min。

表 2.1-18　常用粘结剂分类与特征

粘结剂种类	溶剂	常用粘结剂材料	特点	应用领域
油性	NMP DMF DMSO	PVDF5130	分子量110万，径粒略大，纯度高，用量省，涂布时易于加工但装配时易掉粉，黏性好，可提升电池能量密度	多用于以磷酸铁（LFP）作正极材料的电池
		HSV900	分子量100万，径粒较小，粒子小，纯度高，溶解能力较强，加工性能好，循环不会掉粉	—
		Kynar761A	分子量50万左右，黏性和纯度一般	无突出的使用倾向
水性	去离子水、水或加入其他化学试剂的水溶液	丁苯（SBR）乳液+羧甲基纤维素钠（CMC）	固含量为49% ~ 51%，具有很高的粘结强度，极易溶于水和极性溶剂中，具有良好的机械稳定性和可操作性	用作负极粘结剂
		聚苯烯酸（PAA）苯丙乳液	具有许多极性官能团大分子，具有极佳的柔软性，减小悬浮液粘稠度，增强电池比容量	—

我国锂离子电池粘结剂技术由于起步较晚、基础研发实力偏弱，同时国内整个产业生态未完成建立，加上国内粘结剂原材料纯度不够和设备较差等原因，导致我国锂离子电池粘结剂技术进展比较缓慢，和国外先进水平存在较大差距。随着大量原材料的本土化和下游需求的不断上升，国内锂离子电池粘结剂生产商正在加速锂离子电池粘结剂的国产化。代表性企业有安徽宝聚科技、福建铂涂料、江苏东泰、江苏德邦、江苏恒安、安徽华聚等。广东省乳源东阳光氟树脂有限公司开发的高性能锂离子电池粘结剂 PVDF 树脂 VDF 单体纯度 ≥ 99.999%，氟甲烷含量 ≤ 0.003%，氟乙烯含量 ≤ 0.003%，四氟乙烯含量 ≤ 0.001%，VDF 树脂重均分子量 Mw ≥ 140 万，溶液旋转黏度 ≥ 9000mPa·s（8% NMP 溶液，25℃），达到了国内先进水平。采用 PVDF 作粘结剂的极片涂布工艺要求严格密封，造成能耗偏大、回收费用高、生产成本高以及存在潜在污染风险等因素，未来正极粘结剂将往以水为分散剂的水基型粘结剂方向发展。目前水基型正极粘结剂制备锂离子电池正极片处于实验室小试阶段，尚未达到规模化生产水平。

负极粘结剂主要为丁苯橡胶（SBR）粘合剂。随着技术进步，其他类型的胶粘剂也在不断发展，主要有聚丙烯酸（PAA）粘合剂、聚乙烯醇（PVA）粘合剂等。根据ACMI胶粘剂发展中心数据，目前SBR粘合剂占负极粘合剂的98%以上。SBR负极胶是由丁二烯、苯乙烯及其他乙烯基单体经自由基乳液聚合而成的水性高分子粘合剂，极易溶于水和极性溶剂中，具有很高的粘结强度以及良好的机械稳定性和可操作性。国际上日本处于技术领先地位，瑞翁株式会社（Zeon Corporation）是负极水性粘结剂的龙头企业，其技术和产品都走在行业前沿。日本的A&L株式会社和JSR株式会社也是行业头部企业。瑞翁株式会社的水系负极用粘结剂，用量比PVDF粘结剂更少，可用于更小型的电池或增加活性材料量，有好的柔韧性，便于制造更薄的电池。瑞翁株式会社Ni-pol®1502型号E-SBR苯乙烯含量为23.5%，门尼黏度为52.0，拉伸特性优异。国内产品逐渐实现国产化，目前我国SBR粘结剂生产企业有苏州晶瑞股份，全球市场占比45%。近年来苏州晶瑞股份在负极粘结剂方面取得了快速发展，具有用量少、内阻低、耐低温性能突出、循环性能优良等优点，特别适合应用于大尺寸混合动力锂离子电池的制造，逐步实现了负极粘结剂的进口替代。广东省引入了巴斯夫投资负极粘合剂，生产两类创新的负极粘合剂产品：基于改性SBR的Licity®和BasonalPower®。其中Licity® 2680固含量为50%，尺寸为130nm，玻璃化温度为0℃，具备高粘结力。另外蓝海黑石已成功实现锂离子电池正极水性化专用PAA粘结剂、硅基负极与石墨负极专用水性PAA胶粘剂、高性能隔膜涂覆专用水性粘结材料PAA的产业化及应用，填补了国内空白。

（2）分析研判

聚偏氟乙烯（PVDF）因其优异的电化学稳定性和机械性能占据绝对主导地位，是正极粘结剂的主流技术路线。PVDF生产过程中使用N-甲基-2-吡咯烷酮（NMP）作为溶剂，导致了高回收成本和一定的环境风险。因此，研发应用范围更广、价格更低廉、性能更优越、更易回收、不污染环境的水溶性粘结剂是正极粘结剂发展的未来趋势。未来粘结剂的技术攻关方向应主要围绕水基粘结剂的研究开发，进行技术迭代。重点开发新型水溶性粘结剂，包括海藻酸钠（SA）、聚乙烯醇（PVA）、聚甲基丙烯酸甲酯（PMMA）、氢化丁腈橡胶（HNBR）、聚四氟乙烯（PTFE）、聚丙烯酸（PAA）等。

丁苯橡胶（SBR）是负极粘结剂的主流技术路线。提升SBR的粘结强度是负极粘结剂发展的关键问题。针对目前对能量密度的需求，SBR及CMC在负极中的含量总和应不超过2wt%，因此对SBR的粘结强度提出了很高的要求，急需提升SBR的粘结力。负极粘结剂性能提升方向有：一是降低SBR的颗粒度，增加有效粘结面积。二是进行表面官能团改性，引入羧酸盐、羟基等官能团，增加与CMC的-COONa基团及石墨表面-OH等的结合作用。三是制备核壳结构，增加粘结剂机械性能，提升粘结力。随着硅基负极材料的使用增加，对与之兼容的粘结剂需求也在增长。聚丙烯酸（PAA）、聚酰亚胺（PI）和聚四氟乙烯（PTFE）等新型粘结剂正在逐步成为创新热点，特别是PAA粘结剂，由于其水性特性，且能更好地应对硅在充放电过程中的体积膨胀问题，适用于硅基负极材料，是新一代硅基负极材料的潜在选择。

（3）关键指标（见表 2.1-19）

表 2.1-19　正负极粘结剂关键指标

指标	单位	现阶段	2027 年	2030 年
黏度	mPa·s	4000～8000	4500～8500	5000～9000
剥离强度	N/cm	>0.6	>0.65	>0.7
添加比例	%	3	2.8	2.5

2.1.2　技术创新路线图

锂离子电池是目前技术和产业发展最快、工程应用领域最为广泛的储能技术，是电化学储能的主流方向。但从当前科研、产业和工程实践来看，锂离子电池仍存在一些问题需关注，主要是循环次数仍较少、成本依然较高、可燃性电解质带来的火灾安全风险较大等。围绕上述问题，现有材料可改进空间较小，通过产业化继续提升性能幅度有限，需要进行材料和工艺的重大改进，尚无成熟的路径可循。锂离子电池发展存在的技术难点主要是长寿命、低成本电极材料开发和制备；高安全性电解质材料研发；电池内部副反应抑制及界面改性；低成本大规模产业化技术等。锂离子电池的发展主要受原材料开采和冶炼、电池材料合成和改性、应用领域及产业规模、电池回收和再利用、智能制造水平等多方面因素影响。未来研究方向主要集中在改善安全性，提升循环次数和能量密度，以及降低成本方面。

现阶段，现有磷酸铁锂体系电池实现商业化生产，初步掌握磷酸锰铁锂电池制备技术。石墨负极进一步降低成本，硅碳和硅氧负极实现初步应用。基本掌握水油两类粘结剂技术，低端锂离子电池材料中 CMC、SBR 技术实现应用，PVDF 国产化率不断提升，进行正极水性粘结剂替代油性 PVDF 的技术迭代。6μm 铜箔和 12μm 铝箔实现大规模应用，掌握 4.5μm 极薄铜箔的生产技术和 6.5μm 复合铜箔制备技术，初步掌握 8μm 铝箔制备技术。干法隔膜技术及湿法隔膜技术比较成熟，处于大规模生产阶段，与国外差距较小，湿法隔膜技术市占率全球第一，主流为湿法隔膜。储能系统实现百兆级示范应用。

到 2027 年，磷酸铁锂电池提升倍率和低温性能，磷酸锰铁锂体系电池产业化进一步发展。石墨负极持续主导，在倍率和低温性能方面进一步突破，硅基负极产业化应用。正极油性粘结剂技术实现迭代，开发环保水性粘结剂，负极粘结剂指标达到国际先进水平，国产化率不断提升。4.5μm 铜箔、6μm 复合铜箔以及 9μm 铝箔、8μm 复合铝箔能够实现大规模应用；基本掌握 3μm 铜箔、4.5μm 复合铜箔技术以及 6μm 铝箔、复合铝箔技术。湿法隔膜一体化涂覆技术实现突破，开发陶瓷涂覆、纳米纤维涂覆等更高耐热性能的涂覆隔膜，干法隔膜发展方向为薄型化，减小隔膜厚度。储能系统实现百兆瓦级规模应用。

到 2030 年，完全掌握磷酸锰铁锂电池规模化制备技术。石墨负极成本进一步降低，硅基负极实现大规模应用。正极水性粘结剂技术实现迭代，负极 PAA 技术实现突破，研发不含氟、循环性能好的粘结剂，指标达到国际领先水平。3μm 铜箔及 6μm 铝箔能够实现大规模应用；基本掌握 3μm 以下铜箔技术和 6μm 铝箔技术。湿法隔膜一体化涂覆技术实现突破，开发聚酰亚胺等更高性能的隔膜，干法隔膜发展方向为薄型化，进一步减小隔膜厚度。新体系电池设计及制造水平达到规模化应用标准，储能系统实现吉瓦时级规模应用。

图 2.1-4 为锂离子电池技术创新路线图。

图 2.1-4　锂离子电池技术创新路线图

时间轴： 现阶段　→　2027年　→　2030年

锂离子电池技术

技术内容（各阶段技术方向）

①高安全；②低成本；③长循环；④高电压；⑤高倍率；⑥高能量密度；高倍率性能正极技术；高次效率硅基负极技术；宽温区锂电池电解液技术；高功率性能复合集流体技术；⑧锂离子电池生态技术

左侧分类： 技术内容 / 技术分析 / 技术目标

技术目标（按材料/部件）

部件	现阶段	2027年	2030年
正极材料	磷酸铁锂：材料比容量：155 mAh/g，-20℃保持75%，能量密度：205 Wh/kg，成本：4.1万元/t；磷酸锰铁锂：180 Wh/kg，循环次数：6000次	磷酸铁锂：材料比容量：158 mAh/g，-20℃保持78%，能量密度：200 Wh/kg，成本：4.0万元/t；磷酸锰铁锂：215 Wh/kg，成本：4.2万元/t，循环次数：8000次，循环次数：25000次	磷酸铁锂：材料比容量：163 mAh/g，-20℃保持81%，能量密度：220 Wh/kg，成本：3.9万元/t；磷酸锰铁锂：循环次数：12000次，4.1万元/t，能量密度：225 Wh/kg，循环次数：3000次
负极材料	石墨：材料比容量：350 mAh/g，循环次数：2000次；硅基：材料比容量：1500 mAh/g，循环寿命：800次	石墨：材料比容量：360 mAh/g，循环次数：4万元，循环次数：4000次；硅基：材料比容量：1800 mAh/g，25万元/t，循环寿命：1000次	石墨：材料比容量：370 mAh/g，2万次，循环次数：6000次；硅基：材料比容量：2000 mAh/g，20万元/t，循环寿命：1200次
电解液	高电压电解液：离子电导率：5~6mS/cm，高功率电解液：7~10mS/cm，高温通过温度：130℃，循环寿命：2000次，宽温区电解液：离子电导率：<2mS/cm，循环寿命：-10℃下1000次，55℃下1000次，成本：3.5万元/t	高电压电解液：6~8mS/cm，抗氧化性：4.6~4.8V，高功率电解液：3~6mL/Ah，高温通过温度：135℃，循环寿命：2500次，宽温区电解液：离子电导率：<2.5mS/cm，循环寿命：-10℃下3002次，55℃下1500次，成本：2.5万元/t	高电压电解液：7~10mS/cm，抗氧化性：4.9~5.2V，高功率电解液：<1mL/Ah，高温通过温度：140℃，循环寿命：6C，3000次，宽温区电解液：离子电导率：<3mS/cm，循环寿命：-10℃下500次，55℃下2000次，成本：2.5万元/t
正负极粘结剂	粘度：4000~8000mPa·s，剥离强度：3%，电化学窗口：>5V，添加比例：3%	粘度：4500~6500mPa·s，剥离强度：2.8%，电化学窗口：>5V，添加比例：2.8%	粘度：5000~9000mPa·s，剥离强度：2.5%，电化学窗口：>5V，添加剂：2.5%
集流体	铝箔：厚度：12μm，抗压强度：≥220MPa，延伸率：≥3.4%，表面润湿：≥3个/mm²；铜箔：张力：30×10⁻³N/m，针孔数：<5个/m²，厚度：6μm，延伸率：≥3.0%，表面均匀性：≤0.3μm，表面粗糙度：≤2.0μg/m²	铝箔：厚度：8μm，抗压强度：≥280MPa，延伸率：≥4%，表面润湿：≥3个/mm²；铜箔：张力：26×10⁻³N/m，针孔数：<3个/m²，厚度：4.5μm，延伸率：≥4.0%，表面均匀性：≤0.25μm，表面粗糙度：≤1.8μg/m²	铝箔：厚度：6μm，抗压强度：≥300MPa，延伸率：≥4.5%，表面润湿：≥3个/mm²；铜箔：3μm，抗压强度：≥400MPa，延伸率：≥4.5%，表面均匀性：≤0.22μm，表面粗糙度：≤1.5μg/m²
隔膜	耐高温性：135~150℃，厚度：10~25μm（干法），5~16μm（湿法），4μm（涂覆层），横向/纵向拉伸强度：≥10MPa/130~160MPa（干法），130~150MPa/140~160MPa（湿法），拉穿强度：250~400gf，孔隙率：48%~55%（倍率型），33%~45%（容量型）	耐高温性：180℃，厚度：10~20μm（干法），7~12μm（湿法），3μm（涂覆层），横向/纵向拉伸强度：≥280MPa/150~170MPa（干法），140~160MPa/150~170MPa（湿法），拉穿强度：≥350gf，孔隙率：48%~55%（倍率型），33%~45%（容量型）	耐高温性：>180℃，厚度：10~16μm（干法），5~9μm（湿法），2μm（涂覆层），横向/纵向拉伸强度：≥10MPa/140~170MPa（干法），150~170MPa/160~180MPa（湿法），拉穿强度：300~500gf，孔隙率：48%~55%（倍率型），33%~45%（容量型）
电芯	能量密度：150~250 Wh/kg，循环次数：4000~5000次，成本：2.1~2.8元/Wh	能量密度：200~250 Wh/kg，循环次数：8000~10000次，成本：0.7~1.5元/Wh	能量密度：300~350 Wh/kg，循环次数：10000~12000次，成本：0.5~0.75元/Wh

2.1.3　技术创新需求

基于以上的综合分析讨论，锂离子电池的发展需要在表 2.1-20 所示方向实施创新研究，实现技术突破。

表 2.1-20　锂离子电池技术创新需求

序号	项目名称	研究内容	预期成果
1	高安全低成本磷酸锰铁锂正极材料的规模化制备技术研发	开发高安全低成本磷酸锰铁锂材料，包括：研究磷酸锰铁锂正极材料的纳米化、离子协同掺杂和碳包覆技术，研究锰对正极材料的影响机理和最优配比，开发适用于磷酸锰铁锂材料的电解液和添加剂	开发锰基磷酸盐正极材料的规模化制备技术，实现粉体压实密度 ≥ 2.4g/cm^3，锰含量 > 50%，0.1C 中值电压 ≥ 3.9V，0.1C 放电容量 ≥ 158mAh/g，实现规模化生产
2	高倍率石墨负极材料规模化制备技术研发	开发高倍率石墨负极，包括研究大电流密度嵌锂过程中石墨结构的演变规律以及石墨层状微观结构的调控方法，实现高电流密度下锂离子快速脱嵌	实现 6C 充放电倍率石墨负极的规模化制备，石墨负极克容量达 360mAh/g，首次效率 93% ~ 94%，循环寿命 3000 ~ 8000 次
3	低成本、高首次效率、长循环锂离子电池硅基负极规模化制备技术研发	面向锂离子电池，开发低成本、高首次效率、长循环的硅基负极规模化制备技术，包括：开发长循环硅碳负极，高首次效率硅氧负极；开发硅基负极预锂化技术；研究硅材料合金化成分调控和结构优化技术	实现硅基负极低成本规模化制备，硅碳负极容量大于 2200mAh/g，循环寿命大于 1000 次；硅氧负极容量大于 1500mAh/g，循环寿命大于 1800 次
4	干法高性能电池隔膜关键技术研发	面向储能锂离子电池，开发超薄、高离子电导率电池隔膜，包括：开发具有孔径分布均一、良好机械性能、良好耐穿刺性能的高耐热薄型多孔膜材料；制备环境适应性好、界面阻抗小、本质安全、超薄、高离子电导率结构化的电池隔膜。优化隔膜成膜技术关键工艺，实现低成本规模化生产	隔膜高耐热性能实现 200℃，膜热收缩率 < 3%，破膜温度 > 220℃，隔膜自身不可燃，厚度 < 14μm，孔隙率 45% ~ 60%，纵向抗拉伸强度 > 250MPa，离子电导率 > 0.75mS/cm，锂离子迁移数 > 0.6，电化学窗口 > 4.5V，-20℃时离子电导率 > 0.1mS/cm
5	湿法高性能电池隔膜关键技术研发	面向锂离子电池，进行耐腐蚀、耐热、耐酸碱基关键技术研发，包括：开发高吸液率和高电导率涂层材料；研究高涂覆速率锂离子电池隔膜合成工艺技术，降低规模化生产成本	高性能湿法隔膜实现规模化制备和应用，隔膜孔隙率 45% ~ 65%，抗穿刺强度 ≥ 250gf，厚度 < 10μm，保液率 ≥ 500%，离子电导率 > 0.75mS/cm，电化学窗口 > 4.5V
6	4.5μm 极薄复合铜箔研发及产业化	开发高容量化、薄型化、高密度化、高速化的极薄复合铜箔，提升电池的能量密度，延长使用寿命，包括生箔过程中的添加剂选型，研究负极侧的电解液兼容技术，研究制造过程中磁控溅射均匀性技术、超声焊技术；研究超大尺寸阴极辊整体成形、表面处理机超微超精张力协同控制技术，研制生箔机和表面处理机等成套装备	形成 4.5μm 极薄复合铜箔规模化制备能力，复合铜箔实现厚度 ≤ 4.5μm，抗拉强度 ≥ 350MPa，延伸率 ≥ 4.0%，表面粗糙度 ≤ 0.25μm，厚度均匀度 ≤ 1.8g/m^2
7	8μm 复合铝箔研发及产业化	开发薄型化、高抗拉强度、高延伸率和低成本电池复合铝箔，降低电池重量，提升电池安全性，包括添加剂研发、PP、PET、PI 的材料改性以及其他性能优异材料研发；研发磁控和电镀一体化设备、专用分切设备、极耳焊接工艺和装备等	形成 8μm 复合铝箔规模化制备能力，复合铝箔实现厚度 ≤ 8μm，抗拉强度 ≥ 280MPa，延伸率 ≥ 4.0%，表面润湿张力 ≥ 28 × 10^{-3}N/m，针孔个数 ≤ 3 个 /m^2

2.2 钠离子电池

从 20 世纪 70 年代开始，钠离子电池的研究与锂离子电池的研究几乎同时展开。全球锂矿高度集中于智利、澳大利亚和阿根廷。根据 USGS 的数据，2022 年全球碳酸锂储量约为 1.38 亿 t，但我国占比仅在 10% 以下。此外，我国锂离子电池产业面临着开采难度大、成本高、下游需求旺盛以及对进口锂资源供应高度依赖等问题。当前，国内企业在海外投资锂矿方面受到限制，并且近年来全球探明锂资源增速放缓，暴露出了锂资源稀缺性、分布不均匀性、开发利用困难以及易受国际地缘政治影响和市场波动巨大等问题。因此，在各个领域寻找更低成本替代技术已经成为共识。其中，钠离子电池因其原材料丰富而逐渐成为低成本应用场景的重要选择。

与锂离子电池相比，使用钠离子电池具有以下三种优势：①钠离子电池能量密度为 130～160Wh/kg，与磷酸铁锂电池相当，并有望未来突破 200Wh/kg。由于采用了广泛可得的钠源和不使用铜作为集流体，使得钠离子电池的理论成本相对于磷酸铁锂电池能够降低至少 30%；②由于钠离子电池使用的电解液体系温度范围更宽广，使其可以在 -40～80℃之间工作，在 -20℃下容量保持率仍然大于 88%，极大地扩展了在高寒环境中的应用场景；③由于钠离子电池内阻更高，因此在发生短路时放热功率较低、升温速度较慢，并且由于不过分追求能量密度而不会影响晶格内氧的稳定性，从而显著降低了在热失控情况下释放氧气导致的起火事故发生频率。此外，由于负极采用了铝集流体，钠离子电池可以放电至 0V 而不影响后续使用，使其在运输和存储过程中更安全，降低了电池的储运成本。

由于全球储能市场的大规模发展，电池技术已不再单纯追求能量密度，这使得能量密度稍低的钠离子电池在部分应用领域拥有更广阔的空间。近 10 年来，借助锂离子电池领域积累的经验和工业化技术，钠离子电池得到了快速发展，全球各地相继涌现出钠离子电池公司，标志着钠离子电池产业化时代的到来。

2.2.1 技术分析

钠离子电池与锂离子电池工作原理基本相同。钠离子电池利用 Na^+ 在正负极间可逆的迁移过程实现电池的充放电。充电时，Na^+ 从正极材料中脱出，经电解液的输运穿过隔膜嵌入负极材料，放电过程与之相反。充放电过程中相同数量的电子经外电路传递，与 Na^+ 一起在正负极材料间迁移以维持电荷平衡。钠离子电池的性能由电极材料的储钠容量、储钠电位、钠离子传输速率等因素共同决定。

钠离子电池与锂离子电池结构相似，产线易于改造。钠离子电池主要由正极、负极、隔膜、电解液和集流体构成，与锂离子电池工作原理相似，结构机理高度重合，如图 2.2-1 所示。锂离子电池的隔膜、铝箔和其他电池组件可以直接应用在钠离子电池中；同时，用于锂离子电池生产和检测的设备可直接或略加改造后应用在钠离子电池产线，改造成本低，并能够相对快速实现大规模生产，从而解决了锂离子电池供需紧张和上游原材料价格高企的问题。

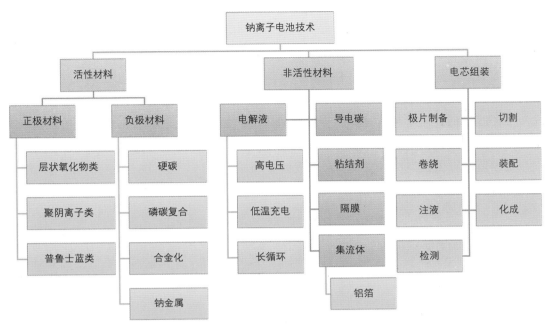

图 2.2-1　钠离子电池技术分解

2.2.1.1　正极材料

正极材料是钠离子电池活性物质中至关重要的组成部分，其成本约占钠离子电池电芯原材料总成本的三分之一，并且决定了材料性能的上限。根据微观结构，钠离子电池正极材料可分为层状氧化物类材料、聚阴离子类材料以及普鲁士蓝类材料。每种类型都具有各自优缺点，因此当前钠离子电池呈现了多种技术路线并行发展以及应用场景多样化的趋势。

过渡金属氧化物层状材料结构类似锂离子电池三元材料，具有较高的比容量和综合性能，在动力和储能领域拥有广泛的应用场景。它是目前最接近商业化应用的一种材料类型，生产过程大量承接了锂离子电池层状材料的工艺过程。根据层间的堆叠方式以及钠离子占位的不同，可将层状氧化物材料大致分为 P2 及 O3 型。其中，P2 型材料容量低，但电压较高；O3 型材料容量较高，但电压更低。根据生产方式区分，层状氧化物材料的制备包括湿法和干法。湿法过程是通过共沉淀造粒后与钠源混合烧结再过筛，其优势是产品一致性较好，压实密度高，缺点是成本较高。干法过程通常为前驱体球磨后直接烧结和粉碎，其优势是成本较低，且对材料的元素选择无严格要求，缺点是产品一致性较差，压实密度较低。

聚阴离子类材料根据阳离子可分为钒基和铁基。其中，钒基材料以磷酸钒钠和氟化磷酸钒钠为代表。这类材料具有较好的倍率性能及循环稳定性，但由于钒的成本及安全性限制其进一步发展。铁基聚阴离子类材料按照阴离子种类可分为铁基磷酸盐和铁基硫酸盐体系。铁基磷酸盐材料在成本、寿命及安全性方面表现较优秀，但能量密度较低且导电性差。由于其烧结温度低，无法获得良好的碳包覆层，因此倍率性能相对较差。而铁基硫酸盐材料具有较高电压、循环稳定性及成本优势，但能量密度也相对较低，并且生产过程对水非常敏感，工艺要求较高。

普鲁士蓝类材料制备方法简单，在能量密度、成本上具有显著优势。然而，该材料的振实密度较低且对水非常敏感，导致水处理工艺复杂且效果不佳，从而严重限制了其性能发挥。此外，由于普鲁士蓝类材料含有氰基结构，在高温下容易分解产生剧毒氢氰酸，这也是普鲁士蓝类材料发展相对较慢的原因。

上述各类材料的性能及优缺点对比见表 2.2-1。

表 2.2-1　几类钠离子电池正极材料的对比

材料种类	材料比容量 / (mAh/g)	电压 / V	倍率性能	电芯能量密度 / (Wh/kg)	循环寿命 / 次	成本	安全性	工艺难度	应用领域
层状氧化物 (P2)	90 ~ 105	3.3	优异	100 ~ 120	6000	低	安全	容易	储能 / 动力
层状氧化物 (O3)	110 ~ 150	3 ~ 3.3	一般	110 ~ 150	4500	较低	较安全	容易	储能 / 动力
聚阴离子 (钒基磷酸盐)	100 ~ 120	3.3 ~ 3.7	优异	100 ~ 150	6000	高	安全	难	储能 / 动力
聚阴离子 (铁基磷酸盐)	110	3	较好	100	6000	低	安全	容易	储能
聚阴离子 (铁基硫酸盐)	100	3.7	一般	110	4000	低	安全	难（水敏感）	储能
普鲁士蓝	140 ~ 160	3.4	一般	160	3000	低	高温不安全	难（除水工艺）	动力

1. 层状过渡金属氧化物

（1）技术现状

1）研发技术现状：层状过渡金属氧化物的研发历史较长。钠基层状过渡金属氧化物通常以锰、铁、镍、铜等元素为主要成分。在国际上，美国、加拿大、西班牙、英国、法国、德国、日本等多聚焦基础研究，也取得了一些优秀的成果。例如：加拿大达尔豪斯大学的杰夫·达恩（Jeff Dahn）团队在国际上较早开展层状钠离子电池正极材料的研究，在 2000 年左右便已明确了材料的充放电相变行为。西班牙巴斯克大学的特奥菲洛·罗霍（Teofilo Rojo）教授总结了大量的层状材料成相规律，为结构设计打下了基础。英国的代表研究人员是牛津大学的彼得·布鲁斯（Peter Bruce）教授，他领导的团队在层状材料的氧活性机理研究上取得了重要成果，揭示了激活可逆氧活性的方式以及电荷补偿机制。法国波尔多大学的克劳德·德尔马斯（Claude Delmas）教授针对层状材料的堆叠方式最早对其结构命名做出了定义。日本则是以东京理科大学驹场慎一（Shinichi Komaba）教授为代表的团队，对锰、镍基正极材料展开了系统性的研究。美国阿贡国家实验室最早确定了基于镍、锰、铁三元体系的正极材料，并为后期的层状正极材料多样化发展奠定了基础。此外，美国的研究人员对层状过渡金属氧化物的能量密度及循环寿命的提升方式展开了大量的研究。2019 年，美国太平洋西北国家实验室利用电解液稳定材料表面的方式实现了近 160Wh/kg 的能量密度并稳定循环。但是，上述国家在钠离子电池产业化方面的探索还非常有限。国内的层状过渡金属氧化物的研发较为广泛，以中国科学院物理研究所为代表的科研机构及由其孵化的中科海钠公司，提出了一系列层状过渡金属氧化物材料的基本原理。上海交通大学的马紫峰教授早期与美国阿贡国家实验室合作提出了镍、锰、铁三元体系，并成立了以 $NaNi_{1/3}Mn_{1/3}Fe_{1/3}O_2$ 为主要产品的浙江钠创新能源。广东省内相关科研机构和高校也取得了丰硕成果，例如有研（广东）新材料技术研究院开发的层状氧化物钠离子电池正极材料，通过调控电子局域化分布程度以及材料晶格常数有效提升了材料的充放电电压，进而实现了能量密度上的提升和成本降低，团队相关人员正在进行产业化探索。

2）产品技术现状：我国的层状氧化物正极材料规模化生产走在了世界前列。国际上，以英国法拉典（Faradion）公司为主，其生产的基于锰、铁、镍、钛等元素的材料达到了近 140Wh/kg 的能量密度以及 3000 次循环寿命。国内企业中，具有代表性的有中科海钠、钠创新能源、孚能科技、传艺科技、鹏辉新能源、欣旺达、比亚迪、贝特瑞等企业。中科海钠开发的铜基正极材料 CFM-A 比容量达到 131mAh/g，压实密度为 $3.1g/cm^3$，其电芯产品 NaCR26700-ME35 能量密度为 125Wh/kg，循环寿命为 2000 ~ 3000 次，适用于二轮车和便携式家用储能；NaCP73174207-ME240 能量密度为 155Wh/kg，循环寿命为 2000 ~ 6000 次，适用于工程机械、工商业储能及电力储能。多氟多推出的 33Ah 圆柱钠离子电池能量密度达到 140Wh/kg，常温循环寿命为 2000 次。鹏辉新能源推出的 75Ah 和 150Ah 两款产品能量密度达到 150Wh/kg，循环寿命达 3000 次以上。欣旺达推出的 120Ah 钠离子电芯能量密度大于 160Wh/kg。贝特瑞推出的贝钠 -O3B 正极材料比容量达到 145mAh/g，压实密度 $> 3.4g/cm^3$。

（2）分析研判

层状过渡金属氧化物是高比能钠离子电池正极材料的主流技术路线，具有高能量密度的特点，当前技术水平适用于工商业储能、户用储能等小规模储能应用场景。目前在基于镍、铁、锰的组分上已初步实现工程化生产，且已实现百吨级出货。然而对于共沉淀条件区别较大的元素，如铜、钛、镁等，还处于相对滞后的状态。层状过渡金属氧化物的原材料通常为过渡金属硫酸盐或氧化物，这些是相对成熟的工业制品。虽然采用碳酸钠作为钠源，但目前针对电池级碳酸钠的行业标准尚未统一。层状过渡金属氧化物的生产工艺沿袭锂离子层状过渡金属氧化物，可以快速切入现有生产环节中，快速实现实际应用，在 5 ~ 10 年形成百万吨级产能，并培育一批头部企业。规模化应用层状过渡金属氧化物正极材料面临以下技术难题：①循环寿命较短；②高镍含量导致材料物料成本较高；③循环过程产气严重；④能量密度有待进一步提高；⑤对电芯加工过程的环境要求较高；⑥材料压实密度仍然较低。增强结构和界面稳定性、激活镍氧化还原活性、控制碳酸钠残碱量以及提升耐过充水平等是提高层状氧化物正极材料性能的关键。因此，应突破以下关键技术：①晶格修饰技术：层状氧化物循环寿命不足的原因归于复杂相变导致的晶胞体积的巨大变化，产生大量的晶格内及晶格间裂纹。通过引入微量的非电化学活性元素形成钉扎效应阻止相变过度发生是解决这一问题的关键方法。②表面改性技术：层状材料受水分影响较大，且活性高价元素与电解液之间的界面反应会引起界面阻抗的大幅度上升。在材料表面包覆惰性层或者引入表面纳米尺度改性层，可提升材料的湿度稳定性，防止循环过程中的界面反应，是提高循环寿命的有力措施。③活性元素工作电压精确调控技术：利用能带结构调控的方式，开发可以激发镍元素氧化还原作用的元素及组分，在合理的电压范围内最大化可逆容量，解决成本、容量、循环稳定性不可兼得的难题。④材料高效合成技术：利用共沉淀法制备高振实密度的前驱体，开发材料单晶化制备方式，是提升材料压实密度、缓解循环过程产气问题的重要方式。

（3）关键指标（见表 2.2-2）

表 2.2-2　层状过渡金属氧化物正极材料关键指标

指标	单位	现阶段	2027 年	2030 年
材料比容量	mAh/g	130	140	150
平均电压	V（vs. Na^+/Na）	3	3.2	3.3
电芯能量密度	Wh/kg	140	150	160
循环寿命	次	3000	5000	8000
压实密度	g/cm^3	3.1	3.3	3.5
成本	万元 /t	4.5	3.2	2.5

2. 聚阴离子类材料

（1）技术现状

1）研发技术现状：聚阴离子化合物化学稳定性、热稳定性和电化学稳定性较高，在安全性、倍率性能、循环寿命上具有突出优势，但电导率较低且能量密度不高。聚阴离子化合物的种类繁多，各有特点。按阴离子种类可分为磷酸盐、焦磷酸盐、氟磷酸盐、混合磷酸盐（硫酸盐与焦磷酸盐混合）、硫酸盐、硅酸盐等。其中，磷酸盐类扩散速率快，但容量较小，含钒化合物毒性较大；焦磷酸盐类电压高，成本较低，但容量小；氟磷酸盐类电压高，扩散速率快；混合磷酸盐类成本较低，但合成控制难度较大；硫酸盐类工作电压高，但容易热分解，且对湿度非常敏感；硅酸盐类容量较大，但工作电压低，扩散速率慢。

聚阴离子类材料研发早期主要集中在磷酸盐（磷酸钒钠、氟化磷酸钒钠体系），实验室中已有超过 20000 次循环寿命的报道。然而，由于采用了活性元素钒，导致材料成本较高，因此目前还不具备大规模量产条件。尽管如此，在结构中快速传导钠离子的特点使其在功率密度要求较高的领域仍具有一定潜力。国际上，法兰西公学院塔拉斯康（Jean-Marie Tarascon）教授团队在磷酸钒钠及氟化磷酸钒钠的机理研究方面取得了较多成绩。中国科学院大连化学物理研究所李先锋研究员团队开发了基于氟化磷酸钒钠体系的钠离子软包电池，在 0.2C 倍率下充放电，比能量达到 142.91Wh/kg；6C 大电流放电的容量保持率达到 94.0%。磷酸铁钠由于无法通过化学方法直接合成橄榄石型结构，因此不具备开发条件。现阶段，聚阴离子类材料的发展重点集中在混合磷酸盐及硫酸盐材料体系。混合磷酸盐，即磷酸焦磷酸铁钠体系，具有较高的热稳定性。焦磷酸铁钠（$Na_2FeP_2O_7$）最早于 2012 年由日本东京大学的山田淳夫（Atuso Yamada）教授等人提出。韩国首尔大学的姜基石（Kisuk Kang）团队首次报道了磷酸焦磷酸盐复合结构，提升了材料的工作电压和结构稳定性，但其中含有微量的 $NaFePO_4$ 杂质。纯相的磷酸焦磷酸铁钠结构由国内武汉大学曹余良团队通过引入非化学计量比的铁位缺陷，实现了 110.9mAh/g 的容量，100C 倍率条件下容量仍然可保持 52mAh/g，在实验室中已展示超过 1 万次循环。该团队利用喷雾干燥法合成还原氧化石墨烯（rGO）包覆的 $Na_4Fe_3(PO_4)_2$ (P_2O_7)（即 NFPP@rGO），具有高的可逆容量 128mAh/g（0.1C）和长的循环寿命（10C 条件下 6000 次循环后容量保持率为 62.3%）。该团队通过模板法成功合成了碳包覆的 Na_4Fe_3 $(PO_4)_2P_2O_7/C$ 纳米球，这种 $Na_4Fe_3(PO_4)_2P_2O_7/C$ 纳米球在 0.2C 的电流密度下可逆比容量高达 128.5mAh/g，在 100C 的高电流密度下可逆容量也高达 79mAh/g，10C 条件下循环 4000 次后，容量保持达 63.5%。此外，还有关于基于锰、钴、镍的复合磷酸盐体系的报道，但由于这类材料的成本较高，因此在产业化方面缺乏价值。在硫酸盐体系中，由于硫酸根具有较强的电负性，因此放电电压较高。日本东京大学的山田淳夫等人最早报道了硫酸铁钠材料，该材料在 350℃ 下即可烧结制备，且能实现高达 3.8V 的对钠工作电压。通过锰取代铁，可以将放电平台进一步提升至 4.4V。

2）产品技术现状：国内外采用聚阴离子类材料体系的企业相对较少。国际上，法兰西公学院塔拉斯康教授领导成立的提亚玛特能源（TIAMAT Energy）公司采用氟化磷酸钒钠技术路线，已开发了能量密度 90Wh/kg、循环次数大于 4000 次的钠离子电池。印度供应商 KPIT 采用碳基阳极和聚阴离子阴极，开发出钠离子技术的多种变体，能量密度为 110Wh/kg。国内技术水平处于世界领先地位，鹏辉能源采用磷酸钒钠材料，实现了 100Wh/kg 能量密度、6000 次以上循环寿命，成为全国首批钠离子电池评测通过单位，并与青岛北岸控股大数据中心签订 5MW/10MWh 钠离子储能电站示范项目。众钠能源采用硫酸铁钠体系，其中 NFS-420 电芯可达到 120Wh/kg 能量密度、8000 次循环寿命。此外，武汉大学曹余良教授团队成立的珈钠能源采用磷酸焦磷酸铁钠体系，在加工性能、循环寿命、循环抑气及安全性等方面具有显著优势，4500 次常温循环，容量保持 93% 以上，高温循环未发现任何产气现象，低温 -20℃放电容量大于 90%，目前已出货超过 100t。其他代表性企业有比亚迪、浙江钠创等。

（2）分析研判

聚阴离子化合物是高安全、长循环钠离子电池正极材料的主流技术路线，适用于各类储能应用场景，但受制于能量密度较低的缺陷，使其在大规模储能中需要增加配套设施，致使成本增加，可能会导致其成本优势降低。聚阴离子类材料的生产工艺与喷雾热解法生产磷酸铁锂工艺大致重合，原材料为常见的磷酸铁、磷酸二氢铵、磷酸氢二铵、碳酸钠等。未来 5 ~ 10 年，聚阴离子类正极材料有望形成约 50 万 t 级产能。目前聚阴离子材料的技术路线主要集中在铁基磷酸盐和铁基硫酸盐体系，如磷酸焦磷酸铁钠、硫酸铁钠等具有低成本、高安全性以及长寿命的特点，在不追求能量密度的前提下是比较好的选择。其中硫酸铁钠是十分具有优势的钠离子电池正极材料。相比于 PO_4^{3-}，SO_4^{2-} 具有更高的电负性和更强的诱导效应。该材料具有较大的钠离子三维扩散通道，工作电压为 3.8V，可逆比容量超过 100mAh/g，电化学循环过程中体积变化较小（约为 1.6%），电池充放电效率高，循环性能稳定。聚阴离子类材料的商业化应用仍需解决以下技术难点：①碳包覆难度大：铁基磷酸盐体系导电性较差，需要通过碳包覆提升导电性，但由于铁基磷酸盐制备烧结温度较低，使得碳热还原效果较差，无法实现好的碳包覆层；②制备条件苛刻：铁基硫酸盐体系对水非常敏感，生产过程需要严格控水；③能量密度上限较低：现阶段材料中，钒基硫酸盐体系理论能量密度能达到 140Wh/kg，但铁基磷酸盐体系仍只有 120 ~ 130Wh/kg。

提升电导率和降低成本是研发此聚阴离子化合物正极材料的关键。聚阴离子化合物电子电导率较低，限制了其在高倍率下的充放电性能，给实际应用带来困难。未来应着重发展碳包覆、粒子纳米化、离子掺杂、非化学计量比成相调控等改性技术。

1）碳包覆技术。有机碳源包括聚多巴胺、葡萄糖、柠檬酸、聚乙烯醇、聚吡咯、维生素 C、聚乙二醇、沥青、蒽、苯胺等。在进行碳包覆时，必须在惰性气氛下进行高温处理，煅烧温度越高，碳的石墨化程度也越高，导电性也越好。当温度低于 1000℃时，有机碳源很难转化为石墨化碳。此外，有机碳源在碳化的过程中具有还原性，可能会将包覆的材料还原。碳包覆的量需要精确调控，过高会降低材料的振实密度，过低对电导率的提升有限。

2）粒子纳米化技术。粒子尺寸纳米化是通过缩短离子传输路径来增强电化学动力学的有效方法。通过制备不同维度的纳米结构，如纳米线、纳米棒等促进电子和离子在界面的传输速率。但材料纳米化会导致更强的界面反应，这可能造成电解质的过度分解，能量效率低等问题。

3）离子掺杂技术。对材料进行元素掺杂和取代也可提高电子电导率，如采用过渡

金属位掺杂 Ti^{4+}、Co^{2+}、Zn^{2+}、Mn^{2+} 等离子来改善电化学性能，但目前对体相掺杂金属离子的机理以及掺杂对材料电化学性能的影响机制尚未研究透彻。

4）非化学计量比成相调控技术。利用偏离化学计量比的方式引入特定位点空位，形成快速离子迁移通道或降低杂质种类，提高材料的电化学性能，但偏离化学计量比过高可能引发材料分相造成结构坍塌。

探索低成本规模化制备方法是实现产业化的另一个重要因素。目前主流制备方法为高温固相法、溶胶 - 凝胶法、水热法，均需要经过高温烧结的过程，能量消耗较高。近年来的新合成方法——机械化学法无需溶剂和高温烧结，为聚阴离子降本提供了可能。另一种降本途径是采用无钒聚阴离子正极材料路线。用铁、锰等较为廉价的元素替代钒元素打开聚阴离子化合物的降本空间。其中硫酸铁钠原材料成本优势明显，目前多氟多、众钠能源、传艺科技、星光钠电等公司都储备有相关专利。

（3）关键指标（见表 2.2-3）

表 2.2-3　聚阴离子类正极材料关键指标

指标	单位	现阶段	2027 年	2030 年
材料比容量	mAh/g	110	115	120
平均电压	V（vs. Na$^+$/Na）	2.9	3.0	3.1
压实密度	g/cm^3	1.8	2.0	2.1
电芯能量密度	Wh/kg	100	110	120
循环寿命	次	3000	7000	10000
成本	万元 /t	3.0	2.5	2.0

3. 普鲁士蓝类材料

（1）技术现状

1）研发技术现状：普鲁士蓝类材料在钠离子电池中的应用最早由美国得克萨斯大学奥斯丁分校的诺贝尔奖得主古迪纳夫（John B. Goodenough）教授提出。根据其框架内过渡金属元素的种类，可以分为铁基、镍基、锰基、钒基等。普鲁士蓝类材料的开放结构使得钠离子可以快速脱嵌，并伴随较低的体积变化，因此能够实现较长的循环寿命。此类材料可实现 170mAh/g 的容量以及较高的工作电压，因此能够获得较高的能量密度。在普鲁士蓝类正极材料的研发方面，国内外实力相当。国内的代表团队有温州大学碳中和技术创新研究院的侴术雷教授团队，在普鲁士蓝类正极材料的制备方式及结构调控等方面拥有核心专利。

2）产品技术现状：我国与欧美等发达国家在产品方面处于并跑状态。国外企业中，美国纳特龙能源（Natron Energy）采用普鲁士蓝类材料，搭配水系电解液，实现了 50000 次超长循环，但能量密度很低。该企业于 2020 年获得了美国能源部 1900 万美元的资助。瑞典阿尔特里斯（Altris）专注于普鲁士蓝类材料的生产，其 Fennac 品牌材料采用低温加压的方式生产，表现出较好的性能。国内方面，宁德时代于 2021 年发布的钠离子电池采用普鲁士蓝类材料，其能量密度达到了 160Wh/kg，常温下 15min 实现 80% 的充电，在 −20℃ 仍可保持 90% 以上的容量，但并未公布其循环寿命。湖南立方于 2022 年 4 月发布第一代普鲁士蓝钠离子电池，能量密度为 140Wh/kg，循环寿命大于 2000 次。

（2）分析研判

普鲁士蓝类材料在成本和能量密度上具有较大的优势，是钠离子电池正极材料值得探索的方向，现在仍然存在较多基础科学问题未能解决，截至目前尚未成为钠离子电池主要采用的正极材料。宁德时代自 2021 年发布其普鲁士蓝钠离子电池后，并未在这一材料上公布新的进展。此类材料未来 5～10 年的发展存在较大挑战。

目前，普鲁士蓝类化合物的生产工艺主要有共沉淀法和水热合成法，其中共沉淀法是最为常见的方法，具有制备流程简单、无需高温处理且易获得纯相产物的优势。但目前共沉淀法仍存在两个问题：一是制备时间长；二是产量低。水热合成法与共沉淀法有许多相似之处，其具有反应时间短、材料颗粒分布均匀的优点。但目前水热合成法具有三个缺点：一是反应过程在封闭的系统中进行，不能直接观察反应过程；二是有高温高压步骤，对生产设备的要求高；三是工序繁琐，不适合工业化生产。

阻碍普鲁士蓝类材料在钠离子电池中广泛应用的关键问题分为两类：①本征结构问题。普鲁士蓝类材料的结构由氰基为桥梁连接过渡金属离子形成开放式的框架，但是氰基受热可能产生氢氰酸等剧毒物质，严重影响其使用的安全性。②结晶水问题。结晶水的存在扭曲普鲁士蓝类材料的框架结构，并造成空位缺陷，结晶水也会占据钠离子传输通道，导致材料的比容量下降，影响材料的结构稳定性。目前尚未有关于适合规模化生产的除水工艺的报道。国内多家企业对于此路线均在攻关阶段。鉴于固有的结构问题难以避免，因此，在普鲁士蓝类材料的工程化发展中，应重点关注结晶水的去除，其中，批量化超高真空烘烤除水技术也需要进一步验证。

（3）关键指标（见表 2.2-4）

表 2.2-4　普鲁士蓝类正极材料关键指标

指标	单位	现阶段	2027 年	2030 年
材料比容量	mAh/g	160	170	180
平均电压	V（vs. Na$^+$/Na）	3.4	3.4	3.4
电芯能量密度	Wh/kg	160	165	170
循环寿命	次	1500	3000	5000
成本	万元/t	2.4	1.6	1

2.2.1.2　负极材料

负极材料是钠离子电池体系中的另一个关键组成部分。与锂离子电池类似，实验室内已有广泛满足负极使用条件的材料体系，但能够符合工程化要求的材料种类却非常有限。较为常见的钠离子电池负极材料包括碳材料、合金化材料、金属氧化物材料、磷基材料以及金属硫化物材料。其中，只有碳材料实现了工程化应用，其余材料种类尚不具备工程化应用条件。钠离子电池各类负极材料对比见表 2.2-5。

表 2.2-5　钠离子电池各类负极材料对比

材料种类	代表材料	优势	缺点
碳	硬碳	储钠能力好	成本较高
	软碳	循环性能好，成本低廉	容量低
合金化	铋、锡、锑	导电性好，容量较高	循环寿命较短
金属氧化物	氧化锡、氧化锑、氧化铁	成本较低	循环寿命较短
磷基	红磷、磷化锡等	容量高	导电性差，成本较高
金属硫化物	硫化硒等	容量高	导电性差，成本较高

硬碳是目前最具商业化应用潜力的钠离子电池负极材料。碳基负极材料可以分为石墨类材料、纳米碳材料、硬碳及软碳材料。纳米碳材料，如石墨烯和碳纳米管，以表面吸附原理存储钠离子。然而，它们目前在电化学性能方面存在不足，并不适合商业化应用。软碳具有良好的循环性能和低成本，但其容量较低。硬碳在钠离子电池中展现了较高的理论容量、较长的循环寿命及较低的储钠电位，因此商业化潜力较大。

（1）技术现状

1）研发技术现状：现阶段硬碳的主要研发方向是储钠机制以及硬碳微观结构调控，我国与欧美、日韩等国处于同一研究水平。由于钠离子与石墨层之间的相互作用弱于锂离子，难以形成稳定的插层化合物，因此，钠离子电池的负极材料无法使用石墨。硬碳结构相对于石墨更加复杂，其嵌钠机理尚未完全明确，国内外研究机构针对其嵌钠的行为提出了多种机制，并认为其微观结构是决定容量的关键因素。加拿大戴尔豪斯大学的杰夫·达恩（Jeff Dahn）教授在 2000 年最早展开了硬碳储钠机理研究，提出了"纸牌屋"模型来描述通过将钠离子嵌入 - 吸附到硬碳中的纳米封闭孔实现钠离子存储。武汉大学的曹余良教授于 2012 年提出了吸附 - 嵌入模型，与锂离子嵌入石墨的机理类似。2016 年，中国科学院物理研究所的胡勇胜研究员等提出了吸附 - 孔填充模型，指出钠离子在放电末期通过在内部孔洞中还原成准钠金属的方式实现容量贡献。美国俄勒冈大学的纪秀磊教授团队在 2015 年提出了吸附 - 嵌入 - 孔填充模型。由于其结构特殊性，硬碳嵌钠无明确理论容量，美国西北太平洋国家实验室团队经粗略计算，发现硬碳嵌钠可实现大于 530mAh/g 的容量，远大于石墨嵌锂的 372mAh/g 理论比容量。国际上，日本东京理科大学驹场慎一（Shinichi Komaba）教授团队采用 MgO 模板法，实现了大于 450mAh/g

容量的硬碳材料。国内方面，天津大学杨全红教授团队提出的利用甲烷可控化学气相沉积（CVD）法制备的筛分型硬碳结构具有更紧凑的开放孔入口直径，使得钠离子团簇沉积平台容量大幅度提升至400mAh/g。中国科学院山西煤炭化学研究所的陈成猛研究员利用富含氧元素的酯化淀粉的低温氢气还原 - 高温炭化设计的硬碳材料实现了369.8mAh/g容量。软碳材料储钠容量相对较低，代表研究机构为中国科学院物理研究所，其采用无烟煤制备的软碳材料可实现约200mAh/g的容量，且成本较低。

2）产品技术现状：硬碳目前主要由日本和中国企业生产。从前驱体路线上可分为生物质、无烟煤、沥青、酚醛树脂等。日本可乐丽最早开始硬碳的生产及销售，其生物质硬碳材料采用椰子壳为前驱体，生产工艺包括600℃炭化、球磨机研磨、碱液浸渍、盐酸热处理纯化及碳氢化合物CVD处理。日本可乐丽的Kureha系列硬碳产品分为4代，具备不同的物理性质，可实现320～405mAh/g的容量以及88%～90%的首次库仑效率，但销售价格较高，几乎为国产同类材料的2～3倍。国内企业中，佰思格采用淀粉等前驱体生产的NHC-330硬碳可实现1.0g/cm³的压实密度、330～340mAh/g的容量以及90%～92%的首次库仑效率。其生产工艺包括生物质材料改性处理、裂解缩聚、炭化及表面改性等。贝特瑞采用热塑性树脂固化、低温预烧、分散、沥青基包覆、600～1500℃热解的工艺流程。其BSHC-350产品的振实密度达到了（0.8±0.1）g/cm³，储钠容量为350mAh/g，首次效率为90%。杉杉科技采用沥青等材料为前驱体，可实现480mAh/g的可逆容量以及大于85%的首次库仑效率。中国科学院山西煤炭化学研究所采用生物质和沥青作为前驱体，实现了335mAh/g的容量以及87%的首次库仑效率。软碳方面，目前实现工业化量产的代表企业为中科海钠，其开发的HNA-B系列软碳材料压实密度为1.04g/cm³，放电比容量为255mAh/g，首次库仑效率为83.3%。

（2）分析研判

硬碳材料是钠离子电池负极材料的主流技术路线。硬碳由于其内部石墨化微晶区域的无序排列特征，无法在更高温度下形成石墨，但其层间可以形成大量的亚纳米孔洞方便钠离子的脱嵌及沉积。因此，它具有比石墨嵌锂更高的容量，并且具有较低的储钠电位和良好的循环性能，是当前钠离子电池首选的负极材料。软碳材料受限于其容量，当前应用领域有限，但其低成本的优势有望在特定领域实现整体降本，具有较大的开发空间。硬碳性能及产业化受前驱体种类影响巨大，树脂基前驱体的分子结构相对简单可控，可以实现前驱体结构的精准控制，但其成本较高，产业化难度较大。石油基前驱体虽然成本较为低廉，但制备过程中可能会带来环境污染等问题。生物质前驱体为目前硬碳材料的主流路线，但其产品质量受前驱体、烧结工艺等影响非常显著，并且受到国际局势以及政府政策影响较大。

放电容量、首次库仑效率、低温充电性能是评估硬碳材料的关键指标。受到硬碳复杂的微观结构及储钠机制影响，硬碳的放电容量尚未达到理论预测值。由于硬碳比表面积较大，容易与电解液反应造成不可逆钠损失，且硬碳储钠机制中包含准钠金属沉积过程，其可逆性较低，因此，硬碳的首次库仑效率仍然较低。此外，由于硬碳嵌钠的电位接近钠离子还原为钠金属电位，因此电池在低温充电时容易发生析钠现象，严重影响钠离子电池的循环性能及安全性。因此，未来应对以下方向进行技术攻关：

1）复合前驱体原位杂原子掺杂及活化关键技术：硬碳储钠容量依赖于丰富的硬碳微观结构。通过构建多层级孔结构，设计"封闭孔"硬碳材料，可以实现更多的准钠金属嵌钠容量。通过引入杂原子，拓宽石墨化微晶区域的层间距，提升钠离子的传输速率。同时，利用杂原子增加硬碳的活性位点，提升钠离子的嵌钠容量。此外，通过结构调控设计硬碳嵌钠的"斜坡区"与"平台区"的相对比例，避免硬碳低温嵌钠发生钠金属析出。

2）原位人工固态电解质界面（SEI）层构筑技术：硬碳表面性质对电解液的分解影响巨大，造成不可逆的钠损失。通过对硬碳表面化学性质进行修饰改性，使硬碳与电解液的副反应可控且产物致密，其化学、电化学性质高度稳定，从而实现更高首次库仑效率及稳定性。

3）基于高通量计算的前驱体筛选技术：当前的前驱体选择种类繁多，且没有统一的理论指导，导致开发过程较为盲目。因此，需要通过人工智能辅助对比分析大量不同种类的前驱体性质及其制备得到的硬碳性能，得出实现最佳结构硬碳的前驱体种类及制备方式，指导开发新一代硬碳负极材料。

（3）关键指标（见表 2.2-6）

表 2.2-6　钠离子电池硬碳负极材料关键指标

指标	单位	现阶段	2027 年	2030 年
材料比容量	mAh/g	320	400	450
首次库仑效率	%	85	90	93
循环寿命	次	2000	4000	6000
制造成本	万元 /t	4.5	3	2

2.2.1.3　电解液

电解液同样是钠离子电池中的关键部件，电解液的好坏，直接影响钠离子电池循环寿命、日历寿命、高低温特性、安全性等各方面的性能。目前商业化的钠离子电池电解液的组成与锂离子电池电解液非常类似，也是由碳酸酯溶剂、钠盐以及添加剂组成，这是由产业链、成本、性能等多方面因素共同决定的。对钠离子电池电解液的本征性能评估集中在离子电导率、热稳定性、化学稳定性及电化学稳定性等方面。钠离子的斯托克斯（Stokes）半径和脱溶剂化能比锂离子更小，因此，钠离子电解液可以在更低浓度下实现较高的离子电导率。

电解质盐：目前商业化的钠离子电池电解液采用 $NaPF_6$ 作为主要溶质，主要是因为相较于其他钠盐，$NaPF_6$ 具有溶解度高、电导率高、安全性好、成本低、循环性能好、毒性低等优点。学术研究中也采用 $NaClO_4$ 及 NaFSI、NaTFSI 作为钠盐,但 $NaClO_4$ 具有强氧化性,实际应用中安全性存在问题,NaFSI 和 NaTFSI 对铝箔集流体存在腐蚀的风险,因此产业化发展相对较慢。

电解液溶剂:目前商业化钠离子电池电解液主要溶剂以传统碳酸酯为主,主要是由于碳酸酯溶剂对钠盐的溶解性较好,作为电解液可提供良好的离子传输能力,且结构较稳定、耐氧化、安全性高,同时基于锂离子电池电解液产业链的成熟,碳酸酯溶剂供应充足,成本低廉。钠离子电池的常用溶剂包括环状碳酸酯(PC、EC)和链状碳酸酯(DEC、DMC、EMC)。同时由于醚类溶剂(DME、TEGDME、DOL 等)对硬碳表面 SEI 成膜效果显著,因此醚类溶剂在钠离子电池中也有部分应用,但由于其耐氧化能力较弱,易燃,循环过程容易产气,因此在商业化电池中使用相对较少。

添加剂:目前商业化钠离子电池电解液添加剂分为两类。一类是传统锂离子电池添加剂,包括 VC、FEC、DTD、PS 等。这些添加剂在钠离子电池的作用和锂离子电池中类似,可以提升钠离子电池的循环寿命、抑制存储产气等。然而,这些添加剂在钠离子电池电解液中的使用方法与锂离子电池电解液中还是存在差异,这与钠离子电池正负极的特征有关。另一类是钠离子电池电解液专用添加剂,包括含氟钠盐型添加剂(NaOTF、NaFSI、NaTFSI 等)、含硼钠盐型添加剂($NaBF_4$、NaBOB、NaDFOB 等)以及其他钠盐添加剂($NaClO_4$ 等),同时针对钠离子电池的本征电化学特性,新型的钠离子电池专用添加剂正在不断被开发出来。

(1)技术现状

1)研发技术现状:针对钠离子电池电解液的研究方向主要为耐高压、阻燃、长循环电解液。国际上,欧美、日韩处于研发的第一梯度。美国的研发方向主要为新型钠离子电池电解液开发,包括局部高浓钠离子电池电解液等。代表性研究团队包括美国陆军实验室许康研究员团队、马里兰大学王春生教授团队及西北太平洋国家实验室许武、张继光、肖婕等团队。其中,美国西北太平洋国家实验室的张继光研究员团队于 2018 年开发了基于 NaFSI/DME/BTFE 的局部高浓电解液,实现了 20C 下对钠金属超过 40000 次的稳定循环;该团队于 2022 年开发出适用于高电压(4.2V)的基于 DMC 的局部高浓电解液。欧洲的钠离子电池电解液主要集中在传统电解液组分的筛选及电化学原理研究上。西班牙的巴塞罗那材料科学研究所帕拉欣(Palacin)教授于 2015 年通过对大量电解液及溶质的实验提出了适用于钠离子电池的组分。以色列巴伊兰大学的奥巴赫(Doron Aurbach)教授通过对钠离子的溶剂化结构及去溶剂化过程等分析提出了多种钠离子电池电解液的电化学机理。国内方面,中国科学院物理研究所胡勇胜研究员较早开展钠离子电池电解液的研究,其团队于 2020 年报道了基于超低浓度(0.3mol/L)的钠离子电池电解液并实现了 3000 次稳定循环和宽温域工作;2023 年,该团队报道了一种同时具有高锂离子和钠离子传导速率的黏弹性无机玻璃作为固态电解质,实现了 180Wh/kg 的钠离子电池。中国科学院长春应用化学研究所的明军研究员在钠离子的溶剂化结构设计等方面提出了多种新机制和具备快充特性的钠离子电池电解液体系。

2）产品技术现状：目前钠离子电池电解液产品主要由我国企业提供。国内能实现 $NaPF_6$ 批量生产供应的企业较少，代表性企业包括多氟多、天赐材料、永太科技、中欣氟材、如鲲新材等。多氟多的六氟磷酸钠已工业化量产并批量销售，目前产能为千吨级。电解液方面，传统的锂离子电池电解液供应商，包括天赐材料、深圳新宙邦、珠海赛维、法恩莱特等企业都进入了钠离子电池电解液领域，同时一些新兴企业包括蓝固新能源、中化蓝天等也在进行相关产品的开发。其中深圳新宙邦、珠海赛维、蓝固新能源已经实现了钠离子电池电解液的开发，并实现了批量交付。蓝固新能源开发的倍率型钠离子电池电解液可满足 5～10C 充电，10～60C 放电，容量 > 90%，常温 3～10C 循环 2000 次，−20℃下 0.2C 放电容量保持率 ≥ 90%。储能型钠离子电池电解液可实现常温 1C 循环 4000 次，−20℃下 0.2C 放电容量保持率 ≥ 90%。深圳新宙邦所开发的长寿命层状氧化物 - 硬碳体系的钠离子电池电解液可以常温循环 4000 周，容量保持率 ≥ 85%；45℃循环 1800 周，容量保持率 ≥ 85%，同时有效地抑制了高温循环产气；低温倍率型钠离子电池电解液可以实现 0℃下 200 次循环，并且在 −20℃进行 20C 放电，容量保持率 > 60%。

（2）分析研判

当前钠离子电池电解液的技术路线尚未定型。短期内基于 $NaPF_6$、碳酸酯、FEC 添加剂的组分有望快速实现产业化，对钠离子电池降本效益显著。$NaPF_6$ 的生产工艺、设备和 $LiPF_6$ 高度一致，因此可以快速切换产能，实现电解液溶质的工业化生产。溶剂方面，由 EC 和一种或几种碳酸酯溶剂（DEC、DMC、EMC、PC 等）混合的电解液仍然是主要选择。由于钠离子电池不采用石墨作负极，因此不存在电解液溶剂分子共嵌入现象，故而可以采用 PC 作为溶剂，对提升钠离子电池的低温性能效果显著。钠离子电池电解液添加剂可以参考借鉴锂离子电池电解液添加剂相关的经验，当前采用的 FEC、VC 等材料具备良好的适配性，但针对钠离子电池电解液专用的添加剂尚不成熟。

针对高电压应用场景，当前层状氧化物的克容量在 100～140mAh/g 之间，电压范围为 1.5～3.95V，基于层状氧化物 / 硬碳体系的电池能量密度为 80～160Wh/kg，相比于成熟的磷酸铁锂体系（160～200Wh/kg）而言，能量密度有待进一步提升，电池的循环寿命可以做到 2000 次以上。为了进一步提升能量密度，提升电池的电压范围是一种行之有效的方式，但电压的提升会引起电极材料与电解液之间的副反应加剧，最终使得电池循环下降。目前 4.1V 以上的层氧 / 硬碳体系的钠离子电池的循环寿命 < 1000 次，如何有效地调控电解液减少副反应的发生，是提升电池循环寿命的重要手段。抑制高压下电解液与正极材料之间的副反应是高压钠离子电池电解液开发的关键，相较于锂离子电池正极材料，钠离子电池的正极具有更强的碱性和更高的 Fe/Na 混排，开发耐高压溶剂提升电解液的本征稳定性或者开发新型正极成膜添加剂，提升正极材料界面膜的质量抑制正极表面副反应是高压电解液开发的关键。

针对低温应用场景，钠离子电池相比于锂离子电池最大的优点之一在于低温性能优异，在 −20℃，0.5C 放电容量发挥 > 90%；−40℃，0.5C 放电容量发挥 > 50%，相比于锂离子电池具有显著的放电优势。除了低温放电能力外，还应当具有一定的低温充电能力，这是钠离子电池当前面临的瓶颈之一。目前钠离子电池可以实现在0℃下0.2C充电循环200次容量保持率达70%。要实现电池的低温场景应用，具有 −20℃循环200次的能力至关重要，其中电解液是关键组分。同时高倍率性能是钠离子电池的另一个典型优点，可以室温实现3C以上充电，10C以上放电。但经过特殊设计的锂离子电池如4680圆柱也可以实现10C左右的倍率放电，因此为了实现钠离子电池的差异化竞争，需要开发可以实现10C以上倍率放电的钠离子电池。电解液的宽液程、高电导、低阻抗是低温高倍率电解液开发的关键。要实现 −20℃低温循环和10C以上的放电，电解液的液程需要做到 −45 ~ 80℃，−20℃的离子电导率需要 > 2mS/cm，负极的SEI膜的阻抗要极低才能实现。其核心在于新型溶剂的开发、新型低阻抗成膜添加剂的开发和电解液配方的开发。

针对长循环应用场景，钠离子电池的聚阴离子体系正极包括多种材料，其中技术最成熟的是磷酸焦磷酸铁钠以及硫酸铁钠正极，相比于层状氧化物而言，磷酸焦磷酸铁钠为代表的聚阴离子体系的晶体结构更稳定，使用电压更低，正极在生命周期中将表现出更好的稳定性，因此聚阴离子体系的钠离子电池的循环寿命潜力更佳。同时由于磷酸焦磷酸铁钠和硫酸铁钠等聚阴离子体系正极材料并没有用到Ni、Mn、Co等金属元素，因此其成本也较层氧体系低很多。长寿命潜力和低成本使得聚阴离子体系的钠离子电池是储能系统的最佳潜在电池体系。但目前聚阴离子体系的电芯还处于非常初期的阶段，正极材料、电解液、电芯设计等方面还有待进一步提升。目前基于磷酸焦磷酸铁钠体系的聚阴离子体系钠离子电池的能量密度在80 ~ 140Wh/kg，循环寿命< 2000次，相较于储能体系的循环寿命要求还存在着明显的差距。因此为了推动钠离子电池的商业化，需要开发长寿命的电池。提升负极SEI膜的稳定性和抑制正极Fe离子溶出是长寿命聚阴离子体系钠离子电池电解液开发的关键，因此急需开发可以有效提升SEI膜稳定性和抑制正极Fe溶出的电解液，实现 > 6000次的循环。此外，需要通过溶剂与添加剂之间的组合设计来减少SEI膜在电解液中的溶解度，同时需要在正极侧形成较好的CEI来抑制Fe离子的溶出，或者通过电解液的组合设计，抑制Fe离子溶出对电池性能衰减的影响。

（3）关键指标（见表 2.2-7）

表 2.2-7　钠离子电池电解液关键指标

电解液场景	指标	单位	现阶段	2027 年	2030 年
高电压电解液	离子电导率（25℃）	mS/cm	5 ~ 6	6 ~ 8	7 ~ 10
	抗氧化性	V	4.2 ~ 4.4	4.4 ~ 4.8	4.8 ~ 5.2
	高温循环寿命	周	700	3000	6000
	30 天高温存储产气	mL/Ah	> 10	4 ~ 8	< 2
	制造成本	万元 /t	6	4	2.5

（续）

电解液场景	指标	单位	现阶段	2027 年	2030 年
低温充电电解液	离子电导率（-20℃）	mS/cm	<1.5	2	3.5
	-20℃循环寿命	周	<50	100	200
	20C 放电容量保持率（-20℃）	%	60	70	80
	30C 放电容量保持率（25℃）	%	70	80	90
	制造成本	万元 / t	7	5	3.5
长循环电解液	循环寿命（25℃）	次	2000	6000	8000
	循环寿命（45℃）	次	1500	3000	4000
	制造成本	万元 / t	5	3	2

2.2.2　技术创新路线图

钠离子电池有望成为未来大规模电化学储能的主要技术，然而，当前的科研与产业化实践存在较大的距离。从材料开发的角度看，钠离子电池材料的小规模评估仍然采用钠金属半电池进行，但由于钠金属与电解液之间副反应剧烈，导致材料评估严重失真。因此，材料开发必须结合全电池工艺，才能有效反映材料的真实性能。钠离子电池开发面临多个关键问题，如：①钠离子电池材料的成本、循环寿命、能量密度难以同时实现；②钠离子电池材料的体相相变以及界面与电解液的相互作用过程导致钠离子电池循环寿命差；③电池研发制备技术与制造工艺不够成熟等，都需要协同攻克。

现阶段，层状氧化物和聚阴离子类正极材料基本达到产业化条件，普鲁士蓝类正极材料处于研发阶段，硬碳负极技术与日本仍有较大差距，电解液具备规模化生产条件，小规模量产钠离子电芯，未实现大规模应用。

到 2027 年，全面突破层状氧化物和聚阴离子氧化物正极材料、硬碳负极材料和电解液低成本规模化制备技术，普鲁士蓝类正极材料初步实现小试，具备国际先进水平，钠离子电芯实现量产，钠离子电池储能电站开始投入使用。

到 2030 年，钠离子电池正负极材料、电解液规模化制备技术达到国际领先水平，引领全球钠离子电池产业发展，钠离子电池在储能领域实现大规模应用，在高安全、低成本、宽温域等场景代替锂离子电池。

钠离子电池技术创新路线图如图 2.2-2 所示。

2.2.3　技术创新需求

基于以上的综合分析讨论，钠离子电池的发展需要在表 2.2-8 所示方向实施创新研究，实现技术突破。

钠离子电池技术

时间轴：现阶段 | 2027年 | 2030年

技术内容

① 长寿命、高比能、高安全正极材料技术；② 高容量、高首次效率、长循环负极材料技术；③ 匹配正极材料的高电压电解液技术；④ 钠离子电芯制备和测试技术

技术分析

- 现阶段：层状氧化物和聚阴离子氧化物类正极材料基本达到产业化条件，普鲁士蓝类正极材料处于开发阶段，硬碳负极材料初步具备规模化生产条件，小规模量产钠离子电芯，未实现大规模应用
- 2027年：全面突破层状氧化物和聚阴离子氧化物类正极材料、硬碳负极材料和电解液处于中试开发阶段，普鲁士蓝类实现量产，钠离子电芯实现水平，具备国际先进水平，钠离子电池储能电站开始投入使用
- 2030年：钠离子电池正极材料、电解液规模化制备技术达到国际领先水平，引领全球钠离子电池产业发展，钠离子电池在储能领域实现大规模应用，在高安全、低成本、宽温域等场景替代锂离子电池

技术目标

正极材料

类别	现阶段	2027年	2030年
层状氧化物	材料比容量：130 mAh/g，平均电压：3V；电芯能量密度：140Wh/kg；循环寿命：3000 次，成本：4.5 万元/t；压实密度：3.1g/cm³	材料比容量：140 mAh/g，平均电压：3.2V；电芯能量密度：150Wh/kg；循环寿命：5000 次，成本：3.2 万元/t；压实密度：3.3g/cm³	材料比容量：150 mAh/g，平均电压：3.3V；电芯能量密度：160Wh/kg；循环寿命：8000 次，成本：2.5 万元/t；压实密度：3.5g/cm³
聚阴离子类	材料比容量：110 mAh/g，平均电压：2.9V；电芯能量密度：100Wh/kg；循环寿命：3000 次，成本：3 万元/t；压实密度：1.8g/cm³	材料比容量：115 mAh/g，平均电压：3V；电芯能量密度：110Wh/kg；循环寿命：7000 次，成本：2.5 万元/t；压实密度：2.0g/cm³	材料比容量：120 mAh/g，平均电压：3.1V；电芯能量密度：120Wh/kg；循环寿命：10000 次，成本：2 万元/t；压实密度：2.1g/cm³
普鲁士蓝类	材料比容量：160mAh/g，平均电压：3.4V；电芯能量密度：160Wh/kg；循环寿命：1500 次，成本：2.4 万元/t	材料比容量：170mA/g，平均电压：3.4V；电芯能量密度：165Wh/kg；循环寿命：3000 次，成本：1.6 万元/t	材料比容量：180 mAh/g，平均电压：3.4V；电芯能量密度：170Wh/kg；循环寿命：5000 次，成本：1 万元/t

硬碳负极材料

现阶段	2027年	2030年
材料比容量：320 mAh/g，首次库仑效率：85%；循环寿命：2000 次，成本：4.5 万元/t	材料比容量：400 mAh/g，首次库仑效率：90%；循环寿命：4000 次，成本：3 万元/t	材料比容量：450 mAh/g，首次库仑效率：93%；循环寿命：6000 次，成本：2 万元/t

电解液

现阶段	2027年	2030年
高电压电解液：离子电导率：5~6mS/cm；抗氧化性：4.2~4.4V，高温循环：700 次。低温充电电解液：>10mL/Ah，成本：6 万元/t；离子电导率：<1.5mS/cm，成本：<50 次 @-20℃；放电容量保持率：60%@20C，70%@30C。长循环电解液：循环寿命：2000 次 @25℃，1500 次 @45℃；成本：5 万元/t	高电压电解液：离子电导率：6~8mS/cm；抗氧化性：4.4~4.8V，高温循环：3000 次。低温充电电解液：4~8mL/Ah，成本：4 万元/t；离子电导率：2mS/cm，成本：5 万元/t；高温离子电导率：100 次 @-20℃；放电容量保持率：70%@20C，80%@30C。长循环电解液：循环寿命：6000 次 @25℃，3000 次 @45℃；成本：3 万元/t	高电压电解液：离子电导率：7~10mS/cm；抗氧化性：4.8~5.2V，高温循环：6000 次；高温产气：<2mL/Ah，成本：2.5 万元/t。低温充电电解液：离子电导率：3.5mS/cm，成本：3.5 万元/t；高温离子电导率：200 次 @-20℃；放电容量保持率：80%@20C，90%@30C。长循环电解液：循环寿命：8000 次 @25℃，4000 次 @45℃；成本：2 万元/t

电芯

现阶段	2027年	2030年
能量密度：140 Wh/kg，循环次数：3000~4000 次；成本：0.7 元 /Wh	能量密度：160 Wh/kg，循环次数：5000~6000 次；成本：0.4 元 /Wh	能量密度：180 Wh/kg，循环次数：8000~10000 次；成本：0.3 元 /Wh

图 2.2-2　钠离子电池技术创新路线图

表 2.2-8　钠离子电池技术创新需求

序号	项目名称	研究内容	预期成果
1	长寿命、高比能、高安全钠离子电池正极材料研发及应用	研究正极材料组分与体相结构、电化学行为的相关性，不同元素组成以及不同结构对材料的容量、电压、循环稳定性、结构变化等性质的作用原理；开发能够实现工程化制备的正极材料，并充分论证其原材料及工艺过程的经济性	开发钠离子电池层状氧化物、聚阴离子等正极材料，克容量 ≥ 140mAh/g，平均电压不低于 3.25V
2	高容量、高首次效率、高压实、长循环钠离子电池复合负极材料研发及应用	优化负极材料前驱体和制备工艺，实现碳源的高度耦合交联。研究制备具有丰富封闭微孔结构的复合材料，显著提高硬碳容量。开展钠离子电池补钠技术研究，提升钠离子电池能量密度以及循环寿命	开发钠离子电池硬碳负极材料，克容量 ≥ 350mAh/g，负极首次效率 ≥ 91%，振实密度 ≥ 0.6g/cm³，真密度 ≥ 1.9g/cm³，金属杂质含量 ≤ 50 ppm，平均粒径 5～9μm
3	储能用钠离子电池专用电解液研发及应用	研发能够同时匹配聚阴离子、层状氧化物等正极材料的高电压工作条件的电解液或电解液添加剂。调节 SEI 改善体系稳定性，建立电解液在工作条件下的失效基础数据库，设计高稳定性电解液配方，改善产气现象	开发适配聚阴离子、层状氧化物等正极材料的电解液：色度 ≤ 50Hazen，水分 ≤ 10ppm，游离酸（HF）≤ 50ppm
4	储能用钠离子电池电芯制备技术研发	开发钠离子电池电芯的制备和测试技术，设计低电解液冗余、轻量化及长寿命电池，优化单体电池一致性，形成新工艺，制定新标准。研究钠离子电池寿命预测模型，分析不同应用工况下的衰减机理，建立相应的电池性能评价及预测体系。研发高速高质量钠离子电池生产成套装备，搭建钠离子电池规模化生产装示范线	开发储能用钠离子电芯，单体电芯 ≥ 300Ah，电芯能量密度 ≥ 150Wh/kg，充放电寿命 ≥ 6000 次，−20℃下容量保持率 ≥ 80%。电芯能效达到 95%。开发钠离子电池材料制备成套新装备，形成钠离子电池正极材料、负极材料、电解液产能，建立钠离子电池生产线。电芯成本降低至 0.3 元/Wh

2.3　固态电池

　　理论上，固态电池是指电池内部完全没有流动的液体，由不可燃的无机物或有机高分子固体材料作为电解质的一种新型储能电池。通过开发新的电池体系结构和装备工艺，优化、改进、匹配高能量密度的正极材料（钴酸锂、磷酸铁锂、镍钴锰酸锂、镍钴铝酸锂、富锂锰基、硫等）和负极材料（金属锂、碳材料和硅碳复合材料等），实现电池安全性和能量密度的同步提升。

　　锂离子液态/凝胶态电池只含有液体电解质，电解质固态化是提升锂离子电池安全的有效途径。随着对电池能量密度以及安全性能的需求不断提升，固态电池越发受到重视。固态电池目前拥有众多技术体系，主要以电解质材料来进行分类，包括固态聚合物及其复合体系、氧化物体系、硫化物体系、卤化物体系等。按照正负极材料可分为固态锂离子电池（沿用当前液态锂离子电池材料体系，如石墨负极、硅碳负极、三元正极等）和固态锂金属电池（以金属锂为负极）等。

　　现阶段实际生产和研究中，通常将少量或微量使用电解液（液体占电解质含量小于 10wt.%）的电池纳入固态电池范畴，此类电解液一般以浸润或流动的形式存在，具有高安全、高热稳定性以及高离子电导率等特点，如离子液体、耐高温电解液等。固态电池进一步根据含液量可分为：半固态电池（含液量 5 ~ 10wt.%）、准固态电池（含液量 0 ~ 5wt.%）和全固态电池（含液量 0wt.%）。未来，应根据固态电池的特性、制备技术等进一步规范其定义和边界。一是确立固态电池液体添加量的安全边界。固态电池的安全性来源于电解液含量的降低。但绝对的全固态电池在产业化制备技术方面难度较大，需要加速厘清液体添加量对电池安全性的影响，确立电池安全性发生突变的液体添加量边界，并以此为依据，明确液态电池和固态电池的分类边界，而非盲目追求电解液零添加。二是考虑不同电池材料体系对安全边界的影响。电池安全行为与电池材料体系有密切相关性，统一以 5wt.% 或 10wt.% 含液量对所有固态电池体系进行区分没有指导意义。应针对不同的电池材料体系确立差异化的液体添加量边界。由于目前缺乏固态电池电解液添加的安全边界，因此本书仍沿用广义固态电池的定义。

传统的液态锂离子电池被人们形象地称为"摇椅式电池"，摇椅的两端为电池的正负两极，中间为液态电解质（见图 2.3-1a）。锂离子在摇椅的两端来回奔跑，在锂离子从正极到负极再到正极的循环往复运动过程中，完成电池的充放电过程。固态电池的原理与之相同，只是将电解液换为固态电解质。固态电解质具有的密度和结构可以让更多带电离子聚集在一端，增大传导电流，提升电池容量（见图 2.3-1b）。

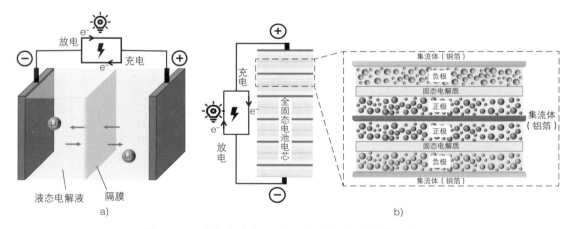

图 2.3-1　液态电池（a）与固态电池（b）结构示意图

固态电池的潜在优势在于可同时具备高安全性和高能量密度。首先，固态电池所用电解质具备热稳定性高、电化学窗口宽（4V 以上）等性质，有望能够匹配高电压正极和锂负极等高能电极材料。其次，固态电池可以实现如串联连接的双极堆叠等新型电池结构模式，降低电池体积，有助于大幅提升电芯能量密度。最后，固态电解质相比液态电解液，燃点高，无泄漏，可以解决漏液挥发、燃烧爆炸等安全问题。总体来看，相比于液态电池，固态电池具有高能量密度、高可靠性等优势，有望在新型储能、新能源汽车和消费电子等领域得到广泛应用。但目前固态电池还存在界面电阻高、单位面积离子电导率低、常温下比功率密度差和生产成本高、技术路线不清晰以及装备能力欠缺等问题，因此现阶段未实现规模化生产。

固态电池有望借助其高安全特性在新型储能领域率先取得产业应用。储能用电池首先要求安全稳定，其实是长寿命和低成本，对于能量密度提升的需求并不迫切。固态电池的本征安全特性完全契合新型储能装机需求。固态电池在能量密度、安全性能等方面对液态电池形成优势，且随着固态电池制备技术的创新突破，制造成本进一步降低，有望在电化学储能电站中部分取代液态电池。同时，新型储能电站通常为固定式系统，相较于移动式动力电池系统所需求的高能量密度以及受限的体积空间，储能用固定式结构无须考虑电池放置空间，同时可以有效利用外部辅助系统克服固态电池高压力辅助运行等关键问题，加速固态电池在新型储能领域的产业应用。

总的来说，固态电池的产业化是一场颠覆性的技术革新，会引发高安全、高能量密度储能、电动汽车、低空经济等未来产业的发展方向。近几年来，得益于在液态锂离子电池领域积累的经验和工业化技术的成熟，固态电池，尤其是含液量 < 10wt.% 的半固态电池以及原位固态化的聚合物复合体系固态电池迅速发展。当前，全球范围内不断涌现各种技术路线的固态电池公司，预示着固态电池产业化竞争将愈发激烈。

2.3.1　技术分析

固态电池中，正极材料涂敷在铝集流体表面，负极材料涂敷在铜集流体表面。在充电过程中，正极材料发生锂离子脱出，负极材料发生锂离子嵌入，电子经外部电路从正极到达负极。在放电过程中，锂离子从负极材料中脱出，重新嵌入正极材料，电子经外部电路由负极到达正极。

固态电池关键技术包含电极活性材料界面匹配、固态电解质设计、电解质 / 电极成膜与电芯组装以及电芯管理与控制。现有技术下，固态电池的活性材料如磷酸铁锂正极、钴酸锂正极、三元正极、富锂锰基正极、硅基负极、石墨负极以及金属锂负极等均完全采用液态锂离子电池产品，因此可直接参考液态电池技术相关领域发展情况。相比之下，固态电解质材料的成熟度较低，但是其性质对电化学性能、电极结构体系、电解质 - 电极界面匹配、电池内部的离子传导能力等有决定性影响，因此固态电池的技术路线通常依据电解质材料体系来区分。

2.3.1.1　聚合物固态电池

（1）技术现状

1）研发技术现状：聚合物固态电解质是由高分子量的聚合物、锂盐（如 $LiClO_4$、$LiTFSI$、$LiAsF_6$、$LiPF_6$ 等）和无机塑化剂添加物等组成的体系。一般的聚合物基体有醚基聚合物、腈基聚合物、硅氧烷基聚合物、碳酸盐基聚合物和偏氟乙烯基聚合物等。聚合物固态电解质离子电导率普遍低于液态电解质，为 $10^{-6} \sim 10^{-8}$S/cm，需要进一步提高。同时，聚合物固态电解质电化学窗口较窄，对正负极稳定性较差。未来，聚合物固态电解质需要进一步降低成本以及开展聚合物柔性电池设计开发等。

近年来，聚合物固态电池的研究在电解质材料及其电芯器件层面均取得了重要进展，部分问题如离子传导速率过低、耐高压稳定性较差等均有所突破。我国更多侧重于高能量密度和高功率密度的聚合物固态电池研究，例如硫化物正极材料和全固态电池；欧美侧重于高安全性和长循环寿命的聚合物固态电池研究，例如氧化物正极材料和复合聚合物固态电解质；日韩等国侧重于高性能聚合物固态电解质和界面改性技术研究。复旦大学陈茂团队在 Nature Materials 上报道了一种通过分子工程手段实现的交替结构聚合物电解质，将 Li^+ 电导率提升了三个数量级，室温离子电导率达到了 $4.2 \times 10^{-5}S/cm$，锂离子迁移数高于 0.93。清华大学深圳国际研究生院康飞宇团队将聚偏二氟乙烯基体聚合物耦合氧化物陶瓷电介质 $BaTiO_3\text{-}Li_{0.33}La_{0.56}TiO_{3-x}$（PVBL），构建了一种高导电和介电的复合固态电解质。在 25℃时具有相当高的离子电导率（$8.2 \times 10^{-4}S/cm$）和锂迁移数（0.57）。PVBL 还使电极的界面电场均匀化。$LiNi_{0.8}Co_{0.1}Mn_{0.1}O_2$/PVBL/Li 固态电池，在 180mA/g 电流密度下稳定循环 1500 次，软包电池也表现出优异的电化学和安全性能。长三角物理研究中心胡勇胜团队设计并合成了一种新型二十一臂富氟新型拓扑结构聚合物，该新型聚合物与 PEO 共混后可产生多种超分子相互作用，可全面提高聚合物电解质的性能，包括电压稳定性、机械强度、热稳定性、离子电导率、阳离子迁移数等；如该电解质材料在 80℃下的离子电导率为 $6.43 \times 10^{-4}S/cm$，离子迁移数 > 0.88，组装的 4.2V 高电压全固态锂金属软包电池（磷酸锰铁锂正极）在 70℃、0.28MPa、42mA/g（约 0.3C）条件下可以稳定循环 200 次以上。

2）产品技术现状：聚合物具有良好的工艺成熟度和加工性能并且成本较低，是目前在产业化方面成熟度最高的固态电解质，已能够实现小规模量产，但室温离子电导率和氧化电压较低，难以抑制锂枝晶的形成，性能提升程度有限。后续主要改进方向是通过聚合物交联、共聚以及与无机固态电解质共混实现电流电压耐受力和离子电导率的提升。

国际上，聚合物固态电池以欧美企业布局较多，代表性企业包括法国博洛雷（Bollore）以及美国离子材料（Ionic Materials）、固态能源（Solid Energies）、阶乘能量（Factorial Energy）等。欧洲是最早推进聚合物固态电池产业化的地区，然而，当前欧洲对电池的研究逐渐转为以投资为主，其头部企业多与初创固态电池企业强强联合，试点固态电池新技术。法国博洛雷及其子公司蓝色溶液（Blue Solutions）聚焦聚合物体系固态电池研发，在 2012 年就开始建立第一条聚环氧乙烷（PEO）基聚合物固态电池生产线，在全球最早实现聚合物固态电池商业化应用，开发的聚合物固态电池循环次数可达 3000 次，电芯能量密度超过 250Wh/kg，但是需要在 50~80℃温度区间使用，商业化应用难度较大。美国固态能源采用聚合物/氧化物复合电解质推出能量密度达 340Wh/kg、循环次数大于 1000 次的全固态电池。美国阶乘能量于 2021 年发布 40Ah 固态电池原型，能量密度为 350Wh/kg，循环 675 次后容量保持率更是高达 97.3%。美国西欧（SEEO）使用嵌段共聚物聚合物电池，单体电池样品的能量密度达 220Wh/kg。日本三重县产业支援中心使用交联型聚环氧乙烷电解质，磷酸铁锂和碳的复合正极，钛酸锂、硅和石墨的复合负极制备的固态电池可在 0℃ 以下低温正常工作。韩国 LG 新能源计划到 2028 年推出能量密度为 750Wh/L 的聚合物固态电池，相较于现阶段的 250～300Wh/L 有大幅度提升。

国内在纯聚合物固态电池领域布局的企业 / 机构较少，大部分集中在复合聚合物路线，包括聚合物 - 氧化物复合、聚合物 - 有机 / 离子液体电解液复合以及原位固态化等。深圳比亚迪在 2016～2019 年间采用聚合物固态电解质技术路线，先后尝试了聚合物 + 无机固态电解质（全氟磺酰亚胺离子作为阴离子型离子液体聚合物）、纳米粒子改性交联共聚物电解质、聚合物 + 锂盐 + 离子液体电解质。2020 年起，深圳比亚迪主攻技术路线改为氧化物 / 硫化物复合固态电解质，同时聚合物固态电池也在不断迭代。2017 年中国科学院青岛生物能源与过程研究所使用复合聚合物固态电解质，成功研制能量密度达 300Wh/kg、循环寿命超过 500 次的全固态锂离子电池，为"万泉"号着陆器控制系统及 CCD 传感器提供能源，顺利完成万米全深海示范应用，并于 2022 年创立中科深蓝汇泽进行产业化。重庆领新新能源以凝胶聚合物半固态电解质为技术路线，推出能量密度可达 380Wh/kg 的单体电池，建立生产线，预计 2024 年投产。江西赣锋锂业已建成 0.3GWh 混合固液锂离子电池生产线，并具备批量化生产能力。第一代电池产品基于三元正极、柔性固态电解质膜和石墨负极进行设计，能量密度可达 240～270Wh/kg。此外，为解决固态电池电解质膜 / 电极界面和电极内界面接触以及电解质膜过厚等问题，原位聚合工艺制备固态锂金属聚合物电池被提出来，即"原位固态化"。北京卫蓝新能源采用原位固态化技术实现的复合聚合物体系半固态电池能量密度为 360Wh/kg、循环寿命达 1000 次，已通过安全性测试，2022 年该公司实现 2GWh 的产能。

（2）分析研判

聚合物固态电池技术相对成熟，已实现了小批量的产业化开发，然而，这种技术需要在 60℃ 条件下进行电芯循环，因此在应用领域上受到了一定的限制。聚合物中的 PEO（聚环氧乙烷）体系是最早得到研究并实现应用的体系之一。由于聚合物固态电解质和传统液态锂离子电池用电解质接近，可利用现有设备通过改造生产，并且工艺简单、成本较低，故较容易达到量产条件。但其性能上限较低，热稳定性也较低，改进效果不够显著，影响了其技术应用的推广和发展。提升聚合物固态电解质的室温离子电导率和拓宽电化学窗口是聚合物固态电池发展的关键。由于聚合物电解质的电化学稳定窗口窄，难以匹配高压正极，导致聚合物固态电池能量密度较低，为 200～300Wh/kg，与液态锂离子电池相当。较低的室温离子传导速率也导致聚合物固态电池体系需要在一定温度下运行，尽管在欧洲方面已有企业实现了产品化并且进行了长时间的成组应用试验，但其苛刻的运行温度以及复杂的控温系统导致产品市场竞争力较弱。

当前，复合聚合物电解质是聚合物体系的主要发展方向之一。这种电解质常使用氧化物等填料，可以降低聚合物基体的结晶度，从而降低玻璃化转变温度，促进聚合物链段的弛豫，提高室温下的离子电导率。此外，聚合物 - 氧化物复合还能协同作用，提升聚合物电解质的耐高电压性能，并增强其机械强度。因此，近年来，通过聚合物 - 氧化物复合来提升聚合物电解质性能成为研究的热点之一。同时，采用聚合物与离子液体的复合以及聚合物原位固态化的技术路线，已有效地应用于半固态等电池中，从而获得了比传统液态有机相锂离子电池更优异的安全性表现。

聚合物固态电池的推广应用仍需解决以下技术难题：①加深对聚合物 - 氧化物复合电解质的材料设计开发以及离子传导提升等方面的机理研究，全面客观分析明确聚合物体系固态电池安全行为以及失效机制；②进一步提升室温离子电导率、电化学稳定窗口和极限电流密度等性能；③改善电解质层与电极之间的界面兼容性；④解决电芯需要在严苛温度条件下运行的制约因素，实现高能量密度金属锂负极的安全稳定循环；⑤优化电芯的体系与结构，降低成本，开发能与液态电池相竞争的固态电池体系。

（3）关键指标（见表 2.3-1）

表 2.3-1　聚合物固态电池关键指标

指标	单位	现阶段	2027 年	2030 年
固态电解质室温离子电导率	mS/cm	0.01	0.1	1
露点温度	℃	−40	−20	−20
电芯能量密度	Wh/kg	200 ~ 350	350	500
循环寿命	次	500 （@0.3C，>80%）	1000 （@0.3C，>80%）	1000 （@0.3C，>80%）
运行辅助压力	MPa	<1	常压	常压
辅助温度	℃	60	40	25

2.3.1.2　氧化物固态电池

（1）技术现状

1）研发技术现状：氧化物电解质主流的电解质材料体系有：石榴石（LLZO）型固态电解质、钙钛矿（LLTO）型固态电解质、钠超离子导体（NASICON）型固态电解质和锂超离子导体（LISICON）型固态电解质等。整体上，氧化物固态电解质室温下离子电导率较高，达到 10^{-5} ~ 10^{-3}S/cm，并且电化学窗口宽、空气稳定性和热稳定性好、机械强度高，是理想的固态电解质材料。然而，由于氧化物电解质存在脆性较大、加工性能差且与电极界面接触较差等问题，导致目前其主要用于添加部分电解液的半固态电池中。当前主要改进方向是与聚合物复合改善加工性能及界面问题、添加剂或元素掺杂改善离子电导率等。

2）产品技术现状：在国际上，氧化物固态电池路线以全固态和准固态技术为主，如美国量子景观（Quantum Scape）公司采用无负极与氧化物固态电解质技术路线，并通过少量的液态电解液进行界面浸润。该公司的无负极 / 固态电池样本经过德国大众集团电池子公司帕瓦柯（PowerCo）进行长时间测试，证实其无负极固态电池样本，能够做到充放电 1000 次，且在测试完成时电池"几乎没有老化"，仍保持 95% 的容量。美国固态电池初创企业 ION Storage Systems 采用 3D 陶瓷结构氧化物固态电解质与锂金属负极体系，开发的固态电池已成功实现超过 125 个充放电周期，该电池摒弃了传统的石墨能量密度较低的材料，显著提升了电池的储能能力。

我国在氧化物固态电池研发上处于世界领先水平。国内企业的氧化物固态电池路线以采用固液混合技术的半固体电池为主，如北京卫蓝新能源、昆山清陶能源、江西赣锋锂业和台湾辉能科技等，目前已实现量产和商业化，电池能量密度为 250 ~ 360Wh/kg。北京卫蓝新能源推出续航电芯能量密度达 360Wh/kg、电池包容量 150kWh 的半固态电池。昆山清陶能源率先实现固态锂离子电池的产业化，建有国内首条固态锂离子电池生产线。目前该公司第一代半固态电池，液体含量为 5 ~ 15wt.%，能量密度最高可达 420Wh/kg，制造成本与液态锂离子电池相当；第二代产品正在小试阶段，液体含量降至 5wt.% 以下，能量密度达到 400 ~ 500Wh/kg，制造成本相比液态锂离子电池减少 20%，相关电池产品预计在2024 年量产。目前，氧化物固态电池仍存在能量密度提升不明显，以及氧化物电解质材料价格偏高等技术瓶颈。代表性企业氧化物半固态电池指标见表 2.3-2。

表 2.3-2　代表性企业氧化物半固态电池指标

指标	北京卫蓝新能源	昆山清陶能源	江西赣锋锂业	台湾辉能科技	惠州亿纬锂能
能量密度 /（Wh/kg）	≥ 350	360	240 ± 5	270	330
循环寿命 / 次	≥ 1000	> 1000	> 1500	> 1000	> 1000
快充性能 /min	≤ 35（10% ~ 80%SoC）	≤ 40	—	12（80%SoC）	—
工作温度 /℃	−20 ~ 60	−30 ~ 55	−30 ~ 60	−30 ~ 85	−20 ~ 80
2023 年产能 /GWh	5.2	2.7	4	3	

（2）分析研判

室温离子电导率和界面阻抗是影响氧化物固态电池性能的核心要素。氧化物体系电解质材料因存在晶界高电阻区域，导致离子扩散速度较慢，使得材料的离子电导率大部分在 10^{-4}S/cm，需高温烧结成致密的陶瓷片才具有一定的离子电导率，与实际应用指标还存在一定距离。除此以外，氧化物电解质与正负极之间的固 - 固接触会导致界面阻抗增加，因此单独使用氧化物电解质难以获得优异的电池性能。目前主要采用聚合物形成有机 / 无机复合固态电解质，利用聚合物的柔韧性显著降低电极与电解质之间的界面电阻。在半固态电池中，氧化物电解质材料还可作为电极的离子传输添加剂、隔膜涂覆的陶瓷层及正极材料包覆层，利用其耐高温、离子传导等特性，以提高半固态电池的性能。然而，较高的成本限制了其广泛应用。半固态氧化物电解质是固态电池的过渡技术路线，有望在短期内实现产业化应用。目前半固态氧化物电解质的制造工艺与传统电池电解液的制造工艺相似，已在混浆、原位固态化等关键环节取得了重要的技术突破，我国有望推动半固态氧化物电解质的全面产业化应用。在电解质及原材料供应商方面，形成由溧阳天目先导电池材料科技有限公司、江苏蓝固新能源科技有限公司、奥克控股集团股份公司、上海洗霸科技股份有限公司、金龙羽集团股份有限公司、江苏瑞泰新能源材料股份有限公司等为代表的固态电解质企业；以及广东东方锆业科技股份有限公司、三祥新材股份有限公司、云南临沧鑫圆锗业股份有限公司、云南驰宏锌锗股份有限公司等为代表的固态电解质前驱体锆源/锗源企业。国内的半固态电池开发商龙头北京卫蓝新能源科技股份有限公司、江西赣锋锂业股份有限公司、清陶（昆山）能源发展股份有限公司等企业已有规模化产线布局及投产，半固态氧化物电解质有望全面产业化落地在即。半固态电池产业已经进入量产阶段，并将进入快速增长期。国内 2020 年已实现半固态电池首次成组突破，2023 年实现 > 360Wh/kg 的电池成组发布，这也意味着半固态氧化物产业化元年将至。

当前，氧化物与聚合物等复合的技术路线被视为氧化物固态电池性能提升的重点。氧化物体系电解质材料因无法解决固-固界面接触难题，从而导致单独作为电解质进行使用难以获得优异的电池性能，目前主要采用与聚合物进行复合或者在半固态电池中作为无机填料等方式进行应用。

（3）关键指标（见表 2.3-3）

表 2.3-3　氧化物固态电池关键指标

技术类型	指标	单位	现阶段	2027 年	2030 年
复合氧化物电解质材料及成膜	成膜厚度	μm	20	12	7
	离子电导率	mS/cm	0.5	1	>1
氧化物复合体系电池	能量密度	Wh/kg	~360	400	450
	循环稳定性	%	> 80（0.3C/500 次循环保持率）	> 80（0.3C/1000 次循环保持率）	> 80（0.3C/1000 次循环保持率）
	产能	GWh	< 2	2.5	17.5

2.3.1.3　硫化物固态电池

（1）技术现状

1）研发技术现状：硫化物电解质由氧化物固体电解质衍生而出，按结晶形态分为晶态、玻璃态及玻璃陶瓷电解质。晶态固体电解质的典型代表是 Thio-LISICON。Thio-LIS-ICON 的化学通式为 $Li_{4-x}A_{1-x}B_xS_4$（A=Ge、Si 等，B=P、A1、Zn 等），由东京工业大学菅野了次（Ryoji Kanno）最先在 Li_2S-GeS_2-P_2S 体系中发现，化学组成为 $Li_{4-x}Ge_{1-x}P_xS_4$。采取元素取代以及组分优化等策略，当前室温离子电导率最高达 35mS/cm，是液相电解质的 3 ~ 5 倍，且电子电导率可忽略，具有重要的科学研究意义。玻璃陶瓷电解质通常由 Li_2S、P_2S_5、B_2S_3、SiS_2、LiCl 等组成网络结构，体系主要包括 Li_2S-P_2S_5、Li_2S-P_2S_5-LiCl、Li_2S-P_2S_5-LiI、Li_2S-B_2S_3、Li_2S-SiS_2 等。玻璃陶瓷电解质室温离子电导率在 1 ~ 12mS/cm 之间，化学组分变化范围宽，同时具有热稳定性高、安全性能好、电化学稳定的特点，在高功率以及宽温区方面优势突出，是当前最具有潜力的固态电解质之一。但是硫化物固态电解质也存在易氧化、化学稳定性差、制备难度较高等诸多问题。

现阶段，硫化物体系全固态电池研究主要集中在提升硫化物空气稳定性和电芯循环稳定性、研究电解质材料的离子传导机理等。日本东京大学菅野了次教授通过高熵策略在硫银锗矿电解质材料结构中引入多个金属离子，实现组分为 $Li_{9.54}[Si_{1-\delta}M_\delta]_{1.74}P_{1.44}S_{11.1}Br_{0.3}O_{0.6}$（$M = Ge$，$Sn$；$0 \leqslant \delta \leqslant 1$）的电解质材料，室温离子传导速率 $> 32mS/cm$，进一步刷新了硫化物电解质材料离子传导速率的记录。宁波东方理工大学孙学良院士通过在三元正极材料表面进行梯度磷氧化合物的原子层包覆，利用梯度磷氧化合物的电化学缓冲层实现高性能全固态电池性能输出，在 $0.178mA/cm^2$ 的条件下循环 250 次未见明显性能衰减。中国科学院物理研究所吴凡教授等团队合作开发了一种通过硬碳保护实现电化学稳定的 Li-Si 合金负极，使用 Li_6PS_5Cl 电解质匹配 $LiCoO_2$ 或 $LiNi_{0.8}Co_{0.1}Mn_{0.1}O_2$ 正极的全固态电池实现了优异的循环稳定性和倍率性能。在高负载（$5.86mAh/cm^2$）与高倍率充放电（$5.86mA/cm^2$）条件下，循环 5000 次，证明了硬碳稳定的 Li-Si 合金负极在全固态电池实际应用中的潜力。

2）产品技术现状：国际上，日本、韩国、美国重点布局硫化物固态电池技术。日本掌握核心材料专利，处于世界领先水平。据统计，日本各大厂商和研究院申请固态电池相关专利的数量位居全球首位。根据日本调查机构 Patent Result 的数据显示，2000 ~ 2022 年期间，丰田已公开固态电池专利数多达 1331 件（全球排名第一），其次是松下控股达到 445 件，第三是出光兴产为 272 件。这三家日本固态电池企业的研发方向，都集中于硫化物全固态电池体系。上述日企曾多次宣布全固态电池量产计划，2023 年 10 月日本丰田宣布与日本石化巨头出光兴产建立新的合作关系，双方将共同研发固态电解质的量产技术，并计划在 2027 ~ 2028 年期间实现固态电池商业化。另有消息报道，丰田宣布公司的全固态电池将在 2030 年实现商业化应用。但是，到目前为止，丰田的全固态电池技术保密性特别强，专业人员交流受限，并且未见具体的产品以及电芯性能曲线数据的报道。日本工业设备大厂日立造船于 2021 年推出了适用于真空环境下长时间运行的全固态电池技术，并经过在国际太空站（ISS）的 6 个月舱外应用示范测试，随后在 2023 年推出了第 3 款全固态电池产品 AS-LiB®，该电池采用了三井金属矿业株式会社的硫化物固体电解质，容量可以达到 5000mAh。日立造船计划将该试制产品于 2023 年进行上市并于 2024 年实现了首个商业化订单。日本麦克赛尔开发出世界首个基板实装型硫化物全固态电池，该电池外包装采用了陶瓷封装，电解质为硫银锗矿型高性能固态电解质。总的来说，日本的硫化物电解质电池技术目前处于高度保密状态，技术一直保持在国际领先水平，一旦量产性能将处于全球领先地位。

韩国研究固态电池的企业主要有 LG 新能源、三星 SDI 及 SK On 等。LG 新能源计划到 2030 年推出超过 900Wh/L 的硫化物全固态电池。三星 SDI 于 2023 年 6 月生产硫化物系全固态电池样品，并以 2027 年量产为目标。三星日本研究院设计开发了一种独特的银 - 碳（Ag-C）复合负极，替代锂（Li）金属负极，结合硫银锗矿（Argyrodite）型固态电解质制备了 0.6Ah 全固态软包电池，能量密度高达 942Wh/L，稳定循环超过 1000 余次（实验室数据）。

美国在硫化物固态电池领域以初创企业为主，代表性机构是固体动力（Solid-Power），另有如阿登能源（Adden Energy）、阶乘能量（Factorial Energy）、安普塞拉（Ampcera）及美国航空航天局（NASA）等相关企业 / 团队也有相关报道。2020 年 10 月，固体动力宣布生产和交付其第一代 2Ah 的全固态电池（ASSB），能量密度达到 320Wh/kg。美国航空航天局入局固态电池研发，承担项目"增强可充电性和安全性固态结构电池（Solid-state Architecture Batteries for Enhanced Rechargeability and Safety，SABERS）"研究，据悉，该项研究采用金属锂负极、硒硫正极以及硫化物固态电解质的技术路线，有望提供 500Wh/kg 的能量密度全固态电池新技术。固态电池开发商阶乘能量在 2023 年的国际消费电子展（CES 2023）上展出其首款 100Ah 电芯，具体参数与性能并未见报道。由哈佛大学科学家和校友创立的初创公司阿登能源计划开发一种用于电动汽车的新型固态电池。从技术文件判断，该技术路线为金属锂负极 + 硫化物固态电解质体系，当前已获 500 万美元种子轮融资。

国内选择硫化物技术路线的企业整体处于跟跑状态，主要包括高能时代（珠海）新能源科技有限公司、蜂巢能源科技股份有限公司、恩力动力技术有限公司、国联汽车动力电池研究院有限责任公司、广东马车动力科技有限公司、中国一汽集团有限公司、广州汽车集团股份有限公司和深圳比亚迪股份有限公司等。2023 年国内相继成立了"中央企业全固态电池创新联合体""中国全固态电池产学研协同创新平台""全固态电池产业链条"等多家国家级研究队伍，科学技术部、工业和信息化部相继发布多项全固态电池攻关项目，以项目为导向，支持全固态电池技术协同创新与技术攻关。据悉，广州汽车集团股份有限公司计划采用硫化物电解质以及聚合物复合等多条技术路线并行，开发固态电池界面改性技术，使固态电池的寿命衰减降低 50%，150 次循环后，电池容量能够保持在 90% 以上，在电芯能量密度达到 400Wh/kg 时，能够满足电池在极端环境下的安全性与可靠性要求。广东马车动力科技有限公司发布自主研发的 Ah 级硫化物全固态电芯。该款电芯能量密度达到 210Wh/kg，搭配高能非金属负极后，能量密度可提升至 350Wh/kg 以上。蜂巢能源科技股份有限公司攻克长循环的固 - 固界面的稳定接触技术，研发出国内首批 20Ah 级硫系全固态原型电芯，该系列电芯能量密度可达 350 ~ 400Wh/kg。国联汽车动力电池研究院有限责任公司自 2012 年开始硫化物固态电解质及全固态电池体系开发，目前已实现吨级硫化物电解质材料生产线的建设与运行、全固态电池湿法涂布线和全固态软包电池组装实验线建设，2023 年报道了容量大于 5Ah、能量密度 > 350Wh/kg 电芯数据。恩力动力技术有限公司通过和软银公司的长期战略合作，于 2023 年成功开发出了硫化物基锂金属负极的全固态电池，完成安时级（1 ~ 10Ah）固态电池电芯试制，实测能量密度达 300Wh/kg。其他代表性企业还有宁德时代新能源科技股份有限公司、中创新航科技集团股份有限公司、欣旺达动力科技股份有限公司等。总的来说，当前国内大部分企业在硫化物体系全固态电池对外报道上仍旧停留在 < 20Ah 级别的小容量电芯阶段，未见百安时大电芯以及产线建设等相关进展的报道。

（2）分析研判

全固态硫化物电解质是固态电池未来主流技术路线之一。硫化物固态电解质表现出高的离子电导率，可与液态电解液离子电导率相媲美，被认为是未来固态电池的重要形态。硫化物全固态电池体系下，结合预锂化硅基负极 / 锂金属负极，匹配高容量 / 高电压正极（硫、硒、高镍和高压钴酸锂正极等），电池能量密度有望突破 500Wh/kg。但目前硫化物电解质产业化存在较大难题，首先以硫化锂为代表的原材料成本昂贵。据统计，当前硫化物电解质是锂离子电池电解液价格的 150 倍以上，严重影响产业化落地。其次，空气稳定性较差，存在安全、失控以及电池损坏后有毒气体硫化氢的释放等问题，并且相关问题还没有展开全面验证与防控管控等方面研究，缺乏清晰的应用管控数据。再者，考虑全固态锂离子电池与传统锂离子电池现有生产工艺不完全适配，对电池产业链冲击巨大，距离全固态硫化物电池的大规模商业化量产仍有一段距离。当前仍处于研发与中试、应用验证阶段，真正实现大规模量产无法准确判断。

当前，降低硫化物固态电解质成本，提升电芯倍率和循环性能以及降低外加辅助压力，是推动硫化物全固态电池产业化应用的核心关键。硫化物固态电池当前目标主要是实现零液体添加或者近零液体添加的全 / 准固态电池体系，由于电池内部没有充足液体作为界面浸润，呈现全新的固 - 固界面接触环境，颗粒间较低的界面接触以及循环过程中表界面钝化引起的界面阻抗增加，从而严重制约了电池内部离子 - 电子的传输与耦合速率，导致倍率等电化学性能差。另一方面，由于循环过程中机械力学与界面化学演化导致界面失效，引起了较快的容量衰减和需要较高的外加机械压力辅助也增加了电芯设计的难度。固态电解质离子输运机制、电芯循环过程中电芯内部颗粒之间界面演化与稳定机制、多场耦合体系下电池失控失效机制、锂金属负极锂枝晶生长机制等关键科学问题仍旧难以解决。

总的来说，硫化物全固态电池是全新的技术路线，没有成熟的电芯装配工艺可以借鉴和应用。同时，硫化锂等原材料供应链及电池一体化制造设备及其生产线不完善、技术路线不明朗、硫化物固态电解质材料成本过高、电芯循环过程中辅助压力过高等问题是限制硫化物固态电池性能提升与产业化应用的关键问题所在，需要协同材料、装备、电芯以及应用端进行攻关。

（3）关键指标（见表 2.3-4）

表 2.3-4　硫化物固态电池关键指标

技术类型	指标	单位	现阶段	2027 年	2030 年
硫化物电解质材料	离子电导率	mS/cm	> 3	> 6	> 10
	露点温度	℃	< -55	< -40	< 30
	成膜厚度	μm	40	20	< 15
	材料成本	万元 /t	> 400	< 50	< 15
硫化物体系电芯	能量密度	Wh/kg	350	400	400
	电芯容量	Ah	< 20	～ 50	～ 100
	循环稳定性	%	—	80（0.3C/500 次循环保持率）	80（0.3C/1000 次循环保持率）
	辅助测试压力	MPa	> 20	< 2	< 1
	产能	GWh	0	2.5	10

2.3.1.4 卤化物固态电池

（1）技术现状

1）研发技术现状：卤化物电解质的化学通式为 $Li_a\text{-}M\text{-}X_b$，目前常见卤化物电解质有三类：$Li_a\text{-}M\text{-}Cl_6$、$Li_a\text{-}M\text{-}Cl_4$ 及 $Lia\text{-}M\text{-}Cl_8$。近年来，掺氧体系的氧卤化合物（如 Li_2ZrOCl_4、$LiTaOCl_4$、$LiAlOCl_2$ 等）由于价格低廉或离子电导率高等优势也逐渐受到大家的关注。相较于氧化物及硫化物，卤化物电解质理论离子电导率可达 $10^{-2}S/cm$ 量级，具有较高的氧化还原电位，与高压正极材料具有更好的兼容性，可以实现在高电压窗口下的稳定循环，被认为是全固态锂离子电池中非常有发展潜力的材料。宁波东方理工大学孙学良院士联合国联汽车动力电池研究院有限责任公司开发了水相法批量制备 Li_3InCl_6 及相关低成本 Li-M-Cl 材料的技术，在此基础上，中国科学院物理研究所吴凡研究员通过冷冻干燥制备小粒径 Li_3InCl_6，在原型电池 10C 电流密度测试下，高镍三元正极实现循环稳定性 > 10000 次，展现出该类电解质材料在高性能电池上应用的极大可能性。中国科学技术大学马骁教授通过控制廉价元素的使用，开发了低成本卤化物固态电解质材料 Li_2ZrCl_6。在此基础上，通过引入氧元素，进一步降低材料成本并提升离子传导速率至 1mS/cm 以上。中国科学技术大学姚宏斌教授通过在 Li-La-Cl 电解质材料体系中引入部分 Ta 元素，开发了能够与锂负极兼容的新型金属卤化物固体电解质。尽管卤化物固态电解质材料在最近两三年获得了世界范围内大量学术研究者的关注，但由于卤化物材料体系从 2018 年起才被重点关注，相比其他电解质研究时间较短，材料体系诸多科学问题尚不清晰，在应用中存在易吸水潮解等核心问题。因此，卤化物电解质目前主要集中在基础科学研究层面，产业化进程较为缓慢。

2）产品技术现状：现阶段，国内惠州亿纬锂能股份有限公司基于卤化物电解质制备的全固态薄膜软包电池已突破高镍体系下 150℃ 稳定放电能力限制，取得关键进展。上汽清陶新能源科技有限公司实现了基于低成本 Li-Zr-Cl 体系的低成本电解质材料的批量化制备，室温离子电导率可达到 4mS/cm，耐氧化能力 > 4.5V（vs. Li^+/Li）。有研（广东）新材料技术研究院重点布局该体系，实现了多种低成本卤化物电解质材料的放大与应用，推出了成本低于 15 万元/t 的固态电解质关键材料并计划 2024 年实现量产。同年，该单位通过干法电极成膜技术开发了面载量 > 5mAh/cm²，活性物质占比 > 85%，0.1C 倍率下可逆容量 > 200mAh/g 的干法正极，并实现连续化收卷。应用该干法正极极卷，制备卤化物全固态电芯，实现容量 > 5Ah、能量密度 > 354Wh/kg 的全固态软包电芯验证。这是国际上首个基于卤化物体系实现的 Ah 级软包电池，展现出卤化物体系潜在的产业前景。

（2）分析研判

卤化物电解质是极具潜力的固态电池技术路线，但目前产业化技术路线较少，2024 年将会是该体系重点发展的一年。卤化物全固态电池在安全性以及电化学性能等方面展现出的优势已超越硫化物全固态电池，卤化物电解质具备化学稳定性更好，对氧气等气氛敏感度低，也不会产生硫化氢气体等优势，未来卤化物电解质有望取代部分硫化物电解质的应用。但因其开发时间较短，大量参数不清晰，目前仍处于验证评估阶段。在卤化物电解质实用化之前，有 4 大核心问题需要被解决：①优化电解质组分改善离子电导率；②优化卤化物电解质合成工艺；③改善卤化物电解质与电极材料的兼容性；④提高卤化物电解质的高电压稳定性窗口。从产业发展的角度看，目前卤化物路线参与者较少，相对投入不足，未形成规模化效应。

（3）关键指标（见表 2.3-5）

表 2.3-5　卤化物固态电池关键指标

技术类型	指标	单位	现阶段	2027 年	2030 年
卤化物电解质材料	室温离子电导率	mS/cm	> 1	> 5	> 5
	耐氧化能力	（Vvs. Li^+/Li）	> 4.2	> 4.5	> 4.5
	成膜厚度	μm	40	30	< 15
	材料成本	万元 /t	> 300	< 10	< 8
卤化物体系电池	能量密度	Wh/kg	350	400	400
	电芯容量	Ah	~ 5	~ 50	~ 100
	循环稳定性	%	—	80（0.3C/500 次循环保持率）	80（0.3C/1000 次循环保持率）
	辅助测试压力	MPa	~ 20	< 5	< 1
	产能	GWh	0	0.5	10

2.3.2　技术创新路线图

现阶段，固态电解质材料规模化制备路线与技术不清晰，缺乏标准化技术路线与成套装备，固态电池数据仍旧停留在实验室或者中试层面上，固态电池的安全行为与作用边界不清晰。

到 2027 年，确认各种技术路线的作用边界，掌握 100Ah 电芯的一体化成型技术，实现低外部压力辅助电化学循环技术，厘清固态电池安全边界及其改性效果，全固态电池标准化产线建设完成，部分技术与产品实现应用示范。

到 2030 年，技术路线整体打通，满足储能电池多方面应用需求，实现无锂负极、富锂正极体系的技术突破，能量密度达到 500Wh/kg 以上。

图 2.3-2 为固态电池技术创新路线图。

	现阶段		2027年		2030年	
技术内容	固态电池技术					
	①复合电解质技术；②电解质材料低成本宏量制备技术；③高镍正极体系技术；④高硅负极技术；⑤金属锂负极技术；⑥界面改性技术；⑦高效低成本电芯一体化技术；⑧低压力充放电技术；⑨安全评估与失效响应技术					
技术分析	固态电解质材料规模化制备路线与技术不清晰，缺乏标准化技术路线与成套装备，固态电池数据仍旧停留在实验室或者中试层面上，固态电池的安全行为与边界不清晰		确认各种技术路线的边界，掌握 100Ah 电芯的一体化成型技术，实现低外部压力辅助电化学循环技术，厘清固态电池安全边界及其改性效果，全固态电池标准化产线建设完成，部分技术与产品实现应用示范		技术路线全面打通，满足动力电池以及储能电池多方面应用需求，实现无锂负极、富锂正极体系的技术突破，能量密度达到 500Wh/kg 以上	
技术目标	正极材料	凝胶 + 三元锂复合正极：克容量 200mAh/g，活性载量 80%，负载 4mAh/cm²，循环 1000 圈 80% 保持率	正极材料	硫化物 / 卤化物 + 三元锂复合正极，克容量 230mAh/g，活性载量 80%，负载 5mAh/cm²，循环 1000 圈 80% 保持率	正极材料	卤化物 + 富锂复合正极，克容量 280mAh/g，活性载量 85%，负载 5mAh/cm²，循环 10000 圈 80% 保持率
	负极材料	硅碳负极，容量 >500mAh/g，循环 1000 圈；金属锂短路问题频发；Ag-C 型无锂负极技术被三星掌控，机理与技术不明	负极材料	硅碳负极，容量 >1200mAh/g，循环 5000 圈；金属锂短路问题解决；Ag-C 型无锂负极技术实现突破	负极材料	硅负极，容量 >1500mAh/g，循环 10000 圈；金属锂循环 >1000 圈；Ag-C 型无锂负极循环 >1000 圈
	固态电解质材料及其超薄膜	1. 聚合物-氧化物复合电解质膜，膜厚 20μm，离子电导率0.5mS/cm，流延旋涂以及挤出成型等技术成膜 2. 硫化物电解质膜，离子电导率 >1mS/cm，对锂稳定，可在 <-55℃干燥间中使用，连续化成膜 40μm(无短路)，颗粒尺寸调控不足，材料成本 >400 万元 /t 3. 卤化物电解质膜，离子电导率 >1mS/cm，耐氧化能力 >4.2V，对负极不稳定，成膜 40μm，需要配合其他电解质进行负极端保护，材料成本 >300 万元 /t	固态电解质材料及其超薄膜	1. 聚合物-氧化物复合电解质膜，膜厚 12μm，离子电导率1mS/cm，挤出成型等技术成膜 2. 硫化物电解质膜，对锂稳定，离子电导率 >3mS/cm，可在 -40℃干燥间中使用，连续化成膜 20μm(无短路)，材料成本 >50 万元 /t 3. 卤化物电解质膜，离子电导率 >5mS/cm，耐氧化能力 >4.5V，对负极稳定，连续化成膜 30μm(无短路)，材料成本 <10 万元 /t	固态电解质材料及其超薄膜	1. 聚合物-氧化物复合电解质膜，膜厚 7μm，离子电导率>1mS/cm,对锂稳定 2. 硫化物电解质膜，离子电导率 >5mS/cm，对锂循环无枝晶短路问题，连续化成膜收卷 <15μm(无短路)，材料成本 <15 万元 /t 3. 卤化物电解质膜，离子电导率 >5mS/cm，耐氧化能力 >4.5V，对锂循环无枝晶，在 <-40℃干燥间中使用，连续化成膜收卷 <15μm(无短路)，材料成本 <8 万元 /t

图 2.3-2　固态电池技术创新路线图

2.3.3　技术创新需求

总体来看，对于固态电池，聚合物路线易于加工 / 成本较低，氧化物路线安全性更高，硫化物路线能量密度更高，卤化物路线潜力较大但是产业化研究时间较短。根据德国夫琅和费研究所 2022 年发布的《固态电池路线图 2035+》（Solid-State Battery Road-map 2035+）（Fraunhofer，2022）以及《百篇科普系列（115）——固态电池的原理及其进展》（许长发，华中科技大学，2020）对比聚合物、氧化物和硫化物三种电解质的性能，聚合物具有良好的工艺成熟度和较低的成本，是目前成熟度最高的固态电解质；氧化物稳定性最高，因此安全系数较高，由于其与电极界面接触较差，目前主要用于添加部分电解液的半固态电池中；硫化物固态电池的能量密度最高，同时具有较好的离子电导率和加工性能，是最具有未来发展潜力的固态电解质；卤化物路线潜力较大，在正极侧有望替代硫化物电解质，但研究时间较短，存在诸多问题。产业方面，根据全球各家固态电池厂商规划情况，目前已有的产能或较为成熟的产能规划，除法国 Blue Solutions 公司量产的聚合物固态电池和美国 Solid Power 公司向德国宝马公司交付的硫化物全固态电池外，其他的已有、在建和规划中的产能均为半固态电池。日本丰田和韩国 LG 等企业未有详细数据对外报道外，半固态电池产业年在 2024 年，而全固态电池的产业化应用仍需时日。据欧阳明高院士、肖成伟研究员等行业专家判断全固态电池产业化时间节点为 2030 年。当前全固态电池产品在锂离子电池电化学储能上未见明显优势，市场占有率不足 1‰。全固态电池电极、电解质连续化成膜以及一体化电池构建的技术还没完全打通，相关技术以及装备仍需要支撑发展。基于此，当前固态电池开发面临多个关键问题，如：①氧化物 - 聚合物等复合固态电解质及其成膜技术；②氧化物 - 硫合物等复合固态电解质技术；③界面改性技术；④安全评估与失效响应技术等，都需要协同攻克。具体技术创新需求见表 2.3-6。

表 2.3-6　固态电池技术创新需求

序号	项目名称	研究内容	预期成果
1	固态电池低成本电解质材料	基于固态电解质关键材料的设计与技术开发，获得可与液态电池相竞争的低成本高性能固态电解质材料	实现固态电解质材料成本 < 15 万元 /t，室温离子电导率 > 2mS/cm，年产能百吨级制备，电化学窗口 > 4V，兼容高电压层状正极（活性占比 > 85%，1C 条件下容量 > 200mAh/g，载量 > 5mAh/cm²）以及富锂正极材料（活性占比 > 85%，1C 条件下容量 > 250mAh/g，载量 > 5mAh/cm²）和锂 / 硅负极材料（活性占比 > 80%，1C 条件下容量 > 1500mAh/g，载量 > 5mAh/cm²）
2	固态电池关键技术路线与核心装备	研究固态电池湿法涂布 - 转印技术，干法成膜技术，电池一体化装配的高效连续化过程及其核心装备，固态电池分容 - 化成以及品控技术与核心装备，实现固态电池标准化产线建设	实现湿法涂布 - 转印过程整套设备线建设及其工艺包输出；干法电解质膜超薄成膜技术设备线建设及其工艺包输出；全固态电池连续化高精度叠片 - 等静压一体化成型技术设备线及其工艺包输出；实现 60Ah 电芯、0.1GWh 全固态软包电池设备线的建设

（续）

序号	项目名称	研究内容	预期成果
3	固态电池全生命周期安全防控技术及装备	建立固态电池评价测试标准，构建适用于固态电池的管理过程，实现固态电池电芯全生命周期热-电-力-化学以及性能衰减的追踪与防/管控技术	全面了解固态电池使用场景与边界条件，构建适用于固态电池的BMS，实现固态电池在使用过程中的安全防控与性能提升；构建固态电池标准化测试平台

2.4 液流电池

液流电池是一种通过流动的正极和/或负极电解液中活性物质的电化学反应进行化学能和电能相互转换实现充放电的电池。如图2.4-1所示，液流电池的活性物质分别存储于电堆外部的正极和负极电解液储罐中，在泵的推动下分别流入正、负极腔室，正负极之间的离子交换膜将其分隔开来同时传导离子形成回路，最终实现化学能与电能的转换。根据活性物质的不同，液流电池可分为全钒、铁铬、锌溴、锌铁等多种技术路线，在各类液流电池中，全钒液流电池技术成熟度最高，具体对比见表2.4-1。

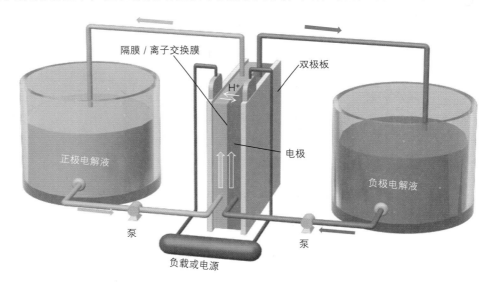

图 2.4-1　液流电池结构示意图

表 2.4-1　液流电池技术对比

	全钒（VRFB）	铁铬（Fe-Cr）	锌溴（Zn/Br）	锌铁（Zn/Fe）
国内技术现状	百兆瓦时商业示范	兆瓦时工程示范	兆瓦时工程示范	百千瓦时技术示范
循环寿命	≥20000次	≥10000次	≥6000次	—
能量密度	15~30Wh/L	10~15Wh/L	40~80Wh/L	—
规模化难度	易	易	中	—
安全性	好	析氢风险	溴蒸汽泄漏风险	—

（续）

	全钒（VRFB）	铁铬（Fe-Cr）	锌溴（Zn/Br）	锌铁（Zn/Fe）
工作温度	5~40℃	−10~70℃	20~50℃	−10~45℃
充放电效率（直流侧）	80%~85%	80%~85%	65%~75%	80%~86%
自放电	极低	极低	低	低
电池回收	电解液可回收	电解液可回收	难	电解液可回收
能量成本（4h）	2000~3000 元 /kWh	2000~3000 元 /kWh	2000~3000 元 /kWh	—

资料来源：碳信托，中关村储能产业技术联盟（CNESA）. 中国低碳技术创新需求评估——以储能行业为例 [R].2021.

与锂离子电池相比，液流电池循环寿命较长，可达 10000 次以上，适用于中长时储能；电解液不易燃，其能量存储场所和反应释放场所分离，安全性能好；功率和容量相互独立，可灵活配置；能量转换效率一般在 65%~75%，尽管充放电效率和能量密度相对较低，但使用寿命长、安全性好、能深度充放电，因此适用于大规模储能。未来通过材料、工艺进步和关键技术参数提升，能量转换效率有望提升至 80% 以上。根据麦肯锡预测，至 2025 年全球长时储能（储能时长 4h 以上）的累计装机量将显著增长，预计达到 30~40GW；到 2040 年将达到 1.5~2.5TW，相当于当前全球储能系统装机量的 8~15 倍。根据《2023 中国新型储能行业发展白皮书》，2025 年全球液流电池累计装机规模将达到 1.8 GW/90GWh，中国液流电池累计装机规模将达到 1.2GW/60GWh。

2.4.1　技术分析

2.4.1.1　全钒液流电池

全钒液流电池的氧化还原物质为电解液中的钒离子，正极采用 VO_2^+/VO^{2+} 电对，负极采用 V^{3+}/V^{2+} 电对。钒离子溶解在硫酸或混合酸的水溶液中，在电极表面发生氧化还原反应，实现电能的释放和存储。全钒液流电池是目前商业化成熟度最高的液流电池。根据 Guide house Insights 的报告，预计到 2031 年，全球全钒液流电池每年新增装机量将达到 32.8GWh，年复合增长率预计将高达 41%，充分展现了全钒液流电池在未来新型储能市场中的巨大潜力和广阔应用前景。

1. 电堆

（1）技术现状

我国全钒液流电池电堆研发水平处于国际领先地位。2020 年中国科学院大连化学物理研究所成功研发出一款新型 30kW 级别低成本全钒液流电池，电堆采用可焊接多孔离子传导膜，与传统液流电池相比，降低膜材料使用量约 30%，并首次在电池组装中引入激光隔膜焊接技术，减少了密封材料需求，电池总成本降低 40%。北京普能目前在全球 12 个国家和地区已部署超 70 个项目，累计安全稳定运行时间近 100 万 h，总容量近 70MWh。大连融科储能开发的 VPower 系列储能产品单个功率单元可达 100kW，直流侧充放电效率超过 80%，循环寿命 16000 次，系统设计寿命 20 年。由国家能源局批准建设的首个国家级大型化学储能示范项目——大连 100MW/400MWh 液流电池储能调峰电站于 2022 年 10 月 30 日正式并网发电，该项目采用大连融科储能开发的液流电池，是全球最大的液流电池储能电站。广东毅富能源开发的 16kW 钒电池堆工作电流密度超 300mA/cm²，能量转换效率在 80% 以上，电解液利用率高达 83%。目前国内全钒液流电池电堆及关键材料生产企业主要有大连融科储能、北京普能、乐山伟力得、上海电气、山东东岳、苏州科润、威海南海、上海弘枫、浙江华熔、上海弘竣、辽宁金谷、江油润生、广东毅富能源、星辰新能、北京绿钒等。

在国际上，日本住友电工株式会社与北海道电网株式会社合作，在北海道南早来变电所建设了容量为 51MWh 的全钒液流电池储能系统。加拿大 Vanteck 公司与中国国家电网合作，在河北省张家口建成 10MW/40MWh 全钒液流电池系统，用于支持张家口市可再生能源发展和冬奥会电力保障。美国太平洋西北国家实验室携手英国 Invinity Energy Systems 公司计划在得克萨斯州安装并试运行一个 24h 持续运行的全钒液流电池储能项目。

（2）分析研判

全钒液流电池安全性高、扩容性强、循环寿命长、全生命周期成本相对较低，且钒资源自主可控，有望在新型储能市场占据一定市场份额。但全钒液流电池面临以下瓶颈：①建设成本高。目前全钒液流电池初始投资成本为 2000 ~ 3000 元 /kWh，是目前锂离子电池储能投资成本的 2 ~ 3 倍。尽管现阶段全钒液流电池系统成本仍远高于锂离子电池，但随着储能时长增加，液流电池单位容量造价将不断降低，在长时储能应用中将具备一定的经济性。目前全钒液流电池电解液造价约 1500 元 /kWh，除电解液外的系统造价约 4000 元 /kW，折合 2h 储能系统造价约 3500 元 /kWh，4h 储能系统造价约 2500 元 /kWh，6h 储能系统造价约 2200 元 /kWh。随着电力系统对长时储能需求的增加和液流电池产业规模的扩大，其造价有望进一步下降。②能量密度和能量转换效率相对较低。能量密度仅为 15 ~ 30Wh/L；由于需要用泵来维持电解液的流动，能量损耗较大，系统能量效率仅为 65% ~ 75%。

大功率全钒液流电池电堆是未来重点发展方向，而低成本和高功率密度是电堆规模化应用的关键，需要在关键材料研发和组装工艺上进一步优化和突破：

1）研发高性能关键材料：开发活性高、导电能力强、布流均匀且阻力小的电极；开发电导率高、耐高温、耐腐蚀、强度高且成本低的新型双极板材料；开发具有高选择性、低膜阻且具有良好稳定性的膜材料；选择高电化学活性和高稳定性的溶液；改进电解液循环系统，如采用高效率泵和精确控制的流体动力学设计，确保电解液在电池内部的均匀分布；研发先进的电极材料和结构，提高电解液与电极的接触效率；采用智能管理系统对电解液的状态进行实时监控和优化调整等。

2）设计优化电堆流场结构：采用计算流体力学和人工智能对电池的流场结构进行

模拟和分析，预测电解液在电池内部的流动路径和速度分布，减少局部过充或过放现象；引入新型的流场设计，如螺旋式、交错式或分级式流场，增加电解液与电极的接触面积，提高电解液的利用率和电化学反应的均匀性；采用微机械加工技术制造复杂流场结构，在不增加过多成本的前提下，实现流场设计的高精度和高效能。

3）优化电堆结构和组装工艺：依托激光焊接技术将离子膜与电极框直接密封，减少隔膜和密封垫的使用量来降低成本；设计更加紧凑和高效的电堆内部结构，如优化电极和流场的布局，降低系统的内阻，提高电化学反应的效率；利用自然冷能，减少系统运行过程中的能源消耗；降低系统内阻及关键材料使用量，提高电堆性能同时降低材料成本；研发电堆密封技术，有效解决液流电池的内、外漏液问题，提高系统安全可靠性等。

（3）关键指标（见表 2.4-2）

表 2.4-2　全钒液流电池电堆关键指标

指标	单位	现阶段	2027 年	2030 年
电解液利用率	%	> 65	> 75	> 83
电流密度	mA/cm^2	≥ 150	≥ 350	≥ 450
循环次数	次	> 20000	> 25000	> 30000
建设成本	元 /kWh	< 3000	< 1800	< 1500
功率成本	元 /kW	< 4000	< 2000	< 1500

2. 电极

石墨毡是目前全钒液流电池电极的主流方案。金属电极虽然导电性好、机械性能好，但是部分金属电极电化学可逆性差且整体成本较高，故而并未实现大规模应用。石墨毡和碳毡导电能力突出，是良好的电极材料。相较于碳毡，石墨毡与聚合物导电板结合制成的电极展现出更为出色的加工成型能力，具有较好的机械性能、耐腐蚀等特性，成本更为经济，且质量轻，改性过程也更为便捷。同时，石墨毡还有具有较大的真实表面积即其电化学反应面积较大，从而可以增加石墨类电极的催化活性位点，提高电极活性。

（1）技术现状

1）研发技术现状：国内外学者主要关注全钒液流电池电极材料的设计及其性能的改进。在电极催化活性方面许多研究显示表面富含含氧官能团的碳材料会对钒离子电对有一定的催化作用，并发现电极中含氧量在 4% ~ 5% 时其电化学活性最高；石墨毡在空气中 550℃ 热处理 5h 后，石墨纤维的表面变得凹凸不平，且含氧官能团的数目明显增加，用高温处理后的石墨毡制作电极组装成电池后其库仑效率可达 97% 以上。在电极表面积研究方面有学者使用高度腐蚀性的氢氟酸（HF）溶液刻蚀电极增加电极表面孔隙率；在热空气中通过硅酸刻蚀石墨毡，可以使其比表面积增大，从而增加其活性位点同时生成了大量含氧官能团，进而使石墨毡的亲水性和电化学性能得以提高；用化学气相沉积（CVD）法制备的复合电极组装的单电池的能量效率提高了 25%，而放电容量更是提高了 64%；将石墨烯负载氧化铱的电极材料用作钒电池电极则可表现出很高的电催化活性和可逆性，其工作电流密度是普通炭黑材料修饰电极的 4 倍；在电极表面修饰 PbO_2 后，全钒液流电池的库仑效率可达到 99% 以上，同时得电池的能量效率和电压效率均达到 82% 以上。

2）产品技术现状：国际上日本、美国、德国的碳毡 / 石墨毡研发和生产水平处于领先地位。日本东丽（Toray）、美国郝克利（Hexcel）和阿莫克（Amoco）、德国西格里（SGL）等公司是国际知名的聚丙烯腈基（PAN 基）碳纤维生产企业。其中东丽 TGP-H 系列产品面电阻率已经降低到 4.7mΩ·cm，处于世界领先水平；东邦 HT 系列短纤维丝的体密度已达 $0.4g/cm^3$。

我国碳毡 / 石墨毡的研发水平目前整体处于并跑阶段，但碳毡 / 石墨毡的原材料制备工艺复杂，仍被国外企业垄断。日本在碳纤维生产领域具有显著优势，不仅是全球最大的碳纤维生产国，还掌握着世界碳纤维技术的核心，特别是东丽、东邦、三菱丽阳这三大碳纤维生产企业的技术实力尤为突出。其中，东丽更是以其卓越的研发和生产能力成为高性能碳纤维领域的领军者。这三大企业合计占据了全球 PAN 基碳纤维市场份额的 50% 以上。美国也是碳纤维生产技术的重要掌握者，并且是全球最大的 PAN 基碳纤维消费国，但在碳纤维生产的核心技术上，日本仍保持着领先地位。

国内碳毡 / 石墨毡代表性企业包括辽宁金谷、沈阳富莱、江油润生、江苏普向等。辽宁金谷作为国内主要液流电池电极生产企业，其研发的定型碳纤维复合材料、PAN 基碳毡及石墨毡、PAN 碳布及石墨布、粘胶基碳毡及石墨毡、固化石墨毡、碳绳、液流电池电极石墨毡在国内处于领先地位，其中液流电池用石墨毡孔隙率达到 95%，在液流市场占比达 75%。目前其产品已应用于大连融科储能 200MW/800MWh 示范项目。沈阳富莱产品已供应和瑞储能、大连融科储能等液流电池企业。

除石墨毡之外，碳纸由于较碳毡 / 石墨毡厚度更薄，可使得电堆各部件更加紧凑，有利于实现电堆小型化，从而提升电池功率密度，有望成为下一代电极材料。然而，碳纸需表面修饰与改性，且制备工艺复杂，目前碳纸生产企业多以日本东丽、美国 Av-Carb、德国西格里（SGL）、加拿大巴拉德（Ballard）等国外企业为主。

（2）分析研判

高效、稳定的 PAN 基石墨毡是提高电池性能的关键。PAN 基石墨毡具有优异的导电性，且其孔结构有利于提高钒电池电极的电化学活性，是目前主流的石墨毡电极。目前 PAN 基石墨毡电极普遍存在的问题主要有电化学活性低、可逆性较差、易氧化等。电极性能对全钒液流电池中钒的参与量和反应速度有很大影响，对电极进行改性是目前提高全钒液流电池性能和稳定性的重要策略。提高全钒液流电池电极电化学性能的途径主要有：①通过热处理或酸处理对表面官能团进行修饰，增加含氧官能团提高电极的亲水性和电化学活性；②将金属或氧化物沉积到电池电极表面可以增强反应的循环可逆性，使其具有良好的循环稳定性，但该方法目前有一定缺陷，即沉积的金属或氧化物在充放电过程中稳定性较差容易脱落；③通过刻蚀增加电极表面的孔隙率、比表面积，刻蚀后的多孔结构能促进离子扩散从而增加电极电化学活性；④将不同电极材料进行复合得到复合电极材料，比如将石墨毡与氧化石墨烯混合后进行水热反应获得一种复合材料，与非复合的纯石墨毡相比复合材料作为电极可以将电池的能量效率提高 20% 左右并且其放电容量可提高 3 倍。

（3）关键指标（见表 2.4-3）

表 2.4-3　全钒液流电池电极关键指标

指标	单位	现阶段	2027 年	2030 年
面电阻	$mΩ \cdot cm^2$	<45	<35	<25
孔隙率	%	90	93	95
电阻率（厚度方向）	$mΩ \cdot cm$	<100	<80	<60
循环伏安峰电位差	mV	正极 <320 负极 <400	正极 <270 负极 <320	正极 <220 负极 <260

3. 电解液

（1）技术现状

1）研发技术现状：美国西北太平洋国家实验室的 Vijayakumar Murugesan 等人系统研究了无机添加剂的作用机理，提出了两种模式：基于阴离子的接触 - 离子对；基于阳离子配位络合的电势沉淀核。结果显示，若选择的离子添加剂合理，即使在离子添加剂较低浓度（≤ 0.1M）条件下，离子添加剂仍可以有效发挥作用来稳定水钒溶液。其研究表明，可调溶剂化学在为目标电化学系统设计最佳电解质方面展现出了巨大的潜力。

中国科学院战略金属资源绿色循环利用国家工程研究中心提出了一种新工艺并对其进行了优化，该工艺运用铬的选择性还原沉淀，并加入钒的溶剂萃取。在 pH 为 5.77，温度为 25℃ 的条件下，加入亚硫酸钠后，溶液中约 90% 的 Cr（Ⅵ）被还原为 Cr（Ⅲ）并沉淀，而在此过程中，V（Ⅴ）仍需要进一步还原为 V（Ⅳ）才能提取。在 pH 为 2.00，有机水比为 1.5∶1 的条件下，采用 "P507 + TBP + 煤油" 萃取体系进行两级萃取，萃取出溶液中残留的 V（Ⅳ）超过 99.9%。通过三级洗涤洗掉有机相中夹带的钠，以 5.5mol/L 的硫酸为原料，采用两段溶出法制备了 2.1mol/L 的高纯度硫酸钒酯溶液。其研究为从钠焙烧钒渣工业浸出液中脱除铬，以硫酸钒基形式回收钒提供了一条可行途径。

中国科学院大连化学物理研究所及大连融科储能团队一直致力于高能量密度、宽温度窗口钒电池电解液的开发。该团队开发制备了钒电池电解液用添加剂，可以提高电解液中钒离子浓度和五价钒离子的高温稳定性，主要是通过添加剂对钒离子产生的络合作用来提高钒离子的稳定性。

2）产品技术现状：目前，国内全钒液流电池电解液产品技术水平处于国际领先地位。大连博融新材料公司拥有年产 1GWh 的钒电池电解液生产线、300MW 的电堆生产和系统装配线，生成的钒电池电解液产品钒浓度为 1.5 ~ 2.0mol/L，占据全球超 80% 的市场。湖南银峰新能源公司开发的钒电池电解液金属杂质含量优于国家标准一级品和国际标准。基于银峰电解液的钒电池堆电压效率得到大幅提高，对比原电解液，银峰新配方电解液会使电池放电容量提高 53%。此外，基于特有的长寿命电解液配方以及创新的电堆设计，北京普能在钒电池电解液供应上备受欢迎。河钢承钢公司已开发出 10 余项适用于钒电池的高纯钒氧化物制备技术及商用电解液制备技术，提出商用电解液系列检测技术与方法，相应检测方法达到同领域国际先进水平，填补了国内钒电池理化检测技术空白，并且成功实现了 3.5 价商用电解液的批量生产。

（2）分析研判

短流程制备电解液是目前全钒液流电池电解液工业化制备的主要发展方向。当前电解液的制备方法一般由工业品偏钒酸铵、红钒、多钒酸铵等杂质含量较高的原料，经过溶解、除杂、沉钒、煅烧等纯化步骤，获得高纯五氧化二钒（$V_2O_5 > 99.9\%$），再进一步通过酸溶 - 还原等制备钒电池电解液，流程长、制备成本高，钒电池电解液成本超过高纯五氧化二钒的成本，对钒电池的大规模应用影响较大。而以钒浸出液为原料，选择合适的分离介质，通过短流程制备电解液（无需制备高纯五氧化二钒），是符合绿色、循环、高效、低成本、可持续生产理念的新工艺。中国科学院过程工程研究所齐涛研究员团队研发的萃取法短流程制备钒电池电解液新技术，大幅简化制备步骤，避免了高纯五氧化二钒的制备，生产成本降低 30% 以上。

提升电解液利用率是降低全钒液流电池成本的重要途径。作为电能存储的核心介质，电解液的体积和浓度决定了钒电池储能系统能够存储的最大能量，理论上存储 1kWh 的电能需要 5.6kg 五氧化二钒，但目前电解液的实际利用率仅 70% 左右。此外，电解液的纯度（一般需达到 99.9% 以上）、稳定性、适用温度范围等因素也将对钒电池的运行效率和寿命造成较大影响。因此，在提升电解液利用率的同时，还需关注对这些关键因素的优化，以实现钒电池性能的全面提升。

高浓度、高稳定性、高活性的电解液是提高性能的关键因素。高浓度电解液能够提升能量密度；高稳定性电解液能够避免电池使用中较快产生沉淀，提高电池效率，同时减少系统的热管理负荷，降低成本；高活性的电解液能够提高反应速度和电解液利用率。电解液性能改善方式主要包括：优化支撑电解质组分，通过添加盐酸等方式提高钒离子溶解度；增加添加剂，优化电解液稳定性或提升电解液电化学活性。

（3）关键指标（见表 2.4-4）

表 2.4-4　全钒液流电池电解液关键指标

指标	单位	现阶段	2027 年	2030 年
电解液利用率	%	> 65	> 75	> 83
金属钒离子总浓度	mol/L	1.5 ~ 2.0	2.0 ~ 2.5	~ 2.5
黏度	mm²/s	4.0 ~ 4.5	3.0 ~ 3.5	~ 3.0

4. 隔膜

（1）技术现状

1）研发技术现状：目前，钒电池隔膜的研究集中在离子交换膜和多孔离子传导膜。离子交换膜主要包括阳离子交换膜和阴离子交换膜，由于其携带的基团不同，因此可让特定类型的阳离子或阴离子透过。而多孔离子传导膜没有荷电基团，通过离子半径来进行筛选和截留。

全氟磺酸膜、部分氟化膜、非氟化膜是离子交换膜的研究热点。全氟磺酸膜具有碳氟主链，其支链是醚支链，并且携带磺酸基团，具有离子导电性好、氧化稳定性优异的特点，但同时其离子选择性不足、钒离子渗透率高、工艺复杂且成本高；部分氟化膜是一种磺酸基、羧基和季铵基等"接枝"在部分氟化物基体中的膜，其成本较低，但稳定性差；非氟化膜的磺酸基等离子交换基团分布在聚芳香族主链中，其离子选择性高，材料来源广泛且廉价，然而其氧化稳定性不足，同时导电性也较差。多孔离子传导膜由分离层和支撑层构成，其稳定性好、成本低，但缺点是具有较低的离子电导率和较高的钒离子渗透率。

离子交换膜的研究主要以抑制钒离子的渗透交叉，同时提高离子导电膜的选择性为目的。具有无机纳米填料的杂化膜是提高离子交换膜的质子/钒选择性的重要途径。迄今为止，零维（如 SiO_2、TiO_2、ZrO_2 纳米颗粒）、一维（如纳米管）和二维（如纳米片）填料已成功地加入到离子交换膜中，以减少钒离子交叉并提高离子选择性。采用有机填料的杂化膜，包括采用碳纳米管、氧化石墨烯纳米片、有机添加剂等填料也是提高离子交换膜的质子/钒选择性和提高钒电池性能的有效路线之一。聚合物共混是一种非常有效的方法，可以克服单一类型聚合物的缺陷，从而提高离子交换膜的各种特性，包括稳定性和离子选择性，同时也可以提高离子电导率。阳离子交换膜与碱性聚合物或阴离子交换膜与酸性聚合物的共混是一种广泛使用的方法，其中酸性官能团和碱性官能团之间的离子键形成强键，从而增加化学稳定性，减少水膨胀，减少平均离子运输孔径，提高离子选择性。在离子交换膜表面添加阻挡层是提高离子交换膜的质子/钒选择性，从而提高钒电池性能的有效方法。此外"层接层"（LBL）自组装技术、在离子交换膜上涂覆/接枝薄阻挡层和双极膜的制备都可以改性离子交换膜，以减少钒离子交叉和提高离子选择性。

2）产品技术现状：在各类离子交换膜中，全氟磺酸膜凭借其良好的导电性以及出色的稳定性，成为目前产业化应用最广泛的离子膜。美国科慕（Chemours）开发的质子交换膜 Nafion212、Nafion117、Nafion115 具有较高的离子电导率和化学稳定性，在液流电池中受到广泛青睐。

国内企业全氟磺酸膜的性能持续提升，正凭借性价比优势加速进口替代。江苏科润开发的 N-212、N-1125、N-113、N-1135、N-114、N-115 膜在流延制膜过程中引入特种材料，提高了质子交换膜的强度、耐久性能与阻钒性能，已经实现了 70% 进口杜邦膜的国产化替代。山东东岳未来开发的 DMV850、DM8120A、DM8115A 膜内部存在增强材料复合，具有阳离子单向通过特性，厚度薄、强度大、溶胀度低、尺寸稳定性高、耐久性好。山西国润储能通过钢带流延法成功研发出全氟磺酸离子膜 GR-IEM-11N-112、GR-IEM-11N-113，具有成本低、酸容量高、电导率高、拉伸强度大、各向同性、寿命长等优点，在同等的性能比较条件下价格比美国杜邦低 50%。

多孔离子传导膜方面，中国科学院大连化学物理研究所储能技术研究部李先锋研究员、张华民研究员团队开发了一种具有超薄聚酰胺选择层的薄膜复合膜，这种膜打破了离子选择性和电导率之间的权衡，在提升离子电导率的同时抑制了钒离子的渗透，显著提高了液流电池的功率密度。

（2）分析研判

全氟磺酸膜以其离子导电性好、氧化稳定性优异的特点成为应用最广泛的离子交换膜，其中最著名的就是美国科慕公司开发出来的 Nafion 膜，其 C-F 单键极其稳定，同时疏水主链使离子交换膜具有优异的化学稳定性，而亲水性磺酸基团负责提供快速的质子传输通道。全氟磺酸树脂制备的关键环节是加工成膜环节，熔融挤出压延成型技术是成膜的关键核心技术，然而该技术长期被美国科慕公司垄断，同时钒离子渗透导致钒电池自放电及容量衰减，这些都妨碍全氟磺酸膜在国内的进一步商业化。全氟磺酸膜决定着钒电池的效率、输出功率、寿命和应用性能，研究主要集中在以下方面：提高电导率，减小膜物理电阻；提高阻钒性能，减少自放电，降低能量损耗，同时提高电池安全性；提高热及化学稳定性，保证电池的使用寿命；提高机械性能。

非氟离子交换膜因其高离子选择性、优越的机械性能以及相对较低的成本，正逐渐成为重点发展的方向。尽管含氟类质子交换膜展现出良好的耐酸耐碱性和较高的质子电导率，但其高昂的成本仍是一个不容忽视的问题。近年来，非氟化膜技术得到了迅猛的发展，众多研究聚焦于使用碳氢化合物膜来替代含氟膜。其中，磺化芳香族化合物因其在交换膜传导质子方面的优异表现，逐渐受到人们的青睐。这类化合物主要包括聚醚醚酮（PEEK）、聚砜（PS）、聚苯并咪唑（PBI）和聚酰亚胺（PI）。通过磺化技术，将磺酸基引入芳香环中，能够有效提升材料的质子电导率，同时保持其良好的物理化学稳定性。非氟离子交换膜及磺化芳香族化合物的研究与应用，有望给离子交换膜领域带来更加广阔的发展前景。

强化离子交换膜的离子选择性策略包括：膜改性、复合膜超薄设计及离子基团功能化。①膜改性的主要目的是在提升或者保持原有离子电导率的情况下使钒离子互相掺混减小。钒离子主要作为水跨膜运输携带的离子透过离子交换膜，因此，在离子交换膜中填充无机填料会使膜的亲水性发生改变，从而使钒离子的渗透也得到抑制。在此基础上，无机填料的选择也影响离子交换膜的性能，通常情况下，填料与聚合物基质互相影响，不同的填料选择会使膜的透过性有所变化，进而使膜的离子选择性得到提升。不同的聚合物间存在一些联系，将特定聚合物共同混合可以起到取长补短的作用，既能使钒离子的渗透得到抑制，同时也能保证膜的离子电导率满足需求。②复合超薄膜主要是将具有高选择性的薄膜和其下方的支撑层叠加在一起，这种膜可以在提高离子电导率的同事抑制钒离子交叉。③导电离子基团作为质子转移的介质，功能化处理离子交换膜能够产生有序的酸碱对和质子跳跃位点，这使得质子的转移变得容易，可以提升电导率。

降低膜阻抗，提高离子传导率是多孔离子传导膜的重要发展发向。为提升膜的离子电导率，通常采用高亲水性膜材料，然而膜的相转化制备法一般利用水和水蒸气作为非溶剂，这限制了高亲水性材料的使用，从而导致膜的性能提升困难。同时，不同活性物质以及载流子的尺寸难以确定，导致无法确定适宜的多孔离子传导膜孔径范围，使得膜的性能提升受阻。因此，未来多孔离子传导膜的研究重点在于选择适宜膜材料并精确调控多孔离子传导膜的孔结构。

突破膜的离子选择性与离子传导性间的矛盾，在提升离子电导率的同时提升多孔离子传导膜的阻钒性能是改善多孔离子传导膜性能的重要途径。全钒液流电池的库仑效率与膜的选择性密切相关，而电压效率主要取决于膜的离子电导率。然而，膜的选择性通常随着离子电导率的增加而降低，因此离子电导率和膜的选择性之间的矛盾阻碍了全钒液流电池功率密度等性能的提升。多孔离子传导膜因其膜形貌可控的优点有望解决离子选择性与离子传导性间的权衡问题。

（3）关键指标（见表 2.4-5）

表 2.4-5　全钒液流电池隔膜关键指标

隔膜类型	指标	单位	现阶段	2027 年	2030 年
离子交换膜	电导率	mS/cm	≥ 40	≥ 60	≥ 75
	拉伸强度	MPa	32	34	36
	钒渗透率	$\times 10^{-7} cm^2/min$	≤ 170	≤ 80	≤ 10
	断裂伸长率	%	120	150	180
离子传导膜	电导率（1M H_2SO_4）	mS/cm	≥ 100	≥ 120	≥ 140
	钒渗透率	$\times 10^{-7} cm^2/min$	≤ 10	≤ 8	≤ 6

5. 双极板

双极板是构成全钒液流电池电堆的核心部件之一。双极板在全钒液流电池中的主要作用为：①作为集流板，收集并传导电子；②作为电极支撑结构，在电堆厚度方向承受压紧力；③作为电堆的电解液供给单元，向电极侧供给电解液。因双极板在液流电池中的重要作用，其应具有下述特性：高电导率、低液体渗透率、高机械强度、良好导热性、内部流场均匀、耐腐蚀、高化学稳定性等。

（1）技术现状

1）研发技术现状：目前双极板材料主要可总结为三类：石墨基双极板、金属基双极板、碳塑复合物双极板。石墨基双极板主要有无孔石墨板和柔性石墨板两种材料。前者具有较好的导电性能和化学稳定性，同时耐腐蚀性良好，但由于其易碎的特点，加工难度较高，且价格相对高昂；而后者较之前者则拥有加工简单、价格相对低廉的优势，但柔性石墨板的致密性较差，往往需要对其进行改性后使用。金属基双极板则主要有铂、钛等贵金属材料及铅、不锈钢等价格相对较低的金属材料。贵金属材料各方面性能相对较好，但其价格更高，带来更高的成本，同时钛金属的表面还会形成钝化层，降低其导电性能；铅、不锈钢等金属的价格则相对低廉，但其耐腐蚀性较差。碳塑复合物双极板材料主要为导电碳粉和树脂复合体，其加工简单、耐腐蚀，但作为双极板而言，导电性相对较差。

目前在全钒液流电池电堆中，功率较小的电堆常用改性石墨基双极板，而大功率电堆常用碳塑复合物双极板。改性石墨基双极板的价格相对低廉，技术也较为成熟，但由于其机械强度较差，在装配时易碎，不适于在大功率电堆中使用。

流场结构在双极板研究中也是较为关键的一部分。最初的液流电池中，双极板并未雕刻流场，直到 2016 年香港科技大学赵天寿团队在双极板上雕刻流场，并通过使用交指型流场和蛇形流场提升了电堆性能。目前常用的双极板流场结构主要有回转单（多）蛇形流场、交指型流场（叉指型流场）、平行流场，各种流场各有优劣，在不同使用场景下最优解不同，因此流场的最优结构尚无定论。

2）产品技术现状：在产品开发方面，国外主要有德国西格里（SGL）的 SIGRA-CELL 石墨复合双极板产品。其产品根据材料聚合物类型不同，抗拉强度在 15～25MPa 之间，抗压强度在 80～160MPa 之间，常压下电阻率为 $0.7m\Omega \cdot cm$，1MPa 压强下垂直电阻率在 100～300m$\Omega \cdot cm$ 范围内，表面导热率均大于 300W/（m·K），最高可达 400W/（m·K）。而国内开发双极板产品的公司主要有北京普能世纪、宿迁时代储能、中科能源材料、开封时代、南海新能集团、南京旭能瀚源等公司。其中，南海新能集团的柔性石墨双极板产品抗拉强度典型值为 35MPa，弯曲强度典型值为 40MPa，常压下电阻率典型值为 2.6m$\Omega \cdot cm$；南京旭能瀚源的碳塑复合物双极板产品体电阻率小于 2500m$\Omega \cdot cm$，拉伸强度大于 15MPa。在广东省内，虽有高校课题组涉及双极板开发，但并无企业拥有成熟的双极板产品。

（2）分析研判

当前双极板的生产已基本实现国产化，但成熟的双极板产品种类、数量相对较少。同时，双极板的流场结构仍存在进一步优化的空间，目前常用的蛇形流场和交指型流场在不同使用场景下各有优劣，对于较优流场结构的选取尚无定论。此外，液流电池涉及宏观和微观的多尺度复杂传质过程，而传质过程和电化学之间的耦合关系尚不清晰，通过设计不同流道结构，调控宏观传质过程，或有利于液流电池性能的提升。双极板领域的研究方向主要在保持双极板高致密性、高机械强度、高韧性的条件下，进一步提高双极板的电导性并优化流场设计，提升双极板对电子的传输能力以及双极板流场的均匀性。为此，双极板研究集中在以下几个方面：

1）设计新型流场结构，促使电解液均匀分布的同时降低流阻。目前的流场结构设计不能满足液流电池的使用需求，较高的流阻会导致泵功的增加，增加储能成本。不均匀的电解液分布则会导致部分区域电极利用率较低，限制输出功率。

2）流场设计与电极设计耦合。目前的双极板流场设计仅考虑流场本身的传质过程，而未考虑更微观层面电解液向多孔电极的传质过程，设计过程中考虑多孔电极因素可为多尺度的传质过程研究提供新思路。

3）开发低成本的双极板材料。金属基双极板的耐腐蚀性较差，而石墨基双极板的成本相对较高，阻碍了液流电池的商业化进程。目前主流的技术方案是进行碳塑复合物双极板的研究。可通过开发新的双极板材料，或在低成本材料上喷涂其他材料提升其耐腐蚀性、导电性等性能，以减少双极板加工成本，促进液流电池商业化进程。

（3）关键指标（见表 2.4-6）

表 2.4-6　全钒液流电池双极板关键指标

双极板类型	指标	单位	现阶段	2027 年	2030 年
碳塑复合物双极板	体电阻率	mΩ·cm	≤ 2500	≤ 2300	≤ 2100
	拉伸强度	MPa	≥ 15	≥ 20	≥ 25
石墨复合双极板	常压电阻率	mΩ·cm	≤ 0.7	≤ 0.68	≤ 0.65
	抗拉强度	MPa	≥ 25	≥ 30	≥ 35
	抗压强度	MPa	≥ 120	≥ 150	≥ 170

6.冷却系统

（1）技术现状

1）研发技术现状：液流电池在充放电过程中产生的热量会对电解液的稳定性、容量利用率、电池效率等产生影响，当温度超过 40℃时，V_5^+ 会发生热沉淀，导致膜损坏、电堆通道阻塞和容量衰减。热建模研究表明，大电流放电是导致电解液温度升高的主要原因，而开发低能耗冷却系统进行主动冷却可以有效防止热沉淀，提高系统的能量转换效率。开发相变材料能有效降低冷却系统的能耗，结合液流电池对电解液温度的控制要求，配制不同温度的相变材料，在夜里环境温度较低的时段，通过吸收自然界环境冷能实现相变，将环境温度的冷能定格在相变温度点。当储能系统在温度较高的白天运行，通过蒸发水冷方式不能有效冷却时，将通过电堆后温度升高的电解液通过专用换热器与相变材料换热，利用夜间存储的发生相变的材料为高温电解液提供冷能，降低电解液的温度，从而最大限度地减少或取消冷却系统制冷主机工作的时间，降低充放电过程中制冷系统的电耗，实现储能系统的低功耗运行。目前，低成本相变蓄冷冷却技术已经完成中试系统的测试，在数据中心或中央空调系统中已有应用，可以有效提高制冷系统的能效比（COP），达到节能的效果。由于液流电池电解液适用的温度范围较空调温度要求高，可以在基本不开制冷主机的情况下，满足绝大多数环境温度下液流电池的冷却需求。

2）产品技术现状：产品技术包括蒸汽压缩制冷、空气冷却和水冷却。目前，大多数液流电池产品中，大都采用蒸汽压缩制冷工艺，在工程上通常称为直冷方式。蒸汽压缩制冷系统主要包含蒸发器、压缩机、冷凝器、节流阀等部件，其工艺和成套设备在制冷行业十分成熟和普遍。在液流电池热管理系统中，可将蒸发器与液流电池的正极或负极的主管路耦合，利用电解液循环泵的动力将需要冷却的电解液送入蒸发器中，经与制冷剂换热后，返回到电解液储罐或循环管路中，制冷剂则在制冷系统内循环完成热量转移，最终将热量转移至外界空气（或水）中。直冷方式具有换热效率高、设备体积小、环境适应性强等优点，其COP可达到3～4以上。

空气冷却是一种将液流电池的电解液引至空气冷却换热器，通过强制对流实现电解液降温的方式。空气冷却方式结构简单、功耗较低，但换热器体积较大，冷却效果容易受环境温度影响。在全年或夏季气温较高的地区，空气冷却方式难以满足电池系统长时间高负荷运行的需求。水冷却指的是将液流电池的电解液引至水冷换热器，通过循环流动的低温水在换热器内对电解液降温的冷却方式。冷却水需要采用软化水、除盐水或添加药剂处理的水，以保证换热器的换热效率与可靠性。

（2）分析研判

保证全钒液流电池系统的安全稳定和较高的能量效率是全钒液流电池热管理的核心问题。空气冷却系统能耗低，但系统体积大，受环境温度的影响严重，不能保证储能系统全天候稳定运行。水冷却系统与空气冷却系统相比，体积减少明显，但同样存在受环境温度影响的缺点。为保证系统安全稳定运行，现有的全钒液流储能电站都配备有制冷系统。可开发低成本相变材料，将夜间低温冷能存储以减少制冷系统的开机时间，节省运行电耗，提高系统能源转换效率，可以下几个方面入手：①新型相变材料的开发：开发新型的、具有更高性能的相变材料，以满足全钒液流电池对热管理的更高要求；②集成化与智能化：发展控制系统和智能传感器技术，使相变材料蓄冷冷却系统更加集成化和智能化，能够实现更加精确的温度管理；③成本降低与规模化应用：进一步完善技术和扩大生产规模，降低相变材料的成本，使其在全钒液流电池储能系统中的应用更加广泛；④多能源系统整合：将全钒液流电池储能系统与光伏等可再生能源相结合，实现多能源系统的协同优化。

（3）关键指标（见表2.4-7）

表2.4-7　全钒液流电池冷却系统关键指标

指标	单位	现阶段	2027年	2030年
系统能耗	%	<3	<2.5	<2

7.液流电池电堆组装及系统

液流电池储能系统主要包括电池系统、电池管理系统（BMS）、储能变流器（PCS）、能量管理系统（EMS）以及其他辅助设备。液流电池储能系统目前多采用模块化设计，如图 2.4-2 所示，这种设计方式不仅提升了系统的集成度，还有助于实现规模化应用。在系统设计过程中，必须考虑外部接口条件，如与用户侧、风电场侧、光伏电站侧等外部连接的系统功率、储能容量、能量转换效率及电压等级等要求，同时，高能量转换效率和高安全性也是系统设计时的核心考虑因素。液流电池储能系统具有高度的灵活性和独立性，其输出功率和储能容量可以分别调整。电堆配置反应腔室的反应面积决定输出功率的大小，而储能容量则依赖于电解质溶液的浓度与体积。对于液流电池电堆的组装设计，主要目标是在确保高能量效率的基础上，实现高可靠性和低成本。

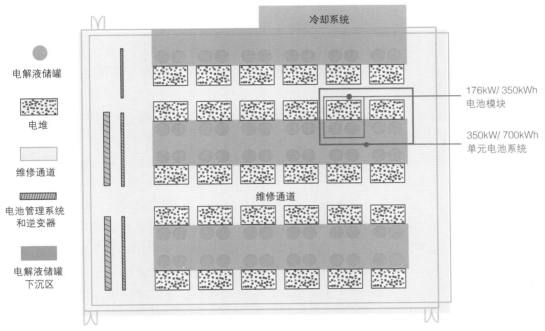

图 2.4-2　大连融科储能 5MW/10MWh 全钒液流电池储能系统平面布置示意图

资料来源：张华民，王晓丽 . 全钒液流电池技术最新研究进展 [J]. 储能科学与技术，2013, 2（3）: 281.

（1）技术现状

国内在电堆组装设计的研发与产品方面均取得显著突破。中国科学院大连化学物理研究所李先锋团队通过创新技术，将激光焊接技术应用于电堆集成，采用可焊接多孔离子传导膜，实现了对电池电堆组装工艺的突破性改进。实际运行中，该电堆在 30kW 恒功率状态下能量效率高达 81% 以上，且在 100 个循环周期内无衰减。产品方面，北京星辰推出的 42kW 电堆产品采用自研超高活性电解液和超高导电性电极及隔膜；电堆采用一体化均衡流场设计来降低流体阻力，最终实现电流密度 160mA/cm² 下电堆能量效率可达 83.42%，并支持 300% 超功率运行。

在系统方面，中国电建为发电厂、新能源发电以及电网侧等领域提供了液流电池储能系统解决方案。在 BMS、PCS、EMS 层面，合肥哈工储能作为全球领先的全钒液流电池储能系统集成服务商之一，近年来已成功完成 5kW/30kWh、60kW/240kWh 等多种规模的储能系统。深圳中和储能开发出一系列适用于不同需求的液流电池 BMS，包括 40kW、125kW、250kW、500kW 等不同型号液流电池系统。北京和瑞储能完成了基于嵌入式兆瓦级铁铬液流电池储能 BMS 的研发工作，该系统在常规 BMS 功能基础上，进一步实现了对液流电池系统回路状态、设备控制以及安全保护等功能的全面管理。

（2）分析研判

电堆设计与组装的核心在于追求高效率、长寿命与低成本。为实现电堆的高效率和长寿命，一方面可以通过提升离子交换膜的选择性和导电性、降低电堆内阻、增强电极电化学活性，以及确保电解液在电极内均匀分布和流动；另一方面，增加单电池组数或扩大活性面积能提高电堆输出功率，但需要考虑因此带来的材料用量和成本的增加。在电堆结构优化方面，对电极板框内分支流场、电极内流场以及单电池间公用管路进行精心设计，能够显著提高电解液分布的均匀性、电势分布的均匀性，降低浓差极化现象，缩短电子和质子的传递路径，从而提升传质效率。在电堆制造和装配过程中，应避免各种不良调准问题如制造或装配缺陷、垫圈错位，以及叠合紧固问题如夹紧力过大、不足或不均匀等。这些问题不仅会影响电堆的能量效率，还可能对电堆结构造成破坏。电堆的防漏性能也是至关重要的，因为漏液或漏气不仅会导致容量衰减，还可能引发严重的安全事故。

液流电池 BMS 除了需要对电池状态进行实时监控外，还需具备监测电解液工况、控制循环泵起停等功能，如全钒液流电池的 BMS 设备侧重于对泵、储罐和管路等设备的监测和管理，且需要承担更多的设备控制任务。在全钒液流电池中，可能需要控制的因素包括充放电电压、正负电解液的钒离子价态以及电解液的流量、温度、流量分配等。因此，液流电池的 BMS 不仅要关注电堆本身的状态，还需要全面考虑整个系统的运行状况。同时，对于不同类型的液流电池，如全钒、锌系或铁铬等都有其独特的工作特性和控制需求，都需要对 BMS 进行针对性研发。

全钒液流电池 PCS 系统必须具备电池零电压起动功能。由于液流电池可以放电至 0V，或者在长时间静置不使用后，其输出电压可能降至 0V，因此，实现 0V 黑启动液流电池成为 PCS 系统设计必须解决的问题。

2.4.1.2 铁铬液流电池

Fe/Cr 液流电池是未来低成本液流电池技术重要方向之一，当前商业化程度较全钒液流电池稍低，但比锌系液流电池更成熟。与全钒液流电池不同，Fe/Cr 液流电池采用低成本的铁元素与铬元素，正极一般采用 Fe^{3+}/Fe^{2+} 的盐酸盐溶液，负极一般采用 Cr^{3+}/Cr^{2+} 的盐酸盐溶液，电解液成本较全钒液流电池更低，其他部件则与全钒液流电池类似，因而在未来其具备成本上的优势。

然而，Fe/Cr 液流电池尚未实现大规模的商业化，大部分 Fe/Cr 液流电池项目仍处于项目示范阶段。其原因在于以下几个方面：①析氢副反应的发生。负极析氢副反应的发生会降低 Fe/Cr 液流电池的效率，提高储能成本。②能量密度较低。目前 Fe/Cr 液流电池的能量密度在 10～15Wh/L，基本与全钒液流电池接近。③对离子膜的选择透过性要求较高。Fe/Cr 液流电池中存在电解液交叉污染的问题，显著影响了 Fe/Cr 液流电池性能，这要求高选择透过性的离子交换膜，而离子交换膜也在 Fe/Cr 液流电池电堆的成本中占据较大部分。

1. 电堆

（1）技术现状

1）研发技术现状：Fe/Cr 液流电池电堆的性能，是体现 Fe/Cr 液流电池技术先进程度的重要指标，针对 Fe/Cr 液流电池电堆技术的研发，我国目前处于较为领先的地位。2020 年底，国家电投集团成功试制大容量电池电堆——"容和一号"，并将之应用于河北张家口战石沟 250kW/1.5MWh 示范项目上，且项目所在地最低温度达 −40℃，项目为冬奥地区稳定提供清洁电能达 200MWh。此外，国家电投集团内蒙古公司在霍林河建设的 Fe/Cr 液流电池储能系统于 2023 年初建设并调试完成，标志着全球首套兆瓦级 Fe/Cr 液流电池储能示范项目完成建设。2022 年 10 月，北京中海储能"低成本大规模 Fe/Cr 液流电池长时储能技术"顺利通过中国石油和化学工业联合会组织召开的由多位中国科学院院士及行业专家组成的鉴定委员会的鉴定，该技术被评定为国际先进水平，已具备大规模商业化应用的价值。此外，北京中海储能于 2023 年底与广东省惠州市惠阳区城市建设投资集团签订合作，将建设 100MW/500MWh 规模的 Fe/Cr 液流电池电网侧储能电站项目。

2）产品技术现状：目前国内在 Fe/Cr 液流电池产品开发方面处于领先地位。尽管 Fe/Cr 液流电池最早在美国提出和建设，但 20 年来美国团队对 Fe/Cr 液流电池的研究相对较少，且 Fe/Cr 液流电池技术较全钒液流电池成熟度较低，成熟产品较少。目前拥有较为成熟的 Fe/Cr 液流电池产品的公司主要为国家电投集团和北京中海储能。前者在 2022 年已建成"容和一号"液流电池电堆的量产线，并已进行投产，每条产线每年可生产 5000 台 30kW 的"容和一号"单电池电堆，产能还在进一步扩大，未来更将推出 45kW、60kW 级的 Fe/Cr 液流电池电堆。而北京中海储能已建设 250kW 和 500kW"中海一号"低成本大规模长时储能系统，其额定容量分别为 1000kWh 和 2000kWh，能量转化效率均大于 70%，循环寿命达 20000 次，运行环境温度在 −20～70℃之间。而这两家公司也是目前国内少数进行 Fe/Cr 液流电池研究的公司。由于 Fe/Cr 液流电池离子膜、双极板、电极等电堆关键部件与全钒液流电池类似，因此本小节不再进行介绍。

（2）分析研判

当前我国 Fe/Cr 液流电池电堆发展处于国际领先水平，商业化产品多，关键技术具有自主知识产权，基础部件基本实现国产化。目前，国家电投集团在内蒙古霍林河完成全球首套兆瓦级 Fe/Cr 液流电池储能示范项目建设，该项目电堆具有全球最大容量。同时，其产品所有零部件实现国产化，降低了电堆组装的成本。但目前国内仅有"容和一号"31.25kW 的 Fe/Cr 液流电池电堆实现投产，而广东省内的 Fe/Cr 液流电池产品则更少。未来 Fe/Cr 液流电池电堆技术突破可从以下四个方面进行：①提升 Fe/Cr 液流电池的能量密度，减小 Fe/Cr 液流电池电堆体积。Fe/Cr 液流电池理论能量密度为 10 ~ 15Wh/L，但目前并未达到理论的最大值，仍存在一定的可提升空间。②单电堆功率提升。电堆功率受到电极、双极板、离子交换膜等诸多方面的影响，为提升电堆功率，可以探究不同双极板流场结构对其的影响，采用阶梯孔洞电极或其他电极结构，优化多尺度耦合的传质过程，提升单电堆功率。③开发低成本、高性能的非氟离子交换膜。目前的全氟离子交换膜成本相对较高，而类似磺化聚醚醚酮（SPEEK）膜的非全氟或非氟离子交换膜在能够取得较好性能的同时能大幅度降低 Fe/Cr 液流电池电堆的组装成本。而要提升其选择透过性，则可从侧链官能团的筛选入手。

（3）关键指标（见表 2.4-8）

表 2.4-8　铁铬液流电池电堆关键指标

指标	单位	现阶段	2027 年	2030 年
单电堆功率	kW	> 32	> 45	> 60
成本	元 /kWh	2000 ~ 3000	< 2000	< 1800

2. 电解液

（1）技术现状

1）研发技术现状：电解液是制约 Fe/Cr 液流电池能量密度的关键因素。近年来主要集中在抑制 Fe/Cr 液流电池析氢副反应上。香港科技大学的陈擎和科罗拉多大学博尔德分校的 Michael P. Marshak 采用中性电解液以较低的 H^+ 浓度抑制 Fe/Cr 液流电池的析氢副反应，并分别使用 EDTA、PDTA 解决中性电解液中 Cr^{3+} 和 Fe^{2+} 在中性条件下水解的问题。2020 年中国科学院金属研究所的严川伟和范新庄在 Fe/Cr 液流电池正负极使用相同的混合电解液以缓解活性物质交叉污染的问题，开发的电解液在 120mA/cm² 和 200mA/cm² 电流密度下的能量效率分别可达 81.5% 和 73.5%。此外，在抑制负极析氢问题上，采用 In^{3+} 作为负极电解液添加剂，发现在少量添加 In^{3+}（< 0.015mol/L）后，In^{3+} 能在抑制负极析氢副反应的同时，促进 Cr^{3+}/Cr^{2+} 电对的反应过程，在 200mA/cm² 电流密度下，电池的能量效率可达 77.0%，且在 160 mA/cm² 电流密度下循环 140 次后，容量保持率较未添加 In^{3+} 的电解液高出 36.3%。

2）产品技术现状：针对 Fe/Cr 液流电池零部件产品，除电解液外，其余零部件均与全钒液流电池相同或相似，而目前尚无 Fe/Cr 液流电池的电解液商业产品。在铬铁矿方面，全球铬铁矿资源丰富，主要分布在南非、津巴布韦、哈萨克斯坦、巴基斯坦等国。其中南非资源量最大，约占世界资源总量的一半，是全球最大的铬资源出口国。我国的铬铁矿资源占比则相对较少，仅西藏、甘肃、内蒙古、新疆等地有含铬矿藏分布，全球占比不足 1%，对外依存度高。在铬盐产品上，美国海明斯（Elementis）占据北美市场，每年实现量产约 11 万 t；土耳其金山集团（Sisecam Group）占据中东市场，碱式硫酸铬每年产能可达 12.9 万 t；印度威世奴（Vishnu Chemicals Limited）占据南亚市场，产能达 10 万 t；德国郎盛（Lanxess）工厂生产的铬盐颜料系列产品在全球市场处于垄断地位，产能达 7 万 t。截至 2019 年底，国内共 9 家铬盐企业，年产能约 5.5 万 t。随着近年国内行业整合，2021 年振华股份完成对民丰的收购，产能规模达 20 万 t，并将建设 5 万 m³ 的 Fe/Cr 液流电池储能材料生产装置。针对电解液制备技术，中国科学院过程工程研究所、北京化工大学、扬州西融储能、中国科学院金属研究所等均做过相关研究，并申请了相关专利。

（2）分析研判

当前 Fe/Cr 液流电池发展面临的技术挑战在电解液领域主要集中在下述四个方面：①Fe/Cr 液流电池的铬反应活性低，系统循环效率低；②易产生电解液活性物质交叉污染；③为解决 Fe/Cr 离子的交叉污染问题而采用共混电解液方案会导致电池能量密度降低；④我国铬资源储量匮乏存在能源安全风险。同时，Fe/Cr 液流电池相较于全钒液流电池，其性能更依赖于离子交换膜的选择透过性，而离子交换膜在 Fe/Cr 液流电池总成本中占比高，且关键技术受到国外限制；Fe/Cr 液流电池单电堆功率相对较低，较全钒液流电池技术处于劣势地位。

为解决上述诸多问题，Fe/Cr 液流电池技术发展应主要围绕以下两个方面进行：①深入研究电解液对电池性能的影响，以合理地选择添加剂，抑制析氢副反应的发生，提升铬离子在电解液中的活性。目前针对电解液的研究往往停留在电化学行为的层面上，缺乏进一步的电池性能数据。此外，研究中关于电解液正负极电化学反应往往在室温下进行，并未与实际电池应用过程中的高低温环境相匹配，造成对电化学反应认识的不充分，导致优化过程存在偏差。②开发电解液容量恢复技术。目前针对全钒液流电池已有成熟的容量恢复技术，而 Fe/Cr 液流电池则缺乏成熟的相关技术。通过向储液罐中定时投入添加剂的方式能够帮助电解液实现循环利用，进一步节约成本。

（3）关键指标（见表 2.4-9）

表 2.4-9　铁铬液流电池电解液关键指标

指标	单位	现阶段	2027 年	2030 年
Cr^{3+}/Cr^{2+} 电对电荷传递阻抗 R_{ct}	Ω	70	< 67	< 65
Fe^{3+}/Fe^{2+} 电对电荷传递阻抗 R_{ct}	Ω	0.56	< 0.55	< 0.53

2.4.1.3　锌系液流电池

锌系液流电池是一种利用锌作为负极活性物质的电池，具有低成本和高安全性等优势。锌系液流电池最主要的研究方向有锌溴（Zn/Br）和锌铁（Zn/Fe），其中 Zn/Br 液流电池具有高能量密度、低成本、长寿命和高稳定性等特点；而 Zn/Fe 液流电池采用相对廉价的金属，降低了制造成本，同时采用水基溶液电解液，提高了安全性和寿命。然而，锌系液流电池仍存在"锌枝晶"问题，科学家正致力于通过改变电解质溶液的化学性质来解决这一问题。

1. 电堆

（1）技术现状

1）研发技术现状：国内 Zn/Br 液流电池技术研发方面处于国际领先水平。由中国科学院院士叶志镇创办的浙江温州锌时代于 2022 年 6 月自主设计制造出全球领先的 40kW/100kWh Zn/Br 液流电池模组。2023 年 1 月，中国科学技术大学化学与材料科学学院陈维教授课题组设计了一种稳定的金属 / 金属 - 锌合金异质结界面层，实现了大面容量（$200mAh/cm^2$）下无锌枝晶的锌金属稳定沉积和溶解反应以及高达 62Wh/kg 的 Zn/Br 液流电池实际能量密度。

在 Zn/Fe 液流电池技术研发方面国内依然处于国际领先水平。美国 ViZn 研究的 Zn/Fe 电池，虽然去除了气态相变，却无法解决锌从 0 价到 2 价的相变，不可避免地会出现锌沉积问题，导致 Zn/Fe 液流电池容量衰减较快。上海纬景储能引进了 ViZn 授权的 Zn/Fe 液流储能技术并进行了性能优化提升。2021 年 10 月，上海纬景储能与江西电力在上饶合作的"200kW/600kWh 智慧能源示范项目"并网成功。重庆信合启越同长沙理工大学合作实现了 Zn/Fe 液流电池相关器件的国产化。中国科学院大连化学物理研究所与金尚新能源合作研发了 10kW 级碱性 Zn/Fe 液流电池储能示范系统。

2）产品技术现状：目前国内 Zn/Br 液流电池代表企业主要有百能汇通、安徽美能储能、陕西华银、特变电工等。兆新股份旗下子公司北京百能成功研制出我国首台 Zn/Br 液流电池储能系统，并实现了隔膜、极板以及电解液等 Zn/Br 液流电池关键材料的自主生产。江苏恒安已经建立了包括电堆与模块组装在内的自动化生产线，年产 10GWh Zn/Br 液流储能电池项目于 2023 年 11 月在江苏宿迁高新区开工。温州锌时代将于 2024 年建成 1GWh 一期产线，2025 年建成 5GWh 二期产线。广东省内目前没有相关报道。国外方面，Ensync Energy 在美国伊利诺伊理工学院安装了 500kWh 的 Zn/Br 液流电池，用于微电网应用。2016 年，Vionx Energy（前身为 Premium Power）在美国马萨诸塞州安装了 0.5MW/3MWh 的 Zn/Br 液流电池系统，用于峰值功率容量应用。

国外 Zn/Fe 技术水平前期处于领先水平，当前已落后于我国。当前美国 ViZn 在海外落地的产品，只是局限于实验室与户用场景。且由于 Zn/Fe 液流电池的问题实际上比 Zn/Br 液流电池更多，ViZn 已将 Zn/Fe 技术向外兜售，将其应用在户用储能端的项目鲜有。国内 Zn/Fe 液流电池在产品研发技术上处于领先水平。上海纬景储能专注于 Zn/Fe 液流电池研发，其核心技术来自美国 ViZn 公司，目前其在珠海的"超 G 工厂"也已开始投产，并且在临沂、宜昌、赣州、三明的"超 G 工厂"都已经开工和规划。珠海的"超 G 工厂"产能超 6 GWh，山东临沂 GW 级工厂也在 2023 年 10 月份投产。2023 年 10 月，上海纬景储能在其主办的"碳索日"上，声称其新产品"有着 100kW 的电池功率、400kWh 的电池容量，电池寿命可达 25 年，循环次数大于 30000 次。"

（2）分析研判

Zn/Br 液流电池短期内实现商业化难度较大，影响其性能、成本以及寿命的主要因素包括电极、离子交换膜材料、双极板、电解液等。①针对 Zn/Br 液流电池主要从材料到制备再到电池运行多角度解决锌枝晶问题：一是创新材料表面工程；二是在电解液中添加配方抑制尖端结晶生长；三是独特的流场管道电堆设计；四是优化电池运行管理模式，定时维护、深度放电溶解锌枝晶。②研究强络合剂、高性能离子传导膜以抑制 Br_2 交叉和开发高活性电极材料以增强溴电对动力学。Zn/Br 液流电池的电极需要发展新材料。首先，需要较高的比表面积来为溴的氧化还原反应提供较多的活性位点，进而增强电极的反应效率。而孔径分布的优化则有助于促进反应物和产物在电极中的质量传输，确保反应过程的高效进行。此外，其导电性也受碳材料的石墨化程度的影响。一般而言，石墨化程度越高导电性越好，有助于提升电池的整体性能。不过，如果石墨化程度过高，则也可能导致活性位点的减少。此外 Zn/Br 液流电池仍面临正极溴扩散和动力学相对较低的问题。③开发合适的膜技术路线。锌系液流电池存在有膜和无膜两种技术路线。目前，在 Zn/Br 液流电池领域，Nafion 系列膜得到了普遍而广泛的应用。虽然这类膜在性能上基本能够满足 Zn/Br 液流电池的使用需求，但由于其制备工艺复杂且成本较高，这已成为制约 Zn/Br 液流电池技术广泛推广和应用的关键因素。目前部分锌系液流电池可做成单电解液循环结构（Zn/Br），不需要膜，仅需循环泵，可以实现降低成本的目的。针对有膜技术，应保持膜在电解液中的电导率，同时减小膜孔径和降低孔隙率，以降低溴扩散引起的自放电。④研发耐腐蚀、高强度双极板。Zn/Br 液流电池中使用的双极板研究重点在于提高材料的耐久性和优化活性涂层。⑤电堆系统流动和传质结构协同优化。在大尺寸电池场景下，电堆系统也面临着压降大、效率损失高、电极内部传质较差的难题。要突破这个技术瓶颈，需要对电堆系统的流动和传质结构作出协同优化，令流场和电极结构共同作用于离子传递和电解液压降。

　　Zn/Fe 液流电池的商业化应用应着重解决锌枝晶生长、容量较低等关键问题。①从电解液、电极、离子交换膜、电池结构等方面进行改进以解决锌枝晶问题。电解液方面，通过添加特定的物质来有效抑制锌枝晶的生长。常见的添加剂主要包括聚合物、有机分子以及金属离子。此外，使用混合电解液可以在一定程度上降低 Zn/Fe 离子交叉污染对电池的影响。促进电解液流动也能抑制锌枝晶，更容易沉积形成均匀相貌的锌。电极方面，使用高比表面积三维多孔碳毡能够大大抑制沉积锌不均匀以及锌枝晶的现象。离子交换膜方面，为了避免枝晶刺穿膜导致性能下降，可以采取两种措施：一是选用机械强度高的膜，如聚苯并咪唑（PBI）膜；二是对隔膜进行改性。电池结构方面，避免负极与膜之间的直接接触，可以防止锌枝晶引起的短路。目前在商业化方面，上海纬景储能宣称其新一代储能电池产品 GP110 Zn/Fe 液流电池彻底解决了锌枝晶的形成和生长问题。在 100% DoD（放电深度）下充放电循环超过 30000 次，使用寿命长达 25 年，是锂离子电池（8000 次）的 3 倍以上。②换用更厚或更多孔隙的碳毡电极以及避免膜和电极直接接触提升 Zn/Fe 液流电池面容量。在充放电过程中，部分正极和负极活性物质会在负极侧发生锌的沉积 - 剥离过程，影响电极面积，进而限制了 Zn/Fe 液流电池的容量。目前常用的增加 Zn/Fe 液流电池的面容量方法是换用更厚或更多孔隙的碳毡电极，但这会导致电池电堆尺寸增大以及整个系统成本提高。另一方法是通过避免膜和电极直接接触，但这可能会限制电池只能在较低的电流密度下工作，从而降低电池的功率密度。除此之外，通过优化电池结构、关键材料等方面，可以在一定程度上减轻面容量的限制。③开发 Zn/Fe 液流电池专用膜材料。当前的 Nafion 膜离子传导率在碱性体系下较低。通过开发出抑制季铵型阴离子传导膜上的季铵基团的亲核取代反应和霍夫曼消除的非氟类阴离子交换膜，有望提高膜离子传导率。

（3）关键指标（见表 2.4-10）

表 2.4-10　锌系液流电池电堆关键指标

电堆类型	指标	单位	现阶段	2027 年	2030 年
Zn/Br 液流电池	能量密度	Wh/L	40	60	80
	电流密度	mA/cm^2	20	30	40
	能量效率	%	78	80	82
	电解液利用率	%	—	78	80
Zn/Fe 液流电池	能量密度	Wh/L	56	60	80
	电流密度	mA/cm^2	40	60	80
	能量效率	%	—	80	82
	电解液利用率	%	70	75	80

2. 电解液

（1）技术现状

1）Zn/Br 液流电池：Zn/Br 液流电池电解液国内研究处于第一梯队。科研方面，南方科技大学赵天寿院士团队研究了不同支持电解质对 Zn/Br 液流电池性能的影响，发现使用 4mol/L NH$_4$Cl 作为支持电解质的电池具有最小的溶液电阻，在 40mA/cm^2 的电流密度下，电池能量效率为 74.3%，而不使用支持电解质的电池能量效率仅为 60.4%。此外，向电解液中加入 1mol/L 甲磺酸后，电池的内阻从 4.9Ω/cm^2 显著降低到 2.0Ω/cm^2。当电池的电极被热处理后的电极取代时，电池能够在高达 80mA/cm^2 的电流密度下提供约 78% 的能量效率。国外研究方面，韩国东国大学全俊贤教授等人研究了电解液 1-甲基-1-乙基溴化吡咯（MEPBr），发现 MEP$^+$ 阳离子能够在锌枝晶周围形成静电屏蔽层，有助于锌的均匀沉积，并且阻止枝晶的进一步生长。江苏恒安的 Zn/Br 液流电池正负极电解液均为溴化锌溶液，不会发生交叉污染，理论使用寿命无限，电池可频繁进行 100% 深度充放电，对性能及寿命均无影响，深充放循环寿命超过 6000 次，可通过更换电堆延长寿命。

2）Zn/Fe 液流电池：国内对 Zn/Fe 液流电池电解液研发起步较晚，但很快迎头赶上，对碱性和新型中性 Zn/Fe 液流电池都有深入研究。中国科学院大连化学物理研究所李先锋和袁治章团队通过在电解液中添加有机配体，实现锌活性物质从溶液到电极界面的快速传质，其开发的碱性 Zn/Fe 液流电池电堆在 40mA/cm^2 的工作电流密度条件下可稳定运行约 700h，库仑效率达 98.04%，能量效率为 88.53%。

（2）分析研判

在 Zn/Br 液流电池中，正极电解液中的 Br_2 易穿透隔膜，导致环境污染，可以通过改进电解液配方控制溴单质的渗透，如使用络合剂捕获并沉积 Br_2。新型络合剂的开发可以调节凝固温度、电解质电导率和游离 Br_2 水溶液浓度。另外，为抑制锌枝晶生成，可改变电解液成分，如使用氯化物盐作为支持电解质，对石墨毡电极进行热处理或添加甲基磺酸（MSA）等。这些方法能有效提高电池的能效以及循环寿命，并降低锌枝晶的生成。利用不同钠盐替代 NaCl 作为支持电解质的实验也表明，NaBr、Na_2SO_4 和 NaH_2PO_4 可降低锌负极电荷转移电阻，并减少锌枝晶的形成。

碱性电解液是市场上 Zn/Fe 液流电池的主要发展方向。碱性 Zn/Fe 液流电池在配备多孔膜和多孔电极后，能够在较高开路电压、较高电流密度下长期稳定的循环运行。酸性电解液中 Zn/Fe 液流电池面临着过高酸性影响锌的沉积且容易发生析氢反应的问题；而中性 Zn/Fe 液流电池在中性环境下铁离子的水解问题成为该类电池面临的一大技术挑战，这也是其电池循环性能下降的关键因素。

2.4.1.4　其他液流电池

1. 全铁液流电池

全铁液流电池仅包含单一活性元素铁，不仅显著降低了生产成本，更避免了元素交叉污染现象的发生。其电解液几乎无毒，这一特性有效地弥补了全钒和铁铬体系的不足。全铁液流电池的价格仅为全钒液流电池的三分之一，为液流电池的大规模应用提供了强大的成本支持，有望大幅降低现有液流电池技术的成本。

（1）技术现状

全铁液流电池技术在国外已进入商业化应用阶段，其应用规模已经拓展至百兆瓦级，储能时长更是突破了 10h 的界限。国外代表企业如美国 ESS，2021 年，与日本软银旗下的 SDenergy 达成了战略性合作协议，承诺在 2026 年之前将供应高达 2GWh 的电池系统。ESS 公司的全铁液流电池在成本控制方面表现出色，其电解液成本极低。该公司电池运用了质子泵技术，通过负极副反应产生的氢气，确保了系统的 pH 水平稳定，从而有效抑制了氢氧化物析出。目前，ESS 公司已部署 8GWh 的全铁液流电池系统，推动了全铁液流电池技术的推广和应用进程。

我国全铁液流电池产业化起步稍晚，但发展速度迅猛，现已跻身国际领先水平。国内首家专注于全铁液流储能技术的企业——武汉巨安储能在关键材料研发、电堆生产工艺以及电解液分配技术等方面均达到了国际领先水平，并在多个储能项目中得到了成功应用。其提出了特异性螯合物的概念，通过采用超稳定配体分子，使得电池能够实现超过 20000 次的充放电循环，极大地延长了电池的使用寿命。同时在其碱性体系中，该电池充放电过程中几乎不析出氢气，也没有枝晶生成，使得充放电过程完全处于水溶状态，提高了电池的安全性和稳定性。此外，通过螯合物的设计，武汉巨安储能成功地将电池的电位控制在 1.3V 或更高，并且这一电位是可调的，为电池的性能优化提供了更多可能性。在 80% 的能量效率下，该电池实现了高达 150mA/cm² 的电流密度，远超传统铁基电池的 30 ~ 75mA/cm² 水平，展现了其卓越的性能优势。在实际应用方面，2022 年 12 月武汉巨安储能在湖北黄石华创科技园成功投入使用 80kW/80kWh 全铁液流储能示范项目，250kW/1MWh 和 1MW/2MWh 碱性全铁液流电池储能系统也相继并网测试。

（2）分析研判

全铁液流电池技术主要分为两大体系：酸性金属沉积型和碱性络（螯）合物全溶型。在酸性体系中，电池在反应过程中会产生枝晶和氢气，这些现象会改变活性物质的形态，进而对电池在循环过程中的电流效率产生不利影响，成为全铁液流电池性能提升的一个障碍。为了克服这一难题，许多研究致力于减少酸性全铁液流电池中的析氢反应，并寻求提升电池效率的途径。也有研究专注于改进电极及导电介质，以提高电池的整体性能。与酸性体系不同，以武汉巨安储能为代表的企业专注于新型碱性全铁离子液流电池的研发与产业化，成功解决了析氢和铁枝晶等问题，实现了电池在高电流密度下的稳定运行。

全铁液流电池在应用过程中也面临一些挑战。为了确保电池的稳定运行，需要控制工作电流密度在一定范围内，以避免铁枝晶的产生。此外，在追求同等功率的情况下，全铁液流电池电堆的活性面积需求比全钒液流电池大，这无疑增加了全铁液流电池电堆材料的用量和装配的难度，也相应地提高了成本。因此尽管全铁液流电池降低了电解液材料的成本，但仍需综合考量电堆功率与系统成本因素。

（3）关键指标（见表 2.4-11）

表 2.4-11　全铁液流电池关键指标

指标	单位	现阶段	2027 年	2030 年
能量密度	Wh/kg	30	35	40
电流密度	mA/cm²	150	160	180

2. 水系有机液流电池

水系有机液流电池在原理、材料和部件方面，实际上与其他液流电池有着诸多相同之处，都展现出了安全、寿命长久以及循环次数多等显著特点。水系有机液流电池独特之处在于其电解液和阴离子交换膜。该电池采用有机化合物作为电解液，确保了电解液来源广泛，摆脱了资源的束缚；而且，其电解液分子式具备可设计性，这为未来的技术创新和成本降低提供了广阔的空间。与传统强酸、强碱电解液相比，水系有机液流电池可采用中性电解液，这一特性使其不仅无腐蚀性，还显著提升了电池的安全性。

（1）技术现状

德国率先启动了水系有机液流电池的商业化应用。早在 2015 年，德国 Jenabatteries GmbH 公司（后更名为 CERQ）便应运而生，专注于水系有机液流电池的研发工作，并成功开发出 TEMPTMA/ 甲基紫精全有机系统。该公司已为大型工业客户提供了超过

100MWh 的安全且可扩展的存储解决方案。

在国内，宿迁时代储能经过不断研发，攻克了关键材料制备、电堆放大、电池组装等一系列技术难题。宿迁时代储能与中国科学技术大学徐铜文、杨正金团队联合研发出水系液流电池阴离子交换膜，并建成国内首条大宽幅阴离子交换膜生产线，年产能高达 10 万 m^2。此外，宿迁时代储能还推出了全球首个兆瓦级水系有机液流电池产品。电堆直流侧能效高达 85%，电池综合能效达到 70%，能够实现 20000 次深度放电循环，设计使用寿命长达 20 年。宿迁时代储能预计到 2024 年，将实现 500MWh 的水系有机液流电池生产能力。

（2）分析研判

拓宽电解液电化学窗口是水系有机液流电池提高能量密度的关键。由于水的电化学窗口限制了正负极活性物质的选择，正极电位必须低于水的析氧电位，而负极电位则必须高于水的析氢电位，这导致水系有机液流电池的工作电压相对较低，通常低于 1.5V。而电池能量密度与工作电压成正比，为了提升能量密度，必须致力于开发高活性电极材料，并努力拓宽电解液的电化学窗口。此外，尽管有机体系在液流电池中展现出巨大的潜力，但当前仍存在诸多挑战。例如，分子稳定性的机制尚不清晰，电化学反应机制也尚未完全明确。

降低电解液成本，特别是开发多电子转移电解液，以及提高能量转换效率的交换膜，是当前水系有机液流电池技术面临的主要技术点。离子交换膜与电解液的成本占据了整个电池成本的近一半，因此，优化这些关键组件的成本和性能，对于推动水系有机液流电池的商业化进程具有重要意义。

（3）关键指标（见表 2.4-12）

表 2.4-12　水系有机液流电池关键指标

指标	单位	现阶段	2027 年	2030 年
储能成本	元 /kWh	4000	3000	1500

3. 非水系有机液流电池

与水系有机液流电池相比，非水系有机液流电池的优势在于其不受水的电化学稳定窗口限制。通过使用不同的溶剂，非水系有机液流电池的电压范围可以达到 2 ~ 5V，从而实现更高的能量密度。这一特性使得非水系有机液流电池在能量存储领域具有更广阔的应用前景。

（1）技术现状

当前，非水系液流电池产品技术尚未成熟，仍处于实验研究的阶段。研究主要聚焦于非水系有机电解液中新型有机分子的设计与开发，或是构建无需交换膜的、不相容的液 - 液两相溶剂系统的液流电池等。例如，南方科技大学的赵天寿团队与香港科技大学的贾国成团队共同研究了一系列低成本的硝基苯及其衍生物电活性分子的电化学性质和溶解度特性。在这项研究中，使用硝基苯作为负极材料，所组装的电池不仅展现出了2.2V的电压和192Wh/L的理论能量密度，同时在充放电过程中也表现出了较高的容量保持率和能量效率。

（2）分析研判

非水系有机液流电池具备两大优势：①可选择的活性物质种类多，为提高比容量和降低成本提供了可能；但更多的活性材料在非水系有机溶剂里的溶解度较低的问题却也成为非水系有机液流电池发展的阻碍。②工作电压显著提升，这对于提高液流电池的能量密度有重要帮助。尽管如此，非水系有机液流电池也面临一系列挑战。由于有机溶剂的固有特性，如毒性和易燃性，使得其安全性相较于水系液流电池有所降低，并导致成本上升。此外，较短的循环寿命和较低的能量效率也是制约非水系有机液流电池发展的因素。因此，非水系有机液流电池现阶段距离实际应用还有很远的距离。

2.4.2　技术创新路线图

现阶段，全钒体系方面，国内电堆的电流密度与电解液利用率水平达到国际先进水平，碳纤维及碳毡制造技术与国外有较大差距，国产化全氟磺酸膜已完成部分替代。铁铬体系方面，国内电堆工作温度、功率等水平处于世界领先地位，针对铁铬液流电池的电解液技术尚处于实验室阶段，尚无量产产品。锌系体系方面，Zn/Br 液流电池处于国际领先水平，Zn/Fe 液流电池在电池功率、容量、寿命等方面均处于国际领先水平。其他体系方面，全铁液流电池和水系有机液流电池处于国际领先水平，非水系有机液流电池处于实验研发阶段。

到 2027 年，全钒体系方面，国内电堆的电流密度与电解液利用率水平达到国际先进水平，碳纤维及碳毡制造技术中的部分工艺环节实现国产替代，全氟磺酸膜完成国产化替代。铁铬体系方面，国内电堆工作温度、功率等水平处于国际先进地位，针对铁铬液流电池的电解液技术处于实验室阶段，相关产品量产并小范围应用。锌系体系方面，Zn/Br 液流电池保持领先水平，Zn/Fe 液流电池在电池功率、容量、寿命等方面继续领先国际水平。其他体系方面，全铁液流电池保持国际领先水平，水系有机液流电池处于国际领先水平，交换膜和电解液成本得到降低，非水系有机液流电池实验研发取得一定进展。

到 2030 年，全钒体系方面，国内电堆的相关技术水平与电解液利用率水平达到国际领先水平，碳纤维及碳毡电极制造技术达到国际领先水平。铁铬体系方面，国内电堆技术指标处于国际先进地位，电解液产品规模化生产并大范围应用。锌系体系方面，Zn/Br 液流电池大规模应用，处于国际领先水平，Zn/Fe 液流电池在电池功率、容量、寿命等方面保持国际领先水平。其他体系方面，全铁液流电池保持国际领先水平，水系有机液流电池处于国际领先水平，交换膜和电解液成本得到大幅降低，非水系有机液流电池实验研发取得显著进展。

图 2.4-3 为液流电池技术创新路线图。

时间轴： 现阶段 — 2027年 — 2030年

技术内容

液流电池技术
①电堆技术；②电极技术；③电解液技术；④隔膜技术；⑤双极板技术

技术分析

现阶段：全钒体系方面，国内电堆的电流密度与电解液利用率水平达到国际先进水平，碳纤维及碳毡制造技术与国外有较大差距，国产全氟磺酸膜已完成部分替代，铁铬体系方面，功率等水平处于世界领先地位，国内电堆制造的电解液技术水平处于实验室阶段，针对铁铬液流电池的电解液技术水平处于实验室阶段。相关产品……锌溴体系方面，Zn/Br液流电池……锌铁体系方面，容量、寿命等方面均处于国际领先水平，全铁液流电池和水系有机液流电池处于国际领先水平，Zn/Fe液流电池处于国际领先水平，非水系有机液流电池处于实验研发阶段

2027年：全钒体系方面，国内电堆的电流密度与电解液利用率水平达到国际先进水平，碳纤维及碳毡制造技术中的部分工艺才实现国产普及，全氟磺酸膜完成国产产业化替代，铁铬体系方面，国内电堆工作温度、电解液等水平处于国内领先地位，针对铁铬液流电池的电解液技术水平达到国际先进水平。相关产品……锌溴体系方面，Zn/Br液流电池处于先进地位，Zn/Fe液流电池在电池功率、容量、寿命等方面均处于国际领先水平，全铁液流电池保持国际领先水平，水系有机液流电池处于国际领先水平，非水系有机液流电池实验研发取得一定进展

2030年：全钒体系方面，国内电堆的相关技术水平与电解液利用率水平达到国际领先水平，碳纤维及碳毡制造技术达到国际先进水平，全氟磺酸膜实现国产化替代，铁铬体系方面，国内电堆实现大规模模化生产并大范围应用，Zn/Br液流电池达到先进水平，Zn/Fe液流电池保持国际领先水平，全铁液流电池保持国际领先水平，水系有机液流电池保持国际领先水平，交换膜和电解液成本得到进一步降低，非水系有机液流电池实验研发取得较好进展

技术目标

电堆

	现阶段	2027年	2030年
全钒体系	电解液利用率>70%，电流密度>150mA/cm²，循环次数>1000次，建设成本<3000元/kWh，功率成本<4000元/kW	电解液利用率>75%，电流密度>350mA/cm²，循环次数>25000次，建设成本<1800元/kWh，功率成本<2000元/kW	电解液利用率>83%，电流密度>450 mA/cm²，循环次数>30000次，建设成本<1500元/kWh，功率成本<1500元/kW
铁铬体系	单电堆功率>32kW，存储时间>6h，成本2000~3000元/kWh	单电堆功率>45kW，存储时间>10h，成本<2000元/kWh	单电堆功率>60 kW，存储时间>10h，成本<1800元/kWh
锌溴体系		Zn/Br能量密度30 Wh/L，电流密度30 mA/cm²，能量效率80%，Zn/Fe能量密度60 Wh/L，电流密度60 mA/cm²，电解液利用率75%	Zn/Br能量密度80 Wh/L，电流密度40 mA/cm²，量效率82%，Zn/Fe能量密度80 Wh/L，电流密度80 mA/cm²，电解液利用率80%
全铁体系		能量密度35 Wh/kg，电流密度160 mA/cm²（4h计）	能量密度40 Wh/kg，电流密度180 mA/cm²（4h计）
水系有机体系		冷却系统能耗<2.5%	冷却系统能耗<2%

电解液

	现阶段	2027年	2030年
全钒体系	电解液利用率>65%，金属钒离子总浓度1.5~2mol/L，黏度4-4.5 mm²/s	电解液利用率>75%，金属钒离子总浓度2~2.5 mol/L，黏度3-3.5 mm²/s	电解液利用率>83%，金属钒离子总浓度约2.5 mol/L，黏度约3 mm²/s
铁铬体系	Fe^{3+}/Fe^{2+}电对电荷传递速阻抗 R_{Fe}<0.56Ω，Cr^{3+}/Cr^{2+}电对电荷传递速阻抗 R_{ct}<70Ω	Fe^{3+}/Fe^{2+}电对电荷传递速阻抗 R_{Fe}<0.55Ω，Cr^{3+}/Cr^{2+}电对电荷传递速阻抗 R_{ct}<67Ω	Fe^{3+}/Fe^{2+}电对电荷传递速阻抗 R_{Fe}<0.53Ω，Cr^{3+}/Cr^{2+}电对电荷传递速阻抗 R_{ct}<65Ω

电极

现阶段	2027年	2030年
面阻<45Ω·cm²，孔隙率90%，电导率>40mS/cm，循环状安峰位差170×10⁻⁷cm²/min，电导率（厚度方向mV）：正极<100 mΩ·cm，<320，负极>400，拉伸强度，断裂伸长率	面阻<35Ω·cm²，孔隙率93%，电导率>60 mS/cm，循环状安峰值80×10⁻⁷cm²/min，电导率（厚度方向mV）：正极<80 mΩ·cm，<270，负极>320，拉伸强度，断裂伸长率≥120mS/cm	面阻<25Ω·cm²，孔隙率95%，电导率>75 mS/cm，循环状安峰值10×10⁻⁷cm²/min，电导率（厚度方向mV）：正极<60 mΩ·cm，<220，负极<260，拉伸强度，断裂伸长率180%

隔膜

现阶段	2027年	2030年
离子交换膜：电导率32MPa，120%，离子传导率（$1M\ H_2SO_4$）>100mS/cm，钒渗透率≤10×10⁻⁷cm²/min	离子交换膜：电导率34MPa，150%，离子传导率（$1M\ H_2SO_4$）≥120mS/cm，钒渗透率≤8×10⁻⁷cm²/min	离子交换膜：电导率36MPa，180%，离子传导率（$1M\ H_2SO_4$）>140mS/cm，钒渗透率≤6×10⁻⁷cm²/min

双极板

现阶段	2027年	2030年
碳塑复合双极板>15MPa；石墨复合双极板：体电阻率<2500mΩ·cm，常压电阻率<0.7 mΩ·cm，抗压强度>120MPa	碳塑复合双极板≥25MPa；石墨复合双极板：体电阻率<2300mΩ·cm，常压电阻率<0.68 mΩ·cm，抗拉强度>150 MPa	碳塑复合双极板≥30MPa；石墨复合双极板：体电阻率<2100mΩ·cm，常压电阻率<0.65 mΩ·cm，抗拉强度>170 MPa

图 2.4-3 液流电池技术创新路线图

2.4.3 技术创新需求

基于以上的综合分析讨论，液流电池的发展需要在表2.4-13所示方向实施创新研究，实现技术突破。

表 2.4-13　液流电池技术创新需求

序号	项目名称	研究内容	预期成果
1	新一代 MW 级全钒液流电池储能技术及应用研发	开发高功率密度单体电堆；研究电极材料及活化、表面改性方法的工程化；开发石墨毡复合电极催化剂；研究多梯度极片；研发高浓度、高稳定性、高活性的电解液；开发高离子电导率、低钒离子渗透率、稳定性好、机械强度高离子交换膜；开发高性能双极板材料与流场；开发直接蒸发式冷却系统	在全钒液流电池电堆、电极、电解液、双极板、催化剂、交换膜等关键部件方面取得重大突破，在电堆寿命、电解液利用率、功率密度、电流密度、催化剂活性等关键指标上达到国际先进水平。电堆体积功率密度为 $130kW/m^3$，面积功率密度超过 $600mW/cm^2$，电流密度超过 $400mA/cm^2$，减小功率单元体积，降低系统配套设施的成本，提升储能系统功率单元的集成度，实现 MW 级全钒液流电池储能系统高性能长循环运行
2	铁铬液流电池关键技术及应用研究	开发高功率铁铬液流电池电堆；优化双极板、电极等部件结构；研究铁铬液流电池电解液容量恢复技术；开发铁铬离子高选择透过性、低成本离子交换膜；研究高效铁铬液流电池电解液制备技术	全面掌握铁铬液流电池电堆关键技术，在电解液添加剂、离子交换膜、电极材料等方面取得突破，掌握电解液容量恢复技术，恢复能力为容量降低前的 85% 以上，在缓解铬老化、电解液元素交叉污染、副反应析氢等问题上取得重要进展，在液流电池效率、功率密度、电解液容量保持率等关键指标上达到国际先进水平
3	锌系液流电池关键材料开发及应用	开发 Zn/Fe 和 Zn/Br 液流电池电解液；开发高效 Zn/Fe 和 Zn/Br 液流电池电极；开发 Zn/Br 液流电池溴络合剂；研究 Zn/Br 液流电池溴蒸气腐蚀及膨胀抑制技术	全面突破锌系液流电池的电解液、电池电极、溴络合剂等关键材料制备技术，解决锌枝晶生长、电池自放电、溴酯发贮存罐变形、电解液交叉污染等问题，提升电堆能量密度、可靠性和效率，技术达到国际先进水平
4	新型体系液流电池开发	全铁体系：开发高阻隔离子交换膜、电堆、电极、电解液 水系有机：研究有机分子结构及溶解度特性，开发具有高溶解性、高电导率的有机电解液，研究小分子有机电活性物质的氧化还原反应，开发专用离子交换膜 非水系有机：开发新型有机活性物质种类设计，研究活性物质与溶解度的构效关系	前瞻研究全铁、水系有机、非水系有机等新体系液流电池，在交换膜、电极、电解液等关键材料上取得突破，初步实现小规模应用，技术达到国际先进水平

2.5　铅炭电池

铅酸蓄电池自 Plant 于 1859 年发明以来已有 160 多年，是目前全球使用最广泛的化学电源之一。铅酸蓄电池具有电压特性平稳、温度适用范围广、单体电池容量大、安全性高和原材料丰富且可再生利用、价格低廉等特性。根据英国电池机构 BEST 和亚洲电池协会研究报告，2018 年铅酸蓄电池全球产量已突破 500GWh，累计产量约 20TWh[⊖]。

　　传统铅酸蓄电池在高倍率部分荷电状态（High Rate Partial State of Charge，HRP-SoC）下循环使用会造成负极不可逆硫酸盐化，大大降低使用寿命。为了解决该问题，美国埃克森电力（Axion power）公司于 2004 年在实验室用超级电容器和铅酸蓄电池混合搭配做成超级电池，将活性炭制备出超级电容的负极和铅酸蓄电池的正极搭配，彻底摒弃用海绵状铅做负极活性物质，该种超级电池即为最早的铅炭电池。铅炭电池是一种电容型铅酸蓄电池，既发挥了铅酸蓄电池的比能量优势，也发挥了超级电容器瞬间大容量充放电的优点，拥有优异的充放电性能。广义的铅炭电池是以不同方式在负极中引入炭材料而构成的电容型铅酸蓄电池的统称，包括铅炭不对称超级电容器、内并式铅炭电池、内混式铅炭电池、外并式铅炭电池等不同形式。狭义的铅炭电池为内混式铅炭电池，是把炭材料混合到负极材料 Pb 中制成负极的电池。目前国内最常用的铅炭电池采用内混模式，这一类电池可有效延缓负极硫酸盐化，具有优异的 HRPSoC 循环寿命，同时更易产业化。

2.5.1　技术分析

　　铅炭电池的主要结构如图 2.5-1 所示，主要包括正负极、板栅、铅膏、隔板、电解液、壳体和密封阀等七个部分：①正负极：铅炭电池正极材料一般为 PbO_2，负极材料一般为 Pb 和 C；②板栅：正负极板栅材质主要为铅合金，区别为板栅厚度不同；③铅膏：正极铅膏主要由 PbO_2 和短纤维组成，负极铅膏主要由海绵状的纤维铅和短纤维组成；

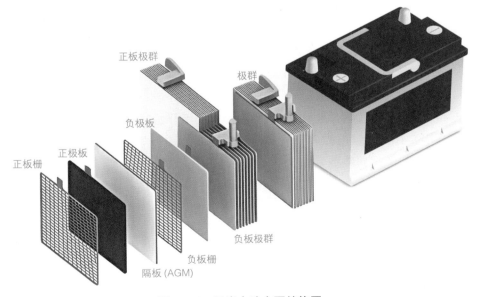

图 2.5-1　铅炭电池主要结构图

　　⊖　资料来源：陈海生，吴玉庭．储能技术发展及路线图 [M]．北京：化学工业出版社，2020.

④隔板：主要采用超细玻璃棉制成的隔板（Absorbent Glass Mat，AGM），在电池内起到吸存电解液、间隔正负极板、防止短路等作用；⑤电解液：一般采用浓度为 38%～40% 的硫酸（H_2SO_4）作为电解液；⑥壳体：电池外壳一般采用 ABS（Acrylonitrile-Butadiene-Styrene，丙烯腈-丁二烯-苯乙烯）树脂、聚丙烯和聚乙烯等材料；⑦密封阀：通常采用合成橡胶，具有耐腐蚀、抗氧化等特点，具有调节电池内部气压、隔绝空气等作用。

铅炭电池具有以下几大优势，一是安全性，铅炭电池使用水性电解液，电池内部没有易燃物；二是可回收，电池正负极材料及电解液均可回收，且回收工艺简单、技术成熟，回收率高达 99%；三是大容量，单体容量可达 1000Ah 以上；四是成本低，铅、炭资源在自然界丰富、成本较低，铅炭电池成本仅为 0.5～0.8 元/Wh，仅次于当前的锂离子电池。

2.5.1.1 铅炭电池本体技术

（1）技术现状

国际上，日本古河（Furukawa）、美国东宾（Eastpenn）、美国埃克森电力（Axion Power）等企业在铅炭电池技术和产业上具有领先优势。澳大利亚联邦科学与工业研究组织和日本古川电池株式会社共同研制铅炭电池负极复合工艺，将两种不同的负极材料复合在同一集流体上，制作电池后能保证电池的正常充放电使用。美国埃克森电力将活性炭制备的超级电容负极和铅酸蓄电池的正极搭配，彻底摒弃了海绵状铅做负极活性物质，解决了传统铅酸蓄电池的负极硫酸盐化现象。

国内，浙江南都电源的铅炭电池技术处于国际领先水平，量产的第二代铅炭电池循环性能指标已经取得了很大的突破（50%DoD 情况下循环次数 ≥ 6000 次）。江苏双登集团研制的储能铅炭电池在新疆克洲离网光伏电站户用工程项目中成功应用，储能规模超过 20MWh。山东圣阳电源在北麂岛 1.274MW 光伏发电储能系统中采用了铅炭电池，并与日本古河开展技术合作。超威电源集团先后开发了电动助力车用石墨烯系列铅炭电池和电力储能用铅炭电池。天能股份于 2020 年为太湖能谷供应国内首座电网侧铅炭电池储能电站 24MWh 电池，项目至今运行稳定。2022 年开始，国内铅炭储能项目投建开始加速。2022 年 5 月，国家电投旗下吉电能谷在吉林白城投资的年产 20GWh 铅炭电池产线开工建设；9 月，昆工科技发布公告，将在云南曲靖投资建设年产 10GWh 的铅炭电池项目；12 月，太湖能谷与天能股份签署采购合作协议，未来三年内将采购天能不低于 30GWh 的铅炭电池电芯。

（2）分析研判

内混式铅炭电池是国内的主流技术路线，工艺简单、技术成熟。2022 年国内新型储能领域铅炭电池累计装机规模占比 5.9%。铅炭电池未来发展的方向是进一步提高能量密度、功率密度和循环性能，降低成本，以及控制好炭材料引入带来的析氢等风险。铅炭电池的发展将主要集中于两个方向：一是针对传统单极铅炭电池的材料和工艺改进；二是针对新型铅炭电池结构的改进和研发。铅炭电池制作工艺的关键是炭材料与电池负极材料的复合。目前，铅炭电池迫切需要突破以下瓶颈：①炭材料的应用参数和比例尚有争议。炭材料的物理参数和电池性能之间的关系，仍需要系统化、规范化的研究，而具体添加量亦需要设计切实可靠的实验方案来提供翔实的数据；②铅与炭之间的混合均匀度需要提升。由于铅和炭之间比重的差异，导致该步骤的实现较为困难；③研究工业炭材料中的杂质对电池性能的影响；④探究铅炭电池的负极活性物质跟板栅之间的接触与界面问题，铅炭电池负极板中炭材料的比例升高，会导致其与板栅合金之间的接触力有所改变，需要针对性地进行研究。随着铅炭电池尤其是炭材料方面研究的不断深入，至 2030 年会生产出改性的铅炭电池专用炭材料，届时铅炭电池的循环性能会大幅提升，60%DoD 的循环寿命将会达到 12000 次。

（3）关键指标（见表 2.5-1）

表 2.5-1　铅炭电池关键指标

指标	单位	现阶段	2027 年	2030 年
60%DoD 的循环寿命	次	6000	>10000	>12000
质量能量密度	Wh/kg	45	55	70
成本	元/Wh	0.6	0.5	0.4

2.5.1.2　铅炭电池关键材料

铅炭电池主要包含正负极活性物质、板栅、炭材料、电解液、隔膜、添加剂等。铅炭电池的正极活性物质为 PbO_2，负极活性物质为 Pb。铅炭电池的活性物质一般由球磨法或气相氧化法制备，工艺成熟。板栅的寿命是影响铅炭电池寿命的关键因素之一，正极板栅长期处于一个高电位、易腐蚀的环境，因此研发长久稳定、耐腐蚀的轻质复合板栅是未来的一个发展方向。炭材料是铅炭电池的核心材料之一，是决定铅炭电池循环寿命和能量密度的关键，其成本也是铅炭电池需要考虑的因素。

1. 板栅

板栅不参加正负极的电化学反应，主要起到骨架支撑及电子传导的作用，同时也作为活性物质的载体。铅炭电池对板栅有以下基本要求：①充放电要求：板栅材料电阻率要小，以使电流分布趋于均匀；可增大放电程度，使活性物质最大限度地参与电化学反应，减少板栅以及板栅与活性物质界面的电压损失，提升电池性能。②结构要求：板栅结构要合理，使活性物质与板栅能充分接触，减少界面电阻；活性物质与板栅结合均匀牢固并能够保持长期稳定，最大限度地增加铅炭电池电化学反应程度，提升效率。③机械强度要求：铅炭电池充放电过程中的化学变化会导致板栅受到各种机械力作用而发生形变，因此板栅需要满足强度与硬度的要求，具有足够的抗机械形变和抗膨胀的能力。④成本与环保要求：板栅材料成本应尽量低以提高经济效益；环境友好，制造过程中应避免有毒物质危害环境。

（1）技术现状

目前板栅合金主要有铅锑合金和铅钙合金，可通过浇铸、压铸或冷轧板冲网制备，不同工艺制备的板栅性能特性亦不相同，见表 2.5-2。铅锑合金有良好的硬度、有较好的延展性，但锑会引发负极锑中毒。合金中的锑在充放电过程中会从正极板栅中溶出并转移到负极板表面，导致负极氢的析出电位降低，从而使电池的析气量和自放电增大。当电池过充时，会产生有毒气体 SbH_3。铅钙合金是当前最主流的免维护铅炭电池板栅材料，国内外大多数企业生产的铅炭电池均采用此类材料。其析氢过电位相对于铅锑合金有 200mV 左右的提高，对电池自放电和充电时负极的析氢有着良好的抑制作用。

表 2.5-2 不同工艺制备的板栅性能特性对比

工艺	集流体/活性物质（质量 g/g）		耐腐蚀	设备要求	容量成本	产能效率
浇铸	1	1.7	差	简单	高	低
压铸	1	2	一般	一般	一般	低
冷轧板冲网	1	2.5	好	高	低	高

现阶段板栅的研发主要围绕着正极耐腐蚀和板栅轻质化方向进行。目前，研究最多的轻质化板栅主要分为轻质合金板栅和镀层板栅。

铜具有电导率高、重量轻、易加工的特点。由于铜在硫酸电解液中易被氧化，铜板栅对表面铅层致密度的要求很高。铜的溶出会导致电池出现严重的自放电现象，主要原因在于电解液中的铜会在负极板上与铅组成小电池，其中铜为正极，铅为负极，电流由铜到铅，再经过电解液回到铜，构成闭合电路而自行放电。在铅炭电池正极中使用铜板栅可以提高电池 15% 的能量密度，但在循环一定次数后能量密度会骤降。

钛具有强度大、抗腐蚀能力强的特点。因为钛在硫酸电解液中会被快速氧化成电导率低的二氧化钛，阻碍板栅和活性物质的接触，所以其表面通常会先负载一层由 SnO_2、Sb_2O_5、RuO_2 等物质组成的防氧化涂层，再负载一层铅或铅合金过渡层。这种多层的钛板栅使用寿命长，回收效率高。在铅炭电池正极中使用 Ti/SnO_2-Sb_2O_5 板栅可以将电池的循环寿命提高 70%。

炭导电性好、密度小、可加工性强，如蜂窝状炭、泡沫炭、石墨等，但强度相对较差，易析氢、析氧，且其表面缺陷越多，越容易在高电势下被氧化成二氧化碳。在铅炭电池正极中使用泡沫炭板栅可以提高电池 20% 的能量密度，但会加重 50% 的析氢。石墨化泡沫炭板栅与粘结层的三明治结构具有极高的电导率、导热性和机械强度，可使活性物质利用率达到 90%，比能量达到 80Wh/kg，板栅用铅量减少 50% ~ 70%，并且对环境友好。但是，制备泡沫炭板栅集流体的价格比较昂贵，目前仍处于探索阶段，需加大研发力度争取早日实现大规模产业化，将对提高铅炭电池能量密度、功率密度、循环稳定性起到非常大的作用。肇庆理士电源开发的铅炭电池炭板栅薄铅镀层的电镀方法，有效提升了板栅的导电能力和机械性能。

其他轻质材料还有铝、玻璃纤维、陶瓷等。铝板栅重量轻、导电性高，但易钝化；玻璃纤维板栅比铅轻 67wt.%，活性物质负载量大，但生产工艺繁琐，价格昂贵；陶瓷板栅强度高、抗氧化能力强，但产率低、种类少。昆工科技在轻质铝基板栅方面取得了一定的突破并正式产业化，其位于云南曲靖陆良县的昆工科技储能产业园一期 5GWh 铝基板栅铅炭储能电池在 2023 年 12 月顺利投产。我国在板栅领域的领军企业包括淄博火炬能源、旭派电源、肇庆理士电源等公司。广州三孚新科在复合板栅方面已经取得了优异的成果。

（2）分析研判

轻质板栅和复合板栅是未来发展方向。轻质板栅和复合板栅因为具有优异的导电性、机械强度、耐腐蚀性，且加工性能好、成本低，并且会大幅提升铅炭电池的实际能量密度，所以是板栅研究的重要方向。未来板栅需要对以下几方面开展技术攻关：①研发各方面性能优异的轻质合金或者复合材料板栅。熔铸极板的基材虽然使用传统的铅合金，但可配置相应性能的少量金属添加剂掺杂在传统铅合金中以期达到不同应用领域的要求。②研发质量更轻的板栅。为了得到更高比能量的铅炭电池，应使用密度小、电导率高的板栅基材。比如铜基板栅、钛基板栅等，开展相关的界面电化学腐蚀与充放电性能研究、表面微结构设计和电池耐久性考察等。③开展炭材料复合板栅比如泡沫炭复合板栅等多层镀层板栅材料的表面微观结构设计、电化学性能、循环稳定性等方面的研发，改善耐腐蚀性能和充放电性能。更轻质、更稳定、更经济且电化学性能更优异的板栅材料在未来具有广阔的发展前景。

2. 炭材料

（1）技术现状

炭材料在铅炭电池中的作用是构建导电网络、构建孔洞结构、双电层储能、产生"位阻"效应等，种类包括活性炭、生物质炭、炭黑、膨胀石墨、碳纳米管、碳纳米纤维、石墨烯等。炭材料的电导率、比表面积、表面官能团、缺陷类型和外形等都可能影响铅炭电池电极材料的微观形貌、电导率、孔径分布和电容性质，从而影响铅炭电池的性能。

活性炭因其低廉的成本、优异的性能而成为目前最受欢迎的铅炭电池炭材料。目前，国内活性炭材料技术水平达到国际先进水平。肇庆理士电源使用 2～50nm 有序介孔炭炭粉对活性炭材料进行改进，提高铅炭电池的比容量，解决析氢问题，提高电池循环寿命。鑫森炭业与日本三菱化学、华南大学合作开发超级电容器活性炭近十年，其开发出的第三代 SPC03RS 铅炭电池专用电容活性炭，可使电极体积比容量较第二代产品提升 10%～15%，电压保持率较第二代产品提升 3%，内阻较第二代产品降低 5%，目前已建成年产 1000t 铅炭电池炭材料生产线。中国科学院大连化学物理研究所联合风帆有限责任公司开发了直径为 1～100μm 的实心碳纤维和表面积在 500～2500m²/g 的电容活性炭复合材料，通过采用具有高析氢过电位的金属元素对其进行修饰，可以有效地抑制负极析氢反应，从而降低铅炭电池水的逸失，提高铅炭电池的循环寿命。此外，双方联合开发了部分石墨化活性炭基复合材料，即活性炭颗粒中分布有石墨绸带，并使用铅元素对其进行修饰以抑制析氢。此种材料的比表面积为 $10 \sim 3000m^2/g$，电导率为 $0.01 \sim 100S/cm$，铅含量为 $0.01 \sim 30wt.\%$，使用其制备的铅炭电池充放电反应可逆性、充放电循环寿命和充电接收能力均显著优于普通铅炭电池。

生物质炭因为价格低廉、性能优异而受到越来越多的关注。从未来的铅炭电池发展路线来看，来源丰富、价格低廉的生物质炭将会成为铅炭电池材料的主要来源之一。虽然关于炭黑、膨胀石墨、碳纳米管、碳纳米纤维、石墨烯等炭材料在铅炭电池中的应用研究也越来越多，但是目前炭黑、膨胀石墨、碳纳米管、碳纳米纤维、石墨烯等炭材料的价格相对于活性炭、生物质炭的价格而言偏高，尚未成为铅炭电池主流的炭材料。

（2）分析研判

铅炭电池炭材料主流技术路线是活性炭复合材料。活性炭因其资源丰富、容易制备、价格低廉，并且具有多孔结构、大比表面积、良好的双电层电容特性及与铅具有很好的兼容性而成为铅炭电池用炭材料的主要来源。铅炭电池炭材料未来发展主要集中在以下几个方面：①开发绸带、纤维等新型结构的炭材料，提升电池能量密度；②研发炭黑、膨胀石墨、碳纳米管、石墨烯等新型炭材料，提升倍率性能；③研究元素掺杂对炭材料析氢行为的影响机制，开发出抑制析氢性能优异的新型复合材料。

（3）关键指标（见表 2.5-3）

表 2.5-3　铅炭电池主要材料关键指标

指标		单位	现阶段	2027 年	2030 年
铅炭电池活性炭	容量	mAh/g	13.3	14.6	16.1
	比表面积	m^2/g	1787	1841	1896
	孔径	nm	0.7	0.65	0.6
	电导率	S/cm	98.85	108.74	119.61
	成本	万元 /t	1.55	1.47	1.40
铅炭电池板栅	腐蚀速度	$/(mg/cm^2 \cdot d)$	8.11	7.0	6.0
	密度	g/cm^3	11.0	8.0	6.0

2.5.2　技术创新路线图

现阶段，基本掌握复合炭材料技术；轻质耐腐蚀板栅离商业化应用较远；新型结构铅炭电池技术离商业化应用较远，跟国外技术有一定差距。

到 2027 年，复合炭材料技术取得重大进展；基本掌握轻质耐腐蚀板栅技术；基本掌握新型结构铅炭电池技术，初步实现储能系统的示范应用。

到 2030 年，复合炭材料技术实现大规模应用；完全掌握轻质耐腐蚀板栅制备技术，在铅炭电池领域规模化应用；新型结构铅炭电池实现产业化，大规模应用于储能系统。

图 2.5-2 为铅炭电池技术创新路线图。

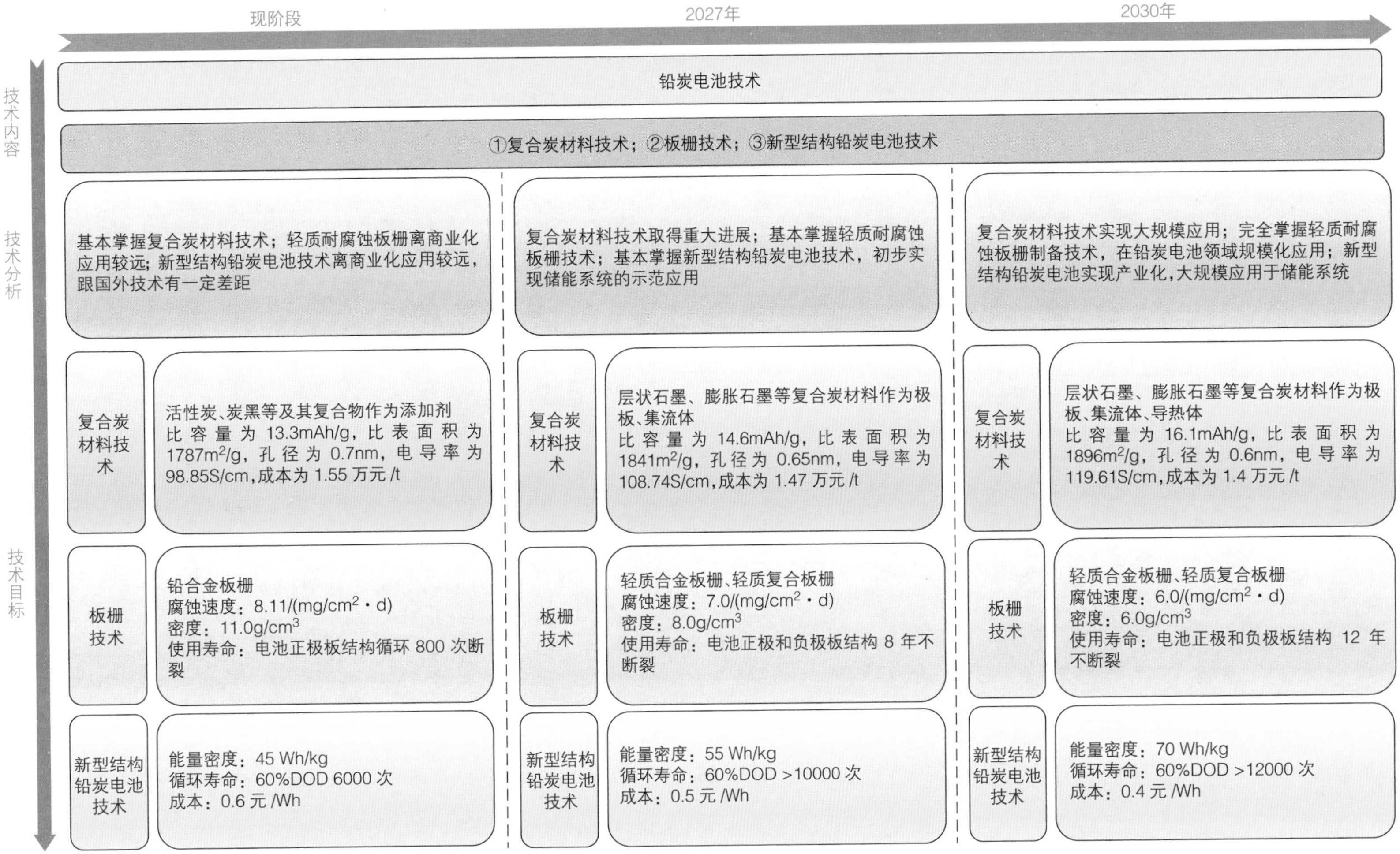
现阶段
2027年
2030年
技术内容
技术分析
技术目标
铅炭电池技术
①复合炭材料技术；②板栅技术；③新型结构铅炭电池技术
基本掌握复合炭材料技术；轻质耐腐蚀板栅离商业化应用较远；新型结构铅炭电池技术离商业化应用较远，跟国外技术有一定差距
复合炭材料技术取得重大进展；基本掌握轻质耐腐蚀板栅技术；基本掌握新型结构铅炭电池技术，初步实现储能系统的示范应用
复合炭材料技术实现大规模应用；完全掌握轻质耐腐蚀板栅制备技术，在铅炭电池领域规模化应用；新型结构铅炭电池实现产业化，大规模应用于储能系统
复合炭材料技术
活性炭、炭黑等及其复合物作为添加剂
比容量为 13.3mAh/g，比表面积为 1787m²/g，孔径为 0.7nm，电导率为 98.85S/cm，成本为 1.55 万元 /t
复合炭材料技术
层状石墨、膨胀石墨等复合炭材料作为极板、集流体
比容量为 14.6mAh/g，比表面积为 1841m²/g，孔径为 0.65nm，电导率为 108.74S/cm，成本为 1.47 万元 /t
复合炭材料技术
层状石墨、膨胀石墨等复合炭材料作为极板、集流体、导热体
比容量为 16.1mAh/g，比表面积为 1896m²/g，孔径为 0.6nm，电导率为 119.61S/cm，成本为 1.4 万元 /t
板栅技术
铅合金板栅
腐蚀速度：8.11/(mg/cm²·d)
密度：11.0g/cm³
使用寿命：电池正极板结构循环 800 次断裂
板栅技术
轻质合金板栅、轻质复合板栅
腐蚀速度：7.0/(mg/cm²·d)
密度：8.0g/cm³
使用寿命：电池正极和负极板结构 8 年不断裂
板栅技术
轻质合金板栅、轻质复合板栅
腐蚀速度：6.0/(mg/cm²·d)
密度：6.0g/cm³
使用寿命：电池正极和负极板结构 12 年不断裂
新型结构铅炭电池技术
能量密度：45 Wh/kg
循环寿命：60%DOD 6000 次
成本：0.6 元 /Wh
新型结构铅炭电池技术
能量密度：55 Wh/kg
循环寿命：60%DOD >10000 次
成本：0.5 元 /Wh
新型结构铅炭电池技术
能量密度：70 Wh/kg
循环寿命：60%DOD >12000 次
成本：0.4 元 /Wh

图 2.5-2　铅炭电池技术创新路线图

2.5.3　技术创新需求

基于以上的综合分析讨论，铅炭电池的发展需要在表 2.5-4 所示方向实施创新研究，实现技术突破。

表 2.5-4　铅炭电池技术创新需求

项目名称	研究内容	预期成果
高比功率高比容量长寿命耐高温复合炭材料板栅铅炭电池	研究高比功率高比容量复合炭材料板栅铅炭电池，具体包括：研究石墨纸、泡沫炭、碳纤维等炭材料的镀铅技术；研究新型结构复合炭材料；研究轻质板栅、复合板栅，开发卷绕结构铅炭电池、双极性铅炭电池等新电芯结构；开发高温添加剂、维护保养添加剂等	开发高比功率高比容量长寿命耐高温复合炭材料板栅铅炭电池。成本：0.5 元 /Wh；循环寿命：60%DoD 12000 次；能量密度：70Wh/kg；35℃环境下，电池容量年衰减率不大于 15%，通过养护可恢复至 95% 以上

2.6　电池循环回收技术

2.6.1　技术分析

2.6.1.1　循环再造电池材料技术

（1）技术现状

1）研发技术现状：锂离子电池主要包括磷酸铁锂、镍钴锰酸锂（三元）两种，两者市场占比达 99%，面向其退役后的大规模处置，国内技术已达到国际领先水平，且回收技术产业化应用方面国内规模远大于国外，产业化进程领先。截至 2024 年 2 月，根据智慧芽数据库统计，全球电池回收专利申请量 Top5 分别为邦普循环 827 件、日本住友金属 425 件、日本 JX 金属 329 件、格林美 301 件、中南大学 245 件，国内专利申请数量远远领先国外。国际产业化方面，2021 年韩国 SungEel Hitech 在匈牙利建设 5 万 t/ 年电池湿法回收工厂，镍综合回收率达 96%，钴综合回收率达 95%，锂综合回收率达 80%；2011 年比利时优美科（Umicore）在比利时安特卫普市建设年处理 7000t 电池回收工厂，主要工艺特点为高温热解，金属组分还原熔炼并以合金形式回收，后采用硫酸浸出和溶液萃取，不需机械处理，镍钴元素综合回收率达 95%。国内产业化方面，2018 年邦普循环在长沙建成"10 万 t/ 年动力电池循环利用"项目，并于 2022 年在宜昌新建处理规模达 30 万 t 的"邦普一体化电池材料产业园"，运用定向循环技术（DRT）回收工艺实现锂综合回收率 > 91%，镍钴锰综合回收率 > 99.6%，铁、磷综合回收率 > 92%；2022 年湖北格林美在荆门投建"年综合回收拆解废旧电池及极片废料 10 万 t"项目，并循环再造高镍三元正极材料及前驱体，实现锂综合回收率达 90%，镍钴锰综合回收率达 99%。广东省"动力电池综合利用"产业链链主企业——光华科技，2022 年在汕头建成"4 万 t 废旧磷酸铁锂综合回收"项目，实现了对锂、铁、磷的全组分回收和万吨级的产业化应用,锂回收率达 95% 以上,可制备电池级碳酸锂;磷、铁回收率达 95% 以上,并制备获得电池级磷酸铁。广东省目前具备较强的研发能力,依托行业龙头企业邦普循环、光华科技,整体技术国际领先,但省内产业化应用进程滞后于湖南、湖北等省份,与省内电池退役规模大、资源化产品需求旺盛的产业发展形势不匹配。从国家重点研发计划方面来看,2019 年科学技术部重点研发计划"固废资源化"专项——"退役三元锂电材料高效清洁回收利用技术"项目,其锂综合回收率 > 90%,钴镍综合回收率 > 98%,石墨纯度 > 98%;从省内技术攻关成果看,由光华科技牵头完成的"失效锂电池多元素梯级回收及污染物无害化处置关键技术与示范"项目,通过高效转化与精深分离两大技术手段,创新开发了具有完全自主知识产权的失效锂电池多元素梯级回收及污染物无害化处置关键技术,攻克了传统湿法流程存在的瓶颈问题,实现锂的回收率达到 95% 以上,镍、钴、锰的回收率大于 99%,获 2021 年度广东省科学技术奖进步奖一等奖;由邦普循环承担的"退役锂电池循环再造绿色低碳材料关键技术与应用"项目解决了退役动力电池全过程安全环保资源化难题,实现化学物耗降低 40%,氨氮回收率 ≥ 99.9%,每吨材料碳减排幅度高达 49.25%,并荣获 2022 年度广东省科技进步奖一等奖。

2)产品技术现状:循环再造电池材料具有绿色低碳属性,相比原矿生产碳排放降低超过 30%,电池回收循环再造电池材料减污降碳空间巨大。随着欧盟发布《电池与废电池法规》,产品国际贸易绿色壁垒加深,由于再生料标准和减碳方法学行业处于空白,国际互认难,我国循环再造电池材料产品的绿色竞争力难以体现。

三元电池回收国内外均已实现资源化再生高值产品,我国整体产品技术处于国际领先水平。三元回收核心产物包括镍钴锰酸锂或镍钴锰氢氧化物、镍钴合金、锂盐等;国际商业化技术主要由比利时 Umicore、韩国 SungEel Hitech、日本住友金属等回收企业掌握,形成产品为镍钴粗制合金、锂渣等,镍钴综合回收率约为 95%,锂综合回收率为 70% ~ 80%,形成产品难以达到电池级应用,需后端深度加工提纯。国内企业技术路线以火法 - 湿法回收、物理回收为主,邦普循环率先实现三元电池全链条技术突破,并在长沙、佛山大规模应用,形成产品包括镍钴锰酸锂 / 镍钴锰氢氧化物、电池级锂盐(纯度 > 99.5%)等。现阶段,电池回收合成镍钴锰氢氧化物的废水排放量约 $80m^3/t$,其再生镍钴锰酸锂的碳排放量为 $20.0tCO_2e/t$;再生镍钴锰酸锂应用后比容量 > 215mAh/g,首次充放电效率 > 92%,循环寿命 > 2000 次。光华科技通过研发碳酸化水浸优先提锂技术,将锂回收率提高至 95% 以上,不仅使得锂的回收率大幅增加,还对锂离子电池后续的萃取、吸附、提纯等工序也有很大的帮助,提升技术的经济性。国内商业化技术主要由湖南邦普、湖北格林美、浙江华友等行业龙头企业掌握;广东省内商业化技术主要由邦普循环、光华科技等行业白名单企业掌握。

磷酸铁锂回收商业化技术处于应用与逐步推广阶段,部分行业白名单企业已有万吨级项目投产。由光华科技牵头承担的广东省重点领域研发计划"新能源汽车"重大科技专项"退役磷酸铁锂电池全组分绿色回收与高值化利用技术及装备研发"项目,解决了现阶段退役磷酸铁锂电池全组分短流程高值化利用和过程无害化的问题,并实现退役磷酸铁锂电池全组分资源化利用示范产业化。我国整体产品技术处于国际领先水平。磷酸铁锂回收核心产品包括磷酸铁或磷酸铁锂、锂盐、石墨负极材料等。国外以火法回收为主，难以处理磷酸铁锂废料，未见有再生电池级磷酸铁锂产业化产品；国内再生磷酸铁锂处于产业应用研究推广阶段，光华科技实现锂综合回收率 > 95%，铁、磷回收率 > 95%；回收再生磷酸铁锂正极材料 0.1C 首次库仑效率大于 98%，0.1C 充电比容量达到 160mAh/g，1C/0.1C 循环 1000 圈保持率 99%。邦普循环的电池回收合成磷酸铁的废水排放量约 23m³/t，其再生磷酸铁锂的碳排放量约 12.7tCO₂e/t，再生磷酸铁锂初步应用比容量可达 155mAh/g，循环寿命约 1000 次（待规模验证）。国内相关技术主要由光华科技、邦普循环等极少数白名单企业掌握。

（2）分析研判

面对动力电池回收流向混乱与溯源监管难的问题，报废新能源汽车"带电注销"制度的建立与执行将助力行业有序发展。动力电池作为报废新能源汽车中最有价值的组件之一，实际报废注销时动力电池缺失屡见不鲜；我国政策法规虽要求新能源汽车动力电池溯源管理，但由于不具备强制性及回收责任多主体等影响，动力电池流向混乱失控，增大后期溯源及安全环保监管风险；随着新能源汽车报废量加大，动力电池回收规范化势在必行，建立更具约束力的"带电注销"制度愈发关键；当前废旧电池回收相关管理办法正在修订中，为助推废旧电池综合利用、提高资源利用效率，后续还需配套出台汽车报废相关系列政策。

磷酸铁锂回收是需要重点关注的方向。磷酸铁锂材料具有成本优势和安全优势，现阶段动力及储能电池通常采用磷酸铁锂电池，目前其电池装机量占比 60% ~ 70%，未来其电池回收市场规模巨大，但由于回收经济性问题，整体商业化进程滞后。磷酸铁锂电池除锂外不含贵重金属，回收经济效益不足，面向其大规模应用与退役，低成本高效回收、循环再造电池级磷酸铁锂材料与石墨负极材料是电池回收的关键核心；当前，磷酸铁锂电池回收仍处于商业化应用初期，已形成初步技术工艺，绝大部分企业在回收过程中锂、铁、磷等核心有价资源损失大，仅能形成锂盐、磷酸铁、石墨负极材料的粗制产品，其性能难以满足电池级应用需求，回收产品价值难以覆盖回收成本。

锂综合回收率提升及磷铁回收高值化是磷酸铁锂电池回收面临的重要问题，也是推动产业定向循环的关键。含锂废料可溶锂相及渣相调控难，导致锂元素选择性浸出效果差，杂质元素浸出率高，锂元素回收损失大、成本高，优先提锂控制方法将成为高效提锂重要突破点。此外，高纯锂盐除杂提取过程中，杂质元素与锂元素性质相似，致使深度分离困难且流程长，增大锂盐深度纯化处理成本，研究选择性提锂纯化方法将成为短程合成高纯锂盐的突破点。磷铁渣浸出液含有大量的铜、铝、氟等杂质元素，难以直接制备电池级磷酸铁，急需开展铁磷物相调控转晶控制方法，推动电池级磷酸铁低成本制备，延链开展电池级磷酸铁锂材料合成，从而推动循环产业体系建设。

全链条一体化（Integration of the Entire Industrial Chain，IEIC）循环利用、产业化工园区是动力及储能电池回收的重要趋势，将极大推动回收过程节能减排、产品降碳、安全环保。目前，行业门槛低、玩家多、单一或小规模、产能过剩、行业混乱、安全环保监管难；此外，行业主流电池回收技术分预处理、湿法回收、烧结合成三段，各段独立运行能耗高、产废多、碳排大。IEIC 循环利用可通过"三废协同 - 能源梯级利用 - 资源内循环"方式推动大规模减污降碳，同时利用化工园的集约规模化优势，对比分段式减污和降碳效果提升 20% 以上，并解决安全环保监管难题，助力产业高质量发展。广东省紧跟产业发展趋势，领跑全球三元锂 / 磷酸铁锂回收技术，包括邦普循环等行业白名单企业均已投建电池回收产线，初步形成规模效应及电池级产品，未来建立"废旧电池 - 预处理 - 湿法回收 - 电池材料"的 IEIC 产线可极大推动节能降碳降本。

电池回收碳方法学与标准体系建设是推动产业从"能耗双控"向"碳排放总量和碳排放质量双控"转变的关键，对动力及储能电池产业冲破国际贸易碳壁垒具有战略意义。2023 年欧盟发布《电池与废电池法规》，要求自 2024 年 7 月起，动力电池以及工业电池必须申报产品碳足迹，并在 2027 年 7 月达到相关碳足迹的限值要求。欧盟已率先对动力电池碳足迹的标准、政策法规开展研究，相比之下，我国作为电池生产大国，对电池碳足迹的研究明显落后，产业链碳足迹标准体系不完善，产品碳排放核算数据缺失，碳方法学研究滞后，国内电池产业即将面临国际化碳贸易壁垒挑战。基于国家双碳目标，各部委提出加快建立统一规范的碳排放统计核算体系，有序开展重点产品碳排放核算，动力及储能电池作为我国重要的国际出口高价值产品，推动产品碳排放核算至关重要，建立电池回收碳排放核算标准体系意义深远。目前，我国已提出碳足迹综合权益法（Integrated Carbon-right Method，ICM）碳方法学、以条形码 - 时间 - 批次（Barcode-Time-Batch，BTB）为核心的再生料标准等体系建设工作，随着体系建设逐步完善，将极大助力国际互认。

（3）关键指标（见表 2.6-1）

表 2.6-1　锂离子电池循环再造材料技术关键指标

指标		单位	现阶段	2027 年	2030 年
锂综合回收率		%	95.0	96.0	97.0
铁、磷综合回收率		%	95.0	96.0	97.0
单位产品废水排放量（再生镍钴锰氢氧化物）		m^3/t	80	50	40
单位产品废水排放量（再生磷酸铁）		m^3/t	23	15	10
单位产品碳排放量（再生镍钴锰酸锂）		tCO_2e/t	20.0	15.2	10.2
单位产品碳排放量（再生磷酸铁锂）		tCO_2e/t	12.7	7.3	5.5
再生镍钴锰酸锂	比容量	mAh/g	215	220	225
	首次充放电效率	%	92	92.5	93
	循环寿命	次	2000	2500	3000
再生磷酸铁锂	比容量	mAh/g	0.1C 充电比容量达到 160	0.1C 充电比容量达到 162	0.1C 充电比容量达到 165
	首次充放电效率	%	0.1C 首次库仑效率大于 98	0.1C 首次库仑效率大于 98	0.1C 首次库仑效率大于 98

（续）

指标		单位	现阶段	2027 年	2030 年
再生磷酸铁锂	循环寿命	次	1C/0.1C 循环 1000（保持率 99%）	1C/0.1C 循环 1000（保持率 99%）	1C/0.1C 循环 1000（保持率 99%）
再生石墨负极材料	比容量	mAh/g	340	350	355
	首次充放电效率	%	91	92	93.5
	循环寿命	次	待验证	2500	3000

2.6.1.2　退役电池梯次利用技术

随着锂离子电池需求量的持续增长，退役锂离子电池的数量也快速增多，退役电池处理不当将导致环境污染和能源资源浪费。退役电池一般保留有较高的剩余容量和较大的利用价值，可以在对电池性能要求较低的领域得到二次利用。通过退役电池的梯次利用，充分发挥其剩余价值，可实现资源的有效利用，同时推进社会、环境和经济的可持续发展。然而退役电池具有显著的状态不一致性，使其梯次利用的难度呈指数级增大，且重组电池系统寿命因受制于"短板效应"而大打折扣，经济价值难以释放，所以退役电池的梯次利用难以付诸实践。

（1）技术现状

退役电池梯次利用技术为储能系统、电动车辆和可再生能源提供了可靠的梯次利用解决方案，推动了资源有效利用和环境可持续发展。退役电池梯次利用技术涉及退役电池的评估分类、重组集成和再利用，最大限度地发挥电池全生命周期的利用价值。退役电池评估分类技术包括非破坏性测试、容量和内阻评估、循环次数分析等，以确定电池的性能和健康状况，然后对退役电池进行拆解分类，应用于不同的场景。退役电池重组集成技术是指将状态较为一致的电池重新组合和集成，整合为更高价值的电池组或储能系统。这项技术涵盖混合化组装、容量匹配、状态匹配、智能电池管理和动态平衡等技术，旨在提高系统整体性能、延长循环寿命，并确保储能系统的稳定性和安全性。

全球范围内都在积极开展有关锂离子电池梯次利用的研究。德国、美国、日本等国家起步早，已有成功示范工程和商业项目。日产汽车联合 WMG 能源创新中心开发了核心算法和分级技术，可以精确推算出退役电池的功率、容量和健康状态，同时开发了"Nissan x Storage"项目，将退役电动汽车电池用于家庭储能系统，通过对电池性能的分析和匹配，实现了电池的二次利用。日本松下开发了一种新的电池管理技术，通过在多单元层叠锂离子电池上进行电化学阻抗测量和温度校准，可精确评估锂离子电池的剩余价值，从而提升废旧锂离子电池的回收利用价值。日本伊藤忠商事 ITOCHU 开发了锂离子电池健康状态的远程云平台诊断技术，通过分析运行数据，实现了对电池包或电池健康状态的准确评估，同时与美国 Duke 能源、美国 EnerDe 公司开展合作，针对电动汽车电池梯次利用开展评价和测试，并将这些退役电池应用于家庭能源供应领域。美国 B2U 公司建设了 25MWh 的太阳能配储电站 Sierra，利用 EV Pack Storage 技术将不同剩余容量的退役动力电池重组，可解决退役电池固有容量的差异问题，从而实现储能系统高效率输出能量。

国内对锂离子电池梯次回收的研究起步较晚，但近几年来发展迅速，梯次利用技术已处于国际领先水平。天津力神联合清华大学等九家单位针对退役动力电池梯次利用的发展需求和技术难题，通过联合技术攻关突破了退役动力电池的分级筛选、智能拆解和异构兼容规模化利用等关键技术瓶颈，同时开发了 4 类对应的核心装备，并成功打造了兆瓦级的异构兼容储能系统示范工程。大众汽车集团（中国）携手江苏华友能源科技有限公司，打造了 "30kW/78kWh 全时域主动均衡梯次移动储能系统" 试点项目，使用了华友能源的退役动力电池快速分选技术、高效安全的 BMS 技术、全时域均衡技术和整包利用技术，在保持原有电池组结构的同时，为梯次电池应用量身打造了数字化控制系统，保证储能系统的安全运行。华电内蒙古能源有限公司联合清华大学等多家单位建设 10MW/34MWh 规模的储能电站，采用基于动态可重构电池网络的梯次利用技术方案，通过数字能量交换系统实现物理上的程序控制柔性连接，从根本上解决了电池系统 "测不准、断不开" 的难题，从而提高了电池储能系统的安全性和经济性。广东省在此领域处于国际领先水平，珠海瓦特电力开发了电芯整包利用技术，最大限度地保留原有电芯的一致性，并通过多分支拓扑协调控制技术将不同品牌、不同型号和不同批次的电池柔性接入，并进行精准控制，配合液冷热管理系统确保电池安全运行，构建全方位安全保障体系。

（2）分析研判

数字无损梯次利用技术将成为未来动力电池向储能电池梯次利用的主流技术路线。现阶段，国家政策规定在电池一致性管理技术取得突破前，原则上不得再新建大型动力电池梯次利用储能项目，数字无损梯次利用技术可从根本上解决退役动力电池向储能电池梯次利用转变面临的诸多挑战，尤其是安全性和经济性方面的应用难题。随着海量动力电池的退役，低效率且高成本的传统电芯拆解分选方法已无法满足梯次利用的应用需求，并且传统电池模组硬性连接的方式也无法彻底解决退役电芯差异性大的难题。因此现有的拆解 - 分选 - 重组技术策略难以实现退役电池梯次利用在经济性、安全性和整体性能之间的平衡。此外退役电池的电性能、机械性能和安全性能难以准确评估，各单体电芯之间的性能差异性较大且可靠性较低，发生安全事故的概率远高于新的电池模组。因此现有 BMS 较难满足退役电池模组的电、热管理需求，需要开发一种能够实现退役电池低成本且高效梯次利用的技术方案，以推动整个梯次利用产业的快速发展。

近些年，数字无损梯次利用技术开始受到行业的关注，此技术相较于传统的梯次利用策略，无需将退役电池模组拆解到单体电芯层级后再进行分级和重组，而是通过动态可重构电池网络技术对退役的电池模组直接进行简单电气和外观粗选及柔性连接。此技术将互联网屏蔽终端差异性的技术理念引入梯次利用领域，摒弃传统电芯硬性连接的方式，可同时兼容不同厂家 / 不同批次 / 不同规格 / 不同电化学体系的电池，从根本上解决电池系统短板效应的难题，可充分挖掘电池全生命周期利用价值，显著提高电池系统经济性。动态可重构电池网络技术从三个层面保证梯次利用电芯在系统层级的本质安全，首先电池单元的可控并联可以降低系统热损耗，其次拓扑网络的动态重组可防止系统热堆积，最后通过故障电池的快速切除可避免事故发生。因此，基于动态可重构电池网络的无损梯次利用技术，能够解决梯次利用电芯在性能精准评估、智能分选成组、高效集成管控、本质安全运行和低成本开发方面的痛点问题，不仅可以提升电池再利用的效率和经济性，更为环保和资源的可持续利用提供了更广阔的前景。但无损梯次利用技术大规模商业应用模式还未完全成熟，实际效果还需市场进一步验证，目前仍需解决以下问题：①动态可重构电池网络技术涉及复杂的电池拓扑结构，需要部署高质量或冗余组件，系统的高效稳定运行极大依赖于控制器等相关组件的品质和可靠性，增加了系统的运行风险和设备成本；②面对复杂的电池特性和变化的系统负载等情况，需要开发快速响应的动态可重构电池网络技术用于拓扑网络动态重组和故障电池在线自动切除；③动态可重构电池网络控制是基于电池可残余放电的在线评估结果，然而在实际应用中复杂的工况条件会造成电池容量预测的较大误差，从而影响整个网络拓扑的重新配置和管理，因此需要开发高效且精准的电池容量评估方法；④传统 BMS 的算力较低，难以根据复杂的电池运行状态实现理想网络拓扑的设计和重组，需结合人工智能、云计算和物联网等技术，建立数字孪生的电池云管理系统，实现更全面、准确和高效的电池系统管理。

（3）关键指标（见表 2.6-2）

2.6.2 技术创新路线图

现阶段，整体技术国内领先于国外。已掌握三元电池回收技术，实现大规模应用；磷酸铁锂电池回收技术处于产业

表 2.6-2 退役电池梯次利用技术关键指标

指标	单位	现阶段	2027 年	2030 年
电池健康状态评估准确率	%	95	97	99
退役模组整包梯次利用比例	%	30	50	70

化研究初期；已掌握循环再造三元材料技术，再造磷酸铁锂及石墨负极材料处于应用研究初期。国内企业在退役电池梯次利用领域处于国际领先水平，但梯次利用成本较高。梯次利用技术发展较快，但需将模组拆解进行重组集成，成本高于新的储能电芯，大规模应用受限，电池健康状态评估准确率≥95%，整包利用率低。

到 2027 年，整体技术国内领先于国外。已优化三元电池回收技术，实现大规模应用；基本掌握磷酸铁锂电池回收技术并进行规模应用；基本掌握循环再造动力级电池材料。国内企业开发电芯整包利用技术，保持原有电池组结构，实现退役模组电芯的柔性接入，解决经济性和安全性的应用难点。基于整包利用技术和剩余价值评估技术，实现对退役电芯模组的最大化利用，电池健康状态评估准确率≥97%，退役模组整包梯次利用比例≥50%。

到 2030 年，整体技术国内领先于国外。已优化三元电池回收技术，实现大规模应用；已掌握磷酸铁锂电池回收技术，实现大规模应用；掌握循环再造动力级电池材料，实现大规模应用。国内企业基于动态可重构电池网络开发无损梯次利用技术，结合数字储能系统，实现此技术的大规模应用，处于国际领先水平。基于动态可重构电池网络的无损梯次利用技术，电池健康状态评估准确率≥99%，退役模组整包梯次利用比例≥70%。

图 2.6-1 为电池循环回收技术创新路线图。

①三元电池回收技术；②磷酸铁锂电池回收技术；③循环再造动力电池材料技术；④退役电池评估分类技术；⑤退役电池材料技术；⑥退役电池系统管理技术

电池循环回收技术

	现阶段	2027年	2030年
技术内容 / 技术分析	整体技术国内领先于国外。已掌握三元电池回收技术，实现大规模应用；磷酸铁锂电池回收技术处于产业化研究初期；已掌握循环再造动力电池三元材料技术，再造磷酸铁锂及石墨负极材料处于产业化示范水平，国内企业在退役电池梯次利用领域处于国际领先水平，但梯次利用成本较高	整体技术国内领先于国外。已优化三元电池回收技术，实现大规模应用；基本掌握磷酸铁锂电池回收技术并进行规模应用；基本掌握循环再造动力升级电池材料。国内企业开发电芯安全开发包利用技术，保持原有电池组结构，实现退役模组电芯的柔性接入，解决经济性和安全性问题应用难点	整体技术国内领先于国外。已优化三元电池回收技术，实现大规模应用；已掌握磷酸铁锂电池回收技术，掌握循环再造动力电池材料，实现国内企业基于动态干运行态有电池网络开发无损梯次应用技术，结合数字储能系统，实现此技术的大规模应用，处于国际领先水平
材料回收率	锂回收率：95.0% 铁、磷回收率：95.0%	锂回收率：96.0% 铁、磷回收率：96.0%	锂回收率：97.0% 铁、磷回收率：97.0%
碳污排放	单位产品废水排放量： 80m³/t（镍钴锰氢氧化物） 23m³/t（磷酸铁） 单位产品碳排放量： 20.0tCO₂e/t（镍钴锰酸锂） 12.7tCO₂e/t（磷酸铁锂）	单位产品废水排放量： 50m³/t（镍钴锰氢氧化物） 15m³/t（磷酸铁） 单位产品碳排放量： 15.2tCO₂e/t（镍钴锰酸锂） 7.3tCO₂e/t（磷酸铁锂）	单位产品废水排放量： 40m³/t（镍钴锰氢氧化物） 10m³/t（磷酸铁） 单位产品碳排放量： 10.2tCO₂e/t（镍钴锰酸锂） 5.5tCO₂e/t（磷酸铁锂）
再生电池材料	再生镍钴锰酸锂：高镍层状氧化物；比容量>215mAh/g，首次充放电效率>92%，循环寿命>2000次 再生磷酸铁锂：橄榄石结构正极材料；比容量大于>160mAh/g，0.1C首次库仑效率99%，1C/0.1C循环1000次保持99% 再生石墨负极：比容量>340mAh/g，首次无放电效率>91%，循环寿命待验证	再生镍钴锰酸锂：高镍层状氧化物；比容量>220mAh/g，首次充放电效率>92.5%，循环寿命>2500次 再生磷酸铁锂：橄榄石结构正极材料；比容量大于>162mAh/g，0.1C首次库仑效率99%，1C/0.1C循环1000次保持99% 再生石墨负极：比容量>350mAh/g，首次充放电效率>92%，循环寿命>2500次	再生镍钴锰酸锂：高镍层状氧化物；比容量>225mAh/g，首次充放电效率>93%，循环寿命>3000次 再生磷酸铁锂：橄榄石结构正极材料；比容量大于>165mAh/g，0.1C首次库仑效率大于99%，1C/0.1C循环1000次保持99% 再生石墨负极：比容量>355mAh/g，首次充放电效率>93.5%，循环寿命>3000次
梯次利用技术	梯次利用技术发展较快，但需将模组拆解进行重整集成，成本高于新的储能电芯，电池健康状态评估受限，整包利用率低	基于整包利用技术及电池剩余价值评估技术，实现对退役模组的最大化利用，电池健康状态评估准确率≥97%，退役模组包梯次利用比例≥50%	基于动态干运行的可重构电网络的无损梯次利用技术，电池健康状态评估准确率≥99%，退役模组整包梯次利用比例≥70%

图 2.6-1　电池循环回收技术创新新路线图

技术内容　技术分析　技术目标

157

2.6.3 技术创新需求

基于以上的综合分析讨论，电池循环回收技术的发展需要在表 2.6-3 所示方向开展创新研究，实现技术突破。

表 2.6-3　电池循环回收技术创新需求

序号	项目名称	研究内容	预期成果
1	退役电池绿色回收与低碳循环关键技术及产业化应用	研究退役电池高效批量预处理方法，开发电芯带电安全破碎技术，开发梯度破碎及精深分选技术；研究电池黑粉选择性优先提锂技术，开发低浓度含锂废水深度提锂技术，开发短流程制备电池级碳酸锂技术；研究高性能正极材料制备工艺；研究污染介质协同减量和资源化利用技术，探索石墨渣再造负极材料新方法，开发伴生渣全量利用再造建筑基材新工艺；研究电池全生命周期碳足迹，建立碳排放计算及再生料标准体系；建设退役电池全链条一体化（IEIC）绿色低碳回收生产线	1）率先建成全球规模最大、碳排放最低的新能源电池全 IEIC 循环利用项目，推动磷酸铁锂电池高值资源化与经济回收，构建电池回收全过程创新生态链 2）建立资源闭路自循环产业体系，填补锂镍钴等国家战略资源空缺，解决新能源产业链 2035 年所需关键镍钴锂资源卡脖子难题 3）打造绿美广东工业零碳样板，形成动力及储能电池与绿色循环的低碳双轮驱动，助力广东在全国率先实现碳达峰 4）打造 ICM 碳方法学和 BTB 再生料标准，确定过程料再生属性，推动行业绿色低碳标准体系国际互认，支撑电池产品绿色低碳国际竞争力
2	退役电池无损梯次利用技术	针对退役电池梯次利用在经济性和安全性方面的应用难题，研究无损梯次利用技术，具体包括：开发退役电池剩余价值评估技术；开发模组整包利用技术，解决电池差异性难题；研究基于云计算、物联网等技术，开发高效、可靠的退役电池管理系统	梯次利用技术兼容不同厂家/不同批次规格的退役电芯，可充分挖掘电池全生命周期利用价值；电热一体化管控，充放电过程中的最大 SoC 差值控制在 3% 以内，模组最大温差控制在 3℃ 以内，电池剩余价值评估准确率 ≥ 97%

第 3 章

机械储能

CHAPTER 03

机械储能是一种利用物理力学原理将电能转化为机械能，并在需要时再将机械能转化回电能的新型储能方式。机械储能按作用力的种类可分为：重力储能、弹力储能和动力储能。重力储能的主要形式有砖塔储能、山地重力储能等；弹力储能的主要形式为压缩空气储能；动力储能的主要形式为飞轮储能。这些储能方式的优点是效率高、寿命长、响应速度快，适合电网的调峰、调频、电能质量改善等应用。

机械储能在电力系统的应用领域根据其位置和功能被分为三个主要部分：发电侧、电网侧、用户侧。在发电侧，机械储能用于系统频率调节、可再生能源并网支持、电力需求高峰时期的供电补充、辅助动态运行管理等，这些应用有助于提升电力系统的稳定性和效率。在电网侧，机械储能用于解决可再生能源并网不稳定性问题，减轻电网阻塞的压力，延缓输配电设备的升级扩展需求，从而保证整个电力系统的平稳运行。在用户侧，机械储能可用于提高能源的自给自足能力，利用峰谷电价差异进行经济优化，管理容量电费以降低成本，并通过提供备用电源来增强供电的可靠性。

机械储能也存在一些缺点，如对地理条件的依赖性、投资成本高、建设周期长、自放电率较大，与电化学储能相比，其转换效率有待提高。因此，机械储能技术还需要不断地创新和突破，以满足在电力系统、轨道交通、人工智能和机器智能、军事设施等更多领域的应用，支撑能源系统转型。

3.1 压缩空气储能

压缩空气储能系统是一种能够实现大容量和长时间电能存储的新型储能系统，它通过压缩空气存储多余的电能，在需要时，将高压空气释放出来通过膨胀机做功发电。根据《2024中国压缩空气储能产业发展白皮书》，压缩空气储能分为传统与新型两大技术路线，其中新型压缩空气储能包括绝热压缩空气储能、蓄热压缩空气储能、等温压缩空气储能、液态空气储能、超临界压缩空气储能和先进压缩空气储能等。

传统压缩空气储能是最早的压缩空气储能技术，是基于燃气轮机发电技术发展起来的一种非绝热储能技术。储能过程中，电动机带动压缩机压缩空气，将高压空气存储到储气室；发电过程中，将高压空气从储气室释放，驱动膨胀机做功发电。传统压缩空气储能在压缩空气过程中没有回收利用产生的热能，造成系统转换效率较低；在发电过程中依赖天然气等化石燃料作为热源，增加了碳排放。传统压缩空气储能工作原理如图 3.1-1 所示，主要设备有压缩机、膨胀机、电动机、发电机、储气室、燃烧室等。

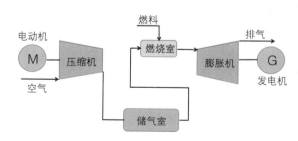

图 3.1-1　传统压缩空气储能系统原理图

国际上，德国、美国、日本等国家率先开展传统压缩空气储能研究，目前已在德国亨托夫（Huntorf）电站和美国麦金托什（McIntosh）电站得到了商业应用，技术指标对比见表 3.1-1。日本于 2001 年在北海道空知郡建成了膨胀机输出功率为 2MW 的压缩空气储能示范工程，是日本开发的容量 400MW 机组的示范性中间机组，它利用位于地下约 450m 深处的废弃煤矿坑作为储气洞穴，最大储气压力为 8MPa。

表 3.1-1　德国亨托夫和美国麦金托什压缩空气储能电站技术指标对比

指标	单位	德国亨托夫电站	美国麦金托什电站
投运时间	—	1978 年	1991 年
功率	MW	290	110
充电时长	h	8	40
放电时长	h	2	26
起动时间	min	14	12
电站效率	%	42	58
压缩机效率	%	80	80
最大储能量	MWh	480	2000
储气洞穴数量	个	2	1
洞穴体积	m³	310000	538000
洞穴压力范围	MPa	4.6~7.2	4.6~7.5
压缩机空气流量	kg/s	107	93
膨胀机空气流量	kg/s	455	154
废气温度	℃	480	370

传统压缩空气储能技术存在依赖大型储气洞穴、依赖化石燃料提供热源和系统效率较低三大技术瓶颈，限制了其推广应用。为此，国内外开展了新型压缩空气储能技术研发和示范验证工作，解决了传统压缩空气储能的三大技术瓶颈。

3.1.1　技术分析

（1）技术现状

1）先进绝热压缩空气储能：先进绝热压缩空气储能针对传统压缩空气储能的系统转换效率较低和依赖化石燃料补燃产生碳排放的缺点进行改进。储能过程中，电动机带动压缩机压缩空气，将高压空气和压缩热分别存储到储气室和蓄热器，实现电能的解耦存储；发电过程中，将高压空气从储气室释放并利用存储的压缩热加热空气，驱动膨胀机做功发电。先进绝热压缩空气储能工作原理如图 3.1-2 所示，主要设备有压缩机、电动机、发电机、换热器、蓄热器（高低温水罐）、膨胀机和储气室（库）等。

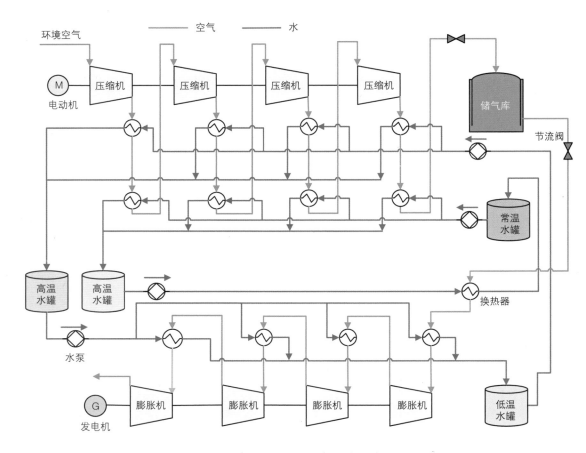

图 3.1-2　先进绝热压缩空气储能系统原理图

先进绝热压缩空气储能是目前技术相对成熟且工程应用最多的非补燃压缩空气储能。相比于传统压缩空气储能系统，由于回收了空气压缩过程的压缩热，系统的转换效率理论上可提升至 70% 以上；同时，用压缩热代替燃料燃烧，实现了零排放的要求。该系统的主要缺点是：由于增加了储热装置，相比补燃式压缩空气储能系统，初期投资成本将增加 20% ~ 30%。目前高温绝热压缩空气储能中超高温压缩和高温固体蓄热技术存在技术瓶颈，难以实现。中温绝热压缩空气储能关键设备技术成熟、成本合理，系统稳定性、可控性较强，具备多能联储、多能联供的能力，易于实现工程化应用。

国际上，德国莱茵电力（RWE Power）公司 2010 年设计了 ADELE 非补燃压缩空气储能电站，使用高温蓄热系统，压缩机组排气温度高达 600℃、排气压力 10MPa，膨胀机组释能功率为 90MW，效率高达 60% ~ 70%，但该项目 2017 年被终止。加拿大 Hydrostor 公司在南澳大利亚州将一处废弃锌矿洞穴改造为地下储气洞穴，依托此洞穴建设容量为 5MW/10MWh 的非补燃压缩空气储能电站。

我国先进绝热压缩空气储能技术处于世界领先水平，在压缩空气储能系统理论创新、技术攻关、装备研制、工程应用等方面取得了创新性成果，建立了具有自主知识产权的设计体系。代表性研发机构主要包括中国科学院工程热物理研究所、清华大学、中国科学院理化技术研究所、西安交通大学等。

清华大学卢强院士和梅生伟教授团队 2014 年在安徽芜湖建成了 1 座 500kW 压缩空气储能试验电站，该项目利用五级压缩、三级膨胀、压力水蓄热、钢制压力容器储气，可连续发电 1h；2016 年在青海西宁建成了 1 座 100kW 光热复合压缩空气储能试验电站。中国科学院工程热物理研究所陈海生团队在国内较早开展压缩空气储能技术研究，2016 年在贵州毕节建成了 10MW 先进压缩空气储能国家示范电站，采用钢制压力容器储气，系统电 - 电转换效率达到 60.2%；2021 年在山东肥城建成 10MW 盐穴先进压缩空气储能商业示范项目，实现并网发电并获准参与山东省电力现货市场交易，系统额定效率达到 60.7%；2022 年在河北张家口建成 100MW 压缩空气储能电站并成功并网，电 - 电转换效率为 70.5%。2023 年，由中国科学院工程热物理研究所和中储国能公司联合自主研发的国际首套 300MW 级先进压缩空气储能系统膨胀机完成集成测试，推动了我国先进压缩空气储能技术迈向新的台阶。2023 年 11 月，中国电建肥城 2×300MW（一期）盐穴压缩空气储能电站示范项目可行性研究报告通过审查，并入选了国家能源局 2024 年第 1 号公告发布的新型储能试点示范项目名单，此外还有 11 个先进压缩空气储能电站示范项目入选该名单。

2022 年，我国压缩空气储能产业迎来爆发式增长。中国能建、中国电建、中国大唐集团、中国三峡集团、中国华能、国家电投等大型国企 / 央企纷纷启动压缩空气储能工程项目，装机规模和容量屡创新高。表 3.1-2 给出了当前我国先进绝热压缩空气储能电站的典型案例。目前规划和建设的电站装机规模普遍在 100MW 以上，储能时间大于 4h。除了盐穴储气，人工硐室、油气藏、废弃矿洞、液态储罐等其他储气方式也被采用，呈现出技术路线多元发展局面。

表 3.1-2　我国先进绝热压缩空气储能项目部分汇总

项目名称	容量	储气方式	应用场景	当前状态
贵州毕节 10MW 先进压缩空气储能国家示范电站	10MW×4h	管线钢	电网侧	并网发电
河北张北县百兆瓦先进压缩空气储能示范项目	100MW×4h	人工硐室	电网侧	并网发电
江苏金坛盐穴压缩空气储能国家试验示范项目	60MW×5h（一期）+2×350MW×4h（二期）	盐穴	电网侧	一期商业运行，二期可研阶段
山东泰安 350MW 压缩空气储能创新示范项目	350MW×4h	盐穴	电网侧	可研阶段
山东肥城 2×300MW（一期）盐穴压缩空气储能电站示范项目	2×300MW×6h	盐穴	电网侧	可研阶段
内蒙古乌兰察布大规模压缩空气储能系统与关键装备研制及应用示范项目	60MW×4h	管线钢（1h）+人工硐室（3h）	电源侧	建设中
湖北应城 300MW 级压缩空气储能电站示范工程	300MW×5h	盐穴	电网侧	受电成功

（续）

项目名称	容量	储气方式	应用场景	当前状态
湖北麻城 300MW 新型压缩空气储能一期 100MW/400MWh 电站示范项目	100MW×4h	人工硐室	电网侧	可研阶段
湖南衡阳百兆瓦级盐穴压缩空气储能创新示范项目	100MW×4h	盐穴	电网侧	建设中
湖南长沙望城 300MW 级压缩空气储能电站示范工程	300MW×6h	人工硐室	电网侧	建设中
辽宁朝阳 300MW 压缩空气储能电站示范工程	300MW×6h	人工硐室	电网侧	建设中
甘肃酒泉 300MW 压缩空气储能电站示范工程	300MW×6h	人工硐室	电源侧	建设中
宁夏中宁百兆瓦级全人工地下储气库压缩空气储能项目	100MW×4h	人工硐室	电源侧	建设中
中国石化胜利油田项目	100MW×4h	油气藏	电源侧	可研阶段
中国石油青海油田项目	60MW×4h	油气藏	电源侧	可研阶段

2）液态空气储能：液态空气储能与超临界压缩空气储能相似，是在先进绝热压缩空气储能的基础上，将空气液化进行存储，进一步提高能量密度，并减少了系统对储气空间的需求，摆脱了选址约束。储能过程中，利用电能将空气进行过滤、压缩，将高压空气在常压下冷却至 −196℃液化，并存储在低温储罐中；发电过程中，液态空气被重新加热至气态并升温，将液态空气携带的冷能进行回收并存储，且用于下一个储能时段高压空气的冷却，从而可以减少制冷过程中电能的消耗。

液态空气储能工作原理如图 3.1-3 所示，主要设备有压缩机、膨胀机、电动机、发电机、液态空气储罐、冷凝器、回热器和低温泵等。

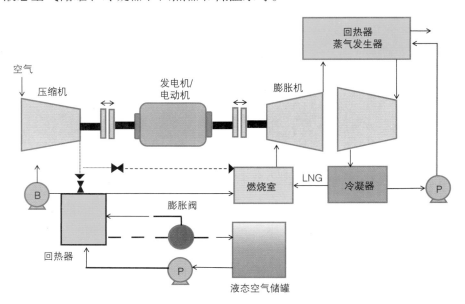

图 3.1-3 液态空气储能系统原理图

  液态空气储能采用液态空气作为介质，储能密度是传统压缩空气储能的 10 ~ 40 倍，不受地理条件限制，可使用地面储罐实现规模化存储，具有大规模储能能力，但由于液化空气温度过低，对于系统保温和管道选择有较高的要求。

  国际上，2005 年，英国高瞻电力（Highview Power）公司联合伯明翰大学正式提出液态空气储能技术。英国高瞻电力公司于 2010 年在英国伦敦建成 350kW/2.5MWh 液态空气储能示范系统并成功投运，该系统连续运行 3 年验证了技术可行性后，搬迁到伯明翰大学，专门用于科学研究并网发电运行；2018 年在英国兰开夏郡邦利建成 5MW/15MWh 规模的液态空气储能示范项目并投入运行。英国高瞻电力储能（Highview Power Storage）公司和美国安可可再生能源（Encore Renewable Energy）公司在美国合作开展 50MW/250MWh 储能电站建设。

  国内，2013 年国家电网在江苏同里投运了 500kW 液态空气储能示范项目，可为园区提供 500kWh 电力，夏季供冷量约 2.9GJ/ 天，冬季供暖量约 4.4GJ/ 天。2017 年，中国科学院理化技术研究所王俊杰团队在廊坊建设了基于双级液相工质蓄冷的 100kW 低温液态空气储能示范平台，取得了良好的实验结果，蓄冷效率达到 90%，系统整体效率可达 60%。2023 年，由中国绿发投资集团有限公司投资的青海省格尔木市 60MW/600MWh 液态空气储能示范项目开工建设，并入选了国家能源局 2024 年第 1 号公告发布的新型储能试点示范项目名单。

  3）水下压缩空气储能：水下压缩空气储能与陆上压缩空气储能原理相似，两者的主要区别在于储气方式和使用环境的差异。与陆上压缩空气储能相比，水下压缩空气储能具有如下的优势：一是水体为气体存储提供了充裕的空间，减轻了陆上建设的局限性；二是利用水的静压特性可以实现等压压缩，避免等容过程中随着气体的释放输出功率下降、膨胀机滑压运行效率低、长时间工作在非额定工况等问题。

  水下压缩空气储能系统包括水上设施和水下储气装置。水上设施类似于陆上压缩空气储能系统，包括：具有压缩机、膨胀机、换热器、蓄热器等；储气装置安装在水下，通过管路与水上设施连接，利用水深使空气保持恒定压力。储气装置按照性质分为柔性、刚性和混合型三种。柔性储气装置一般由高分子复合材料制成，其形状随压缩空气存储量的变化而变化。刚性储气装置一般为钢筋混凝土结构。混合储气装置结合了柔性储气装置和刚性储气装置的优点，但其结构更为复杂。

  加拿大温莎大学和 Hydrostor 公司合作进行了水下压缩空气储能的综合性探索研究，于 2015 年在加拿大安大略省安大略湖建设了功率为 660kW 的首个并网示范工程，为海岛供电。Hydrostor 公司又于 2019 年在加拿大安大略省休伦湖建成首个商用规模水下压缩空气储能项目，充电功率为 2.2MW，放电输出功率峰值为 1.75MW，放电时长约 6h。

  我国还未开工建设水下压缩空气储能项目，目前主要在概念设计和小型实验研究阶段，开展了海上风电机组与水下压缩空气储能的联合仿真研究，设计了适用于海岛的水下压缩空气储能系统，并对系统进行了能效分析和敏感度分析。清华大学建成了小型水下等压压缩空气储能实验系统。

4）超临界压缩空气储能：超临界压缩空气储能是在先进绝热压缩空气储能的基础上，将空气压缩至超临界状态（温度 >132K，压力 >3.79MPa）进行存储，提高了能量密度，并减少了系统对储气空间的需求，摆脱了系统对大型储气室的依赖。储能过程中，压缩机将空气压缩到超临界状态，并在蓄热/换热器中冷却至常温后，利用存储的冷能将其等压冷却液化，经节流/膨胀降压后常压存储于低温储罐中，同时空气经压缩机的压缩热被回收并存储于蓄热/换热器中；发电过程中，液态空气经低温泵加压至超临界压力后，输送至蓄冷/换热器被加热至常温，再吸收储能过程中的压缩热后经膨胀机做功发电，同时液态空气中的冷能被回收并存储于蓄冷/换热器中。超临界压缩空气储能工作原理如图 3.1-4 所示，主要设备有压缩机、膨胀机、电动机、发电机、蓄热/换热器、节流阀、蓄冷器（低温储罐）和低温泵等。

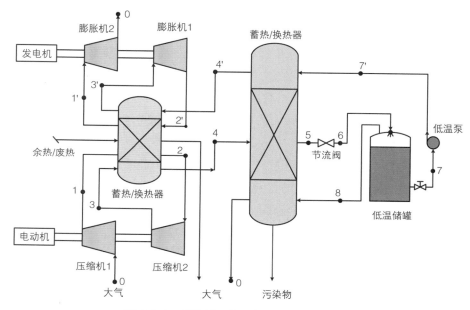

图 3.1-4　超临界压缩空气储能系统原理图

超临界压缩空气储能采用超临界压缩空气作为介质，超临界状态空气的密度接近液体，强化了系统的换热，系统能量密度大幅提升，约为传统压缩空气系统能量密度的 18 倍，储能室的体积大大缩小，摆脱了对大型储气室的依赖。

超临界压缩空气储能仍处于示范应用阶段。中国科学院工程热物理研究所陈海生团队于 2013 年在廊坊建成 1.5MW 蓄热式超临界空气储能示范系统，利用高压蓄冷换热器将超临界状态空气与蓄冷介质直接换热，系统效率约为 52.1%。

5）等温压缩空气储能：等温压缩空气储能采用准等温过程实现空气压缩和膨胀，在压缩过程中实时分离压缩热能和压力势能，使空气不发生较大的温升，相应地在膨胀过程中，实时将存储的压缩热能加热压缩空气，使其不发生较大的温降。等温压缩空气储能工作原理如图 3.1-5 所示，主要设备有液体活塞、电动机、发电机、高压储气室、液压泵和液压马达等。

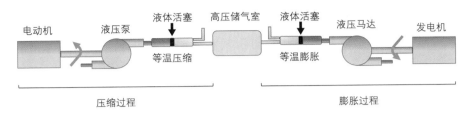

图 3.1-5　等温压缩空气储能系统原理图

等温压缩空气储能技术试图在压缩和膨胀过程中保持恒定温度。该系统采用喷淋、底部注气等，通过比热容大的液体（水或者油）提供近似恒定的温度环境，使空气在压缩和膨胀过程中无限接近于等温过程，将热损失降到最低，从而提高系统效率。等温压缩空气储能系统结构简单、运行温度和压力相较于绝热压缩空气储能较低，但其装机功率一般较小，储能效率较低，引入了液化环节，系统结构复杂，等温控制技术尚不成熟，等温的压缩过程和膨胀过程也难以实现，仅适用于小容量的储能场景。综上，现阶段实践中很难实现高效且具有成本效益的等温过程，大型化发展难度大，技术成熟度低，目前处于实验室阶段。目前全球唯一兆瓦级等温压缩空气储能验证项目由美国压缩空气储能技术公司 Sustain X 设计，功率为 1.5MW，测试循环效率达到 54%。

6）液态二氧化碳储能：液态二氧化碳储能与压缩空气储能类似，区别在于压缩气体介质。储能过程中，低压储罐中的低压液态二氧化碳经过蓄冷换热器吸热气化，再经过（多级）压缩机压缩至超临界状态，同时通过再冷器吸收压缩热并通过蓄热介质将热量存储在蓄热罐中，最后将超临界状态二氧化碳存储在高压储罐中，即将电能以热能和势能形式存储；发电过程中，高压储罐中的超临界二氧化碳经过再热器升温，驱动膨胀机做功发电，同时将再热器出口的低温蓄热介质冷量存储在蓄冷罐中，末级膨胀机出口的二氧化碳再经过冷却器和蓄冷换热器冷却至液化状态，最后存储在低压储罐，即将热能和势能转化为电能输出。液态二氧化碳储能工作原理如图 3.1-6 所示，主要设备有高压储罐、低压储罐、压缩机、膨胀机以及蓄热罐、蓄冷罐等。

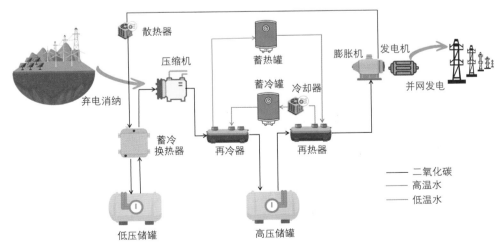

图 3.1-6　液态二氧化碳储能系统原理图

国际上，意大利 Energy Dome 公司在 2022 年 6 月建成世界首个 4MWh 的液态二氧化碳储能试点项目，系统最大输出功率为 2.5MW。

国内，中国科学院理化技术研究所 2023 年 8 月在河北省廊坊市建设了国内首个百千瓦液态二氧化碳储能示范验证项目。由百穰新能源科技（深圳）有限公司、安徽海螺集团有限责任公司和西安交通大学联合研发的全球首套 10MW/80MWh 二氧化碳储能示范系统，采用了气液互转二氧化碳储能技术，于 2023 年 12 月 30 日在芜湖正式并网发电。

（2）分析研判

先进绝热压缩空气储能是重点发展的主流技术方向，在技术成熟度上达到商业化水平。技术攻关重点是提高系统转换效率，技术路线是进一步提高单机功率，提升关键部件性能并进行集成优化，主要包括：①大流量、高效率、高排气温度的压缩机技术；②高效率、高进气压、高进气温度的膨胀机技术；③耐高温、高换热率、起停快的换热器技术；④布置灵活、长期密封好的储气技术；⑤系统集成与优化技术。

在压缩机技术方面，轴流式压缩机 + 离心式压缩机组合是大规模压缩空气储能系统压缩机组的主要技术路线。国内厂家主要有沈鼓集团、陕鼓集团等，国外厂家有西门子、阿特拉斯·科普柯等。我国具备设计制造大流量、高压比、宽负荷、高效率压缩机的能力，用于 100MW 级压缩空气储能系统的压缩机系统基本实现国产化，但匹配单机容量 200MW 及以上压缩空气储能系统的压缩机系统仍需攻关，应充分结合轴流式压缩机通流能力强、流量大、阻力小、效率高以及离心式压缩机转速高、排气量大、排气均匀、性能曲线平坦、操作范围宽的优点，提高压缩机系统的效率。压缩机技术应重点关注的性能参数包括压缩机的流量、压比、转速、功率与效率等。

在膨胀机技术方面，轴流式膨胀机是大规模压缩空气储能系统膨胀机组的主要技术路线。轴流式膨胀机通流能力强，适用于要求大流量的场合；易于实现多级串联，实现高膨胀比；气流路程短，效率高。需要小流量运行时，存在摩擦损失增加导致效率降低的问题。国内厂家主要有哈尔滨汽轮机厂、东方汽轮机厂、上海汽轮机厂、中能建北京电力设备总厂和陕鼓动力等。膨胀机技术应重点关注的性能参数包括膨胀机的功率、效率和流量等。

在换热器技术方面，具有纯逆流特点的管壳式换热器是工程中使用的主流换热器。国内具备换热器设计加工能力的厂家，大多可开展压缩空气储能系统换热器系统的设计和计算工作，重点需要针对压缩空气储能系统的工作特点及参数，进行耐高温、高换热率、起停快的大容量换热器的设计、加工和集成。国内主要设备商为哈尔滨电气、东方电气、上海电气等。换热器技术应重点关注的性能参数包括换热器的容量、换热效率等。

在储气技术方面，具备良好稳定性和气密性的地下盐穴、废弃矿洞及人工硐室是建设大规模压缩空气储能系统地下储气室的主要方式。关键科学与技术问题包括：科学合理评估循环往复高内压荷载作用下地下储气室整体稳定性，以及内衬 - 过渡层 - 围岩协同作用下的长期密封性、稳定性，并形成与之相应的工程处置技术。此外，柔性储气装置是发展水下压缩空气储能最具可行性的储气技术，满足海洋可再生能源对储能的需求。储气技术应重点关注的性能参数包括储气室的容量、密封性 / 安全性和建造成本。

液态空气储能、液态二氧化碳储能和水下压缩空气储能是值得关注和探索的新型压缩空气技术。对于液态空气储能和液态二氧化碳储能，蓄冷系统在储能和释能过程中动态损失较大，系统储能效率偏低，相变材料潜热大用量小，换热过程近似保持恒温，换热损失小，是重点发展方向。水下压缩空气储能是解决海洋可再生能源快速发展对规模化存储需求非常有前景的新型储能技术，攻关重点是水下系统（水下储气和水下运输），具有高可靠性、易维护或免维护特点的水下系统是重点发展方向，目前急需开展小规模示范工程建设验证储气技术方案，推动规模化发展，促进海上可再生能源的高效利用。

（3）关键指标（见表 3.1-3）

表 3.1-3　先进绝热压缩空气储能系统关键指标

指标	单位	现阶段	2027 年	2030 年
系统效率	%	40~70	50~70	60~75
单机功率	MW	10~300	300~400	400~600
装机容量	MWh	40~1500	1500~2400	2400~3600
容量成本	元 /kWh	1200~1600	1000~1400	800~1200

3.1.2　技术创新路线图

现阶段，先进绝热压缩空气储能是重点发展的技术方向，多个单机容量 10~300MW 工程项目已开工建设或处于可研阶段，在技术成熟度上达到商业化初期水平。液态空气储能正在建设 60MW 示范工程；液态二氧化碳储能已建设 10MW 示范工程；水下压缩空气储能处于实验室阶段。

到 2027 年，先进绝热压缩空气储能单机容量 300MW 系统成熟，建设单机容量 300~400MW 工程项目。液态空气储能突破高效率大规模蓄冷系统，开展 100MW 级示范工程建设；液态二氧化碳储能单机容量 10MW 系统成熟，开展 100MW 级示范工程建设；水下压缩空气储能进入示范应用阶段。

到 2030 年，先进绝热压缩空气、液态空气和超临界压缩空气储能技术完全进入商业化阶段，建设单机容量 400~600MW 以上工程项目。压缩机、膨胀机、换热器、储气装置进一步提升效率，压缩空气储能系统成本进一步降低。液态空气储能、液态二氧化碳储能、水下压缩空气储能进入商业化初期。

图 3.1-7 为压缩空气储能技术创新路线图。

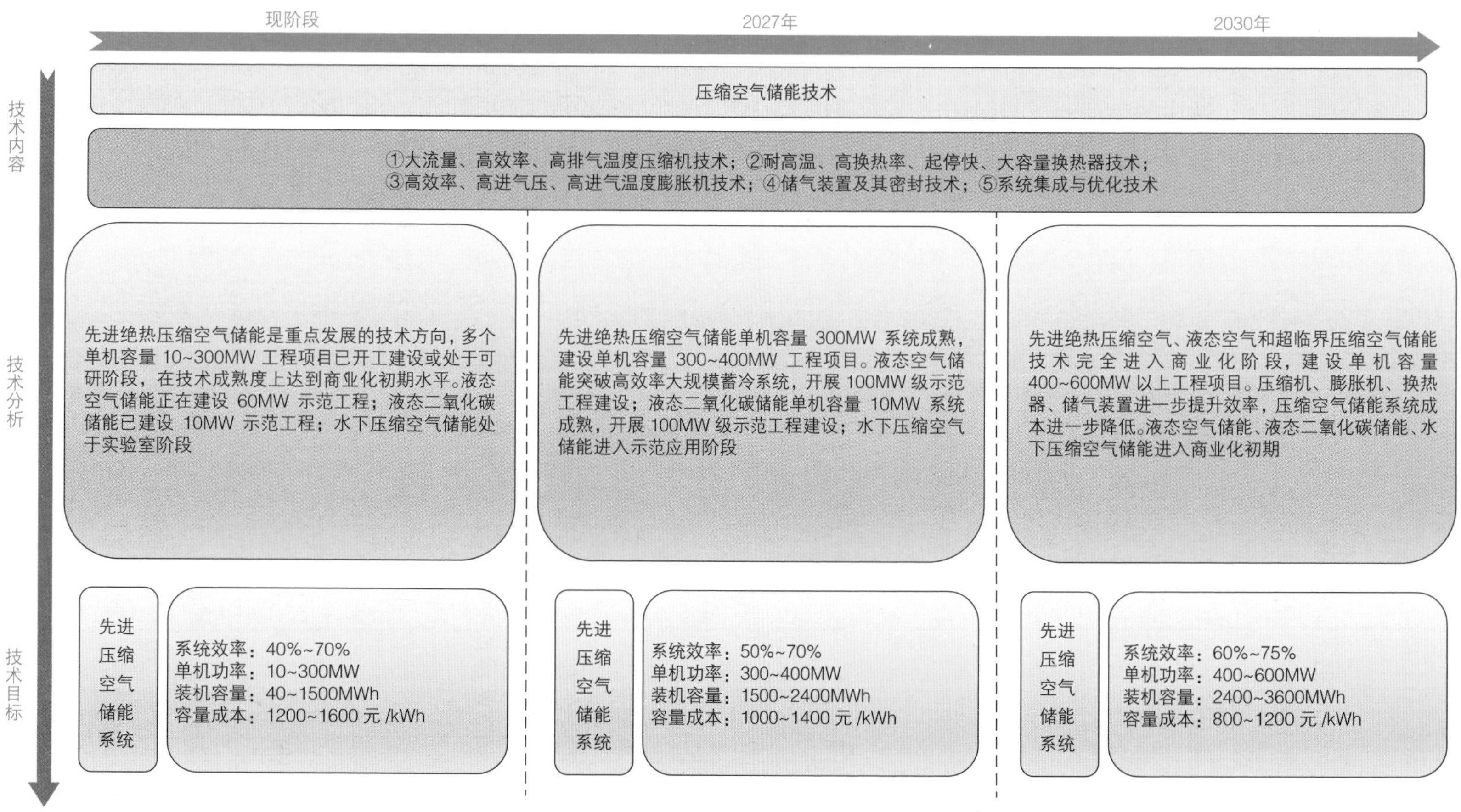

压缩空气储能技术

技术内容

①大流量、高效率、高排气温度压缩机技术;②高温、高换热率、起停快、大容量换热器技术;③高效率、高进气压、高进气温度膨胀机技术;④储能装置及其密封技术;⑤系统集成与优化技术

技术分析

现阶段:
先进绝热压缩空气储能是重点发展的技术方向,多个单机容量10~300MW工程项目已开工建设或处于可研阶段,在技术成熟度上达到商业化初期水平。液态空气储能正在建设60MW示范工程;液态二氧化碳储能已建设10MW示范工程;水下压缩空气储能处于实验室研究阶段

2027年:
先进绝热压缩空气储能单机容量300MW系统成熟,建设单机容量300~400MW工程项目。液态空气储能突破高效率大规模蓄冷系统,开展100MW级示范工程建设;液态二氧化碳储能单机容量10MW系统成熟,开展100MW级示范工程建设;水下压缩空气储能进入示范应用阶段

2030年:
先进绝热压缩空气和超临界压缩空气储能技术完全进入商业化阶段,建设单机400~600MW以上工程项目。压缩机、换热器、膨胀机、储气装置进一步提升效率,压缩空气储能系统成本进一步降低。液态空气储能、液态二氧化碳储能进入商业化初期

技术目标

先进压缩空气储能系统（现阶段）
系统效率:40%~70%
单机功率:10~300MW
装机容量:40~1500MWh
容量成本:1200~1600元/kWh

先进压缩空气储能系统（2027年）
系统效率:50%~70%
单机功率:300~400MW
装机容量:1500~2400MWh
容量成本:1000~1400元/kWh

先进压缩空气储能系统（2030年）
系统效率:60%~75%
单机功率:400~600MW
装机容量:2400~3600MWh
容量成本:800~1200元/kWh

图 3.1-7 压缩空气储能技术创新路线图

3.1.3 技术创新需求

基于以上的综合分析讨论，压缩空气储能的发展需要在表 3.1-4 所示方向开展创新研究，实现技术突破。

表 3.1-4　压缩空气储能技术创新需求

序号	项目名称	研究内容	预期成果
1	100MW 级致密花岗岩洞穴压缩空气储能关键技术	开展 100MW 级致密花岗岩洞穴压缩空气储能关键技术研究，包括：花岗岩洞穴压缩空气储能库多源勘察与工程地质特征精细化表征技术；高内压条件下储气库全生命周期围岩稳定性评价技术；高内压条件下储气库围岩密封性评估技术；高内压条件下储气库稳定性及密封性控制关键技术；花岗岩体洞穴压缩空气储能工程示范应用；压缩空气储能库建造与运维技术标准编制	开发 100MW 级致密花岗岩洞穴压缩空气储能系统，储能库蓄热量超过 370GJ，保温 16h 蓄热效率达到 98% 以上，最高排气压力 10MPa 以上，最高效率 87% 以上。寿命超过 40 年，全寿命度电成本为 0.2~0.3 元 /kWh
2	10MW 液态二氧化碳储能关键技术	开展 10MW 液态二氧化碳储能关键技术研究，包括：10MW 液态二氧化碳储能系统设计；液态二氧化碳储能系统储气装置设计与布放技术；复杂环境载荷作用下 10MW 液态二氧化碳储能系统的安全性评估技术；10MW 液态二氧化碳储能系统对环境的影响与评价方法；10MW 液态二氧化碳储能系统集成与验证	建成 10MW 液态二氧化碳储能系统示范应用项目
3	面向海上风电光伏的水下压缩空气储能关键技术及实验验证	开展面向海上风电光伏的水下压缩空气储能关键技术研究及实验验证，包括：水下储气装置的稳定性和锚固技术；水下输气管线的水动力学和气体动力学特性；浮动平台、输气管线和水下储气装置的运动规律、协同设计及优化布局；高频低频以及剧烈波动电能的高效转化和存储；基于热能品位耦合及协同利用	在储能压力 5MPa 工况下，储能密度不低于 5kWh/m³，最高能量回收效率 70%；研建定压压缩空气储能实验平台，验证系统的稳定性和可靠性

3.2 飞轮储能

3.2.1 技术分析

（1）技术现状

飞轮储能系统，又称"飞轮电池"，是一种快速实现机械能与电能转换的机电装置，由电动机、发电机、储能变流器及控制系统等组成。充电时，飞轮电机作为电动机运行，外部电能经储能变流器转换，驱动控制飞轮电机加速旋转，飞轮存储动能；放电时，飞轮电机作为发电机运行，转速降低将动能转换为电能输出。飞轮储能是非常适合参与电力调频的储能技术，可以适应短时高频次和瞬时大功率充放电需求，能够显著提高新型电力系统的调节能力和运行稳定性。飞轮储能辅助新能源场站调频示意图如图 3.2-1 所示。

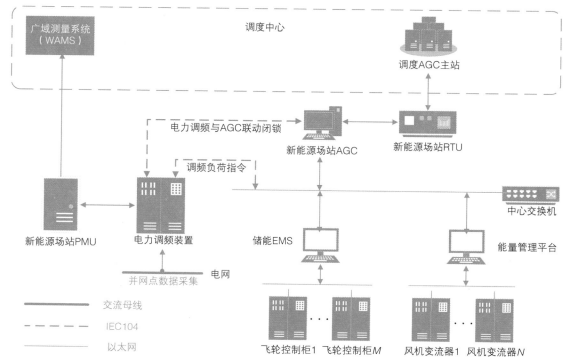

图 3.2-1　飞轮储能辅助新能源场站调频示意图

　　飞轮储能作为一种惯性储能技术，具有功率密度大、响应时间快、高频次充放电、循环寿命长、无污染等显著优势。

　　按照转子速度的不同，飞轮储能系统可以分为低速、高速和超高速三类。①低速飞轮依靠滑动或滚动轴承支撑，运行在数千转/分钟的转速范围内。这种类型的飞轮储能设备相对较大，但成本较低，适用于较长时间的能量存储和释放。②高速飞轮转子采用轻质材料制造，通常采用磁悬浮或气浮轴承技术，转速超过 10000r/min。这类飞轮体积较小，能量密度较高，适用于短时间的能量存储和释放。③超高速飞轮转子转速可达到数万转/分钟，大多采用先进复合材料。这类飞轮具有更高的能量密度，但成本较高，适用于特殊场景和高性能要求的场合。

　　根据转子支撑方式的不同，飞轮储能系统分为机械轴承支撑、气浮轴承支撑和磁悬浮支撑三种方式。①机械轴承支撑方式常采用滚珠或滑动轴承，运行过程中转子和定子存在摩擦和磨损问题，由于成本较低，一般用在转子速度不高的场合。②气浮轴承支撑方式利用空气或氮气等气体形成的气膜将转子悬浮在空中，避免定子和转子的摩擦损耗，但需要额外的气源供应。③磁悬浮支撑技术利用受控电磁吸力实现定子与转子的无接触支撑，具有无磨损、不需润滑、刚度和阻尼可调、可主动振动抑制等优点，特别适用于高速旋转和低噪声的场合。

　　近年来，随着高强度复合材料转子制备工艺、磁悬浮控制、高速电机、大功率电力电子等技术领域的突破，飞轮储能技术得到迅猛发展。例如，新型电力系统充分利用飞轮储能系统功率密度大、响应时间短、循环寿命长的特点，用于火电机组、风电场、光伏电站调频，实现电网功率波动平抑，减少弃风弃光，稳定电网频率，提高电能质量。一些发达国家已有飞轮储能系统应用于电网调峰调频的成功案例。我国在《"十四五"新型储能发展实施方案》中明确提出到 2025 年兆瓦级飞轮储能等机械储能技术逐步成熟，重点建设飞轮储能技术试点示范项目。同时，在轨道交通领域，飞轮储能技术可实现制动能量的回收与利用；在电磁发射和微波技术等领域，飞轮储能技术特有的瞬时高功率、连续高频次放电、快速充电能力对实现新概念装备轻小型化具有显著优势。

　　1）飞轮储能本体技术：目前，飞轮储能本体技术仍处于工程示范应用阶段，未实现商业化应用。国际上美国、加拿大、德国处于世界领先水平。美国得克萨斯大学较早研制出单体 2MW/100kWh 飞轮储能系统，最高转速达 15000r/min。美国 Beacon Power、加拿大 Temporal Power 公司的飞轮储能产品成功应用于电力调频领域，单体最大功率不超过 500kW。欧洲代表性公司德国 Piller 采用大质量金属飞轮和大功率同步励磁电机，单体最大功率为 625kW。

　　我国从 20 世纪 80 年代开始关注飞轮储能技术，90 年代后开始关键技术基础研究，并建立相关试验装置，近十年得到快速发展，整体处于技术开发与验证阶段，正在积极推广应用。欧美发达国家在飞轮储能技术方面总体处于领先水平，国内在电磁优化设计、本体制备工艺、高速转子复合材料技术等方面仍有不少差距。国内科研院所包括清华大学、北京航空航天大学、国防科技大学、华北电力大学、华中科技大学、中山大学、中国科学院电工研究所、中国科学院工程热物理研究所等，较早开始飞轮储能技术的理论设计探索，建立了多套实验原理样机和工程样机，其飞轮储能技术分别应用于核能装置、航空航天、火力发电、新能源和轨道交通等领域。代表性企业包括盾石磁能科技有限责任公司、沈阳微控飞轮技术股份有限公司、北京泓慧国际能源技术发展有限公司、华驰动能（北京）科技有限公司、北京奇峰聚能科技有限公司、青岛东湖绿色节能研究院有限公司、坎德拉（深圳）新能源科技有限公司等。表 3.2-1 为目前国内外飞轮储能企业推出的主要产品规格。

　　2）飞轮储能系统关键部件：飞轮储能系统包括飞轮转子、磁悬浮轴承及其控制系统、电机及其控制系统等重要组件，涉及材料、转子动力学、机械、电气、磁场、控制等多个学科，行业技术壁垒较高。单体大功率飞轮储能的关键技术难点主要集中于飞轮转子材料、磁悬浮轴承、高速电机、真空散热等方面。

　　① 飞轮转子。高速飞轮转子是飞轮储能系统的关键组件，是系统储能放电的载体。飞轮储能系统的储能密度与转子材料的比强度成正比，要求转子材料具有很高的比强度。飞轮转子一般由合金钢或者复合材料制成。

表 3.2-1　目前国内外飞轮储能企业主要产品规格

单位名称	单体功率 / 储能量	飞轮材料
美国 Beacon Power 公司	360kW/36kWh	复合材料
加拿大 Temporal Power 公司	250kW/50kWh	合金钢
德国 Piller 公司	1.6MW/4.6kWh	合金钢
美国 Active Power 公司	300kW/1.6kWh	合金钢
美国 Amber Kinetics 公司	8kW/32kWh	合金钢
盾石磁能科技有限责任公司	333kW/3.61kWh	复合材料
沈阳微控飞轮技术股份有限公司	125kW/0.52kWh	合金钢
北京泓慧国际能源技术发展有限公司	1MW/45kWh	合金钢
华驰动能（北京）科技有限公司	630kW/125kWh	合金钢
北京奇峰聚能科技有限公司	600kW/5kWh	合金钢
青岛东湖绿色节能研究院有限公司	1MW/11kWh	合金钢
坎德拉（深圳）新能源科技有限公司	1MW/35kWh	合金钢

　　钢制飞轮转子材料（如 4340 合金钢）强度较高，成本较低，目前在电力调频领域被广泛使用。美国 Active Power 公司生产的 UPS 钢制飞轮转子，工作转速约为 7700r/min，单飞轮功率为 120kW，存储能量达 1kWh。德国 Piller 公司单个 UPS 低速钢质飞轮的峰值功率为 1.6MW，存储能量为 4.6kWh，已经有 500 套 UPS 飞轮成功应用。我国有多家领军企业和高校院所掌握飞轮转子用合金钢母材制备技术，如兴澄特钢、宝钢等。中国科学院电工研究所制造的金属飞轮转子，直径为 350mm，工作转速为 4000~8000r/min。华北电力大学秦立军团队研制的 334kg 钢飞轮转子，极限工作转速为 10000r/min。东南大学蒋书运团队研制出 1kWh 的 40Cr 钢制飞轮转子，直径为 300mm，质量约为 110kg，成功进行了充放电试验。

　　碳纤维复合材料飞轮转子的材料强度高、密度小，相对金属制飞轮，可以获得更高转速，但工艺复杂，成本较高。国际上美国、加拿大处于领先地位。美国 Beacon Power 公司研制的碳纤维复合材料飞轮转子工作转速达到 20000r/min 以上，单飞轮功率为 100kW，存储能量达 25kWh，工作时间为 15min。加拿大 Flywheel Energy Systems 公司在金属轮上缠绕复合材料，飞轮最高工作转速可达 31000r/min，存储能量为 1kWh。目前报道的飞轮极限破坏速度为 1405m/s，由美国橡树岭实验室在 1985 年完成，对应储能密度为 244Wh/kg，可安全应用的储能密度则为 146Wh/kg。国内在碳纤维等复合材料飞轮转子的研制方面具备一定的研发实力，掌握了碳纤维复合材料高速飞轮转子制备等核心技术，尚不具备大规模供应高端碳纤维的能力。中国科学院工程热物理研究所戴兴建团队研制的复合材料飞轮转速达到 42000r/min，最高线速度达到 796m/s，储能密度达到

48Wh/kg。东风马赫 E 新能源电驱动系统采用了碳纤维包覆转子技术，转速可达 30000r/min。极氪汽车 001FR 电驱动系统使用自研的碳纤维包覆转子，最高转速达 20620r/min。广汽埃安推出的夸克电机融合自主专利的 X-PIN 扁线定子技术和碳纤维高速转子技术，使得电驱动系统在体积缩小 25% 的情况下，电驱动功率提升 30% 以上。

② 磁悬浮轴承及其控制系统。磁悬浮轴承及控制技术是飞轮储能系统的核心技术。磁悬浮轴承技术利用可控电磁力实现飞轮转子悬浮，从而降低定子与转子的摩擦损耗，有利于转子获得更高转速和性能。

国际上，磁悬浮轴承核心技术被瑞士、美国、德国及日本垄断。美国沃喀莎（Waukesha）、瑞士苏尔寿（Sulzer）、德国赛特勒斯（Zeitlos）、德国路斯特（LTI Motion）、日本精工（NSK）为全球主要磁悬浮轴承供应商，以上企业占据全球市场近 75% 的份额。

我国为轴承生产大国，具备磁悬浮轴承的研发和生产基础，但我国磁悬浮轴承市场仍以中低端产品为主，在高端领域缺乏竞争优势。天津亿昇科技、南京磁谷科技、广东磁瑞磁悬浮科技、山东章丘鼓风机为我国磁悬浮轴承相关企业，以生产鼓风机用磁悬浮轴承产品为主。华驰动能、坎德拉等公司自主开发的磁悬浮轴承已实现国产化，成功应用于兆瓦级飞轮储能系统。

近年来，磁悬浮轴承控制技术已逐渐由传统 PID 分散控制向智能控制发展。随着电子技术的飞速发展，磁悬浮轴承控制器所需的处理器、A/D 转换器、D/A 转换器、运算放大器、功率器件等器件性能迅速提升，许多鲁棒控制、不平衡振动、抗干扰等复杂算法在 DSP、FPGA、ARM 等硬件平台上得以实现。蒙纳士大学 H.K.Chiang 等设计了一种变结构控制器，使系统对状态参数摄动表现出一定的不敏感性。首尔大学 Jin. H 采用非线性反馈线性化设计出磁悬浮轴承控制器。谢里夫理工大学 Darbandi 团队借助谐波干扰补偿来抑制转子不平衡振动，提升磁悬浮转子系统稳定性。浙江大学祝长生团队采用前馈解耦控制算法消除磁悬浮轴承径向各自由度间的耦合，采用模态分离 - 状态反馈解耦控制解决主动磁悬浮轴承高速飞轮转子系统振动抑制问题。

③ 电机及其控制系统。高速电机是飞轮储能系统中实现电能与机械能之间相互转换的重要部件。电机按照工作原理可以分为异步电机、开关磁阻电机和永磁电机。异步电机技术比较成熟、无需位置传感器而且成本低，但是其绕组端部长，功率因数低，转子损耗大，其单向效率通常低于 93%；开关磁阻电机结构简单、耐高温且具有较短的绕组端部，但其转子风摩损耗大，具有较大的机械振动和噪声，效率低，其单向效率通常低于 93%；永磁同步电机不仅功率因数和功率密度高，而且控制特性好，应用更为广泛，其单向效率通常高于 95%，是飞轮储能系统常用的电机。

永磁同步电机是一种基于磁场转换原理的电机，其核心是利用永磁体产生磁场，通过控制电机的输入电流，使得电机转子与定子磁场保持同步。当电机通电后，转子在磁场的作用下开始旋转，并带动负载转动。永磁同步电机的最大特点在于其采用了高性能的永磁材料，如稀土永磁材料，这使得电机具有更高的磁场密度和更稳定的磁场特性。同时，由于采用了磁场转换原理，永磁同步电机具有更高的能量转换效率和更低的能耗。随着近十年来的高耐热性、高磁性能钕铁硼永磁体的产业化，以及集成电路/计算机技术和电力电子器件技术的快速发展，永磁同步电机迎来黄金时代，凭借其效率高、比功率大、节能显著等特性，在军工、航天、汽车等领域广泛应用。2022年，我国稀土永磁电机产量超15亿台，是全球稀土永磁电机的主要生产国，技术实力处于世界先进水平。代表性企业包括精进电动、方正电机、巨一科技、大洋电机等。

（2）分析研判

单体大功率飞轮储能系统是当前应用于电力调频场景的飞轮储能技术重点发展的技术路线。单体兆瓦级飞轮相较于多个小功率飞轮并联组成的等同功率飞轮阵列，在占地面积、投资成本、设备维护等方面更具优势。大惯量和高转速是提升飞轮储能系统容量的关键，应重点在这几方面开展技术攻关：①大容量、高速、高效率、高可靠性大截面飞轮储能系统总体技术；②大承载力低损耗磁悬浮轴承及其高稳定性高可靠性控制技术；③高电压、高功率密度电机及多电平低谐波变流控制技术；④飞轮阵列能量管理及电网调频技术；⑤飞轮阵列集成与产业化示范验证。

合金钢转子是国内外电力调频领域飞轮储能的主要技术路线。飞轮储能要求转子材料具备高强度，目前合金钢材料通过轧制、热处理等制备工艺基本满足飞轮储能要求，且成本较低，而复合材料转子制备难度大，成本尚难以控制。美国Beacon Power公司在复合材料飞轮转子技术方面有较好基础，国内相关技术尚未形成产业化。合金钢转子的材料强度和轻量化是应重点突破的技术方向。应重点在以下几方面开展技术攻关：①研究高强度合金材料特性、旋转体弹性分析及构型优化等技术；②突破兆瓦级变截面合金钢转子组合结构优化技术。

磁悬浮轴承是飞轮储能传动系统重点发展方向。磁悬浮轴承是利用磁力作用将转子悬浮于空中，使转子与定子之间没有机械接触，从而减少磨损。由于大储能量飞轮转子质量较大，因此磁悬浮轴承大承载力及高损耗问题应予以重点关注。此外，磁悬浮轴承系统作为非线性不确定系统，提高系统在长期极端条件下的稳定性及控制精度是主要技术难点。因此，应重点在以下几方面开展技术攻关：①研究高可靠性低损耗混合轴承技术；②研究基于电-磁-热-固多物理场耦合的磁悬浮轴承的多目标优化技术；③研究柔性高速转子失稳保护及宽转速区转子不平衡量辨识及振动抑制技术；④研究极限条件下高速磁悬浮转子稳定控制技术。

高功率密度、高效率永磁同步电机是飞轮储能动力部件的重点发展方向。美国Active Power公司采用同极性式感应子电机作为飞轮储能电机，结构简单，但由于电机的气隙磁场为单极性，功率密度与转矩密度都较永磁同步电机低。美国Power Thru公司采用同步磁阻电机，成本低，但转子结构复杂，加工难度大，同时由于磁阻电机具有较大的转矩脉动，应用场合受限。加拿大Temporal Power公司、北京泓慧国际能源技术发展有限公司、沈阳微控飞轮技术股份有限公司、坎德拉（深圳）新能源科技公司等目前均采用永磁同步电机，其优势在于其功率因数和功率密度高，而且控制特性好。然而，飞轮用永磁同步电机普遍存在高电压、高真空、振动、冷热交变复杂服役条件下风阻损耗与散热能力的平衡、高压高真空绝缘性能下降、多电平变流器谐波抑制等问题。高功率密度和高效率是提升永磁同步电机性能的关键。因此，应重点在以下几方面开展技术攻关：①研究多相永磁同步电机低损耗优化技术；②研究高电压、高真空、振动、冷热交变复杂服役条件下高速电机绝缘技术；③研究多电平变流器低谐波控制技术。

（3）关键指标（见表 3.2-2）

表 3.2-2　飞轮储能技术关键指标

指标	单位	现阶段	2027 年	2030 年
技术成熟度	—	TRL7	TRL8	TRL9
额定功率	MW	~1	1 ~ 3	3 ~ 5
存储能量	kWh	~120	≥ 120	≥ 200
循环寿命	年	≥ 20	≥ 20	≥ 20
响应时间	ms	≤ 100	≤ 50	≤ 30
功率成本	元 /kW	≤ 5000	≤ 4000	≤ 3000
直流侧循环效率	%	≥ 88	≥ 90	≥ 92

注：上述指标均指同一规格的单体系统。

3.2.2　技术创新路线图

作为典型的功率型储能技术，电力调频领域飞轮储能的主要技术发展方向是进一步提升单体大功率飞轮系统的功率密度，提高飞轮转子、磁悬浮轴承、高速电机等关键组件技术指标和可靠性，降低批量化成本。

现阶段，单机 1MW 飞轮本体技术、磁悬浮轴承技术、电动 / 发电一体化技术及系统集成技术基本成熟，开展工程示范；系统热备损耗有待降低，能量管理技术有待发展。

到 2027 年，高功率大容量飞轮本体技术、大承载低损耗磁悬浮轴承及高速电机技术、飞轮阵列能量管理技术与电网调频技术成熟，开展 10MW 级及以上飞轮阵列示范应用。

到 2030 年，飞轮储能实现场景应用多元化，高速飞轮转子、大承载低损耗磁悬浮轴承及高速电机等技术达到国际先进水平，大规模飞轮阵列实现产业化应用。

飞轮储能技术创新路线图如图 3.2-2 所示。

3.2.3　技术创新需求

为了尽快实现大功率高效飞轮储能系统技术在发电侧或电网侧等电力调频领域的产业化应用，解决高比例新能源接入电力系统主要面临新能源消纳受限以及电网安全稳定运行风险增大的问题、新能源装机和"西电东送"带来的电网频率稳定性问题、调频需求大幅增加的问题，助力我国尽快实现"双碳"目标，重点给出电力调频领域飞轮储能系统技术研究及产业化应用等创新需求，见表 3.2-3。

	现阶段	2027年	2030年
技术内容	飞轮储能技术		
	①大截面大容量飞轮本体技术；②大承载力低损耗磁悬浮轴承及其稳定性控制技术；③高电压高效率电机多电平低谐波变流控制技术；④飞轮阵列能量管理与电网调频技术；⑤飞轮阵列制备及产业化应用		
技术分析	单机1MW飞轮本体技术、磁悬浮轴承技术、电动/发电一体化技术及系统集成技术基本成熟，开展工程示范；系统热备损耗有待降低，能量管理技术有待发展	高功率大容量飞轮本体技术、大承载低损耗磁悬浮轴承及高速电机技术、飞轮阵列能量管理技术与电网调频技术成熟，开展10MW级及以上飞轮阵列示范应用	飞轮储能实现场景应用多元化，高速飞轮转子、大承载低损耗磁悬浮轴承及高速电机等技术达到国际先进水平，大规模飞轮阵列实现产业化应用
技术目标	飞轮储能系统	飞轮储能系统	飞轮储能系统
	单体额定功率：~1MW 单体存储能量：~120kWh 响应时间：≤100ms 功率成本：≤5000元/kW 直流侧循环效率：≥88% 自放电率：≤0.4%×额定功率	单体额定功率：1~3MW 单体存储能量：≥120kWh 响应时间：≤50ms 功率成本：≤4000元/kW 直流侧循环效率：≥90% 自放电率：≤0.3%×额定功率	单体额定功率：3~5MW 单体存储能量：≥200kWh 响应时间：≤30ms 功率成本：≤3000元/kW 直流侧循环效率：≥92% 自放电率：≤0.2%×额定功率

图 3.2-2　飞轮储能技术创新路线图

表 3.2-3　飞轮储能技术创新需求

序号	项目名称	研究内容	预期成果
1	大截面大容量飞轮储能单元本体技术研究	高可靠性、大容量、高速、高效率大截面飞轮储能系统总体技术；基于全局参数模型及多目标的大截面飞轮结构优化技术；大容量高速飞轮批量制备及检测技术	完成大截面飞轮储能单元本体系统多目标优化、制备及检测技术研究
2	大承载力低损耗磁悬浮轴承及其高稳定性控制技术研究	高可靠性低损耗混合轴承技术；柔性高速转子失稳保护及宽转速区转子不平衡量辨识及振动抑制技术；基于电 - 磁 - 热 - 固多物理场耦合的磁悬浮轴承的多目标优化技术；极限条件下高速磁悬浮转子稳定控制技术	实现柔性高速转子大承载低损耗设计及高稳定性控制
3	高电压高效率电机多电平低谐波变流控制技术研究	多相永磁同步电机低损耗优化技术；高电压、高真空、振动、冷热交变复杂服役条件下高速电机绝缘技术；多电平变流器低谐波控制技术	实现高速电机在极端服役条件下可靠运行
4	飞轮阵列能量管理及电网调频技术研究	宽功率飞轮阵列分级分层拓扑技术；飞轮阵列能量管理及功率控制技术；飞轮阵列集群调频策略优化与智能协同控制技术	实现飞轮阵列规模化示范应用

第 4 章
电磁储能

CHAPTER 04

电磁储能，通常是以电能的形式将能量存储于电场或磁场中，该过程不存在能量转化，储能效率高但持续放电时间短，是一种典型的功率型储能技术，目前已在电力调频、交通运输、工业制造、医疗设备等多个领域中受到广泛应用。目前，电磁储能主要有超级电容器和超导磁储能两大技术路线，如图 4-1 所示。

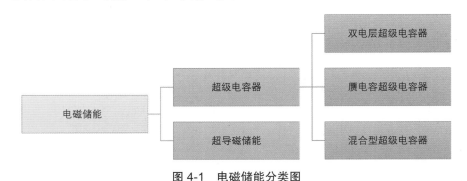

图 4-1　电磁储能分类图

4.1　超级电容器

4.1.1　技术分析

超级电容器又被称为电化学电容器、法拉电容或黄金电容，是一种主要依靠电容电荷的形成来存储电能的新型储能装置。其功率密度和能量密度介于传统电容器和二次电池之间，同时兼具传统电容器的快速充放电特性和二次电池的储能特性。超级电容器根据储能机理的不同，主要分为双电层超级电容器（EDLC）、赝电容超级电容器和混合型超级电容器。EDLC 储能机制如图 4.1-1 所示，正 / 负极处的炭电极与电解液间所形成的固液相界面处形成电荷分离产生双电层电容。在充放电过程中，双电层电容会在电极 / 电解液界面处发生电荷吸脱附过程来实现能量的存储和释放，该电荷吸脱附过程属于物理过程。

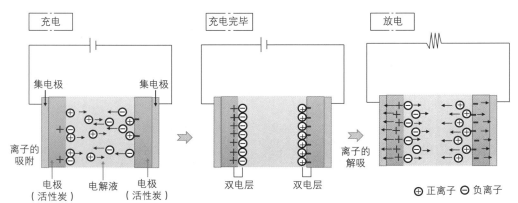

图 4.1-1　双电层超级电容器工作原理图

图片来源：东电化（中国）投资有限公司官网。

赝电容超级电容器，又称为法拉第超级电容器。不同于双电层超级电容器中电荷以静电吸附方式存储于电容器电极表面，赝电容储能是一个法拉第反应过程，类似于电池的充放电过程。如图 4.1-2 所示，赝电容是电活性物质在电极表面或体相中发生高度可逆的化学吸附或氧化还原反应，形成与电极充电电位密切相关的电容。这种化学吸附或氧化还原反应主要集中在电极表面，离子扩散路径短，无相变发生，且电位变化情况和双电层材料一样均呈现出线性关系，表现出电容特征。由于赝电容可同时发生在电极表面和整个内部，相比双电层电容，其能量密度和电容量上获得更高的提升。

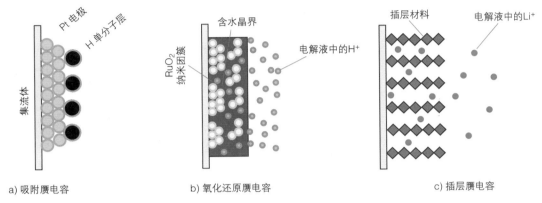

a) 吸附赝电容　　　　　　b) 氧化还原赝电容　　　　　　c) 插层赝电容

图 4.1-2　赝电容存储机制

混合型超级电容器，其储能机理可按电极材料的不同分为两类：第一类是电容器中一个电极采用电池电极材料，另一个电极采用 EDLC 电极材料，目前常用的锂离子电容器属于该类型；第二类是正负电极均由电池电极材料和 EDLC 电极材料混合组成。从机理上看，这两种不同类型的超级电容器均是通过提升电极材料容量和拓宽电压窗口来进一步提升能量密度。

从储能机理、电极材料、电压窗口等方面进行比较，当前三种超级电容器各项主要参数见表 4.1-1。其中赝电容电容器仅在少数特殊场景应用，目前具备规模化储能应用前景的主要是双电层超级电容器和混合型超级电容器。

表 4.1-1　不同储能机理的超级电容器各项主要参数

项目	双电层超级电容器	赝电容超级电容器	混合型超级电容器
电极材料	正负极为对称机构，材料选用活性炭、碳纤维、碳纳米管、碳气凝胶、纳米结构石墨等，其中活性炭使用最广	金属氧化物或导电聚合物	既有活性炭材料，也有二次电池材料
储能机理	物理储能，利用多孔炭电极/电解液界面双电层储能	电极和电解液之间有快速可逆氧化还原反应	物理储能 + 化学储能
单体电压	0~3.0V（有机系）0.8~1.6V（水系）	0.8~1.6V（水系）	由正负极材料决定
工作温度	−40~70℃	−20~65℃	−20~55℃
循环寿命	>100 万次	>1 万次	>5 万次
现状	已商业化应用	成本高昂，技术不成熟，产业化应用前景不明朗	部分已投入商业化应用

4.1.1.1　超级电容器关键材料

不同类型超级电容器的电荷存储 - 转换机制，决定了各自在材料使用上的区别。下面分别对电极、导电剂、粘结剂、电解液和隔膜等关键材料进行简要技术分析。

1. 电极材料

（1）双电层超级电容器电极材料

EDLC 正负极为对称结构，目前已工业化的 EDLC 主要使用的是具有纳米孔结构的碳材料。EDLC 电极用碳材料必须具备以下三方面属性，具体为：高比表面积（>1000m²/g）、多孔碳基体粒子间和粒子内部的良好导电性、电解质在碳材料内部空间及空隙中良好的可及性。根据以上特点，主要用作 EDLC 电极碳材料的有活性炭（Activated Carbon，AC）、碳纳米管（Carbon Nanotube，CNT）、石墨烯（Graphene）和碳气凝胶（Carbon Aerogel）等，其特点和发展方向见表 4.1-2。

表 4.1-2　EDLC 主要电极材料特点和发展方向

材料	特点	发展方向
活性炭	1. 原材料来源丰富：包括煤、沥青、石油焦等化石燃料；椰壳、杏仁等生物类材料；酚醛树脂、聚丙烯腈等高分子聚合物材料 2. 比表面积高，经物理活化或化学活化后，比表面积可达到 3000m²/g	1. 寻找新型碳源及活化技术，发展高比表面积且孔径分布合理的碳材料 2. 探索有效孔结构和表面性质的控制技术，改善活性炭材料表面性质和表面积利用率，提升容量及稳定性 3. 开发活性炭复合材料（与赝电容材料复合），提升 EDLC 能量密度、降低生产成本
碳气凝胶	1. 孔径可控：尺寸在 2~50nm 2. 孔结构发达：孔隙率高达 80%~90% 3. 导电性高：n S/cm（n<10） 4. 微孔密度高：绝大多数孔径处于 0.30 ~ 1.46nm 之间	1. 提升制备方法的安全性，降低制造成本 2. 新型催化剂的开发，探究不同催化剂和催化条件以获得不同形貌的碳气凝胶
碳纳米管	1. 低内阻和高功率密度 2. 良好倍率性能和长循环寿命 3. 高电压下结构稳定	1. 提升 CNT 纯度，降低 Fe、Ni 和 Co 等金属杂质造成的 EDLC 微短路和电解液分解 2. 开发致密、纳米有序的、与集流体垂直定向的碳纳米管，进而增大电容
石墨烯	1. 导电率高（~10⁷ S/cm） 2. 比表面积高（理论比表面积达到 2630m²/g） 3. 良好抗腐蚀性和热稳定性，可适用于 4V 以上体系 4. 氧化还原石墨烯制备方法低廉	1. 解决石墨烯基双电层在电极制备过程中石墨烯团聚和比表面积较低的问题，比如褶皱型石墨烯电极材料和三维孔结构石墨烯材料的开发 2. 针对石墨烯材料，开发新型石墨烯电极加工工艺

当前，技术成熟度最高、已完全商业化的电极材料主要是高吸附活性炭，又称其为超级电容炭。与普通活性炭相比，超级电容炭具有超大比表面积、良好导电性、孔集中、低灰度、较长循环使用寿命和稳定理化性质等特点，在所有电容电极原料使用量中占比约为 90%。

由于该材料制备工艺要求高、技术难度较大以及生产成本高等问题，长期被日本厂商可乐丽垄断，占我国超级电容炭的 70%~80% 市场份额，其 EDLC 用活性炭的比电容量为

28~44F/g。以福建元力、河南大潮、浙江阿佩克斯能源、常州创明和中国科学院山西煤炭化学研究所等为代表的国内碳材料企业和研发单位，通过一系列技术攻关，从 2021 年开始推进超级电容炭的国产化。目前，福建元力 YL-DR 90 产品以石油焦为碳源制备的超级电容炭材料，其 EDLC 的质量比电容可达到 140F/g，DR 100 产品的质量比电容可进一步高达 160F/g，于 2022 年底建成年产能 3000t 产线，已与深圳今朝时代、锦州凯美、宁波中车等厂商达成合作；中国科学院山西煤炭化学研究所成功突破了淀粉基超级电容器活性炭批量化制备技术，其产品已被宁波中车、锦州凯美和上海奥威等超级电容厂商试用；常州创明引入加拿大超级电容器电极材料团队，于 2020 年成功突破了超级电容炭的物理法蒸汽活化制备技术，开发工艺与装备融合技术，实现了均一材料产品的连续生产，建成了我国首条具有自主知识产权的全自动生产线，预计年产量可达 300t，所制备的超级电容炭的比容量在 28~32F/g。广东省内，深圳贝特瑞长期深耕碳材料领域，在 EDLC 用活性炭方面也逐步完成了系列化产品布局，所制备的活性炭 BAC 系列比表面积可达到 2600m^2/g，质量比容量可高达 120F/g，用于 EDLC 中展现出优异的高温性能。

（2）赝电容超级电容器电极材料

赝电容超级电容器电极材料主要包含金属氧化物和导电聚合物。常用的赝电容金属氧化物主要分为钌系（以 RuO$_2$ 为主）、锰系（以 MnO$_2$ 为主）和镍系（以 NiO 为主）等，其材料特点和发展方向见表 4.1-3。决定各个金属氧化物电容性能的主要因素包含材料晶

表 4.1-3　主要赝电容金属氧化物特点和发展方向

材料	优点	影响电容因素	发展方向
RuO$_2$	1. 理论赝电容高（>1300F/g） 2. 电化学可逆性高 3. 循环性能好	材料晶体结构： 1. 晶态：电子运动受阻，导电性差，不适宜作超级电容器 2. 无定形态：具有多孔结构，氧化还原反应既可发生在电极表面，也可发生在电极内部	1. 与其他材料复合后降低钌的用量 2. 开发价格低廉且能代替氧化钌的材料
MnO$_2$	1. 原料来源广泛 2. 制备成本较低 3. 环境友好 4. 有替代氧化钌前景	1. 晶体结构，包括一维隧道结构（以 α-MnO$_2$ 为主）、二维层状结构（以 δ-MnO$_2$ 为主）、三维孔道结构（以 λ-MnO$_2$ 为主） 2. 特殊材料形貌，如纳米花瓣状、纳米棒状和纳米针状结构等	1. 结合晶体结构和电容性能关系，设计高比容量 MnO$_2$ 纳米材料 2. 增强 MnO$_2$ 纳米材料导电性，比如和碳材料复合、过渡金属元素掺杂等 3. 寻找高导电性和电化学窗口宽的电解液
NiO	1. 电化学活性高 2. 反应可逆性好 3. 高比容量（理论值达到 3750F/g） 4. 易于制备 5. 环境友好	材料形貌直接影响材料电容性能，如： 1. 三维纳米花瓣状结构，比表面积大，层间活性位点多，结晶度高且分散均匀，利于提升脱嵌速率 2. 纳米线结构，具有更多离子/电子传输通道，凸状结构利于减少材料体相内部反应	1. 开发具有特殊形貌的纳米结构 NiO 材料，增加活性位点，提升离子/电子迁移速率 2. 无粘结剂自支撑 NiO 纳米材料制备，构筑三维孔道结构，显著提升倍率性能和能量密度

体类型、结晶度和孔结构等。此外，不同金属元素的氧化物，其赝电容性能也具有较大差别，比如氧化镍电极材料容量高但循环不够稳定、氧化钴容量低于氧化镍但倍率和稳定性更好。因此，为进一步获得性能更优异的电极材料，首先选择赝电容性能优异的金属元素，之后通过调节晶体结构和孔结构等因素提升其电容性能。

导电聚合物因其价格低、易制备、质量轻且有柔性而引起了广泛关注。目前，被广泛研究的典型的超级电容器用导电聚合物有聚苯胺、聚吡咯和聚噻吩及其衍生物，其具体特点和发展方向见表 4.1-4。目前导电聚合物还存在力学性能不佳、比电容不高、电压窗口和储能密度有待提升等问题，3~5 年内的研究方向主要集中在导电高分子微结构化和制备导电高分子复合材料等方面。

表 4.1-4 主要导电聚合物特点和发展方向

材料	电解液体系	特点	发展方向
聚苯胺	水系酸性电解液具有更高容量	1. 易于制备且比电容量高，电化学法比化学法制备的容量更高（1500F/g vs 200F/g） 2. 良好导电性（0.1 ~ 5S/cm） 3. 高掺杂能力（氧化还原程度 $n = 0.5$） 4. 环境稳定性好	1. 循环寿命有待提升（目前 <1 万次） 2. 抗氧化性需增强，以提升过充时材料的稳定性
聚吡咯	在非质子、水系和非水系电解液中都具有良好的电活性，但水系电解液中容量更高	1. 易成型、耐腐蚀、低密度 2. 加工性能优异 3. 环境友好 4. 电导率范围宽	充放电倍率和循环稳定性有待提升；可通过与纳米石墨、碳纤维和金属氧化物等材料复合改善其性能
聚噻吩及其衍生物	离子液体电解质	以 PEDOT 为代表： 1. 较高电导率（300 ~ 500S/cm） 2. 较宽电压窗口（1.2 ~ 1.5V） 3. 良好的电化学动力学 4. 良好的热稳定性和化学稳定性	1. 厚电极制备 2. 与共轭芳香基团共聚提升本征电容容量 3. 与其他高比面积、高容量材料复合提升倍率性能

（3）混合型超级电容器电极材料

根据混合型超级电容器正、负极材料构成的不同，当前成熟的技术路线主要包括纳米混合型超级电容器（NHC）、锂离子电容器（LIC）和电池型混合超级电容器。

NHC 体系通常使用活性炭作为超级电容器正极，纳米 $Li_4Ti_5O_{12}$-CNT 为负极。由于尖晶石结构的 $Li_4Ti_5O_{12}$ 负极材料在锂离子嵌入 - 脱出过程中几乎没有体积变化，且可以在更高电压的有机电解液中工作，因此应用于混合型超级电容器中在提升能量密度的同时仍能保持优异的循环寿命。

LIC 体系是采用高比表面积活性炭为混合型超级电容器正极，锂离子嵌入型碳材料（如石墨、焦炭等）为负极。在充放电过程中，负极体相中发生锂离子嵌入和脱出，正极活性炭表面发生锂离子的吸附和脱附。目前，预锂化石墨负极的 LIC 体系展现出更高的能量密度（>20Wh/kg）和功率密度（>10kW/kg），具有广阔的应用场景。

电池型混合超级电容器体系是通过在正极侧采用高比表面积活性炭混合锂离子电池正极材料，负极侧采用锂离子嵌入型碳材料（如石墨、硬碳、硅等）。其充放电过程类似于锂离子电池，但又兼具超级电容器离子吸附和脱附的特征。相比于 NHC 和 LIC 体系，电池型混合超级电容器能量密度更高（>50Wh/kg），同时兼顾了高功率密度（接近10kW/kg），在分钟级、高频次、快响应的新型储能领域展现出十分巨大的应用潜力。

2. 导电剂

目前商业化常用的导电剂物性特征见表 4.1-5，主要生产企业包括瑞士 TIMCAL、日本 LION、日本昭和电工和国内其他企业。

表 4.1-5　商业化导电剂物性特征

导电剂	粒径（D_{50}）	比表面积 /（m^2/g）	电阻率 /（$\Omega \cdot cm$）
导电炭黑	40~50nm	60	1~3
导电石墨	3~4μm	17~20	—
科琴黑	30~50nm	800~1400	0.3~1
碳纳米管	5~8nm	220~280	（40~70）×10^{-3}
气相生长碳纤维	150nm	13~20	1×10^{-4}
石墨烯	7~10μm	50~200	5.6×10^{-3}

3. 粘结剂

粘结剂的主要作用是用于将电极材料和导电剂混合粘接起来，并与集流体形成良好的连接。结合其功能性，要求粘结剂必须具有较强的黏性和稳定性，在电解液中不发生溶解且不与电解液发生电化学反应。目前常用的粘结剂有聚偏二氟乙烯（PVDF）、聚四氟乙烯（PTFE）、聚乳酸（PLA）、羧甲基纤维素钠（CMC）和丁苯橡胶乳液（SBR）。经过研究比较，SBR 由于其是颗粒状结构，在长期使用后不发生形变，展现出优异的稳定性，同时制备的 SBR- 活性炭电极内阻较小，展现出优异的功率性能和循环寿命；而 CMC 虽然会导致电阻增大，但其环境友好且价格具有巨大优势，因此 CMC/SBR 体系在超级电容器中受到广泛应用。此外，在以粘结剂纤维化工艺的干法电极制造过程中，粘结剂通常采用 PTFE，在对 PTFE 施加高剪切力后，PTFE 会呈现出高长径比的纳米纤维结构，有利于增强粘结剂与电极材料和导电剂间的粘结力。

4. 电解液

根据组成不同，超级电容器用电解液可以分为水系、有机系和离子液体等。

水系电解液是超级电容器最早使用的电解液，具有电导率高、电解质分子直径小、容易与微孔充分浸润、成本低廉、安全性高且易于大批量制备等优点。其中常用电解液按酸碱度分为酸性电解液 [硫酸（H_2SO_4）]、中性电解液 [硫酸钠（Na_2SO_4）] 和碱性电解液 [氢氧化钾（KOH）] 等水溶液。由于水的分解电压是 1.229V，导致采用水系电解液的 EDLC 工作电压一般不超过 1V，极大限制了 EDLC 的储荷能力。为了提升工作电压，可以通过改变电极材料比例、结构成本或表面构成，以提升析氢过电位；或是在电解液中添加氧化还原添加剂，使得在充放电过程中，添加剂在正负极处发生可逆的氧化还原反应，产生赝电容。所使用的氧化添加剂包括两类：一类是化合价可逆改变的无机盐，如碘离子、铜离子、溴离子等构成的无机盐；另一类是加入苯醌、对苯二酚和腐殖酸等有机物。

有机系电解液具有较宽的电化学窗口（4~5V）、较宽的工作温度范围和较好的化学及热稳定性，并对电极无腐蚀性。为了使电解液具有良好导电性，目前商业化的有机电解液主要使用的阳离子通常是季铵盐离子。该阳离子在溶剂中具有良好的导电性和溶解性，且具有高介电常数，同时相比锂离子，其还原电位更低，为电解液提供了较宽的电化学窗口。溶剂按照介电常数高低可分为三类：第一类是高介电常数的偶极非质子溶剂，包括碳酸乙烯酯（EC，ε_r=89.1）和碳酸丙烯酯（PC，ε_r=69）；第二类是具有中介电常数的质子惰性溶剂，包括乙腈（AN，ε_r=36.5）和 N，N- 二甲基甲酰胺（DMF，ε_r=37）；第三类是具有低介电常数但具有强大给电子体特征的溶剂，如醚类、二甲基氧乙烷等。考虑溶剂低温电导率及盐在溶剂中的结晶度等因素，目前 AN 和 PC 是应用最为广泛的电解液溶剂。

离子液体因具有良好的热稳定性和电化学稳定性而被关注，其中咪唑类和吡咯烷类两种离子液体应用最为广泛。但是由于离子液体价格较为昂贵且难以纯化，使得其主要应用于某些特定环境中（如高温 100~120℃），或是某些低功率密度但高电压工作的器件中。

当前，为满足能量密度和功率密度，商业化的 EDLC 和混合型超级电容器主要采用有机系电解液。

目前，超级电容器电解液国产化进展较为成熟。江苏国泰超威长期专注于锂离子电池、超级电容器电解液及各种电解液添加剂的研究和开发，在超级电容器电解液方向上已推出 TEA・BF$_4$/AN（2.7V，各种电容）、TEA・BF$_4$/PC（2.7V，小容量民用电容）以及适用于高温场景的 PC 体系电解液和低温场景的 AN 体系电解液。在广东省内，深圳新宙邦开发的超级电容器电解液在产品性能上处于国际先进水平，占据我国超级电容器电解液市场份额达 50% 以上。该公司 EDLC 电解液分为常规体系（AN、PC、GBL 体系）、高电压体系（AN、PC 体系）、双 85 高温体系（特性：2.7V、85℃耐高温）和超低温体系（特性：-55℃低温技术）。

5. 集流体

集流体是电极材料载体，商业化 EDLC 中通常使用高电导率、耐电化学腐蚀、低成本的铝箔；铝箔在使用前需经过腐蚀处理，以增强其与电极材料间的粘结性，防止循环过程中极片脱落，有效提升循环寿命。在商业化混合型超级电容器中，由于正 / 负极材料氧化还原电位的不同，通常正极材料使用铝箔，负极材料使用铜箔，根据所需提供性能的要求，部分产品的铝箔和铜箔在使用前还会采用涂炭工艺进行处理，以提升耐腐蚀性以及与电极材料的界面导电性。

6. 隔膜

隔膜在超级电容器中用于隔绝电子、导通离子，因此要具有良好的电子绝缘性、内阻小、耐电解液腐蚀、良好的热稳定性和化学稳定性以及优异的浸润性和较好的机械强度，其决定性能的重要参数包括孔隙率、孔径大小、厚度等。目前，对于卷绕型和叠片型 EDLC，通常采用纤维素隔膜，主要原因是考虑到卷绕型和叠片型 EDLC 在除水分过程中需在较高温度下进行干燥，而聚烯烃膜耐热性较差，100℃开始收缩，容易导致超级电容器的失效。对于商业化混合型超级电容器，除采用纤维素隔膜之外，还会采用聚烯烃隔膜及其相应陶瓷改性隔膜，包括聚丙烯隔膜（PP 膜）、聚乙烯隔膜（PE 膜）、PP-PE-PP 三层复合隔膜及陶瓷 -PP 复合隔膜等，以提升电解液浸润性以及在高功率条件下隔膜的热稳定性和安全性。

在纤维素隔膜国产化进程中，有很长一段时间受到日本高度纸工业株式会社（NKK）、日本三菱制纸株式会社、美国 Celgard 公司等厂商的垄断，其中日本 NKK 占据全球超级电容器隔膜 60% 以上的市场份额。随着国内超级电容器产业发展，在隔膜领域涌现出以廊坊中轻特材和宁波柔创纳科为代表的一批具有自主知识产权、突破国外垄断的科技型企业。廊坊中轻特材经过 5 年的研发及产业化实践，在"十三五"期间相继完成了 50μm、40μm、30μm 等多个规格隔膜的试制生产；在河北省重大科技专项《超薄型超级电容器隔膜关键技术研发及产业化》的资助下，于 2022 年底开发出平均厚度为 25μm 的超薄型超级电容器隔膜，经过超级电容器头部企业多轮应用验证，该隔膜的各项指标均达到国际先进水平。宁波柔创纳科自 2016 年成立以来，目前已成为国内唯一实现了进口替代的超级电容器隔膜供应商，并在 2021 年后相继成为宁波中车、南通江海、深圳今朝时代、宁波合盛新能等多家超级电容器头部企业的国内唯一合格供应商并开始批量供货，其产品参数见表 4.1-6。

表 4.1-6　宁波柔创纳科超级电容器隔膜 ALTA 系列参数

检测项目		单位	Alta-25	Alta-30	Alta-40	Alta-45
厚度		μm	25	30	40	45
密度		g/cm³	0.64	0.53	0.43	0.40
面密度		g/m²	16	16	17	18
纵向拉伸强度		N/20mm	≥ 11	≥ 9.7	≥ 13	≥ 13.5
吸水性		mm/10min	27	28	32	32
透气度		s/100cc	3.4	1.9	1.8	1.5
热收缩率（150℃ /2h）	MD	%	≤ 0.6	≤ 0.6	≤ 0.6	≤ 0.6
	TD		≤ 1.0	≤ 1.0	≤ 1.0	≤ 1.0
热收缩率（200℃ /2h）	MD	%	≤ 0.6	≤ 0.6	≤ 0.6	≤ 0.6
	TD		≤ 1.0	≤ 1.0	≤ 1.0	≤ 1.0

资料来源：宁波柔创纳科官网。

（1）技术现状

自 1979 年日本电气株式会社（NEC）大规模商业化生产超级电容器以来，美国、俄罗斯、日本等发达国家企业长期在超级电容器产业化方面处于领先地位。当前，以美国麦克斯韦（Maxwell）、日本松下（Panasonic）和韩国 Nesscap 为代表的发达国家企业在技术规模上仍占有着先发优势。表 4.1-7 所示为上述三家典型企业 EDLC 产品的主要参数。

表 4.1-7　国外典型企业 EDLC 产品的主要参数

公司名称	电极和电解液成分	超级电容器参数	能量密度 /（Wh/kg）	功率密度 /（kW/kg）
美国 Maxwell	碳微粒电极 / 有机电解液	3V/800～3400F	3～8	16～24
日本 Panasonic	碳微粒电极 / 有机电解液	3V/800～3000F	3～7	17～22
韩国 Nesscap	碳微粒电极 / 有机电解液	2.7V/650～3000F	3～6	15～17

伴随着我国国内企业在电极材料领域的不断创新，当前已大幅度缩短与国外先进技术的差距，并在某些领域的应用上达到了国际先进水平。比如，由宁波中车新能源开发的大功率 "3V/12000F 石墨烯 / 活性炭复合电极超级电容器"，其能量密度和功率密度分别为 11.65Wh/kg 和 19.01kW/kg。上海奥威通过改性活性炭制成的储能新材料已完全实现产业化，广泛应用于上海市多条中短距离超级电容器新能源公交车上，其生产的 2.7V/3000F 超级电容器能量密度为 5.5Wh/kg，功率密度达到 13kW/kg，循环寿命达到 100 万次（1.35~2.7V），表明我国超级电容器的研发应用已达到世界先进水平。

除了材料方面，国内在 EDLC 电极制造工艺和模组集成方面也取得了长足发展，逐步追赶上了国外先进技术水平。

电极制造工艺方面，相比湿法电极工艺，由美国 Maxwell 开发的干法电极工艺制备的超级电容器，能显著提升超级电容器循环寿命和能量密度，同时优化成本。湿法电极工艺需将电极材料粉末与含有粘结剂的胶液混合均匀后，再涂覆至集流体上干燥形成电极；而干法电极工艺无需使用溶剂，直接将少量粘结剂与电极粉末混合，以挤压方式形成电极材料薄膜，再将电极材料薄膜层压到集流体上形成电极。目前，国内无锡烯晶碳能、天津力容等超级电容器企业也已突破了干法电极技术，实现了规模化量产。

在 EDLC 单体和集成模组方面，国内无锡烯晶碳能专注于车载超级电容器的应用，目前已推出采用干法电极工艺的 3.0V 体系，尺寸和容量分别覆盖有 ϕ35mm/310~720F、ϕ46mm/600~1200F、ϕ60mm/1200~3400F 等多个 EDLC 单体产品系列，作为汽车 12V 主电源、安全冗余电源等设备目前已成功搭载在包括一汽红旗、沃尔沃在内的多家车企几十万辆乘用车上。宁波中车新能源先后推出 7500F、9500F 以及 12000F 三代超级电容器产品，其中 12000F 超级电容器的额定电压可以达到 3V，能量密度超过 10Wh/kg，功率密度高于 15kW/kg。目前产品已成功应用于广州海珠线、淮安有轨电车线、宁波中心城区线和宁波 196 路无轨电车线等项目，开创了超级电容器在有轨电车和无轨电车应用的先河，为城市公共交通"绿色化、智能化"发展提供了"芯动力"。

广东省内已初步形成以深圳今朝时代、肇庆绿宝石、东莞东阳光、深圳清研电子、东莞万裕科技、东莞共和电子、深圳博磊达新能源等为代表的一批技术成熟、产品线完整、应用领域较为全面的高新技术企业。其中，深圳今朝时代根据不同应用场景推出了包括 2.7V/360 ~ 3000F（能量密度为 4.86~9.88Wh/kg、功率密度为 3.24~10.51kW/kg）、2.85V/3400F（能量密度为 7.45Wh/kg、功率密度为 8.23kW/kg）和 3V/300 ~ 3400F（能量密度为 5.36~8.17Wh/kg、功率密度为 3.9~13.85kW/kg）等一系列产品，寿命均达到 100 万次以上，广泛应用于风电变桨系统（占据全球风电市场 60% 以上的份额）、电网一次调频、工程机械、军工、轨道交通和新能源大巴能量回收 / 起动等多个领域。

（2）分析研判

在 3~5 年内，EDLC 在大型功率型应用领域（如风电变桨、一次调频等领域）仍然是主流技术路线，同时 EDLC 也在向新能源汽车辅助电源等需要器件小型化的方向发展。因此，EDLC 产品的发展方向主要集中在提升能量密度、增大功率密度（降低内阻）、延长循环寿命以及提升工艺进一步降低生产成本等方面。在能量密度提升上，主要集中在以下路径：一是提升 EDLC 单体额定电压，主要涉及高电压窗口电解液的开发和运用，包括离子液体、固态电解质等新材料的开发；二是提升电极材料的比容量，包括石墨烯、碳气凝胶等新型碳材料产业化，合理选择电极材料和电解质离子的协同比例以及双电层电极材料和赝电容材料构建非对称超级电容等；三是优化 EDLC 电容结构，通过正负极容量配比、电极材料表面电荷控制等方式拓展负极未利用的电位区间，进一步提升能量密度。

（3）关键指标（见表 4.1-8）

表 4.1-8　EDLC 关键指标

指标	单位	现阶段	2027 年	2030 年
电极材料	—	活性炭	活性炭 / 石墨烯	活性炭 / 石墨烯
比能量	Wh/kg	3~10	10~15	15~20
比功率	kW/kg	10~20	25~30	30~40
循环周期	次	>1000000	>1000000	>2000000
度电成本	元 /kWh/ 次	0.04	0.03	0.02

4.1.1.3　赝电容超级电容器

（1）技术现状

赝电容超级电容器是通过金属氧化物与电解液间产生可逆氧化还原反应或导电聚合物与电解液间实现电荷平衡来进行能量的存储和释放，由于金属氧化物 / 导电聚合物具有更高的理论比电容，在电极和 EDLC 面积等同前提下，赝电容超级电容器的电容可以达到 EDLC 的 10~100 倍，产生更高的能量密度。但是，由于赝电容超级电容器存在电极材料使用的部分贵金属价格较高、循环稳定性有限等情况，目前，赝电容超级电容器尚局限于实验室开发阶段，产业化进展不明显。

在赝电容电极材料研究过程中，MnO_2 因具有较高的理论比容量和较低的价格成为一种非常具有应用前景的电极材料。为改善 MnO_2 导电性差的缺点，在目前最新研究进展中，研发人员通过对 MnO_2 界面进行金属原子掺杂，改善其导电结构，可进一步提升 MnO_2 电极的电化学性能。同时，在水系电解液中 MnO_2 电压窗口窄也严重制约着产品的实际应用，为此，最新的研发趋势是，开发具有多元复合结构的锰基氧化物以进一步提高其在水系电解液中的电位窗口。

在产业化方面，目前仅有俄罗斯 ESMA 公司采取 NiO/ 碳电极方案开发了一款赝电容超级电容器，采用 KOH 电解液，电容指标为 1.7V/50000F，能量密度为 8~10Wh/kg，功率密度为 8~100W/kg。国内在赝电容超级电容器领域尚处于实验室开发和产业化前期预研状态，随着研究的深入，目前已取得了较为显著的进步，具体成果见表 4.1-9。

表 4.1-9　部分国内赝电容超级电容器研发成果一览表

科研团队	研发成果
南京理工大学夏晖、朱俊武团队	1. 通过电化学氧化反应设计了高钠含量的 Birnessite 相 $Na_{0.5}MnO_2$ 纳米墙阵列，将 MnO_2 电压窗口扩展至 0 ~ 1.3V（vs. Ag/AgCl），使 $Na_{0.5}MnO_2$ 电极在 $2mg/cm^2$ 的面载量下获得 366F/g 的高比电容 2. 以 $Na_{0.5}MnO_2$ 纳米阵列为正极、碳包覆的 Fe_3O_4 纳米棒阵列为负极、Na_2SO_4 为中性水系电解液，构建了 2.6V 的水系不对称超级电容器。该器件具有高达 81Wh/kg 的能量密度，在 20kW/kg 的高功率密度下提供 38Wh/kg 的能量密度，并在 1 万次循环后仍能保持 93% 的容量
北京化工大学许海军团队	1. 通过液相沉积法和热退火法合成了 $Ti_3C_2TX@NiO$ 异质结构，而后通过低温水热法合成了 $Ti_3C_2TX@NiO$-RGO（Reduced Graphene Oxide，还原氧化石墨烯）三维多孔水凝胶作为阳极材料，在 0.5A/g 时的比电容为 979F/g，在 10A/g 时的比电容为初始值的 87.3% 2. 以 $Ti_3C_2TX@NiO$-RGO 为阴极和 DRGO 为阳极组装的赝电容超级电容器，具有 1.8V 电压窗口，当功率密度为 450W/kg 时，器件能量密度为 79.02Wh/kg；当功率密度为 9kW/kg 时，能量密度为 45.68Wh/kg。在 10A/g 的条件下循环 10000 次后，电容保持率可达 95.6%
北京大学 / 麻省理工学院窦锦虎团队	制备无孔金属有机框架（MOF）材料——苯六硫醇镍（Ni_3BHT），其具有双离子插入特性，在 $LiPF_6$/AN 体系中展现出优异的电导率（500S/m）、高比电容（245F/g）和较宽的电压窗口（达到 1.7V），所得赝电容超级电容器工作电压可达到 3.5V

（2）分析研判

赝电容超级电容器是十分具有发展前景的技术路线，但短期内不会实现商业化。目前最具产业化可能性的材料仍然是 MnO_2 纳米材料，其在性能上已初步达到商业化要求，但在电极材料量产化制备、合适的电解液匹配和赝电容器件成本控制等关键问题上仍需进一步攻克。首先，赝电容电极纳米材料量产化是第一步需要解决的问题，这其中主要涉及稳定的原材料供应链体系、成熟的纳米化材料生产工艺等需要重点攻克的难题。其中，高容量低成本纳米金属氧化物的合成以及具有非晶结构的纳米材料的制备是关键技术要点。其次，赝电容产品的开发是一个系统性工作，电解液、集流体等配套材料的开发同样重要，具体包括：水系耐腐蚀集流体的开发，适合低温工作的水系电解液配方，高电压离子液体产业化应用等。最后，赝电容产品充放电机制探究、抑制赝电容电极材料体积变化的机理研究等关键问题探索也是不容忽视的，所得到的结果有利于显著提升产品的循环稳定性。

（3）关键指标（见表 4.1-10）

表 4.1-10　赝电容超级电容器关键指标

指标	单位	现阶段	2027 年	2030 年
比能量	Wh/kg	25	30~40	≥ 50
比功率	kW/kg	0.9	2	3
循环周期	次	>8000	>10000	>20000

4.1.1.4　混合型超级电容器

（1）技术现状

受限于活性炭材料的克容量，使得 EDLC 的能量密度很难突破 30Wh/kg。因此，在 EDLC 电极材料中引入容量更高的电池材料以形成混合型超级电容器，可以显著提升产品能量密度。混合型超级电容器兼具 EDLC 和锂离子电池的优点，能量密度介于 EDLC 和锂离子电池之间（40 ~ 120Wh/kg），而功率特性显著高于锂离子电池，能有效适用于分钟级响应的应用场景，在车载冷起动电源、ADAS 冗余电源、48V 微混系统、高压 HEV、燃料电池车辆和二次调频储能领域展现出巨大的应用潜力。其中，锂离子电容器（LIC）作为混合型超级电容器的典型代表，受到国内外企业的广泛关注。

国际上，日本在 LIC 产品研发和生产上都处于世界先进水平，它们的生产工艺通常采用活泼的金属锂作为锂源，使用成本较高的多孔集流体，以实现锂离子在极片组中自由穿梭，实现负极预锂化。典型企业包括日本太阳诱电株式会社、日本 JM 能源（JME）公司和日本富士重工（FUJIHIC）公司。在产品性能方面，以日本 JME 公司为例，其生产的 LIC 产品具有较宽的工作温度区间（-20~70℃），工作电压为 2.5~3.8V，平均工作电压可达到 3.2V，能量密度为 10~30Wh/kg，同时具有较好的倍率效果。目前，该类型产品存在生产工艺复杂、制造成本高等问题，虽然已经实现了规模化制造，但是市场应用依然有限。

同时，国内超级电容器头部企业，诸如宁波中车新能源、深圳今朝时代、南通江海、上海奥威科技和无锡烯晶碳能等公司在混合型超级电容器技术研发和产品成熟度方面均达到了国际先进水平。无锡烯晶碳能基于干法电极技术，其混合型超级电容器产品能量密度提高至 80~160Wh/kg，主推的 4.2V/6Ah 混合型超级电容器单体能量密度接近 80Wh/kg，循环寿命至少 3 万次以上。南通江海于 2013 年收购了日本 ACT 公司 LIC 全部生产技术资料、数据和专利权，之后通过不断自主研发，参与"十三五"国家重点研发计划超级电容器领域项目攻关，目前 LIC 能量密度达到 80Wh/kg。通过与国内领先新能源客车企业苏州金龙合作，于 2021 年首台 LIC 纯电动客车正式下线，实现充电 5min、续航 30km，十分适合公交线路运营。上海奥威科技长期深耕于车用超级电容器的开发和应用，其生产的 UCK 系列混合型超级电容器在 2.5~4.2V 电压区间能量密度可达到 100Wh/kg，循环寿命为 5 万次，目前作为主电源已成功运用在上海市多条公交线路中。

目前，广东省在混合型超级电容器研发方面已接近国内外尖端水平，在产品应用阶段已开始起步发展。由南网科技 EPC 实施的广东珠海金湾发电有限公司 20MW 新型储能辅助调频示范项目已于 2023 年 11 月 1 日正式并网投运，该项目是南方区域首个"锂电＋超级电容器"火储联合调频项目，该项目通过创新性采用"16MW/8MWh 磷酸铁锂电池"和国内容量最大的"4MW×10min 混合型超级电容器"组合新型储能技术，有效提升燃煤机组灵活性调节能力，节能、低碳、环保多重效益显著，其中选用国家重点研发计划项目研发的南通江海超级电容器单体能量密度可达到 80Wh/kg。深圳今朝时代通过在正极侧采用活性炭复合锂离子正极材料，在负极侧采用钛酸锂或人造石墨等高倍率材料，实现了混合型超级电容器能量密度的大幅度提升。其中，HiSC 系列产品能量密度高达 90Wh/kg，循环次数达到 30000 次，高低温性能优异，已成功在大型机械、车载辅助电源、燃料电池起停电源等多个领域实施应用；TiSC 系列负极材料混合具有尖晶石结构三维锂离子扩散通道的钛酸锂，显著提升了混合型超级电容器的功率性能和低温性能，该产品能量密度可达到 70Wh/kg，$-20℃$ 下 5C 放电容量保持率 $\geqslant 60\%$，10C 充放循环寿命 $\geqslant 50000$ 次，可广泛应用于新能源汽车及新型智能电网领域。

（2）分析研判

混合型超级电容器可以做到兼具高能量密度和高功率密度，同时保证一定的循环寿命。LIC 是混合型超级电容器的主流技术路线，正极采用活性炭复合锂离子电池正极材料，负极采用能够脱嵌锂的石墨产品，电解液和锂离子电池相似，采用碳酸酯基的锂盐溶液，同时添加一些成膜添加剂。这类产品除了继承了 EDLC 寿命长、充放电快的优点，还一定程度提高了能量密度，但目前仍需进一步解决孔结构稳定的正极用活性炭关键材料国产化开发、抑制高克容量电极材料的高功率极化、提高混合型超级电容器低温性能、提升干法电极生产工艺效能以及优化降低度电成本等诸多问题。同时，在系统集成方面，具备高安全、高能量、高功率、长寿命的混合型超级电容器储能系统集成技术需进一步研究。

此外，相比于锂离子电池产品，在储能领域，混合型超级电容器的能量密度依然是较大短板，虽然长期维护成本远低于锂离子电池产品，但单位度电成本仍处于劣势，进而限制了混合型超级电容器的应用领域。因此，在保证混合型超级电容器产品功率性能的前提下，仍需通过提升电极克容量和改善电解液配方等方式，来进一步提高能量密度（>100Wh/kg）、循环性能（>20 万次）和低温性能（$-20℃$，10C 容量保持率 $\geqslant 60\%$）等指标，同时从原材料国产化和生产工艺良率提升来进一步降低制造成本（初始成本 <3 元/Wh），并根据具体应用场景打造性能和成本达到最优平衡的产品。

根据上述技术情况分析，当前，广东省已初步具备了超级电容器上中下游全产业链布局。在上游材料端，广东省有以深圳贝特瑞、深圳新宙邦、东莞东阳光等为代表的生产超级电容炭、锂离子电池正负极材料、电解液和系列化铝箔产品等高性能材料的优秀企业；单体开发和系统集成方面，深圳今朝时代、肇庆绿宝石等公司已具备适应不同应用场景的 EDLC 和混合型超级电容器系列化产品；在下游应用端，包括南方电网、蔚来汽车、比亚迪等发电侧和用户侧企业在一次 / 二次调频、车载辅助电源等领域已展现出广阔应用场景，市场规模可达千亿元级别。

（3）关键指标（见表 4.1-11）

表 4.1-11　混合型超级电容器关键指标

指标	单位	现阶段	2027 年	2030 年
比能量	Wh/kg	50~80	80~100	≥ 120
比功率	kW/kg	1~10	5~30	10~50
循环周期	次	>30000	>100000	>200000
度电成本	元 /kWh/ 次	0.15	0.05	0.02

4.1.2　技术创新路线图

超级电容器的能量密度远低于锂离子电池等主流储能技术，这也是制约其进一步推广应用的主要瓶颈。现有材料体系和工艺路线无法继续大幅提升综合性能和能量密度。因此，其技术难点主要是高性能电极、电解质等关键材料的研发及改进，新体系开发，装置及系统能量密度提升等。

现阶段，国内在超级电容器单体制造和系统集成技术方面已处于国际先进水平，在超级电容炭和纤维素隔膜国产替代方面与国外仍有一定差距，混合型超级电容器单体能量密度、功率密度、循环寿命等仍需提升，产品成本仍需降低。

到 2027 年，基本实现高品质超级电容炭和低阻耐温隔膜国产替代，自主研发高电压宽温域电解液材料，进一步提升单体能量密度和功率密度，降低产品度电成本。

到 2030 年，引领国际新型高电容电极材料、电解质材料开发，制备高能量密度、高功率密度的双高超级电容器，在部分领域实现对锂离子电池的替代，降低度电成本。

超级电容器研发方向主要是开发高性能电极，研发新型电解质材料，提升单体制备技术水平，进一步制备出具有优异技术成本、高能量密度、高功率密度的双高超级电容器。超级电容器技术创新路线图如图 4.1-3 所示。

4.1.3　技术创新需求

结合当前国际环境和市场需求，针对超级电容器领域的技术创新有以下几方面较为迫切的需求：①关键材料制备国产化，具体包括高性能超级电容炭的大规模工业化制备、低内阻耐高温隔膜的国产化制备等；②新型电极材料和电解液的开发，包括用于超级电容器的新型碳材料及其复合材料的量产化制备、低内阻宽温域电解液的研究等；③超级电容器充放电过程中电荷分布与结构转变机理研究；④超级电容器高效集成技术研究。基于以上的综合分析讨论，超级电容器的发展需要在表 4.1-12 所示方向实施创新研究，实现技术突破。

技术内容

超级电容器技术

①新型碳材料的研发与制备；②高电压宽温域电解液技术；③电极材料表面电荷控制技术；④纳米金属氧化物的产业化制备技术；⑤抑制赝电容器混合电容器高功率体积变化技术；⑥超级电容器集成技术；

技术分析

现阶段：
基本掌握超级电容器单体制造和系统集成技术，在超级电容炭和纤维素隔膜国产替代与混合型超级电容器单体能量密度、功率密度等方面与国外仍有较大差距，循环寿命等待提升，产品成本仍需降低。

2027年：
基本实现高品质超级电容器和低温电解固态电解质技术，自主研发高电压宽温域电解液材料，进一步提升单体能量密度和功率密度，降低产品度电成本。

2030年：
引领国际新型高电容电极材料、电解质材料开发，制备高能量密度、高功率密度的双高超级电容器，在部分领域实现对锂离子电池的替代，降低度电成本。

技术目标

现阶段

双电层超级电容器
能量密度：3~10Wh/kg
功率密度：10~20kW/kg
循环周期：>100万次
度电成本：0.04元/kWh/次

赝电容超级电容器
能量密度：25Wh/kg
功率密度：0.9kW/kg
循环周期：>0.8万次
度电成本：0.15元/kWh/次

混合型超级电容器
能量密度：50~80Wh/kg
功率密度：1~10kW/kg
循环周期：>3万次
度电成本：<0.15元/kWh/次

2027年

双电层超级电容器
能量密度：10~15Wh/kg
功率密度：25~30kW/kg
循环周期：>100万次
度电成本：0.03元/kWh/次

赝电容超级电容器
能量密度：30~40Wh/kg
功率密度：2kW/kg
循环周期：>1万次
度电成本：<0.05元/kWh/次

混合型超级电容器
能量密度：80~100Wh/kg
功率密度：5~30kW/kg
循环周期：>10万次
度电成本：<0.05元/kWh/次

2030年

双电层超级电容器
能量密度：15~20Wh/kg
功率密度：30~40kW/kg
循环周期：>200万次
度电成本：0.02元/kWh/次

赝电容超级电容器
能量密度：≥50Wh/kg
功率密度：3kW/kg
循环周期：>2万次
度电成本：<0.02元/kWh/次

混合型超级电容器
能量密度：≥120Wh/kg
功率密度：10~50kW/kg
循环周期：>20万次
度电成本：<0.02元/kWh/次

图 4.1-3　超级电容器技术创新路线图

表 4.1-12　超级电容器技术创新需求项目

序号	项目名称	研究内容	预期成果
1	储能用低成本、高功率、高能量密度超级电容器关键技术设计	研究高性能超级电容炭的规模化制备技术；开发低内阻隔膜；研究新型磁材料及其复合材料的中试化制备；开发低内阻电解液	开发单体能量密度 ≥ 100Wh/kg、最大比功率 ≥ 20kW/kg、80%DoD 循环寿命 ≥ 20 万次、15min 充放电时长成本不超过 3 元/Wh 的双高型、低成本超级电容器
2	面向调频的超级电容器集成系统的研究与产业化	研究超级电容器集成系统高效液冷技术，包括：研究制冷剂种类和性能；液冷寿命和成本的影响因素研究及性能优化；研究产品密封设计及安全性能。开发 PCS，包括：研究 0V 充电能力；研究短时过载能力；研究超高速响应	开发面向调频的超级电容器集成系统，超级电容器在 4C 及以上额定功率工作时，系统温差不超过 5℃，安全防护满足相关标准；PCS 能满足超高速响应、2~3 倍短时过载
3	宽温度范围混合型超级电容器单体的研究与开发	开发超高功率材料体系；开发超高功率混合型超级电容器极片；研究超高功率单体应用仿真技术	混合型超级电容器单体满足质量能量密度 ≥ 80Wh/kg，体积能量密度 ≥ 170Wh/L；功率密度 ≥ 5kW/kg；低温 -30℃ 下 10C 放电容量保持率 ≥ 60%，高温 70℃ 下 10C 容量保持率 ≥ 100%；3min 能充电至额定容量的 90%（快充），30C 放电容量保持率 ≥ 95%；10C 充放电循环寿命 ≥ 80000 次；建立"热-电-寿命"和"能量-功率-寿命"的耦合模型

4.2　超导磁储能

4.2.1　技术分析

超导磁储能（Superconducting Magnetic Energy Storage，SMES）是利用超导线圈将电能以磁场的形式存储，需要时再反馈给电网或其他设备的装置。超导磁储能系统主要包括超导磁体、低温系统、功率变换器和监控保护系统。超导磁储能直接存储电磁能，在超导状态下无焦耳热损耗，其电流密度比一般常规线圈高 1~2 个数量级，可以实现与电力系统的实时能量交换和功率补偿。超导磁储能装置示意图如图 4.2-1 所示。

传统的低温超导材料工作温度在液氦温区（4.2K），制冷成本过高，因此大大限制了低温超导磁储能的应用。20 世纪 80 年代发现的高温超导体，将超导应用温度推至液氮温区（77K），从而使超导体的实用性大大

超导材料　　超导电缆　　超导磁体

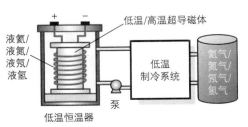

图 4.2-1　超导磁储能装置示意图

提高。从铌锡合金（Nb$_3$Sn）、铌钛合金（NbTi）低温超导线材到第一代高温超导带材 Bi 系（BSCCO）和第二代高温超导带材 Y 系（YBCO），都被广泛应用到超导磁体研制中。近年来新发展的 MgB$_2$ 和铁基超导材料也有望应用到超导磁储能系统中。

（1）技术现状

国际上研究超导磁储能的科研机构与企业主要分布在北美、西欧和东亚地区，例如美国超导（AMSC）、美国南方电缆（Southwire）、美国超能（Super Power）、德国 ACCEL、德国 Bruker EST、波兰电工研究所（PIEE）、日本中部电力（Chubu Electric Power）、日本住友电工（Sumitomo Electric）、日本东芝（Toshiba）和韩国电力研究院（KEPRI）等。其中，美国在超导磁储能技术研究领域处于领先地位，技术水平最为先进，是全球最大的超导磁储能应用市场。目前，基于低温超导材料和高温超导材料的超导磁储能系统研发并行发展，容量大多在 MJ/MVA 级，已投入到实际电力系统试运行。作为典型的超导磁储能系统应用，美国超导公司已建成了 6 台 3MJ/8MVA 基于低温超导材料的小型超导磁储能系统，安装在威斯康星州的北方环形输电网，实现有功和无功功率调节，以改善该地区的供电可靠性和电能质量；同时有 8 台 3MJ/8MVA 小型超导磁储能系统安装在田纳西州 500kV 输电网中，以维持地区电网的稳定性。德国 ACCEL Instrument GmbH 公司和 EUS GmbH 公司联合开发了 2MJ 超导磁体用于实验室的 UPS 系统，其平均功率为 200kW，最大可达 800kW。日本中部电力公司和日本新能源产业技术综合开发机构（NEDO）启动一项用于电网支撑的 20MJ/10MW 超导磁储能装置研发项目，并于 2008 年实现试验运行。法国国家科研中心研制了基于 Bi 系带材的螺线管型磁体，储能量最大 814kJ。超导磁储能系统在美国、日本、欧洲一些国家的电力系统中已得到初步应用，在维持电网稳定、提高输电能力和用户电能质量等方面发挥了重要的作用，部分应用实例见表 4.2-1。

表 4.2-1　国外超导磁储能技术应用实例

年份	应用地点	基本参数	作用
1993	美国阿拉斯加电网	1.8GJ	提高电网的供电可靠性
2000	美国威斯康星州公用电力北方环形输电网	6×3MJ/8MVA	避免电压骤降
2002	美国田纳西州 TVA 电管局 500kV 输电网	8×3MJ/8MW	维护输电网电压稳定性
2002	日本中部电力公司	7.3MJ/5MW	提供瞬时电压补偿
2003	日本中部电力公司	1MJ	补偿瞬时电压跌落
2006	日本 Hosoo 电站	10MW	提高系统稳定性和供电品质
2002	德国 ACCEL 公司	150kJ /20kVA	提高电能质量，同时发挥有源电力滤波器的作用
2001	韩国电力研究院	1MJ/300VA	有效维持系统稳定运行
2006	韩国电力研究院	3MJ/750kVA	提高敏感负荷的供电质量

　　注：1. 超导磁储能系统容量习惯用单位 MJ 表示，1MWh=3600MJ。
　　　　2. W 与 VA 的关系可以表示为：W=VA× 功率因数，功率因数在 0~1 之间。

我国超导磁储能研发工作仍处于跟跑阶段。中国科学院电工研究所、清华大学、华中科技大学等主要科研单位开展了超导磁储能系统的研发工作。中国科学院电工研究所在多功能集成的新型超导电力装置上取得了突破，提出集成限流和电能质量调节于一体的超导限流 - 储能系统，研制了 100kJ/25kVA 超导限流 - 储能系统样机，并于 2008 年底实现了我国首套 1MJ/0.5MVA 高温超导磁储能系统试验运行。2016 年中国科学院电工研究所研制出 1MJ 的螺线管型高温超导磁储能装置。清华大学于 2005 年研制出 500kJ/150kVA 的超导磁储能系统。华中科技大学于 2005 年研制出 35kJ/7kVA 微型高温超导磁储能系统，用于电力系统动态模拟，并于 2014 年研制出 150kJ/100kW 移动式直接冷却第二代高温超导磁储能系统，在宜昌长阳县七里湾水电站顺利完成现场试验。2021 年，中国船舶集团有限公司第 712 研究所和华中科技大学联合研制的高温超导磁储能样机顺利通过技术验收，这台 1.5MJ/0.5MW 环形高温超导磁储能装置，具有完全自主知识产权，技术指标达到国际先进水平。2022 年由广东电网公司牵头的国家重点研发计划项目开始研制 10MJ 级高温超导磁储能系统，该项目超导磁体同样采取环形结构。高温超导磁储能技术已经突破 MJ 级，开始向 10MJ 级发展。总体而言，国内的超导磁储能尚处于研发示范阶段，对比其他储能技术而言，其成本相对昂贵，目前的功率成本约 20000 元 /kW，能量成本高达 3.6 万元 /Wh（1000 万元 /MJ）。

（2）分析研判

应用第二代高温超导带材（以 YBCO 为主）是未来 10 年超导磁储能系统主流技术路线。超导材料是制约超导磁储能发展的最大因素之一，随着高温超导材料的逐步实用化，国内外超导磁储能系统采用的材料已从低温超导材料全面过渡到高温超导材料。第一代高温超导带材——Bi 系（BSCCO）高温线材临界电流随磁场增加迅速减小，为满足超导磁储能容量要求，通常选择在 20 ~ 30K 温度以下运行，以提高工作电流密度，但制冷功耗大。受限于第一代高温超导材料的通流能力和成本，早期高温超导磁储能容量往往在 kJ 级，难以满足电力系统的需求。第二代高温超导材料——REBCO 涂层导体材料具有优异的本征性能，成本低、机械性能好，具有良好的高场（5~12T）性能，特别适用于高温区运行，高场和大比容量超导磁体。由于磁储能的储能密度随电流的 2 次方增长，第二代高温超导材料的商业化使高温超导磁储能装置储能容量迅速达到了 MJ 级。现阶段，REBCO 第二代高温超导带材已实现国产化，极大地促进了国内高温超导磁储能技术的发展。此外，价格相对低廉的 MgB_2 线材的千米级导线制造工艺成熟，并已经应用在超导电缆、MRI 磁体领域，有望进一步降低超导磁储能的成本。

液氢冷却是超导磁储能装置最有发展前景的冷却方式。目前，超导磁储能主要的冷却方式有传导冷却、浸泡冷却以及固氮冷却。传导冷却通过导冷件将制冷机冷量传递到超导磁体，由于其操作和维护简单的优点，是目前小型超导磁储能常用的方案，但导冷件的存在会引起涡流损耗和绝缘方面的问题。浸泡冷却主要分为液氦冷却和液氢冷却两种。液氦冷却是目前最成熟、应用最广泛的超导磁体制冷技术，但液氦冷却成本高，因此只在超导磁储能发展初期用于低温超导冷却。液氢冷却是最有发展前景的冷却方式，但仍处于实验室阶段。其成本低、潜热大，沸点位于对高温超导材料性能提升较大的温区。研究者已经在小型 MgB_2 线圈上验证了液氢浸泡的可行性，但包括氢脆在内的安全性问题还需要进一步研究。

同时提高系统的储能量和功率是超导磁储能开发的重点方向。与此有关的关键技术包括超导材料的性能提升、超导磁体设计与稳定性优化，以及超导磁储能和其他类型储能的综合应用等。超导磁体是超导磁储能的核心元件，超导磁体的优化设计主要包含电磁设计和低温系统设计两部分。电磁优化设计的目标在于进一步提高超导线圈的磁场强度、运行温度、储能密度和通流能力，并尽量减少各类损耗。同时，低温系统的冷却效率极大地影响超导磁储能的运行成本和热稳定性。磁体保护技术是超导磁体稳定运行的重要保障，主要包含磁体状态检测、评估、主被动磁体保护等。此外，综合考虑磁体安全性和电力系统稳定性的控制策略也是超导磁储能技术研究的重要课题。最后，由于超导磁储能主要适用于短时大功率的场景，如果其与能量型储能结合，组成复合储能系统，将会大大扩展超导磁储能技术的应用场景。

（3）关键指标（见表 4.2-2）

表 4.2-2　超导磁储能关键指标

指标	单位	现阶段	2027 年	2030 年
储能总量	MJ	10	40	100
功率密度	W/m³	3×10^5	4×10^5	4.5×10^5
临界电流密度（在 77K、自场强下）	A/mm²	32000	35000	40000
储能系统单位功率成本	元/W	20	10	8
储能系统单位能量成本	万元/Wh	3.6	3.0	2.0

4.2.2　技术创新路线图

现阶段，基本掌握大型超导磁体电磁热力分析方法，第二代高温超导材料 REBCO 等实现国产化，储能系统容量达到国际前沿水平。

到 2027 年，基于第二代高温超导材料的超导层制备工艺得到优化，超导材料成本进一步降低，液氢冷却技术得到初步应用，基本掌握基于超导磁储能的复合储能技术。

到 2030 年，基于第二代高温超导带材的临界电流明显提升，超导磁储能建设、运营成本进一步下降，基于超导磁储能的复合储能系统实现示范应用。

图 4.2-2 为超导磁储能技术创新路线图。

图 4.2-2 超导磁储能技术创新路线图

技术内容

现阶段 2027年 2030年

超导磁储能技术

①大型高温超导磁体设计；②第二代高温超导带材加工工艺；③20K温区低温系统；④超导磁储能专用变流器；⑤失超保护系统；⑥超导磁体状态评估与故障技术研究；⑦含超导磁储能的复合储能技术研究

技术分析

基本掌握大型超导磁体电磁热力分析方法，第一代高温超导材料REBCO等实现国产化，储能系统容量达到国际前沿水平

基于第二代高温超导材料的超导层制备工艺得到优化，超导材料成本进一步降低，液氢冷却技术得到初步应用，基本掌握基于超导磁储能的复合储能技术

基于第二代高温超导带材的临界电流明显提升，超导磁储能建设、运营成本进一步下降，基于超导磁储能的复合储能系统实现示范应用

技术目标

超导磁储能系统
储能总量：10MJ
功率密度：3×10^5W/m³
临界电流密度（在77K，自场强下）：32000A/mm²
功率成本：20元/W
能量成本：3.6万元/Wh

超导磁储能系统
储能总量：40MJ
功率密度：4×10^5W/m³
临界电流密度（在77K，自场强下）：35000A/mm²
功率成本：10元/W
能量成本：3万元/Wh

超导磁储能系统
储能总量：100MJ
功率密度：4.5×10^5W/m³
临界电流密度（在77K，自场强下）：40000A/mm²
功率成本：8元/W
能量成本：2万元/Wh

4.2.3 技术创新需求

基于以上的综合分析讨论，超导磁储能的发展需要在表 4.2-3 所示方向实施创新研究，实现技术突破。

表 4.2-3 超导磁储能技术创新需求

序号	项目名称	研究内容	预期成果
1	大容量高温超导磁储能系统研制	突破大容量高温超导磁储能关键技术，具体包括：超导缆线低损耗、高强度接头结构研究；大容量高温超导磁储能装置的优化力学结构研究；大型超导磁体制冷系统结构研究	超导磁体存储能量不小于 20MJ，最大输出功率不小于 10MW，能量转换效率达到 90%，完成实验验证
2	快速充放电对高温超导磁体性能影响机理研究	针对在实际工况下的高温超导磁体研究应力应变分布，寻找力学薄弱点，并设计优化支撑结构	突破高温超导磁体快速充放电下力学稳定性提升技术；实现大型磁体长时间高负荷稳定运行
3	基于复合缆线的高温超导磁体研制	针对高温超导带材的各向异性引起的磁体通流能力衰退、损耗增加问题，突破基于复合缆线的高温超导磁体电磁热力设计分析方法	提出第二代高温超导带材集束成缆方案，完成基于复合缆线的高温超导磁体优化设计方法，研制基于复合缆线的高温超导磁储能装置
4	基于超导磁储能的多维互动控制、应用与阵列技术研究	针对超导磁储能在对电能质量具有高要求的园区应用问题，突破超导磁储能的阵列化以及与多种储能的联合控制技术，具体包括：规模化超导磁储能阵列技术研究；规模化超导磁储能阵列多层级协调控制策略研究；基于超导磁储能的楼宇级、园区级零碳示范区设计	建设基于小型超导磁储能的多能互补楼宇级、园区级低碳零碳负荷示范区，小型超导磁储能的多能互补协调控制技术达到国际领先水平
5	液氢与超导磁储能复合储能系统研制	针对超导磁储能作为功率型储能的容量缺陷，突破超导磁储能与容量型储能的复合储能技术，具体包括：超导磁储能与氢储能的联合控制策略研究；超导磁储能与电池储能的联合控制研究	开发超导磁储能与液氢储能的综合储能系统，总存储能量达到 1GJ，最大充放电功率达到 5MW，实现快响应、大容量的高比例再生能源主动支撑
6	大容量超导磁储能状态评估研究	针对大型超导磁体，尤其是高温超导磁体由于各种因素引起的失超问题，开展失超保护研究，突破大型超导磁体稳定运行关键技术，实现极端服役环境下超导磁体安全运行	提出大容量超导磁储能失超保护方法，构建大容量超导磁储能主动保护系统，实现长时间高频次的稳定充放电运行

第 5 章

储热（冷）

CHAPTER 05

储热（冷）是指热（冷）能的存储和利用，是新型储能技术的一种类型。储热（冷）技术解决了热（冷）量供应与需求在时间和空间上的匹配性问题，提升了热（冷）能利用的灵活性。储热（冷）不仅在传统的采暖和制冷领域发挥着不可替代的作用，而且在解决可再生能源消纳、电力系统调节和多能互补等领域承担着越来越重要的角色。

5.1 储热技术

储热技术是利用储热材料将热能存储起来，并在需要时释放的储能技术。储热技术具有成本低、寿命长、适合大规模存储等特点。根据储热原理的不同，储热技术一般可分为显热储热、潜热储热（也称为相变储热）和热化学储热等。

5.1.1 技术分析

5.1.1.1 显热储热

显热储热是利用材料所固有的热容进行热能存储的技术，通过储热材料的温度变化实现热能存储。储热材料的比热容越大，单位质量或体积内的储热量越大，材料表现出的显热储热能力也就越强。显热储热已在太阳能低温热利用、跨季节储能、压缩空气储热、低谷电供暖供热、热电厂储热、太阳能光热发电等领域得到广泛应用。

（1）技术现状

1）液态显热储热：液态显热储热材料根据温度区间和应用场景而有所不同。在不超过100℃的温度区间，水储热是最重要的液态显热储热，技术比较成熟。目前华能丹东电厂已建设最大蓄热量为5040GJ的超大容量斜温层储热水罐，来增强燃煤热电联产机组的电网调峰能力和供热能力。然而水储热仅能满足低温需求，且利用电能和中高温抽汽生产热水会造成较大㶲损失，能量转换效率降低。液态金属以其超高的热导率有望在较高的工作温度下（＞600℃）成为新的储热介质选择，但其极不稳定的化学性质使系统需要引入额外的安全措施，加之材料成本高昂，使得该技术经济性较差，目前尚处于基础研究阶段。

2）固态显热储热：在低温区（<100℃），土壤、砂石及岩石是最常见的固态显热储热介质，技术成熟度相对较高，广泛应用于太阳能低温热利用、跨季节储能、压缩空气储热、低谷电供暖供热等领域。在中高温区（120～800℃），混凝土、蜂窝陶瓷、耐火砖是常见的固态显热储热材料。混凝土储热装置造价很低、配置灵活、操作简便，其主要原料是沙子和砾石，在沙漠地带几乎可以免费获取，在终年阳光明媚的地区，如我国新疆的塔克拉玛干沙漠及内蒙古的巴丹吉林沙漠、腾格里沙漠，这种混凝土储热器非常值得开发推广。国际上，德国宇航中心在中高温区开发和利用技术研究中具有代表性，其开发出了耐高温混凝土和铸造陶瓷等固态显热储热系统。在西班牙的阿尔梅里亚太阳能实验基地（PSA）的WESPE项目中，高温混凝土和铸造陶瓷储热最高温度可达400℃，储热能力为350kWh。在清洁供暖和可再生能源消纳领域，耐高温高压性能的氧化镁成为国内外应用最广泛的固态显热储热材料。氧化镁性能稳定、绝缘性强，可以在800℃以上的高温高压

储能环境下使用，有高度耐火绝缘性能。国外如德国德诺特（Technotherm）公司通过在镁砖中添加一定比例四氧化三铁来提升其热导率，从而来改善其在储放热过程中的响应时间，并以此研究了不同功率大小（1~30kW）的移动式储热电暖气产品。国内诸多企业也对基于镁砖的固态显热储热技术进行过深入研究并形成了相关产品，如江苏金合能源、天帅智能科技、山东中信能源等公司研发的镁砖电热锅炉。除了上述几种材料外，国外也有利用钢和磁铁矿作为显热储热材料进行热能的存储。如德国 Lumenion 公司开了钢基热电联产储热系统，其效率可达 95%。瑞典 LKAB Minerals 公司开发了由磁铁矿组成的陶瓷储热砖，目前正在摩洛哥进行天然磁铁矿的大规模储热测试。上述几种固态显热储热介质普遍具有热导率低、传热性能受限等特性。除此之外，固态显热储热材料在使用过程还需要解决质量储能密度低、取热流体温度和流量衰减等技术难题。

3）熔融盐显热储热：熔融盐显热储热技术是最有潜力的储热技术之一。熔融盐有液体温度范围较宽、储热温差大、储热密度大、传热性能优异、压力低、储放热工况稳定且可实现精准控制的优点，是一种大容量（单机可实现 1000MWh 以上的储热容量）和低成本的中高温储热材料。目前国际上已有 20 多座商业化运行的太阳能光热发电站采用大容量的熔融盐显热储热技术，总装置容量达到了 400 万 kW 以上。

国际上，以美国国家可再生能源实验室和德国宇航中心的研究最具前沿性，他们对高温混合氯化熔融盐进行研发，尽管氯化盐可以实现较高的分解温度，但其存在的强腐蚀特性仍有待解决。国内以北京工业大学马重芳、吴玉庭团队的研究最具代表性，该团队率先研制出熔点小于 150℃，分解温度大于 600℃系列混合熔融盐及纳米流体配方，研制了熔融盐储罐、熔融盐换热器、熔融盐电加热器、单罐熔融盐储热装置等设备样机，开发出的"螺旋隔板强化管换热器"在近百家石化企业推广应用。中船新能在内蒙古乌拉特中旗建成 100MW 容量光热电站，占地约 7300 亩[⊖]，电站配置 10h 熔融盐显热储热系统，可实现 24h 连续发电，项目年发电量约 3.5 亿 kWh，综合利用效率达 70%，是国家能源局首批 20 个光热发电示范项目之一。

根据应用中加热方式不同，目前熔融盐显热储热主要有电加热和蒸汽加热等方式。

① 电加热技术。熔融盐电加热技术是利用特殊管状电热元件结合法兰集束的形式与压力容器组成供热整体，主要由电加热芯、筒体、封头和集线槽组成。熔融盐电加热器利用电能对槽内的液态工质或气态工质进行加热升温，加热形式分为电阻式、电极式、电磁感应式三种。目前国内采用的熔融盐电加热技术路线主要是低压电热管加热方案（电阻式加热），国内的西安热工院和北京热力等机构是其中的代表。目前普遍采用 380V 或 690V 的低压电阻式加热器，更高电压的设备仍在研发阶段。国外采用的技术路线是高压电热管加热方案（电阻式加热），目前最高电压可达 7000V，但没有在熔融盐电加热领域的工业应用案例。电极式加热器利用液体介质自身的电阻率，通以正弦交流电使其自身发热，其热效率可达 100%（散热损失除外）。2022 年，杭州华源前线能源设备

　　⊖　1 亩 ≈ 666.67m²。

有限公司发布了新研发的电极式熔融盐加热炉。该产品以高温熔融盐为介质，利用熔融盐高电导率的特点，直接发热，温度可达 700℃ 以上。熔融盐本身能够导电发热，可以直接通电加热，无须考虑高温与腐蚀问题，其单台加热功率可达 50MW 以上。电磁感应加热工作原理是利用电磁线圈产生的涡流实现对加热对象的快速加热，优势是加热效率高，但加热对象（承载物）必须是金属材料。电磁感应式加热器在国内起步较晚，目前的主要功率集中在 5 ~ 100kW 之间，1000 ~ 2000kW 的市场需求则较少。近年来，随着更多场景的加热需求增加，不断有厂家开发 2000kW 以上的电磁感应式加热器。国内现有的传统感应加热方式的效率较低（综合效率最高88%）。西安慧金科技公司先后研制了 380V/100kW 新型电磁感应熔融盐加热装置，并开发了 6kV 和 10kV 高压大功率电磁感应加热技术来对熔融盐进行加热，效率可达 97%，将 180℃ 的熔融盐在 30s 内加热至 400℃ 以上，达到了 30s 内 220℃ 的温升幅度。

　　② 蒸汽加热技术。蒸汽加热技术通常和燃煤机组常规的"锅炉 - 汽机"热力系统嵌套使用，是新型储能火电机组抽汽蓄能技术的重要组成部分，解决锅炉在低负荷工况下"产汽"和"发电"的匹配问题。火电机组抽汽蓄能系统原理如图 5.1-1 所示。目前应用中使用三元硝酸盐作为储热介质，将锅炉产生的部分高温蒸汽的热量存储起来，存储的热量根据电网的需求返送汽轮机组发电，实现机组的灵活运行。蒸汽加热技术已实现商业化，目前国能河北龙山发电有限责任公司 600MW 亚临界火电机组项目正在有序开展，该项目中储热功率为 199MW，放热功率为 95 ~ 126MW，储热容量为 796MWh。广州恒运电厂抽汽蓄能项目储热功率为 59.7MW，放热功率为 262MW，储热容量为 776MWh。

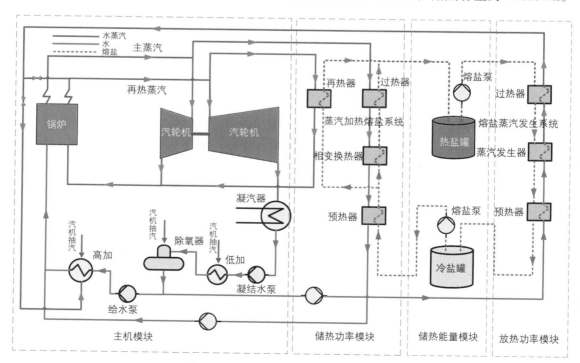

图 5.1-1　火电机组抽汽蓄能系统原理图

珠海金湾电厂采用抽汽蓄能技术，在机组低负荷时，将抽汽的热量存在高压储热罐中，提高机组的深度调峰能力。在机组高负荷时对外供热，将高温热水加压返回回热系统替代部分汽轮机抽汽，增加机组出力，实现机组向上顶峰能力。该项目储热功率超过60MW，储热容量不小于100MWh。国内代表性企业有南网科技、赫普能源、上海电气、华西能源、特变电工等。

（2）分析研判

高效熔融盐显热储热技术是显热储热的主流技术路线。熔融盐显热储热系统一般采用双罐熔融盐液体显热储热系统进行储放热。跟固态储热和相变储热相比，双罐熔融盐液体显热储热具有储/释热换热器进出口参数恒定、可精准调控熔融盐的储/释热速率、成本低的优点，目前已在30余座太阳能光热发电系统（总装机容量达到了350万kW，储热容量达到了100GWh）中得到了大容量的配备和长期运行，最长的已有16年的成功运行经验。但是目前熔融盐储/释热温度还较低，影响了电热熔融盐储热调峰热电联供、热泵储电、火电厂深度调峰、光热发电等应用中的能量转换效率和经济性。特别是超临界二氧化碳发电和超超临界朗肯循环发电技术的发展，迫切要求发展分解温度达到650℃或更高的宽液体温域高储热密度高温熔融盐显热储热材料、设备和系统。

在熔融盐材料体系方面，当前太阳盐和Hitec盐（三元硝酸盐）配方被广泛应用，但存在熔点高、分解温度低的缺陷。因此研发低熔点、高分解温度的宽液体温度范围熔融盐成为国际研究的热点。突破宽温区高温熔融盐显热储热系统优化设计、低熔点高分解温度低成本低腐蚀性的混合熔融盐材料（分解温度大于650℃或更高温度）、大容量高温熔融盐储罐、高温高压大温差熔融盐换热器、高电压熔融盐电加热器、系统集成与控制等关键技术，是熔融盐显热储热技术未来发展的关键。

在熔融盐电加热技术方面，未来研究趋势聚焦在高温高电压电加热元件和兆瓦级高电压熔融盐电加热器设计研发层面。在加热元件的研发方面，目前对材料的绝缘、加热性能以及寿命之间的作用机理不甚了解，需要探究材料组分、微观特性与绝缘强度的内在机理，从而获得绝缘强度高、导热好的新型耐高温绝缘纳米材料配方。同时需要研究不同成型及处理工艺对材料结构、性能的改性和重塑研究，提出抑制绝缘材料老化的微观结构设计方法。

（3）关键指标（见表5.1-1）

表 5.1-1　显热储热关键指标

指标	单位	现阶段	2027 年	2030 年
初始投资成本	元 /kWh（热量）	300	250	200
体积能量密度	GJ/m³	>0.8	>0.9	>1
质量能量密度	kJ/kg	>400	>500	>600
工作温度	℃	>400	>500	>600
热导率	W/（m·K）	5～10	7～25	10～40
比热容	kJ/（kg·K）	>1	>1.25	>1.5

5.1.1.2 潜热储热

（1）技术现状

潜热储热又称为相变储热，利用储热材料在相变过程中吸收和释放相变潜热的特性来存储和释放热能。相变储热技术主要用于清洁供暖、电力调峰、余热利用和太阳能低温光热利用等领域。目前技术攻关重点主要在材料及储热装置方面，重点研发出高稳定性、高导热高储能密度及低成本的相变储热材料和储热装置。

1）无机相变储热：无机相变储热材料主要包括无机盐水合物、无机盐、金属合金等。无机相变储热材料相变焓可达 280kJ/kg 以上，储能密度高，成本较低（<10 元 /kg），适合对体积有限制的应用场景。提高无机相变储热材料的可靠性是无机材料大规模应用的关键问题之一。目前美国在该领域处于领先水平，根据美国能源部提出的下一代储热材料研发目标，相变储热材料的热可靠性要满足 7500 次衰减小于 10%。相比较而言，目前国内厂商提供的无机相变储热材料的稳定性水平仍有待提高，市面上现有的无机相变储热材料经过 7000 次以上的熔化 - 凝固循环，相变焓衰减 20% 以上。中国科学院青海盐湖研究所、华南理工大学、中国科学院过程工程研究所等科研院所是国内主要从事无机盐相变储热材料研究的机构，其中实验室已经研发出能满足循环 5000 次以上相变焓衰减小于 10% 的材料。

2）有机相变储热：当前应用最为成熟的有机相变储热材料主要有脂肪酸类、酯类、烷烃类、酰胺类和有机糖醇类等，如相变温度 28℃的正十八烷。这类相变储热材料相变温度分布广，过冷度极小，腐蚀性小，性能稳定。相变储热材料的核心技术指标为相变焓，即单位质量材料相变过程中吸收的热量，有机相变储热材料的相变焓值一般上限为 270kJ/kg，且通常密度都小于 1000kg/m³。然而，有机相变储热材料储热密度存在瓶颈，而且成本较高，价格为每千克千元，只适用于一些用量较少或附加价值较高的设备，应用存在一定的限制。国内上海焦耳蜡业、杭州鲁尔等有机相变储热材料生产商均有优秀产品提供。目前有机相变储热材料的应用领域主要有相变控温服装等人体热管理产品、空调不停机储热式除霜器、精密装备的瞬时高功率芯片散热元件等。

3）复合相变储热：相变储热材料热导率低，其中有机相变储热材料热导率仅约为 0.2W/（m·K），无机相变储热材料热导率为 0.6 ~ 1W/（m·K），急需对材料进行导热增强。否则，储热装置中需要布置大量的翅片、管道等传热强化结构来增加传热面积，挤占相变材料的空间，降低系统的储能密度，相变储热装置当前的能量密度一般水平低于 50kWh/m³，能量密度受限。通过添加高导热材料或与导热填料复合的方式可增大有机相变储热材料的热导率。在复合相变储热材料开发和应用领域，欧美国家处于领先水平。美国 All Cell Tech 公司是该领域的佼佼者，其采用碳材料强化可将相变储热材料热导率提升至 10 ~ 15W/（m·K），复合相变储热材料用于电池包热管理。相比较而言，国内相变储热材料主要以原材料应用为主，导热强化复合材料应用较少。武汉长盈通热控技术有限公司能够生产热导率大于 16W/（m·K）的复合相变储热材料，用于导弹雷达、电子对抗系统等关键装备的电子器件热管理。

（2）分析研判

开发具有高稳定性、长寿命、低成本的改性相变储热材料是未来潜热相变储能的关键。现有相变储热材料熔值和热导率较低，限值了相变储热材料及其储热系统的进一步应用。其中，相变储热材料的熔值决定了产品的储能密度，越高则所需用量、体积和成本就会越小。相变储热材料的稳定性直接决定了产品的使用寿命，稳定性越差，寿命越短，使用成本越高。热导率则决定了传热速率。因此，需要从材料物性（包括无机相变储热材料、有机相变储热材料以及复合相变储热材料）上对其性能进行突破。

综上，一是重点开展材料设计研究，基于材料设计理论，利用人工智能技术和分子动力学模拟在有机相变储热材料官能团设计及无机盐水合物的共晶组分上进行高效筛选，以指导合成高熔值相变储热材料。通过研发窄温区高熔值有机相变储热材料的有机合成工艺，解决当前精馏分离石蜡类原材料成本高的问题，制备熔值大于 280kJ/kg 的有机相变储热材料。其次，通过复合以提高热导率和稳定性。引入孔隙率较大的导热性强的多孔材料作为无机盐水合物的高导热添加剂，旨在提高热导率并增强相变储热材料的稳定性，同时实现高能量密度、高熔值、无腐蚀、良好稳定性和高热导率的目标，制备出相变熔值突破 300kJ/kg 的无机复合相变储热材料，实现 1 万次以上循环衰减 <10%、热导率突破 20W/（m·K）等关键性能指标。二是在相变储热材料物性提升的基础上针对性开展储热器传热强化研究，克服储热系统传热速率低、储能密度低的难题，通过换热器件设计优化、热网络模型构建与数值研究，掌握材料与换热器件耦合的影响规律，实现储热器能量密度突破 75kWh/m³。三是开发功能化储热材料，开展相变储热材料新场景应用研究，提高电化学储能电站等其他储能系统的效率及安全性，也将是相变储热材料的研究方向之一。

（3）关键指标（见表 5.1-2）

表 5.1-2　潜热储热关键指标

指标	单位	现阶段	2027 年	2030 年
储能价格	元/kWh	<400	<320	<240
相变熔值	kJ/kg	280	300	320
材料储能密度	kWh/m³	85	100	120
热导率	W/（m·K）	3～20	4～25	6～30
循环寿命	次	1000～6000	2000～7000	3000～8000
装置储能密度	kWh/m³	60～75	68～82	75～90

5.1.1.3　热化学储热

热化学储热是利用储热材料的可逆化学反应进行热量的存储和释放的一种储热方式，其储能密度和效率高于显热储能与潜热储能。储热材料吸收热量时会分解为两种及两种以上的产物，将产物分离并分开封闭存储即可实现热量的长期存储，需要使用热量时，只需将分解产物充分混合，在对应条件下发生逆反应，即可释放出存储的热量。热化学储热技术在太阳能热发电、蓄热、工业中低温余热回收等领域有着重要应用。

（1）技术现状

根据储热温度的不同，热化学储热材料可分为低温、中温和高温三类。

1）低温热化学储热：对于低温热化学储热技术，国内外技术水平相近，国内广东省及上海市的高校院所处于国内领先地位。目前，研发高导热型多孔载体复合材料是当前热点。对此，日本名古屋大学、上海交通大学等机构均研发了以高导热碳载体的膨胀石墨基复合材料，这类材料可大幅度提升热导率，且经济性较好。中国科学院广州能源研究所以协同传热传质为目的，研发了多孔石墨烯基复合材料，使材料传热和传质性能同时得到大幅度提升，但受限于多孔石墨烯成本较高，不利于产业化。

由于储热材料在实际应用中的局限性，目前的储热系统研究还停留在实验室及中试阶段，尚未有成熟的工业化应用。在系统开发层面，日本名古屋大学公开报道了以纯氯化钙为材料的闭式储热系统实验，其经过1000次重复储放热耐久性实验研究，发现储放热功率（320kW/m³）、转化率（0.7）、可逆性（90%）等参数均可维持在较好的水平。在国内的系统研发，主要以高校院所为主，尚无企业独立开发相关系统设备。上海交通大学研制了分子筛为载体的水合盐及纯氨络合物的kW级热化学储热系统，中国科学院广州能源研究所研制了碳基氯化钙水合盐为储热材料的微通道反应器模块及kW级系统，反应器放热功密度可达61kJ/L，由于复合材料具有足够的膨胀空间，在循环了20次后性能无衰减。

2）中温热化学储热：日本东京工业大学、名古屋大学、千叶大学和德国宇航中心在中温化学储热技术方面处于国际领先地位，国内则相对起步较晚，在2010年后上海交通大学及中国科学院广州能源研究所等单位相继开展了相关研究。中温热化学储热材料主要是部分金属氢氧化物，例如$Mg(OH)_2$、$Ca(OH)_2$、$Zn(OH)_2$等，其储热原理是金属氢氧化物转换为金属氧化物和水的可逆过程，储热温度普遍均超过300℃。

$Ca(OH)_2$/CaO被认为是目前最具潜力的中高温热化学储能体系之一，其储热温度在400~600℃之间。$Ca(OH)_2$和CaO是廉价、易得且环境友好的。对于$Ca(OH)_2$/CaO体系的复合材料研发，主要以LiCl、$LiNO_3$、KNO_3等作为催化剂为主，重点是提高水解速率、抑制在高温脱水条件的材料颗粒团聚结块现象。日本丰田研发中心、名古屋大学在材料制备方面处于领先地位。名古屋大学掺杂LiCl的复合材料在反应器内循环了100次，在390℃脱水的条件下反应率能够稳定在0.5左右，最低储热温度降低到了350℃。日本名古屋大学与中国科学院广州能源研究所联合开展$Ca(OH)_2$/CaO储热系统研究，通过保持材料的多孔性，使用系统50次循环后储热性能几乎不变，材料转化率达0.9。德国宇航中心分别研发了10kW/10kWh的固定床结构以及8kW/10kWh的螺旋输送结构的$Ca(OH)_2$/CaO储热装置，装置在33次循环后具有良好的循环性能，材料转化率达到0.95，放热温度达500℃以上。我国双良锅炉有限公司联合瑞典储热技术公司（SaltX Technology Corporation）在中国开展了50kW/500kWh的$Ca(OH)_2$/CaO储能项目建设，该系统采用流化床反应器结构，尽管项目证明了该技术的可行性，但是存在效率低及材料粉化问题，暂时没有推广应用。

3）高温热化学储热：相较于中温及低温热化学储热体系，高温热化学储热体系是发展最慢的，西班牙、德国、美国等国家起步较早，目前处于技术领先地位。近几年，日本和中国相关研究团队陆续开展相关研究工作，国内以浙江大学、中国科学院广州能源研究所等为主。高温热化学储热材料主要有金属氢化物、金属氧化物和碳酸盐三种体系，其中金属氢化物和碳酸盐体系具有储热密度高、反应温度区间宽的优点，但系统需配备高压储氢、储二氧化碳及储水子系统，增加了储热系统的成本和复杂性；金属氧化物体系通过金属的氧化还原可逆反应来实现储能，该系统的特点可利用空气作为氧源和传热介质，因此不需要气体存储设备，实现了开放式系统下的储热和放热操作，在产业化应用方面极具优势。

（2）分析研判

热化学储热是极具发展前景的技术路线，目前仍处于基础研究阶段。储热材料的传热传质性能、材料反应速率以及循环稳定性等方面的不足是造成设备庞大、储放热效率不高的重要原因。因此，高性能储热材料、反应器及系统研发是推动热化学储热技术产业化的关键。

1）研发高性能热化学储热材料。需要从材料的热力学和动力学特性两个方面进行性能调控。热力学特性决定储热反应温度和储热密度。动力学特性展示材料实现最佳储能性能的能力，决定了实际储能密度和反应转化率。目前来看，国内在中温及高温热化学储热材料的研发上距离国际领先水平仍有一定的距离，在材料研发层面需在更大尺度上提升反应材料的性能及寿命。在中温热化学储热材料层面，以多孔介质为载体形成二元或者三元复合材料，其性能具有突出优势，可进一步深度研发以获得性能更佳的材料。在高温热化学储热材料层面，开发二元、三元甚至五元的金属氧化物复合材料是未来的重要方向，目标是使材料的储热密度、循环寿命以及强度均能获得提高。

2）研发高性能反应器。固定床反应器的相关探究开始较早，反应器设计及制造工艺较为成熟，虽然换热性差的缺点比较明显，但是通过结合材料掺杂改性和反应器结构改进等手段有望得到改善，其可规模化应用的可行性和经济性有待评估。流化床反应器与固定床反应器相比具有更高的传热传质系数，流化状态有利于床内颗粒的混合和导热从而缩短反应时间，在热化学储热反应中可以利用其较大的传热系数和传热面积来提高储热效率，从而将较固定床规模提升 2 个数量级以上。流化床目前面临着诸多问题，在结构设计方面需要考虑的因素较多，一方面需要合适的蒸汽发生器 / 冷凝器来维持反应床内较为稳定的流化状态；另一方面反应器内部结构的设计要保证反应材料充分参与反应，以及避免粉化造成设备无法起动。

3）储热系统的优化设计。储热系统优化设计受多个因素影响，如反应床的传热传质性能、化学反应速率、换热器的热导率等，需要构建准确数值模拟方法开展系统优化设计。对于不同需求的系统，改善性能的侧重点也不同，应根据实际情况有针对性地进行优化设计。

（3）关键指标（见表 5.1-3）

表 5.1-3　热化学储热关键指标

指标	单位	现阶段	2027 年	2030 年
储能价格	元 /kWh	400	350	300
储能体积密度	GJ/m³	0.8	1.0	1.2
储能功率密度	kW/m³	300	400	500

5.1.2　技术创新路线图

在显热储热方面，迫切要求发展分解温度达到 700℃的高温熔融盐储热材料、设备和系统。其中，提高熔融盐储 / 释热温度是提高电热熔融盐储热调峰热电联供、热泵储电、火电厂深度调峰、光热发电能量转换效率和经济性的有效技术途径。

目前熔融盐储热都采用太阳盐，该领域迫切要求研发低熔点、宽液体温域、高储热密度、高分解温度和低腐蚀性的低成本混合熔融盐配方技术，开发配套的大容量高温高压大温差熔融盐换热器、大容量高电压熔融盐电加热器、大容量长寿命高可靠性熔融盐储罐以及多源多种能源输出复杂储能系统的集成优化调控等关键技术，实现高温熔融盐储热技术的大规模应用。

在相变（潜热）储热方面，研发高性能的相变储热材料、高可靠性显热 - 潜热复合储热技术、潜热储热单元及储热系统协调优化技术、潜热储热系统级控制技术，是大范围推广相变储热材料应用的难点。

在热化学储热方面，从材料的热力学和动力学特性两个方面对材料进行性能调控，研发高性能热化学储热材料；研发设计流化床反应器的结构，保证反应器内部有稳定的流化状态以及反应特性；优化储热系统结构，根据不同的应用场景进行优化。

现阶段，总体上混合熔融盐储热材料、兆瓦级高电压熔融盐电加热技术、高熔值相变储热材料、多元金属氧化物热化学储热材料的研发等都与国际先进水平有一定差距。

到 2027 年，混合熔融盐储热材料实现一定规模的应用，兆瓦级高电压熔融盐电加热技术实现小规模示范应用，高熔值相变储热材料、多元金属氧化物热化学储热材料的研发与国际先进水平的差距缩小。

到 2030 年，混合熔融盐储热材料、兆瓦级高电压熔融盐电加热技术实现小规模的应用，高熔值相变储热材料、多元金属氧化物热化学储热材料的研发与国际先进水平的差距缩小。

图 5.1-2 为储热技术创新路线图。

5.1.3　技术创新需求

基于以上的综合分析讨论，储热技术的发展需要在表 5.1-4 所示方向实施创新研究，实现技术突破。

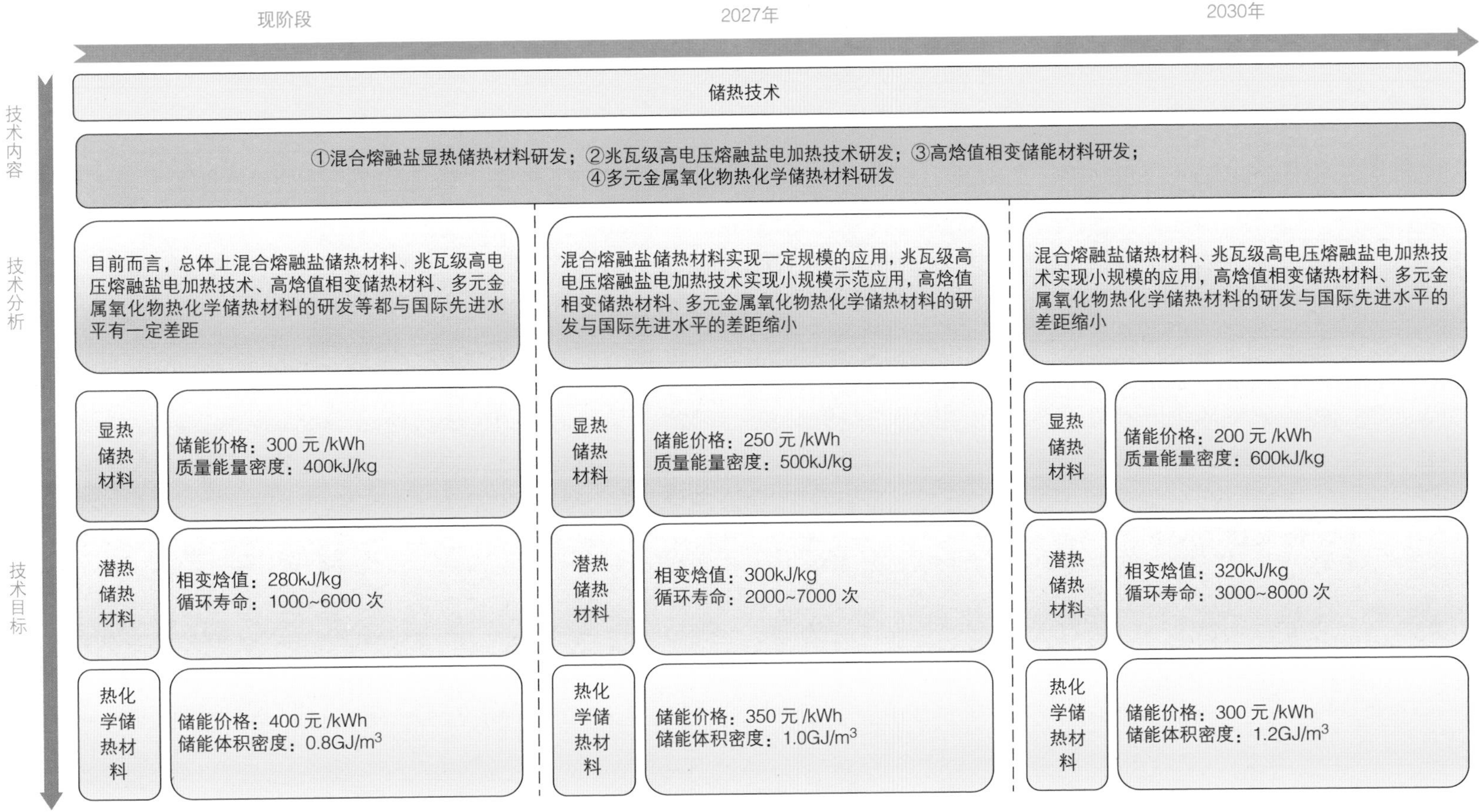

图 5.1-2 储热技术创新路线图

储热技术

①混合熔融盐显热储热材料研发；②兆瓦级高电压熔融盐电加热技术研发；③高熔值相变储能材料研发；④多元金属氧化物热化学储热材料研发

现阶段

技术分析：目前而言，总体上混合熔融盐储热材料、兆瓦级高电压熔融盐电加热技术、高熔值相变储能材料、多元金属氧化物热化学储热材料的研发等都与国际先进水平有一定差距

显热储热材料：储能价格：300元/kWh 质量能量密度：400kJ/kg

潜热储热材料：相变熔值：280kJ/kg 循环寿命：1000~6000次

热化学储热材料：储能价格：400元/kWh 储能体积密度：0.8GJ/m³

2027年

技术分析：混合熔融盐储热材料实现一定规模的应用，兆瓦级高电压熔融盐电加热技术实现小规模示范应用，高熔值相变储能材料、多元金属氧化物热化学储热材料的研发与国际先进水平的差距缩小

显热储热材料：储能价格：250元/kWh 质量能量密度：500kJ/kg

潜热储热材料：相变熔值：300kJ/kg 循环寿命：2000~7000次

热化学储热材料：储能价格：350元/kWh 储能体积密度：1.0GJ/m³

2030年

技术分析：混合熔融盐储热材料、兆瓦级高电压熔融盐电加热技术、高熔值相变储能材料、多元金属氧化物热化学储热材料的研发与国际先进水平进一步缩小差距

显热储热材料：储能价格：200元/kWh 质量能量密度：600kJ/kg

潜热储热材料：相变熔值：320kJ/kg 循环寿命：3000~8000次

热化学储热材料：储能价格：300元/kWh 储能体积密度：1.2GJ/m³

技术内容

技术分析

技术目标

表 5.1-4　储热技术创新需求

序号	项目名称	研究内容	预期成果
1	低熔点高分解温度混合熔融盐储热技术研究	针对火电厂深度调峰、新一代太阳能热发电、电/热泵储热发电调峰电站、多能互补综合能源系统对大容量宽温区高温熔融盐储热的需求，研究低熔点、高分解温度、高温大容量熔融盐储热关键技术，具体包括：低熔点、宽温域、低成本、低腐蚀性的混合熔融盐材料，以及相应的热物性纳米改性提能技术；大容量高温差熔融盐换热器技术	研发出储热温差大于 500℃（其中，熔点 ≤ 150℃，分解温度 ≥ 650℃，储热密度 ≥ 1GJ/m³）的低熔点高分解温度高温熔融盐配方；在高温环境（650℃）和空气环境下对不锈钢的腐蚀速率 ≤ 0.05mm/年；研制出高效熔融盐-水/蒸汽换热器，熔融盐侧进出口温差大于 400℃
2	超高导热高焓值相变储热材料设计、制备与应用	相变储热材料高导热网络形成机制；导热网络与热导率构效关系；高导热网络的成型工艺与制备	实现材料热导率突破，相变材料热导率为 20～40W/（m·K），相变焓不低于 180kJ/kg
3	高焓值长寿命低成本无机相变储热材料的研制	高焓值无机相变储热材料的共晶设计、无机相变储热材料热物性衰减机理、复合储热材料结构设计与可靠性提升工艺	实现无机相变储热材料储能密度与可靠性突破，无机相变储热材料相变焓不低于 300kJ/kg，储能密度大于 150kWh/m³，循环大于 7000 次
4	高储能密度的相变储热装置及其在低功耗电池热管理系统中的应用研究	新型低能耗热管理系统的储热设备设计与优化；储热单元在制冷系统的集成建模与优化；高能量密度储热装置设计生产与应用示范	开发出高能量密度的储热装置，储能密度突破 100kWh/m³，实现相变储热系统的新应用，电池制冷所需用电负荷减少 50% 以上，储能电站电效率提升 1% 以上
5	大容量相变储热材料研制及其在电池安全防护中的应用研究	大容量储热材料的制备与热物性研究；电池热失控产热模型、储热材料吸热动力学模型构建；电池热失控防护性能与机制研究	解决电池热失控难以防护的行业难题，实现在储能电站、电动车中的广泛应用，推动电池安全性显著提升

5.2　储冷技术

　　储冷技术也叫蓄冷技术，蓄冷技术同样是利用物质的显热或者潜热特性存储冷量，在需要的时候将冷量释放出去供用冷场地使用。该技术主要分为水蓄冷技术、冰蓄冷技术和共晶盐蓄冷技术。常见蓄冷系统的工作原理是利用水的显热和潜热在夜间电力负荷的低谷时段采用电制冷技术，将冷量以水或冰的形式存储起来，在用电高峰时段将其释放，达到削峰填谷、转移高峰期电力负荷的目的。蓄冷系统原理如图 5.2-1 所示。

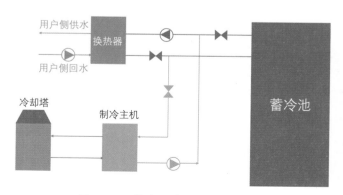

图 5.2-1　蓄冷系统基本原理示意图

5.2.1 技术分析

5.2.1.1 水蓄冷

（1）技术现状

在蓄冷领域，对于商业楼宇和区域供冷两个应用场景，以水和冰为储冷介质的蓄冷技术都是比较成熟的技术，也是主流的技术。整体来看，目前我国水蓄冷技术与日美欧并跑，处于国际先进水平。水蓄冷技术的核心主要包括制冷主机和水蓄冷系统工程设计两个方面。

在制冷主机方面，水蓄冷不需要采用双工况主机，出水温度通常在 4℃左右。目前，常见的冷水机组有活塞式机组、涡旋式机组、螺杆式机组、离心式机组等。大型离心式制冷主机制冷量通常大于 400kW，且机组的 COP 通常可以达到 5.0 以上。美国麦克维尔、美国艾默生、日本大金、日本松下、中国格力以及中国美的等大型企业，均有优秀的制冷主机产品推出。

在水蓄冷系统工程设计方面，国内外目前也处于并跑阶段。美国巴尔的摩空调盘管公司（Baltimore Aircoil Company）和日本三菱电机等企业较早便具备工程设计和建造能力，并承担建造多个水蓄冷项目。经过近几十年发展，我国水蓄冷工程技术在规模和能效上也达到了国际先进水平。惠州欣旺达新能源产业园水蓄冷项目工程竣工于 2020 年 10 月份。项目投入运行后，每年可实现将约 460 万 kWh 的高峰、平峰电量转移至低谷用电，预计每年可节省空调运行费用 280 万元，可大幅降低空调运行电费，提高了能源的综合利用率，具有良好的社会及经济效益。佛山本田水蓄冷项目采用夜间蓄冷、白天供冷的水蓄冷方案，将空调制冷负荷转移到夜间电力低谷时段，在运行过程中可实现削峰填谷、平稳运行的效果，充分利用低价的夜间电，提升系统运行的经济效益。

（2）分析研判

水蓄冷是储冷技术的主要技术路线之一。水蓄冷研发主要方向是制冷机组性能优化、蓄冷装置结构优化及蓄冷系统运行协同技术。

制冷机组层面，重点是提升系统的能效，从而降低整体的能量消耗。目前空调工况下机组 COP 已经实现 > 5.0 水平，进一步提升技术难度大，采用单一技术难以有效提升整体机组 COP。因此，通过采用离心式压缩、磁悬浮轴承、变频技术、多工况气动优化技术等多种技术高效集成，提升机组的性能特性，从根本上提升水蓄冷系统的系统能效。

蓄冷装置结构层面，重点是布水器设计。其难点在于面对多样化的蓄冷装置，如何有效控制斜温层变化。对于水蓄冷空调系统，蓄冷量的大小取决于蓄冷水罐 / 蓄冷水池体积以及温差，因此，结合不同温度下流体流动特性，研究避免斜温层厚度过大的优化结构，从而提升温差，减少系统㶲损失，保证水蓄冷系统高效运行，提升放冷效率。

系统运行层面，主要体现在水蓄冷系统与动态负荷的设计和运行匹配方面。由于天气、人员流动等因素的不确定性，系统控制技术的难点在于整体负荷精准预测。负荷精准预测有助于确保蓄冷装置实际蓄释冷性能与设计工况匹配，避免冷量浪费。因此，需要研发基于人工智能的时间序列预测和元启发式优化算法优化水蓄冷系统的设计方法和运行模型，实现水蓄冷系统与动态负荷的设计和运行匹配最优化。

（3）关键指标（见表 5.2-1）

表 5.2-1　水蓄冷关键指标

指标	单位	现阶段	2027 年	2030 年
单位质量蓄冷量	kJ/kg	22	23	24
水冷机组 COP	—	5.2	5.4	5.6

5.2.1.2　冰蓄冷

（1）技术现状

冰蓄冷技术是利用冰融化过程中的相变潜热来进行冷量的存储，再在需要的时候将冰融化释放冷量。冰的蓄冷密度比较大，可达到 180kJ/kg，存储同样的冷量所需的体积仅为水蓄冷的十分之一。相比于水蓄冷技术，冰蓄冷具有槽容积小、冷水温度稳定、低温运用灵活、制冷机组余力运用灵活等优点。此外，由于冰蓄冷的蓄冷温度较低，可以实现大温差换热，从而实现水泵节能。由于以上的特点，冰蓄冷通常利用谷电进行蓄冷，在尖峰用电时释冷，其在电网的移峰填谷中有着广泛应用。根据制冰方法分类，冰蓄冷系统分成静态制冰蓄冷系统和动态制冰蓄冷系统。静态制冰蓄冷指冰的制备和融化在同一位置进行，如冰球蓄冷、冰盘管蓄冷等。动态制冰蓄冷指冰的制备和存储不在同一位置，如冰浆蓄冷等。

整体来看，目前我国冰蓄冷技术与日美欧并跑，处于国际先进水平。冰蓄冷技术发展至今主要经历了三个重要的发展阶段。首先是 20 世纪 70 年代的冰球方式，其次是 80 年代开始的冷盘管方式，最后是进入 21 世纪后的冰浆方式。其中前两个阶段是静态制冰蓄冷，而第三阶段是动态制冰蓄冷。

1）静态制冰蓄冷：静态制冰蓄冷通常是利用低温载冷剂（如乙二醇溶液等）作为中间介质，为蓄冷介质（H_2O）提供冷量。欧美等国家的冰蓄冷技术发展较早，早期静态制冷蓄冷技术有冰球蓄冷、冰盘管蓄冷等。其中冰盘管蓄冷技术根据用冷时融冰方式不同，可分为内融冰和外融冰。静态制冰蓄冷具有稳定性好、技术原理简单、操作简便等特点，被广泛应用于冰蓄冷空调等领域。其中美国 BAC、加拿大 Sunwell、法国 CIAT 等公司是其中的代表性企业。经过几十年的发展，目前以冰盘管蓄冷为代表的静态制冰蓄冷技术已经较为成熟，全球有许多商业化运行项目。国内目前的静态制冰蓄冷技术处于国际先进水平，自主研发的技术和装置占有越来越大的比例。珠江新城供冷站项目是国内冰盘管蓄冷应用的典型代表，项目于 2010 年 3 月投产，总装机容量 4 万冷吨，可以满足 200 万 m^2 建筑体量的空调用冷需求。该项目采用了三级离心式主机制冷，制冷剂输出温度为 −6℃，有效降低系统的能耗。据相关统计表明，项目有效减少珠江新城核心区建筑群空调制冷设备总装机容量的 20% ~ 25%。

2）动态制冰蓄冷：与静态制冰蓄冷技术发展趋势相似，欧美等国家的动态制冰蓄冷技术发展较早，美国 BAC、日本高砂热学、日本京东电力等都是其中的代表性企业，拥有多项冰蓄冷技术的相关专利，也承担设计和建造多个冰蓄冷项目。国内冰蓄冷技术经过几十年发展已经在工程规模和系统能效上达到国际先进水平，涌现一批优秀企业，如冰山、冰轮和美的。

动态制冰蓄冷技术的核心是动态制冰装置。目前，商业化运行的动态制冰蓄冷工程主要是采用过冷水式冰浆制备系统。过冷水式冰浆制备系统具有结构紧凑、蓄冷池布置灵活、适用范围广等优点。此外，过冷水式冰浆制备系统能效高，制冰机组 COP 可达到 3.0 以上。在过冷水式动态制冰装置研发方面，日本高砂热学的动态制冰系统 COP 可达到 3.0，而中国科学院广州能源研究所冯自平团队成功研发出直接蒸发式冰浆制备系统样机，蒸发温度约为 −3℃，装置能效比传统的间接式蒸发系统高 20% 左右，有效降低系统能耗，达到国际先进水平。国内外代表性机构冰蓄冷技术指标对比见表 5.2-2。

表 5.2-2 国内外代表性机构冰蓄冷技术指标

研究机构	技术类型	能效水平	容量规模	应用场景
中国科学院广州能源研究所	过冷水	3.0～3.5	~GWh	中央空调、区域供冷
杭州源牌	冰盘管、塑料盘管	2.0～2.8	~MWh	中央空调、区域供冷
日本高砂热学 日本新菱冷热工业	过冷水	2.5～3.0	~MWh	中央空调、区域供冷
美国 BAC	冰盘管	2.0～2.5	~MWh	中央空调、区域供冷
丹麦技术学院（DTI） 冰浆研究中心（ISC）	二元冰浆	2.0～3.0	~GWh	中央空调、区域供冷

在冰蓄冷工程建设和设计方面，国内凭借强大的工程建造能力而跻身于世界前列。广州华润创智园（现名润慧科技园）动态冰蓄冷中央空调供冷站于 2022 年 4 月 1 日正式投入运行，项目采用了最新的过冷水式动态冰浆蓄冷。在夜间谷电时段蓄冷，通过 3 台双工况离心式主机全力蓄冰，双工况主机在蓄冰工况下的乙二醇不冻液出水温度为全程稳定的 −3℃，单台机组每小时蓄冷量为 495RTh，对应配置 3 台 KDI 600 型动态制冰机组。夜间低谷时段 8h 总蓄冷量为 11880RTh，设计蓄冷密度为 12RTh/m³，蓄冰槽设计容积为 1000m³，设计日蓄冰率约为 33%。

此外，考虑到冰蓄冷工程建设成本等问题，目前有企业研发集装箱式一体化动态冰浆蓄冷装置。如广州冰轮高菱节能科技有限公司将动态冰浆制备系统和蓄冰槽进行集成，对制冷设备、管道、控制等进行一体化设计，这有效降低了占地面积以及建设成本。

（2）分析研判

冰蓄冷是储冷技术的另一主要技术路线。冰蓄冷技术进一步研发的方向主要集中于提升蓄冷装置蓄释冷速率和系统高效运行方法。

在理论层面，由于工程应用中蓄冷装置的多样性，冰蓄冷装置参数优化方法尚不完善，需建立冰蓄冷装置蓄释冷性能快速的长期预测模型和优化方法，为冰蓄冷装置蓄释冷长期性能预测和蓄冷装置结构设计方法提供指导。

在装置层面,目前动态制冰蓄冷装置存在成本相对高、系统运行不稳定等行业瓶颈问题,因此,未来需要重点攻克低成本、耐腐蚀、低阻化且高效传热的材料和换热结构,采用超疏水界面涂层、控制小温差换热等技术解决过冷水式动态制冰蓄冷装置的"冰堵"问题。

在运行层面,研究基于深度学习的人工智能预测模型训练样本筛选方法,并加入包括制冷量在内的系统各部分参数,形成冰蓄冷系统全参数预测模型,提高系统性能预测精度,为冰蓄冷系统的运行调试提供理论指导。

(3)关键指标(见表5.2-3)

表5.2-3　冰蓄冷关键指标

指标	单位	现阶段	2027 年	2030 年
储能价格	元 /kWh	400	300	200
单位制冷蓄冷量	kJ/kg	180	190	200
制冰机组容量	RT	500	800	1500
机组能效 COP	—	3.5	3.8	4.0

5.2.1.3　共晶盐蓄冷

共晶盐蓄冷技术是利用共晶盐的固 - 液相变潜热大、相变温度可适用于空调系统制冷的特性进行蓄冷。共晶盐蓄冷技术采用常规制冷机组,利用夜间低价谷电进行蓄冷,将冷量存储在共晶盐材料中,白天融化材料释放冷量,达到减小系统装机容量和高峰时刻系统用电负荷的目的。该技术可适用于传统空调和旧建筑空调系统的改造、新建筑空调系统的应用。

与冰蓄冷系统相比,共晶盐蓄冷系统无需双工况主机、制冰循环及管路、制冰循环与制冷循环之间的换热器,因此共晶盐蓄冷系统更为简单;共晶盐蓄冷系统采用与常规空调系统相同的制冷机组、载冷剂,制冷机组运行效率相比制冰机组可提高约30%,系统综合能效可提高50%以上。因此共晶盐蓄冷系统效率更高,蓄冷系统的投资和运行成本更低。目前,共晶盐蓄冷技术成本较高,整体技术处于产业化前期,还需要加大投入加快其商业化步伐。

(1)技术现状

目前,欧洲和美国在共晶盐蓄冷技术方面处于全球领先。美国 Phase Change Solutions Inc. 研发了系列生物质相变材料,用于冷链物流和建筑板材,取得不错的应用效果。英国 PCM Products Ltd. 研发了 −74 ~ 0℃的共晶盐相变材料,其体积蓄冷密度可达 360MJ/m³。沙特阿拉伯哈拉曼高铁车站安装了一套 10℃共晶盐蓄冷储能系统,使用传统的 7℃冷水为储罐蓄冷,蓄冷材料采用 FlatICE,蓄冷量可达 909RTh。夜间蓄冷功能使设计人员能够将白天的高峰负荷转移到夜间,并有效地减少高峰负荷所需的冷水机组数量。值得注意的是,该系统利用当地昼夜温差大的气候特点,实际耗电量较常规冷水机组可减少 35% ~ 45%。

我国的整体水平稍微落后于全球最高水平。不过近年来以广东格力集团和美的集团为代表的龙头企业，正在投入大量的研发资源进行该技术的研发，逐步缩小与国际水平的差距。比如广东美的集团楼宇科技事业部开发了相变储能技术与多联机的联用系统，将相变储能技术应用在多联机的蓄冷单元等方向，单位体积储能密度 ≥ 240MJ/m³，过冷度 <2℃，热导率 >5W/（m·K），长期稳定性 >2000 次。深圳爱能森科技有限公司开发了 8℃相变蓄冷材料 + 冷水机组系统。

（2）分析研判

共晶盐蓄冷是学术上值得探索的储冷技术路线。共晶盐蓄冷在蓄冷密度和蓄冷能效方面均介于水蓄冷和冰蓄冷之间，但其实际应用不仅需要解决过冷、稳定性、腐蚀性等问题，而且需要考虑蓄冷部件的换热效果，并降低应用成本。因此，共晶盐蓄冷的技术研究趋势主要有两个方面：①共晶盐的改性，包括优化蓄冷相变温度、提高蓄冷密度，解决过冷、稳定性、腐蚀性问题，提高热导率；②共晶盐蓄冷部件的换热强化，以提高蓄冷系统的蓄冷和释冷能效。通过这两个方面研究提高蓄冷效果和蓄冷能效，同时降低单位共晶盐全生命周期成本，对提高其应用范围有重要意义。在材料研究方面，需要解决过冷、稳定性、腐蚀性等问题。在部件研究方面，需要突破的关键问题则是热响应强化。

（3）关键指标（见表 5.2-4）

表 5.2-4　共晶盐蓄冷关键指标

指标	单位	现阶段	2027 年	2030 年
储能价格	元 /kWh	700	500	300
体积能量密度	MJ/m³	200	230	250
热导率	W/（m·K）	3-4	5	6
最高工作温度	℃	50	55	60
循环寿命	次	2000	3500	5000

5.2.2　技术创新路线图

现阶段，我国的高效水蓄冷技术实现大规模应用，流态冰浆蓄冷技术达到国际先进水平，而高储能密度共晶盐蓄冷技术与国际仍有一定差距。

到 2027 年，水蓄冷技术实现大规模应用，冰蓄冷技术攻克过冷水式动态冰蓄冷系统的稳定性问题，实现较大规模的应用；共晶盐蓄冷方面对材料进行改性研究，研发高储能密度共晶盐材料；此外对大部分储冷技术在其适用领域进行大力推广，整体技术达到国际先进水平。

到 2030 年，高储能密度共晶盐材料的研发水平与国际先进水平缩小，冰蓄冷技术实现大规模应用，初步建立储热共性技术标准体系，建立比较完善的储冷技术产业链，实现绝大部分储冷技术在其适用领域的全面推广，整体技术处于国际先进水平。

图 5.2-2 为储冷技术创新路线图。

储冷技术

技术内容： ①高效水蓄冷技术；②流态态冰浆蓄冷技术；③高储能密度共晶盐蓄冷技术

现阶段

技术分析：我国的高效水蓄冷技术实现大规模应用，流态态冰浆蓄冷技术达到国际先进水平，而高储能密度共晶盐蓄冷技术与国际仍有一定差距

- 水蓄冷：质量储能密度：22kJ/kg　机组COP：5.2
- 冰蓄冷：储能价格：400元/kWh　制冰机组容量：500RT　机组COP：3.5
- 共晶盐蓄冷：储能价格：700元/kWh　能量密度：0.2GJ/m³

2027年

技术分析：水蓄冷技术实现大规模应用，冰蓄冷技术克服冷水动态态冰蓄冷系统的稳定性问题，实现较大规模的应用；共晶盐蓄冷方面对材料进行改性研究，研发高储能密度共晶盐蓄冷材料；此外对大部分储冷技术在其适用领域进行大力推广，整体技术达到国际先进水平

- 水蓄冷：质量储能密度：23kJ/kg　机组COP：5.4
- 冰蓄冷：储能价格：300元/kWh　制冰机组容量：800RT　机组COP：3.8
- 共晶盐蓄冷：储能价格：500元/kWh　能量密度：0.23GJ/m³

2030年

技术分析：高储能密度共晶盐材料的研发水平与国际先进水平缩小，冰蓄冷技术实现大规模应用，初步建立储热共压缩性比较高，建立比较完善的储冷技术标准体系，实现绝大部分储冷技术在其适用领域的全面推广，整体技术处于国际先进水平

- 水蓄冷：质量储能密度：24kJ/kg　机组COP：5.6
- 冰蓄冷：储能价格：200元/kWh　制冰机组容量：1500RT　机组COP：4.0
- 共晶盐蓄冷：储能价格：300元/kWh　能量密度：0.25GJ/m³

图 5.2-2　储冷技术创新路线图

5.2.3 技术创新需求

基于以上的综合分析讨论，储冷技术的发展需要在表 5.2-5 所示方向实施创新研究，实现技术突破。

表 5.2-5 储冷技术创新需求

序号	项目名称	研究内容	预期成果
1	高效直接蒸发式过冷水动态冰浆蓄冷系统集成关键技术	直接蒸发式过冷水冰浆制备系统研发及优化研究；动态冰浆流动传热机理及对冰蓄冷系统的影响研究；动态过冷水冰浆蓄冷系统的高效控制及其策略优化研究	研制直接蒸发式冰浆制备装置，机组 COP 达到 3.8。开发动态冰浆蓄冷控制系统，具备 3 种以上的运行控制模式；实现对流态冰浆的泵送，获得可泵送冰浆的具体方案
2	面向多联机应用的低成本高性能相变复合材料研发及集成关键技术	高性能共晶相变材料体系构建及相变行为研究；取向结构高导热相变复合材料可控备及导热强化机理研究；基于相变储能模块集成的多联机系统降本增效	制备的相变复合材料体积储能密度 $\geqslant 300 \times 10^3$ kJ/m^3。相变复合材料的热导率达到 6W/（m·K），材料性能在 6000 次循环测试保持稳定；开发一套专门面向建筑温区的、考虑精度的相变材料关键参数数据库，研发相变储能模块等核心装备 2 套，多联机系统 COP 达到 3.07，节费率为 35%

第6章
氢 储 能

CHAPTER 06

氢作为一种清洁低碳、高效灵活的二次能源，其来源丰富且用途广泛。到 2060 年，我国氢能需求预计达 1.3 亿 t。氢储能作为新兴的储能方式，在能量、时间和空间维度上均展现出显著优势，应用前景极为广阔。氢储能的核心在于将其他形式的能源转化为氢的化学能，以氢气或氢化合物的形态进行存储，并在需要时将其转换为电能或其他形式的能源。氢储能特别适用于长周期、大规模的储能需求，其储运和使用方式灵活多变，对于解决我国可再生能源的消纳及并网稳定性问题具有显著效果。相较于其他大规模储能技术如压缩空气、抽水蓄能等，氢储能受地理限制和生态保护的影响较小，无需特定的地理条件，因此其应用场景更为广泛。此外，氢储能还具备一定的规模储能经济性。随着储能时间和规模的增加，储能系统的边际成本会逐渐降低，使得规模化储氢的成本远低于储电。与当前电化学储能的主流方案——锂离子电池相比，氢能具有更高的能量密度和更低的运行维护成本。它既能满足短时供电需求，也能满足长时能量储备，是少数能够存储百吉瓦时以上的储能形式，因此被视为极具潜力的新型大规模储能技术。

氢储能的应用场景丰富多样，包括分布式氢能发电、热电联供、电网调峰电站、交通运输、化工、石油炼制以及氢冶金等。图 6-1 展示了氢储能应用场景。在交通领域，截至 2023 年前三季度，我国燃料电池汽车累计推广近 1.76 万辆。在分布式氢能发电方面，南方电网公司广东广州供电局在广州南沙完成的小虎岛电氢智慧能源站建设，是国内首个应用固态储供氢技术的电网侧储能型制加氢一体站，为清洁能源的大规模稳定消纳和新型电力系统的建设提供了有力支持。在工业领域，氢不仅作为燃料使用，还作为原料推动工业的减碳发展。在氢冶金、合成燃料、工业燃料等需求的推动下，预计到 2060 年，工业领域的氢需求量将达到 7794 万 t，几乎是交通领域的 2 倍。在化工行业，

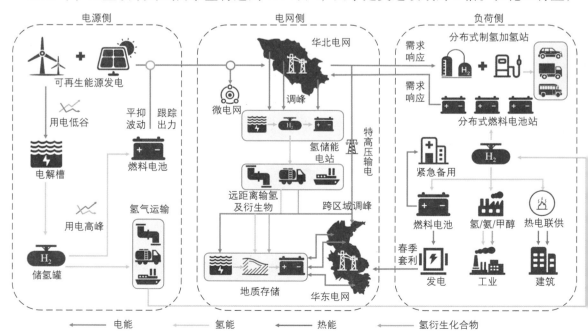

图 6-1　氢储能应用场景

氢气是合成氨、甲醇以及石油精炼和煤化工行业的重要原料。目前，工业用氢主要依赖于化石能源制取，但随着可再生能源发电成本的下降，预计到 2030 年，国内部分地区有望实现绿氢的平价供应，使绿氢逐渐成为化工生产的常规原料。在钢铁领域，氢冶金技术正展现出其革命性的潜力，有望推动钢铁行业的绿色转型。以年产 100 万 t 铁为例，所需氢气量大约在 8 万 t。考虑到广东省年粗钢产量高达 3600 万 t，若全面采用氢冶金技术，年氢气需求量将接近 300 万 t。2023 年 12 月 23 日，国内首套百万吨级氢基竖炉项目在宝钢股份湛江钢铁成功点火投产。这一项目创新性地采用了全球首创的"氢冶金电熔炼工艺"，实现了全氢工业化生产直接还原铁。据预测，相较于传统工艺，该项目在同等规模铁水产量下，每年可减少二氧化碳排放超过 50 万 t。湛江钢铁将进一步在氢基竖炉的基础上，结合南海地区丰富的光伏和风能资源，构建"光-电-氢"和"风-电-氢"的绿色能源体系，形成与钢铁冶金工艺相契合的全循环、封闭流程。这一举措有望使产线碳排放较传统长流程降低 90% 以上。

按照氢气的制取形式划分，将氢气分为"灰氢""蓝氢"和"绿氢"三种类型。"灰氢"是通过传统的化石燃料，如石油、天然气和煤来制取氢气。这种方式的优点在于技术成熟、成本相对较低。然而，由于化石燃料资源有限，且制氢过程中会产生环境污染问题，因此其应用受到一定限制。"蓝氢"则是在利用化石燃料制氢的基础上，结合了碳捕捉和碳封存技术。虽然仍然依赖于化石燃料，但由于碳捕捉和碳封存技术的运用，使得其碳排放量大幅减少。不过，由于引入了碳捕捉和碳封存系统，制氢成本相对较高。"绿氢"则是采用风电、水电、太阳能、核电等清洁能源进行电解水制氢。它以电和水为原料，制氢过程中不会对环境造成污染。虽然这种方式成本较高，且目前尚未实现规模化利用，但其无污染、能有效解决可再生能源消纳问题的优点使得它具备巨大的发展潜力。据预测，至 2030 年，电解水制取绿氢的装机量将达到 100GW。目前，"灰氢"仍然是主流的制氢方式。但随着可再生能源技术的不断发展和成本的降低，未来绿氢将逐渐取代灰氢、蓝氢，成为主流的制氢方式。

6.1 制氢技术

电解水制氢技术是指利用电能将水分解成氢气和氧气的过程。其优点在于：其一，相比通过化石燃料制氢会产生二氧化碳，电解水制氢可与可再生能源发电耦合，以水作为氢源制氢，产物仅为氢气和氧气，有利于向可再生能源为主的能源结构转型，减少碳排放；其二，电解水制氢技术具有灵活性高、响应时间快等优点，能够适应可再生能源发电难预测、易波动的特点，将电能转化为氢气的化学能，可以实现对电能的长时储能，平抑可再生能源发电的波动性，满足社会对能源安全稳定的需求，实现电力、氢能和热能网络的互联互通。

目前，发展较为成熟的电解水制氢技术主要有碱性（ALK）电解水技术和质子交换膜（PEM）电解水技术，而固体氧化物（SOEC）电解水技术处于技术示范阶段，阴离子交换膜（AEM）电解水技术正处于实验室研发阶段。《中国氢能源及燃料电池产业发展报告 2022》显示，截至 2022 年，全球主流厂家各类电解槽产能部署超过 15GW，同比增长超过 80%，我国占比过半，出货量超过 1GW。在营项目以碱性电解水制氢和质子交换膜电解水制氢技术路线为主，占比分别约 65% 和 32%。

　　未来十年，电解水制氢技术将进入快速发展阶段。根据《国际氢能技术与产业发展研究报告 2023》，在净零排放场景下，2030 年全球电解水制氢装机量将达到 720GW。美国市场研究机构 Market. Us 的报告指出，2022 年全球绿氢市场规模中电解水制氢占比约 57%。该报告预测，到 2032 年全球绿氢市场规模将达到 629 亿美元，其中电解水制氢占比约 60%，即约 377 亿美元。碱性电解槽是目前最常用的技术，占据了市场的最大份额，但质子交换膜（PEM）电解槽和固体氧化物（SOEC）电解槽因其效率高、适应波动性强，也有很大的发展潜力。中国氢能联盟在 2021 年发布的《可再生氢 100 行动倡议》指出，力争到 2030 年实现国内可再生能源制氢装机规模达到 100GW，这是实现 2060 年碳中和目标的重要基石。

6.1.1　碱性电解水制氢

6.1.1.1　技术分析

　　碱性电解水制氢是指在碱性电解质环境中，在直流电的作用下，将水电解成氢气和氧气。电解质一般为 30% 质量浓度的 KOH 溶液。碱性电解水制氢技术是目前市场化最成熟、制氢成本最低的技术，现已成为国内主流技术路线。

　　碱性电解水制氢系统主要包括碱性电解槽主体和 BOP 辅助系统。如图 6.1-1 所示，碱性电解槽主体是由阴极电极、阳极电极、隔膜、垫片、双极板等零部件组装而成。电解槽包括数十甚至上百个电解小室，由螺杆和端板把这些电解小室压在一起形成圆柱形或正方形，每个电解小室以相邻的两个极板为分界，包括正负双极板、阳极电极、隔

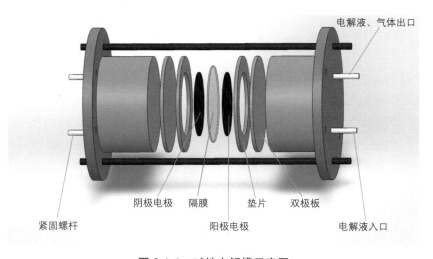

图 6.1-1　碱性电解槽示意图

膜、密封垫圈、阴极电极六个部分。碱性电解水制氢装置 BOP 辅助系统包括 8 大系统：电源供应系统、控制系统、气液分离系统、纯化系统、碱液系统、补水系统、冷却干燥系统及附属系统。

碱性电解槽技术的发展方向致力于实现多重目标：追求更低的电耗以提升能效；拓展更宽的负载工作范围以增强其适应性；增大单体规模以提高产能；提高电流密度以提高电解效率；延长使用寿命以减少维护成本。核心目标在于同步提升电解槽的产氢量并降低单位制氢成本，以实现经济效益和环境效益的双赢。为提升电解槽的性能，未来碱性电解槽企业重点研发方向包括隔膜技术创新、催化剂研发、电极改性等。

1. 电解槽

（1）技术现状

目前国内多数碱性电解槽直流电耗为 $4.2 \sim 4.6 kWh/Nm^3$，随着技术的不断更新迭代，直流电耗下降成为电解槽产品发展的一大趋势，如西安隆基氢能推出的 ALK Hi1 plus 产品，直流电耗满载状况下低至 $4.1 kWh/Nm^3$；中山明阳智能最新发布的产品最低直流电耗已达到 $3.87 kWh/Nm^3$。

国际上，挪威 NEL、德国蒂森克虏伯、比利时 John Cockerill 的碱性电解槽技术水平领先。挪威 NEL 的 A 系列碱性电解槽采用复合隔膜，厚度在 500μm 以下，面电阻约为 $250 m\Omega/cm^2$；阴极采用 Raney Ni 基底多元涂层催化剂（NiMo 合金等），阳极采用活化镍，能有效降低过电位。在产品的技术指标上，单槽最大产氢速率达到 $3800 Nm^3/h$，直流电耗低至 $3.8 \sim 4.4 kWh/Nm^3$，是当前直流电耗最低的碱性电解槽之一。德国蒂森克虏伯单槽最大产氢量已达 $4000 Nm^3/h$（约 20MW）。

国内碱性电解槽技术水平与国际先进水平的差距正逐步缩小。国内已有多家企业完成 $2000 Nm^3/h$ 电解槽研发，如中船（邯郸）派瑞氢能、湖南三一氢能、北京中电丰业、江苏宏泽科技等，目前正逐步往大标方电解槽开发。2023 年 9 月，西安隆基氢能再次刷新了国内已发布产品的最大单槽产氢量的记录，达到 $3000 Nm^3/h$。市场方面，2022 年国内电解槽市场占有率排名前三的企业分别是中船（邯郸）派瑞氢能、苏州考克利尔竞立（由比利时和中国合资成立）以及西安隆基氢能。这三家企业凭借强大的技术实力和市场布局，合计占据了 80% 的市场份额。其他企业如武汉华电重工、天津大陆制氢、北京中电丰业、深圳凯豪达等，总市场份额为 20%。然而，目前国内多数电解槽直流电耗集中于 $4.2 \sim 4.6 kWh/Nm^3$，同质化较为严重。具体国内碱性电解槽产品参数对比见表 6.1-1。

（2）分析研判

碱性电解水制氢在未来 5 ~ 10 年仍是主流电解水制氢技术路线。碱性电解水制氢技术具有成本低、技术成熟度高的优势，且关键设备已基本实现国产替代，目前成为国内主流路线并占据主导地位。能源转化效率低、起停速度慢、难与波动较大的可再生能源发电技术相匹配，可能成为限制碱性电解水制氢技术市场发展的原因。此外，碱性电解

表 6.1-1　国内碱性电解槽代表企业电解槽产品参数对比

企业	中船（邯郸）派瑞氢能	苏州考克利尔竞立	天津大陆制氢	西安隆基氢能	山东奥扬新能源
产品型号	CDQ 系列	DQ 系列	FDQ 系列	ALK Hi1 系列	AQ 系列
氢气产量 /（Nm^3/h）	1000	1000	1000	1000	1200
运行温度 /℃	95 ± 5	90 ± 5	90 ± 5	90 ± 5	90 ± 5
氢气纯度（%）	≥ 99.8	≥ 99.9	≥ 99.9	≥ 99.9	≥ 99.9
氧气纯度（%）	≥ 99.2	≥ 98.5	≥ 99.5	≥ 98.5	≥ 98.5
工作压力 /MPa	1.5 ~ 2.5	1.6	3.0	1.6	1.6
运行负荷（%）	50 ~ 100	30 ~ 100	30 ~ 110	20 ~ 110	30 ~ 110
能耗 /（kWh/Nm^3）	≤ 4.3	≤ 4.4	≤ 4.4	≤ 4.3	≤ 4.4

水制氢在设备成本端的降本空间较小，未来主要降本空间是可再生能源制氢电力成本下降和单台制氢产量增加带来的固定均摊成本下降。因此，在其他制氢技术未完成降本增效前，碱性电解水制氢仍是未来 5 ~ 10 年的主流技术路线。

大标方、高稳定性以及低能耗是当前国内碱性电解槽大型化的主要挑战。以堆量为核心、提高单槽产氢量的技术会使得电解槽的体积与重量越来越大，若继续增大产氢量，将面临运输与维护成本过高、电解液密封性变差、反向电流腐蚀加剧等问题。虽然目前可以通过提高小室反应面积、增加小室数量、提升电流密度等方法提升电解槽规模，但是提高小室面积和增加小室数量，电解槽体积和重量也会随之增加，对结构的密封性、碱液的流通性都会造成影响，同时电解槽体积和重量变大也会带来一定安全隐患。此外，提升电流密度，会增加电耗，同时材料工艺要求也会提高，导致成本增加。因此，如何避免大型化带来高能耗、高成本和稳定性是当前重点研究的问题。

国内碱性电解槽行业尚处于发展的初级阶段，目前面临产品同质化严重、制氢能耗偏高以及电解效率低等挑战。当前，国内碱性电解槽所使用的零部件大多源于传统工业体系，技术相对成熟但缺乏创新性，没有形成显著的技术壁垒。这种零部件的同质化现象导致各大企业的电解槽产品在性能上表现出较高的相似性，如电流密度、直流电耗以及电解效率等方面均没有明显的区别。因此，国内碱性电解槽的发展需针对新型部件、关键材料持续投入技术研发。

（3）关键指标（见表 6.1-2）

表 6.1-2　碱性电解槽关键指标

指标	单位	现状	2027 年	2030 年
电解池能耗	kWh/Nm^3	≥ 4.2	≤ 4	≤ 3.8
系统能耗	kWh/Nm^3	≥ 5	4.5	4.2
电解池效率	%	≥ 65	≥ 70	≥ 75
寿命	h	≥ 80000	≥ 100000	≥ 100000
单槽产氢量	Nm^3/h	≥ 3000	≥ 3500	≥ 4000
电解槽成本	元 /kW	≥ 800	≤ 700	≤ 700
系统成本	元 /kW	≥ 1500	≤ 1400	≤ 1350

2. 催化剂

（1）技术现状

1）研发技术现状：欧美和日本在催化剂材料的研发上长期处于世界领先水平。在碱性环境中电流密度达到 $10mA/cm^2$ 时，贵金属（Pt、Ir、Ru）基催化剂的阴极过电位为 $20 \sim 40mV$，阳极过电位为 $260 \sim 300mV$；非贵过渡金属（Ni、Fe、Co、Mo）基催化剂的性能表现稍差，分别为 $30 \sim 70mV$ 和 $280 \sim 400mV$。国内催化剂技术的研发以高校和研究所为主力，如中国科学院、厦门大学、清华大学等，在各类 HER 和 OER 催化剂方面均取得不错的研究成果，研发的 Pt 合金催化剂的析氢过电位可降至 $17mV$（$10mA/cm^2$）。这些催化剂尽管在单个（多个）关键指标上接近或者达到国际顶尖水平，但仍处于实验室阶段、缺乏产品长期验证，规模化制备水平也存在较大的差距。广东省催化剂的研发水平目前属于国内先进水平，中山大学李光琴课题组合成的负载型 Ir@Ni-NDC 双功能催化剂，阴阳极过电位分别仅为 $19mV$ 和 $210mV$（$10mA/cm^2$）。

2）产品技术现状：贵金属基催化剂方面，我国国产化率一直处于较低水平，全球贵金属催化剂关键技术及相关知识产权一直掌握在欧美、日本等国外企业手中，如美国赛默飞世尔、美国元素、英国庄信万丰、德国巴斯夫、日本田中贵金属等。国内在贵金属催化剂领域长期处于跟跑阶段。但近三年国产化进程持续提速，已实现部分国产化和批量化生产。国内贵金属催化剂企业主要有西安凯立新材料股份有限公司、宁波中科科创新能源科技有限公司、上海济平新能源科技有限公司等。

非贵金属基催化剂方面，美国格雷斯化学品公司生产的雷尼镍 RANEY® 催化剂经过几十年的技术积累和迭代，长期占据市场主导地位。近年来，我国非贵金属基催化剂研发水平迅速提高，已基本实现国产化和批量生产，并应用于近两年装备的大型碱性电解槽中。该领域相关的供应商有上海莒纳新材料科技有限公司、北京盈锐优创氢能科技有限公司、苏州青骐骥科技（集团）有限公司等。国产催化剂虽然在催化活性方面达到国外同类催化剂的水平，但是电解槽工况条件下的稳定性需要进一步验证。

（2）分析研判

催化剂的降本增效是碱性电解槽此后发展的主要方向。首先，催化剂是电化学反应发生的场所，是决定电解槽制氢效率的根本。目前，国内碱性电解槽存在电流密度低、直流电耗高、电解效率低的问题，主要原因就是催化剂过电位大、动力学性能差。其次，当前催化剂材料的优化空间极大，且可行性高。国内电解槽大多使用相对廉价的简单镍基材料，析氢过电位极高（$200mV@100A/m^2$ 左右），而科研院所及催化剂专精企业对制氢催化剂材料已有数十年的技术积累，有大量性能更好（过电位 $100mV$ 以下）、成本更低的成果尚未进入应用。备受关注的铂基材料的过电位可低至 $30mV$，制氢能耗预计可降低 10% 以上。

阴极使用贵金属催化剂在成本上是可行的。贵金属电极材料可以在提高电流密度和制氢效率的同时，显著减少单位产氢量所需的电极面积，从而降低极板、隔膜、密封圈等固定成本。

在阳极使用新型非贵金属催化剂是主流发展趋势。阳极能量损耗较高，新型非贵金属阳极材料的研究值得更多关注。国内碱性电解槽通常使用镍基合金作为阳极，制氧的过电位超过 300mV，导致的能量损失甚至超过阴极析氢。目前我国大量科研院所研发的高性能、低成本非贵金属催化剂，过电位降至 200mV 左右。代表性材料包括镍铁基材料、钴铁基材料等，其阳极催化理论相对成熟，技术迭代难度相对较低。

（3）关键指标（见表 6.1-3）

表 6.1-3　碱性电解槽催化剂关键指标

指标	单位	现阶段	2027 年	2030 年
贵金属催化剂 阴极过电位（10mA/cm²）	mV	≤ 40	≤ 35	≤ 25
贵金属催化剂 阳极过电位（10mA/cm²）	mV	≤ 300	≤ 280	≤ 240
贵金属催化剂耐久性 （100mA/cm²，1000h 性能衰减； 过电位升高）	%	≤ 20	≤ 15	≤ 10
非贵金属催化剂 阴极过电位（10mA/cm²）	mV	≤ 70	≤ 60	≤ 40
非贵金属催化剂 阳极过电位（10mA/cm²）	mV	≤ 400	≤ 350	≤ 300
非贵金属催化剂耐久性 （100mA/cm²，1000h 性能衰减； 过电位升高）	%	≤ 25	≤ 20	≤ 15

3. 隔膜

（1）技术现状

1）研发技术现状：在碱性电解水制氢隔膜研发上处于世界领先水平的是日本和比利时。日本东丽研发的聚苯硫醚（PPS）隔膜，厚度约为 750μm，成本约为 300 元 /m²，具有优异的耐碱性和使用寿命，但是也存在着亲水性差和面电阻较高等缺点。比利时爱克发研发的有机 - 无机复合隔膜，厚度约为 500μm，具有优异的亲水性和较低的面电阻，但是该产品未在中国销售。国内北京碳能科技研发的 TN-ICM500 有机 - 无机复合隔膜，已实现批量化制备并在大型电解槽上装机试验，运行电流可突破万安级，助力制氢企业提高电解效率和降低运营成本。广东省内，中山刻沃刻科技完全实现国产替代，研发的第三代复合隔膜 K 系列产品已经实现量产，并且具有面电阻低、气体阻隔性好、结构稳定、耐压强以及使用寿命长等优点，性能处于国际领先水平。

2）产品类技术现状：日本在碱性电解水制氢隔膜产业化上处于世界领先水平。日本东丽的聚苯硫醚（PPS）隔膜是国内大型电解槽使用的主流隔膜，应用于如考克利尔竞立大型碱性电解槽（1000Nm³/h），使用寿命可达到 15 年以上，纯化后氢气纯度达到 99.999%。但由于 PPS 隔膜亲水性太弱，面电阻较大，导致电解效率低、直流能耗大，因此具有较好亲水性和较低面电阻的有机 - 无机复合隔膜是未来碱性电解水制氢隔膜的主流研究方向。比利时爱克发研发的 ZIRFON 系列隔膜，具有优异的电解水性能和使用寿命，占据着国外 95% 以上的市场。挪威 NEL 公司是目前世界上最大的电解槽制造商，其开发的 A 系列常压碱性电解槽，采用的就是爱克发研发的有机 - 无机复合隔膜，最大产氢速率达到 $3800Nm^3/h$，电解槽功耗为 $3.8 \sim 4.4kWh/Nm^3$，是当前直流电耗最低的碱性电解槽之一。目前国内北京碳能科技和中山刻沃刻科技公司研发的有机 - 无机复合隔膜，在隔膜厚度、亲水性、面电阻、阻气率等性能参数方面已接近国际先进水平，但是在隔膜的耐久性和使用寿命等方面需要继续突破。

（2）分析研判

PPS 隔膜是目前碱性电解槽用隔膜的主流技术路线，有机 - 无机复合隔膜是未来高性能碱性电解槽用隔膜的必然趋势。相比于 PPS 隔膜，有机 - 无机复合隔膜亲水性更好，更薄，面电阻更低，因此电解槽电解能耗更低、电解效率更高。但是有机 - 无机复合隔膜存在着无机粒子易脱落、隔膜结构易破坏的缺点，导致相应电解槽寿命远低于 PPS 隔膜组装的电解槽。改善无机粉体和有机聚合物的界面相容性，制备结构均匀紧致、强度高的复合隔膜是提升电解槽使用寿命的关键。此外，在保证电解槽性能和安全性能的基础上，重点突破高强度和超薄的有机 - 无机复合隔膜是进一步提升电解槽电解效率、降低能耗的关键。

1）无机粉体和有机聚合物的界面相容性。有机 - 无机复合隔膜主要由无机粒子和有机聚合物组成，存在着界面相容性差的问题。目前有机 - 无机复合隔膜从成本和性能上考虑，无机粒子主要是改性氧化锆为主，有机聚合物主要以聚砜类聚合物为主。以碳能科技为代表的公司制备的有机 - 无机复合隔膜虽然具有优异的亲水性和较低的面电阻，但其存在着无机粒子和有机聚合物混合不均匀、界面相容性较差的问题，最终导致电解槽寿命较短。目前一个重要的研究方向是对无机粒子进行表面改性，同时采用多种有机聚合进行交联反应，通过改性无机粒子的表面官能团或者 Zeta 电位等，与有机聚合物形成范德华力或者氢键等，加强无机粒子和有机聚合物界面结合力，从而改善两者的界面相容性。此外，在制备隔膜过程中，无机粒子和有机聚合物浆料的制备工艺也对所制备隔膜的均匀性、紧致性有着十分重要的影响。目前，国内的有机 - 无机复合隔膜虽然在拉伸强度、阻气率等方面具有显著提高，但是在隔膜的电解能耗、使用寿命等性能上明显落后于国外同类技术。因此，需要研发先进的无机 - 聚合物浆料体系和浆料混合技术来解决界面相容性问题，实现高性能、长寿命的性能指标。

2）超薄、高强度有机 - 无机复合隔膜。目前商业化应用的有机 - 无机复合隔膜厚度约为 $500\mu m$，电解能耗依旧较高，导致碱性电解水制氢成本居高不下。超薄、高强度有机 - 无机复合隔膜是未来碱性电解水制氢隔膜的必然趋势，其对隔膜的强度和阻气性提出了更高的要求。目前超薄有机 - 无机复合隔膜存在的一个主要问题是较高的氢气渗透率容易导致氧中氢含量较高，从而引发安全问题。同时超薄的隔膜在制氢过程中，由于阴阳极两面的压力差，容易导致隔膜发生形变，从而导致隔膜寿命缩短。因此，一方面

要提高有机 - 无机复合隔膜的致密性，在保证面电阻和浸润性的基础上，来提高隔膜的阻气率，保证安全性；另一方面，需要提高隔膜的强度，以耐受制氢过程中的阴阳极气压差，保证电解槽的使用寿命。

（3）关键指标（见表6.1-4）

表 6.1-4　碱性电解槽隔膜关键指标

指标	单位	现阶段	2027 年	2030 年
厚度	μm	400 ~ 500	<200	<150
平均孔径	nm	150	<100	<80
室温面电阻	$\Omega \cdot cm^2$	0.3 ~ 0.4	<0.15	<0.1
起泡点	bar[①]	2.5	>3	>3.3
接触角	度（°）	75	<60	<50
拉伸强度	MPa	25	>28	>30
能耗（80℃，4000A/m²）	$kWh/Nm^3 \ H_2$	4.2 ~ 4.4	≤ 4.0	≤ 3.7
成本	元 /m²	700 ~ 1200	< 400	< 300
工作温度	℃	90 ± 5	100 ± 5	120 ± 5
寿命	h	60000 ~ 80000	> 100000	> 120000

① 　1bar=0.1MPa。

4. 电极

（1）技术现状

1）研发技术现状：意大利、中国、美国等在电极技术研发上处于世界领先水平。意大利迪诺拉集团是世界上最大的电极产品供应商，其研发的电极性能国际领先，性能衰减 ≤ 0.5%/ 年。国内电极研发制备公司较多，如苏州保时来新材料科技有限公司、上海莒纳新材料科技有限公司，已经完全可以实现自主研发、批量制备，生产的电极已经被考克利尔竞立等大型电解槽制备企业广泛使用。广东省在碱性电解水制氢技术方向上起步较晚，目前关于电极的研发处于起步阶段。

2）产品技术现状：意大利和中国在电极产业化领域处于世界领先水平。意大利迪诺拉集团在苏州成立的迪诺拉电极（苏州）有限公司，电极产能达到 700000m²/ 年。该电极涂有专用催化涂层，结合更紧凑，在实际运行情况下的能源消耗更低，电流密度更高，设备使用寿命和稳定性更优异。国内的苏州保时来新材料科技有限公司目前已量产雷尼镍电极 1-4 代产品，储备了四代高性能电极技术，同时在研七代领先的电极技术。系列产品可在 3000 ~ 6000A/m²@2.0V@80℃条件下稳定使用，并突破了 8000A/m²@2.0V@80℃条件下催化剂涂层脱落的行业难点问题。此外，上海莒纳新材料科技有限公司研发的 JA 系列电极，已经实现 1.9m×1.9m 大尺寸量产，电流密度最高可达 11900A/m²，产氢速率提升至 3 倍，电解槽可实现快速起动，降低 50% 槽体小室数量，降低 10% 电耗。目前国内在碱性电解水电极方面已经完全实现了批量化生产、自主代替，并且其电化学性能和使用寿命等接近国际顶尖水平。

（2）分析研判

开发高活性镍基催化剂是提升电极性能的关键，将镍基催化剂附着在镍网上是目前碱性电解槽所用电极的主流技术路线。全球范围内碱性电解水电极的生产厂家众多，为了进一步增强电极性能，需要进行以下两个方面研究。

1）高性能镍基催化剂：出于成本考虑，商业化碱性电解水制氢电解槽普遍使用镍基催化剂，但是目前所使用的镍基催化剂活性不高，导致电解水制氢效率不高、能耗较大。提高镍基催化剂活性的一种办法是加入其他金属元素形成合金。目前碱性电解水制氢常用的是雷尼镍——一种固态异相催化剂，由带有多孔结构的 Ni-Al 合金的细小晶粒组成，比表面积大约在 $100m^2/g$，可提供更多数量的催化位点，提高催化位点的本征活性。

2）镍网、催化剂复合技术：理论上纯镍网、泡沫镍等镍金属可以直接作为电极应用到电解槽上，但是纯镍网表面积较小，催化效率低；泡沫镍在大电流冲击、碱液溶解等因素影响下，会出现解体分散、极间距增加等问题。因此，目前主流的方向是优先选择镍网，然后采取热喷涂、电镀等工艺，实现镍网和催化剂优异的复合效果，增大催化表面积，以提高催化效率。

（3）关键指标（见表 6.1-5）

表 6.1-5　碱性电解槽电极关键指标

指标	单位	现阶段	2027 年	2030 年
最大使用电流密度	A/m^2	4000 ~ 8000	>12000	14000
阴极过电位（$10mA/cm^2$）	mV	≤ 270	≤ 220	≤ 180
阳极过电位（$10mA/cm^2$）	mV	≤ 340	≤ 300	≤ 270

6.1.1.2　技术创新路线图

现阶段，碱性电解槽技术与国外有较大差距，制氢能耗有待降低，电解效率有待提高，催化剂研发水平处于国际先进水平，规模化制备与国外存在较大差距。隔膜厚度、面电阻等参数已接近国际先进水平，但耐久度和使用寿命等方面需要继续突破。

到 2027 年，碱性电解槽技术与国外仍有一定差距，降低制氢能耗、电解效率进一步提升，催化剂研发水平处于国际先进水平，规模化制备与国外存在一定差距。隔膜厚度、面电阻等参数处于国际先进水平，耐久度和使用寿命等方面得到突破，但仍有一定差距。

到 2030 年，碱性电解槽相关指标与国外仍有微小差距，催化剂研发水平处于国际领先水平，规模化制备能力与国外差距缩小。隔膜厚度、面电阻等参数处于国际先进水平，并实现规模生产。

图 6.1-2 为碱性电解水制氢技术创新路线图。

碱性电解水制氢技术

①电解槽技术；②催化剂技术；③隔膜技术；④电极技术

技术内容	现阶段	2027年	2030年
技术分析	电解槽技术与国外有较大差距，制氢能效率有待提高；催化剂研发水平处于国际先进水平，规模化制备与国外存在较大差距；隔膜厚度、面电阻等参数已接近国际先进水平，但耐久度和使用寿命等方面需要继续突破	电解槽技术与国外仍有一定差距，降低制氢能耗、电解效率进一步提升；催化剂研发水平处于国际先进水平，规模化制备与国外存在一定差距；隔膜厚度、面电阻等参数处于国际先进水平，耐久度和使用寿命等方面得到突破，但仍有一定差距	电解槽相关指标与国外有微小差距；催化剂研发水平平齐于国际领先水平，规模化制备能力与国外差距缩小；隔膜厚度、面电阻等参数领先于国际先进水平，并实现规模生产
技术目标 电解槽	电解池能耗≥4.2kWh/Nm³，系统能耗≥5kWh/Nm³，电解池效率≥65%，寿命≥80000h，单槽产氢量≥3000Nm³/h，成本≥800元/kW	电解池能耗≤4kWh/Nm³，系统能耗≤4.5kWh/Nm³，寿命≥100000h，单槽产氢量≥3500Nm³/h，成本≤700元/kW	电解池能耗≤3.8kWh/Nm³，系统能耗≤4.2kWh/Nm³，电解效率≥75%，寿命≥100000h，单槽产氢量≥4000Nm³/h，成本≤700元/kW
催化剂	贵金属催化剂：阴极过电位(10mA/cm²)≤40mV，阳极过电位(10mA/cm²)≤300mV，耐久性(100mA/cm²，1000h性能衰减)≤20%过电位升高 非贵金属催化剂：阴极过电位(10mA/cm²)≤70mV，阳极过电位(10mA/cm²)≤400mV，耐久性(100mA/cm²，1000h性能衰减)≤25%过电位升高	贵金属催化剂：阴极过电位(10mA/cm²)≤35mV，阳极过电位(10mA/cm²)≤280mV，耐久性(100mA/cm²，1000h性能衰减)≤15%过电位升高 非贵金属催化剂：阴极过电位(mA/cm²)≤60mV，阳极过电位(10mA/cm²)≤350mV，耐久性(100mA/cm²，1000h性能衰减)≤20%过电位升高	贵金属催化剂：阴极过电位(10mA/cm²)≤25mV，阳极过电位(10mA/cm²)≤240mV，耐久性(100mA/cm²，1000h性能衰减)≤10%过电位升高 非贵金属催化剂：阴极过电位(10mA/cm²)≤40mV，阳极过电位(10mA/cm²)≤300mV，耐久性(100mA/cm²，1000h性能衰减)≤15%过电位升高
隔膜	厚度400~500μm，平均孔径150nm，室温面电阻0.3~0.4Ω·cm²，起泡点2.5bar，接触角75°，拉伸强度25MPa，能耗(在80℃，4000A/m²)4.2~4.4kWh/Nm³，H₂成本700~1200元/m²，工作温度为(90±5)℃	厚度<200μm，平均孔径<100nm，室温面电阻<0.15Ω·cm²，起泡点>3bar，接触角<60°，拉伸强度>28MPa，能耗(在80℃，4000A/m²)<4.0kWh/Nm³，H₂成本<400元/m²，工作温度为(100±5)℃	厚度<150μm，平均孔径<80nm，室温面电阻<0.1Ω·cm²，起泡点>3.3bar，接触角<50°，拉伸强度>30MPa，能耗(在80℃，4000A/m²)<3.7kWh/Nm³，H₂成本<300元/m²，工作温度为(120±5)℃
电极	最大使用电流密度4000~8000A/m²，阴极过电位(10mA/cm²)≤270mV，阳极过电位(10mA/cm²)≤340mV	最大使用电流密度>12000A/m²，阴极过电位(10mA/cm²)≤220mV，阳极过电位(10mA/cm²)≤300mV	最大使用电流密度14000A/m²，阴极过电位(10mA/cm²)≤180mV，阳极过电位(10mA/cm²)≤270mV

图 6.1-2 碱性电解水制氢技术创新路线图

6.1.1.3　技术创新需求

基于以上的综合分析讨论，碱性电解水制氢技术的发展需要在表 6.1-6 所示方向实施创新研究，实现技术突破。

表 6.1-6　碱性电解水制氢技术创新需求

项目名称	研究内容	预期成果
高性能、低能耗碱性电解水制氢技术	开发大标方、低能耗碱性电解水制氢设备，着力解决大标方设备潜在问题如维护成本过高、电解液密封性变差、反向电流腐蚀加剧、高能耗等问题；研发高性能、低成本析氢催化剂，进行材料适配及长周期验证；开发高强度超薄有机 - 无机复合隔膜批量化制备技术，研究无机粉体和有机聚合物的界面相容性问题，建立复合隔膜各层厚度与强度关系，突破无机粒子易脱落、隔膜结构易破坏的技术难点；开发高性能镍基 + 催化剂复合技术工艺，实现镍网和催化剂优异的复合效果，增大催化表面积	在产氢量、能耗、催化效率等核心指标和电解槽、催化剂、隔膜等关键部件上实现重大突破，单槽产氢量 $\geq 3500 \mathrm{Nm}^3/\mathrm{h}$，能耗 $\leq 4 \mathrm{kWh}/\mathrm{Nm}^3$，技术达到国际先进水平

6.1.2　质子交换膜电解水制氢

6.1.2.1　技术分析

质子交换膜（PEM）电解水制氢技术是一种利用 PEM 作为电解质的电解水制氢技术，且凭借低能耗、高电流密度、高产气压力、设备紧凑以及出色的抗波动性能等技术优势，已经成为国际可再生能源绿色制氢领域的重要发展方向。如图 6.1-3 所示，PEM电解槽的构成主要包括膜电极（PEM、催化剂层、气体扩散层）、双极板和端盖等。膜电极作为整个电解水制氢反应的核心区域，其特性和结构对 PEM 电解槽的性能和寿命产生直接影响。其中气体扩散层、催化剂和 PEM 是 PEM 电解槽的关键材料，对电解效

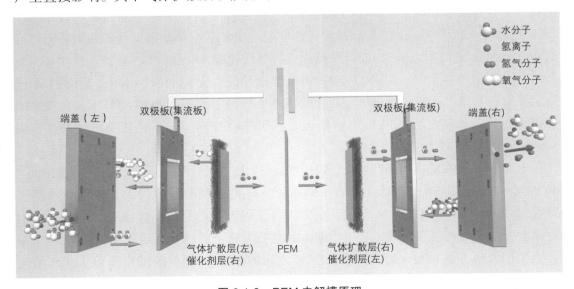

图 6.1-3　PEM 电解槽原理

率、波动适应性、耐受压差、电解堆寿命及制氢成本起决定性作用，是该技术的研发重点。与碱性电解槽相比，PEM 电解槽具有体积紧凑精简、欧姆阻抗低、电流密度大、电解液无腐蚀性、产氢纯度高、响应迅速、产氢压力高等优点。但 PEM 电解槽存在使用贵金属催化剂和氟化 PEM、投资成本较高以及系统结构复杂的缺点。尽管如此，PEM 电解槽在对氢气纯度、响应速度和产氢压力有较高要求的场景中仍具有较大应用潜力。目前 PEM 电解水制氢整体技术基本成熟，正在推进商业化导入。

1. 电解槽

（1）技术现状

1）研发技术现状：PEM 电解水制氢分为均压式与差压式两类，均压式制氢即阳极和阴极两侧都工作在高压状态且压力一致，而差压式制氢的阴极侧工作在高压状态，阳极侧为常压状态。由于高压制氢对电解堆与系统的耐压性能要求提高，在成本与安全性方面相比于常压制氢存在一些劣势。同时对于差压式制氢，阴极侧（氢气）压力如何选取尤为关键，它直接影响到整个制氢系统的效率与可靠性，特别是在膜电极两侧承受不均衡压力的情况下，对膜电极、集电器等关键部件的设计与制备提出了更高的要求。

目前，国内 PEM 电解槽通常为 35MPa 差压式。国外如日本本田已经通过创新高压差电解槽技术，在无需压缩机条件下成功实现 70MPa 高产氢压力。与使用机械压缩机的氢气站相比，使用 70MPa 差压水电解法产生高压氢气所需的电力降低了约 30%，且产生的 70MPa 氢气的含水量比 35MPa 氢气的含水量低 60%，降低了除湿所需的能耗，为进一步简化系统提供了可能性。国内在这一技术方向上还有待追赶。

2）产品技术现状：过去数年，欧盟、美国、日本企业均积极投身于 PEM 电解槽技术的研发与应用，纷纷推出了数十款 PEM 电解槽产品。其中美国 Proton OnSite、加拿大 Hydrogenics、西班牙 Giner、德国西门子等企业推出的产品逐步将单槽规格提升至兆瓦级，并部署了多处 20MW 级 PEM 电解水制氢项目。美国康明斯在收购 Hydrogenics 后将其并入旗下 Accelera 零碳品牌，产能超过 3.5GW，单体电解槽产品制氢能力可达 400Nm^2/h，出口压力 ≥ 3MPa，经纯化后的氢气纯度 ≥ 99.999%，直流电耗 ≤ 4kWh/Nm^3。从行业产能来看，海外企业 PEM 电解槽领先。美国 Plug Power、德国 ITM 位列世界第一和第二产能。由电解重复单元堆叠而成的电解槽是 PEM 电解水制氢技术的关键设备，国外在大功率 PEM 电解槽方面已实现单槽 500Nm^3/h 的成熟技术并逐步向 1000Nm^3/h 推进。

近几年国内 PEM 电解槽产业处于快速发展、加速追赶阶段。国内近几年已实现 300 ～ 400Nm^3/h 的成熟技术，并处于 500 ～ 800Nm^3/h 样机研制验证阶段。其中阳光电源已完成 500Nm^3/h 设备 SHT500P 研制，在国内自主研发的产品中遥遥领先。中国船舶集团第七一八研究所是我国最早从事电解水制氢技术研究的国家科研单位，在 2021 年整合相关团队成立的中船（邯郸）派瑞氢能发布的 300Nm^2/h 电解槽产品可实现产氢纯度 ≥ 99.999%，运行负荷覆盖 10% ～ 100%，出口压力 3.2MPa，电解制氢效率 ≥ 85%。

氢辉能源（深圳）近期发布的电解槽200Nm³/h产品使用了自主研发的PEM等关键材料，可在5%~125%宽功率输入范围内稳定运行并直接制取3.5MPa高压氢气，可实现分钟级起停和秒级动态响应。目前国内布局领先的技术龙头普遍研发资金和实力雄厚，都开发出兆瓦级PEM电解槽，掌握核心技术比如膜电极的制备等，可以进行技术协同，如阳光电源、赛克赛斯、派瑞氢能、中国石化等。

（2）分析研判

PEM电解水制氢是未来替代碱性电解水制氢的技术路线，5年内有望实现商业化。对于PEM电解水制氢技术，其电解槽的负载范围为5%~120%、冷起动时间小于20min，相较于碱性电解水制氢设备可以更好地匹配可再生能源发电。通过PEM传导质子并且隔绝电极两侧气体，较好地克服了碱性电解槽的缺陷。同时PEM电解槽的结构也有助于降低欧姆电阻，提高电流密度，效率和安全性明显高于碱性电解槽。PEM电解水制氢技术降本空间巨大，电堆寿命、电解槽投资成本、电解能耗效率和可再生能源电价的调整都会推进PEM电解水制氢成本的下降，但是未来最主要的降本空间来自于规模化带来的设备成本下降。预计到2030年，PEM电解水制氢成本将下降40%，最终商业化的PEM电解水制氢降本预期为75%。高工氢电预计到2025年我国PEM电解水制氢装备出货量有望达到500MW，到2030年增长至19GW，2022~2030年均复合增长率为124%。因此，PEM电解水制氢规模化应用带来的降本效应、与可再生能源发电的高度适配性以及更高的电解效率，会推动PEM电解水制氢技术未来5年内逐步替代ALK电解水制氢。未来PEM设备将通过增加电流密度、提升电极面积、降低膜厚、优化设计扩散层等方式降低单位制氢成本以实现对ALK设备的技术替代。

70MPa高压压差式电解技术是PEM电解水制氢技术未来的发展趋势。目前，在常压式、均压式与差压式电解这三种制氢路线中，高压电解（包括均压和差压）展现出了更低的能耗优势。其中差压式具有最低的能耗、最突出的电解效率，具备更显著的优势。高压PEM电解优势体现在多方面：①减少了氢气压缩机的能耗，甚至在特定条件下无需使用额外的压缩设备，从而实现了效率的提升和成本的降低；②运行过程无噪声干扰，且维护需求相对较低；③有效降低了欧姆阻抗，提高了电解效率；④在2.5~3MPa的工作条件下，水能够自发冷凝，简化了操作流程及降低了干燥成本；⑤可减少电极附近的气相体积，提升质量传输效率；⑥能够阻止膜的溶胀和脱水，保持催化层的完整性，从而确保了电解过程的稳定性与高效性；⑦能减少阳极Ti自燃的风险，提高了系统的安全性；⑧减少阳极氧气向阴极扩散，从而提高氢气纯度；⑨电解产生的高压氢可缩短氢气后处理工序周期，提升整体运营效率。

PEM电解槽单槽产氢量是关键指标。从部分公司发布的PEM电解槽相关参数来看，国内PEM电解槽规模集中于50~200Nm³/h，目前单槽最大规模已达到400Nm³/h，国氢科技"氢涌"系列PEM电解堆逐步实现核心材料自主化替代，零部件自主化率达到80%以上，单槽产氢速率达到400Nm³/h，制氢电耗≤4.3kWh/Nm³H₂@1.8A/cm²，波动范围为8%~135%，总体技术水平达到国际先进水平。国外PEM电解槽发展较为成熟，整体规模较大，例如美国康明斯 PEM 电解槽单槽产氢量可达 500Nm³/h。未来，我国 PEM 电解槽相关企业应着重发展 500Nm³/h 以上单槽产氢量的电解槽。

（3）关键指标（见表 6.1-7）

表 6.1-7　PEM 电解槽关键指标

指标	单位	现状	2027 年	2030 年
单槽产氢量	Nm³/h	400	600～800	800～1200
性能	—	2.0A/cm²@1.9V/cell	2.0A/cm²@1.8V/cell	2.0A/cm²@1.75V/cell
耗电量	kWh/kg（%LHV）	51（65%）	48（69%）	43（77%）
成本	元/kW	>3000	<2000	<1500
寿命	h	40000	80000	90000
平均衰减率	mV/kh（%/1000h）	4.8（0.25）	2.3（0.13）	2.0（0.13）

2. 质子交换膜

质子交换膜（PEM）作为 PEM 电解槽核心部件之一，需要具备以下功能：①高的质子电导率，降低欧姆电阻，相对提升电流密度；②机械强度高，不易破损；③稳定性好，可以在酸性环境下长期稳定运行，且不易发生降解；④氢气氧气渗透率低，防止氢气和氧气交叉，防止产生安全隐患。PEM 电解槽用 PEM 和燃料电池用 PEM 类似，主要分为以下几种：全氟磺酸膜、部分氟化聚合物膜、新型非氟聚合物膜、复合膜等。全氟磺酸膜主链具有聚四氟乙烯结构，具有优良的热和化学稳定性以及较高的力学强度，使用寿命较长，因此得到了广泛应用，其缺点是全氟磺酸膜在电解池运行过程中会持续产生极化损失。而非氟膜化学稳定性差，相比全氟磺酸膜尚未获得广泛应用。

（1）技术现状

目前绝大部分工业级 PEM 电解槽使用的 PEM 都是进口的全氟磺酸膜。美国科慕（Chemours）的 Nafion 膜——N115 膜、N117 膜、N1110 膜是基于酸（H⁺）形式的化学稳定全氟磺酸/PTFE 共聚物的非强化膜。化学稳定膜的物理性能保持不变，与非稳定聚合物相比，化学稳定膜的氟离子释放显著降低，可提高膜的化学耐久性。美国陶氏的 XUS-B204 膜含氟侧链短，难合成，价格高。日本旭硝子的 Flemion® 膜支链较长，性能接近 Nafion 膜。这些进口膜的供应不稳定、交货周期长、价格高，限制了 PEM 电解水制氢技术在国内的发展。

国内东岳未来开发的电解水制氢膜是一种带有离子交换功能端基的全氟磺酸树脂均质膜，其热稳定性、化学稳定性强，机械强度好，质子电导率高，因此可适用于强酸、强碱、强氧化剂介质等苛刻条件。科润新材料 Nepem-W 系列采用高品质全氟磺酸离子交换树脂作为原料，采用全新流延法工艺制造，同时结合了掺杂技术，采用此工艺制造的膜机械强度好，质子电导率高，热稳定性和化学稳定性优秀。通用氢能 PEM 产品具有更高的离子交换容量、较高的离子电导率、较好的机械性能和稳定性，在抗老化寿命试验中，经过 5 天的 Fenton 测试其质量损失仅为 1.8%，达到国际先进水平。氢辉能源 BriPEM 增强型 PEM 采用高强度聚合物作为增强层骨架，具有低阻抗、高选择性和高机械稳定性等特点，BriPEM 还通过化学增强使其在腐蚀性环境中具有高的化学稳定性和较低的渗氢电流，相比于同类 PEM 具有更高的机械性能及质子传导能力，可广泛应用于工业级高压差电解水制氢。针对目前 PEM 的成本过高和均质膜溶胀率过大痛点，汉丞科技首创超薄增强 PEM 百米卷材，创新解决方案，降低了膜的厚度及成本，提高了膜的质子传导率、强度。

PEM 市场主要由国外品牌占据，且并非专门为电解水制氢设计，因供需失衡，目前采购渠道少、成本高。在产业布局方面，国内正积极推进国产化电解膜。2023 年氢辉能源 4GW PEM 产线投产，氢辉能源与远景能源合作的首批 12 台 50 标方 3MW 的 PEM 电解槽正式迎来交付；汉丞科技一直致力于推动氢能技术的发展和应用，在 2022 年，通用氢能 PEM 批量化产线正式投产，年产能 10 万 m^2。具体国内外 PEM 产品参数见表 6.1-8。

表 6.1-8　PEM 产品参数

企业	类型	厚度 /μm	电导率 / (mS/cm)	拉伸强度 /MPa
美国科慕	N115	127	100	纵向：43，横向：32
	N117	183		纵向：34，横向：26
	N1110	254		纵向：25，横向：24
东岳未来	DME670	175	140	纵向 / 横向 ≥ 25
	DM6321A	120		纵向 / 横向 ≥ 28
科润新材料	N-115W	125	100	≥ 28
	N-116W	150		
	N-117W	175		
通用氢能（深圳）	PEM-80	80	120	≥ 30
氢辉能源（深圳）	BriPEM1001	100	120	≥ 35
	BriPEM1002	100		≥ 35
	BriPEM801	80		≥ 40
	BriPEM802	80		≥ 40
汉丞科技	HPM-2080	80	—	—

（2）分析研判

高力学强度、优异的质子电导率是未来电解槽内 PEM 的发展方向。与氢燃料电池相比，PEM 电解槽的工作环境压力更高，这使得 PEM 需要更高的力学强度及厚度，同时还需具备优异的质子传导性。虽然降低膜厚度可以有效提高质子电导率、降低内阻、提高电解效率和降低成本，但是较薄的 PEM 同时会导致气体交叉加剧，使得阴极产生的氢气向阳极运输，尤其在高压运行下。因此，在电解中使用的 PEM 通常要厚于在氢燃料电池中使用的 PEM。

开发碳氢化合物膜对降低成本和获得高性能 PEM 具有重要意义。基于碳氢化合物的膜具有低制造成本、低气体交叉、良好的热稳定性以及环保特性，因此，目前已经探索了由磺化衍生物制备的各种烃基膜，其主要由丰富的亲水性磺酸基团组成，如磺化聚苯砜（sPPS）、磺化聚砜（sPSf）、磺化聚芳醚砜（sPAES）、磺化聚醚酮（sPEEK）和磺化聚苯并咪唑（sPBI）。目前，研究人员正在不断开发新型碳氢化合物膜，以提升 PEM 电解槽的性能和寿命。

（3）关键指标（见表 6.1-9）

表 6.1-9　PEM 关键指标

指标	单位	现状	2027 年	2030 年
厚度	μm	50～150	<50	<50
电导率	mS/cm	<200	>230	>250
拉伸强度	MPa	<50	>70	>90
最高操作温度	℃	85	90	95
化学稳定性	h	>5000	>5500	>6000
机械稳定性	h	>5000	>5500	>6000
渗氢电流	mA/cm^2	<2.0	<1.3	<1
成本	元/kW	>300	<200	<100

3. 扩散层

（1）技术现状

PEM 电解槽阴极气体扩散层采用碳纸、碳布或钛材，阳极气体扩散层多选用钛毡、钛网等钛基材料。碳纸供应商主要有日本东丽（Toray）、德国西格里（SGL）及加拿大巴拉德（Ballard）等厂商，其中日本东丽和德国西格里具备深厚的碳纸开发基础和规模化生产能力。德国西格里推出的 Sigracet 39 BB 电阻率 <39mΩ·cm^2，水接触角 >130°，厚度为 315μm。国内在碳纸/碳布相关方向上的研究起步较晚，处于追赶阶段，技术水平上较国际先进水平仍有一定差距。2022 年国内 PEM 燃料电池气体扩散层进口占比仍超过 95%，国产化潜力巨大。目前国产碳纸已由试验室阶段逐步迈入小批量生产应用阶段。代表企业有上海碳际、中国纸院、金博股份、上海河森电气等。上海碳际 HP-21 厚度为 210μm，拉伸强度（TD）>12MPa；深圳通用氢能量产的气体扩散层产品性能已达到国际水平，产品厚度为 160～220μm，体电阻 <12mΩ·cm^2。

以钛毡为主的 PEM 电解槽制氢气体扩散层国产化率相对较高，涌现玖昱科技、浙江菲尔特、西安菲尔特等一批企业。目前，主流钛毡厚度为 200～400μm，孔隙率为 50%～80%。浙江玖昱科技钛纤维毡孔隙率可实现 50%～75%，厚度为 0.1～1.5mm，最大尺寸为 1500mm×1200mm 的定制生产，该公司钛纤维毡系列产品已广泛应用于兆瓦级 PEM 电解槽气体扩散层。

（2）分析研判

钛网/毡/泡沫/烧结粉末是当前 PEM 电解槽阳极的扩散层主流技术路线。PEM 电解槽的工作环境偏酸性，再加上阳极侧的高电压和氧气释放形成了恶劣的氧化环境，所以 PEM 电解槽的双极板、气体扩散层等结构需要具备耐腐蚀的性能，可选材料有石墨、不锈钢、钛等材料。钛的综合性能更优一些，且在酸性和高阳极电位下，钛的防腐蚀性也是最好的，并且相对容易形成各种类型的多孔介质。

开发低成本且高效的钛基扩散层加工制造技术，并提升其电导性、传质效率和耐久性，是当前扩散层研究的核心方向。扩散层的性能受到多个结构参数的共同影响，其中厚度、孔隙率、孔径及孔隙率梯度是关键因素。需要综合考量这些因素的影响。

1）厚度：决定物质和电荷传递的距离，薄的扩散层具有更小的欧姆电阻和传质阻抗，但扩散层过薄会导致耐腐蚀性不足。

2）孔隙率和孔径：梯度设计可克服孔隙率均一化分布的缺点。使用大尺寸钛粉制造的扩散层，孔径大、孔隙率高，有利于物质传输，但过高的孔隙率可能限制电荷传输。在相同孔隙率条件下，小孔径的扩散层展现出更佳的性能，其欧姆电阻更低，更利于电荷传递。然而，孔径并非越小越好，需要根据具体应用场景进行优化。在气体扩散层靠近流场极板处，反应物由流场传输至催化层的速率是影响性能的主要因素，因此较大的孔隙率有助于降低传质损失。而靠近催化剂电极处，电荷转移成为主导，较小的孔隙率则有助于降低欧姆损失。因此，孔隙率梯度设计能够同时促进物质输送和电荷传递，从而提升电解槽的整体性能。

3）制备工艺：与传统烧结法制造的扩散层相比，电子束熔炼法制造的扩散层在性能和效率上均表现出显著优势，且欧姆电阻更低。然而，随着 PEM 电解槽制氢规模的持续扩大，如何提升大尺寸气体扩散层的生产能力、实现规模化供应以及降低成本，将成为未来面临的重要挑战。

因此，在寻找出合适的廉价材料代替昂贵的钛扩散层前，有必要开发低成本高效益的钛基扩散层加工制造技术以提高其传质、电荷转移以及耐久性。

扩散层的性能衰减主要源于两方面的降解过程：化学降解和机械降解。化学降解表现为表面钝化和氢脆现象。在高电位、高湿度和富氧化环境中，钛容易发生表面钝化，导致接触电阻增大，影响电解效率。此外，钛基材料还容易遭受氢脆的困扰，这进一步限制了其应用范围。为了提升耐久性和性能，钛扩散层通常需要添加贵金属涂层，如 Au 或 Pt。然而每平方米镀铂成本在 5000～15000 元不等，使得钛毡总成本可高达 20000 元 /m^2，极大增加了制造成本。机械降解方面，扩散层、双极板以及膜之间通过高压缩力固定。这种压缩力会导致扩散层发生一定程度的变形，而表面不光滑则会使电流密度局部增强，进而影响器件的传质效率，降低其使用寿命。因此，寻找低成本、高导电性、高耐腐蚀、抗氢脆的涂层材料以及先进、低成本的涂层工艺是 PEM 电解槽降本增效的重要方向。

（3）关键指标（见表 6.1-10）

表 6.1-10　PEM 电解槽扩散层关键指标

指标	单位	现状	2027 年	2030 年
电阻率（面向）	$m\Omega \cdot cm$	<4.5	<4	<3.7
孔隙率	%	50～70	50～75	50～80
电导率	S/cm	>100	>100	>100
腐蚀电流密度	$\mu A/cm^2$	<0.8	<0.7	<0.5
表面接触电阻	$m\Omega \cdot cm^2$	<5	<3	<2
成本	元 /kW	>500	≤ 350	≤ 250

4. 双极板

（1）技术现状

1）研发技术现状：双极板材料必须具有特定的性能，例如高导电性、高导热性、高机械强度、高耐腐蚀性、高冲击耐久性和低透气性，才能发挥其功能。双极板的开发主要关注成本效益和高效装配及运行：①简单且容错的堆叠组装：堆叠组件应尽量少。对于堆叠组装本身，双极板应由一块材料制成。②可替代的流场结构：传统的流场结构由宏观通道肋结构构成，对活性区域中的机械压缩和流动分布均匀性有负面影响。双极板应由能够支持改善压缩分布的流场结构构成。③使用低成本的市场化组件：特别针对双极板的流场领域，各种类型的多孔介质，如金属组织、金属绒布或膨胀金属，都是现成的并应用广泛。对于流场结构的优化功能，不同类型的多孔介质组合或相同类型但孔隙率不同的多孔介质组合是有优势的。目前，大量的工作集中在研究金属涂层上，Au/Pt 基复合材料被广泛用作保护涂层以增强性能。上海治臻、深圳金泉益、盐城云帆氢能、浙江菲尔特、江苏亿安腾、上海三佳机械等均宣布已经开发出适用于 PEM 电解槽的双极板。

2）产品技术现状：目前，国内已完成 PEM 电解槽钛基双极板产品化应用，并能初步规模生产。上海治臻采用冲压技术推出了 PEM 电解槽专用的钛基双极板；盐城云帆氢能目前已推出 4 款 PEM 双极板，可支持 1~100 标方 PEM 电解槽；浙江菲尔特可提供客制化自主研发创新的刻蚀 PEM 电解槽用双极板；深圳金泉益在 PEM 电解槽钛基双极板刻蚀方面已经达到 3 万片 / 月的产能，在 PEM 电解水制氢用双极板方面建立了自有内部标准与国标（际）标准，且产品的良率已经达到 99% 以上，远超 70% 左右的行业同期良率水平。

（2）分析研判

双极板及其表面涂层材料的选择是降低制造成本和提高电池性能的关键。PEM 电解槽长期在酸性环境下工作，需选择合适的双极板材料以抵抗腐蚀。钛基双极板具有优异的导电性和导热性，已成为 PEM 电解槽最合适的双极板候选者之一。但由于钛受到腐蚀后，容易在表面形成钝化层，增大电阻，通常会在钛基双极板上涂覆贵金属涂层（比如铂、铱、金、镍、锆等，目前多为铂、金）来进行保护。然而增加的工艺流程以及贵金属的使用使得双极板成本上升。钛材料的高成本和贵金属涂层工艺导致了对低成本金属的探索。不锈钢就是低成本替代品之一，也是 PEM 电解槽最常用的材料之一。其中，奥氏体钢被广泛使用，因为它具有高铬含量的防腐蚀，易于加工，并且成本低于钛。在高酸性环境中使用时，不锈钢部件同样会被腐蚀。在高电化学电位下，不锈钢表面氧化层会不断生长，从而增加表面电接触电阻。此外腐蚀释放的离子也可能渗入膜中，导致催化剂中毒，从而导致性能下降。因此，涂覆保护涂层也是不锈钢双极板延长使用寿命的必要手段。且添加涂层时应避免出现针孔等微小缺陷。因此，先进的涂层或表面处理工艺，以及新型板材将有利于降低双极板的成本以及提高电解性能。

板材制造工艺的改进将有利于降低双极板成本。目前 PEM 电解槽双极板制造工艺主要有机加工、刻蚀和冲压三种不同路线。机加工通常应用于石墨双极板；刻蚀工艺制作 PEM 电解槽钛基双极板无需开模具，加工周期短，可定制化生产，成本低，是目前主流的工艺手段；刻蚀工艺可以在板材上为流体冷却介质创造最佳的流场结构。通常情况下，钛基双极板两面都含有极其复杂的特征。冲压和机加工无法满足其特征要求，但用刻蚀工艺就能轻松实现。上海治臻采用机加工工艺的 PEM 电解槽双极板成本大约占电解槽成本的 53%，如果更换为刻蚀工艺，则成本可降低至 30% ~ 35%。而由冲压工艺制备的 PEM 电解槽金属双极板基材厚度可以实现明显下降，规模化生产后双极板成本更是可以降低至电解槽成本的 10% 左右。因此，PEM 电解槽设备在研发走向中试阶段，刻蚀发挥的作用更加明显，随着市场迈入规模化量产阶段，机床冲压在降本方面表现得更优异。

PEM 电解槽钛基双极板需要突破大面积均一化结构、长寿命运行、低成本制备等多重挑战。目前 PEM 电解槽在快速向能源级递进，面向大标方、长寿命电解槽需求，需要开发大尺寸钛基双极板。要确保如此大尺寸产品能够准确呈现所设计的流场结构，并在制造时有较好的一致性、稳定性和可靠性，需要材料端、加工端、设备端从微观和宏观角度有高度的技术协同。长寿命方面，与燃料电池系统相比，PEM 电解槽工作环境更为恶劣，金属双极板需要一直处于强酸、氧化环境中，因此对表面涂层后钛基双极板的耐久性要求更高，目前市场在供的 PEM 电解槽钛基双极板多数尚未对寿命进行实测，寿命预计普遍在数千小时，少数企业能达到上万小时，而电解槽期望寿命是 10 万 h 以上。

此外，PEM 电解槽钛基双极板密封泄漏途径有两类：一类是本体泄漏；一类是界面泄漏。如何避免密封泄漏、实现低成本高性能封装，也是 PEM 电解槽钛基双极板制备过程中存在的挑战之一。目前国内在这方面的研究以及相关专利技术较少。

（3）关键指标（见表 6.1-11）

表 6.1-11　PEM 电解槽双极板关键指标

指标	单位	现状	2027 年	2030 年
电导率	S/cm（$1 \sim 4A/cm^2$）	>100	>100	>100
成本	元 /kW	>1500	<1000	<500
透氢性	$cm^3/cm^2/s$	$<2 \times 10^{-6}$	$<2 \times 10^{-6}$	$<2 \times 10^{-6}$
腐蚀速率	A/cm^2	$<1 \times 10^{-6}$	$<5 \times 10^{-7}$	$<5 \times 10^{-7}$
界面接触电阻	$m\Omega \cdot cm^2$（$150N/cm^2$）	<20	<10	<5

5. 催化剂

（1）技术现状

相比于碱性电解水制氢，PEM 电解水制氢的强酸性使催化剂更依赖于耐腐蚀的贵金属材料。Pt 的析氢反应活性较高，Pt/C 作为析氢催化剂在阴极侧使用量少（$0.4 \sim 0.6mg/cm^2$），而阳极侧缓慢的动力学及面临的高电压富氧环境使得行业普遍使用大量昂贵的单质 Ir 或 IrO_2 作为析氧催化剂（$\geq 2.0mg/cm^2$），过高贵金属用量导致的 PEM 电解槽成本高是限制其大规模应用的一个重要原因。水电解用催化剂以欧洲、日本等企业产品为主，德国贺利氏已完成 Ir 黑、晶态 IrO_2、部分非晶态 IrO_x 及高活性负载型 IrO_2 等多款催化剂开发，粒径均 ≤ 4nm，并开展低成本 IrRu 等多元催化剂研发，对将 Ir 用量降低至 $1mg/cm^2$ 以下做出重要贡献。国内以济平新能源、中科科创为代表的企业也在不断提升催化活性和稳定性，并能实现单批次 1kg 以上的制备能力，成本低于进口产品，但在粒径、分散均匀程度、活性及稳定性方面与进口产品仍有一定差距，且负载型 IrO_2 的研制仍在小试阶段，缺乏实际工况验证。

（2）分析研判

降低贵金属载量是降低 PEM 电解水催化剂成本的关键。开发兼具电导率、耐腐蚀、抗氧化的载体材料及其均匀负载 IrO_2/IrO_x 技术是实现 Ir 载量大幅下降的关键。选用合适的载体对 IrO_2/IrO_x 催化剂进行负载，增大其电化学活性面积，有助于减少贵金属的负载量和提高催化性能。载体宜具备以下性质：足够高的比表面积可充分分散活性颗粒，足够高的导电性避免额外的电能损耗，以及可长期维持微观形貌的耐酸、耐阳极氧化的稳定性。有序化膜电极催化层结构具有良好的电子、质子、水和气体等多相物质传输通道，有助于提高催化层中贵金属催化剂的利用率、增加反应的三相界面，从而降低贵金属用量。

开发兼具高性能和高稳定性 Ru 基催化剂是满足 PEM 电解槽大规模应用的重要途径。

Ir 的价格高昂，其储量和年开采量非常有限，难以满足大规模制氢的需求，而 Ru 作为最便宜的铂族金属，且 Ru 基催化剂具有优于 Ir 基催化剂的酸性析氧活性，但其较差的稳定性导致其难以实际应用。因此，在 Ir 基催化剂制备过程中引入成本相对低的 Ru，或开发 Ru 基催化剂寿命保障技术将是未来的重要发展方向。

（3）关键指标（见表 6.1-12）

表 6.1-12　PEM 电解水制氢催化剂关键指标

指标	单位	现阶段	2027 年	2030 年
过电势	V@10mA/cm^2	0.26	0.23	0.20
铱用量	g/kW	1.2	0.8	0.6
电解电压	V@A/cm^2	≤ 1.9@2	≤ 1.85@2	≤ 1.85@3
寿命	h	≥ 8000	≥ 12000	≥ 15000

6.1.2.2　技术创新路线图

现阶段，国内 PEM 电解槽产业处于快速发展，与国际先进水平存在一定差距，单槽产氢量为 400Nm^3/h，性能为 2.0A/cm^2@1.9V/cell，耗电量为 51kWh/kg（65%LHV），成本 >3000 元 /kW，寿命为 40000h，平均衰减率为 4.8mV/kh（0.25%/1000h）。PEM 与国外有一定差距，处于研发生产阶段。阴极碳纸扩散层处于追赶阶段，阳极钛毡扩散层国产化率相对较高。钛基双极板与国外先进水平有一定差距，处于小范围生产。催化剂与国外产品仍有一定差距。

到 2027 年，国内 PEM 电解槽产业处于小规模化，单槽产氢量提高，达到国际先进水平，单槽产氢量为 600 ~ 800Nm^3/h，性能为 2.0A/cm^2@1.8V/cell，耗电量为 48kWh/kg（69%LHV），成本 <2000 元 /kW，寿命为 80000h，平均衰减率为 2.3mV/kh（0.13%/1000h）。基本掌握 PEM 和扩散层生产制造技术，并实现小范围生产。钛基双极板能够小规模生产。国产催化剂取得一定进展。

到 2030 年，国内 PEM 电解槽产业处于规模化，单槽产氢量进一步提高，达到国际先进水平，单槽产氢量为 800 ~ 1200Nm^3/h，性能为 2.0A/cm^2@1.75V/cell，耗电量为 43kWh/kg（77%LHV），成本 <1500 元 /kW，寿命为 90000h，平均衰减率为 2.0mV/kh（0.13%/1000h）。基本掌握 PEM 和扩散层生产制造技术，并实现规模化生产。钛基双极板能够规模生产。国产催化剂取得重大进展，技术水平国际领先。

图 6.1-4 为 PEM 电解水制氢技术创新路线图。

6.1.2.3　技术创新需求

基于以上的综合分析讨论，PEM 电解水制氢技术的发展需要在表 6.1-13 所示方向实施创新研究，实现技术突破。

PEM电解水制氢技术

①电解槽技术；②质子交换膜技术；③扩散层技术；④双极板技术；⑤催化剂技术

技术内容	现阶段	2027 年	2030 年
技术分析	国内 PEM 电解槽产业处于快速发展，与国际先进水平存在一定差距。PEM 与国外有一定差距，处于研发生产阶段，阴极碳纸扩散层处于追赶阶段，阳极钛毡扩散层国产化率相对较高，钛基双极板与国内先进水平有一定差距，阴极碳纸扩散层国产生产，催化剂小范围国产，与国外产品仍有一定差距	国内 PEM 电解槽产业处于小规模化，单槽产氢量提高，达到国际先进水平。基本掌握 PEM 电解槽和扩散层国产化，并实现小范围生产。钛基双极板能够小规模范围生产。国产催化剂得一定进展	国内 PEM 电解槽产业处于规模化，单槽产氢量进一步提高，达到国际先进水平。基本掌握 PEM 和扩散层国产化技术，并实现规模化生产。钛基双极板能够规模生产。国产催化剂取得重大进展，技术水平国际领先
电解槽（技术目标）	单槽产氢量 400Nm³/h，性能 2.0A/cm²@1.9V/cell，耗电量 51kWh/kg(65%LHV)，成本 >3000 元/kW，寿命 40000h，平均衰减率 4.8mV/kh(0.25%/1000h)	单槽产氢量 600~800Nm³/h，性能 2.0A/cm²@1.8V/cell，成本 <2000 元/kW，寿命 80000h，平均衰减率 2.3mV/kh(0.13%/1000h)，耗电量 48kWh/kg(69%LHV)	单槽产氢量 800~1200Nm³/h，性能 2.0A/cm²@1.75V/cell，耗电量 43kWh/kg(77%LHV)，成本 <1500 元/kW，寿命 90000h，平均衰减率 2.0mV/kh(0.13%/1000h)
PEM	厚度 50~150μm，电导率 <200mS/cm，拉伸强度 <50MPa，最高操作温度 85℃，化学稳定性 >5000h，机械稳定性 >5000h，渗氢电流 <2.0mA/cm²，成本 >300 元/kW	厚度 <50μm，电导率 >230mS/cm，拉伸强度 >70MPa，最高操作温度 90℃，化学稳定性 >5500h，机械稳定性 >5500h，渗氢电流 <1.3mA/cm²，成本 <200 元/kW	厚度 <50μm，电导率 >250mS/cm，拉伸强度 >90MPa，最高操作温度 95℃，化学稳定性 >6000h，机械稳定性 >6000h，渗氢电流 <1mA/cm²，成本 <100 元/kW
扩散层	电阻率（面向）<4.5mΩ·cm，孔隙率 50%~70%，电导率 >100S/cm，腐蚀电流密度 <0.8μA/cm²，表面接触电阻 <5mΩ·cm²，成本 >500 元/kW	电阻率（面向）<4mΩ·cm，孔隙率 50%~75%，电导率 >100S/cm，腐蚀电流密度 <0.7μA/cm²，表面接触电阻 <3mΩ·cm²，成本 <350 元/kW	电阻率（面向）<3.7mΩ·cm，孔隙率 50%~80%，电导率 >100S/cm，腐蚀电流密度 <0.5μA/cm²，表面接触电阻 <2mΩ·cm²，成本 <250 元/kW
双极板	电导率 >100S/cm (1~4A/cm²)，成本 >1500 元/kW，透氢性 <2×10⁻⁶cm³/cm²/s，腐蚀速率 <1×10⁻⁶A/cm²，界面接触电阻 <20mΩ·cm² (150N/cm²)	电导率 >100S/cm (1~4A/cm²)，成本 <1000 元/kW，透氢性 <2×10⁻⁶cm³/cm²/s，腐蚀速率 <5×10⁻⁷A/cm²，界面接触电阻 <10mΩ·cm² (150N/cm²)	电导率 >100S/cm (1~4A/cm²)，成本 <500 元/kW，透氢性 <2×10⁻⁶cm³/cm²/s，腐蚀速率 <5×10⁻⁷A/cm²，界面接触电阻 <5mΩ·cm² (150N/cm²)
催化剂	过电势 0.26V@10mA/cm²，铱用量 1.2g/kW，电解电压 <1.9@2V@A/cm²，寿命 8000h	过电势 0.23V@10mA/cm²，铱用量 0.8g/kW，电解电压 <1.85@2V@A/cm²，寿命 12000h	过电势 0.2V@10mA/cm²，铱用量 0.6g/kW，电解电压 <1.85@4V@A/cm²，寿命 15000h

图 6.1-4　PEM 电解水制氢技术创新路线图

表 6.1-13 PEM 电解水制氢技术创新需求

项目名称	研究内容	预期成果
高压差、大标方、低能耗 PEM 电解水制氢技术	研发 70MPa 高压差、大标方、低能耗电解槽，优化膜电极、集电器等关键部件设计与制备；研发高强度超薄 PEM，避免气体交叉；研发低成本膜电极工程化批量制备技术，研发低成本、大尺寸扩散层批量化加工制造技术，孔隙率由均一设计向梯度设计转变；研发钛基双极板大面积均一化冲压制备技术；开发高活性、高稳定的低成本催化剂材料	在氢气含水量、能耗、成本、电解槽压差等关键指标上取得突破，单槽制氢量 ≥ 1000Nm³/h，技术达到国际先进水平

6.1.3 固体氧化物电解水制氢

6.1.3.1 技术分析

固体氧化物电池（SOC）是一种极具潜力的化学能与电能转换设备。根据工作原理的不同，SOC 可以分为将化学能直接转换为电能的固体氧化物燃料电池（SOFC）以及将电能转换为化学能的固体氧化物电解池（SOEC）。目前，SOC 已被发达国家普遍作为替代传统化石能源的一种战略前沿技术，也是我国实现"碳达峰""碳中和"的重要技术途径。

SOEC 电解水制氢技术核心组成部分为电解质、燃料电极和空气电极，如图 6.1-5 所示。燃料电极为多孔陶瓷结构，例如 Ni-YSZ 金属陶瓷，负责导通电子，传输水蒸气及生成的氢气；电解质为致密的陶瓷膜（如 YSZ），负责离子传输；空气电极为多孔陶瓷结构（例如 LSCF），可运输 O^{2-}，生成氧气。SOEC 电解水的工作温度一般为 650 ~ 850℃，与碱性、PEM 电解等常温电解水制氢方式相比，高温电解水带来了低电耗的优势，且温度越高，电解水制氢所需的电耗越低。

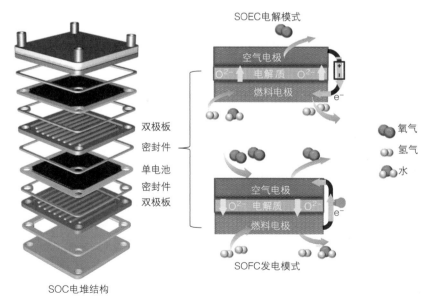

图 6.1-5 SOC 电堆结构及不同模式下的原理图

SOEC 电解水制氢效率高，尤其是在使用高温废热的情况下。在与钢铁冶金、化工、核电等低品位余热相结合的情况下，SOEC 电解水制氢的电耗水平相较于同容量碱性和

PEM 电解可节约用电 30% 以上。在全部采用电加热及电解的模式下，SOEC 系统的电解效率仍然超过 84%，单位系统能耗低于 3.6kWh/Nm³，低于传统碱性和 PEM 电解槽 4 ~ 5kWh/Nm³ 的系统能耗。

SOFC/SOEC 的可逆性极强，两者制备过程及所用材料基本一致，目前国内外从事 SOEC 的企业大多是从 SOFC 转型而来。本书中，SOFC/SOEC 的关键材料部分在 6.3.2 节中进行介绍。就技术成熟度而言，国外 SOFC/SOEC 企业的产品成熟度要领先于国内，代表企业有美国 Bloom Energy、丹麦 Topsoe 和德国 Sunfire。目前国内已经具备材料、电池、电堆、系统四位一体的研发和生产能力，并可以对外提供商业化的 SOEC 系统，代表企业有翌晶氢能、质子动力和潮州三环等。

（1）技术现状

SOEC 技术在欧美已开始商业化应用，产品功率达到兆瓦级。典型企业有丹麦 Topsoe、美国 Bloom Energy 和德国 Sunfire。2023 年 4 月，德国 Sunfire 公司在 MultiPLHY 项目中交付了世界上第一个兆瓦级（2.6MW）SOEC 电解水制氢系统。美国 Bloom Energy 公司目前已具备 500MW SOEC 产能，并在 2022 年将产能扩大至吉瓦级别。2022 年，德国 Sunfire 公司在挪威开工建设了 20MW SOEC 合成气化工厂，生产绿色航空燃料，2024 年投入运行。

国内企业 SOEC 起步较晚，且 SOEC 制氢功率以千瓦级为主。北京思伟特已开发出 3kW、10kW SOEC 系统样机，于 2023 年底推出 1MW 级别 SOEC 系统样机。潮州三环历经多年的集中攻关，并在多个国家重点研发计划的资助下，独立开发的燃料电池及电解池电堆均有质的突破。同时，国内清华大学韩敏芳团队、中国科学院宁波材料技术与工程研究所官万兵团队、南京工业大学邵宗平团队、中国矿业大学王绍荣团队、华中科技大学李箭团队、中国科技大学夏长荣团队、佛山大学陈旻团队、华南理工大学刘江团队、哈尔滨工业大学（深圳）仲政团队、南方科技大学李文甲团队等都已开展高水平 SOEC 应用基础研究，并且部分团队已有了产业化能力。国内企业如翌晶氢能、潍柴动力、中广核、东方锅炉、国家能源集团、北京低碳院、浙江氢邦、宁波索福人、新奥集团、潮州三环、华清能源、武汉华科福赛、臻泰能源、佛山索弗克、中博源仪征新能源、中弗新能源等企业正积极布局 SOEC 电解水制氢。

目前国内 SOEC 已处于示范阶段并小规模商用。北京质子动力深度掌握了 $20 \times 20cm^2$ 单电池片技术（面积最大），2021 ~ 2022 年成功交付千瓦级 SOEC 系统，该系统采用蒸气发生系统正反馈设计，实现了 BOP 部件和工作单元自动化及流量与压强的稳定控制，单位氢气能耗为 4.2 ~ 4.5kWh/Nm³，功率范围为 2 ~ 25kW，处于国内先进水平，2023 年投运 5 套 SOEC 电解水制氢系统示范项目。2023 年，翌晶氢能推出 GenLyzerS1000 型 SOEC 系统，产氢速率为 1000Nm³/h，系统电耗为 3.16kWh/Nm³。高工氢电预计 2025 年国内 SOEC 出货量或将突破 2 亿元，受益于示范项目的大型化，2030 年增长至 36 亿元，行业迎来快速发展期。

（2）分析研判

SOEC 电解水制氢是值得重点关注的制氢技术路线之一。SOEC 电解水技术具有能量转化效率高且不需要使用贵金属催化剂等优点。此外 SOEC 具备可逆性，可用于电 - 氢气、氢气 - 电的转换。SOEC 技术制氢能耗为 35 ~ 50kWh/kg H_2，较碱性电解槽和 PEM 电解槽降低约 30%，转化效率提升约 25%。凭借比低温电解水制氢技术效率更高和耗电量更低的技术优势，随着规模化制造技术突破，未来 SOEC 系统成本大幅降低，SOEC 有望成为未来技术的发展方向。提升固体氧化物的性能、耐久性和降低操作温度是未来的研发重点。

耐久性是目前 SOEC 产业化的首要问题。起停循环会加速老化，降低使用寿命。长期的高温高湿运行环境对材料造成衰减，影响电解槽设备的使用寿命。目前限制 SOEC 使用寿命的主要是空气电极和燃料电极。对于燃料电极，目前使用最多的是 Ni-YSZ 金属陶瓷复合材料，在高温水蒸气的环境下，单质 Ni 容易氧化并蒸发造成镍元素迁移，降低电极的催化性能；对于空气电极，目前常用 LSM、LSCF，但在长期高温电解下，易出现分层、开裂、Sr 偏析、铬毒化等问题。

开发低成本高稳定电堆组件材料以及 BOP 国产化供应是加速 SOEC 产业化的关键之一。电池片和组装材料是 SOEC 电堆成本的主要组成部分，占 SOEC 电堆总成本超 70%。此外，目前国内尚未形成成熟的 BOP 供应链，产品仍处于定制化阶段，导致 BOP 的成本居高不下。根据美国能源部 2022 年委托咨询机构对氧离子传导 SOEC（O-SOEC）和质子传导 SOEC（H-SOEC）的电堆成本估算，现阶段两种技术路线的电堆成本均约为 350 美元 /kW，而 BOP 成本约为 900 美元 /kW。随着年产能达到 1GW 时，O-SOEC 和 H-SOEC 的电堆预测成本将分别降至 115 美元 /kW 和 78 美元 /kW。因此，建立材料制备产业规模化以及完备的 BOP 系统供应，是加速 SOEC 产业化的关键。

（3）关键指标（见表 6.1-14）

表 6.1-14　SOEC 电堆关键指标

指标	单位	现状	2027 年	2030 年
电流密度	A/cm²@1.28V	>0.8	>1.2	>1.5
衰减率	mV/kh（%/1000h）	<6.4（<0.5）	<3.2（<0.25）	<1.6（<0.125）
寿命	h	>20000	>40000	>80000
电堆成本	元 /kW	>3000	<2500	<2000
系统效率	%	>75	>80	>85
系统成本	元 /kW	>30000	<12000	<10000

6.1.3.2　技术创新路线图

现阶段，国内电堆处于示范阶段。制氢效率及成本等指标与国际水平有较大差距。电流密度 >0.8A/cm²@1.28V，衰减率 <6.4mV/kh（<0.5%/1000h），寿命 >20000h，电堆成本 >3000 元 /kW，系统效率 >75%，系统成本 >30000 元 /kW。

到 2027 年，国内电堆处于小范围商用。制氢效率及成本等指标与国际水平有一定差距，研究水平进一步提升。电流密度 >1.2A/cm²@1.28V，衰减率 <3.2mV/kh（<0.25%/1000h），寿命 >40000h，电堆成本 <2500 元 /kW，系统效率 >80%，系统成本 <12000 元 /kW。

到 2030 年，国内电堆处于小规模商用。制氢效率及成本等指标与国际水平逐步接近。电流密度 >1.5A/cm²@1.28V，衰减率 <1.6mV/kh（<0.125%/1000h），寿命 >80000h，电堆成本 <2000 元 /kW，系统效率 >85%，系统成本 <10000 元 /kW。

图 6.1-6 为固体氧化物电解水制氢技术创新路线图。

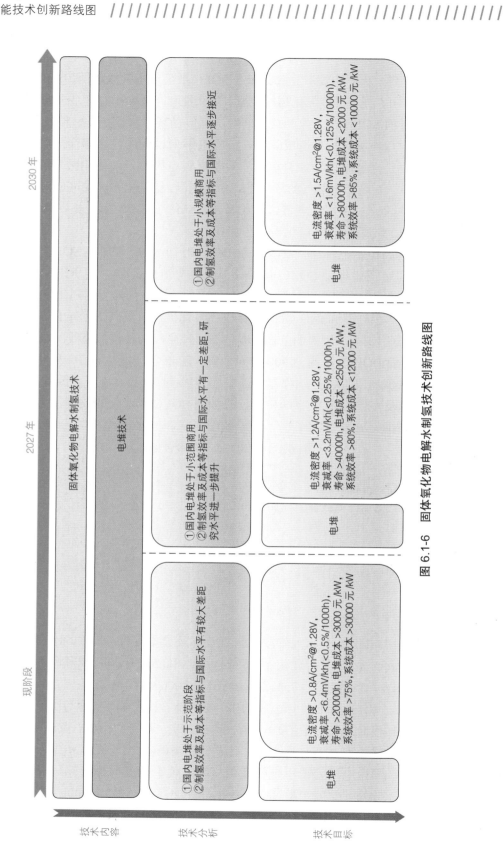

图 6.1-6 固体氧化物电解水制氢技术创新线线图

技术内容: 固体氧化物电解水制氢技术

电堆技术

技术分析:
①国内电堆处于示范阶段
②制氢效率及成本等指标与国际水平有较大差距

①国内电堆处于小范围商用
②制氢效率及成本等指标与国际水平有一定差距, 研究水平进一步提升

①国内电堆处于小规模商用
②制氢效率及成本等指标与国际水平逐步接近

技术目标:

电堆
电流密度 >0.8A/cm²@1.28V,
衰减率 <6.4mV/kh(<0.5%/1000h),
寿命 >20000h, 电堆成本 >3000 元/kW,
系统效率 >75%, 系统成本 >30000 元/kW

电堆
电流密度 >1.2A/cm²@1.28V,
衰减率 <3.2mV/kh(<0.25%/1000h),
寿命 >40000h, 电堆成本 <2500 元/kW,
系统效率 >80%, 系统成本 <12000 元/kW

电堆
电流密度 >1.5A/cm²@1.28V,
衰减率 <1.6mV/kh(<0.125%/1000h),
寿命 >80000h, 电堆成本 <2000 元/kW,
系统效率 >85%, 系统成本 <10000 元/kW

现阶段   2027 年   2030 年

6.1.3.3 技术创新需求

基于以上的综合分析讨论，固体氧化物电解水制氢技术的发展需要在表 6.1-15 所示方向实施创新研究，实现技术突破。

表 6.1-15 固体氧化物电解水制氢技术创新需求

序号	项目名称	研究内容	预期成果
1	高均一性长寿命 SOEC 开发	研发 SOEC 关键部件的批量化制备技术，开发阳极、阴极、电解质材料以及连接体的批量化制备；研发高效稳定的催化剂材料，开发高效稳定的 CO_2/H_2O 电解或共电解催化剂电极材料、OER 催化剂；解决高温高湿环境下 Ni-YSZ 的衰减、Ni 氧化、迁移、空气电极的分层、Sr 偏析等问题	在 SOEC 耐久性、电堆组件的材料、制备成本和电解能耗等方面取得技术突破，达到国际先进水平
2	SOEC 与可再生能源耦合集成系统	开发 SOEC 与风光电等可再生能源的耦合联供技术，解决 SOEC 电解水制氢过程中的高温热能和电能来源；开发 SOEC 与可再生能源如太阳能 / 风能的集成系统	实现 SOEC 与可再生能源成套系统的耦合运行，在抗风光电波动性、降低电解能耗等方面取得技术突破，技术达到国际先进水平

6.1.4 阴离子交换膜电解水制氢

6.1.4.1 技术分析

阴离子交换膜（AEM）电解水制氢技术结合了 ALK 和 PEM 电解技术的优点：非贵金属催化剂、气体渗透率低、电流密度高、动态响应迅速、不需要高浓度碱性溶液、可避免因腐蚀导致泄漏的问题等。这些优点可以使 AEM 技术在电流密度、气体纯度、响应特性、安全性等方面达到 PEM 电解的技术水平，同时在成本控制上则可与 ALK 技术相媲美。AEM 技术相对于 ALK 与 PEM 电解的诸多优势，使得其有望成为主流的电解水制氢技术，发展潜力巨大。

AEM 电解水制氢技术反应原理图如图 6.1-7 所示。AEM 电解槽的模块也是采用双极结构，它由两块镍材质双极流场板、两片聚四氟乙烯垫片和膜电极组件（MEA）组成。双极板应具有耐腐蚀性，并具有较高的导电性。碱性环境中的双极板的典型材料是钛、镍或石墨。双极板上具有流场以保证液体电解液能够均匀通过电极。两个双极板之间的聚四氟乙烯垫片起到绝缘的作用。其中，膜电极组件是最核心的部件，它对 AEM 电解槽的性能起决定性作用，通常由阴阳极气体扩散电极与 AEM 共同构成。

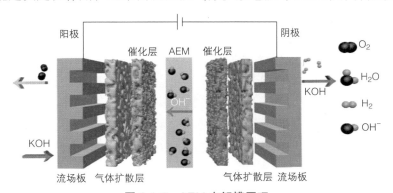

图 6.1-7 AEM 电解槽原理

1. 电堆

（1）技术现状

1）研发技术现状：AEM 电解槽技术正处于基础技术研究阶段向技术验证和商业化应用过渡的关键节点。为了抢占 AEM 电解槽技术的制高点，加速技术的规模化应用，实现高效率低成本规模化制氢，世界各国高度重视 AEM 电解槽技术的发展，已经布局了系列科研攻关工作。欧盟于 2020 年同时启动三个关于 AEM 电解水技术的项目，总投入资金将近 5000 万欧元，明确要求在三年内完成千瓦级电解堆的开发，并要求电堆电流密度达到 $1A/cm^2@2\,V@45℃$，且能够稳定运行 2000h，衰减低于 50 mV（即 25μV/h）。其中，2020～2022 年在研的 CHANNEL 项目旨在开发一款由 10 个单池组成的制氢功率在 2.0～2.2kW 的 AEM 电解堆。美国国家能源局也于 2020 年立项研发可与海上风电场耦合工作的高性能自动化 AEM 电解槽，通过改进膜和流场设计来开发具有商业化潜力的集成 AEM 电解系统。在相关项目的支持下，美国团队开发出了高性能且耐久的 AEM，且它通过了 12000h 的运行测试已经具备商业化应用潜力。此外，美国 Alchemr 公司正在测试 2.2kW 单池水电解槽耐久性，已能稳定运行 500h 以上；意大利 ENAPTER 公司已经开发出了功耗在 $4.8kWh/Nm^3$ 的 2.2kW AEM 电解槽模块，可通过若干个模块的堆叠和智能化控制达到兆瓦级的氢气生产能力；韩国的研究团队已经开发了 500W 的 AEM 电解堆，该电解堆在运行温度为 50℃、电压为 1.85 V 时性能稳定在 $0.74\,A/cm^2$（见表 6.1-16）。总体而言，AEM 电解槽技术已经进入技术验证和商业化应用前的关键窗口期。

表 6.1-16　AEM 电解水制氢领域典型电解堆及其性能

团队	时间	电堆构成	电解性能	耐久性
意大利 ENAPTER	2020 年	由 23 个 $125cm^2$ 单池组成 2.2kW 电解堆	$1.82V@0.42A/cm^2$ 1M KOH	30000h，衰减速率为每千小时 0.25%
韩国材料科学所	2021 年	由 5 个 $64cm^2$ 单池组成 0.5kW 电解堆	$1.85V@0.74A/cm^2$ 1M KOH	150h，衰减速率为 2mV/h（$440mA/cm^2$ 电解堆）
美国 Alchemr	2021 年	由 1 个 $600cm^2$ 单池组成 2.2kW 电解堆	$1.8-1.9V@1A/cm^2$ 1M KOH	500h，衰减速率未测量
欧盟 CHANNEL	在研	由 10 个 $100cm^2$ 单池组成 2kW 电解堆	$<1.85V@1A/cm^2$ ≤ 1M KOH	目标值为 2000h，衰减速率小于 25μV/h

目前，国内与国外的 AEM 技术发展同步，尚未形成明显的技术代差。近年来，我国政府对 AEM 技术的研发工作给予了越来越多的关注。在科研领域，清华大学、吉林大学等高校以及山东东岳集团、山东天维膜技术有限公司等企业，纷纷投入到 AEM 的研制工作中。同时，中国科学院大连化学物理研究所则专注于催化剂的研发，力图提升 AEM 技术的效能。此外，中国船舶集团第七一八研究所也在 AEM 电解槽的集成与基础研发方面取得了显著进展。在产业化方面，北京未来氢能、深圳稳石氢能等企业更是走在了前列，他们积极推动 AEM 技术的产业化进程，为这一领域的快速发展注入了强大动力。

我国对 AEM 技术的发展给予了大力支持。2020 年，我国推出了重点研发计划"碱性离子交换膜制备技术及应用"，针对高性能碱性聚电解质膜及连续制备工艺、酸碱性双性膜及电解水制氢等方面进行了系统性研究。这一计划的实施，为 AEM 技术的发展奠定了坚实的基础。2022年，科学技术部在"催化科学"重点专项项目申报指南中，特别设立了"阴离子交换膜电解水制氢研究"专项。这一专项旨在研发高效催化剂的设计方法及规模化可控制备方法，探索高离子电导率、高稳定性AEM的制备技术，研究催化剂与膜相界面电荷传输和气体扩散行为，揭示电解系统结构动态演化规律和失效机制，并开发适用于波动输入功率工况的低能耗AEM电解水器件。这些研究内容的深入探索，将进一步推动AEM技术的发展和应用。

2）产品技术现状：AEM电解槽技术目前尚处于实验室研究阶段，仅有少量产品发布。AEM电解水技术目前仍然无法兼顾工作效率和设备寿命，需要在电极材料中加入少量的贵金属。开发高效的AEM和低成本的非贵金属催化剂也是未来AEM电解槽大规模应用的研发重点。产品方面，国内研发产品多集中在AEM电解槽、AEM和催化剂，其中惠州亿纬氢能、深圳稳石氢能、北京未来氢能、北京中电绿波等企业均已推出2.5～50kW的AEM电解槽产品（见表6.1-17），但是目前AEM电解水制氢产品仅在科研院所、电厂、化工等领域实现小规模应用。

表6.1-17　我国涉及AEM电解槽制造的相关企业（部分）

公司名称	所属地区	涉及环节
中电丰业	华北	电解槽
航天思卓	华北	电解槽
中电绿波	华北	电解槽
亿纬氢能	华北	电解槽
未来氢能	华北	AEM、金属双极板、催化剂、膜电极、电解槽
浙江菲尔特	华东	AEM、扩散层（钛毡）、双极板（金属）
仁丰股份	华东	气体扩散层（碳纸）
稳石氢能	深圳	电解槽

国内企业中，深圳稳石氢能独树一帜，作为全球唯一一家实现从膜到催化剂，再到膜电极、控制系统以及系统集成的全方位产研一体化AEM电解水制氢装备企业，展现了其在该领域的深厚实力。与此同时，中电绿波、亿纬氢能、未来氢能等公司也积极跟进，推出了各自的AEM电解水制氢产品，共同推动着该领域的发展。随着关键技术的不断突破，AEM电解水制氢技术的低成本、高效率优势日益凸显。这使得未来AEM电解水制氢设备的大规模商业化应用前景愈发广阔。

2023年8月15日，中电绿波正式发布国首台在线运行10Nm³/h AEM电解槽，该产品采用非贵金属催化电极，在槽温80℃、碱液浓度10%、运行压力3.2MPa的工况下电流密度达到11377A/m²，最快冷起动时间为16 min，其中的非贵金属催化电极是基于其合作伙伴加拿大Ionomr旗下的Aemion+®薄膜。该款AEM相比PEM或传统碱性电解水隔膜具有性能方面的巨大优势，其成本也比PEM和碱性系统低20%～40%。并且可以高效、低成本制氢。在高温和强碱下的性能也非常稳定。

整体来看，AEM技术仍处于前沿探索阶段，距离大规模商业化应用尚有一段距离。值得注意的是，现有的ALK电解水制氢技术路线与AEM存在诸多相似之处，这意味着在未来，我们有可能轻松实现从ALK电解水制氢向AEM电解水制氢的技术路线切换。随着技术的不断进步和迭代，特别是在绿氢产业的快速发展推动下，AEM 技术有望加快其更新速度。

（2）分析研判

AEM 电解水制氢是值得探索的制氢技术。从技术方面看，制约 AEM 电解水制氢商业化应用的主要因素有 AEM 和催化剂的应用。从产业布局看，意大利 ENAPTER、韩国材料科学所、德国 Enapter 等进行相应研发，其中德国 Enapter 是市场上第一家完成商业化的 AEM 电解槽公司，也是目前唯一完成规模化出货的公司。其在 2019 年开发了全球首款模块化商业产品 Electrolvser EL2.1，目前该产品已升级到 EL 4.0 版本，在 2022 年已交付 1200 台以上 AEM 电解系统。在国内，亿纬氢能、稳石氢能、未来氢能、中电绿波等企业均已推出 AEM 电解槽产品，其中稳石氢能自研的 2.5kW AEM 电解槽新品和集成系统具有能耗低、使用寿命长、水质要求低、安全可靠等特点，单台电解槽直流功耗为 4.3kWh/ Nm^3，电解槽工作寿命 > 30000h。然而，尽管 AEM 电解槽在某些方面展现出优势，但目前其大规模商业化仍面临一个难点：缺乏大标方产品。相比之下，ALK 电解槽的单槽产能已经开始向 1000Nm^3/h 以上迈进，PEM 电解槽 ≥ 50Nm^3/h 的产品也已经处于示范阶段。然而，AEM 电解槽的单槽产品多数仍停留在 0.5 ~ 5Nm^3/h 之间。因此，尽管 AEM 电解水制氢技术已经进行了相关布局，但目前仍处于起步阶段。目前市场上发布的大多是基于 AEM 电解水制氢单池的产品，要想实现 AEM 电解水制氢电堆的商业化应用，还有相当长的路要走。未来，随着技术的不断进步和市场的日益成熟，期待 AEM 电解槽能够在产能和效率上实现突破，为我国可再生能源制氢领域的发展贡献更多力量。

效率高、稳定性强、成本效益高的非贵金属催化剂是影响 AEM 电堆商业化应用的重要因素。镍基和铜基合金或其各种氧化物形式（如 NiFe 合金、NiFe 氧化物、CuCo 合金、CuCo 氧化物）是有前途的 OER 催化剂，具有高而稳定的催化活性。它们在 10mA/ cm^2 下的 OER 半电池过电位比 IrO_2 低，表现出相当或更好的活性。此外，由于掺杂了二级过渡金属，与 IrO_2 相比，这些催化剂表现出更好的稳定性。非贵金属 HER 催化剂方面，镍基和钴基二元催化剂，如 NiFe、NiCu、FeCo 和 CuCo 等已被开发，但据报道其相关活性远低于贵金属（Pt）催化剂。另一方面，大多数催化剂研究仅限于实验室规模（电极尺寸 < 5cm^2）或电极的半反应，且很少有研究观察到在商业尺寸（即电极尺寸 > 60cm^2）AEMWE 系统中使用非贵金属电催化剂时的效率和耐用性。因此，为实现 AEM 电堆的商业化应用，不仅要开发高活性电催化剂，而且要进行全电池的研究。更重要的是，迫切需要研究并验证所开发的电催化剂在实际体系中的运行能力。总之，使用非贵金属催化剂开发 AEM 电堆仍然是一个重大挑战。

（3）关键指标（见表 6.1-18）

表 6.1-18　AEM 电堆关键指标

指标	单位	现阶段	2027 年	2030 年
析氢过电位	mV@1 A/cm^2	<100	<90	<80
析氧过电位	mV@1 A/cm^2	<400	<380	<350
电耗（10kW 级）	kWh/Nm^3H_2	≤ 4.1	≤ 3.9	≤ 3.7
功率调节范围	—	可在额定功率 20% ~ 120% 范围内调节		

2. 阴离子交换膜

（1）技术现状

1）研发技术现状：阴离子交换膜（AEM）是阴离子交换膜电解池（AEMEC）中最重要的部分，直接决定着 AEMEC 的工作效率和运行寿命。AEM 的作用是将氢氧根离子从阴极传导至阳极，同时防止阴阳两极的气体渗透。然而在 AEM 的发展过程中，面临两个方面的挑战：①高离子传导率和尺寸稳定性难以兼顾。目前，由于氢氧根离子（OH^-）体积大，AEM 的离子传导率水平较低，提升离子传导率最简单的方法就是提高离子交换容量（Ion Exchange Capacity，IEC），然而过高的 IEC 易使膜产生过分的吸水溶胀，严重时甚至会发生破损。②膜的耐碱稳定性差。这主要表现在阳离子基团和聚合物主链易受到 OH^- 进攻而降解，使得主链发生断裂或膜离子传导率下降，影响膜的寿命。因此，设计具有高碱稳定性的聚合物结构，在获得高离子传导率的同时降低膜的溶胀是目前 AEM 发展的目标。

近些年的研究表明，设计稳定的聚合物结构是提升 AEM 稳定性最本质的途径，包括主链稳定性和阳离子基团稳定性两个方面。一方面，聚醚砜、聚苯醚等主链包含杂原子（O、S 等）的聚合物，其芳环附近的碳原子呈正电性，易在 OH^- 的攻击下发生断裂，导致 AEM 韧性下降。相比而言，全部由碳氢键构成的聚合物主链，如聚烯烃类、聚苯基类的主链则展现出更好的耐碱稳定性。另一方面，设计稳定的阳离子基团对于提升 AEM 的稳定性也很重要。目前研究最为广泛的是季铵盐阳离子基团，其制备简单、成本经济且具有较高的化学稳定性。近年来，还出现了一些新兴的阳离子基团类型，如有机-金属配合物阳离子、季鏻类阳离子、胍基阳离子等，但因合成步骤复杂，易导致成膜性和柔韧性下降等问题，目前研究较少。

促进膜内微相分离的形成和离子通道的构建是有效平衡 AEM 离子传导率和尺寸稳定性的方法之一。高度疏水的聚合物主链与亲水性的离子基团因热力学不相容性，在膜内形成亲/疏水相分离结构，其中含离子的亲水域会自组装形成相互连接的离子通道，从而提高水分子和 OH^- 传输效率。因此，AEM 的结构设计对于其微相分离结构、离子传导率有着重要的影响。通常来说，AEM 构成可以分为均相膜和异相膜，均相膜主要调控阳离子基团与聚合物骨架的结合方式，如嵌段型、侧链型、密集功能型、交联型等；异相膜主要是通过在有机膜中引入无机物或制备增强基底膜进行膜性能的优化。

2）产品技术现状：AEM 的性能直接影响了 AEM 电解槽的稳定性、寿命、功率以及成本。表 6.1-19 对比了代表性商业化 AEM 的基本物性。在目前商业化的 AEM 中，美国 Versogen 公司推出的 PiperION-20 膜和 PiperION-80 膜表现出优异的离子传导性，这种膜采用无醚的聚芳基哌啶骨架，这赋予了它出色的机械性能和化学稳定性。美国 Dioxide Materials 公司研发的 Sustainion X37 系列 AEM，以苯乙烯为骨架，咪唑阳离子作为功能基团，同时适量添加了聚四氟乙烯（PTFE）以提高膜的机械强度，但这也牺牲了部分离子传导率。根据研究发现，Sustainion X37 系列膜表现出了 >10000h 的原位稳定性，预计膜电极寿命可超过 20 年。国内亿纬氢能公司开发的 Alkymer® 同样表现出优异的性能，适用温度高（95℃），抗拉强度高（33MPa），耐碱稳定性高达5000h（80℃下1mol/L的KOH中）。目前来看，虽然部分AEM自身的性能已经可以满足商业化应用的需求，但在实际使用中因为运行条件的多变通常难以达到理想的寿命。因此，如何确保AEM在电堆的实际运行中处于自身适宜的状态，成为AEM是否能实际长寿命运行的关键。

表 6.1-19　代表性商业化 AEM 的基本物性

公司	产品	厚度 /μm	离子交换容量 /（mmol/g）	离子传导率 /（mS/cm）	拉伸强度 /MPa	断裂伸长率（%）	吸水率（25℃）（%）
德国 FuMa-Tech	Fumasep FAA3-50	45 ~ 55	1.6 ~ 2.0	40	25 ~ 40	15 ~ 60	10 ~ 25
	Fumasep FAA3-PE-30	26 ~ 34	1.4 ~ 1.6	70	>50	>50	<20
	Fumasep FAA3-PK-75	70 ~ 80	1.2 ~ 1.4	—	30 ~ 60	10 ~ 30	10 ~ 20
美国 Dioxide Materials	Sustainion X37-50	50	1.1	80	干燥时极易碎	干燥时极易碎	80
美国 Versogen	PiperION-20	20	~ 2.35	~ 150	30	>50	<75
	PiperION-80	80	—	~ 150	50	>100	—
加拿大 Ionomer（Aemion™）	AF1-HNN5-25	30.5 ± 0.5	1.4 ~ 1.7	15 ~ 25	60	85 ~ 110	31
	AF1-HNN5-50	57.5 ± 2.0	1.4 ~ 1.7	15 ~ 25	60	85 ~ 110	21
	AF1-HNN8-25	29.5 ± 0.5	2.1 ~ 2.5	>80	60	85 ~ 110	52
美国 Orion	TM1	30	2.19	60	30	35	44
日本 Tokuyama	A201	28	1.8	42	96.4 ± 8.9	61.7 ± 11.8	14（50℃）

资料来源：闫旭鹏，卢启辰，任志博，等. 水电解制氢用商业化阴离子交换膜发展现状 [J]. 储能科学与技术，2023，12（9）：2811-2822.

此外，AEM的幅宽越大，其传输能力和分离效果越好，对AEM电解槽功率提升影响越大。目前国产膜的幅宽都达到了40 ~ 60cm，亿纬氢能自主研发的Alkymer®膜幅宽更是达到了100cm，迈入国际先进水平行列。尽管进口膜在生产和验证方面先于国产膜一步，但国产膜在成本方面则占据相当大的优势，还不到进口膜的一半。据悉，稳石氢能、未来氢能、亿纬氢能和泰极动力的部分电解槽产品均使用了自主研发的AEM。

在2022年，全球AEM市场的规模已经达到了2.6713亿美元，预计到2029年，这个数字将增加到4.1784亿美元，这期间复合年增长率为6.8%。从地域分布上看，亚太地区是全球最大的市场，同时也是全球最大的产能聚集地。美国和欧洲紧随其后，全球的市场主要集中在欧美和亚太地区。日本在市场上占据了相当大的份额。尽管中国的产能和产量在全球范围内并不突出，例如2022年的产量为7.52万 m^2，产值3904万美元，但其需求量很大，2022年的需求量为12.37万 m^2，这显示出国内市场存在较大的缺口，自给率不足。由于该行业具有高资金、高技术门槛的特点，因此形成了垄断竞争的格局。全球前五的厂商占据了市场份额的80%。然而，国内的本土企业并未形成垄断竞争的格局，企业分布较为分散，规模较小，目前国内市场仍以进口产品为主流。

（2）分析研判

由于 AEM 在工作过程中膜表面形成的局部强碱性环境使得 AEM 在 OH⁻ 的作用下发生降解带来的穿孔会引发电池短路，影响制氢装置的使用寿命，因此，开发长寿命 AEM，增强离子传导率以及在更高工作温度（>60℃）下的化学和尺寸稳定性是 AEM 电解槽进一步发展面临的关键技术难题。目前，新型聚芳基哌啶型 AEM 的离子电导率在 80℃下已超过 150mS/cm，碱稳定性达到 2000h 以上（80℃下 1mol/L 的 KOH 中），并在电解装置 >0.5A/cm² 的电流密度循环下，实现超过 2000h 的稳定运行。随着研究的不断深入，未来聚芳基哌啶型 AEM 的综合性能有望实现进一步突破，推动 AEM 电解水制氢技术的发展。

此外，AEM 的成本也是需要关注的问题，其成本直接影响了 AEM 电解槽的成本，最高可占其总成本的 60%。尽管全碳基 AEM 的原料成本较低，但由于当前市场化规模较小，尚处于小批量生产阶段，市售膜的价格仍处于较高水平。然而，随着 AEM 产业化的进步和推广，其售价有望进一步降低。未来，亿纬氢能、稳石氢能、北京未来氢能等企业计划在 2025 年左右推出单体兆瓦级 AEM 电解槽。随着 AEM 电解槽市场的扩大，其价格有望降低至相同功率 PEM 电解槽产品的三分之一左右。

（3）关键指标（见表 6.1-20）

表 6.1-20 AEM 关键指标

指标	单位	现阶段	2027 年	2030 年
耐碱稳定性（离子传导率保持率降为 80% 的运行时间）	h	2000	4000	>5000
离子传导率（纯水，80℃）	mS/cm	120	150	170
溶胀率（30℃）	%	25～30	15～20	10～15
机械强度	MPa	30	50	70

6.1.4.2　技术创新路线图

现阶段，电堆技术尚处于实验室阶段，产品仅小范围应用，但技术水平处于国际领先水平。AEM 能够小范围生产，但技术水平与国外仍有一定差距。析氢过电位 <100mV@1 A/cm²，析氧过电位 <400mV@1 A/cm²，AEM 电解水制氢系统电耗（10kW 级）≤ 4.1kWh/Nm³H₂，AEM 电解水制氢系统功率调节范围可在额定功率 20%～120% 范围内调节。

到 2027 年，电堆初步进入示范阶段，技术水平能够初步达到国际先进水平。AEM 能够小规模生产，技术水平提升，但与国外仍有较小差距。析氢过电位 <90mV@1 A/cm²，析氧过电位 <380mV@1 A/cm²，AEM 电解水制氢系统电耗（10kW 级）≤ 3.9kWh/Nm³H₂，AEM 电解水制氢系统功率调节范围可在额定功率 20%～120% 范围内调节。

到 2030 年，电堆进入初步示范阶段，技术水平达到国际先进水平。AEM 能够规模生产，技术水平进一步提升，但仍有待提高。析氢过电位 <80mV@1 A/cm²，析氧过电位 <350mV@1 A/cm²，AEM 电解水制氢系统电耗（10kW 级）≤ 3.7kWh/Nm³H₂，AEM 电解水制氢系统功率调节范围可在额定功率 20%～120% 范围内调节。

图 6.1-8 为 AEM 电解水制氢技术创新路线图。

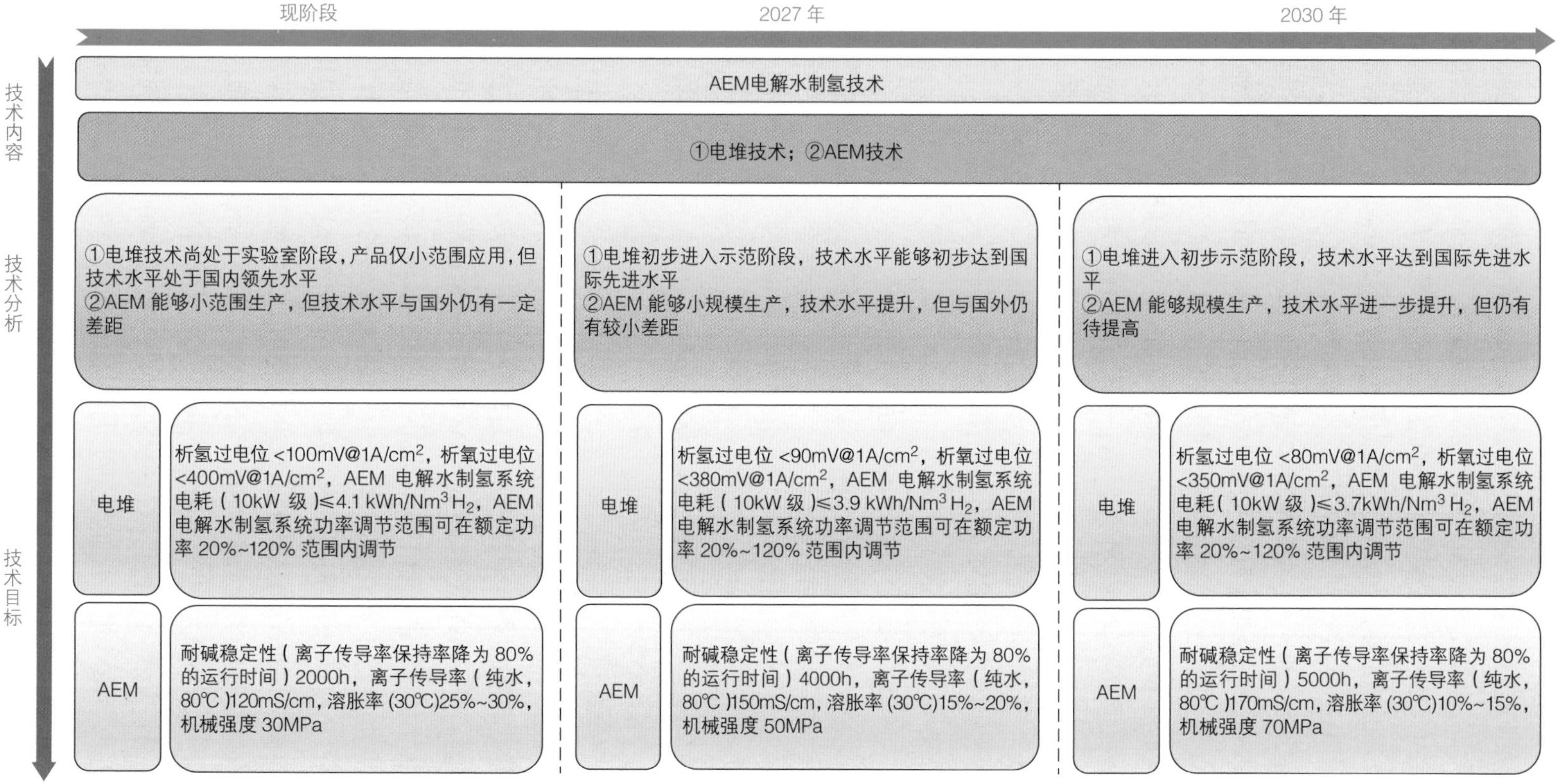

图 6.1-8　AEM 电解水制氢技术创新路线图

技术内容：AEM电解水制氢技术　①电堆技术；②AEM技术

现阶段

技术分析：
①电堆技术尚处于实验室阶段，产品仅小范围应用，但技术水平处于国内领先水平
②AEM 能够小范围生产，但技术水平与国外仍有一定差距

电堆：析氢过电位 <100mV@1A/cm²，析氧过电位 <400mV@1A/cm²，AEM 电解水制氢系统电耗（10kW 级）≤4.1 kWh/Nm³H₂，AEM 电解水制氢系统功率调节范围可在额定功率 20%~120% 范围内调节

AEM：耐碱稳定性（离子传导率保持率降为 80% 的运行时间）2000h，离子传导率（纯水，80℃）120mS/cm，溶胀率（30℃）25%~30%，机械强度 30MPa

2027 年

技术分析：
①电堆初步进入示范阶段，技术水平能够初步达到国际先进水平
②AEM 能够小规模生产，技术水平提升，但与国外仍有较小差距

电堆：析氢过电位 <90mV@1A/cm²，析氧过电位 <380mV@1A/cm²，AEM 电解水制氢系统电耗（10kW 级）≤3.9 kWh/Nm³H₂，AEM 电解水制氢系统功率调节范围可在额定功率 20%~120% 范围内调节

AEM：耐碱稳定性（离子传导率保持率降为 80% 的运行时间）4000h，离子传导率（纯水，80℃）150mS/cm，溶胀率（30℃）15%~20%，机械强度 50MPa

2030 年

技术分析：
①电堆进入初步示范阶段，技术水平达到国际先进水平，技术水平进一步提升
②AEM 能够规模生产，但仍有待提高

电堆：析氢过电位 <80mV@1A/cm²，析氧过电位 <350mV@1A/cm²，AEM 电解水制氢系统电耗（10kW 级）≤3.7kWh/Nm³H₂，AEM 电解水制氢系统功率调节范围可在额定功率 20%~120% 范围内调节

AEM：耐碱稳定性（离子传导率保持率降为 80% 的运行时间）5000h，离子传导率（纯水，80℃）170mS/cm，溶胀率（30℃）10%~15%，机械强度 70MPa

258

6.1.4.3 技术创新需求

基于以上的综合分析讨论，AEM 电解水制氢技术的发展需要在表 6.1-21 所示方向实施创新研究，实现技术突破。

表 6.1-21　AEM 电解水制氢技术创新需求

项目名称	研究内容	预期成果
高性能低能耗 AEM 电解槽的集成与研发	开发高性能低能耗 AEM 电解槽；开发稳定高效的聚合物 AEM，解决当前膜材料存在的高离子电导率和强耐碱特性（稳定性）互斥问题；开发效率高、稳定性强、成本效益高的非贵金属催化剂，重点布局镍基和铜基合金及其各种氧化物形式 OER 催化剂，镍基和钴基二元催化剂 HER 催化剂，完成材料体系适配和长周期验证	掌握聚合物 AEM、催化剂等关键材料的制备技术，在离子电导率、催化剂活性、膜机械强度等关键指标上取得突破，技术水平达到国际先进水平

6.1.5　其他制氢技术

6.1.5.1　技术分析

1. 甲醇重整制氢

甲醇重整制氢技术已经相当成熟，在工业应用方面有着广泛的实践。作为分布式制氢的重要技术支撑，其核心涵盖了催化剂、反应器和氢气提纯三个关键环节，相关技术的研究也在持续深入并取得显著进步。该技术以甲醇和水作为原料，在催化剂的催化作用下，能够高效地将甲醇中的氢以及水中的氢全部转化为氢气，同时产生二氧化碳。这一转化过程使得甲醇的储氢率高达 18.75%，这一数值是 70MPa 高压储氢瓶的 3 倍以上，展现出甲醇作为氢源的高效性。甲醇重整制氢的操作条件相对温和，这使得其在实际应用中更加安全可靠。同时，其产物组成相对简单，这为后续的氢气分离和提纯工作提供了便利。此外，该技术的生产规模灵活多变，无论是 10m³/h 还是 10000m³/h 的装置，都能根据实际需求进行建设。产量的可调性使得该技术能够很好地适应分布式制氢的就地供氢需求。

（1）技术现状

甲醇重整制氢产物含有一氧化碳（CO），与之适配的燃料电池应具有 CO 耐受能力，如高温质子交换膜燃料电池（HT-PEMFC）或固体氧化物燃料电池（SOFC）。甲醇重整制氢、用氢发电路线已用于船舶产业化，逐步进入量产阶段。全球首个移动式甲醇重整制氢动力系统是美国能源技术领先开发商 RIX Industries 于 2021 年推出的，目前已经正式推向船舶市场，为船舶与海洋环境提供动力。美国 Maritime Partners 公司开发的 Hydrogen One 内河拖船是全球首艘使用减排的甲醇重整制氢发电技术拖船；该项目制氢设备技术提供商为美国 e1 Marine 公司。欧洲 HyMethShip 项目，通过甲醇制取氢气，然后将其送入发动机，在内燃机中燃烧驱动发动机，在提高了航运效率的同时显著降低排放。国内首艘高温甲醇重整燃料电池船舶由佛山中科嘉鸿研发（其核心技术源于中国科学院大连化学物理研究所孙公权研究员团队），已于 2021 年 11 月完成下水，加注 200kg

的甲醇能使船舶在 5.5 节（10.186km/h）的航速下行驶超 20h。2023 年 2 月，中国石化大连盛港油气氢电服"五位一体"综合加能站升级改造的我国首座甲醇重整制氢加氢一体站投入使用，产氢能力为 500Nm³/h。

（2）分析研判

甲醇重整制氢是电解水制氢技术以外极具发展前景的制氢技术。我国是最大的甲醇生产/消费国，且拥有最为完备且庞大的甲醇工业体系，全球 67% 的甲醇产能来自我国。国内甲醇工业基础成熟，甲醇重整制氢路线可直接嫁接至甲醇工业体系。一方面常温常压的甲醇燃料可完全适用现有的能源工业结构，甲醇加注站改造成本在 50～80 万元/座，35MPa 加氢站成本则在 1500～2000 万元。另一方面，甲醇作为氢气的优质载体，具备出色的稳定性和长期存储能力，其安全性也备受认可。利用甲醇重整反应制氢，成本可显著控制在 0.8～1.5 元/Nm³ 的范围内，这远低于其他化石燃料制氢和电解水制氢技术，展现了其明显的经济优势。不仅如此，甲醇重整制氢技术还易于实现撬装模块化和小型化，使得其应用更加灵活多变。液体甲醇的运输也极为便利，可通过槽车轻松完成。因此，在特定场合下，甲醇重整制氢技术具有广阔的应用前景。

优化甲醇重整制氢反应器和催化剂，对于提升甲醇转化率并降低 CO 生成至关重要。传统管式反应器在制氢过程中，常受限于传热传质效率，导致温度分布梯度大、流动阻力高，进而制约了甲醇转化率的提升。然而，管式反应器凭借结构简单、高径比大的特点，仍广泛应用于大规模催化重整反应制氢场景。相比之下，微通道反应器则展现了其独特的优势。其结构紧凑，反应通道特征尺寸小，使得温度梯度显著降低，从而提高了总反应速率和热效率，产氢率也相应提升。此外，微通道反应器在传热传质性能上表现优越，为高效制氢提供了有力支持。然而，当前商用的甲醇重整催化剂对操作条件极为敏感。降低操作温度会导致反应性能急剧下降，而气相反应则增加了能量消耗，并使得反应启动速度变慢。更为棘手的是，间歇性启停，水蒸气凝结会加速催化剂的失活。

甲醇重整制氢还面临着碳排放和氢气纯度的问题。若甲醇生产过程依赖化石燃料，则会产生一定的碳排放。不过，通过利用可再生资源制取绿醇，可以实现碳排放的闭环管理。值得一提的是，液态阳光甲醇生产技术为甲醇应用的碳排困境提供了解决方案。这种技术利用太阳能或风能制氢，再与捕集的二氧化碳结合生成甲醇。通过这种方式生产的甲醇不仅能够以液态形式存储氢气，方便运输，安全高效，还能实现碳排放闭环，助力实现碳中和目标。甲醇重整制氢所产生的氢气中可能含有一定的杂质，面对氢气纯度需求高的应用场景，需要经过后续处理才能得到高纯度的氢气，这需要匹配氢气纯化技术。

（3）关键指标（见表 6.1-22）

表 6.1-22 甲醇重整制氢技术关键指标

指标	单位	现状	2027 年	2030 年
单体供氢能力	Nm³/h	≥ 2000	≥ 3000	≥ 4000
能源效率	%	≥ 65%	≥ 70%	≥ 75%
制氢成本	元	≤ 17	≤ 15	≤ 13

2. 氨裂解制氢

氨的体积能量密度约为 13.6MJ/L，1L 液氨储氢量约为 4.5L 高压氢（35.0MPa），即 1200L 常温常压氢。氨作为富氢载体的优点在于：①液化储运成本低，氨在仅加压至 1MPa 的情况下即可实现液态储运，大大提高了储运效率。一辆液氨槽罐车的载氨量可达 30t，相当于含有约 5.29t 的氢，这一载氢量相比长管拖车（载氢量不到 400kg）提升了整整一个数量级。②无碳储能且成本低，氨可实现季节性、远距离、"无碳化"的"氨 - 氢"储能；在几类电制液体燃料技术（液氢、液氨、液化天然气、甲醇、有机液态储氢）中，电制氨的成本最低。③安全性高，其刺激性气味是可靠的警报信号。

（1）技术现状

分布式氨裂解制氢即通过"氢 - 氨 - 氢"这一流程完成"绿氢"运输。美国、日本、澳大利亚等国均已积极布局"氨经济"。日本多家研究单位和企业组成氨氢站团队联合开发了氨裂解 / 高纯氢供应系统。国内科研院所也正在开展绿色合成氨、低温氨裂解制氢示范项目。氨裂解制氢的工艺流程相对简单，其核心装置包括液氨储罐、汽化器、氨分解反应器、产物冷却及氢气纯化等单元。在催化剂的选择上，目前普遍采用 Ni 或 Fe 基催化剂，在 750 ~ 800℃、0.5MPa 的工作条件下，以确保高转化率和高效能。在低温氨裂解方面，福州大学、佛山仙湖实验室和中国石化石科院正在开发 500℃ 以下高效裂解的低温贵金属催化剂。

2021 年 3 月，日本 IHI 公司成功实现了 70% 的液氨在 2000kW 级燃气轮机中的稳定燃烧，同时抑制了氮氧化物产生，并表示在 2025 年之前实现氨燃气轮机的商业化。日本三菱重工则正在开发 4 万 kW 级的 100% 氨专烧燃气轮机，计划在 2025 年以后实现商业化引入发电站。皖能集团与国家能源研究院联合开发了 8.3MW 纯氨燃烧器并验证了火电掺氨燃烧发电项目的可行性。

国外氨动力技术在航运领域同样也开展了布局。韩国研发了以轻质柴油与氨为双燃料的 8000t 级氨动力加注船，并完成了以液化石油气与氨为双燃料的超大型液化气运输船的设计。日本住友商事与大岛造船联手打造全球首艘 8 万 t 级氨动力散货船。挪威则在氨动力船及海上氨燃料加注方面积极开展技术研发，同时积极推进氨燃料加注网络的建立，以实现氨能航运的全产业链无碳化。国内方面，上海船舶研发设计了国内首艘氨动力汽车运输船并获得挪威船级社颁发的原则性认可证书。

（2）分析研判

低温、低能耗且能够制取高纯度氢气的氨裂解制氢技术是未来研发的重点方向。目前，传统的氨裂解制氢技术存在诸多不足，如能耗偏高、反应条件严苛、制氢纯度不足，以及难以实现车载原位的高效制氢等。这些挑战的核心在于高效低温催化剂的研发，以及小型化、强化传热传质反应器的设计制造。氨可以在裂解装置中分解成氮气和氢气。使用廉价材料（例如铁）进行小规模（每天 1 ~ 2t）和高温（600 ~ 900℃）的氨裂解已经实现商业化。然而，高温氨裂解的能耗约为氨能源含量的 30%。此外，高温氨裂解过程中产生的 H_2 会使高分散的催化剂活性中心发生迁移团聚，催化活性迅速降低。

而较低温度（约 450℃）下的氨裂解会降低能耗，但目前涉及使用 Ru 等贵金属催化剂。不使用或减少使用贵金属作为催化剂的低温氨裂解仍处于低成熟度水平。此外，氨裂解反应是一个体积增大过程，因此反应器的设计需要能够及时将产生的氢气转移，从而促进氨裂解反应的正向进行。

要实现氨裂解制氢的工业化应用，关键在于突破高活性且低成本的催化剂研发难题。其中，高纯度的分离提纯技术和高效集成、紧凑化生产装备的开发，成为产业应用中的核心环节。当前，催化剂的研发往往难以脱离合成氨催化剂的范畴，非贵金属催化剂普遍面临着活性不足的挑战，而贵金属催化剂则因成本高昂和在高温下易汽化导致活性组分损失而受限。特别是在低温下，氮从催化剂表面的缔合解吸成为氨裂解的限制步骤，因此，深入探究不同单金属和双金属体系的氮结合能，为合理设计新型催化剂提供了重要指导。在分离提纯技术方面，传统的氨氢分离主要依赖于变压吸附技术或钯膜分离技术，但这些技术存在设备体积庞大、能耗高等问题。尽管含氨富氢气体中氢的理论氧化电位接近标准零电位，仍需探索更低成本、更高效的氢气分离和纯化技术，以满足燃料电池对氢气成分的高要求，如 H_2 纯度需超过 99.97%，NH_3 含量需低于 0.1ppmv，N_2 含量需控制在 100ppmv 以内。因此，为了达到氨分解制氢工业化应用要求，大规模利用氨作为氢载体的关键对策是设计和构建高效的氨裂解催化剂和裂解工艺以降低反应温度、提高氢气纯度，从而降低能源成本并提高工艺设备的安全性。

（3）关键指标（见表 6.1-23）

表 6.1-23　氨裂解制氢技术关键指标

指标	单位	现阶段	2027 年	2030 年
单体供氢能力	Nm^3/h	≥ 30	≥ 100	≥ 200
转化过程中能耗与氢产物能量比	%	≤ 30	≤ 25	≤ 20
制氢成本（除原料）	元	≤ 17	≤ 13	≤ 10

3. 氢气纯化技术

氢气的制取方法多种多样，不同的制取方法得到的氢气纯度和杂质含量各不相同。不同的应用领域对氢气的纯度和杂质要求也不尽相同。目前工业上最成熟的氢气提纯技术是变压吸附（PSA）法，可以得到纯度为 99.999% 的氢气，其他方法如膜分离法和电化学分离等技术各有优缺点，还需要进一步研究和发展。我国氢气纯化设备厂商主要集中在江苏省和四川省，其中江苏省中小型厂家居多，主要集中于氨裂解制氢方向；四川省大型厂家占比更高，主要集中于甲醇、天然气、煤制氢方向。

（1）技术现状

1）研发技术现状：工业副产氢提纯的主流方式是 PSA 技术。PSA 技术 1960 年开始发展至今已非常成熟，而我国也在 20 世纪 80 年代开始快速发展 PSA 技术，并结束了国外装置在国内的垄断，尤其是 PSA 技术在吸附剂、工艺、控制、阀门等方面已与国际先进技术接轨。PSA 氢气纯化技术具有工艺简单、操作方便、能耗低等优点，但也存在一些局限性，如对原料气中杂质组分的适应性较差等。因此，需要进一步研究开发新型吸附剂和工艺技术，提高 PSA 氢气纯化技术的性能和竞争力。

氢气分离膜在近 40 年的发展历程中，取得了显著的进步，主要体现在膜材料、膜结构和膜组件型式三个关键方面。首先，在膜材料方面，从早期的醋酸纤维、聚砜，逐步发展到现在的聚酰胺、聚酰亚胺和金属钯膜。材料迭代不仅使氢气的选择性提高了 4 ~ 5 倍，而且工作温度也提升了 2 ~ 3 倍，极大地提升了氢气分离膜的工作效率。其次，膜结构方面也有显著的改进。早期的复合膜底膜呈手指状大孔，虽然阻力小，但耐压能力有限。当底膜设计成了蜂窝状小孔，不仅保持了较小的阻力，而且能够承受更高的压力，使得膜的耐压差提高了 2 ~ 3 倍。当膜材料和膜面积确定后，气体的渗透量与膜两侧的压差成正比，因此耐压差的提升能够显著增加气体的渗透量。此外，膜组件型式的发展也取得了长足的进步。从最初的平板式发展到现在的螺旋卷式和中空纤维式，不仅增强膜的耐压性能，还显著增大膜的比表面积。具体而言，平板式的比表面积仅为 $300m^2/m^3$，而螺旋卷式和中空纤维式则分别达到了 $1000m^2/m^3$ 和 $15000m^2/m^3$。以平板式比表面积为基准，螺旋卷式提高了 3.3 倍，而中空纤维式更是提高了惊人的 50 倍。这种比表面积的大幅增加，极大地提高了分离器的工作效率，同时减少了设备的占地面积。

目前电化学氢气纯化的关键在于耐杂质毒化质子导体和催化剂，目前还处于研发和示范阶段。我国在耐杂质毒化关键材料和装置方面也取得了一些进展，但仍然存在一些问题，如膜材料的稳定性、选择性、渗透率以及催化剂的性能和耐久性等方面还有待提高，电化学分离装置的规模化、集成化和智能化等方面还有待完善。

2）产品技术现状：我国在 PSA 工程大型化及应用领域的多样性方面已跃居世界前列。西南化工研究设计院首先在我国 PSA 技术领域成功构建了国内首套 PSA 提纯氢气工业装置。历经近半个世纪的科研攻关与工程实践，西南化工研究设计院携手北京大学等国内顶尖科研机构，不断积累丰富的工程经验和独特的专利技术，使得在吸附剂研发、工艺流程优化、智能控制以及阀门技术等方面均取得了显著进步。目前，国内已有上千套 PSA 提纯氢气装置投入运行，其提纯能力覆盖了从 99% 到 99.999% 的广泛纯度范围。这些技术广泛应用于炼油、天然气制氢、煤制氢、甲醇制氢以及驰放气回收氢等多个工业领域，为我国的清洁能源转型和可持续发展提供了有力支撑。中国神华直接液化煤制油项目的氢气提纯装置，作为世界上最大的煤制氢 PSA 装置，其产氢能力高达 $280000Nm^3/h$。该装置采用了西南化工研究设计院提供的 PSA 技术，并已稳定运行长达 13 年之久，充分证明了我国 PSA 技术的成熟度和可靠性。昊华科技作为我国 PSA 技术的创新引擎和行业领导者，凭借技术实力和丰富的工程经验，已跻身全球第三大 PSA 技术供应商之列。

分离膜技术，在石化、冶炼和环境保护等诸多领域都展现出了其强大的应用价值。据统计，2021 年全球气体分离膜市场的规模达到了约 35 亿元，而市场领导者主要包括美国空气产品公司、法国液化空气集团以及日本宇部兴产株式会社，这三家公司的合计产量占据了约 66% 的市场份额。目前，商业化应用中的膜材料主要分为中空纤维膜和螺旋缠绕膜两大类。其中，中空纤维膜因其出色的性能而备受青睐，其在全球范围内的应用占比高达89%。这种膜材料广泛应用于多种气体分离场景，如空气中的氮气分离、氢气分离，天然气中的二氧化碳分离，以及氮气与水的分离等。日本宇部兴产株式会社生产的聚酰亚胺膜氢气分离器（Upilex）在氢气回收领域表现突出，尤其擅长从炼厂气中高效回收氢气。而在国内，中国科学院大连化学物理研究所也取得了显著的研究成果，他们成功研制出了中空纤维H_2/N_2分离膜，其生产的氢气膜分离器采用聚砜材质，性能已达到国际第一代Prism膜分离器的水平，为我国在气体分离膜技术领域的发展做出了重要贡献。

受制于质子交换膜、催化剂等关键材料价格居高不下，目前电化学氢气纯化还处于实验室研发阶段，但随着燃料电池技术在国内外的大范围应用，装置价格的快速下降以及相关技术的成熟度将会显著推动电化学氢气纯化技术的应用。

（2）分析研判

PSA法未来3~5年仍将是氢气纯化的主流技术路线。PSA法具有能耗低、产品纯度高且灵活性强、工艺流程简单、装置操作弹性大、经济成本低等特点，应用最为广泛，技术最成熟。根据简乐尚博预测，2023~2029年期间，全球PSA技术收入年复合增长率（CAGR）为6.2%。目前，国内已建成的燃料电池用氢项目主要使用的是PSA法，相关提纯装置供应商是西南化工研究设计院、华西化工、亚联高科、佳安氢源、天一科技、瑞必科、西安海卓真等。工业副产氢提纯时，优化PSA的设计，要综合考虑吸附、解吸等整个过程，其中阀门是关键。在PSA装置技术路线上，国内又分为传统气动程控PSA装置和快周期PSA装置。传统气动程控PSA装置现阶段应用较多，代表企业是西南化工研究设计院、华西化工、亚联高科、天一科技；快周期PSA装置被认为是未来的趋势，代表企业是瑞必科、西安海卓真等。前者采用传统程控阀，结构复杂，占地面积大；后者采用旋转阀，紧凑的撬装设计，占地面积小。

高纯度、高效率、低成本是变温吸附（TSA）技术的未来发展方向。目前，变温吸附氢气纯化技术主要应用于煤制氢、天然气制氢、生物质制氢、电解水制氢等领域。随着新能源汽车、燃料电池等行业的发展，对高纯度、高效率、低成本的制氢技术的需求日益增加。因此，变温吸附技术需要不断创新和优化，主要方向包括：开发新型高性能吸附剂，提高吸附容量、选择性和稳定性；优化工艺参数和操作条件，提高分离效率和节能性；集成多种分离技术，实现过程强化和系统集成；开发智能控制系统，实现过程自动化。

膜分离技术作为氢气纯化的关键技术路线，其在获得高纯度H_2和回收率方面与PSA法表现相近，但在装置投资和能耗方面却显著占优，展现了其高效节能的特性。特别是在小型分布式现场制氢和车载供氢等应用场景中，当H_2供应量小于$1000Nm^3/h$时，PSA法面临着占地面积大、适应性差的挑战。而膜分离方法，如金属膜和混合膜等，凭借其装置简单、能量效率高以及环境友好的特点，展现出了广阔的应用前景。高效氢气膜分离技术的核心在于高选择性和渗透率膜的研发。为了进一步提升膜的性能，可从多个方面进行改进和发展：采用新型的膜结构，如中空纤维膜、复合膜和层状膜等，以优化膜的分离效率和稳定性；新型的膜制备方法，如溶液法、溶胶凝胶法和原位生长法等，能够提升膜的制备精度和可控性；此外，新型的改性方法，如表面改性、交联改性和掺杂改性等，也能够有效改善膜的选择性和渗透率，从而提升氢气膜分离技术的整体性能。

电化学氢气纯化技术是未来最为理想的氢气纯化技术之一，是值得探索的前瞻技术。电化学氢气纯化过程中氢气析出反应的过电势较低，驱动功率小，体积小且易与压缩系统兼容，尤其适用于对效率和体积要求较高的应用场景，如车载场景等。

（3）关键指标（见表 6.1-24）

表 6.1-24　氢气纯化技术关键指标

技术类型	指标	单位	现阶段	2027 年	2030 年
PSA	氢气回收率	%	≥ 85	≥ 90	≥ 95
	氢气纯度	%	≥ 99.5	≥ 99.9	≥ 99.99
膜分离	氢气回收率	%	≥ 98	≥ 98	≥ 99
	氢气纯度	%	≥ 99.9	≥ 99.95	≥ 99.995
电化学	氢气回收率	%	≥ 96	≥ 98	≥ 99
	氢气纯度	%	≥ 99	≥ 99.99	≥ 99.999
	产品氢气压力	MPa	≥ 1	≥ 3	≥ 30
	能耗	kWh/kgH_2	≤ 2.5	≤ 2	≤ 1.5

6.1.5.2　技术创新路线图

现阶段，国内甲醇重整制氢技术成熟，具备产业基础，分布式用氢场景下高效率重整器有待开发。国内已形成一定规模的绿色合成氨、低温氨裂解制氢示范项目，氨裂解能耗有待降低，反应器通量有待提升。氢气纯化方面，变压吸附和有机膜分离技术在工业应用中已相对成熟，但钯膜分离和电化学氢分离技术存在巨大提升空间。

到 2027 年，甲醇重整制氢技术将迎来商业推广阶段，在甲醇重整制氢催化剂和重整器结构设计方面取得进展。低温、低能耗、高纯度氨裂解制氢技术进一步成熟，大幅提升催化剂性能和反应效率。氢气纯化技术将通过工艺流程优化、新材料开发和设备改进实现更高的纯度、更低的能耗和更高的空间利用率。

到 2030 年，甲醇重整制氢技术将实现商业化应用，催化剂性能和生产成本进一步优化。氨裂解制氢技术处于示范应用阶段。氢气纯化技术将应用新型膜材料和吸附剂，实现更高效纯化，钯膜分离和电化学氢分离技术取得重要突破。

图 6.1-9 为其他制氢技术创新路线图。

图 6.1-9 其他制氢技术创新路线图

	现阶段	2027 年	2030 年
技术内容 其他制氢技术	①甲醇重整制氢；②氨裂解制氢；③氢气纯化技术		
技术分析	国内甲醇重整制氢技术成熟，具备产业基础，分布式用氢场景下高效率重整制氢已成一定规模的绿色景下高效率开发。国内已形成示范项目，低温氨裂解制氢有待提升。氨裂解制氢成氨，反应器通量有待提升。氢气纯化方面，变压吸附和有机膜分离技术在工业应用中已相对成熟，但钯膜分离和电化学氢分离技术存在巨大提升空间	国内甲醇重整制氢技术成熟，具备产业基础，分布式用氢场景下高效率重整制氢已成一定规模的绿色景下高效率开发。国内已形成示范项目，低温氨裂解制氢有待提升。氨裂解制氢成氨，反应器通量有待提升。氢气纯化方面，变压吸附和有机膜分离技术在工业应用中已相对成熟，但钯膜分离和电化学氢分离技术存在巨大提升空间	甲醇重整制氢技术将迎来商业推广阶段，在甲醇重整制氢催化剂设计结构设计方面取得进展。低温、高纯度裂解制氢技术进一步提升能耗。高纯度裂解制氢技术进一步提升。氢气纯化性能和反应效率。氢纯化技术和设备改进实现更高纯度、更低的能耗和高值间利用率
技术目标	**甲醇重整制氢** 单体供氢能力 >2000Nm³/h，能源效率≥65%，制氢成本≤17 元	**甲醇重整制氢** 单体供氢能力 >3000Nm³/h，能源效率≥70%，制氢成本≤15 元	**甲醇重整制氢** 单体供氢能力 >4000Nm³/h，能源效率≥75%，制氢成本≤13 元
	氨裂解制氢 单体供氢能力≥30Nm³/h，转化过程中能耗与氢产物能量比≤30%，制氢成本（原料）≤17 元，氢分解温度≤500℃条件下氨分解率≥99%	**氨裂解制氢** 单体供氢能力≥100Nm³/h，转化过程中能耗与氢产物能量比≤25%，制氢成本（原料）≤13 元，氢分解温度≤450℃条件下氨分解率≥99%	**氨裂解制氢** 单体供氢能力≥200Nm³/h，转化过程中能耗与氢产物能量比≤20%，制氢成本（原料）≤10 元，氢分解温度≤450℃条件下氨分解率≥99.95%
	氢气纯化技术 PSA 氢气纯化的氢气回收率≥85%，氢气纯度≥99.5%；膜分离氢气回收率≥98%，氢气纯度≥99.9%，电化学氢气纯化的氢气回收率≥96%，氢气纯度≥99%，产品氢压力≥1MPa，能耗≤2.5kWh/kg H_2	**氢气纯化技术** PSA 氢气纯化的氢气回收率≥90%，氢气纯度≥99.9%；膜分离氢气回收率≥99.95%；电化学氢气纯化的氢气回收率≥98%，氢气纯度≥99.99%，产品氢压力≥3MPa，能耗≤2kWh/kg H_2	**氢气纯化技术** PSA 氢气纯化的氢气回收率≥95%，氢气纯度≥99.99%；膜分离氢气回收率≥99.995%；电化学氢气纯化的氢气回收率≥99%，氢气纯度≥99.999%，产品氢压力≥30MPa，能耗≤1.5kWh/kg H_2

技术内容　技术分析　技术目标

6.1.5.3 技术创新需求

基于以上的综合分析讨论，其他制氢技术的发展需要在表 6.1-25 所示方向实施创新研究，实现技术突破。

表 6.1-25 其他制氢技术创新需求

序号	项目名称	研究内容	预期成果
1	甲醇重整制氢技术开发及应用	开发微通道反应器设计，探究甲醇重整反应机理、反应速率以及反应条件对产物分布的影响；研究反应器流道的尺寸、形状和分布参数等对甲醇重整过程传热、传质的影响规律；开发高效稳定的重整催化剂，研究催化剂结构、组成和制备工艺等关键参数对其活性、选择性以及稳定性等关键参数的影响规律	在提升甲醇转化率，降低 CO 生成等方面实现技术突破，掌握反应器设计原理，突破重整催化剂制备技术，技术达到国际先进水平
2	氨裂解制氢技术开发及应用	小型化、强化传热传质反应器的设计制造开发，利用计算流体动力学（CFD）研究微流道内的流动场、浓度场和温度场，探究不同形状、尺寸和排列方式的微流道对传质效率的影响，以优化流体的流动和混合特性；开发高效低温非贵金属催化剂，研究氨裂解催化剂结构、组成对其活性、选择性和耐久性等的影响规律；揭示新型低温、高效氨裂解催化剂的反应动力学和催化机理	在催化剂活性、寿命、成本以及低温氨裂解效率、反应通量等关键指标上实现技术突破，技术水平达到国际先进
3	氢气纯化技术开发及应用	开发高纯度、高效率、低成本变温吸附技术，开发新型高性能吸附剂，提高吸附容量、选择性和稳定性，优化工艺参数和操作条件，提高分离效率和节能性，集成多种分离技术，实现过程强化和系统集成，开发智能控制系统，实现过程自动化和优化；开发高选择性和渗透率膜，采用中空纤维膜、复合膜、层状膜等新型膜结构，溶胶凝胶法、原位生长法等新型制备方法，交联改性、掺杂改性等新型改性方法，提高膜的选择性和渗透率；开发电化学分离纯化技术，开发高效、低成本氢氧化催化剂，掌握氢气电化学纯化机理和反应动力学，开发新型耐毒化质子交换膜，明确氢纯化过程水、气传质规律，优化反应器结构，实现低功耗的高通量电化学氢分离器件的开发	在纯化效率、能耗、可靠性等方面取得技术突破，掌握高效率、低成本和高纯度的氢气纯化技术，技术达到国际先进水平

6.2 储氢技术

大规模氢储能涉及氢气的制取、储运和应用三大关键技术。制氢方面，我国是世界上最大的制氢国，氢气年产能约为 4000 万 t，年产量约为 3300 万 t。我国电解制氢技术发展成熟、商业化程度高，碱性电解单槽制氢规模突破 $3000Nm^3/h$，质子交换膜（PEM）电解单槽额定产氢量实现 $400Nm^3/h$。应用方面，我国已成功实现在氢能汽车、加氢站、储能电站等的示范应用，主要是将所存储氢气的化学能通过燃料电池或燃气轮机等形式转换为电能，直接使用或输送上网。目前，我国氢燃料电池产能超过 420MW，燃料电池单堆功率可达 300kW，成功自主研制 30MW 级纯氢燃气轮机，保障了用氢技术需求。

氢气储运是连接上游制氢和下游用氢至关重要的纽带和桥梁。由于氢气燃烧速率快、分子量小易扩散、体积能量密度低等本征的理化特性（见表 6.2-1），以及氢气储运成本高（占总体使用成本 30%～40%）等因素，导致现阶段氢气的存储成为制约氢储能规模化应用的最大技术瓶颈。由此可见，低成本、高效、安全的氢气储运技术是实现大规模氢储能的必要保障。在新型储能领域，氢储能属于长时储能技术，通常用于电源侧新能源消纳以及电网侧调峰等应用场景。区别于氢燃料电池汽车等移动式存储，大规模固定式氢气存储是新型储能的主流技术方向。本章内容将着重围绕固定式的氢气存储技术展开探讨。

表 6.2-1　氢气的理化特性

指标	数值	指标	数值
密度	标准条件：0.0837kg/cm³	膨胀比	标准条件：无
	35MPa：22.9kg/m³		35MPa：1/251
	70MPa：39.6kg/m³		70MPa：1/502
	液态：70.85kg/m³		液态：1/848
熔点	−259.16℃	沸点	−252.88℃
闪点	−253.15℃	自燃温度	585℃
燃烧热	低热值：1.12×10^8J/kg	最小点火能	空气中：0.02mJ
	高热值：1.42×10^8J/kg		氧气中：0.007mJ
体积能量密度	低热值：10050kJ/m³	质量能量密度	低热值：119643kJ/kg
标准条件下氢气的热导率	173.9mW/（cm·K）	标准条件下在空气中的扩散系数	0.756cm²/s
燃烧范围（体积占比）	氢气-空气混合物：4.0%～75.0%	爆炸范围（体积占比）	氢气-空气混合物：18.3%～59.0%
	氢气-氧气混合物：4.0%～95.0%		氢气-氧气混合物：15.0%～90.0%

资料来源：魏蔚. 液氢技术与装备 [M]. 北京：化学工业出版社，2023.

当前，主要的储氢技术包括高压气态储氢、低温液态储氢、固态储氢和有机液体储氢等。高压气态储氢、低温液态储氢已进入商业应用阶段，固态储氢和有机液体储氢尚处于技术研发和应用示范初级阶段。高压气态储氢具有成本低、能耗小、操作简单等特点，是目前发展相对成熟、应用较广泛的储氢技术，但仍存在储氢密度和安全性能方面的瓶颈。低温液态储氢是将氢气液化后存储在低温绝热容器中，目前主要应用在航空航天领域。固态储氢在储氢密度和安全性能方面的优势更为突出，随着应用技术研发的深入，是未来实现氢能高效、安全利用的重要方向。有机液体储氢由于其存储介质和物理性质与汽油、柴油相近，可利用已有基础设施从而降低应用成本，备受业界青睐。在氢储能应用领域，需发展低成本高安全高密度大规模储氢技术。图 6.2-1 展示了四种不同储氢技术原理，高压气态储氢通过施加高压从而缩小氢气分子之间的间隔，提高氢气密度，并将压缩后的高密度氢气以气态形式存储在耐压容器中；低温液态储氢则将氢气深冷至 -253℃ 进行液化，以液态氢气的形式存储于特制的绝热真空容器中；固态储氢利用部分金属、合金等材料与氢气反应形成氢化物，实现氢气的高密度存储，经过氢化物的逆反应实现氢的释放；有机液体储氢通过烯烃、炔烃及芳香烃等不饱和有机物和氢气的可逆反应，实现氢气的存储（加氢反应）与释放（脱氢反应）。以上四种储氢技术对比和典型储氢系统的储氢密度分别见表 6.2-2 和表 6.2-3。表 6.2-4 列举了我国部分氢储能示范项目。

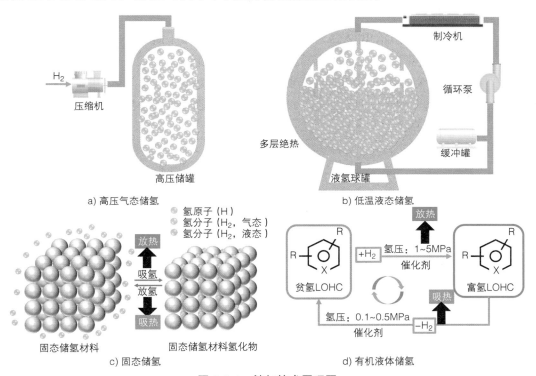

图 6.2-1 储氢技术原理图

表 6.2-2 四种储氢技术对比

储氢技术	材料质量储氢密度 / (wt%)	优点	缺点	应用情况
高压气态储氢	1.0 ~ 5.7	技术成熟、成本低，充放氢快，工作条件较宽	体积储氢密度低，存在泄漏安全隐患	成熟商业化
低温液态储氢	5.1 ~ 10	储氢密度高、氢纯度高	液化过程能耗高，自挥发损失，成本高	国内主要应用于航空领域
固态储氢	1.0 ~ 7.6	存储压力低，本征安全，体积储氢密度高，氢纯度高	吸 / 放氢过程需换热，质量储氢密度较低	示范应用阶段
有机液体储氢	5.0 ~ 10.0	储氢密度高，成本较低，运输便利	副反应产生杂质气体，加 / 脱氢反应温度高，催化剂成本高、寿命低	示范应用阶段

表 6.2-3 典型储氢系统的储氢密度

储能系统类型	质量储氢密度 /（wt%）	体积储氢密度 /（kg/m³）
高压气态储氢（20MPa，运输用）	1.0	11
高压气态储氢（35MPa，车载）	2.5	10 ~ 15
高压气态储氢（70MPa，车载）	3	14 ~ 20
高压气态储氢（1.5MPa，规模储能）	<1.0	1.1
低温液态储氢（固定式存储）	20	45
固态储氢（规模储能）	0.9 ~ 1.0	25 ~ 30
有机液体储氢（规模储能）	5.5（材料）	50（材料）

表 6.2-4 国内部分氢储能相关项目汇总

序号	地区	项目名称	建成时间	项目概述
1	河北	国家电投宣化风储氢综合智慧能源示范项目	2023 年	风电装机容量 200MW，配套 30MW/60MWh 储能电站及 1 座 500Nm³/h 制氢站。2024 年 1 月首台风机并网成功
2		张家口 200MW/800MWh 氢储能发电工程	2023 年	装机容量 200MW/800MWh，80 套 1000Nm³/h 电解水制氢装置，96 套吸放氢固态储氢装置，640kW 燃料电池模块
3		承德丰宁风光氢储 100 万 kW 风光项目（丰宁北油氢站）项目	2023 年	总装机容量 1000MW，包括风电 300MW 和光伏 700MW；储能装机容量 115MW/230MWh，配套建设 3 座油氢站、1 座制氢站。2024 年 1 月实现带电并网
4	内蒙古	鄂尔多斯市鄂托克前旗 250MW 光伏电站及氢能综合利用示范项目	2023 年	项目设计年产氢量 6000t。2023 年实现并网
5		鄂尔多斯市达拉特旗新型储能氢储能调峰电站示范项目	2024 年 11 月（预计）	年产绿氢 3 万 t，产绿电 6.3 亿 kWh；储能总容量 240 万 kWh、总装机 200MWh
6		科右前旗氢储能电网侧电网调峰电站项目	2026 年 3 月（预计）	总容量 1.77GWh，装机量 150MW，储能时长 12h，年供零碳调峰电量 10 亿 kWh
7	辽宁	营口 500MW 风光氢储一体化示范	2025 年（预计）	风电装机容量 300MW、光伏装机容量 200MW、电解水制氢建设规模 20000Nm³/h，年产绿氢 1 万 t，副产高纯氧气 8 万 t
8	浙江	浙江台州大陈岛氢电耦合示范工程	2022 年	总装机容量约 27MW，年消纳富余风电 365MWh，产氢 73000Nm³，发电 100MWh，国内首座基于海岛场景的氢能综合利用示范工程
9		浙江宁波慈溪氢电耦合直流微网示范工程	2022 年	光伏装机超过 500MWh，日产制氢规模超 100kg；供热能力超 120kW
10	甘肃	张掖市光储氢热综合应用示范项目	2023 年	光伏装机容量 1000MW，一期建设 1000Nm³/h 的电解水制氢站，1 座综合加注站和 5MW 自备光伏电站

（续）

序号	地区	项目名称	建成时间	项目概述
11	青海	青海华电德令哈 100 万 kW 光储及 3MW 光伏制氢项目	2023 年	装机容量 1000MW，年可发绿电 22 亿 kWh。制氢规模 600Nm³/h，国内首个高海拔光氢储项目。2023 年 7 月，项目完成全容量并网发电
12	山东	潍坊市滨海风光储智慧能源示范基地	2022 年	一期光伏装机容量 300MW，2023 年 1 月实现并网
13	安徽	六安兆瓦级氢能综合利用示范站	2022 年	额定装机容量 1MW，年制氢可达 70 余万 Nm³，氢发电 73 万 kWh，项目配备 20MPa 储氢容器和 6 套 200kW 燃料电池发电系统，国内首座兆瓦级氢能综合利用示范站
14	山西	800MW 光伏制氢源网荷储一体化项目	2024 年（预计）	800MW，制氢规模 15000Nm³/h
15	江苏	国华如东光氢储一体化项目	2023 年	光伏装机容量 400MW、4000Nm³/h 级制氢工厂、36.85MW/73.7Wh 储能电站
16		库尔勒绿氢制储加用一体化示范项目	2023 年	光伏年发电量 1110 万 kWh，年产绿氢 169t，储能规模为 2.5MW/2.5MWh。2023 年 12 月投产
17		克拉玛依白碱滩区氢储能调峰电站新型储能示范项目	2024 年 8 月（预计）	首期建设 400MW 光伏发电场，年发电量 5.6 亿 kWh，配套 210MWh 氢储能调峰电站，年制氢量 1.3 亿 m³，通过氢燃料电池发电，年产稳定绿电量约 3.6 亿 kWh
18	新疆	伊犁州伊宁市光伏绿电制氢源网荷储一体化项目	2024 年 10 月（预计）	建设 100 万 kW 光伏电站，2000Nm³/h 制氢厂，2t 加氢站等
19		兵团九师 1000MW 风储氢一体化项目	2024 年（预计）	风电容量 1000MW，配备氢储能系统 250MW/1000MWh，制氢负荷 250MW
20		源网荷储集团克拉玛依区氢储能调峰电站项目	2024 年（预计）	首期建设 1GW 光伏发电场，年发电量约 14 亿 kWh，配套 180 万 kWh 氢储能调峰电站，年制氢量 3.3 亿 m³
21	四川	10MW 级制储氢发电一体化商用项目	2025 年（预计）	10MW 级，一期建设 3000Nm³/h 绿电解水制氢系统、24000Nm³ 气态储氢系统和 4MW 氢燃料电池发电系统
22		广州南沙小虎岛电氢智慧能源站	2023 年	装机容量 62.7kW 的光伏发电系统、一套制氢规模为 30Nm³/h 的电解水制氢装置、一套储氢容量为 50kg 的固态储氢装置、一套储氢容量为 100kg 的固态储氢装置（应急发电车用，备电时间 8h） 国内首个应用固态储供氢系统的电网侧储能型加氢站
23	广东	深圳能源浮式海洋能源岛风电制氢项目		
24		广东恒运中山液氢储能综合能源利用系统项目	广东省发展改革委发布的 2023 年《广东省新型储能重大应用场景机会清单》中的氢储能项目	
25		广晟氢能燃料电池与氢能产业示范园智慧能源微网项目		

6.2.1 技术分析

6.2.1.1 高压气态储氢

高压气态储氢是通过高压压缩将氢气以气态的形式存储在容器中（一般是耐高压储氢罐）。常温常压下，氢气的密度很低，增加压力是提高氢气密度的最简单方式。通过对氢气加压提升储氢容器中氢气的密度以提高储氢量，进而实现运输与存储。高压气态储氢具有设备结构简单、充装和排放速度快、温度适应范围广等优点，是目前发展最成熟、最常用的储氢技术。

（1）技术现状

1）高压气态储氢容器：为满足更高储氢量的应用需求，高压气态储氢容器的材料形式逐步由全金属气瓶向非金属内胆气瓶发展，结构形式也逐步从单层钢质瓶向轻质复合缠绕瓶发展。根据美国机械工程师学会（ASME）和国际标准化组织（ISO）的分类，压力容器共分为 5 种类型，分别为 I 型全金属瓶、II 型金属内胆纤维环向缠绕瓶、III 型金属内胆纤维全缠绕瓶、IV 型塑料内胆纤维全缠绕瓶以及 V 型无内胆纤维全缠绕瓶。5 种类型高压储氢罐对比见表 6.2-5。除此之外，还有一类是用于大规模固定式氢存储的大容积球罐。

I 型瓶（全金属瓶）：I 型瓶是最传统、最便宜、质量最大的一种储氢容器。早在 1880 年，在军事领域中已开始使用锻铁容器存储氢气，储氢压力可达 12MPa。19 世纪 20 年代到 20 世纪初期，英国和德国开发了无缝钢管制造压力容器技术，极大提升了金属压力容器的储气压力。20 世纪 60 年代，金属储氢气瓶的工作压力已经从 15MPa 增加到 30MPa。全金属容器材质通常为铝合金或钢，承压可高达 50MPa。

II 型瓶（金属内胆纤维环向缠绕瓶）：最早出现于 20 世纪 60 年代，主要用于军事和太空领域。内胆以金属材质为主，外层缠绕玻璃纤维复合材料。II 型瓶的成本要比 I 型瓶高出约 50%，但在相同储氢量的情况下，重量可减少 30%～40%。

III 型瓶（金属内胆纤维全缠绕瓶）：20 世纪 80 年代，美国首先采用碳纤维全缠绕增强铝内衬使得储氢瓶的质量进一步降低，铝内胆用于密封氢气，纤维缠绕层用于提高承压，在这种类型的氢瓶中，金属内胆只承担 5% 的机械负荷。III 型瓶的重量大约为 II 型瓶的一半，但成本是 II 型瓶的 2 倍以上。35MPa III 型瓶是目前我国燃料电池车载储氢的主要方式。

IV 型瓶（塑料内胆纤维全缠绕瓶）：20 世纪 90 年代，美国开始以高密度聚乙烯（HDPE）作为内衬，玻璃纤维或碳纤维缠绕于外表面来制造高压气瓶（即 IV 型瓶）。IV 型瓶采用的高分子聚合物 [如高密度聚乙烯（HDPE）、聚酰胺（PA）等] 作为塑料内衬材料用于氢气密封，碳纤维或玻璃纤维缠绕层用于承载压力载荷，IV 型瓶的最大储氢压力可达 100MPa。现阶段具备批量化制备能力的氢瓶中，IV 型瓶的质量储氢密度最高，但成本和价格也最高。

V型瓶（无内胆纤维全缠绕瓶）：V型瓶只具有两层结构，即碳纤维复合材料壳体及防护层，无内胆，质量储氢密度得到进一步提升。V型瓶处于初期研究阶段，只有少数的机构和企业报道V型瓶的研究工作。2020年，美国首次研发出V型高压储气瓶。近几年，针对低温液体存储的V型瓶样件陆续推出，主要用于太空领域。

表 6.2-5　不同类型高压储氢罐对比

类型	I型	II型	III型	IV型	V型
材质	全金属瓶	金属内胆纤维环向缠绕瓶	金属内胆纤维全缠绕瓶	塑料内胆纤维全缠绕瓶	无内胆纤维全缠绕瓶
示意图					
剖面图	金属内胆	金属内胆　纤维材料	金属内胆　纤维材料	塑料内胆　纤维材料	无内胆　全纤维材料
实物图					
工作压力 /MPa	17.5 ～ 20	26.3 ～ 30	30 ～ 70	> 70	70 ～ 100
重量储氢密度 /（wt%）	1（20MPa）	1.5（20MPa）	～ 5（70MPa）	≥ 5.7（70MPa）	目前，针对太空领域应用，国外已经开发出V型瓶样件；国内对于V型瓶刚刚起步，处于跟跑阶段
体积储氢密度 /（kg/m³）	14 ～ 17	14 ～ 17	40	49	
重量体积比 /（kg/L）	0.9 ～ 1.3	0.6 ～ 1.0	0.35 ～ 1.0	0.3 ～ 0.8	
使用寿命 / 年	15	15	15 ～ 20	15 ～ 20	
成本	低	中	高	高	
应用	加氢站，运氢，固定式储氢应用		氢燃料电池汽车	氢燃料电池汽车	

在高压气态储氢技术方面，发展更高压力的储氢装备技术，需突破钢制储氢容器的疲劳寿命分析和结构设计、临氢环境材料应用、制造技术研究（焊接、装配及无损检测）等；开展耐压、抗氢脆、高储氢密度、高安全性的新型储罐设计研发，开发轻质罐体材料和装备。氢气的质量密度随压力增加而增加：压力在 30～40MPa 时，其质量密度增加较快；压力大于 70MPa 时，其质量密度变化很小。在选择更高压的存储之前，必须综合考虑重量、体积、成本和安全等带来的技术问题。

不同于上述介绍的高压圆筒形容器，还有一类大容积球形储罐（见图 6.2-2），其存储压力小于 I～V 型瓶的储氢压力，但储氢容积远远大于 I～V 型瓶的容积，可作为大规模氢储能的气态储氢容器。球形储罐是一种钢制容器设备，主要用于贮存和运输石油炼制工业和石油化工中的液态或气态物料。球形储罐与圆筒形储罐相比，在相同直径和压力下，壳壁厚度仅为圆筒形的一半，钢材用量少、占地较少、成本低且基础工程简单，但球形储罐的制造、焊接和组装要求很严，检验工作量大，制造费用相对较高，此外大型球形储罐需在应用现场进行组焊。钢制球形储罐设计压力一般在 6.4MPa 以下。在容积方面，球形储罐容积一般在 50m³ 以上，最大公称容积可达 25000m³。小于 50m³ 的球形储罐与圆筒形储罐相比，材料虽然耗量少，但拼板块数多，多数需现场组装，组焊难度大、制造周期长、综合经济指标差。故容积小于 50m³ 时，选用圆筒形储罐比选用球形储罐经济。

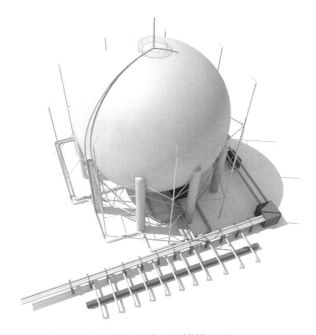

图 6.2-2　大容积球形储罐模拟图

2）车载储氢：高压气态储氢凭借充放氢速度快、容器结构简单、成本低等优势，成为现阶段车载储氢的主流方式。美国能源部（DOE）提出的关于车载储氢系统的单位质量储氢密度和单位体积储氢密度的终极发展目标分别为 6.5wt% 和 70kgH$_2$/m³。在车载储氢技术中，增加压力、减小罐体质量、增大罐体体积、提高储氢密度是储氢容器的发展方向。高压气态储氢容器中Ⅰ型、Ⅱ型瓶质量储氢密度低，难以满足车载储氢要求；Ⅲ型、Ⅳ型瓶的气瓶质量小，质量储氢密度得以提高。在现阶段，Ⅲ型、Ⅳ型瓶已应用于氢燃料电池汽车。

国际上对车用氢气瓶的研究起步较早，整体性能领先于国内水平。2000年，美国昆腾（Quantum）公司联合劳伦斯利弗莫尔（Lawrence Livermore）国家实验室、瑟奥科尔（Thiokol）公司等，率先开发了最高工作压力为35MPa的车用氢气瓶；2001年，又成功研制出70MPa的车用氢气瓶。2002年，美国林肯复合（Lincoln Composites）公司[现为挪威海克斯康复合材料（Hexagon Composites）子公司]也成功研制出名为Tuff-shell的70MPa Ⅳ型瓶，采用了高密度聚乙烯（HDPE）内胆碳纤维全缠绕结构，公称工作压力为70MPa，最高工作压力为95MPa。美国英普科（IMPCO）公司推出超轻型Trishield储氢瓶，储氢压力为70MPa，质量储氢密度为7.5wt%。加拿大丁泰克工业（Dyneteck Industries）公司开发的铝合金内胆、碳纤维/树脂基体复合增强外包层的高压储氢容器可实现70MPa储氢，并已投入工业化生产。意大利法博尔工业（Faber Industries）公司同时覆盖所有四种Ⅰ～Ⅳ型瓶和系统的制造生产，采用优化的碳纤维结构设计生产Ⅳ型瓶。2023年，德国福伊特复合材料（Voith Composites）公司生产出容积高达350L的70MPa Ⅳ型瓶 Carbon4 Tank，质量储氢密度大于7.5wt%，成功获得了道路使用批准。日本丰田（Toyota）公司研发出全复合纤维缠绕结构的70MPa Ⅳ型瓶，由密封氢气的树脂衬里内层、耐压的碳纤维强化树脂中层和保护表面的玻璃纤维强化树脂表层的三层结构组成，并搭载于新一代Mirai氢燃料电池汽车，实现约5.6kg的高压氢气存储，质量储氢密度达到5.7wt%，如图6.2-3所示。日本丰田公司具备高压储氢瓶、氢燃料电池系统到氢燃料电池整车的研发制造能力，是高压储氢瓶车载领域应用最具代表性的公司。国外的Ⅳ型瓶已实现批量化生产，并大规模搭载应用于氢燃料电池汽车。

图 6.2-3　搭载Ⅳ型瓶的日本丰田Mirai汽车的动力系统结构图

在"双碳"目标实施和能源需求日益增长的双重背景作用下，我国的氢能产业得到快速发展，高压气态储氢瓶技术也不断得到突破。目前，公称工作压力为35MPa和70MPa的Ⅲ型瓶已实现国产自主设计制造和批量生产，质量储氢密度为3.8~4.5wt%，达到国际先进水平，据统计现在役数量超过4万支。2008年，北京科泰克率先在国内实现了车载35MPa Ⅲ型瓶的量产。2016年起，氢燃料电池汽车的推广应用得到快速发展，对于长续航里程的需求，35MPa Ⅲ型瓶逐步向大容积发展：2019年140L市场占比超80%；2020年表现为140L是主流，165L和210L逐步增长；2021年呈现140L、165L、210L平分市场的形态。2022年，苏州中材科技推出35MPa 385L Ⅲ型瓶，并实现385L大容积车载储氢瓶批量化供应。与此同时，国内企业不断在70MPa储氢瓶上蓄力突破，北京科泰克、苏州中材科技、沈阳斯林达、北京天海工业、江苏国富氢能等企业已具备量产70MP Ⅲ型瓶能力。北京科泰克容积为140L的70MPa Ⅲ型瓶，质量储氢密度达4.2wt%。现阶段国内氢燃料电池示范车辆搭载的车载储氢瓶以35MPa Ⅲ型瓶为主，应用在公交、重卡、物流等商用车等领域；70MPa Ⅲ型瓶也实现小部分氢燃料电池乘用车的搭载示范。2018年7月1日起，我国已经正式实施《车用压缩氢气铝合金内胆碳纤维全缠绕气瓶》（GB/T 35544—2017）标准，该标准适用于设计制造公称压力不超过70MPa、公称水容积不大于450L的高压储氢瓶。

Ⅳ型瓶具有高储氢密度、轻量化、低成本等显著优点，成为气瓶生产企业的新目标高地。目前国内有十几家企业积极开展和布局Ⅳ型瓶的研发和生产，如沈阳斯林达、石家庄中集安瑞科、北京天海工业、江苏未势能源、山东奥扬科技、江苏亚普股份等。主要分为两种发展路线：一是技术引进，通过与国外Ⅳ型瓶制造头部企业成立合资公司积极引入Ⅳ型瓶的先进制备技术，加速Ⅳ型瓶制造；二是自主研发，基于自身前期Ⅲ型瓶的研发和生产基础，实现技术升级和创新突破，开发出Ⅳ型瓶产品。2020年2月，国产70MPa Ⅳ型瓶首次展出，该瓶由沈阳斯林达制造，其爆破压力达161MPa，压力循环系数达到44000次无泄漏、破裂，单位质量储氢密度5.7wt%，较Ⅲ型瓶提升了42%。同年12月，沈阳斯林达研制的车用Ⅳ型瓶通过了"三新"技术评审。2021年5月8日，沈阳斯林达进一步获得了国内第一张车用Ⅳ型瓶特种设备制造许可证。2021年5月17日，北京天海工业发布了具有自主知识产权的新一代车载Ⅳ型，并于2022年10月通过35MPa 390L车用Ⅳ型瓶全部型式试验测试，质量储氢密度可达6.6wt%，疲劳寿命超过45000次循环。2023年2月，江苏未势能源发布了自主研发的第二代70MPa 57L Ⅳ型瓶，质量储氢密度达到6.1wt%。2023年8月，苏州中材科技成功通过70MPa Ⅳ型瓶型式试验并取得国内制造许可证。2023年5月23日，由浙江大学、国家市场监督管理总局特种设备安全监察局等单位联合起草的国家标准《车用压缩氢气塑料内胆碳纤维全缠绕气瓶》（GB/T 42612—2023）发布，并将于2024年6月1日正式实施。该标准适用于设计和制造公称工作压力为35MPa和70MPa、公称容积大于或等于20L且不大于450L的高压储氢瓶。Ⅳ型瓶标准的发布，促进国内Ⅳ型瓶的技术研发和市场推广，推动国内储氢瓶产业化落地。沈阳斯林达实现了70MPa 63L Ⅳ型瓶量产，年产4000~5000支。北京天海工业建成了一条柔性化Ⅳ型瓶生产线，年产能 1 万支。2021 年 3 月，石家庄中集安瑞科与世界上最大的Ⅳ型瓶生产商挪威合斯康新能源（Hexagon Purus）成立合资公司，建立年产 10 万支的Ⅳ型瓶生产线。2021 年底，苏州中材科技年产 3 万支的 70MPa Ⅳ型瓶产线投产。浙江蓝能与法国彼欧（Plastic Omnium）组建的合资企业彼欧蓝能（PO-Rein），计划建设产能达 6 万支Ⅳ型瓶线，主要生产 70MPa 175L 等Ⅳ型瓶产品，将于 2026 年投入运营。据报道资料统计，国内主要Ⅳ型瓶生产商的现有和规划产线的产能合计已超 33 万支 / 年。整体来看，国内车载储氢瓶呈现出由 35MPa 向 70MPa、Ⅲ型瓶向Ⅳ型瓶过渡的发展态势，并逐步与国际技术水平接轨。表 6.2-6 列举了国内外车载储氢瓶主要企业及其产品参数。

表 6.2-6　国内外车载储氢瓶主要企业及其产品参数

国家	制造商	型式	容积 /L	质量 /kg	压力 /MPa	质量储氢密度 /（ wt% ）
美国	昆腾（Quantum）	Ⅳ	129	92	70	—
挪威	合斯康新能源（Hexagon Purus）	Ⅳ	60	42.8	70	5.7
			64	43.0	70	6.0
			244	188	70	—
德国	福伊特复合材料公司（Voith Composites）	Ⅳ	350	—	70	7.8
日本	丰田（Toyota）	Ⅳ	64	42	70	5.7
韩国	日进海索斯（ILJIN Hysolus）	Ⅳ	50	42	70	4.7
中国	北京天海工业	Ⅲ	140	80.0	35	4.2
			165	88.0	35	4.2
			54	54.0	70	> 5.0
		Ⅳ	390	—	35	6.6
	北京科泰克	Ⅲ	65	64	70	4.08
			140	133	70	4.23
	沈阳斯林达	Ⅲ	128	67	35	4.0
			52	52	70	3.85
		Ⅳ	63	45	70	5.6
	苏州中材科技	Ⅲ	140	78	35	4.0
			162	88	35	4.0
			385	—	35	—
		Ⅳ	63	45	70	5.6
	江苏未势能源	Ⅳ	57	—	70	6.1
	广州丰辰氢能	Ⅲ	270		34.5	
		Ⅳ	63		70	

在广东省内，成立于 2017 年的广州丰辰氢能通过与掌握Ⅳ型瓶核心技术的美国钢头复合（Steelhead Composites）公司合作，引入后者的产品设计和生产工艺方面的国际领先技术，迅速在国内的高压气态储氢瓶市场中占领一席之地。2021 年，广州丰辰氢能对外公布的产品包括 270L 34.5MPa Ⅲ型瓶（储氢量达 10.3kg）；同年 6 月，广州丰辰氢能展出了 63L 70MPa Ⅳ型瓶。在自主研发方面，2022 年，佛山仙湖实验室设计开发了Ⅳ

型瓶用塑料内胆，并攻克了干法缠绕工艺中的纱路设计、黏性调控、缠绕路径规划、张力控制等关键技术难点，实现了Ⅳ型瓶结构验证件制备。对于高压气态车载储氢瓶的示范应用和市场推广，广东省一直走在全国的前列。早在 2017 年，云浮首批量产的 28 辆氢能源城市公交车分别投放到佛山、云浮两市使用，率先在国内正式开通氢能公交车试运行示范线路。2020 年 7 月，广东省重点汽车企业——广汽集团发布了首款氢燃料电池汽车 Aion LX Fuel Cell，并于 2021 年 10 月在如祺出行平台开启示范运营。Aion LX Fuel Cell 配备了两个容积分别为 53L 和 77L 的 70MPa Ⅲ型瓶（沈阳斯林达制造），最多可存储 5.2kg 氢燃料。2021 年，财政部、工业和信息化部、科学技术部、国家发展改革委、国家能源局正式批复燃料电池汽车示范应用广东城市群为首批示范城市群。燃料电池汽车示范应用广东城市群，由佛山市牵头，联合广州、深圳、珠海、东莞、中山、阳江、云浮以及省外的福州、淄博、包头、六安等城市组成。截至 2023 年底，广东省累计推广氢燃料电池汽车数量超 3800 辆；同时提出到 2025 年，推广氢燃料电池汽车超 1 万辆目标。

3）运输用高压气态储氢：运输用高压气态储氢设备主要用于将氢气由产地运往使用地或加氢站。早期多采用长管拖车来运输，由数个旋压收口成型的高压无缝气瓶组成，所存储氢气压力多在 20～25MPa 之间，单车运氢量一般不超过 400kg。近年来，为提高运氢量，钢瓶工作压力被提高到了 30～50MPa，单车运氢量可提升至 700kg。

国际市场上，美国交通运输部将长管拖车工作压力的限定由 25MPa 提升至 50MPa 以上。近年来，随着复合缠绕材料气瓶的规模化应用，氢气长管拖车已经由使用Ⅰ型瓶和Ⅱ型瓶向使用Ⅳ型瓶发展，拖车装载量可以达到每车 560～900kg 氢气。美国昆腾（Quantum）公司推出的长管拖车 VP5000-H，由 46 个 107L 和 5 个 102L 储氢瓶组成（总容积大于 50m³），可以实现在 34.5MPa 压力下 1195kg 的氢气储运量。西班牙卡尔维拉氢能（Calvera Hydrogen）公司与荷兰壳牌氢能（Shell-Hydrogen）公司联合开发了 50MPa 级氢气长管拖车，整车由 2 组 25ft（7.62m）的单元组成，设计工作压力为 51.7MPa，在美国道路上可单车运输 1000kg 氢气，在欧盟道路上可单车运输 1300kg 氢气。美国海克斯康林肯（Hexagon Lincoln）公司研制的公称压力为 25～54MPa 的纤维全缠绕高压氢气瓶，可实现单车运氢量 720～1350kg。

2002 年，石家庄中集安瑞科在国内率先成功研制出 20/25MPa 大容积储氢长管，并应用于大规模氢气运输。我国 20MPa 储氢钢瓶产量占全世界产量的 70%。国内常用Ⅰ型瓶、Ⅱ型瓶作为长管拖车输运氢气的容器。图 6.2-4 为石家庄中集安瑞科公司的长管拖车；表 6.2-7 为常见长管拖车的详细参数。2020 年，石家庄中集安瑞科开发出了工作压力为 30MPa 的长管拖车，氢气瓶组采用Ⅱ型瓶，容积为 30m³，可装载氢气 630kg。2023 年以来，Ⅲ型瓶也逐步被推动应用于氢气输运。2023 年 3 月，由石家庄中集安瑞科主导制订的《压缩氢气铝内胆碳纤维全缠绕瓶式集装箱专项技术要求》（T/CATSI05008—2023）团体标准发布，该标准要求集装箱中的铝内胆碳纤维全缠绕瓶（Ⅲ型瓶）公称工作压力大于 30MPa，且不大于 52MPa；气瓶公称水容积不小于 300L 且不大于 350L。

2023 年 9 月，石家庄中集安瑞科生产的国内首个 30MPa 碳纤维缠绕管束式氢气集装箱下线并实现批量生产。在国内，工作压力为 50MPa 的碳纤维缠绕高压储氢容器长管拖车还处于研发阶段。

图 6.2-4　长管拖车实物图
资料来源：石家庄中集安瑞科官网。

表 6.2-7　常见长管拖车参数

产品名称	工作压力 /MPa	钢瓶外径 /mm	瓶长 /mm	单支水容积 /m³	瓶数 / 支	空箱重量 /kg	水容积 /m³	H_2 最大允许充装量 /kg	额定质量 / kg
11 管 Ⅰ 型瓶氢气车	20	559	10470	2.135	11	32400	23.49	340	32747
7 管 Ⅰ 型瓶氢气车	20	715	10975	3.71	7	33950	26	380	34363
12 管 Ⅱ 型玻纤缠绕车	20	591	11580	2.585	12	29600	31.02	450	30058
8 管 Ⅱ 型碳纤缠绕车	20	715	11580	4.2	8	26712	33.6	480	27207

4）固定式储氢：高压固定式储氢压力容器主要用于制氢站、加氢站、应急电站等固定场所的氢气存储，目前研发的重点是提高安全性，降低成本。固定式储氢压力容器采用何种形式目前尚未形成共识，主要分为单层储氢压力容器（包括大容积无缝储氢压力容器、单层整体锻造式储氢压力容器等）、多层储氢压力容器（包括钢带错绕式储氢压力容器、层板包扎储氢压力容器等）和复合材料储氢压力容器（包括钢内胆碳纤维环缠储氢压力容器、钢内胆碳纤维全缠绕储氢压力容器、铝内胆碳纤维全缠绕储氢压力容器和塑料内胆碳纤维全缠绕储氢压力容器）。对于氢储能，还有一类是固定式球形储罐，相比上述的几种储氢压力容器，球形储罐的存储压力较低，容积更大，达上千立方米以上，对于占地要求不高的氢储能场景具有一定的应用优势。

单层高压储氢压力容器主要包括旋压成型或锻造成型的大容积无缝储氢压力容器和

单层整体锻造式储氢压力容器。现应用最多的是大容积无缝储氢压力容器。大容积钢制无缝储氢压力容器是由无缝钢管经两端局部加热旋压收口制成，属于整体无焊缝结构，材料采用经调制处理的铬钼钢（主要为4130X），关键制造工艺是旋压及热处理工艺，该工艺最大优点是避免了焊接可能引起的裂纹、气孔、夹渣等缺陷，具备装配灵活、交货周期短、产品一致性及稳定性强等优势，是目前主流的工艺路线。但大容积钢制无缝储氢压力容器所使用的铬钼钢对氢脆敏感，需对该类容器进行严格的技术验收。大容积钢制无缝储氢压力容器单支容积在 $0.6 \sim 3.7m^3$，为适应加氢站规模储氢的需求，通常采用钢架制成固定的容器组（3×1瓶组、3×2瓶组、3×3瓶组、4×1瓶组、4×2瓶组，甚至高达21瓶组）进行并联使用。对于35MPa加氢站的应用场景，国外的钢质无缝瓶式高压储氢压力容器产品的工作压力为 48.26 ~ 49.64MPa，单支储氢压力容器容积 500 ~ 4000L。2020年6月8日，国内浙江蓝能自主研发设计的加氢站用45MPa瓶式储氢压力容器组完成了首台（套）的制造和交付。石家庄中集安瑞科也研制了45MPa高压无缝氢气钢瓶，单瓶容积为1040L。对于70MPa加氢站应用，美国飞佰压力容器科技（FIBA Technologies）公司、日本神户制钢所（KOBELCO）等成功研制出80MPa高压无缝氢气钢瓶。美国CP工业（CP Industries）公司成功推出103MPa钢制无缝储氢压力容器产品。2021年，合肥通用机械研究院研发出容积为 $1.35m^3$ 的140MPa单层钢制容器。2022年，石家庄中集安瑞科的99MPa/103MPa钢制无缝储氢压力容器获得制造许可，成为首家具备设计制造70MPa加氢站用无缝储氢容器资质和能力的厂家。2023年9月，该公司研制的首个符合ASME标准的103MPa钢制无缝储氢压力容器已实现出口销售。70MPa加氢站用单支钢制无缝储氢压力容器的容积覆盖 250 ~ 750L。国外针对站用储氢压力容器的设计参照ASME的《锅炉和压力容器规范（Boiler and Pressure Vessel Code）》执行。国内针对钢制无缝储氢压力容器所参照执行的标准有《加氢站用储氢装置安全技术要求》（GB/T 34583—2017）（作为安全技术要求）和《钢制压力容器 - 分析设计标准》（JB/T 4732—1995）（作为设计依据）。

相对于单层高压钢质储氢压力容器，多层储氢压力容器的储氢压力更高，储氢容积也更大。其中的钢带错绕式压力容器是我国首创的一种压力容器结构形式，于1964年研制成功，并逐渐发展建立起系统的钢带错绕式压力容器的优化设计、制造和应用技术方法。浙江大学首先研发出压力达98MPa、水容积达 $1Nm^3$ 的储氢压力容器。容器内筒采用抗氢脆性能优良的S31603不锈钢材料，外层采用常规的钢材制造，不仅极大地降低了氢脆的影响，而且可将成本控制在合理范围内。同时设备单台容积大，相应技术指标达到或超过了国际同类产品，并制订了国家标准《固定式高压储氢用钢带错绕式容器》（GB/T 26466—2011）。该标准规定了固定式高压储氢用钢带错绕式容器的设计、制造、检验和验收要求；适用于设计压力大于或等于10MPa且小于100MPa，内直径大于或等于300mm且小于或等于1500mm，设计压力（MPa）与内直径（mm）的乘积不大于75000的固定式高压储氢用钢带错绕式容器。2017年，浙江大学、浙江巨化装备和北京海德利森联合制造生产了两台国内最高压力等级 98MPa × $1m^3$ 立式高压储罐（见图6.2-5），并应用于江苏常熟的丰田加氢站中。除此之外，还开发出 75MPa×5m³、50MPa×7.3m³、45MPa×20m³ 等规格的钢带错绕全多层容器。层板包扎高压储氢压力容器采用的是单层半球形封头或多层包扎筒体结构，在设计制造的时候引用了目前国内的通用标准《钢制压力容器 - 分析设计标准》（JB/T 4732—1995）。2020 年，四川东方锅炉自主设计和自主工艺开发的多层包扎储氢压力容器完成制造，并应用于四川省西昌市月城加氢站。2023 年 4 月，湖南响箭氢能与中国石化广州工程公司联合研制出设计压力达到 50MPa 和 98MPa、单罐储氢量达到 7.5～15m³ 的大容量气态固定式高压储氢罐。表 6.2-8 为国内外部分企业制造的固定式储氢压力容器。

图 6.2-5　浙江大学、浙江巨化装备和北京海德利森制造的 98MPa×1m³ 立式高压储罐

表 6.2-8　国内外部分企业制造的固定式储氢压力容器

国家	企业	储氢容器类型	设计压力 /MPa	容积 /L
日本	萨姆泰克（SAMTECH）	铝内胆碳纤维全缠绕储氢压力容器	82	300
	神户制钢所（KOBELCO）	钢制储氢压力容器	99	450～900
美国	飞佰压力容器科技（FIBA Technologies）	钢内胆碳纤维环向缠绕储氢压力容器	103	721
	CP 工业（CP Industries）	大容积钢制无缝储氢压力容器	50/103	1192/436
中国	石家庄中集安瑞科	大容积钢制无缝储氢压力容器	45	1040
			103	—
	浙江大学、浙江巨化装备、北京海德利森	全多层钢制高压储氢压力容器	45/50/75/98	1000～20000

在固定式球形储罐方面，我国已形成《钢制球形储罐》（GB/T 12337—2014）、《钢制球形储罐型式与基本参数》（GB/T 17261—2011）及《球形储罐施工规范》（GB 50094—2010）等完备的标准。用于气态氢气存储的球形储罐公称容积一般在 50 ~ 2000m³ 之间，压力一般不超过 1.6MPa。中国石化新疆库车绿氢示范项目是目前全球已建的最大光伏发电制绿氢项目，也是我国首个万吨级光伏绿氢示范项目，采用 10 台设计压力为 1.55MPa 的 2000m³ 大容积球形储罐（见图 6.2-6），储氢能力达 2.1×10^5 Nm³（约为 1.8t 氢气）。

图 6.2-6 2000m³ 大容积球形储罐
资料来源：视觉中国。

5）高压储氢瓶的关键材料及部件：国内的 Ⅰ ~ Ⅳ 型瓶已具备完全自主的知识产权能力，但Ⅲ、Ⅳ型瓶的关键材料和部件性能指标较国外水平相比还有一定差距，特别是碳纤维材料、70MPa 高压阀门等。高压气态储氢整体向着高压、大容积的趋势发展，因此，高压储氢瓶的关键部件及装置技术攻关仍是重点。

① 碳纤维材料：碳纤维是高压储氢瓶的关键原材料，按原丝类型，碳纤维通常可分为三类：聚丙烯腈（PAN）基碳纤维、沥青（Pitch）基碳纤维和黏胶（Rayon）基碳纤维。其中，PAN 基碳纤维因生产工艺简单、力学性能优良、成本较低等特点，成为现今世界产量最高、应用最广的一种碳纤维，市场占有率高达 90% 以上；而 Pitch 基碳纤维市场占有率在 7% 左右。高强型 PAN 基碳纤维是Ⅳ型瓶采用的主要原材料。

目前全球最大的碳纤维制造商为日本东丽（TORAY），总年产能达到 42000t，在美国、墨西哥、法国、意大利、德国、匈牙利、韩国均有生产基地。在Ⅲ型、Ⅳ型瓶用碳纤维领域，占据主导地位，其 TORAYCA® 系列为 PAN 基碳纤维产品，型号包括 T700、T800、T1000 等。国际上，其他主要碳纤维生产企业及其对应的储氢瓶用碳纤维产品品牌有：日本三菱化学（Mitsubish Chemical）公司 Pyrofil™ 系列，包括 TR50、MR60H、MR70 等；德国西格里碳素（SGL Carbon）公司 Sigrafil® 系列，包括 CT50 等；韩国晓星（HYOSUNG）公司的 H2550、H3055 型号等。2023 年 2 月，韩国晓星公司公布在江苏徐州将建设年产 26400t 碳材料的基地，布局中国碳纤维市场。

在国内，台湾地区台塑集团（FPC）制造的用于 Ⅲ 型、Ⅳ 型瓶的碳纤维包括 TC36P-12K/24K、TC42S-12K/24K、TC780-12K/24K 等。在大陆地区，江苏中复神鹰的干喷湿纺碳纤维——千吨级规模 SYT49（T700 级）和百吨级规模 SYT55（T800 级）生产线实现建设与连续稳定运行，为气瓶生产企业提供高性能缠绕成型碳纤维，其碳纤维产品在国内 Ⅱ 型瓶领域占比已达 80%，应用于 70MPa Ⅲ 型瓶组的碳纤维经过氢燃料电池乘用车装车验证。江苏恒神股份的 HF30F-24K 已成功应用于储氢瓶中，还推出了 HF60-12K（T1100 级）、HM50E-12K（M40X 级）和高强高模碳纤维 HM55-6K（M55J 级）等型号产品。山东威海光威通过干湿法处理工艺生产的 T700s/800s/1000 级碳纤维已在氢能领域进行应用。2022 年 7 月，吉林化纤首条 35k 高压气瓶缠绕专用大丝束碳化线开车成功，该碳化线单线年产能在 3000t 以上，产品力学强度指标可达到 T700 等级。2022 年 10 月，上海石化的万吨级 48k 大丝束碳纤维首套国产线顺利开车。

各大厂家生产的碳纤维性能参数均对标日本东丽，表 6.2-9 为国内外碳纤维材料性能对比。应用在高压气瓶领域的碳纤维丝束一般为 24k；使用 12k 碳纤维时，可以通过增加碳纤维股数达到相同的工艺要求，但成本会相应增加。目前国内车载瓶主要采用的是 35MPa Ⅲ 型瓶，所采用的碳纤维一般为 T700 级及以上规格。从碳纤维生产企业的角度来看，日本和欧美依旧占据主导地位。国内碳纤维经历近十年快速发展，已突破了干喷湿纺技术，实现了 T700、T800 以及更高级别碳纤维核心技术和关键装备的自主化，并逐步拓宽应用领域。然而，国产碳纤维存在产品稳定性差、毛纱率高、缠绕工艺性差的问题，且除江苏中复神鹰外，其余品牌的国产碳纤维产量较低。国产碳纤维最主要在 20MPa 的缠绕等级上使用，在 35MPa 等级上也有使用，但在 70MPa 等级使用较少。大丝束、高性能、低成本是储氢瓶用碳纤维发展的方向。

表 6.2-9　国内外碳纤维材料性能对比

公司	产品编号	根数	拉伸强度/MPa	拉伸弹性模量/GPa	伸度（%）	密度/(g/cm³)
日本东丽（TORAY）	T700	12k	4900	240	2.0	1.79
	T800	12k 24k	5880	294	2.0	1.80
	T1000	12k	6370	294	2.2	1.80
	T1100	12k 24k	7000	324	2.2	1.79
日本三菱化学（Mitsubish Chemical）	TR50S 12L	12k	4900	235	—	1.82
	MR60H24P	24k	5680	280	—	1.81
	MR70 12P	12k	7000	324	—	1.82
江苏中复神鹰	SYT49S	24k	5500	255	2.0	1.80
	SYT55S	12k 24k	5900	295	2.0	1.79

资料来源：日本东丽、日本三菱化学、江苏中复神鹰官网的产品参数。

② 高压阀门：由于氢气的特殊性，高压氢用阀件相比于普通流体阀门开发难度较大，一直处于国外技术垄断、长期依赖进口的局面。特别是瓶口阀，作为高压储氢瓶关键部件，功能高度集中，包括降压稳压、高可靠密封性、温度压力实时监测（气瓶安全保障）、快速加氢、自动手动泄压（安全防护），同时要求阀门具备高耐氢蚀性和氢脆性，技术含量高。70MPa 氢用阀门产品，主要掌握在加拿大 GFI（见图 6.2-7）、意大利 OMB、美国勒科斯弗（LUXFER）、韩国永道（YOUNGDO）等全球头部企业手中。2023～2030 年氢压力容器复合年增长率将达到 50.9%，而我国罐体瓶口阀门行业仍受限于国外大厂。国内企业具备 35MPa 车用氢气集成瓶阀、球阀、针型阀、安全阀、调压阀、过流阀、直通式止回阀、加氢口、过滤器、比例卸荷阀的开发和制造能力。国内 35MPa 氢用阀件价格已降至国外产品的 60% 左右。国内企业也不断发力 70MPa 氢用阀件的研发。2020 年，南通神通新能源研发的 70/35MPa 车载组合式减压阀，通过国家机动车产品质量监督检验中心（上海）的第三方检测，这是国内首例通过第三方检测的 70MPa 组合减压阀。2022 年，江苏未势能源发布了自主研发的 70MPa 多功能集成减压阀，循环寿命超过 50000 次。张家港富瑞阀门推出了 70MPa 的瓶口阀。2023 年 5 月 23 日，

图 6.2-7　加拿大 GFI 公司的 70MPa 集成减压器式氢气瓶口阀
资料来源：加拿大 GFI 公司官网。

由 TC31（全国气瓶标准化技术委员会）归口，TC31SC8（全国气瓶标准化技术委员会车用高压燃料气瓶分会）执行的国家标准《车用高压储氢气瓶组合阀门》（GB/T 42536—2023）发布，于 2024 年 6 月 1 日正式实施。

③ 氢气压力传感器：氢气压力传感器用于监测储氢系统的压力参数。氢气压力传感器可以提供实时数据，以确保储氢系统的正常运行和安全性。目前，氢气压力传感器以瑞士富巴（HUBA Control，见图 6.2-8）和美国森萨塔（Sensata）为主。这些公司的氢压力传感器产品是在原产品型号的基础上改进而来的并拓展到氢能领域中。氢气压力传感器高度依赖进口，除技术原因外，最关键原因在于市场需求偏小。氢气压力传感器的价格根据用途、量程等具体参数的不同，从几百元到上千元不等，比起高压氢气阀门的价格，单价价格不高，企业缺乏研发动力。目前国产压力传感器，主要存在可靠性、批次稳定性的问题。随着氢能市场规模的发展和扩大，对压力传感器性能要求进一步提升，国外品牌传感器企业已经开始立项研发专用

图 6.2-8　瑞士富巴 555 型号氢气压力传感器
资料来源：瑞士富巴公司官网。

的氢气压力传感器产品，国内也逐渐关注和重视。

④ 氢气浓度传感器：氢气分子小且无色无味，发生泄漏时不易察觉。氢气是易燃易爆气体，且爆炸极限范围大，为 4.0% ~ 75.6%。氢气浓度传感器检测到氢气浓度超过安全范围时，发送报警信号，储氢系统对应做出相应的安全保护措施，以防止发生安全事故。氢气浓度传感器包括敏感探头、电路板、外部壳体以及相关的结构组件，以及传感器与外部连接通信接口。车规级氢气浓度传感器的性能要求高，美国汽车工程师学会《车载氢气传感器的特性（Characterization of On-Board Vehicular Hydrogen Sensors）》（SAE J3089-2018）标准要求车规级氢气浓度传感器的启动时间[⊖] 不超过 1s，响应时间不超过 2s，代表了氢气浓度传感器的技术水平。氢气浓度传感器的核心厂商有美国霍尼韦尔（Honeywell）、美国安费诺（Amphenol）、瑞士盟巴玻（Membrapor）、日本日写（NIS-SHA FIS）、日本费加罗（FIGARO）以及日本理研（RIKEN）。国内市场的车规级氢气浓度传感器几乎被日本日写、日本费加罗和日本理研三家企业垄断。日本日写的接触燃烧式氢气浓度传感器（见图 6.2-9）的启动时间小于 1s，响应时间 T_{80}[⊖] 小于 2s，因率先应用于日本丰田（Toyota）的 Mirai 燃料电池乘用车，成为目前市场占有率最大的氢气浓度传感器。国内企业主要有苏州纳格光电、苏州钽氪电子、河南日立信、郑州炜盛等。2020 年，苏州纳格光电实现响应时间 T_{80} 不超过 2s，同时通过了车规标准测试和车用电磁兼容（EMC）测试。车规级氢气浓度传感器价格范围为 1200 ~ 3000 元。同氢气压力传感器一样，除了价格原因难以刺激企业对车规级氢气浓度传感器投入研发外，下游用户不愿意为验证新产品花更多时间。对于国内氢气浓度传感器开发，还需进一步朝着高灵敏度、高精度、高环境适应性和耐久性方向发展。

图 6.2-9 日本日写车载型氢气浓度传感器
资料来源：日本日写公司官网。

总体来讲，对于车载储氢瓶，我国在Ⅲ型瓶储氢系统和Ⅳ型瓶储氢系统上，整体水平还处于跟跑状态，系统整体性能落后于国际先进水平。国际主要以Ⅳ型瓶为主，压力

⊖ 启动时间：指被测气体触发传感器输出信号所需的时间。
⊖ 响应时间 T_{80}：在试验条件下，当气体浓度发生阶跃变化时，传感器输出信号达到阶跃变化 80% 所对应输出值的时间。

为 70MPa ；而国内主要以 Ⅲ 型瓶为主，压力为 35MPa。国内虽然经过技术提升，部分
35MPa 阀件如瓶阀、加氢口已实现国产化，但仍存在应用问题，未经过充分的使用性能
验证；而 70MPa 的主要部件仍依赖进口。高压气态储氢的技术难点主要集中在储氢瓶的
碳纤维材料开发、Ⅳ 型瓶成型技术，阀件及连接件密封材料和密封技术开发，方案验证
及后续产品优化等。

对于运输用高压储氢长管拖车，我国目前以 20MPa Ⅰ、Ⅱ 型瓶储运为主。美国与日
本已分别实现 45MPa 与 50MPa 长管拖车商用化，美国正在测试 70MPa 长管拖车，韩国
近期也开展了 45MPa 长管拖车测试。国外长管拖车以轻质 Ⅲ / Ⅳ 型瓶为主，我国尚无长
管拖车 Ⅲ / Ⅳ 型瓶产品，需要进一步在轻质高容量高压力长管拖车用储氢瓶技术上做进
一步攻关。

对于固定式储氢，在钢质固定储氢容器方面，我国整体处于国际并跑水平。国内单
层钢质固定储氢容器达 140MPa × 1.35m³，最高压力高于国外的 103MPa，单罐容积相当；
国内开发出 1.5MPa × 2000m³ 单层钢质球形储罐，正开发 25MPa × 50m³ 单层钢质球形储
罐。在复合材料固定储氢容器方面，我国整体处于国际跟跑水平。国外研发出 99MPa Ⅱ
型瓶组、70MPa Ⅲ 型瓶组、60MPa Ⅳ 型瓶组产品，正在研发 103.5MPa Ⅳ 型瓶组；而目
前国内只掌握了 45MPa Ⅱ 型瓶组产品，Ⅲ 型瓶组样机仅开展了示范应用，尚未研发出固
定储氢用 Ⅳ 型瓶组。

我国高性能 T800 以上碳纤维材料、碳纤维缠绕工艺设备仍依赖进口。目前，国产
碳纤维还不能满足车用储氢瓶的要求，高品质高压缠绕储氢瓶所需的主要原材料碳纤
维，以及耐高压阀门等少数零部件仍依赖进口。氢储能的发展需要高效和可靠的氢气压
力传感器、氢气浓度传感器作为安全保障，但因价格吸引力低和需求规模原因对进口产
品具有很强的依赖性。看清长远的氢能发展需求，加强氢气压力传感器和氢气浓度传感
器研发，对标国外产品的技术水平，加强自主产权传感器的开发实现跟跑和并跑。

（2）分析研判

高压气态储氢技术具有设备结构简单、充放氢快、工作条件较宽等优点，是目前发
展最成熟、最常用的储氢技术，未来仍将是主流储氢技术路线之一。高压气态储氢技术
发展的核心是提高储氢容器的压力和质量储氢密度，降低储氢成本和安全风险，面临的
主要问题是储氢密度低、泄漏安全隐患、氢脆现象等。面向规模化氢储能，储氢量也是
需要考虑的重要因素，除储氢压力外，储氢容积对储氢量具有重要影响，因此近中期低
成本大容积 98MPa 以上的钢质容器是作为高压气态储氢的氢储能主要手段。

安全性是固定式高压气态储氢技术最首要和最基本的要求。在固定式储氢高压容器
方面，颁布了《固定式高压储氢用钢带错绕式容器》（GB /T 26466—2011）和《加氢站
用储氢装置安全技术要求》（GB/T 34583—2017）（现主要应用于加氢站中）。对于新型
储能电站的固定式储氢高压容器的设备制造、建设安装、调度与运行等方面和环节的安
全标准和管理体系还未形成，需进一步制定相应标准法规。

高性能制造材料和可靠性设计制造技术是高压钢质储氢容器制造的核心基础。高压气

态储氢的储氢压力高，容易引起氢脆。钢质材料本体的抗拉强度、化学成分、微观组织等影响氢脆的发生。开展氢脆失效机制的研究，开发抗氢脆高强度高韧性钢板／锻件。研究开发高强度碳纤维复合增强材料以及配套焊材，满足 98MPa 以上级固定式储氢容器使用要求。氢脆容易发生在焊接、焊缝处，需发展和建立基于断裂力学的设计分析方法，开发高可靠密封、厚壁大曲率容器冷成型、焊接冷裂纹与再热裂纹防控、缺陷检测与修复等关键制造技术。建设固定式高压储氢容器自动化生产线，实现低成本批量化和一致性制备。

　　建立大体积固定式储氢容器的检测试验平台及标准制定，开发对于高压大体积固定式储氢容器的疲劳、泄漏、可靠性性能和型式试验检测方法及在线检测手段。推动固定式高压容器在新型储能电站的示范应用，为大规模氢储能积累推广应用经验，提升复合材料Ⅱ型、Ⅲ型瓶组的设计制造技术，推动高压气态储氢的固定式高压容器应用由Ⅰ型瓶逐渐向Ⅱ型、Ⅲ型瓶过渡，实现储能规模的更进一步提升。

　　（3）关键指标（见表 6.2-10）

表 6.2-10　高压气态储氢关键指标

类别	指标	单位	现阶段	2027 年	2030 年
车载储氢瓶	工作压力	MPa	35MPa、70MPa	35MPa、70MPa	70MPa
	气瓶形式	—	Ⅲ型	Ⅲ型、Ⅳ型	Ⅳ型
	质量储氢密度	wt%	3	4.5	5.5
	体积储氢密度	kgH_2/m^3	20	30	40
	成本	万元 /kgH_2	0.4	0.3	0.1
	供氢能力	g/s	4 ~ 5	6	7.2
固定式储氢瓶	最高储氢压力	MPa	140（钢质） 45（Ⅱ型）	140（钢质） 90（Ⅱ型） 45（Ⅲ型）	140（钢质） 90（Ⅱ型） 45（Ⅲ型）
	单罐储氢容量	kg	≥ 230	≥ 700	≥ 1000
	单位储氢成本	万元 /kgH_2	0.5 ~ 3	0.2 ~ 1	0.2 ~ 0.5
	设计疲劳寿命	次	3000	50000	50000
运输用储氢瓶	工作压力	MPa	20	30	50
	瓶型	—	Ⅰ型／Ⅱ型	Ⅱ型	Ⅳ型
	总容积	m^3	≤ 30	≤ 33	≤ 37
	整车运氢载量	kg	630	680	1000
	设计年限	年	20	20	30

6.2.1.2　低温液态储氢

　　液氢的密度高达 $70.8kg/m^3$，是标态下气态氢的 788 倍。若仅考虑体积密度和质量储氢密度，液氢是一种理想的储氢方式。但是将氢气进行低温液化，理论上需要消耗的能量为 28.9kJ/mol，实际液化过程中消耗的能量大约是理论值的 2.5 倍，为氢燃料自身能量的 30% ~ 50%。液氢的存储需要维持 −252.7℃的低温环境，液氢罐无法做到 100% 的绝热，在存储过程中，无法避免液氢的挥发。

（1）技术现状

1）氢液化技术：常见的三种氢液化原理是氢气林德 - 汉普逊（Linde-Hampson）循环（也称为"一次节流循环"）、氢气克劳德（Claude）循环和氦气逆布雷顿（Brayton）循环，并在循环过程中增加正仲氢转化环节，以满足液氢的长效存储要求。1898年，美国采用林德 - 汉普逊循环方法液化空气预冷氢气后，第一次实现氢气的液化。简单的林德 - 汉普逊循环无法直接液化氢气，必须增加预冷环节。将液化空气优化替代为液氮（−196℃）作为低温介质，对压缩氢气进行预冷至转变温度以下，并通过焦耳 - 汤姆逊（Joule-Thomson）效应节流制冷（氢气在节流阀中等焓膨胀降温）实现氢气液化并进入绝热储罐中，对于未发生气液转化的冷态气氢则回流到冷却环节，再次进行节流膨胀、循环往复。实际上，只有高压气态氢压力高达10～15MPa，温度降至约−200℃时进行节流，才能获得较理想的24%～25%液化率。1902年，法国的克劳德对林德 - 汉普逊循环进行了改进，通过引入低温透平膨胀机做功来液化（克劳德液化循环）。其中，高压气态氢经过透平膨胀机等焓膨胀提供低温区的冷量，使其高压气态氢降温，并通过节流膨胀后被液化。在克劳德液化循环流程中，只采用了氢气作为介质。区别于使氢气自身膨胀降温的克劳德循环，氦气逆布雷顿循环中存在原料氢气和制冷介质氦气两种介质。氦气逆布雷顿循环用氦气（替代氢气）作为低温制冷介质，形成独立于气态氢路的氦气制冷系统。氦气制冷系统中介质氦气首先被压缩，然后氦气经液氮预冷后通过多级透平膨胀机降温至液氢温区，最后在换热器内将高压气态氢液化。图6.2-10为三种氢液化循环的简易原理图。整体而言，液氮预冷林德 - 汉普逊循环是工业上最早采用的规模化氢液化循环，该循环所需装置数量少、结构简单、运转可靠，但能源利用效率和氢气液化

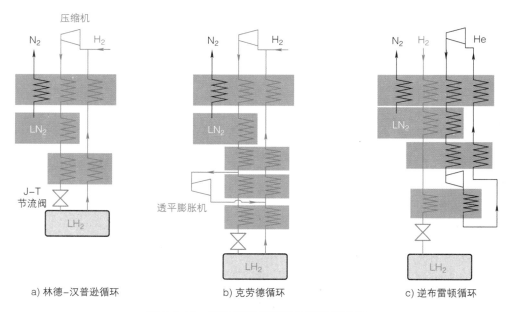

a) 林德–汉普逊循环　　　　　　b) 克劳德循环　　　　　　c) 逆布雷顿循环

图 6.2-10　三种氢液化循环的简易原理图

资料来源：张振扬，妙丛，王峰，等.规模化氢液化装置现状及未来技术路线分析[J].
化工进展，2022，41（12）：6261-6274。

率较低，单位能耗高，仅适用于实验室级别的小规模液氢制取。综合考虑各关键设备性能和运行经济性，克劳德循环更适合于大规模氢液化装置 [一般指液化量在 5TPD（TPD：t/ 天）以上的氢液化系统]。全球范围内，当前在用的大型氢液化装置均以液氮预冷的克劳德循环为基础。氦气逆布雷顿循环由于氢氦换温差带来的不可逆性，整机效率低于克劳德循环，主要用于 5TPD 以下的装置。表 6.2-11 为三种基本氢液化循环对比。

表 6.2-11　三种基本氢液化循环对比

循环类型	林德 - 汉普逊循环	克劳德循环	逆布雷顿循环
工艺原理	液氮预冷 + 氢气节流膨胀	液氮预冷 + 氢气膨胀制冷 + 氢气节流膨胀	液氮预冷 + 氦气膨胀制冷 + 氢气节流膨胀
比能耗[①]（kWh/kgLH$_2$）	68.1（理想状态：12.1 ~ 16.2）	11.9 ~ 29.9（理想状态：6.7）	44.8（理想状态：4.4 ~ 7.0）
能源利用效率（%）[②]	3.0 ~ 3.4	20 ~ 30	5.9
适用规模	液化率 < 100L/h，实验室级别的小规模制取	液化率 > 5TPD 规模制取	液化率 ≤ 5TPD 规模制取

①　比能耗：单位质量的氢气液化所需的能耗，理想最小值为 2.89kWh/kgLH$_2$。
②　能源利用效率：理想最小理论液化能耗与实际液化能耗的比值。

在低温液氢技术方面，在欧、美、日等地区和国家，液氢技术的发展已经相对成熟，形成了液氢制备、储运、应用等方面成套技术体系和装备制造能力。我国液氢技术处于起步阶段：

在技术方面，目前拥有成熟的、商业化的氢液化技术工艺的企业主要包括美国普莱克斯（Praxair，图 6.2-11 为其液氢工厂）、美国空气产品（Air Products）、法国液化空气（Air Liquide）、德国林德（Linde）、英国氧气（BOC）等大型跨国气体企业。从事液氢技术研究开发的机构有美国国家航空航天局（NASA）、美国能源部（DOE）、德国尤利希研究中心（Forschungszentrum Juelich）、日本宇宙航空研究开发机构（JAXA）、日本

图 6.2-11　美国普莱克斯（Praxair）液氢工厂

京都大学等实力领先的研发机构，具备液氢真空阀门、超低温涉氢密封阀门、涉氢环境高速转子、超低温液氢液位计、液氢加注口、夹层真空支撑结构、真空/绝热结构和高精度低温氢气流量控制器等核心部件制造技术；具备制造 40ft（12.192m）液氢罐式集装箱、大型液氢球形储罐、大型正仲氢转化器、氢膨胀机、超低温冷箱等核心装备的能力；拥有氢液化能力超 30TPD 的技术，拥有体积最高达 3800m^3 的球形液氢储罐，液氢储氢加氢站，液氢泵、潜液泵性能评价测试集成装置等；拥有成熟的循环流程研发及生产制造产业链，在工业实践中积累了大量的工程经验。我国的液氢技术仍处于起步阶段，在以北京中科富海、杭州中泰股份、江苏国富氢能为主的液氢企业，以及以北京航天试验技术研究所、西安交通大学、中国科学院理化技术研究所、浙江大学为主的研究机构的努力下，近年来取得了一定的技术进步。国内已具备低温叶轮转子、高速轴承、低温调节阀、板翅式换热器等设计制造能力，氦膨胀机、氢膨胀机、液氢转注/加注枪、高精滤油系统、液氢罐式集装箱以及液氢储罐等装备制造能力；具备 1.5 ~ 5TPD 氢液化系统设计与制造能力，以及航天用液氢大流量加注/转注系统。然而，尚欠缺建立液氢储氢加氢站，液氢增压泵、潜液泵性能评价测试集成装置等方面的技术。同时存在技术转化率不强，尚未形成完整的技术体系和产业制造能力的情况。2021 年 9 月，中国航天科技集团有限公司六院 101 所研制出我国首套基于氦膨胀制冷的氢液化系统，设计液氢产量为 1.7TPD，实测满负荷工况产量为 2.3TPD，包括透平膨胀机、压缩机、正仲氢转化器、控制系统等核心设备在内的 90% 以上的设备完全采用国产，其中氦气透平膨胀机绝热效率达到 80%，出口仲氢含量为 97.4%；填补了我国液氢规模化生产方面自主知识产权的空白，同时为规模化氢储运提供了自主可控的技术和装备基础。2022 年 3 月，江苏国富氢能举行首台民用大型液氢存储容器开工仪式。2022 年 4 月，中广核集团年产 18 套氦循环氢液化设备 1TPD、5TPD 液氢机项目落地河南巩义。2023 年 4 月，江苏国富氢能全国产化 10TPD 氢液化工厂核心设备——氢液化器在张家港下线，用于江苏国富氢能与山东齐鲁氢能合作的氢能一体化项目。江苏国富氢能已具备 8 ~ 30TPD 氢液化系统供应能力，能耗为 9 ~ 14kWh/kg·H$_2$。2023 年 6 月，北京中科富海国产化 1.5TPD 氢液化装备实现出口，其液化率达到 1590kg/天，综合单位能耗为 15.1kWh/kg·H$_2$。2024 年 3 月，北京中科富海和中国科学院理化所研发制造的 5TPD 氢液化系统成功下线，其液化率达 5170kg/天，液氢产品中的仲氢含量达 98.66%，氢气液化能耗小于 13kWh/kg·H$_2$。同时，国外液氢知名企业也纷纷在国内布局液氢项目。2020 年 6 月，美国空气产品（Air Products）公司在浙江嘉兴海盐分期投资建设 30TPD 氢液化工厂。2020 年 11 月，德国林德（Linde）与浙江嘉兴港区管委会、上海华谊（集团）公司签署三方协议，在氢能的生产和供应、纯化和液化、存储和运输以及加氢站充装等方面开展深入合作。2021 年 10 月，东华科技与美国空气产品公司启动了呼和浩特 30TPD 液氢项目。

在规模方面，目前全球在运营的液氢工厂有数十座，总产能接近 500TPD。表 6.2-12 为国内外典型的在运行液氢装置汇总。产能居前三名的美国、加拿大和日本的合计产能占全球产能的 89.8%。美洲地区总产能达 326TPD，其中美国共计 9 套在运行液氢工厂（全

表 6.2-12　国内外典型的在运行液氢装置汇总

区域	国家	位置	建设单位 / 所属公司	投产时间 / 年	产能 /TPD
美洲	美国	安大略湖	普莱克斯	1962	20
		新奥尔良	空气产品	1977	34
		新奥尔良	空气产品	1978	34
		尼亚加拉大瀑布	普莱克斯	1981	18
		萨克拉曼多	空气产品	1986	6
		尼亚加拉大瀑布	普莱克斯	1989	18
		佩斯	空气产品	1994	30
		麦金托什	普莱克斯	1995	24
		东芝加哥	普莱克斯	1997	30
		得克萨斯	空气产品	2021	30
	加拿大	安大略萨尼亚	空气产品	1982	30
		蒙特利亚	液化空气	1986	10
		贝康特	液化空气	1988	12
		马戈	英国氧气	1989	15
		蒙特利亚	英国氧气	1990	14
	法属圭亚那	库鲁	液化空气	1990	5
欧洲	法国	里尔	液化空气	1987	10
	荷兰	罗森伯格	空气产品	1987	5
	德国	英戈尔斯塔特	林德	1991	4.4
		鲁讷	林德	2008	5
亚洲	日本	秋田	TASHIO	1985	0.7
		丹加岛	日本液化氢气 （Japan Liquid Hydrogen）	1986	1.4
		大分	太平洋氢气 （Pacific Hydrogen）	1986	1.4
		南种子町	日本液化氢气	1987	2.2
		君津	空气产品	2003	0.3
		大阪	岩谷（IWATANI）	2006	11.3
		东京	岩谷 / 林德	2008	10
	印度	马亨德拉基里	印度空间研究组织（ISRO）	1992	0.3
		萨贡达	安得拉邦糖业 （Andhra Sugars）	2004	1.2
		—	亚洲氧气 （Asiatic Oxygen）	—	1.2
	中国	北京	北京航天试验技术研究所	2008	1
		北京	北京航天试验技术研究所	2013	1
		四川西昌	蓝星航天化工 （设备：法国液化空气）	2012	—
		海南文昌	蓝星航天化工 （设备：法国液化空气）	2013	2.5
		内蒙古乌海	北京航天试验技术研究所	2020	0.5
		浙江嘉兴	北京航天试验技术研究所	2021	2
		安徽阜阳	北京中科富海	2022	1.5

资料来源：Handbook of hydrogen safety: Chapter on LH2 safety，PRESLHY，2021.

部为 5TPD 以上的中大规模，其中 10～30TPD 以上占据主流），产能总计 214TPD，居全球首位；加拿大在运行液氢装置共计 6 套，总产能约为 81TPD，单套装置产能为 10～30TPD。欧洲的液氢总产能约为 29TPD，法国在运行液氢装置 1 套，产能 10TPD；德国、荷兰、法属圭亚那在运行设备的产能均 ≤ 5TPD。亚洲的液氢总产能 > 34.5TPD，其中日本共计 7 套在运行装置（单套装置产能为 0.7～11.3TPD），液氢总产能占比较大，达到 27.3TPD；而中国共有 5 套液氢生产装置，产能约 6TPD。目前国内最大的氢液化装置产能为 2.5TPD，位于海南文昌。国外关于氢液化关键技术及设备始终对我国采取限制和封锁的措施，已成为制约我国航空航天、国家能源安全、高技术产业的"瓶颈"。

在应用方面，氢液化技术是伴随着航天领域对液氢的需求而发展起来的，之后逐渐走向民用商业化。在美国，液氢除了用于航天领域之外，还广泛应用于燃料电池、石油化工、冶金、电子等领域，其中燃料电池汽车加氢站占 10.1%，航空航天和科研试验占 18.6%，石油化工占 33.5%，电子、冶金等占 37.8%。而我国氢液化系统核心设备仍然依赖进口，且主要应用于航天领域及相关实验研究，产能较低、成本过高，民用领域应用刚刚起步。2020 年 4 月，由鸿达兴业股份有限公司（广东省企业鸿达兴业集团有限公司下属子公司）在内蒙古乌海投资建设的我国首条民用液氢生产线（产能 3 万 t/ 年）完成调试，顺利产出液氢，打破了我国民用液氢长期不能自主生产的困局。另外，浙江嘉华能源也正在嘉兴建设液氢工厂，计划液氢产能约 1.5TPD。

2）氢液化关键部件及装置：

① 氦气/氢气压缩机：压缩机作为氢气液化系统的核心部件之一，对整个系统运行的安全性和可靠性起到决定性作用。氢气压缩机组要求完全自动化控制，控制精度与控制方案精准。常用氢气压缩机结构型式主要有隔膜式、活塞式、螺杆式与透平式，具体结构形式根据流量和压比范围进行选择。小型氢液化系统一般采用喷油螺杆压缩机，供气压力 1.0～1.5MPa；中型氢液化系统采用活塞式压缩机，供气压力 1.5～2.5MPa；大型氢液化系统采用活塞式压缩机或涡轮增压器，供气压力大于 2.5MPa。对于采用"氦制冷 - 氢液化流程"（氦气逆布雷顿循环）的氢液化系统，氦气喷油式螺杆压缩机是主要的应用形式。1934 年，瑞典 SRM 公司在所设计的螺旋式压缩机（用于有关气体透平研究）基础上加以改进制成螺杆压缩机。国外的氦气螺杆压缩机通常是在空气螺杆压缩机的基础上通过特殊的改造设计制成。如德国凯撒（KAESER）公司的氦气螺杆压缩机（见图 6.2-12）就是在系列空气螺杆压缩机基础上改造而成的，并已形成了系列化产品，目前被广泛应用于氦制冷领域，其喷油螺杆压缩机的单级压比可高达 15:1。美国寿力（SULLAIRCORP）、英国豪

图 6.2-12　德国凯撒氦气螺杆压缩机
资料来源：德国凯撒官网。

顿（HOWDEN）、德国艾珍（AERZEN）、日本前川（MYCOM）等公司也掌握了氦气喷油式螺杆压缩机技术。因与德国林德等低温公司的技术排他性协议，上述公司的某些定型产品不对中国用户单独出口。即使允许独立出口到中国的产品，不但价格昂贵而且实行最终用户的限制，使得我国大型低温技术及其相关应用领域（禁止使用在航天、核能等应用领域）的发展受到严重制约和限制。

2016 年以前，我国在氦气螺杆压缩机方面没有成熟的产品，原因是对氦气物性认知的限制，氦气螺杆压缩机的研制难度大，生产厂家不具备研发攻关能力。2003 年，中国科学院等离子体物理研究所 EAST 项目采用了国内公司改制的氦气螺杆压缩机，但出现了抱轴等严重故障，效率低、性能也不稳定。在国家重大科研装备研制项目"大型低温制冷设备研制"支持下，中国科学院理化技术研究所联合国内相关企业开展了氦气螺杆压缩机的研制工作，于 2016 年开发出具有完全自主知识产权的氦/氢气螺杆压缩机，整机效率达到国际先进水平，形成了压比为 4 ~ 215、单级流量为 200 ~ 20000Nm³/h 的系列氦气喷油式螺杆压缩机产品，并在国产氢液化装置中得到成功应用。以氦气喷油式螺杆压缩机组为例，主要技术指标除了流量、压比外，衡量热力学效率可以采用等温效率或绝热效率，一般工况下等温效率可达到 45% ~ 55%。

② 低温板翅式换热器：低温板翅式换热器是氢液化器和氦液化器等大型制冷低温系统中的关键设备之一，具有体积紧凑、效率高、重量轻等优点。全球范围内液氢温区以下的低温设备主要由法国液化空气公司和德国林德公司提供。法国液化空气公司主要采用法国诺顿低温（Nordon Cryogenie）公司和美国查特工业（Chart Industries）公司等生产的板翅式换热器，室温下的泄漏率达到 1.0×10^{-10}Pa·m³/s 以下；德国林德公司主要采用自主生产的板翅式换热器（见图 6.2-13）。通过对钎焊工艺的改进，中国科学院理化技术研究所与国内相关单位联合研制生产出国内第一台泄漏率达到 1.0×10^{-10}Pa·m³/s 以下的氦气低温换热器，并且国产换热器已经成功应用在中国科学院理化技术研究所的大型低温氦制冷系统上。氢低温换热器（绝热型正仲氢转化）技术较为成熟，而带有等温型和连续型正仲氢转化的换热器还在研发中。

图 6.2-13　德国林德公司的板翅式换热器

③ 透平膨胀机：低温膨胀机是氢液化低温系统的心脏，整套液氢系统通过它的膨胀制冷来实现并维持所需的低温环境，膨胀机技术反映了氢液化系统的技术水平。透平膨胀机是一种高速旋转的机械，它将高速动能转化为膨胀功输出，实现出口工质内能（温度）的降低，具有外形尺寸小、质量轻、气量大、性能稳定等优点，膨胀过程更接近于等熵（绝热）过程，绝热效率较高。透平式膨胀机主要应用于低中压和流量较大的场景，特别是膨胀比小于 5、膨胀气体量超过 1500Nm³/h 时。

透平膨胀机在氢液化系统的应用开始于 20 世纪 70 年代。产能 ≤ 5TPD 的逆布雷顿循环采用氦透平膨胀机；产能 > 5TPD 的克劳德循环采用氢透平膨胀机。美国普莱克斯、美国空气产品，德国林德，法国液化空气和捷克艾特（ATEKO）等，已掌握成熟的氢、氦透平膨胀机技术，有系列化的成熟产品。德国林德公司的 TED 系列透平机已在洛伊纳（Leuna）氢液化站稳定运行了几十年。近年来，日本川崎重工（Kawasaki Heavy Industries）也成功研制出了转速高达 100kr/min 的氢透平膨胀机，于 2017 年在实验性氢液化站投入使用。俄罗斯深冷机械（Cryogenmash）公司开发出氢透平膨胀机，其型号为 RTV-0.7-1.1 的产品转速为 100kr/min，制动功率为 30kW。法国液化空气公司的氦透平膨胀机采用静压气体轴承，转速高达 300kr/min，绝热效率高达 82%，免维护运行时间达到 15 万 h。图 6.2-14 为捷克艾特公司的氦透平膨胀机结构剖面图。

国内氢、氦低温透平膨胀机的研制起步较晚，国内单台液氢装置的产能 < 5TPD，因此使用的是氦透平膨胀机，中国科学院理化技术研究所已经实现了 2TPD 氦透平膨胀机的技术。对于氢透平膨胀机的研究可以追溯到 1981 年，由航空工业部 609 所研制的氢透平膨胀机在液氢装置上进行实验。该透平膨胀机采用气体轴承入口压力为 5×10^5 Pa，出口压力为 1.5×10^5 Pa，转速为 85 ～ 87kr/min，流量为 2700m³/h，绝热效率为 60% ～ 68%。目前仅中国航天科技集团六院 101 所、中国科学院理化技术研究所、西安交通大学、北京中科富海、江苏国富氢

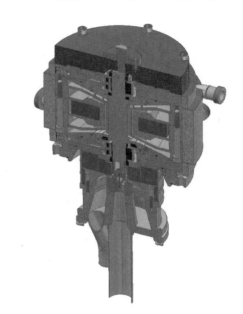

图 6.2-14　捷克艾特公司的氦透平膨胀机结构剖面图
资料来源：捷克艾特官网。

能、杭州杭氧膨胀机等少数企业或机构具备自主知识产权设计制造氢透平膨胀机的能力并开发出相关产品。杭州杭氧膨胀机设计生产了一台用于分离氢气和烯烃的氢透平膨胀机，这台氢透平膨胀机采用增压制动，设计转速为 51kr/min，轴承由国外进口，进出口温差为 20.7K。

④ 低温气动调节阀：低温气动调节阀是低温制冷液化系统的关键部件，保证整个制冷流程中在特殊条件下的调节和控制。低温制冷系统中的运动部件包括压缩机、透平机和低温气动调节阀。低温下的运动部件需要综合解决材料、润滑、密封等一系列关键技术问题。

国内部分空分行业厂家生产低温气动调节阀，参照执行国家标准《低温阀门　技术条件》（GB/T 24925—2019），适用于介质温度为 -196 ～ -29℃，最低只能用到液氮温度级，尚无液氢、液氦温区的低温气动调节阀产品。国际上对液氢以下温区的低温气动

调节阀严格管控，我国面临禁运风险，需要突破技术封锁。国内在近十来年的低温制冷系统研制过程中，开展了较多氢氦温区低温气动调节阀的结构型式、技术要求、性能要求、试验方法、检验规则、标志、包装和储运方面的研究，并有少量用于自研的氦制冷机与液化器，可以替代进口设备正常工作。

⑤ 正仲氢催化转化反应器：正仲氢催化转化技术与氢纯化、氢膨胀机、自动控制和防爆安全技术等构成一整套完整的氢液化核心技术。20 世纪 80 年代，我国成功研制出易于再生的含水氧化铁催化剂，中国航天科技集团六院 101 所制备的铁基催化剂已经达到国外同等水平，并应用于氢液化系统。现已开发出不同类型的催化剂，其中铬镍催化剂和 $Fe(OH)_3$ 催化剂的催化效果最高，但活化后的镍催化剂与空气接触后容易发生自然，因此在氢液化器和超导等液氢系统中仍然主要采取 $Fe(OH)_3$，作为正仲氢转化的主要催化剂。关于新型高效催化剂及其转化机制的理论和实验研究仍在不断地深入。表 6.2-13 列举了几种常见正仲氢催化剂的反应速度常数。正仲氢催化转化反应器主要有绝热型、等温型和连续型三种类型。绝热型反应器不用外部冷源冷却，靠升高反应气流的温度将转化过程中产生的转化热给带走，过程较为简单。中国散裂中子源（CSNS）液氢冷箱内的正仲氢催化转化反应器属于绝热型。等温型反应器是外部用液氮或液氢冷却以保持等温反应过程，内部细通道装填正仲氢催化剂。连续型反应器又称恒推动力反应器，简单而言是一个装有催化剂的换热器。其中随着与冷气流进行热交换的原料氢被不断冷却，正仲氢连续地进行转化反应并使其保持接近平衡的仲氢浓度。随着我国 95% 以上仲氢含量的液氢产出，验证了我国的绝热型反应器的成功。但连续型反应器的研发还在国家重点研发计划的支持下进行中。

表 6.2-13　几种常见正仲氢催化剂的反应速度常数 k 值

催化剂名称	反应速度常数 $k/[\times 10^3 kmol/(L \cdot s)]$			比值 $k_{22K}:k_{78K}$
	78K	64K	22K	
Cr_2O_3+Ni	1.5 ~ 1.7	1.4 ~ 1.5	1.6 ~ 2.1	1.05 ~ 1.25
$Cr(OH)_3$	0.56 ~ 0.73	0.53 ~ 0.68	0.9 ~ 1.6	2.0
$Mn(OH)_3$	0.73 ~ 1.2	0.6 ~ 1.15	1.6 ~ 2.1	2.0
$Fe(OH)_3$	1.0 ~ 2.3	0.7 ~ 1.67	0.9 ~ 2.1	0.93
国产 $Fe(OH)_3$	1.2 ~ 1.44	0.20 ~ 0.25	2.56 ~ 2.72	2.0
$Co(OH)_3$	0.24 ~ 0.28	0.20 ~ 0.25	0.32 ~ 0.34	1.3
$Ni(OH)_3$	0.44 ~ 0.68	0.35 ~ 0.6	0.5 ~ 0.8	1.3

资料来源：魏蔚 . 液氢技术与装备 [M]. 北京：化学工业出版社，2023.

⑥ 液氢储罐：液氢的存储需要维持 −252.7℃的低温环境，液氢储罐无法做到 100% 的绝热，在存储过程中，无法完全避免液氢的挥发，挥发损失率为 1% ~ 4%/ 天。国际知名的高性能低温绝热气罐的生产厂商主要有美国加德纳（Gardner Cryogenics）、美国查特工业（Chat Industries）、美国泰来华顿（Taylor-Wharton）、德国林德（Linde）、日本川崎重工（Kawasaki Heavy Industries）、俄罗斯深冷机械（Cryogenmash）等，均能建造 1000m³ 以上容积的大型绝热液氢储罐。液氢储罐的漏热蒸发损失与储罐的比表面

积 / 容积成正比，而球形储罐具有最小的比表面积 / 容积，同时具有应力分布均匀、机械强度高等特点，因此球形储罐是较为理想的固定式液氢储罐。液氢存储量和损失率跟液氢储罐的容积有较大关系，大液氢储罐的储氢效果要远远好于小液氢储罐，因而研制大型液氢储罐是发展液氢技术的关键。目前世界上最大的液氢储罐是位于美国佛罗里达州 NASA 肯尼迪航天中心的液氢球形储罐，容积为 3800m³，最大液氢储量为 263t，工作压力为 7.2×10^5 Pa，液氢日蒸发率为 0.025%，自 20 世纪 60 年代建成以来一直在运行（见图 6.2-15）。2018 年，在这同一地点开始建造容纳 327t 液氢、容积为 4732m³ 的新储罐；并于 2023 年 9 月开始初始液氢装载，工作压力为 6.2×10^5 Pa，日蒸发率为 0.048%。未来，挪威计划建设单个容积为 50000m³ 的液氢储罐。

图 6.2-15　美国 NASA 肯尼迪航天中心的 3800m³ 液氢球形储罐

我国固定液氢储罐整体处于跟跑水平，系统性能落后于欧美。2011 年，张家港中集圣达因公司率先开发出 300m³ 的液氢圆柱形储罐。此后，中国航天科技集团、四川空分、北京中科富海等企业开发了相关产品，40 ～ 300m³ 固定液氢圆柱形储罐基本进入商业化运行阶段。目前，我国已初步掌握液氢圆柱形储罐制造的核心技术和生产工艺，但单台储氢容积、储重比、静态日蒸发率等指标相比国际领军企业还有较大差距。在液氢球形储罐方面，我国技术处于起步阶段。2024 年 3 月，张家港中集圣达因公司设计开发的国内首台商用液氢球罐正式开工，总容积 400m³，液氢装载量可达 25t。目前我国尚未有机构掌握 1000m³ 以上的大型液氢球形储罐技术。液氢阀门、液氢质量流量计、绝热性能监测仪等辅助系统与关键设备仍以欧美日进口产品为主，国产化产品在性能、可靠性、量测与控制精度等方面存在缺陷。固定液氢储罐低温绝热性能尚未有可靠的在线检测方法。由于设备制造成本偏高、阀门仪表可靠性不高、低温性能检测技术手段不足，导致液氢储罐还未完全形成规模化、批量生产的产业链。

国外已经实现单台装置产能34TPD的装备能力，研究重点更集中在降低能耗上，通过设计高效新型氢液化流程以及提高压缩机、膨胀机和换热器等主要部件的效率来实现。在国内，当前重点是开展大规模液氢制备技术及装备研制，突破技术封锁，提高液氢产能。另外，国内在液氢储运安全性与管理方面存在技术欠缺，小规模液氢仅用于航天及军事领域，在液氢工厂、相关产业化及标准法规方面建立较少。推动液氢储运技术和产业的发展，需进一步解决液氢储运安全法规问题，并快速提升我国液氢容器制造技术水平。

（2）分析研判

低温液态储氢仍主要应用于科学装置、武器装备、航空航天等特殊场景。氢液化过程的高成本、高能耗是制约其发展的主要障碍。近年来，随着氢能产业的发展需求日益旺盛和国家有关政策的持续扶持，国内氢液化产业发展迅猛，现已突破国外技术封锁，实现氢液化技术和装备的国产化，已初步掌握了低温气体轴承氢/氦透平膨胀机、氦螺杆压缩机、低温换热器、系统集成与调控等关键技术，为大规模国产氢液化奠定了基础。近中长期内发展目标是降低功耗和大规模液氢制备技术及装备研制，聚焦于以下关键技术：

① 基于可再生能源制氢的高效一体化氢制取及液化工艺流程开发：结合我国液氢应用现状和未来趋势，单机液化能力5～30TPD以及最高100TPD的氢液化装置是未来主流，有效降低能耗和提升效率尤其重要。目前氢液化工艺流程的改进方向主要包括循环形式、制冷级数、预冷工质及预冷形式优化等。随着可再生能源制氢等氢源供应体系的纳入，优化规模化氢液化工艺流程，开展新型高效氢液化装备流程创新，以提高能效、降低成本为目标，优化全过程能源利用效率，发挥出可再生能源发电—电解水制氢—氢液化链条的氢储能潜力。

② 高效高可靠氢液化关键设备开发：透平膨胀机、低温换热器、氢压缩机、正仲氢催化转化反应器、大型液氢储罐等是组成大规模氢液化装备的关键设备。比起空气、氮气等膨胀机，氢透平膨胀机转速高得多，因此对膨胀机轴承支承特性和动平衡特性要求更高，同时要进一步提高膨胀机的绝热效率。大型氢压缩机是氢液化装置的主要动力部件，决定着液化装置的能耗水平，需由压缩机专业厂家设计制造。开发大型液氢球形储罐是低温液氢存储的主流技术路线，目前我国液氢存储大部分仍为圆柱形储罐，需要开展$1000m^3$以上容积的大型球形储罐研制。在国内尚无上述氢液化关键设备的成熟制备和应用技术，需要有针对性和持续性的开展研发和优化，实现关键设备的国产化。在此基础上，提升关键设备的效率及可靠性，进一步开发出高性能的氢气透平膨胀机、低能耗氢压缩机、高换热效能的正仲氢催化转化反应器、低温换热器、低漏热大容积液氢球形储罐，对未来我国氢液化发展具有重要意义。

③ 大规模低能耗氢气液化装备研制：目前国内最大的氢液化装置产能为5TPD，而国外已经有产能超过30TPD的氢液化装置。需要开展10～30TPD的氢液化装置研制，

逐步实现 100% 国产化。

（3）关键指标（见表 6.2-14）

表 6.2-14　低温液态储氢关键指标

类别		指标	单位	现阶段	2027 年	2030 年
氢液化装置		单套产能	TPD	5	30	50
		能耗	kWh/kgLH$_2$	≤ 13	≤ 11	≤ 9
		设备免维护周期	h	5000	16000	16000
		使用寿命	年	20	20	20
		零部件国产化率	%	90	95	100
透平膨胀机	氦透平膨胀机	制冷量	kW	10	12	15
		转速	×10^4 r/min	7.5	8.5	10
		绝热效率	%	72	75	80
	氢透平膨胀机	制冷量	kW	50	100	150
		转速	×10^4 r/min	8.5 ~ 8.7	10	12
		流量	kg/h	2000	3500	5500
		绝热效率	%	78	83	88
正仲氢催化转化反应器		仲氢含量	Vol.%	95	97	98
液氢储罐		容积	m^3	300	1000	3000
		液氢静态日蒸发率	%	≤ 0.25	≤ 0.05	≤ 0.03
		真空寿命	年	≥ 5	≥ 8	≥ 10

6.2.1.3　固态储氢

固态储氢技术具有本征安全、压力低、体积储氢密度高、循环寿命长等优点，降低了氢气使用的复杂度，同时减少储氢对占地面积和空间的要求，是氢规模储能理想的安全高效储氢技术。随着新型储能电站的需求快速增长，固态储氢技术的快响应能力、长周期存储、用维成本低等优势将更加凸显，将成为长时储能的极具应用价值的潜在路线，表现出较高的经济性和广阔的市场前景。固态储氢技术始于 20 世纪 60 年代，当前，国内与国际上均有一批研究单位开展固态储氢技术的研发，但均处在发展初期，以示范应用为主，规模均相对较小。

（1）技术现状

固态储氢技术的核心是固态储氢材料。近年来，发展出了稀土系、钛系、镁系、固溶体系、配位氢化物和多孔碳材等一系列储氢材料。目前，稀土系 AB$_5$ 型、Ti-Fe 系 AB 型、Ti-Mn 系 AB$_2$ 型、Ti-V 系固溶体型和镁系等金属氢化物储氢材料是较为成熟且具有实用价值的储氢材料。表 6.2-15 为不同类型储氢材料储氢特性对比。综合材料成本、寿命、使用温度等因素，现阶段，满足大规模储能用的储氢合金主要有稀土系 AB$_5$ 型储氢合金、钛系 AB$_2$ 型储氢合金和钛系 AB 型储氢合金。

298

表 6.2-15　不同类型储氢材料储氢特性对比

类别	储氢材料	质量储氢密度	平台特性	寿命	成本	放氢温度
常温型储氢材料	稀土系 AB_5 型	1.4wt%	单平台，室温平衡压 0.2～5MPa 连续可调	优异	较低	室温～ 70℃
	钛系 AB 型	1.8wt%	双平台，低平台压力稍高于 0.1MPa	较好	低	室温～ 70℃
	钛系 AB_2 型	2.0wt%	单平台，室温平衡压 1.0～30MPa 连续可调	优异	低	室温～ 70℃
	V 基固溶体型	3.8wt%（有效 2.5wt%）	双平台，低平台室温不放氢，残留量大	较差	较高	室温～ 70℃
轻质高密度储氢材料	Mg_2NiH_4	3.6wt%	0.1MPa@250℃	较好	较高	＞250℃
	MgH_2	7.6wt%	0.1MPa@278℃	较差	较低	＞300℃
	Li-Mg-N-H	5.6wt%	0.1MPa@90℃	较好	较高	＞150℃
	MBH_4（M=Li/ Na/Mg/K/Ti/Zr）	7.5～18.5wt%	0.1MPa@＞250℃	差	高	320～ 600℃
物理吸附储氢材料	碳纳米管	6.5～8.25 wt%（密度与温度和压力具有很大关系）	升温后迅速放氢，无平台特性	优异	较高	只能室温或低温

　　AB_5 型稀土系储氢技术方面，我国稀土系 AB_5 型储氢合金和稀土系超晶格储氢合金的研发水平均与国外相当，质量储氢密度分别可以达到 1.5wt% 和 1.7wt%。稀土储氢系统的质量和体积储氢密度也基本与国际持平，在 1.1wt% 和 40kg H_2/m^3 左右。日本东芝公司开发了稀土系合金的低压储氢装置 H_2One（太阳能制氢—固态储氢—燃料电池热电联供，见图 6.2-16），在日本川崎进行了示范运行，该系统采用了储氢容量为 1000Nm³ 的固态储氢系统，使用 7.2t 的 AB_5 系储氢合金材料，体积储氢密度约为 38kgH_2/m^3。该储氢装置与 62kW 光伏和 54kW 燃料电池集成后，实现了 24h 不间断的热电联供。中国台湾汉氢公司实现了 AB_5 型储氢合金在燃料电池摩托车上的示范验证，一次充氢可行驶 70km。

图 6.2-16　日本东芝公司的氢能自主能源供应系统 H_2One
资料来源：日本东芝公司官网。

AB 型和 AB_2 型钛系储氢技术方面，我国在钛系储氢材料和系统开发及示范应用上基本处于国际领先水平。国外钛系储氢材料产品的可逆储氢密度为 1.8wt%；现国内已开发出钛系储氢材料，量产材料的质量储氢密度达 2.0wt%，可逆储氢密度达 1.85wt%。研制出燃料电池汽车、分布式发电、应急发电车、固态储氢加氢站等用的系列钛系固态储氢系统，并已实现示范应用和部分商业化推广。国外钛系储氢系统单体最大储氢量达80kg，单体质量储氢密度为 1.25wt%；而国内钛系储氢系统单体储氢量从 0.5～100kg 不等，单体储氢密度为 1.0～1.48wt%。1996 年，日本丰田公司首次将固态储氢系统（采用100kg TiMn 系储氢材料，储氢容量为 2kg）用于燃料电池汽车，单次充氢可行驶250km；随后，2001 年日本丰田公司成功开发出新型燃料电池汽车 "FCHV-3"，续驶里程为 300km，最高时速为 150km/h。2004 年，德国霍瓦兹造船（Howaldtswerke-Deutsche Werft）公司将 TiFe 系固态储氢装置用于燃料电池 AIP 潜艇中，单艘潜艇使用超过 24 个储氢罐。该固态储氢装置存储 70～80kg 氢气，重 4.2t，单体质量储氢密度在 1.26wt% 以上。2020 年起，美国吉凯恩（GKN）公司开发了系列 AB_2 型固态储氢装置产品，包括HY2MINI（储氢量为 10～25kg）、HY2MEDI（储氢量为 30～120kg，见图 6.2-17）和HY2MEGA（储氢量为 260kg，储能容量超过 8.6MWh）。其中，两组 HY2MEGA 固态储氢装置提供给美国能源部，用于美国国家可再生能源实验室（NREL）的诶瑞斯（ARI-ES）工厂用氢项目。澳大利亚新南威尔士大学为马尼拉社区太阳能农场开发了与光伏制氢相匹配的两组 214kg H_2 容量的固态储氢系统。澳大利亚 LAVO 公司在 2020 年底推出了一款家用氢储能系统 HESS，该系统能够输出约 40kWh 的能量，并提供 5kW 的连续输出，能够让一个普通家庭使用 2～3 天。近期，LAVO 公司正在推动固态储氢系统的兆

图 6.2-17 美国 GKN 公司的 HY2MEDI 装置

资料来源：美国 GKN 公司官网。

瓦级储能应用，为太阳能发电场或风力发电场开发更大的电网级规模氢储能单元。2023年2月，LAVO 为澳大利亚阿德莱德北部的绿氢生产项目（包含 5MW 储能系统）提供储氢产品。在国内，中国有研科技集团开发出氢燃料电池客车用 15kg H_2 的固态车载储氢装置，储氢压力为 4MPa，并实现与燃料电池系统的热耦合设计，完全满足燃料电池汽车的动态响应要求，成功应用于全球首台低压储氢燃料电池公交车，一次充氢可行驶300km 以上，累计运行超过 5 万 km；开发出燃料电池冷链物流车用 8kg H_2 的固态车载储氢系统，其体积仅为同等储氢量高压气瓶组体积的 1/3，单次加氢行驶里程可达 250km以上，完全满足市内生鲜日均 160 ~ 180km 的配送里程需求。全球规模最大的氢储能发电项目——张家口 200MW/800MWh 氢储能发电工程于 2023 年启动部分运行，其中包含96 套 8000Nm³ 低压固态储氢装置。

镁系储氢技术方面，当前我国处于世界领先水平，材料与系统整体性能优于欧美，镁系储氢材料质量储氢密度为 7wt%。国际上镁系储氢罐单体储氢量为 5 ~ 10kg，单套设备最大储氢量为 700kg；而国内开发的镁系储氢罐单体储氢量高于 75kg，单套设备最大储氢量 >1000kg。2012 年，德国 MCPHY 公司将氢化镁应用于固定式储氢领域，开发了镁系储氢材料的 McStore 储氢系统，储氢量为 1000kg，在意大利的 INGRID 示范项目中用于电力调节，并在德国、中国和北美地区实现销售。2015 年，澳大利亚 HYDREXIA公司开发了镁系储氢合金运氢车，单车储运氢量为 700kg。2014 年，日本 BIOCOKELAB 公司、ECO2 公司及 ZEROONEZERO 公司启动氢化镁（MgH_2）的"镁氢业务"，目前产能在 3000kg/ 年。2020 年，国内上海氢枫能源开发出了固态运氢车（见图 6.2-18），氢气运载量为 1200kg/ 车，运输压力为 1.5MPa，同时建成千吨级镁基储氢材料生产线。

图 6.2-18　上海氢枫能源的吨级镁基固态运氢车

Ti-V 系固溶体储氢技术方面，我国与国际整体处于并跑水平，可逆质量储氢密度可达 2.3wt% 以上，200 次循环质量储氢密度保持率高于 98%，进一步提高材料可逆储氢密度和循环使用寿命及降低 V 基固溶体成本是目前国内外研发的重点方向。

配位氢化物储氢技术方面，我国整体处于领跑水平，材料整体储氢性能优于欧美，配位氢化物材料质量储氢密度为 4.2 ~ 9.2wt%，可逆操作温度 ≤ 150 ~ 300℃；国际上配位氢化物材料的质量储氢密度低于 6wt%，可逆操作温度高于 420℃。在配位氢化物储氢系统设计开发方面，国际和国内均基本处于空白。

物理吸附固态储氢技术方面，我国整体处于并跑水平，面临的共同问题是物理吸附储氢材料种类多样，在常温中低压条件下的质量储氢密度低（通常低于 3wt%），需要低温（通常低于 80K）、高压才能实现高密度储氢，且不同的物理吸附储氢材料对吸放氢条件的适应性不同。基于常温、中低压条件下的高性能物理吸附固态储氢设备尚处于研发阶段。

美国、日本、德国、中国、英国、俄罗斯、挪威、南非、以色列等国家均对固态储氢系统开展了大量研究。国外以日本研究得最多，研究机构包括日本大阪工业技术试验所、日本理化学研究所、日本新日本制铁、日本岩谷产业、日本丰田、日本本田、日本东芝、日本川崎重工等。国内代表性科研机构主要包括华南理工大学、四川大学、浙江大学、复旦大学、上海交通大学、厦门大学等；代表性企业包括中国有研、福建厦门钨能、内蒙古北方稀土、四川厚普股份、江苏安泰创明、上海氢枫能源等。其中，中国有研在固态储氢技术开发和示范应用方面走在前列，开发了适用于不同领域的固态储氢产品，储氢容量从几升到上千立方米，可应用于便携式、分布式、固定式等不同场景。2023 年，由中国有研自主研发设计制造的固态储氢装置成功应用于南方电网的云南综合能源站与广州南沙小虎岛电氢智慧能源站。云南综合能源站所应用的规模储氢装置总储氢量达 165kg，在用电高峰时，可持续稳定供氢 23h，发供电 2300kWh；广州南沙小虎岛电氢智慧能源站所应用的固态储氢装置总储氢量达 150kg，其中包含储氢量为 100kg 的应急发电车用固态储氢装置（见图 6.2-19），备电时间为 8h。这是我国首次实现固态氢能发电并网，成功将"绿电"与"绿氢"灵活转换。同时，中国有研在广东省佛山市布局建设 1000t/ 年产能固态储氢材料和 $2 \times 10^5 \, \mathrm{Nm}^3/$ 年产能的氢储能用固态储氢系统产线。

图 6.2-19　广州南沙小虎岛电氢智慧能源站所应用的中国有研固态储氢装置

在固态储氢技术方面，我国总体与国际保持同步，甚至在部分储氢材料与技术的研发和产业化进展方面展现出一定的优势，在部分示范应用项目中也成功实现全球首台（套），但在推广应用方面较世界先进国家如日本还有很大的差距。钛系储氢合金（1.8 ~ 2.0wt%）和钒系储氢合金（3.8wt%，可逆储氢密度为 2.5wt%）的储氢密度稍高，但整体质量储氢密度仍偏低。镁系合金储氢密度最大（最高可达 7.6wt%），但放氢温度高（通常需要 ≥ 300℃）。

（2）分析研判

固态储氢技术在大规模储氢方面具有安全性高和规模效益好等优势，是极具潜力的大规模储氢技术路线。短期内，可规模化应用的固态储氢仍将以金属基储氢材料为主，但成本较高，除了 Ti、Cr 等金属原材料价格外，材料制备成本也较高，其原因在于储氢材料的产能规模小，以小批次为主，缺少专业的装置设备，自动化程度低。技术方面，固态储氢系统的质量储氢密度较低，还需进一步提升系统的储氢密度以满足氢储能需求。目前固态储氢技术标准缺失，参照执行的标准只有《可运输储氢装置 - 金属氢化物可逆吸附氢（Transportable gas storage devices - Hydrogen absorbed in reversible metal hydride）》（ISO16111—2008）、《通信用氢燃料电池固态储氢系统》（YDB053—2010）、《燃料电池备用电源用金属氢化物储氢系统》（GB/T 33292—2016），制约了固态储氢技术在规模储能中的应用。

应重点开发低成本、高密度、长寿命固态储氢材料，对固态储氢系统的传热传质—固态储氢系统设计与制备—工程化核心技术进行攻关，突破储氢床体传质传热模拟仿真、储氢材料与固态储氢系统工程化等关键技术，建立储氢合金与固态储氢系统生产线，形成规模氢储能用安全高效固态储氢系统的批量供应能力，促进我国氢能产业的发展，提高我国氢能产业的国际竞争力。加强示范和推广应用，突破"可再生能源制氢—固态储氢—发电 / 化工 / 供氢"的氢规模储能系统关键技术，提升系统能源利用效率和安全性，提高经济竞争力。

固态储氢技术亟待突破的技术有以下几个方面：①提高储氢材料的性能，如质量储氢密度、体积储氢密度、吸放氢速率、循环稳定性等，建立固态储氢材料批量生产技术及装备，降低储氢材料的成本。②优化储氢系统的设计，如换热器、阀门、管道、控制器等，提高系统的效率和安全性，降低系统的体积和重量。③推进固态储氢技术的产业化和标准化，建立完善的检测、评价和监管体系，促进固态储氢技术与其他能源技术的协同发展。④发挥氢储能作用，拓展固态储氢技术的应用领域，如工业、交通、电力、建筑等，实现能源高密度存储和高效利用，助力碳中和目标的实现。

（3）关键指标（见表 6.2-16）

表 6.2-16　氢储能用固态储氢材料与装置关键指标

类别	项目	指标	单位	现阶段	2027 年	2030 年
稀土系	储氢材料	可逆质量储氢密度	wt%	1.4	1.65（超晶格）	1.7（超晶格）
		放氢温度	℃	≤ 60	≤ 60	≤ 60
		循环寿命（按质量储氢密度保持率 ≥ 80%）	次	2000	3000	4000
	储氢装置	单罐质量储氢密度	wt%	0.8 ~ 1.0	1.1	1.2
		单罐体积储氢密度	kg H_2/m³	50	55	60
		成本	万元 /kg H_2	1.5 ~ 2	≤ 1	≤ 0.8

（续）

类别	项目	指标	单位	现阶段	2027 年	2030 年
钛系	储氢材料	可逆质量储氢密度	wt%	1.8	1.85	1.9
		放氢温度	℃	≤ 60	≤ 60	≤ 60
		循环寿命（按质量储氢密度保持率≥80%）	次	5000	8000	10000
	储氢装置	单罐质量储氢密度	wt%	1.2	1.3	1.4
		单罐体积储氢密度	kg H$_2$/m^3	50	55	60
		储氢成本	万元 / kg H$_2$	1.0 ~ 1.5	≤ 0.8	≤ 0.6
固溶体系	储氢材料	可逆质量储氢密度	wt%	2.3	2.5	2.7
		放氢温度	℃	≤ 90	≤ 75	≤ 70
		循环寿命（按质量储氢密度保持率≥80%）	次	500 ~ 1000	2000	5000
	储氢装置	单罐质量储氢密度	wt%	1.5	2.0	2.1
		单罐体积储氢密度	kg H$_2$/m^3	45	50	55
		储氢成本	万元 /kg H$_2$	6.4	≤ 3	≤ 1
镁系	储氢材料	可逆质量储氢密度	wt%	6.5 ~ 6.7	6.8	7
		放氢温度	℃	≥ 300	≤ 250	≤ 220
		循环寿命（按质量储氢密度保持率≥80%）	次	3000	3000	4000
	储氢装置	单罐质量储氢密度	wt%	3.5 ~ 3.8	4	4.5
		单罐体积储氢密度	kg H$_2$/m^3	45	50	55
		储氢成本	万元 /kg H$_2$	0.98	≤ 0.5	≤ 0.3
配位氢化物系	储氢材料	可逆质量储氢密度	wt%	4.2 ~ 6	6.0	7.0
		放氢温度	℃	150 ~ 300	≤ 250	≤ 120
		循环寿命（按质量储氢密度保持率≥80%）	次	100 ~ 180	200	500
	储氢装置	单罐质量储氢密度	wt%	—	3	4
		体积储氢密度	kg H$_2$/m^3	—	40	45
		储氢成本	万元 /kg H$_2$	—	≤ 2	≤ 1

6.2.1.4 有机液体储氢

有机液体储氢（LOHC）技术主要是以某些烯烃、炔烃或芳香烃等不饱和液体有机物作为储氢载体，通过与氢气发生可逆化学反应来实现储放氢，具有体积储氢密度大（可达 70g/L）、质量储氢密度大（为 5 ~ 7wt%）、脱氢纯度高（≥ 98%）、存储运输安全方便等优点，适合大规模远距离 / 点对点稳定运输，也可对现有汽油输送管道、加油站等能源基础设施进行改造，大幅降低有机液体储运成本。

复合氢浆储氢体系由有机液体和固态储氢材料组成，其中的固态储氢材料既能储氢，还可取代贵金属催化剂，催化有机储氢液体进行加 / 脱氢反应，在降低成本的同时保持储氢系统的储氢量。有机液体具有流动性好、热导率高和储氢密度高的优点，可以填充于固态储氢材料粉末的空隙间，既能提高储氢密度，又可以改善传热传质能力，提

高加 / 脱氢效率。复合氢浆储氢技术充分利用有机液体和固态储氢的不同特性，结合有机液体储氢和固态储氢的双重优势特点，同步提高储氢介质的储氢密度和加 / 脱氢效率。

（1）技术现状

1）有机液体储氢技术：LOHC 载体的研究受到国内外广泛关注，目前研发主要集中在以下三类材料。第一类是甲苯（TOL）/ 甲基环己烷（MCH），质量储氢密度为 6.18wt%，体积储氢密度为 47.4kg/m³。TOL 和 MCH 的熔点分别为 −94.9℃和 −126.3℃，可在常温常压下以液态形式进行储运，且不会导致蒸发造成损失。TOL 和 MCH 均为常用化学品，可大批量生产且价格低廉。但 TOL/MCH 体系具有一定的毒性，且其脱氢反应温度根据条件不同在 230 ~ 400℃之间。第二类是二苄基甲苯（DBT）/ 全氢二苄基甲苯（H18-DBT），质量储氢密度为 6.2wt%，体积储氢密度为 56.4kg/m³。DBT 和 H18-DBT 的熔点分别为 −34℃和 −58℃，可实现常温常压下液态运输，对一般金属和合金无腐蚀性，无毒无爆炸风险，H18-DBT 放氢温度在 250℃以上。第三类是 N- 乙基咔唑（NEC）/ 全氢 -N- 乙基咔唑（H12-NEC），质量储氢密度为 5.8wt%，体积储氢密度为 54.0kg/m³。NEC 和 H12-NEC 的熔点分别为 68℃和 −85℃，可在 130 ~ 150℃条件下实现加氢、在 150 ~ 220℃条件下实现脱氢，但由于 NEC 常温下呈固体，增加了 12H-NEC 的脱氢系统和脱氢过程的复杂性，且降低了其脱氢效率。目前，更多的研究方向集中到脱氢温度更低、脱氢速率较快的含氮稠环化合物储氢材料研发以及与之相匹配的高效加 / 放氢催化剂研发。表 6.2-17 为常用 LOHC 技术参数。

表 6.2-17 常用 LOHC 技术参数

LOHC 体系		甲苯（TOL）/ 甲基环己烷（MCH）	二苄基甲苯（DBT）/ 全氢二苄基甲苯（H18-DBT）	N- 乙基咔唑（NEC）/ 全氢 -N- 乙基咔唑（H12-NEC）
储氢体系	脱氢物	TOL	DBT	NEC
	氢化物	MCH	H18-DBT	H12-NEC
脱氢物	熔点（℃）	−95	−34	68
	沸点（℃）	111	398	348
氢化物	熔点（℃）	−127	−58	−85
	沸点（℃）	101	371	281
反应焓	反应焓（kJ/mol H₂）	65.4	68.3	50.6
加氢条件	温度（℃）	150	150	140
	压力（MPa）	3	5	5
脱氢条件	温度（℃）	320	310	200
	压力（MPa）	0.1	0.1	0.1
储氢密度	体积密度（kg H₂/m³）	47.4	56.4	54.0
	质量密度（wt%）	6.18	6.2	5.8

整体来看，国内外 LOHC 技术均处于技术验证研究与工程示范阶段。国外从事有机液体储运技术开发的主要研究机构有德国纽伦堡大学、德国尤里希研究中心、韩国首尔国立大学和日本京都大学。同时日本千代田（Chiyoda）、德国 HT（Hydrogenious Technologies）、比利时优美科（Umicore）等企业正积极开展相关示范和技术实证研究。我国代表性研究机构和企业有中国石油大学（华东）、中国地质大学（武汉）、上海工程技术大学、中国船舶第七一二所、西北有色金属研究院、中国有研科技集团、广东省武理工氢能产业技术研究院、武汉氢阳能源、佛山清德氢能源等，以有机液体储运技术实证研究与工程示范为主。

在 TOL/MCH 方面，日本千代田（Chiyoda）公司联合三菱商事（Mitsubishi）、三井物产（MITSUI & CO）、日本邮船公司（Nippon Yusen Kaisha）成立先进氢能源产业链开发协会（AHEAD），在 2020 年实现了全球首次远洋氢运输（从文莱海运至日本川崎），年供给规模达到 210t，催化剂有效寿命超过 1 年，成功进行了 10000h 的示范运行。同时，日本正在研制 MCH 脱氢反应膜催化反应器，以解决脱氢催化剂失活和低温转化率低的问题。2022 年 11 月，中国化学科研院联合天辰公司合作开发 MCH LOHC 技术取得重大突破，实现国内首套 MCH LOHC 中试示范装置成功运行。

在 DBT/H18-DBT 方面，德国 HT 公司与特种化工产品制造商瑞士科莱恩（Clariant）深度合作，通过后者的高活性催化剂优化 DBT 基 LOHC 材料的生命周期和效率，在多尔马根（Dormagen）化学园区建造世界上最大的 LOHC 工厂。开发了 10 ~ 5000Nm³/h 规格的储氢系统（Storage Box）和放氢系统（Release Box），储氢和放氢系统示范装置已经在多国落地应用，如：为德国埃尔朗根市（Erlangen）加氢站供氢，将氢气存储在传统的地下储氢罐中，储氢量可以达到 1500kg；为澳大利亚联合氢气（United H2 Limited）公司的氢物流项目提供加氢，每天能实现 12t 的充能能力。同时已经完成航运距离超过 1.2 万 km 的氢能运输。

在 NEC/H12-NEC 方面，加拿大和欧洲一些国家共同联合研究该技术，以期作为未来洲际远距离管道输氢的有效方法；日本等国计划将该技术应用于海运输氢。国内已开发出一批性能优于 N-乙基咔唑的新型 LOHC 材料，可在常温常压下安全高效储运，体积储氢密度约为 $60kgH_2/m^3$。同步开展了有机液体规模化加氢与运氢示范，氢化状态的有机液体日产量在 200kg 左右。2022 年 2 月，中国船舶第七一二所成功研制出国内首套 120kW 级氢气催化燃烧供热的有机液体供氢装置。2019 年，武汉氢阳能源与中国五环公司共同开发的年产 1000t 的 NEC 基 LOHC 材料生产线已建成投产；2022 年，武汉氢阳能源日产 400kg 氢气的 LOHC 储供氢撬装装置下线（见图 6.2-20）。此后，武汉氢阳能源还与扬子江汽车集团、潮州三环集团、英国智能能源（Intelligent Energy）公司等合作，探索基于常温常压 LOHC 技术的燃料电池汽车商业化运用。2023 年，武汉氢阳能源与中国化学建投公司联合打造的全球首套 LOHC 储氢加注一体化示范项目落地上海，实现全流程贯通，以储氢载体为动力的热 - 电 - 冷联供技术已经基本成熟，具备了规模推广条件。

图 6.2-20 氢阳能源日产 400kg 氢气的 LOHC 储供氢撬装装置
资料来源：氢阳能源公司官网。

催化剂是 LOHC 技术的核心，公开资料报道较少。催化剂一方面能降低反应温度，另一方面可以改善反应速率。由于有机物的加氢反应为放热反应，完全催化加氢相对容易，因此，更多的研究集中在脱氢催化剂的选择与性能研究方面。目前，脱氢催化剂主要以贵金属催化剂为主，主要是负载于 SiO_2、Al_2O_3、C 等不同的载体上的 Ru、Pd、Pt 催化剂。其中，使用催化还原法制备的 5% Ru/Al_2O_3 的催化活性和催化选择性相对较好，分别达到了 $8.2 \times 10^6 mol/(g \cdot s)$ 和 98%。贵金属催化剂大幅提高了 LOHC 的成本，故近年来研究人员开始开展非贵金属催化剂的研究，例如 Fe、Ni、Co、Mn 等，特别是 Ni 作为常见的催化剂活性中心成分，在 LOHC 领域的研究备受关注。2011 年，日本千代田成功研发出新型脱氢催化剂，该催化剂从 2013 年 4 月到 2014 年 11 月，在试验工厂累计示范运行约 10000h。2023 年，德国赢创（Evonik）与德国 HT 公司达成协议，将专为德国 HT 公司生产的 LOHC 提供技术定制化的贵金属催化剂。这些催化剂计划于 2026 年用于试点工厂和商业化设备中。广东省武理工氢能产业研究院自主设计开发的系列有机液体加氢/脱氢催化剂选择性好，催化效率 >99%，加氢/脱氢温度为 130～190℃，循环次数 >1000；技术成熟度高，具备产业化潜力。

2）复合氢浆储氢技术：除传统的通过催化剂实现加/放氢的 LOHC 技术外，一种将固态储氢材料与液态有机储氢材料相混合形成氢浆的新型 LOHC 技术也是未来 LOHC 的重点发展技术路线。该技术将固态储氢粉体浸没在有机储氢液体中，可以在保证体系较高储运氢容量的前提下显著改善其传热传质能力，提高动态响应特性，同时氢浆中的有机储氢液体能够在固态储运氢材料的催化作用下进行加氢和脱氢反应，在降低系统储放氢工作温度的同时提高系统储运氢容量和能效，适用于高安全、大规模氢储能。1998

年以来，美国安全氢公司（Safe Hydrogen LLC）一直致力于氢化物浆料的研究，将镁基储氢材料与矿物油组合形成浆料，利用堪萨斯州丰富的风电资源制氢，将氢气存储于氢化物浆料中，利用拖车运输至纽约实现氢能利用。50wt% 氢化镁组成的复合氢浆的质量储氢密度约为3.5wt%，体积储氢密度为 $33kgH_2/m^3$，脱氢温度为 $340 \sim 370℃$，并未有效发挥复合氢浆高储氢密度的优势。在国内，中国有研率先开始固/液复合氢浆储氢技术研究，团队将具有高储氢密度、高加脱氢活性的镁基金属氢化物和价格低廉、沸点高、熔点低、储氢量高的二苄基甲苯组成浆液。在一定温度和压力下，该体系中的镁基储氢合金可以在自身快速吸放氢的同时，催化二苄基甲苯可逆地储氢，而二苄基甲苯又可以充当传热传质的介质，提高传热传质效率。这种氢浆体系由于具有高的储氢密度、高的安全性以及较为低廉的制取成本，在大规模储运氢和废电制取氢气的场景下，有着广阔的应用前景。目前已实现浆料的质量储氢密度达到5.0wt%，体积储氢密度高于 $55kgH_2/m^3$。

现阶段常见 LOHC 载体分为苯系芳烃类储氢载体和杂环芳烃类储氢载体。国外主要以甲苯、二苄基甲苯等苯系芳烃类作为有机储氢载体；国内侧重使用杂环芳烃类作为有机储氢载体，以咔唑类、吲哚类、喹啉类为代表。目前，国外苯系芳烃类储氢载体示范项目（苄基甲苯）供氢能力达到 500kg/天，远洋储运示范项目（甲苯）供氢能力达到 210t/年；国内采用杂环芳烃类有机储氢载体示范项目供氢能力达到 400kg/天。国内苯系芳烃储氢载体示范项目进展落后于国外，但杂环芳烃类储氢载体示范项目进展领先国外。由于不同储氢载体在热力学和反应动力学上的本征差异，导致特别是放氢环节的装置在体积和能效上有所差异，国内技术路线相对更具优势。在储放氢催化剂方面，国产自研催化剂整体性能已逐步与国际一流水平接近，处于技术并跑阶段。在工艺方面，放氢过程还普遍存在效率低、能耗高的问题，导致有机储氢载体的有效储氢密度与理论储氢密度有一定差距。在关键设备方面，多为传统化工用反应装置和配套设备，新技术应用较少，传统设备无法满足储放氢技术要求，过程损耗难以避免。目前国内外均在进行成套新型设备的开发。在应用场景方面，借助公路、铁路、船舶等实施规模化远距离运输时，LOHC 技术在技术可实现性和当前政策兼容性上具有显著优势，特别是跨交通工具的联运，目前与普通化学品并无区别，流程成熟，不存在技术或政策障碍。在固定式储氢应用中，LOHC 技术可通过增减有机储氢载体的量实现储氢容量的灵活调节，且存储周期可长达数月甚至数年。但整体上，在国内仍受限于储放氢工艺技术的成熟度较低，尚未实现规模化示范。

（2）分析研判

LOHC 是下一代大规模储氢技术的重要路线。在技术层面，我国整体处于国际先进水平，商业示范以及产业化进度仅次于德国与日本，应用场景尚未打开，关键性能特别是系统稳定性和寿命尚缺乏市场验证。下一阶段重点开展基于杂环芳烃类储氢载体的 LOHC 技术研发，提升加氢/脱氢催化剂性能和寿命，降低工艺反应温度，研制高效加氢/脱氢成套设备，拓宽 LOHC 应用场景。

目前 LOHC 技术从实验室向工业化生产过渡的阶段存在以下关键性问题：①LOHC脱氢须在高温下进行，如 MCH 脱氢温度高达 230℃ 以上，其放氢耗能量占总储能的30%，性价比较低。②LOHC 脱氢时往往伴随副反应发生，有杂质气体生成，氢气纯度不高；此外，由于副反应的发生造成了 LOHC 充放氢的不完全，最终会造成载体材料循环寿命较短。③LOHC 加氢、脱氢反应中需使用催化剂，催化剂除易被反应过程中产生的中间产物毒化外，在高温条件下容易失活。此外，目前使用的催化剂多为含铂的贵金属催化剂，材料整体成本较高。

LOHC 未来技术突破方向：①寻找合适的 LOHC 体系，满足高储氢量、低反应焓、低熔点、高沸点、高稳定性和低成本等多方面的要求；②催化剂开发，需要开发高效、低成本、高稳定性的催化剂，特别是发展非贵金属催化剂，提高加氢和脱氢的反应速率和能量效率；③抑制副反应发生，提高放氢纯度，延长 LOHC 材料循环寿命；④系统集成与优化，需要设计和优化整个 LOHC 储运系统的结构和参数，提高系统的可靠性和安全性。

除传统的通过催化剂实现加氢/放氢的 LOHC 技术外，一种将固态储氢材料与液态有机储氢材料相混合形成氢浆的新型 LOHC 技术也是未来 LOHC 的重点发展技术路线。主要需要突破的技术：低成本高密度氢浆材料开发及其规模制备技术；基于氢浆的常温常压高密度运氢罐研制；高效加氢/脱氢反应器研制；与脱氢反应匹配的大流量在线氢气纯化技术；运氢罐/反应器/纯化器联合运行的系统集成技术。

（3）关键指标（见表 6.2-18）

表 6.2-18 LOHC 关键指标

指标	单位	现阶段	2027 年	2030 年
加/放氢温度	℃	250～360	≤ 160	≤ 140
质量储氢密度	wt%	≥ 5.5	≥ 5.5	≥ 5.5
放氢氢气纯度	%	99	99.9	99.99
催化剂寿命	h	5000	8000	10000
有机储氢载体单程损耗率	%	≤ 0.2	≤ 0.1	≤ 0.05
循环寿命（质量储氢密度保持率≥ 80%）	次	1000	2000	3000
过程综合能效	%	65～70	75	80

6.2.2 技术创新路线图

现阶段，高压气态储氢技术：基本掌握Ⅰ～Ⅲ型瓶制备和批量化能力，Ⅳ型瓶也逐渐开始实现量产，对于高压但高性能的材料和零部件还依赖进口，如 70MPa 瓶用的碳纤维、高压阀件等，国产产品缺乏验证。低温液态储氢技术：已初步掌握了低温气体轴承氢/氦透平膨胀机、氦螺杆压缩机、低温换热器、系统集成与调控等关键技术，但与国外先进液氢技术水平相比，我国液氢技术在技术、规模以及应用方面均存在明显差距。固态储氢技术：已掌握稀土系、钛系储氢材料的批量制备技术，镁系储氢材料已实现吨级生产，固溶体材料已开展中试试制，物理吸附材料还在研发中。在固定式储氢、燃料电池汽车、叉车等实现示范应用，整体处于国际领并跑状态。LOHC 技术：我国整体处于国际先进水平。基本掌握杂环类有机液体体系和催化剂开发；商业示范以及产业化进度仅次于德国与日本，但应用场景尚未打开，关键性能特别是系统稳定性和寿命尚缺乏市场验证。

到 2027 年，高压气态储氢技术：大批量稳定制造 Ⅲ、Ⅳ 型 35MPa 及 70MPa 储氢瓶及储氢系统，实现高可靠性 35MPa 及 70MPa 瓶关键材料与零部件的国产化自主开发，缩小与国外的差距。开发大容积低成本 98MPa 以上钢质容器。低温液态储氢技术：氢液化关键设备的效率和性能大幅度提升，透平膨胀机、压缩机等实现国产化，开发出大容积储罐，氢液化装置产能大幅度提升至 30TPD，优化改进氢液化工艺流程，有效降低能耗。固态储氢技术：掌握稀土系、钛系储氢材料性能优化和形成规模制备能力；实现中低温放氢的高容量镁基储氢合金材料开发和批量制备；实现低成本长寿命高性能固溶体储氢材料开发和形成批量化稳定制备工艺；开发储氢床体设计技术和制备工艺，建成储氢装置批量化生产线，进行固态储氢装置多场景应用。LOHC 技术：掌握高容量高稳定性低中温型有机液体开发和规模化生产工艺技术，长寿命、均一性催化剂和量产工艺技术，有机液体与固态储氢材料高效协同的复合氢浆体系设计，LOHC 装置集成制造技术。

到 2030 年，高压气态储氢技术：建设大规模 Ⅲ、Ⅳ 型储氢瓶自动化生产线，保证产品一致性和提高产能，降低储氢成本。加强碳纤维、瓶口阀、传感器等关键材料和零部件国产化批量和均一性制备，技术实现并跑。低温液态储氢技术：掌握单套 50TPD 产能的液氢装置设计与技术；大型高效低温氢气换热器设计方法与制造工艺；高效正仲氢转化催化剂材料及转化器设计；大容积液氢储罐应用验证方法；完全实现国产化。固态储氢技术：开展储氢材料及系统自动化制备和规模化应用；优化储氢材料生产工艺；开发新型熔炼、制粉、氢化等制备装置；实现镁基储氢合金规模化制备，固溶体批量化制备；降低储氢材料成本；开展储氢床体优化设计；开发储氢床体自动化成型技术和装备，开发轻量化高性能快响应储氢装置，实现储氢装置规模化应用。LOHC 技术：开发有机液体储氢载体、储放氢催化剂，开展储放氢装置的迭代优化，LOHC 技术进一步应用。

图 6.2-21 为储氢技术创新路线图。

6.2.3 技术创新需求

基于以上的综合分析讨论，储氢技术的发展需要在表 6.2-19 所示方向实施创新研究，实现技术突破。

技术		现阶段	2027年	2030年
技术内容		储氢技术		
		①高压气态储氢技术；②低温液态储氢技术；③固态储氢技术；④LOHC技术		
技术分析		• 高压气态储氢技术：基本掌握Ⅰ~Ⅲ型瓶制备和批量化能力，Ⅳ型瓶也逐渐开始实现量产，对于高压但高性能的材料和零部件还依赖进口，如70MPa瓶用的碳纤维、高压阀件等，国产产品缺乏验证 • 低温液态储氢技术：已初步掌握了低温气体轴承氢/氦透平膨胀机、氦螺杆压缩机、低温换热器、系统集成与调控等关键技术，但与国外先进液氢技术水平相比，我国液氢技术在技术、规模以及应用方面均存在明显差距 • 固态储氢技术：已掌握稀土系、钛系储氢材料的批量制备技术，镁系储氢材料已实现吨级生产，固溶体材料已在开展中试试制，物理吸附材料还在研发中。国内外均在固定式储氢、燃料电池汽车、叉车等实现示范应用，整体处于国际并跑状态 • LOHC技术：我国整体处于国际先进水平。基本掌握杂环类有机液体体系开发，催化剂开发；商业示范以及产业化进度仅次于德国与日本，但应用场景尚未打开，关键性能特别是系统稳定性和寿命尚缺乏市场验证	• 高压气态储氢技术：大批量稳定制造Ⅲ、Ⅳ型35MPa及70MPa储氢瓶及储氢系统，实现高可靠性35MPa及70MPa瓶关键材料与零部件的国产化自主开发，缩小与国外的差距。开发大容积低成本钢质容器 • 低温液态储氢技术：氢液化关键设备的效率和性能大幅度提升，透平膨胀机、压缩机等实现国产化，开发出大容积储罐，氢液化装置产能大幅度提升至30TPD，优化改进氢液化工艺流程，有效降低能耗 • 固态储氢技术：掌握稀土系、钛系储氢材料性能优化和形成规模制备能力；实现中低温放氢的高容量镁基储氢合金材料开发和批量制备；开发低成本长寿命高性能固溶体储氢材料和形成批量化稳定制备工艺；开发储氢床体设计技术和制备工艺，建成储氢装置批量化生产线，进行固态储氢装置多场景应用 • LOHC技术：掌握高容量高稳定性低中温型有机液体开发和规模化生产工艺技术，长寿命、均一性催化剂和量产工艺技术，有机液体与固态储氢材料高效协同的复合氢浆体系设计，有机液体的储放氢装置集成制造技术	• 高压气态储氢技术：建设大规模Ⅲ、Ⅳ型储氢瓶自动化生产线，保证产品一致性和提高产能，降低储氢成本。加强碳纤维、瓶口阀、传感器等关键材料和零部件国产化和均一性制备，实现并跑 • 低温液态储氢技术：掌握单套50TPD产能的液氢装置设计，大型高效低温氢气换热器设计方法与制造工艺，高效正仲氢转化催化剂材料及转化器设计，大容积液氢储罐应用验证方法；完全实现国产化 • 固态储氢技术：开展储氢材料及系统自动化制备和规模化应用。优化储氢材料生产工艺；开发新型熔炼、制粉、氢化等制备装置；实现镁基储氢合金规模化制备，固溶体批量化制备；降低储氢材料成本；掌握储氢床体优化设计；开发储氢床体自动化成型技术和装备，开发轻量化高性能快响应储氢装置，实现储氢装置规模化应用 • LOHC技术：有机液态储氢载体、储放氢催化剂、储放氢装置的迭代优化，有机液体储氢技术进一步应用
技术目标	高压气态储氢技术	• 车载储氢瓶：工作压力35MPa、70MPa；Ⅲ型瓶；质量储氢密度3wt%；体积储氢密度20kgH$_2$/m^3；储氢成本0.4万元/kgH$_2$；供氢能力4~5g/s • 固定式储氢瓶：最高储氢压力140MPa(钢制)、45MPa(Ⅱ型)；单罐储氢容量≥230kg；储氢成本0.5~3万元/kgH$_2$；设计疲劳寿命3000次 • 运输用气瓶：工作压力20MPa；Ⅰ/Ⅱ型瓶；总容积≤30m^3；整车运氢载量630kg；设计年限20年	• 车载储氢瓶：工作压力35MPa、70MPa；Ⅲ、Ⅳ型瓶；质量储氢密度4.5wt%；体积储氢密度30kgH$_2$/m^3；储氢成本0.3万元/kg H$_2$；供氢能力6g/s • 固定式储氢瓶：最高储氢压力140MPa(钢质)、90MPa(Ⅱ型)、45MPa(Ⅲ型)；单罐储氢容量≥700kg；储氢成本0.2~1万元/kg H$_2$；设计疲劳寿命50000次 • 运输用气瓶：工作压力30MPa；Ⅱ型瓶；总容积≤33m^3；整车运氢载量680kg；设计年限20年	• 车载储氢瓶：工作压力70MPa；Ⅳ型瓶；质量储氢密度5.5wt%；体积储氢密度40kgH$_2$/m^3；储氢成本0.1万元/kgH$_2$；供氢能力7.2g/s • 固定式储氢瓶：最高储氢压力140MPa(钢质)、90MPa(Ⅱ型)、45MPa(Ⅲ型)；单罐储氢容量≥1000kg；储氢成本0.2~0.5万元/kgH$_2$；设计疲劳寿命50000次 • 运输用气瓶：工作压力50MPa；Ⅳ型瓶；总容积≤37m^3；整车运氢载量1000kg；设计年限30年
	低温液态储氢技术	• 氢液化装置：单套产能5TPD；能耗≤13kWh/kgLH$_2$；设备免维护周期5000h；使用寿命20年；零部件国产化率90% • 氦透平膨胀机：制冷量10kW；转速7.5×10^{4}r/min；绝热效率72% • 氢透平膨胀机：制冷量50kW；转速8.5~8.7×10^{4}r/min；流量2000kg/h；绝热效率78% • 正仲氢催化反应器：仲氢含量≥95% • 液氢储罐：容积300m^3；液氢静态日蒸发率≤0.25%；真空寿命≥5年	• 氢液化装置：单套产能30TPD；能耗≤11kWh/kgLH$_2$；设备免维护周期16000h；使用寿命20年；零部件国产化率95% • 氦透平膨胀机：制冷量12kW；转速8.5×10^{4}r/min；绝热效率75% • 氢透平膨胀机：制冷量100kW；转速10×10^{4}r/min；流量3500kg/h；绝热效率83% • 正仲氢催化反应器：仲氢含量≥97% • 液氢储罐：容积1000m^3；液氢静态日蒸发率≤0.05%；真空寿命≥8年	• 氢液化装置：单套产能50TPD；能耗≤9kWh/kgLH$_2$；设备免维护周期16000h；使用寿命20年；零部件国产化率100% • 氦透平膨胀机：制冷量15kW；转速10×10^{4}r/min；绝热效率80% • 氢透平膨胀机：制冷量150kW；转速12×10^{4}r/min；流量5500kg/h；绝热效率88% • 正仲氢催化反应器：仲氢含量≥98% • 液氢储罐：容积3000m^3；液氢静态日蒸发率≤0.03%；真空寿命≥10年
	固态储氢技术	储氢材料 • 稀土系储氢材料：可逆质量储氢密度1.4wt%；放氢温度≤60℃；循环寿命（80%保持率）2000次 • 钛系储氢材料：可逆质量储氢密度1.8wt%；放氢温度≤60℃；循环寿命（80%保持率）5000次 • 固溶体储氢材料：可逆质量储氢密度2.3%；放氢温度≤90℃；循环寿命（80%保持率）500~1000次 • 镁系储氢材料：可逆质量储氢密度6.5~6.7wt%；放氢温度≥300℃；循环寿命（80%保持率）3000次 • 配位氢化物：可逆质量储氢密度4.2~6wt%；放氢温度150~300℃；循环寿命（80%保持率）100~180次 储氢装置 • 稀土系储氢装置：单罐质量储氢密度0.8~1.0wt%；单罐体积储氢密度50kg H$_2$/m^3；储氢成本1.5~2万元/kgH$_2$ • 钛系储氢装置：单罐质量储氢密度1.2wt%；单罐体积储氢密度50kg H$_2$/m^3；储氢成本1.0~1.5万元/kgH$_2$ • 固溶体储氢装置：单罐质量储氢密度1.5wt%；单罐体积储氢密度45kg H$_2$/m^3；储氢成本6.4万元/kg H$_2$ • 镁系储氢装置：单罐质量储氢密度3.5~3.8wt%；单罐体积储氢密度45kg H$_2$/m^3；储氢成本0.98万元/kgH$_2$ • 无配位氢化物储氢装置	储氢材料 • 稀土系储氢材料：可逆质量储氢密度1.65wt%（超晶格）；放氢温度≤60℃；循环寿命（80%保持率）3000次 • 钛系储氢材料：可逆质量储氢密度1.85wt%；放氢温度≤60℃；循环寿命（80%保持率）8000次 • 固溶体储氢材料：可逆质量储氢密度2.5wt%；放氢温度≤75℃；循环寿命（80%保持率）2000次 • 镁系储氢材料：可逆质量储氢密度6.8wt%；放氢温度≤250℃；循环寿命（80%保持率）3000次 • 配位氢化物：可逆质量储氢密度6.0wt%；放氢温度≤250℃；循环寿命（80%保持率）200次 储氢装置 • 稀土系储氢装置：单罐质量储氢密度1.1wt%；单罐体积储氢密度55kg H$_2$/m^3；储氢成本≤1万元/kgH$_2$ • 钛系储氢装置：单罐质量储氢密度1.3wt%；单罐体积储氢密度55kg H$_2$/m^3；储氢成本≤0.8万元/kg H$_2$ • 固溶体储氢装置：单罐质量储氢密度2.0wt%；单罐体积储氢密度50kg H$_2$/m^3；储氢成本≤3万元/kgH$_2$ • 镁系储氢装置：单罐质量储氢密度4wt%；单罐体积储氢密度50kg H$_2$/m^3；储氢成本≤0.5万元/kgH$_2$ • 配位氢化物储氢装置：单罐质量储氢密度3wt%；单罐体积储氢密度40kg H$_2$/m^3；储氢成本≤2万元/kgH$_2$	储氢材料 • 稀土系储氢材料：可逆质量储氢密度1.7wt%（超晶格）；放氢温度≤60℃；循环寿命（80%保持率）4000次 • 钛系储氢材料：可逆质量储氢密度1.9wt%；放氢温度≤60℃；循环寿命（80%保持率）10000次 • 固溶体储氢材料：可逆质量储氢密度2.7wt%；放氢温度≤70℃；循环寿命（80%保持率）5000次 • 镁系储氢材料：可逆质量储氢密度7wt%；放氢温度≤220℃；循环寿命（80%保持率）4000次 • 配位氢化物：可逆质量储氢密度7.0wt%；放氢温度≤120℃；循环寿命（80%保持率）500次 储氢装置 • 稀土系储氢装置：单罐质量储氢密度1.2wt%；单罐体积储氢密度60kg H$_2$/m^3；储氢成本≤0.8万元/kgH$_2$ • 钛系储氢装置：单罐质量储氢密度1.4wt%；单罐体积储氢密度60kg H$_2$/m^3；储氢成本≤0.6万元/kgH$_2$ • 固溶体储氢装置：单罐质量储氢密度2.1wt%；单罐体积储氢密度55kg H$_2$/m^3；储氢成本≤1万元/kgH$_2$ • 镁系储氢装置：单罐质量储氢密度4.5wt%；单罐体积储氢密度55kg H$_2$/m^3；储氢成本≤0.3万元/kgH$_2$ • 配位氢化物储氢装置：单罐质量储氢密度4wt%；单罐体积储氢密度45kg H$_2$/m^3；储氢成本≤1万元/kgH$_2$
	LOHC技术	加/放氢温度250~360℃；质量储氢密度≥5.5wt%；放氢纯度99%；催化剂寿命5000h；有机储氢载体单程损耗率≤0.2%；循环寿命(质量储氢密度保持率80%）1000次；过程综合能效65%~70%	加/放氢温度≤160℃；质量储氢密度≥5.5wt%；放氢纯度99.9%；催化剂寿命8000h；有机储氢载体单程损耗率≤0.1%；循环寿命(质量储氢密度保持率80%）2000次；过程综合能效75%	加/放氢温度≤140℃；质量储氢密度≥5.5wt%；放氢纯度99.99%；催化剂寿命10000h；有机储氢载体单程损耗率≤0.05%；循环寿命(质量储氢密度保持率80%）3000次；过程综合能效80%

图 6.2-21　储氢技术创新路线图

表 6.2-19　储氢技术创新需求

序号	项目名称	研究内容	预期成果
1	高压气态储氢瓶关键材料部件及批量化制造技术	针对高安全、高密度、低成本的高压储氢瓶需求，开展高压气态储氢瓶的关键材料、零部件以及自动化批量化制造技术研究。具体包括：低成本、高延伸率、高强中模、高均一性碳纤维材料的开发与制备；超高工作压力、优良氢气密封性、长寿命以及高安全可靠性管阀件产品研发以及管阀件模块化、一体化技术研究，实现国产化；超高安全性、稳定性、经济性70MPa Ⅳ 型瓶研发；70MPa Ⅳ 型瓶的批量化制造技术开发，建设Ⅳ型瓶全自动生产线；大容积储氢瓶内胆成型技术开发；批量稳定复合材料Ⅱ型、Ⅲ型瓶组的一致性设计制造技术	储氢瓶公称工作压力 ≥ 35MPa，单瓶质量储氢密度 ≥ 4.5wt%，循环寿命 ≥ 15000 次，批量规模 ≥ 5000 支/年，规模化生产单位储氢成本 ≤ 3000 元/kg H_2
2	低温液氢关键设备及系统装置研制	针对氢气规模液化和液氢经济性的需求，开展氢气液化工艺、液氢关键设备以及高液化能力的系统装置研究。具体包括：新型高效氢液化装备流程工艺技术开发，以提高能效、降低成本为目标，提高能源利用效率；高性能、高可靠性、耐低温的液氢阀门开发；高性能、大容积、低温绝热结构的液氢储罐开发；不同材质换热器的复合钎焊工艺和超塑性成型等先进制造工艺开发，耐腐蚀、低泄漏率低温换热器设计优化和开发制造；氢透平膨胀机高密封性技术开发，氢透平膨胀机耐磨损、低阻力轴承开发，耐大温差和高流速构件材质和结构设计开发，协同促进高效率、高转速氮/氢透平膨胀机开发；低成本高效高压氢压缩机开发；高液化能力、高稳定性、低能耗大型氢液化装置设计与制备技术开发，能够实现压力、温度、液位等自动化检测	单套产能 ≥ 30TPD，液氢产品仲氢含量 ≥ 97%，氢气液化能耗 ≤ 11kWh/kg，设备免维护周期为16000h，国产化率 ≥ 90%；透平膨胀机绝热效率 ≥ 72%；开发氢液化流程设计与仿真模拟软件，液氢量预测偏差 ≤ 18%；存储用液氢储罐容积 ≥ 1000m^3，液氢静态日蒸发率 ≤ 0.05%/天，真空寿命 ≥ 8 年
3	高性能低成本储氢材料及系统规模制备与应用技术	针对低成本、高安全、大容量的规模储能需求，开展高性能固态储氢材料、装置的研制和规模制备，并进行相应的应用研究。具体包括：高容量长寿命稀土储氢材料开发；低成本长寿命钛系储氢材料开发；中低温吸放氢的高容量长寿命的镁基储氢合金材料以及规模化制备技术开发；低成本高性能固溶体型储氢合金及其粉体批量生产技术和装备开发，配位氢化物用高性能、高稳定的催化剂开发，高性能、高比表面积的物理吸附储氢材料开发；高密度快响应的储氢床体自动化成型技术及装备开发；轻量化固态储氢系统设计制备技术开发；大容量固态储氢系统与应用场景余热氢-热耦合设计集成技术开发；固态储氢材料及储氢系统生产线建设；固态储氢系统应用技术开发	储氢系统储氢量 ≥ 100kg，储放氢温度 ≤ 100 ℃，储氢压力 ≤ 5MPa，经 2000 次吸/放氢循环后质量储氢密度保持率 ≥ 90%；建成 1000t/年产能固态储氢材料和 2×10^5 Nm^3/年产能固态储氢系统产线
4	LOHC 材料体系开发、制备与应用技术	为充分利用现有石化能源体系的燃油管道和基础设施，实现大规模、低成本、高密度、高安全氢气储运，开展高密度有机液体介质的循环储放氢技术研究。具体包括：脱氢温度更低、脱氢速率快稠杂环化合物储氢材料研发、规模化生产工艺开发及与之相匹配的高效加/放氢催化剂研发和评价标准建立；复合氢浆储氢体系开发；基于有机液体介质的储放氢工艺开发和自动化储放氢系统装置的集成与制造	质量储氢密度 ≥ 5.5wt%，体积储氢密度 ≥ 60kg H_2/m^3，吸放氢温度 ≤ 160 ℃，放氢率 ≥ 90%，出口端氢气纯度 ≥ 99.99%，液态载体经 2000 次循环的利用效率 ≥ 80%，开发新型低成本、长寿命加脱氢双效催化剂，催化剂稳定运行 ≥ 2000 次储放氢循环

6.3 燃料电池

燃料电池是一种高效的能源转换装置，它可以将燃料剂及氧化剂中蕴含的化学能通过电化学反应直接转换为电能，摆脱了传统热机的卡诺循环限制。以氢气为燃料时，燃料电池无温室气体排放，是继水力发电、热能发电和原子能发电之后的第四种发电技术。

燃料电池核心组成主要是阳极、电解质和阴极，阳极发生氧化反应，阴极发生还原反应，电解质传输离子。电解质的性质决定了燃料电池的工作温度和离子转移种类，因此根据电解质的不同进行分类，燃料电池可分为碱性燃料电池（AFC）、质子交换膜燃料电池（PEMFC）、磷酸燃料电池（PAFC）、熔融碳酸盐燃料电池（MCFC）和固体氧化物燃料电池（SOFC），见表6.3-1。

表 6.3-1　燃料电池技术对比

类型	MCFC	PAFC	AFC	PEMFC	SOFC
工作温度	650℃	150~200℃	60~220℃	~90℃	600~1000℃
阳极反应	$2H_2+2CO_3^{2-} \longrightarrow 2CO_2+4e^-+2H_2O$	$2H_2 \longrightarrow 4e^-+4H^+$	$2H_2+4OH^- \longrightarrow 4e^-+4H_2O$	$2H_2 \longrightarrow 4e^-+4H^+$	$2H_2+2O^{2-} \longrightarrow 4e^-+2H_2O$
载流子	CO_3^{2-}	H^+	OH^-	H^+	O^{2-}
电解质	熔融碳酸盐	磷酸(aq)	氢氧化钾(aq)	聚合物膜	陶瓷膜
阴极反应	$O_2+2CO_2+4e^- \longrightarrow 2CO_3^{2-}$	$O_2+4H^++4e^- \longrightarrow 2H_2O$	$O_2+2H_2O+4e^- \longrightarrow 4OH^-$	$O_2+4H^++4e^- \longrightarrow 2H_2O$	$O_2+4e^- \longrightarrow 2O^{2-}$
阳极材料	Ni/Ni-Cr合金	Pt-C	Pt-Pd/Ni	Pt-C	Ni-YSZ/钙钛矿
阴极材料	Li-NiO/LiCoO₂	Pt-C	Pt-Au/Ag	Pt、Ru-C	钙钛矿
效率	45%~55%	40%	50%	50%~60%	50%~60%
优点	非贵金属催化剂；提供高质余热	余热可利用；高的CO_2耐受性	成本低；起动时间短；技术成熟	功率密度高；起动时间短	非贵金属催化剂；提供高质余热；燃料适应广；全固态结构
缺点	电解质易脆裂；工作寿命短	CO毒化；电解液具有腐蚀性	CO、CO_2毒化；电解质为液体	CO毒化；贵金属催化剂	密封问题；机械兼容性

在上述燃料电池中，PEMFC以结构紧凑、起停快、运行温度低等优势非常适用于商用和乘用车、船舶领域，同时适用于分布式发电应用场景；SOFC则因其理论效率高、高温运行可同时提供电力和热量等特点，非常适用于重型卡车、船舶领域，以及建筑热电联供、固定式发电站领域等；AFC、PAFC、MCFC的电解质有高度腐蚀性，限制了其商业应用，在本书中不做重点讨论。

燃料电池市场正处于快速增长阶段，且随着技术的进步和成本的降低，燃料电池的应用范围不断扩大，市场份额也在逐年增加。在工业、电力、交通等领域，燃料电池的应用也在不断增加，例如南方电网电力科技股份有限公司开发出国内首台针对电力应急抢修的百千瓦级氢燃料电池移动应急电源（GPG5301-2/380V）。据国际咨询服务公司弗若斯特沙利文（Frost&Sullivan）预计，我国燃料电池系统市场规模到 2030 年有望突破千亿元。

6.3.1 质子交换膜燃料电池

6.3.1.1 技术分析

质子交换膜燃料电池（PEMFC）作为目前燃料电池在动力领域的主流技术路线，其结构组成如图 6.3-1 所示。其核心部件包括：质子交换膜、催化层、双极板、扩散层。PEMFC 工作温度一般在 100℃以下。氢气和空气利用双极板上的导流场分别到达阳极和阴极，并通过扩散层到达催化层进行电化学反应。氢气在阳极发生氧化反应解离为氢离子（质子）和带负电的电子，质子通过电解质膜传输到达阴极。质子迁移后，阳极因电子积累从而变成一个带负电的端子（负极）。与此同时，阴极氧气与电子和质子发生反应生成水，阴极因消耗电子而形成带正电的端子（正极）。将阴阳极两端与外部电路相连，产生电流回路。与内燃机等传统的热机过程能量转换方式相比，PEMFC 发电技术具有高效率、低污染、低噪声等诸多优点。

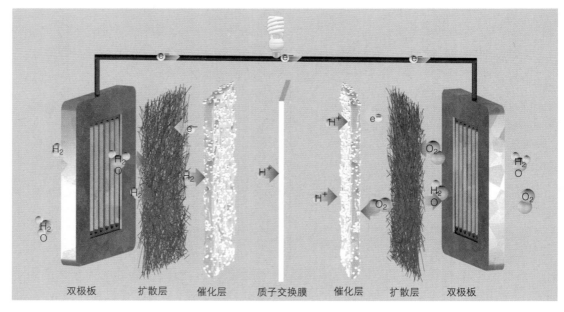

双极板　　　扩散层　　　催化层　　质子交换膜　　催化层　　　扩散层　　　双极板

图 6.3-1　PEMFC 结构组成

PEMFC 的一个重要研发方向是高温质子交换膜燃料电池（HT-PEMFC）。HT-PEMFC 一般是指工作温度在 100～200℃之间的燃料电池系统。其电化学反应动力学过程更为迅速，抗毒化性能更佳，且传质过程仅限于气相，传质更为简单高效。此外，HT-PEMFC 还可使用重整气作为进料，水热管理也更为简便。这些特点使得 HT-PEMFC 在车载电源、便携式电源、固定式电源以及微型热电联产系统等领域具备巨大的应用潜力。

PEMFC 作为氢能应用领域的重要发展方向，尽管其在效率、功率密度、环保以及低温起动性能等方面表现出色，但在成本和寿命等关键问题上仍需进行改进，这些问题成为阻碍 PEMFC 实现大规模产业化的核心问题（电堆成本占据了 PEMFC 系统成本的约 65%）。因此，降低电堆成本成为 PEMFC 实现商业化的重要突破口。目前日本、韩国、美国、欧盟等都已将其列为科技发展重点建设项目。我国发布的氢能产业中长期规划则明确提出加快推进 PEMFC 技术创新、开发关键材料、提高主要性能指标和批量化生产能力，并持续提升其可靠性、稳定性、耐久性，推动 PEMFC 技术在交通、储能、发电等领域的应用。

1. 电堆

燃料电池电堆是燃料电池技术的核心部件之一，维系着整个燃料电池系统的能量输出过程，在很大程度上决定了燃料电池系统的整体性能、寿命和成本。电堆由多个燃料电池单体以串联方式层叠组装构成，各单体之间嵌入密封件，经前、后端板压紧后实现密封。电堆工作时，氢气和氧气分别经电堆气体主通道分配至各单电池的双极板，经双极板导流均匀分配至膜电极，与催化剂接触进行电化学反应，将氢能转换成电能，并伴随着大量的热产生。根据双极板材料的不同，燃料电池电堆可分为石墨板电堆和金属板电堆。

（1）技术现状

1）研发技术现状：PEMFC 电堆技术研发方面，研究人员聚焦电堆核心部件、封装结构等技术开发。结构上，研究人员在集成方式、结构材料的力学性能、组装载荷优化设计、电堆可靠性设计上也做了诸多工作。典型的电堆集成方式采用螺杆紧固，由一定数量的螺杆作用于电堆两侧端板，通过螺杆紧固力加载使电堆组件集成在一起，该方式体积占用大，电堆内部受力均匀性较差。钢带捆扎式集成方式在空间占用和集成力分布上均优于螺杆式集成方式，已成为当前主流方式。端板承载着组装紧固的作用，针对实际应用场景以及电堆组装生产的需求，轻量化、一体化、高集成度的端板是主要的发展方向。

2）产品技术现状：PEMFC 电堆产品方面，日本、加拿大在该领域处于领先地位。日本丰田公司采用钛板作为双极板的原材料，通过新型双极板流场和改进的电极结构，实现了 5.4kW/L 的体积功率密度。加拿大巴拉德动力公司则采用石墨板电堆路线，通过优选双极板原材料进一步降低极板厚度，新推出的 FCgen®-HPS 产品可实现 4.3kW/L 的体积功率密度，同时高达 95℃ 的工作温度可实现冷却系统运行效率更高、体积更小。当前国内的燃料电池电堆企业已经掌握了自主燃料电池电堆的设计和制造技术，实现了电堆的量产，推出的燃料电池电堆在性能上已与国际水平接近，但在运行稳定性等方面距离国际先进水平还存在着一定差距。广东国鸿氢能已开发出石墨双极板鸿芯 G Ⅲ 电堆，单堆输出功率达 200kW，该产品可在零下 35℃低温起动，且使用寿命超 30000h，功率密度达到 4.5kW/L。未势能源自主研发超 300kW 高功率膨胀石墨板电堆，其最高效率为 68%，峰值功率密度突破 4kW/L，设计寿命达 30000h，关键零部件均已实现 100% 国产化。佛山清极能源研发的 HO 系列燃料电池电堆产品采用金属双极板，功率范围覆盖

50～150kW，电堆功率密度达到 4.0kW/L 以上，寿命达到 10000h 以上。安徽明天氢能科技股份有限公司，依托中国科学院大连化学物理研究所在 PEMFC 技术领域 20 多年的研究和开发成果，成功开发出商业化的金属双极板的燃料电池电堆，额定功率为260kW，峰值功率可达 290kW，电堆体积比功率达到 5.5kW/L。

高温质子交换膜燃料电池（HT-PEMFC）正处于技术示范性阶段，美国 Advent Technologies、ZeroAvia 以及丹麦 Danish Power Systems、SerEnergy、蓝界科技（Blue World Technologies）走在技术前列。美国 Advent Technologies 是全球最大的 HT-PEMFC 系统制造商，拥有专有的膜电极组件（MEA）技术以及四款 HT-PEMFC 电堆系。丹麦蓝界科技的甲醇重整燃料电池系统是高温质子交换膜（HT-PEM）技术与甲醇重整制氢技术的结合，该项目的燃料电池测试系统输出功率为 200kW。美国 ZeroAvia 对 20kW HT-PEMFC 电堆模块进行测试的结果表明，电堆质量功率密度达到了业界领先的 2.5kW/kg。国内部分企业也已经布局 HT-PEMFC 产品，北京海得利兹现作为国内 HT-PEMFC 技术实力雄厚的代表企业，成功开发出高温质子交换膜、膜电极、电堆等核心零部件，并打造了具有自主知识产权的甲醇重整高温膜燃料电池系统，其产品性能达到国内领先、国际先进水平。其中，基于海得利兹高温膜燃料电池技术打造的 5kW、10kW、30kW 热电联供系统产品，发电效率可达 40% 以上、热电综合效率可达 90% 以上，可使用甲醇、工业副产氢、氨等作为燃料，输出 380V 或 220V 交流电的同时，可输出 50～85℃ 的热水，并兼具并网和离网工作模式。上海博氢也已推出了 20kW 甲醇重整高温燃料电池模块产品，采用甲醇重整制氢燃料电池技术。深圳氢新科技拥有高温金属双极板技术和先进的高温膜电极工艺，是国内首家专注小型化 HT-PEMFC 技术的科技企业。

（2）分析研判

燃料电池电堆的成本、寿命和稳定性是需要关注的重点。HT-PEMFC 是未来发展方向。基于此，须研发以下关键技术：

1）高一致性电堆制造技术：一致性是衡量电堆性能优劣的重要指标，电堆由数十到数百片单电池串联而成，任何一片单电池故障都会导致电堆失效，因此高一致性电堆制造技术是实现长寿命电堆的必备条件。电堆一致性与电堆设计、制造、操作等因素密切相关。在设计方面，降低其结构对制造和装配公差的敏感度，保证流体分配的均一性；在制造方面，提升材料均匀性、控制加工精度，保证初始性能一致；在操作方面，避免水淹、欠气、局部热点的发生，保证操作性能一致；此外，要注意电堆边缘可能生的温度不均、流体分配不均问题，避免产生边缘单节过低现象。

2）电堆故障无损诊断技术：在电堆运行过程中，电堆内部温度、压力、电流等参数与电堆健康状态息息相关。目前主流技术主要通过检测电堆电化学阻抗谱或者在电堆内部加装传感器获取分区数据来进行燃料电池的故障诊断。但是，两者都会干扰电堆的运行状态，甚至破坏电池固有结构和性能，很难保证诊断技术的可靠性和实用性，直接影响燃料电池电堆的寿命和安全性。开发电堆故障无损诊断技术，监测电堆工作时的一系列关键数据，及时诊断分析，并提取故障特征信号，实现燃料电池电堆快速准确早期故障诊断，避免电堆故障的发生，对推动燃料电池商业化发展有重要意义。

3）HT-PEMFC 电堆的技术探索和产品开发：HT-PEMFC 相比于传统 PEMFC 有高活性、抗毒化和高效传质等优势，是 PEMFC 的重要发展方向。但目前仍面临诸多挑战，例如高温条件下电池双极板可能存在的腐蚀及机械稳定性问题、催化剂的性能及高温耐受性、质子交换膜材料的高温质子传导性及稳定性等。总之，低成本、高性能和优异的耐久性是 HT-PEMFC 商用系统研发的三大目标，也是 HT-PEMFC 的重要研究方向。

（3）关键指标（见表 6.3-2）

表 6.3-2　PEMFC 电堆关键指标

技术类型	指标	单位	现状	2027 年	2030 年
PEMFC 电堆	体积功率密度（不计端板）	kW/L	≥ 4.0	≥ 4.5	≥ 5.0
	输出性能	A/cm²@0.6V	≥ 2.5	≥ 2.8	≥ 3
	寿命	h	40000	60000	80000
	成本	元 /kW	≤ 1200	≤ 900	≤ 800
HT-PEMFC 电堆	单堆功率	kW	30	50	100
	发电效率	%	>40	>45	>50
	CO 耐受性	μL/L@130℃	>1000	>2000	>3000
	功率密度	kW/kg	<2.5	>3	>3.5
	起动时间	min	>20	<15	<10
	寿命	h	>3000	>5000	>8000

2. 催化剂

催化剂是 PEMFC 中的核心材料之一，起到催化燃料电池内化学反应的作用。催化剂的活性、稳定性以及国产化程度直接关系到我国燃料电池技术的核心竞争力及其产业化前景。

PEMFC 的催化剂是一种多相的负载型金属催化剂，如图 6.3-2 所示。当前开发的燃料电池催化剂主要有 Pt/C 催化剂、铂合金催化剂和非铂催化剂三类。已实现成熟商业化的燃料电池催化剂为负载型纯铂催化剂，是将铂金属制备成纳米级别的颗粒均匀地负载到合适的碳载体上。由于阴阳极实际使用环境的差异，阴阳极催化剂也略有差异。阴极发生氧还原反应，反应缓慢，需要采用更高载量、更高活性的催化剂；阳极发生氢氧化反应，反应较快，但由于氢气来源中可能含有 CO 等杂质气体，会吸附在催化剂表面使催化剂失活，需采用抗毒化催化剂。

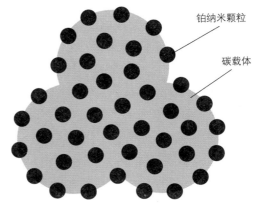

铂纳米颗粒

碳载体

图 6.3-2　负载型金属催化剂示意图

催化剂的活性和稳定性与燃料电池的性能和寿命密切相关；由于原材料铂资源有限，价格高昂，使得催化剂成为燃料电池核心电堆中成本最高的材料之一。降低铂用量、提升催化剂的活性和稳定性是未来燃料电池催化剂主要的攻关方向。

催化剂作为燃料电池电堆的重要组件，其市场规模的扩张主要受益于燃料电池的商业化推广与高功率化发展，预计 2026 年市场规模有望达 25 亿元，2027 年有望突破 40 亿元，2022～2027 年市场规模年均复合增长率为 37.1%。催化剂可能占据未来燃料电池电堆的最大部分成本，行业规模也将随着燃料电池的产业化进程持续扩大。

（1）技术现状

1）研发技术现状：燃料电池催化剂研发方面，国内外研究者围绕着降低铂用量、提高活性和稳定性展开，主要技术路径包括活性组分改性、载体结构调控、制备工艺优化以及材料体系创新等。

针对阴极催化剂，西安交通大学苏进展团队开发了一种结构有序并锚定在石墨化碳上的铂镍纳米合金催化剂，得益于石墨化碳的高比表面积以及纳米合金颗粒有序结构，将这种铂镍纳米颗粒作为阴极催化剂，在相同的 Pt 负载下表现出了比与商业 Pt/C 更高的活性和耐久性。北京理工大学李煜璟团队通过两步法直接开发了一种由 PtNi-W 合金纳米晶负载在具有原子分散 W 位点的碳表面上的（PtNi-W/C）杂化电催化剂。在阴极载量 $0.05mgPt/cm^2$ 下，电池的峰值功率密度比商用 Pt/C 催化剂提高了 64.4%。纽约州立大学布法罗分校武刚团队通过单 Mn 位富碳（MnSA-NC）和 Pt 纳米颗粒之间的协同作用，合成的 Pt@MnSA-NC 催化剂在 $0.20mgPt/cm^2$ 载量下的性能达到 $1.75A/cm^2@0.7V$，在 90000 次加速老化循环后仅损失 18% 的性能，显示出极佳的性能和稳定性。中国科学技术大学梁海伟教授课题组采用小分子辅助浸渍法，直接使用商业炭黑载体，实现了碳载小尺寸铂基金属间化合物（Pt-IMC）燃料电池催化剂的普适性制备，完成了克级 Pt-IMC 燃料电池催化剂的合成，在 H_2-Air 燃料电池单电池测试中，额定功率可达 $1.17W/cm^2$（阴极 Pt 用量 $0.1mg/cm^2$），并在 30000 圈稳定性测试后保留了 75% 的初始性能。香港科技大学邵敏华和南方科技大学谷猛等团队设计了一种混合电催化剂（Pt-Fe-N-C），它由 Pt-Fe 合金纳米颗粒以及在氮掺杂碳载体中高度分散的 Pt 和 Fe 单原子组成。它的 Pt 质量活性是燃料电池中商用 Pt/C 的 3.7 倍。更重要的是，阴极中 Pt 负载较低（$0.015mgPt/cm^2$）的燃料电池显示出优异的耐久性，在 10 万次循环后活性保留率为 97%。

对于阳极催化剂，杂质气体引起的毒化是一个瓶颈问题。工业氢气来源于化石燃料重整氢和副产氢，往往含有微量的一氧化碳、硫化氢等，其在贵金属表面强烈吸附会导致催化剂中毒而失活。传统抗 CO 毒化策略是通过在 Pt 催化剂表面引入第二元的亲氧金属（如 Ru），利用双功能机制促进表面吸附的 CO 氧化脱除。然而，燃料电池阳极的工作电位低，CO 氧化速率很慢，难以抵消其累积速率，工况条件下稀浓度的 CO 就会产生严重的毒化问题。厦门大学孙世刚院士、周志有教授课题组通过在金属钌表面构筑水合二氧化钌修饰层，阻碍 CO 的扩散和吸附动力学，有效提高了金属钌催化剂的抗中毒能力，相较传统 PtRu/C 催化剂实现了两个数量级的性能提升，为解决燃料电池阳极的氢气氧化抗中毒问题提供了新思路。硫化物也是另一种燃料电池催化剂的毒化因素，其中硫化氢等物质对催化剂的毒化作用比 CO 更严重。抗硫化物催化剂的研究正在逐步增加，现阶段仍缺乏高活性、高稳定性和抗硫化物毒化催化剂的系统性研究。

2）产品技术现状：燃料电池催化剂产品方面，各大电堆和膜电极厂家仍以采用 Pt/C 催化剂为主。国外主要的催化剂供应商如日本田中贵金属、英国庄信万丰、比利时优美科、德国贺利氏等依靠其产品优异的综合性能和稳定的供货能力，占据了绝大部分的市场份额。

随着燃料电池行业的快速发展，近年来越来越多的国内企业涌入催化剂赛道以推动催化剂的国产化替代，出现了济平新能源、中自环保、中科科创、氢电中科等专注于催化剂产品开发的企业。济平新能源是国内第一家实现千克级量产催化剂的企业，在国产催化剂中市场份额最大，产品已得到下游客户批量应用；中自环保已成功开发出第一代 SEC100 铂炭催化剂和第二代 SEC200 具有核壳结构的低铂催化剂，实现催化剂单批次产量 2kg 级生产；中科科创主要产品为高载量 Pt/C 催化剂，载量可调，粒径小且可控、可调，拥有规模化批量制备技术，已实现千克级规模化制备，同时也在进行 PtRu、Pt_3Co 等合金催化剂的开发；氢电中科推出了铂碳催化剂和铂合金催化剂，产品质量活性高，比表面积大，碱土金属离子溶出低，稳定性高，目前已顺利通过多家下游企业的全过程验证，采用其催化剂产品的 80kW/100kW/110kW 燃料电池系统也已通过国家强检。

（2）分析研判

低成本是燃料电池催化剂大规模化应用的前提，催化剂低铂化甚至无铂化是降低成本的主要路径。采用合金型铂催化剂是降低铂含量的有效方式，在 Pt-M（M 代表 Pd、Ni、Co、Fe、Cu、Mn 等）合金催化剂中，过渡金属元素方便获得，储量丰富，成本较低。加入过渡金属，可实现催化剂的电子和几何结构的良性调控，使 d 带中心位置发生偏移，减小与 O_2 反应的结合能，降低贵金属 Pt 的加入量，从而实现控制成本的目标。虽然制备合金型催化剂能够降低催化剂制备成本，但是合金中的金属原子在持续工作下的溶解损耗易降低催化剂的催化活性。有序合金催化剂是一种比较有效的替代策略。在有序合金催化剂中，原子按照一定的顺序在结构中占据固定的位置，呈现有序化排列。这种独特的结构性质使催化剂具有内在的热力学稳定性，即使在恶劣的催化反应条件下也能拥有良好的结构稳定性。此外，催化剂载体对于催化剂整体的性能和稳定性也至关重要。催化剂载体能够稳定、分散纳米晶，提高纳米晶的利用率，而且能够提高物质传输、电子传输效率，提升催化剂的活性。PEMFC 在起停过程中，阳极可能存在少量的氧气或空气，空气会在阳极的铂催化剂表面发生氧还原反应，导致阴极电极电势上升至 1.5V 以上。在这种高电位条件下，碳基底极易发生氧化，导致纳米晶脱落、团聚以及载体导电性的降低，最终导致催化剂失活。因此，提高碳基底的石墨化程度，或者采用非碳基的载体，对于提高载体和催化剂的稳定性具有十分重要的实用意义。

对于 HT-PEMFC，开发反应动力学比氢氧化反应动力学更缓慢的氧还原反应（ORR）催化剂一直是重点研发工作。与 ORR 催化相关的主要问题包括催化剂降解和团聚等，而这些问题主要都是在低电流密度（高电压）和 / 或开路电压下长时间运行后由于贵金属 Pt 纳米颗粒在膜内沉积而发生的。未来催化剂层结构应进行科学设计和优化，以实现高效稳定的三相界面、适当的亲水性 / 疏水性以及低的催化剂负载量（降低成本）。同时应聚焦具有优异稳定性的新型非碳载体，以利于优化合成、结构、形貌和导电性。此外开发具有高活性的催化剂，并进行结构工程优化也是提升 HT-PEMFC 性能、降低成本的策略。

稳定的批量化供应是实现催化剂国产化替代的关键，这也是目前国产催化剂与进口竞品之间的差距所在。目前实验室级别的高活性、高稳定性催化剂屡见报道，然而却鲜有能够实现大规模工业化应用。因此针对燃料电池实际应用场景，开发适合大批量生产的工程化制备技术是实现催化剂国产化替代的必由之路。

（3）关键指标（见表 6.3-3）

表 6.3-3　PEMFC 催化剂关键指标

指标	单位	现状	2027 年	2030 年
质量比活性（Pt，0.9V）	mA/mg	≥ 550	≥ 600	≥ 650
单电池性能 @0.8V	mW/cm^2	≥ 300	≥ 350	≥ 400
耐久性（0.6 ~ 0.95V 循环 30000 圈电化学活性面积下降比例）	%	≤ 40	≤ 35	≤ 30

3. 质子交换膜

（1）技术现状

1）研发技术现状：PEMFC 质子交换膜分类见表 6.3-4。以 Nafion 膜为代表的全氟磺酸膜具有优异的质子传导率、抗氧化性能、机械性能和稳定性能，是现阶段研究最为广泛的质子交换膜。磺化聚苯乙烯离聚物类质子交换膜由于成本低、易制备，且嵌段结构的磺化聚苯乙烯容易设计成可以提高质子传导率的疏水相和亲水相的相分离结构，因而受到广泛关注。磺化聚醚酮、磺化聚醚砜类质子交换膜在高温下较稳定，也成为研究重点。目前，在制氢电解槽和液流电池中膜类型多为全氟磺酸膜，而在燃料电池中复合膜由于良好的机械性能、改善了膜内水传动和分布以及低膜内阻，正成为燃料电池质子交换膜主要的研究方向。

表 6.3-4　PEMFC 质子交换膜分类

质子交换膜类型		优点	缺点
均质膜	全氟磺酸膜	机械强度高、化学稳定性好，在湿度大的条件下电导率高，低温时电流密度大，质子传导电阻小	高温时膜易发生化学降解，质子传导性变差；单体合成困难，成本高
	部分氟化聚合物膜	效率高，单体电池寿命提高，成本低	氧溶解度低
	新型非氟聚合物膜	电化学性能与 Nafion 膜相似，环境污染小，成本低	化学稳定性差；很难同时满足高质子传导性和良好的机械性能
复合膜	PVDF 增强 PTFE 增强	可改善全氟磺酸膜电导率低及阻醇性差等缺点，赋予特殊功能	制备工艺复杂

资料来源：傅家豪，邹佩佩，余忠伟，等 . 氢燃料电池关键零部件现状研究 [J]. 汽车零部件，2020，12: 102-105.

国内质子交换膜研发处于国际先进水平，电子科技大学何伟东教授团队在实验室中研发出的质子交换膜能够与美国科慕公司的产品抗衡（质子电导率是 Nafion-117 的 1.78 倍），且成本仅仅是后者的十分之一（约达到 6 美元/kW）。2022 年，佛山仙湖实验室与国家电投氢能科技公司自主开发的增强型复合质子交换膜突破了全国产化高性能复合质子交换膜及其工程化制造技术，膜的性能达到国际先进水平。同年武汉理工氢电科技公司通过不断开发迭代，成功将质子交换膜厚度从 170μm 降低至 10μm，并建立了相应的膜电极生产线。

在高温质子交换膜领域，美国、丹麦及德国在研发上处于国际领先地位，并占据了一定的市场份额。如丹麦电力系统（Danish Power Systems）公司的 Dapozol®、美国 Advent 公司的 TPS® 和德国巴斯夫公司的 Celtec® 等。德国巴斯夫公司一直是高温质子交换膜（HT-PEM）领导者，其研发的高温质子交换膜（120 ~ 180℃）已经实现了 20000h 稳定性运行。最新一代的美国 Advent 公司的高温质子交换膜能够耐受 200℃ 的高温。国内研发技术水平正逐步接近国际先进水平。北京航空航天大学相艳课题组以商业化为目标开发了 PA/PES-PVP 复合膜，并对比了其在同等条件下与美国 Advent 公司及丹麦 Danish Power Systems 公司的两款基于 PA/PBI 膜的商业化膜电极（活性面积均为 165cm²）的性能表现。实验数据显示，美国和丹麦的 PA/PBI 膜电极与北京航空航天大学开发的 PA/PES-PVP 膜电极在氢-空燃料电池中的开路电压均接近 0.98V。在 150℃、0.6V 工作条件下，美国 Advent 公司和丹麦 Danish Power Systems 公司开发的 PA/PBI 膜电极输出电流密度分别为 0.39A·cm⁻² 和 0.25A·cm⁻²。在相同测试条件下，北京航空航天大学开发的 PA/PES-PVP 膜电极输出电流密度介于两者之间。与此同时，上海坤艾新材料公司凭借参与巴斯夫第一代高温质子交换膜产品研发的经验，已成功自主研制出 KunAi-HTPEM。这款膜材料具备超高分子量、出色的机械强度以及优良的质子电导率，KunAi-HTPEM 的寿命有望达到 35000 ~ 40000h，为我国 HT-PEMFC 技术的发展注入了新的活力。

2）产品技术现状：质子交换膜由于制备工艺复杂、研发周期长，市场长期被美国杜邦、美国戈尔、日本旭硝子等少数厂家垄断。美国戈尔 SELECT 系列增强型质子交换膜凭借超薄、耐用、高功率密度的特性，占据了全球主要 PEMFC 市场。近年，质子交换膜国产化提速，山东东岳、江苏科润新材料等企业积极推进。据统计，截至 2022 年末国内现有质子交换膜产能达 140 万 m²/年，其中山东东岳拥有产能 50 万 m²/年；武汉绿动氢能拥有产能 30 万 m²/年；江苏科润新材料和浙江汉丞科技则分别拥有 30 万 m²/年。

国产商用质子交换膜进步明显，但是与成熟应用多年的进口品牌相比仍存在一定的差距。这种差距一方面体现在性能上；另一方面，国产质子交换膜面临工艺周期长、工艺复杂、成膜成本高、一致性较差等问题。同时，质子交换膜国产替代最大的难点在于材料体系的适配和长周期验证。据国内咨询公司高工氢电数据，2021 年，国外企业据了国内燃料电池质子交换膜超过 85% 的市场份额。目前国氢科技、山东东岳和江苏科润新材料均已实现质子交换膜量产，江苏泛亚微透、武汉理工新能源等公司也在积极布局。

（2）分析研判

薄型化、高机械强度、耐持久和低溶胀的复合膜是燃料电池质子交换膜的重点发展方向，轻薄和化学稳定是质子交换膜追求的两个关键目标。全氟磺酸膜的成本较高，尺寸稳定性较差、温度升高会降低质子传导性。同时，全氟磺酸树脂存在自身强度和制备工艺的限制，制得的均质膜的机械强度较低、溶胀严重，并且厚度较厚。然而，燃料电池膜趋于薄型化以降低电池内阻达到更高的性能。复合膜是在质子交换膜合成过程中复合增强层，可以提升质子交换膜的机械性能，同时可以将质子交换膜做薄。美国戈尔公司研制的聚四氟乙烯（ePTFE）增强型复合膜，解决了传统质子交换膜高质子电导率和低耐久或高耐久和低质子电导率的矛盾：通过特殊的膜结构选择达到较高的机械强度，降低溶胀，同时优选助剂配方实现了极强的化学耐久性，使质子交换膜持久地保持高性能，延长整个燃料电池系统的寿命；目前已成为车用燃料电池主选的质子交换膜。因此，针对高耐久、薄型化和低溶胀的要求，增强型复合膜是完成国产质子交换膜替代化的一个切入点。氢辉能源在 2023 年已完成 4GW 增强型复合膜研发及产线建设，但要完成质子交换膜国产替代，最大的难点在于材料体系的适配和长周期验证。

在质子交换膜中引入自由基清除剂降低过氧化物等自由基浓度，是提高膜化学稳定性的一种有效措施。针对 PEMFC 中膜的降解机理，研究表明膜附近生成的 HO・和 HOO・自由基会进攻聚合膜从而导致膜降解。常用的自由基清除剂有金属氧化物，如 CeO_2、TiO_2 和 ZrO_2 等。此外还可以通过减少 PFSA 聚合物中易受自由基攻击的基团从而提高膜的化学稳定性。

改进薄膜加工工艺是实现超薄复合膜商业应用的重点。目前美国戈尔的 Gore-Select 系列增强型复合膜在厚度上已覆盖 8～20μm，且在 2021 年戈尔已占据 85% 的市场份额。而山东东岳（15μm）仅占 9%。对于超薄、高机械强度的膜，在成膜工艺中有较高的要求。例如在熔融挤出法中，螺杆搅动过程中可能对膜材料分子链造成损伤，影响膜性能。因此，研发和突破薄膜加工工艺、设备以及质量监测等是决定国内产品质量以及能否抢占市占率的关键。

（3）关键指标（见表 6.3-5）

表 6.3-5　PEMFC 质子交换膜关键指标

技术类型	指标	单位	现状	2027 年	2030 年
质子交换膜	厚度	μm	<15	<8	<5
	X-Y 方向溶胀度	%	<2	<2	<2
	面电阻	$\Omega \cdot cm$	$<2 \times 10^{-6}$	$<2 \times 10^{-6}$	$<2 \times 10^{-6}$
	化学机械混合寿命（透氢电流密度 $<15mA/cm^2$）	循环次数	<25000	>28000	>30000
	机械强度	MPa	<60	>80	>100
	透氢电流密度	mA/cm^2	<2	<1.3	<1
	成本	元 /kW	<170	<120	<100

（续）

技术类型	指标	单位	现状	2027 年	2030 年
高温质子交换膜	最高工作温度	℃	200	220	240
	起动温度	℃	−30	−40	−40
	寿命	h	>10000	>15000	>20000
	面电阻	$\Omega \cdot cm^2$	<0.02	<0.02	<0.02
	电导率	mS/cm @180℃	>80	>85	>90

4. 膜电极

膜电极是 PEMFC 的核心部件之一，为燃料电池提供了多相物质传递的微通道和电化学反应场所。膜电极在燃料电池中起着关键作用，其性能的优劣直接决定了燃料电池整体的性能。

膜电极由阳极气体扩散层、阳极催化层、质子交换膜、阴极催化层、阴极气体扩散层依次串联层叠排列而成。气体扩散层直接与双极板接触，负责将反应气体均匀地输送至催化层并迅速排出产物水；质子交换膜用于隔离阴阳极的反应气体，同时促进质子和水在阴阳极之间的传递；催化层是电极反应的场所，阳极发生氢氧化反应，阴极发生氧还原反应。目前的膜电极技术可以分为三类：GDE 型膜电极、CCM 型膜电极和有序化膜电极。

GDE 型膜电极，是将催化层直接涂覆在气体扩散层上，分别制备出涂布了催化层的阴极气体扩散层和阳极气体扩散层，然后用热压法压制在质子交换膜两侧得到膜电极。该技术制备工艺比较简单，由于催化剂是涂覆在气体扩散层上，能够保护质子交换膜不变形。但是，GDE 型膜电极在制备过程中催化剂浆料容易渗透进气体扩散层中，降低了催化剂的利用率，增加了膜电极的成本。此外，由于催化层与质子交换膜之间接触电阻较大，导致膜电极综合性能不够理想。

CCM 型膜电极，是将催化剂层涂覆在质子交换膜两侧，再将阴极和阳极气体扩散层分别贴在两侧的催化层上经热压得到膜电极。与 GDE 型膜电极制备方法相比，CCM 型膜电极中催化层与质子交换膜之间的良好接触，降低了界面之间的接触电阻，使得膜电极性能得到了大幅度的提升。此外，由于 CCM 型膜电极的 Pt 利用率更高，从而降低了膜电极的总体成本。CCM 型膜电极是目前主流的商业化膜电极。

有序化膜电极，通过构建有序化的多相物质传输通道，使得气体、质子、电子、水、热等可以得到高效的传输。这种有序的结构可以很大程度地提高贵金属催化剂的利用率，是降低 Pt 载量、提高膜电极性能和耐久性的有效路径。然而，相较于当前主流的 CCM 型膜电极技术，有序化膜电极由于制备工艺复杂，对设备要求高，不利于大规模批量化生产，尚需要进一步研究开发。

（1）技术现状

1）研发技术现状：低成本、高性能、长寿命是膜电极的核心指标，也是实现膜电极大规模商业化应用的前提。国内外研究人员从材料创新、催化层结构设计、制备工艺改进等多方面开展了大量研究。

日本丰田中央研究所开发的具有环状结构的高氧气透过性离聚物，避免了离聚物骨架对 Pt 催化剂表面的重复性包覆，降低了阴极催化层中氧气的传输阻力，同时提高了电化学反应的催化剂活性。中国科学院大连化学物理研究所设计并制备了具有仿生结构的自支撑式纳米槽催化层，并将其作为 PEMFC 的阴极，显著提高了燃料电池水管理能力和稳定性。天津大学焦魁团队通过引入静电纺丝技术制成的超薄碳纳米纤维薄膜及泡沫镍，去除了传统的气体扩散层和沟脊流道，重构膜电极结构，有效降低了膜电极组件厚度约 90%，降低了 80% 以上的反应物扩散导致的传质损失，最终将燃料电池体积功率密度提升约 2 倍。采用这种新型燃料电池结构的电堆峰值体积功率密度有望达到 9.8kW/L。

2）产品技术现状：目前提供膜电极产品的企业可分为两类：第一类是独立第三方膜电极供货商，如广州鸿基创能、武汉理工氢电、上海唐锋能源、美国戈尔、英国庄信万丰等。第二类是自建膜电极生产线的燃料电池电堆或者系统厂商，如上海未势能源、上海捷氢科技、日本丰田、加拿大巴拉德等，其膜电极产品以自建自供为主。

2023 年以来第三方膜电极企业的市场份额有一定下降，主要原因是因为部分电堆/系统企业自制膜电极产品开始自产自用；但专业的第三方膜电极企业由于生产规模和技术迭代速度相对具有一定优势，未来仍将占有较大的市场份额。部分企业今年也已宣布了扩产计划，如英国庄信万丰宣布在中国投资建造 5GW 氢能关键性零组件工厂；上海唐锋能源膜电极产业基地（二期）项目正式签约落户上海临港新片区国际氢能谷。

技术水平上，当前国外主要的膜电极供应商如美国戈尔、加拿大巴拉德、日本丰田、英国庄信万丰等，其推出的膜电极产品在性能、寿命和批次稳定性上具有一定优势，膜电极中铂载量低于 $0.2mg/cm^2$，功率密度可达到 $1.5W/cm^2@0.6V$。国内膜电极企业发展迅速，纷纷建立了燃料电池膜电极自动化生产线，涌现了广州鸿基创能、上海唐锋能源等多家专业的膜电极生产企业，其推出的膜电极产品在性能和耐久性上已与国外产品相当，并逐步跻身全球膜电极供应商前列，开始与国际同行并跑。广州鸿基创能推出的膜电极产品铂载量 $\leq 0.35mg/cm^2$，功率密度 $\geq 1.05W/cm^2@1.5A/cm^2$、$1.49W/cm^2@2.4A/cm^2$，已在电堆中大批量应用；上海唐锋能源推出的合金催化剂膜电极产品，在确保性能的前提下，铂载量可降至 $0.25gPt/kW$。北京清氢科技基于静电纺丝等工艺将纤维排布型催化层制备于质子交换膜表面，大幅提高贵金属铂的利用率，膜电极整体铂用量低于 $0.06g/kW$。江苏氢澜科技自主研发的有序化膜电极，通过先进的静电纺丝工艺得到高度有序的膜电极，产品性能达到 $1.5W/cm^2@0.6V$。

（2）分析研判

低成本和长寿命是膜电极产业化的关键，也是膜电极技术发展的重要方向。目前国内已经掌握膜电极的设计、制造等关键环节和技术，且膜电极初始性能和设计寿命等指标都达到了国际先进水平，但关于膜电极在真实工况下使用的公开数据尚鲜见报道。因此，国内需要在膜电极真实工况测试方面开展更多的工作，并以此对膜电极进行迭代设计开发。

膜电极成本占 PEMFC 成本的 60%，降低膜电极成本对于燃料电池行业发展具有重要意义。膜电极工艺决定了其成本，需要开发以下关键技术：

1）关键材料的开发和应用：催化剂、离聚物树脂、质子交换膜等关键材料的本征特性决定了膜电极的性能和寿命，唯有材料创新方可突破当前膜电极开发技术上的瓶颈。开发高活性高稳定性抗毒化的催化剂、低氧传输阻力的离聚物树脂、高稳定性的质子交换膜材料是降低成本、提高寿命的有效途径。

2）催化层结构设计：催化层是燃料电池中氢气和氧气发生电化学反应产生电流的场所，是燃料电池的核心。催化层主要由催化剂、离聚物和孔隙区域组成，导电载体传导电子，离聚物传导质子，孔隙传输反应气体。催化层中催化剂、反应气体和离聚物组成三相反应界面，反应气体的消耗以及产物的传输均在三相界面处发生。催化层必须具有大的活性面积和合适的微观结构，使更多的催化剂活性位点形成三相界面从而使反应物、质子、电子更有效地传输到活性位点参与反应。通过催化层设计，扩展膜电极电化学三相反应区，提升电荷运输能力和大电流放电性能，同时开发工艺简单可行、成本更低的催化层制造工艺，是提高膜电极性能、降低膜电极成本的关键。

3）材料 - 器件 - 电堆 - 系统多层级的评价验证：新型国产关键材料的引入，新型制备工艺的开发，都将影响膜电极性能和寿命。如何确定新材料、新工艺是否满足实际使用场景的需求，不仅需要从关键材料的物理、化学、力学性质进行把控，也需要膜电极制备过程中的性能、寿命测试，还包括在各种工况条件下及终端应用的评估。建立完善的评价验证标准和平台，对膜电极进行多层级工程化验证，是确保膜电极长寿命、稳定运行的关键。

（3）关键指标（见表 6.3-6）

表 6.3-6　PEMFC 膜电极关键指标

指标	单位	现状	2027 年	2030 年
输出性能	A/cm^2@0.8V	≥ 0.4	≥ 0.5	≥ 0.6
	A/cm^2@0.6V	≥ 2.5	≥ 2.8	≥ 3
铂用量	g/kW	≥ 0.125	≤ 0.125	≤ 0.1
实际工况寿命（性能衰减 <10%）	h	10000	12500	15000
成本	元 /kW	≤ 500	≤ 400	≤ 300

5. 双极板

双极板是 PEMFC 电堆的重要组成部件，占电堆质量的 70% 以及成本的 30%。在燃料电池电堆中，双极板发挥着重要的功能，一方面是收集电流，并串联单电池组成电堆，另一方面是确保反应物均匀分布在对应电极表面及同时排放反应物和水。因此双极板对电池的输出功率和寿命具有重大影响。双极板市场前景广阔，据《节能与新能源汽车技术路线图 2.0》预测，到 2030～2035 年，双极板需求量为 3 亿～5 亿片。

双极板设计的关键主要是流道结构以及材质选择。流道结构影响了反应物在电极表面的均匀分布以及水的排出效率，材质选择决定了部件的加工难易、电导率、成本等。如表 6.3-7 所示，根据材质的不同，目前主要有三类双极板：石墨、金属和复合双极板。

表 6.3-7 PEMFC 双极板分类

材质	石墨双极板	金属双极板	复合双极板
工艺	机加工、模压	冲压、附加涂层	石墨、金属、导电胶粘合
优点	耐腐蚀、寿命高	高导电、易加工、低温起动性好、单位功率密度高	具备石墨与金属双极板的优点
缺点	导电性一般、脆性高、难加工、低温起动一般	耐腐蚀弱（需镀涂层提高耐腐蚀性）	密封性差、制备工艺复杂、成本偏高
代表企业	国际：美国 POCO、日本 LTD 等 国内：上海弘枫、浙江华熔、北京氢璞、深圳雄韬、国鸿氢能、环华氢能等	国际：日本丰田汽车、韩国现代汽车、美国普拉格等 国内：上海治臻、新源动力、捷氢科技、深圳长盈、广东氢发	国际：德国 GDL、日本清坊 国内：北京氢璞、青岛杜科、惠州海龙

1. 石墨双极板

（1）技术现状

石墨双极板是由石墨材料加工而成，按照石墨原材料和加工方式的不同又分为硬质石墨双极板和柔性石墨双极板。硬质石墨双极板主要采用高温烧结的人工石墨通过机械加工的方式生产制造，柔性石墨双极板直接采用膨胀石墨模压浸渍树脂固化后得到。受益于石墨材料的强耐腐蚀性，石墨双极板电堆寿命长，耐久性高。但由于石墨材料疏松多孔的性质，无论是硬质石墨双极板还是柔性石墨双极板，机械强度都较差，且易出现渗氢，因此目前采用的石墨双极板往往厚度较厚，导致石墨双极板电堆体积较大，体积功率密度较低。

石墨双极板具有良好的导电导热性、稳定性和耐腐蚀性，且尺寸精度高、结构稳定性好、流道易于细密化、材料化学稳定性高，氢气 / 空气 / 冷剂三腔结构可独立设计。针对石墨双极板，通过调节树脂和导电填料的成分、质量配比，结合先进制备工艺及后处理技术，调整和优化石墨双极板各项性能。

国际上，欧洲、美国、日本的石墨双极板研发水平较高，代表性企业包括美国 POCO、英国 Bac2、美国 GrafTech、日本 Fujikura Rubber LTD 等。现阶段，我国的石墨双极板已实现国产化制备，在技术层面及商业化层面都相对成熟，技术达到国际先进水平。目前，上海和广东处于国内一流水平。上海弘枫的双极板厚度达到一组 1.6mm，目前已生产数十万片石墨双极板。广东环华氢能的双极板厚度达到 1.4mm，已具备柔性石墨双极板批量化生产技术。

（2）分析研判

石墨双极板目前较成熟的技术路线为硬质石墨路线和柔性石墨路线两种，其中柔性石墨是当前石墨双极板的主流发展技术路线。硬质石墨双极板采用铣削、机加工、注胶封孔的工艺制备而成，有良好的导电性，但抗弯强度低，厚度厚，制备成本高，不易批量化生产。而柔性石墨双极板有优良的导电性，韧性好，可直接模压大批量生产，生产周期短，厚度薄，解决了硬质石墨双极板不易批量化生产的问题。加拿大巴拉德（Ballard）公司判断，柔性石墨可以使板厚度减少35%，原材料减少45%。柔性石墨双极板凭借其低成本、易批量生产以及更薄的厚度，已成为当前石墨双极板的主流发展路线。广东国鸿氢能和环华氢能采用的即为柔性石墨模压技术。值得注意的是，近年来随着数控铣削等加工技术的不断应用和发展，使低功率和超低功率燃料电池的微型石墨双极板的制造成为可能。

在高温 PEMFC 应用中，由于磷酸和高温的存在，石墨和金属双极板都会发生化学腐蚀影响电堆稳定的功率输出。石墨复合双极板在降解后可能会从膜电极中吸收大量的酸，从而降低性能。石墨复合材料的性能抑制是双重的，原因如下：①由于膜和催化剂层的质子电导率降低，欧姆电阻增加，接触电阻增加；②由于催化剂层酸的损失和电化学活性面积的降低，ORR 过电位增加。通过优化界面处的压缩压力，可以降低扩散层和石墨复合双极板之间的接触电阻。因此，为提高高温 PEMFC 电堆的寿命和性能，应重点关注合成热和电化学稳定、低成本且易于加工的双极板材料，在这方面，除了广泛使用的石墨复合材料外，还应探索表面粘附良好，表面无微孔、针孔或裂纹的涂层和制备工艺及 Ti、Al、Ni 等金属或不锈钢材料。此外还应优化双极板表面的亲疏水性，防止磷酸吸附在极板表面，堵塞流道。

（3）关键指标（见表 6.3-8）

表 6.3-8　PEMFC 石墨双极板关键指标

指标	单位	现状	2027 年	2030 年
厚度	mm	>1	<0.7	<0.5
透气率	$cm^3/cm^2/s$	$<2 \times 10^{-8}$	$<2 \times 10^{-9}$	$<2 \times 10^{-9}$
寿命	h	>20000	>25000	>30000
电导率	S/cm	>100	>200	>300
弯曲强度	MPa	>50	>60	>70
腐蚀电流密度	$\mu A/cm^2$	<1	<0.5	<0.3
成本	元 /kW	>300	<100	<70

II. 金属双极板

（1）技术现状

电堆金属双极板多采用表面涂敷有防腐镀层的 316 不锈钢、钛合金等金属材料，具有优异的导电、导热性及机械加工性和致密性等优势，生产效率高。在大规模批量化生产时，其生产成本会极大程度降低，且大功率电堆体积相对石墨双极板电堆小得多，体积功率密度大，是目前实现高体积功率密度电堆的主流技术。但在燃料电池电堆苛刻的工作环境下，金属双极板很容易被腐蚀；腐蚀产生的金属离子沉淀不仅会污染电池中的催化剂，使其中毒和失活，还会在质子交换膜上积累，使其电导率下降，缩短电堆使用寿命。针对金属双极板腐蚀问题，研究人员开发了过渡金属碳化物涂层、过渡金属氮化物涂层、非晶碳涂层、石墨烯基涂层、导电聚合物涂层和高熵合金涂层等系列技术以提高极板耐腐蚀性能。

1）研发技术现状：日本在金属双极板研发技术上处于世界领先水平。国际典型产品是丰田的金属双极板，该金属双极板采用碳基涂层钛合金金属，厚度为 0.4mm，腐蚀电流密度为 $0.5\mu A/cm^2$。国内金属双极板开发已经接近国际先进水平。国内典型产品是上海治臻的金属双极板，该金属双极板采用碳基涂层不锈钢基材，厚度最薄为 0.8mm，腐蚀电流密度小于 $1\mu A/cm^2$，双极板寿命超过 10000h。深圳长盈在金属双极板冲压、焊接方面已经达到国内先进水平，双极板厚度为 0.8mm，腐蚀电流密度小于 $1.0\mu A/cm^2$。

2）产品技术现状：金属双极板全球主要的市场份额长期被日本丰田、日本本田、德国 Grabener Borit、美国 Dana treadstone 等企业占领。目前，国内金属双极板产品实力不断得到提升，市场份额正逐步追赶海外企业。2021 年，上海治臻在金属双极板产品市场占有率超过50%。且在 2021 年 3 月，上海治臻建设了一条全球最大的金属双极板产线，年产达到千万片级。现阶段国内金属双极板的相关研究机构及企业有上海治臻、武汉理工大学、新源动力、深圳长盈、氢发科技新材料、联众不锈钢等，目前国内金属双极板技术已经接近国际先进水平，并且已经推出多款相关产品。上海治臻目前已在量产产品上应用非贵金属涂层技术——石墨纳米晶点状导电非晶碳耐蚀的复合涂层材料体系，腐蚀电流密度降至 $0.76\mu A/cm^2$，界面接触电阻（ICR）降至 $3.8m\Omega \cdot cm^2$，实现金属双极板成本下降的同时，进一步提高燃料电池的工作寿命。

（2）分析研判

与石墨双极板相比，金属双极板具有高强度、高导电性、更好的成型性、可制造性以及更好的抗冲击性等优势。此外，其独特的机械性能允许制造更薄的板材并降低废品率，同时有利于实现更高的电堆功率密度。上海治臻的金属双极板设计寿命已经超过 1 万 h，金属双极板在已有的低成本、小体积、高功率优势的基础上再补上长寿命的特点，正逐渐占据市场主流。根据 TrendBank 数据，2022 年国内装机电堆中金属堆占比由 2021 年的 37% 提升至 53%，首次超过石墨堆（44%）。

表面涂层和先进的涂层工艺是提高金属双极板导电性和耐久性的有效途径，确保双极板在燃料电池中稳定运行。金属双极板在恶劣的 PEMFC 工作环境中，易发生表面腐蚀和钝化。钝化膜导致界面接触电阻（ICR）增大，且 ICR 随钝化膜厚度的增大而增大，最终会影响电堆输出功率。表面喷涂贵金属涂层可以提高金属双极板的导电性和化学稳定性，但成本高；非贵金属涂层成本低，但其制备工艺复杂，制备过程中存在易脱落、致密性差、孔洞表面缺陷等问题，使得腐蚀介质易渗入到基材而发生腐蚀，降低金属双极板及燃料电池电堆寿命。因此，研发合适的涂层体系以及先进的工艺技术进行防护腐蚀，是金属双极板实现长寿命的有效途径。

超薄金属双极板精细成形技术是燃料电池实现高效稳定运行的前提。金属双极板的加工工序较多，各项工序对流场形状设计、平整度、流道深度均一性等都有较高的要求，部分工序的加工精度甚至是微米级。金属双极板表面结构的轮廓精度直接影响了膜电极与双极板的有效贴合，是影响工质有效传递及电化学反应发生的重要因素。精密模具设计是保障金属双极板结构轮廓的重要前提。此外，焊接过程产生的热应力导致的金属板翘曲、变形等会影响膜电极与双极板的均匀接触，降低了燃料电池性能输出。因此，燃料电池要实现高功率长时输出，必须靠高精度加工和产品一致性来保证。

（3）关键指标（见表 6.3-9）

表 6.3-9　PEMFC 金属双极板关键指标

指标	单位	现状	2027 年	2030 年
基材厚度	mm	<0.1	<0.08	<0.05
寿命	h	>10000	>20000	>25000
电导率	S/cm	>100	>100	>100
体相电阻率	mΩ/cm	<0.08	<0.05	<0.05
界面接触电阻	mΩ/cm²	<8	<5	<3
腐蚀电流密度	μA/cm²	<0.8	<0.7	<0.5
成本	元 /kW	>700	<80	<50

Ⅲ. 复合双极板

（1）技术现状

1）研发技术现状：目前，英国、日本、美国、德国和加拿大等企业在复合双极板的技术研发上处于领先地位。英国 Porvair 公司研发的复合双极板材料，采用不饱和树脂与石栗为基体材料，其电导率 >500S/cm，力学性能接近美国 DOE 标准（抗弯曲强度 >40MPa）。国内在复合双极板的研发水平上处于跟跑阶段，仍有较大差距。南方科技大学制备了电导率为 105S/cm、抗弯强度为 52MPa 的复合双极板。深圳雄韬推出新型纸电堆极板，通过石墨基体、树脂和导电填充物混合制备预制板，然后以具有三层结构的中间体（上层预制板、中间层导电基材和下层预制板）制备带流道的极板，能够解决极板最薄处难以成型的问题，制备得到的双极板成型强度较好、厚度较薄。目前深圳雄韬制成的极板样品总厚度为 0.38mm（其中流道深度为 0.2mm），薄度堪比金属极板，且耐腐蚀性远超金属极板。

2）产品技术现状：复合双极板目前正处于商业化应用初期阶段，海外企业如日本日清坊、德国 SGL、美国 A.Schulman 等处于领先水平。德国 SGL 公司以热固性酚醛树脂为粘结剂的复合双极板 BBP-4 性能较突出，电导率 >200S/cm，弯曲强度 >167MPa。目前，国内能批量生产燃料电池复合双极板的企业有北京氢璞、武汉喜马拉雅以及青岛杜科。其中青岛杜科模压复合双极板水场粘接后薄 1.35mm，电导率 >300S/cm，接触电阻 <3.5mΩ·cm²。广东省在复合双极板的产业化方面尚未起步。

（2）分析研判

复合石墨板通过优化制备工艺，提升应用可靠性，有望展现出更为广阔的应用前景，是值得关注的发展方向。复合双极板结合了石墨双极板和金属双极板的优点，具有良好的导电性、机械强度、耐腐蚀性，在加工性能和成本控制方面具有显著优势。随着技术的不断进步，复合石墨板有望在未来 PEMFC 市场中占据重要地位。复合双极板的技术路线包括石墨 / 金属 / 树脂路线和树脂 / 石墨路线。石墨 / 金属 / 树脂路线的特点是：导电性略有牺牲、具有阻气性、加工难度降低以及采用树脂为粘结剂。树脂 / 石墨路线的特点是：以聚偏氟乙烯粉末为粘结剂，先干混后模压形成聚偏氟乙烯 / 石墨双极板，缺点是加工周期长、制板成本高；以热固性树脂乙烯基酯树脂为粘结剂，辅以脱模剂，形成石墨 / 乙烯基酯树脂复合双极板，优点是导电率高、成本低、容易制备，缺点是固化时间长；以邻苯树脂、酚醛改性乙烯基和丙烯酸树脂为粘结剂，以石墨为导电填充料经模压形成，其放电性与石墨双极板相当，但具有一定的透气性。因此需要通过选用合适的高分子聚合物和导电基体及添加剂，改善树脂 / 石墨复合双极板在复合时聚合物和填料的加工性能，保证所制备的复合双极板能够满足燃料电池的使用要求，如高导电性、力学强度和气密性等。

注塑成型工艺是未来树脂 / 石墨复合双极板进行规模化生产，降低制造成本的主流技术路线。相较于模压成型，注塑成型具有更高的生产效率，更短的模压时间，且准备工作相对简化，更易于实现连续化、机械化和自动化生产，尤其适用于制备形状复杂、尺寸精度要求高的产品。但在复合双极板制备原料中，石墨导电填料占 70% ~ 80%，树脂含量最高仅有 30%，这一比例使得在注塑成型过程中，物料的流动性成为一大挑战。此外，增加树脂含量虽能改善流动性，却会不可避免地降低双极板的导电性能。因此要进行工艺条件等参数的优化，解决物料流动性问题，确保注塑成型工艺能够充分发挥其高效、高精度的优势，使其成为复合双极板规模化生产最可行的路径之一。

（3）关键指标（见表 6.3-10）

表 6.3-10　PEMFC 复合双极板关键指标

指标	单位	现状	2027 年	2030 年
双极板厚度	mm	<1.5	<1	<0.8
寿命	h	>20000	>25000	>30000
电导率	S/cm	>100	>120	>150
腐蚀电流密度	$\mu A/cm^2$	<0.8	<0.8	<0.8
成本	元 /kW	>100	<80	<50

6. 扩散层

（1）技术现状

1）研发技术现状：日本、德国和美国在扩散层的研发技术上处于领先水平。日本东丽和德国 SGL 的产品覆盖碳纤维碳纸、微孔层 MPL 涂布等，具备深厚的基础碳材料开发和规模化生产能力，是国际气体扩散层市场的龙头企业。日本东丽的 TGP-H-120 系列气体渗透率为 1500，电阻率为 4.7mΩ·cm，孔隙率为 78%，抗拉强度为 90N/cm。目前国内企业中，国氢科技、仁丰特材、嘉资新材、上海碳际、金博股份等均已取得一定进展。其中"斯帛"系列碳纸SB-CP150、SB-CP190，由国家电投佛山绿动自主研发制造，产品理化性能卓越，拉伸强度超过50MPa，垂直电阻率和平面电阻率均小于$7m\Omega \cdot cm$，孔隙率高达78%，表面平整，厚度可控且均一性良好（厚度公差范围在$\pm 15\mu m$），年产30万m^2"斯帛"碳纸产线在国家电投华南氢能产业基地完成建设并实现投产。

2）产品技术现状：现阶段，碳纸供应商主要有日本东丽、德国SGL和加拿大巴拉德等厂商，海外厂商在扩散层碳纸/碳布领域占据中国市场份额超过90%。其中核心原材料碳纸及原纸，基本被日本东丽所垄断。扩散层在各个领域都有广泛的应用，然而国内的相关研究起步较晚，碳纸制备核心技术及装备长期被海外企业垄断，技术落后于国际先进水平。目前国内企业如上海碳际、中国纸院、金博股份等正在推进国产化碳纸产品的研发。仁丰特材是国内首家从短切碳纤维原料起，布局包括制浆、抄造、涂胶、热压、碳化、石墨化、疏水层涂布、微孔层涂布、烧结全链生产，到卷对卷产品规模化生产的全链条的扩散层供应商。深圳通用氢能目前已完成了10万m^2扩散层产线建设（已稳定运行超20个月）。

（2）分析研判

原材料的获取以及先进的碳纸制备工艺是气体扩散层的核心。气体扩散层上游的核心原材料为碳纸，碳纸是由经短切的碳纤维通过湿法或干法工艺制备而成。碳纸用碳纤维一般为T300系列和T700系列，最早由日本东丽于20世纪70年代发明。目前国内企业，如中复神鹰等已能够量产与日本东丽碳纤维对标的产品，不存在技术瓶颈及规模化供应问题。碳纸制备工艺分为两大技术路线，分别为干法和湿法。湿法工艺是目前的主流技术，是将碳纤维与水、分散剂混合后经抄纸工艺得到原纸，再经浸渍、树脂化、碳化等流程得到碳纸。干法工艺是以空气为介质，采用气流成网工艺加工成原纸，并经涂胶、干燥和碳化等多道工艺步骤制备而成，所制得的碳纸具有出色的导电性、较高的强度、良好的透气性等特点。目前世界范围内鲜有企业掌握干法量产制备碳纸原纸的工艺。此外碳纸生产过程中的树脂添加剂配方也是各企业的核心机密。

导热性及耐久性是扩散层的技术重点及难点。气体扩散层是碳纸经微孔层（MPL）涂覆和连续高温热处理后的产物，碳纸是碳化的树脂结构，它的导热性较差，并且随着燃料电池功率提升，这种问题会更严重，加大整体技术难度。碳纸材料在高电位、起停、大电流等工况下会发生电化学腐蚀。碳纸材料在冲击载荷、振动和气压变化产生的循环应力下，基材受到流道脊剪切应力，导致MPL裂纹、MPL与基材脱离分层，破坏了碳纸主体结构。在多次交变高低温循环后，由于基材与MPL的体积膨胀率不同，MPL的裂缝宽度和长度明显增加，表面接触角降低，疏水性降低。一般认为提高耐久性有三个途径：①提高碳纸的机械强度；②孔径和有序化孔径分布可控；③高功率密度高耐久要求下改进MPL技术。目前北京骊能新能源已经开发出满足高功率密度和长耐久性需求的GDL扩散层产品，产品可应用于$2W/cm^2$以上高功率密度电堆，产品寿命在原有基础上提高2.2倍以上。

产品均一性好及成本低是提高国产扩散层市占率的重点。气体扩散层的成本主要由加工费用主导，目前进口气体扩散层的售价可达 600 元 /m²，若规模化生产将会带来大幅的成本削减，因此扩散层规模化生产工艺会是未来重点发展方向。同时，应探索更加规范、完善的扩散层测试方法及评价标准，保障批量化产品的均一性、稳定性和性能的优异性。

（3）关键指标（见表 6.3-11）

表 6.3-11   PEMFC 扩散层关键指标

指标	单位	现状	2027 年	2030 年
电阻率（面向）	mΩ·cm	4.5	4.0	3.7
透气率	Gurley/s	5	4.7	4.5
拉伸强度	MPa	≥ 20	≥ 25	≥ 30
弯曲模量	GPa	≥ 10	≥ 13	≥ 15
弯曲强度	MPa	≥ 10	≥ 13	≥ 15
表面粗糙度	μm	8	6	5
成本	元 /kW	≤ 300	≤ 150	≤ 80

7. 空气压缩机

（1）技术现状

1）研发技术现状：空气压缩机的研发是日本和美国处于世界领先水平。目前主流的燃料电池系统用空气压缩机主要有离心式、罗茨式、螺杆式三种类型。表 6.3-12 为燃料电池用空气压缩机分类及特点。

表 6.3-12   燃料电池用空气压缩机分类及特点

分类	优势	不足
罗茨式	流量压力范围宽、结构简单、成本低、工艺难度低	叶片少、脉动大、噪声大、体积大、重量重、高压段效率低
螺杆式	流量压力范围宽、压比大、容积效率高	低压段效率高、内压缩、冷却要求高、螺杆需耐磨涂层、轴承精度要求高、工艺复杂、叶片少、噪声大
离心式	供气量大而连续、运转平稳、响应速度快、结构简单、噪声小	稳定工况区较窄、低流量下存在喘振现象、空气轴承起停次数有限制

资料来源：《2022 年氢能设备行业报告：政策驱动氢能行业加速，关注优质卖铲人》。

相较于其他两种空气压缩机，离心式空气压缩机在效率、噪声、体积、无油、功率密度等方面均表现出色，目前已成为市场主流选择。国际上本田 CLARITY 乘用车使用的美国盖瑞特研发的两级电动压缩机的创新设计结构，实现了对空气的最大程度压缩。

国内空气压缩机研发技术目前与国际水平尚有差距。国内典型技术代表是北京势加透博使用的 XT-FCC300 空气压缩机，机组由两级离心叶轮、高速永磁同步电机和车用级动压气浮轴承组成，用于为燃料电池系统提供洁净无油的压缩空气。据报告，广东省内的广顺新能源目前已经开发了涵盖 30 ~ 60kW 的燃料电池配套的空气压缩机，但其在小型化和稳定性方面还存在不足。

2）产品技术现状：日本和美国的燃料电池用空气压缩机处于世界领先水平。美国盖瑞特研发的 E-Turbo（两级电动压缩机）可为燃料电池电堆带来 400 kPa、125g/s（该指标全球领先）的增压气流量，实现 100% 无油运行，电堆输出密度达到 3.1kW/L，压缩机最大功率可达 103kW，转速为 10 万 r/min。

国内空气压缩机产品目前与国际水平尚有差距。国内典型产品是北京势加透博使用的 XT-FCC300 空气压缩机，产品系列可完美覆盖 30~150kW 电堆的洁净供气系统需求，额定点的流量为 108g/s，压比为 2.5；功耗比传统解决方案少 1/3。此外金士顿 RDGF 系列空气压缩机实现了 30~120kW 国内常见功率系统的全面覆盖。成套产品已经顺利通过各项 DV 测试，核心部件空气轴承完成 10 万次起停实测，且成套整机已完成 5000h 台架测试。其与亿华通合作密切，供货量近 800 台。广东广顺新能源目前已经开发了涵盖 30~60kW 的燃料电池配套的空气压缩机，其中 TB 系类的空气压缩机可以实现额定功耗小于 6.5kW，额定流量达到 190m^3/h。表 6.3-13 汇总了国内外燃料电池用空气压缩机厂商及其代表产品。

表 6.3-13　国内外燃料电池用空气压缩机知名厂商及其代表产品

国家区域	厂商	代表产品
欧美	美国盖瑞特	E-Turbo（两级电动压缩机）
	美国 UQM	R340
	美国 Air Squared	P12h020a
	丹麦 Rotrex	Rotrex A/S
	德国利勃海尔	PROME P390
	瑞士 Fisher	EMTC-150K AIR
日韩	韩国 Hanon	HES33
	韩国 TNE KOREA	THE 系类
	日本丰田自动织机	第二代 Mirai 离心式
中国	北京势加透博	XT-FCC300
	河北金士顿	RDGF 系列
	福建雪人股份	OA072
	北京伯肯节能	电磁式
	北京稳力科技	岚系类
	广东广顺新能源	TB 系类
	烟台东德实业	DK 系类
	深圳福瑞电气	FRE120 系列
	苏州瑞田汽车压缩机	RTC 系列

（2）分析研判

低能耗、低噪声、高可靠性、高效率和小型化是燃料电池用空气压缩机的主要发展方向。

低能耗：在空气压缩机运行的时候，超过 80% 的电通过热能形式以水或空气为介质释放出去，而对于增加空气势能这部分的用电只占不到 20%，因此降低这部分损失可以有效地降低空气压缩机的能耗。对空气压缩机进行变频改造，并结合 PLC 进行频率闭环控制，可以进一步调节电机转速，使空气压缩机输出压力保持恒定，还可以降低燃料电池起动时的冲击电流，实现燃料电池空气压缩机中电机的软起动，延长设备寿命。目前国内厂商如深圳英威腾在 2023 年新推出三种空气压缩机专用变频器：Goodrive300-01A 系列空气压缩机专用变频器，可应用于同步或异步空气压缩机的控制。

低噪声：采用空气轴承技术，可以有效地降低空气压缩机运行时的噪声问题。与常用的滚珠轴承相比，空气轴承具有摩阻极低、适用速度范围宽、适用温度范围广等优势。但该技术在实际应用过程中，需要空气压缩机提供额外的高压空气用于空气轴承的介质，这会造成额外的能量损失，因此该技术仅能作为空气压缩机发展阶段的过渡技术。目前更为先进的水润滑轴承技术与空气轴承技术相比，具有更低的能耗，但同时水润滑轴承需要增加额外的润滑水路和驱动装置，使得系统更加复杂化，目前国内处于实验室阶段，但是随着技术的不断完善，系统的不断简化，水润滑轴承技术会受到市场的青睐。

高效率：目前常用的单级空气压缩机，受到燃料电池空气压缩机功率和体积的限制，不能获得更大的空压比。两级电动压缩机能够最大限度地对空气进行压缩。在体积上，采取两级压缩、更高的压力有助于将电堆做得紧凑，使电堆体积缩小 33%。但是该技术存在随着电堆功率越大，寄生功耗越大，使得系统效率越低的问题。以 250kW 电堆系统为例，两级压缩离心式空气压缩机的寄生功率约为 45kW，加上其他 BOP 能耗，系统仅可以输出 200kW 的电能。因此对于更高功率的燃料电池，需要探索开发更大功率级别的采用透平式能量回收技术路线的空气压缩机产品，利用涡轮膨胀做功的原理，把电堆排气中的一部分能量加以回收利用，从而降低空气压缩机对于电源功率的需求。目前国内企业已经开始在这方面布局，例如海德韦尔带能量回收系统的空气压缩机样机 VSEC 系列已成功下线。此外在空气压缩机上增加涡轮膨胀机也能有效降低用氢成本，进而降低燃料电池成本。

（3）关键指标（见表 6.3-14）

表 6.3-14 燃料电池用空气压缩机关键指标

指标	单位	现阶段	2027 年	2030 年
空气流量	m³/h	200	250	300
流量响应时间	s	3	<2	<1
空压比	—	3.0	>3.5	4.0
转子额定转速	万 r/min	20	25	30
噪声（额定工况下）	dB	90	<70	<40
寿命	h	6000	10000	15000

8. 氢气循环系统

（1）技术现状

1）研发技术现状：燃料电池氢气供应系统具有三种不同的工作模式，它们分别是氢气直排流通模式、死端模式以及再循环模式。在直排流通模式下,系统架构简洁、成本较低,但由于缺乏氢循环组件,未完全反应的氢气直接排放,这不仅存在安全隐患,还可能导致电池效率偏低。此外,为了保持膜的水分平衡,还需增设额外的加湿系统。死端模式则面临另一个问题,即空气中的氮气等杂质气体以及反应生成的液态水会通过质子交换膜进入电堆阳极,逐渐积聚并阻塞气体通道,使氢气难以与催化剂层有效接触,进而造成电池电压下降。相比之下,再循环模式通过氢气循环装置,将未反应的湿润氢气从电堆阳极出口循环回阳极进口,继续参与化学反应,从而提高氢气的利用率。同时,这种模式还能有效排出阳极中累积的水和杂质气体,确保电堆的高效稳定运行。

目前各燃料电池系统企业主要采用氢气再循环方式。氢气循环装置的核心装置主要是氢气循环泵和引射器。基于氢气循环泵和引射器两个核心器件,具体氢气循环技术方案及优缺点见表 6.3-15。目前氢气循环技术方案主要是单循环泵以及循环泵与引射器协同路线。

表 6.3-15 氢气循环技术方案及优缺点

氢气循环模式	优点	缺点
单氢气循环泵	工作范围广、响应快,可以主动调节,电堆整体效率提高	有寄生功率、振动、噪声、体积大、维护成本高,冷起动结冰
单引射器	结构简单、运行可靠,无寄生功率,成本低	低功率工况下引射效果差
双引射器	工作范围拓宽	控制策略复杂,无法覆盖所有工作范围
引射器与氢气循环泵并联	工作范围广、电堆效率高	控制复杂、成本高,有寄生功率
喷射器与氢气循环泵并联	电堆效率高	控制复杂,有寄生功率
引射器与旁通喷射器并联	低功率工况实现吹扫除水	控制复杂,无法覆盖所有工作范围

资料来源:张立新 . 车用燃料电池氢气供应系统研究综述用燃料电池氢气供应系统研究综述 [J]. 工程热物理学报,2022,43(6):1444-1459.

2)产品技术现状:氢气循环系统实现国产化替代。国产氢气循环泵技术达到国际领先水平。2020 年前,德国普旭占据了国内循环泵约 90% 的市场份额,然而随着国产技术的崛起,普旭逐渐退出了国内市场。到了 2021 年,国内企业的循环泵出货量已经占据了高达 91.7% 的市场份额。东德实业是氢气循环泵市场龙头,其市场份额在 2022 年前三季度已高达 88% 以上。涉足氢气循环泵的国内企业还有瑞驱科技、雪人股份、南方德尔、浙江恒友、申氢宸等。国产氢气引射器实现技术突破。浙江宏昇具有较强的引射器开发设计能力,产品可适配 30 ~ 120kW 的燃料电池系统,并能与共轨喷氢阀串联,可达到 2.0 额定引射当量比。深圳雄韬自研引射器可覆盖功率范围为 4 ~ 80kW,额定点系统净功率提升 2kW,氢耗降低 1%,氢气回路成本降低 50%。

(2)分析研判

引射器节省能耗,体积小、成本低,且开发难度小于氢气循环泵,在未来大功率燃料电池方向上应用潜力巨大。在大功率应用场景下(150kW 及以上功率),目前主要系统厂家仍倾向选择循环泵与引射器串／并联的技术路线，通过利用循环泵主动循环提升寿命和引射器被动循环降低功耗，来达到寿命和效率同时提升的效果。鸢鸟电气、浙江宏昇等代表企业已将探索低成本、高可靠性、高效率的氢循环方案的目光聚焦到引射器上。

目前，超大功率燃料电池系统的主流技术趋势是采用引射器与氢气循环泵并联的配置。在这种配置中，引射器能够覆盖超过 50% 的工况点，特别是在中、高功率范围内表现出色。而在低功率段，氢气循环泵则起到补充作用，确保系统稳定运行。相较于单一使用氢气循环泵的方案，这种并联配置显著降低了循环功耗，降幅高达 60%，同时系统效率也提升了约 1.0%。然而，值得注意的是，在低温环境下进行大功率运行时，引射器内部容易形成冷凝水。这种冷凝水的存在可能对电堆的一致性和寿命产生不良影响。因此，在引射器的设计过程中，必须综合考虑水热管理策略，通过合理的设计和优化，尽量避免冷凝水的产生，从而为电堆创造一个更加稳定、舒适的运行环境，确保燃料电池系统的长期稳定运行。

优化引射器与氢气循环泵的协同控制是氢气循环系统技术的关键所在。在氢气循环控制过程中，确保氢气浓度维持在适宜范围内至关重要。若排放时间过长，氢气排放过多，将降低系统效率；而排放时间过短，则会导致氢气循环中氢气浓度偏低，使电堆处于非最优反应状态，同样影响系统效率。因此对于氢气循环泵与引射器协同在不同系统工况下控制的问题，需通过实验确定最佳切换工况点或引入智能算法进一步优化分散式经典比例积分控制和状态反馈控制两种控制策略，以实现燃料电池不同功率下的高效、稳定协调工作。

6.3.1.2 技术创新路线图

现阶段，PEMFC 石墨电堆国内处于世界先进水平，PEMFC 金属电堆有一定差距；在 HT-PEMFC 领域，国内电堆与国外电堆在功率和寿命上差距明显；国产催化剂小范围生产；国产商用质子交换膜和扩散层进步明显，但仍有差距；国产膜电极产品与国外并跑；国产双极板能够小规模生产，初步掌握石墨双极板制备技术，金属双极板有一定差距。国内空气压缩机产品目前与国际水平尚有差距。

到 2027 年，HT-PEMFC 与国际先进水平差距缩小；国产催化剂稳定批量化生产；国产商用质子交换膜和扩散层进步明显，差距进一步缩小，实现小范围应用；国产膜电极产品与国际并跑；掌握石墨双极板规模制备技术，金属双极板差距缩小。国内空气压缩机产品取得一定进展，实现小范围应用。

到 2030 年，HT-PEMFC 达到国际先进水平；国产催化剂稳定规模化生产；国产商用质子交换膜和扩散层进步明显，实现规模化应用；国产膜电极产品与国际并跑；全面掌握石墨双极板规模制备技术，金属双极板差距进一步缩小；国内空气压缩机产品取得一定进展，实现大范围应用。

图 6.3-3 为 PEMFC 技术创新路线图。

图 6.3-3 PEMFC技术创新路线图

技术分类：①电堆技术；②催化剂技术；③质子交换膜技术；④膜电极技术；⑤双极板技术；⑥扩散层技术；⑦空气压缩机技术；⑧氢气循环系统

技术目标	现阶段	2027年	2030年
技术内容 / 技术分析	PEMFC石墨电堆国内处于世界先进水平，PEMFC金属电堆有一定差距；在HT-PEMFC领域，国产电堆与国外电堆在功率密度上差距明显，国产催化剂小范围应用；国产商用质子交换膜和扩散层进步明显，但仍有差距；国产膜电极产品与国外并跑；国产双极板进展顺利，初步掌握石墨双极板制备技术；国内空气压缩机产品目前与国际水平尚有一定差距	HT-PEMFC与国际质子交换膜和扩散层差距进一步缩小，实现小范围应用；国产催化剂规模化生产；国产商用质子交换膜和扩散层差距进一步缩小，实现小范围应用；掌握金属双极板系统制备技术，实现小批量生产；国产金属双极板差距缩小，金属双极板能够小规模生产；国内空气压缩机差距缩小，国产产品取得一定进展，实现小范围应用	HT-PEMFC达到国际先进水平；国产商用质子交换膜和扩散层差距进一步缩小，实现金属双极板规模化应用；国产膜电极与国外产品取得一定进展；全面掌握石墨双极板规模制备技术；金属双极板差距进一步缩小；国内空气压缩机产品取得一定进展，实现大范围应用
电堆	PEMFC：体积功率密度（不计端板）>4.0kW/L，输出性能>2.5A/cm²@0.6V，铂用量>0.125g/kW，寿命40000h，成本>1200元/kW；HT-PEMFC：单堆功率30kW，发电效率>40%，CO耐受性>2000μL/L@130℃，功率密度>2.5kW/kg，启动时间>20min，寿命>3000h	PEMFC：体积功率密度（不计端板）>4.5kW/L，输出性能>2.8A/cm²@0.6V，铂用量>0.125g/kW，寿命60000h，成本>900元/kW；HT-PEMFC：单堆功率50kW，发电效率>45%，CO耐受性>2000μL/L@130℃，功率密度>3kW/kg，启动时间>15min，寿命>5000h	PEMFC：体积功率密度（不计端板）>5.0kW/L，输出性能>3.0A/cm²@0.6V，铂用量>0.1g/kW，寿命80000h，成本≤800元/kW；HT-PEMFC：单堆功率100kW，发电效率>50%，CO耐受性>3000μL/L@130℃，功率密度>3.5kW/kg，启动时间>10min，寿命>8000h
催化剂	质量比活性（Pt，0.9V）>550mA/mg，单电池性能>300mW/cm²@0.6V，耐久性（0.6~0.95V循环）30000圈电化学活性面积下降比例）<40%	质量比活性（Pt，0.9V）>600mA/mg，单电池性能>350mW/cm²@0.6V，耐久性（0.6~0.95V循环）30000圈电化学活性面积下降比例）<35%	质量比活性（Pt，0.9V）>650mA/mg，单电池性能>400mW/cm²@0.6V，耐久性（0.6~0.95V循环）30000圈电化学活性面积下降比例）<30%
质子交换膜	低温：厚度<15μm，X-Y方向溶胀度<2%，面电阻<2×10⁻²Ω·cm，化学机械混合寿命<30000循环次数，机械强度<60MPa，透氢电流密度<2mA/cm²，成本<170元/kW；高温：最大工作温度200℃，启动温度-30℃，面电阻<0.02Ω·cm²，电导率>80mS/cm@180℃	低温：厚度<8μm，X-Y方向溶胀度<2%，面电阻<2×10⁻²Ω·cm，化学机械混合寿命<28000循环次数，机械强度<80MPa，透氢电流密度<1.3mA/cm²，成本<120元/kW；高温：最大工作温度220℃，启动温度-40℃，面电阻<0.02Ω·cm²，电导率>85mS/cm@180℃	低温：厚度<5μm，X-Y方向溶胀度<2%，面电阻<2×10⁻²Ω·cm，化学机械混合寿命<30000循环次数，机械强度>100MPa，透氢电流密度<1mA/cm²，成本<100元/kW；高温：最大工作温度240℃，启动温度-40℃，面电阻<0.02Ω·cm²，电导率>90mS/cm@180℃
膜电极	输出性能>0.44A/cm²@0.8V，输出性能>2.5A/cm²@0.6V，铂用量0.125g/kW，实际工况寿命（性能衰减<10%）10000h，成本<500元/kW	输出性能>0.5A/cm²@0.8V，输出性能>2.8A/cm²@0.6V，铂用量>0.125g/kW，实际工况寿命（性能衰减<10%）12500h，成本<400元/kW	输出性能>0.6A/cm²@0.8V，输出性能>3A/cm²@0.6V，铂用量>0.1g/kW，实际工况寿命（性能衰减<10%）15000h，成本<300元/kW
双极板	石墨双极板：厚度>1mm，透气率<2×10⁻⁶cm³/cm²/s，寿命>20000h，电导率>100S/cm，腐蚀电流密度<1μA/cm²；金属双极板：基材厚度<0.1mm，寿命>10000h，电导率>100S/cm，界面接触电阻<0.08mΩ·cm，腐蚀电流密度<0.8μA/cm²，成本<700元/kW；复合双极板：厚度<1.5mm，寿命>20000h，电导率>100S/cm，腐蚀电流密度<0.8μA/cm²，成本<300元/kW	石墨双极板：厚度<0.7mm，透气率<2×10⁻⁶cm³/cm²/s，寿命>25000h，电导率>200S/cm，弯曲强度>60MPa，腐蚀电流密度<0.5μA/cm²；金属双极板：基材厚度<0.08mm，寿命>20000h，电导率>100S/cm，界面接触电阻<0.05mΩ·cm，腐蚀电流密度<0.7μA/cm²，成本<80元/kW；复合双极板：厚度<1mm，寿命>25000h，电导率>120S/cm，腐蚀电流密度<0.8μA/cm²，成本<80元/kW	石墨双极板：厚度<0.5mm，透气率<2×10⁻⁶cm³/cm²/s，寿命>30000h，电导率>300S/cm，弯曲强度>100MPa，腐蚀电流密度<0.3μA/cm²；金属双极板：基材厚度<0.05mm，寿命>25000h，电导率>100S/cm，界面接触电阻<0.05mΩ·cm，腐蚀电流密度<0.5μA/cm²，成本<70元/kW；复合双极板：厚度<0.8mm，寿命>30000h，电导率>150S/cm，腐蚀电流密度<0.8μA/cm²，成本<50元/kW
扩散层	电阻率（面向）4.5mΩ·cm，透气率4.5Gurley/s，弯曲强度>20MPa，弯曲模量>10GPa，弯曲强度15MPa，表面粗糙度8μm，成本<300元/kW	电阻率（面向）4mΩ·cm，透气率4.7Gurley/s，弯曲强度>25MPa，弯曲模量>13GPa，弯曲强度13MPa，表面粗糙度6μm，成本<150元/kW	电阻率（面向）3.7mΩ·cm，透气率4.5Gurley/s，弯曲强度>30MPa，弯曲模量>15GPa，弯曲强度15MPa，表面粗糙度5μm，成本<80元/kW

6.3.1.3 技术创新需求

基于以上的综合分析讨论，PEMFC 的发展需要在表 6.3-16 所示方向实施创新研究，实现技术突破。

表 6.3-16　PEMFC 技术创新需求

序号	项目名称	研究内容	预期成果
1	高功率密度、长寿命 PEMFC 电堆开发及应用	开发高功率密度、高集成、小型化电堆，改善电堆温度不均、流体分配不均等问题，避免产生单节过低，提高电堆寿命；开发无增湿、高可靠电堆组件，研究自增湿膜电极结构设计及工程化制备技术，研究高保水、热稳定的质子交换膜制备技术，开发低压低湿操作气体扩散层	突破石墨堆功率密度 ≥ 5.0kW/L、寿命 ≥ 60000h，金属堆功率密度 ≥ 5.5kW/L、寿命 ≥ 40000h 等关键技术指标，拓宽电堆适用区域及领域，技术达到国际先进水平
2	PEMFC 关键材料及部件开发及应用	开发高活性、高稳定性非贵金属抗毒化催化剂；开发薄型化、高机械强度、耐持久和低溶胀的复合膜制备技术及工艺；优化膜电极结构，开发梯度化高效催化层可控构筑工艺及膜电极层间连接技术；开发超薄金属双极板精细成形技术；研究双极板表面涂层材料及先进涂层工艺开发；开发扩散层碳纸干法制备工艺；研究超薄、孔径有序化扩散层研究与规模化制备技术；开发透平式能量回收空气压缩机技术；开发全功率引射器氢气循环系统	突破膜电极、催化剂、质子交换膜、气体扩散层、双极板等燃料电池关键材料和部件的制备技术，实现国产化替代，在膜厚度、催化剂活性及铂载量、CO 耐受性、膜电极寿命、气体扩散通量等核心指标上取得重大突破，技术达到国际先进水平

6.3.2　固体氧化物燃料电池

6.3.2.1 技术分析

固体氧化物燃料电池（Solid Oxide Fuel Cell，SOFC）电堆结构包括电解质、燃料电极（阳极）、空气电极（阴极）以及连接体等。

SOFC 优势较明显，如不使用贵金属催化剂、燃料适应性强（与 PEMFC 相比，SOFC 对 CO 的浓度耐受度更高）、余热温度高、发电效率高，被认为会在未来与 PEMFC 一样得到普及应用的一种燃料电池。SOFC 可应用于分布式发电、备用电源与热电联产、综合能源补给站、储能、化工节能、交通（主要是商用车和船舶动力）等领域。国家发展改革委、国家能源局发布的文件《氢能产业发展中长期规划（2021—2035 年）》中着重提到固体氧化物燃料电池的技术攻关。广东省文件《广东省能源发展"十四五"规划》中提出发展 SOFC 及其分布式发电成套装备，推广高温燃料电池冷热电三联供应用示范。

1. 单电池

单电池由燃料电极、空气电极和电解质组成，是电堆最核心的组件，如图 6.3-4 所示。目前，单电池工作性能的长期稳定性是制约 SOFC 技术应用的瓶颈问题，涉及各电池组元及其材料的稳定性和可靠性。

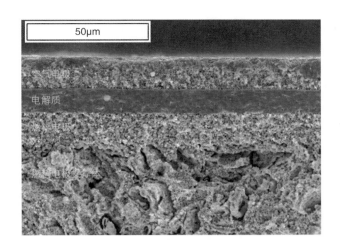

图 6.3-4　SOFC 单电池的显微结构示意图

电解质是单电池中最核心的部件，位于燃料电极和空气电极之间，是一种致密的具有氧离子或者质子传导功能的陶瓷薄膜，其主要功能是：①提供氧离子或者质子在电极之间的传输通道；②阻隔电子在电极之间的传导；③阻止氧气和燃料的相互渗透。电解质材料决定着燃料电池的工作温度和转换效率，同时也直接影响着与之相匹配的电极材料的选择和制备。性能优良的电解质材料具有高的离子电导率、高的离子迁移数、良好的气密性、良好的化学稳定性以及与其他电池组良好的热膨胀匹配性。SOFC 中应用最广泛的电解质材料主要集中在氧化锆系、氧化铈系和镓酸镧系这三类材料。虽然在同一 SOFC 的运行温度下，氧化铈系和镓酸镧系电解质的氧离子电导率较高，但是锆基电解质在高温下、氧化和还原气氛中具有良好的化学稳定性，且在宽氧分压范围内具有纯的氧离子导电特性和优异的机械强度，可制成致密的膜电解质。因此，锆基电解质能够满足 SOFC 的几乎所有工况的要求，成为 SOFC 电解质材料的首选。目前，SOFC 电解质的主要改进方向是通过降低膜厚度和优化材料组成，进一步提高其离子电导率和稳定性，以实现 SOFC 运行温度的降低和单电池长期工作稳定性的提升。

燃料电极是燃料气体进行电化学反应的场所，要求具有高电导性、燃料气氛中较好的结构稳定性、适中的孔隙率、高电催化活性、与电解质材料良好的化学相容性和热膨胀匹配性、对燃料气体中的杂质（H_2S 等）高的耐受性和良好的机械强度。SOFC 中应用最广泛且技术最成熟的燃料电极材料是多孔 Ni/YSZ（钇稳定氧化锆）金属陶瓷材料。然而，在长时间处于高温水蒸气条件下，高体积含量的金属 Ni 基电极会出现金属烧结团聚、体积变化以及在使用碳氢化合物燃料时出现的积碳和硫毒化等问题是制约 SOFC 商业化最主要的障碍之一。目前，研究性价比高的工艺流程，制备显微结构合理以及性能稳定优异的 Ni/YSZ 复合材料是 SOFC 燃料电极发展的主要方向。

空气电极是氧气进行电化学反应的场所，要求具有高的电子和离子电导率、较宽氧分压范围内（$10^{-5} \sim 1atm$）的结构稳定性、适中的孔隙率、高电催化活性、与电解质材料良好的化学相容性和热膨胀匹配性、对空气中的杂质 CO_2 等的高耐受性。钙钛矿结构的 Mn 基氧化物（$La_{1-x}Sr_xMnO_{3-\delta}$，简称 LSM）和 Co-Fe 基氧化物（$La_{1-x}Sr_xCo_{1-y}Fe_yO_{3-\delta}$，简称 LSCF）材料是目前 SOFC 制造商主流使用且技术成熟的空气电极材料。然而，LSM 和 LSCF 空气电极在 SOFC 工况下的表面 Sr 析出、Cr（连接体材料中的挥发组分）中毒以及与电解质的界面结合变弱等问题是导致 SOFC 单电池性能退化的主要因素。目前，探索兼有高电催化活性和高稳定性的新型钙钛矿氧化物材料是 SOFC 空气电极发展的主要方向。

2. 单电池组件

单电池是 SOFC 电堆最核心的组件，其性能主要决定于气体、离子和电子在多孔燃料电极膜层、致密电解质膜层、多孔空气电极膜层以及电极/电解质界面的传输和电化学反应速率。

根据电池支撑类型，SOFC 单电池可以分为自支撑和外部支撑两类。其中自支撑主要包括阳极、阴极和电解质支撑，外部支撑主要包括金属连接件和多孔基板支撑。由于电极支撑的电池的电解质厚度减小，因此可以在较低的工作温度下提供相对较高的性能，但是由于电极层较厚会出现质量传输限制。最常见的设计是阳极支撑电池，因为阳极极化远小于阴极极化。电解质支撑的电池具有相对坚固的结构，并且不太容易受到机械故障的影响，但是需要更高的工作温度（900～1000℃）来减少欧姆损耗。钇稳定氧化锆（YSZ）陶瓷是目前 SOFC 中最常用的电解质，其结构稳定性、力学性能和热力学性质对 SOFC 的效率和稳定性有着至关重要的影响。电解质支撑的电池中的电解质厚度通常大于 100μm。然而当电解质的厚度为 5～20μm 时，电池工作温度可以降低到 800℃以下，从而有更多的材料可供选择。使用新材料来支撑阳极、阴极和电解质增加了多孔支撑电池设计的复杂性。此外，还可以使用连接体或金属支架。这种类型的结构与电解质支撑的结构一样坚固，且由于金属的热导率高，适用于快速起动的应用场景。

此外，与大多数其他类型的燃料电池不同，SOFC 可以具有多种几何形状，大致分为管式和平板式两种，如图 6.3-5 所示。管式 SOFC 技术先进，耐久性高，不存在高温密封的问题，因为空气或燃料通过管内部，而另一种气体沿着管外部通过。然而，管式 SOFC 输出功率较低且制备加工成本高，因此没有得到广泛应用。平板式 SOFC 则成本相对低廉，且得益于平面设计的阻力相对较低，其输出功率密度和性能较好，成为当前主流的商用化 SOFC 类型。SOFC 的其他几何形状包括改进的平板式燃料电池设计，其中波状结构取代了平板式电池的传统平面配置。这种设计非常有前途，因为它们具有平板式电池（低电阻）和管式电池的优点，称为平管式构型。

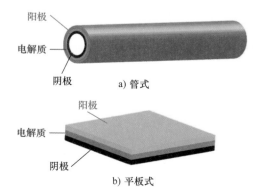

图 6.3-5 管式和平板式 SOFC 单电池示意图

（1）技术现状

1）研发技术现状：美国、日本、欧洲、加拿大在单电池组件技术研发上处于世界领先水平，爱沙尼亚 Elcogen 公司开发出了总厚度为 250μm，YSZ 电解质膜厚度为 3μm，空气电极面积为 81cm² 的超薄平板式电池，功率密度在 650℃和 H₂/ 空气的测试条件下达到了 0.7W/cm²@0.8V。国内单电池研发目前处于国际跟跑水平，华中科技大学研发的空气电极面积为 100cm² 的平板式电池，功能密度在 650℃和 H₂/ 空气的测试条件下为 0.4W/cm²，且在 4000h 的耐久性测试中，呈现出 0.3%/1000h 的衰减率，十分接近国际先进水平。广东省在单电池研发技术上处于国内先进水平，潮州三环（集团）股份有限公司研发的超薄平板式电池性能稳定且优越，这一点从其 1.5kW SOFC 标准电堆单元运行 1 年后的衰减率仅为 0.2%/1000h 中得到体现。

2）产品技术现状：国外 SOFC 单电池组件已经具备完善的产业链，能满足商业化需求，其中美国、日本、欧洲处于世界领先水平。国外公司针对多种应用场景的需求，开发出了不同电池支撑类型以及几何外形的 SOFC 单电池，其性能指标均达到美国能源部对于 SOFC 商业化的要求，具体见表 6.3-17。国内已经实现平板式 SOFC 单电池组件产业化的企业有潮州三环、宁波索福人、华科福赛、浙江氢邦、苏州华清京昆；实现微管式 SOFC 单电池组件产业化的企业有佛山索弗克；实现平管式 SOFC 单电池组件产业化的企业有浙江氢邦。总的来说，国内企业所生产的 SOFC 单电池的功率密度已经十分接近国际水平，但是在电池衰减率和产品一致性方面还存在一定差距。

表 6.3-17　国外公司生产的 SOFC 单电池类型

大类	细分类别	国外代表公司	国内代表公司
管式	扁管式	美国西门子 - 西屋电气、日本京瓷	—
	锥管式	英国劳斯莱斯	—
	瓦撑式	美国西门子 - 西屋电气	—
	蜂巢式	瑞典 ABB	—
	微管式	美国 Acumentrics	佛山索弗克
平板式	第一代：电解质支撑结构	德国 HEXIS、美国 Bloom Energy、德国 Sunfire	—
	第二代：阳级支撑结构	美国 Fuel Cell Energy（Versa Power）、美国 Delphi、澳大利亚 Ceramic Fuel Cells，韩国 POSCO Energy	浙江氢邦、宁波索福人、华科福赛、苏州华清京昆、无锡中弗、佛山佛燃能源、北京质子动力、上海氢程科技、上海翌晶氢能，潮州三环、壹石通
	第三代：金属支撑结构（MSC）	英国 Ceres Power、奥地利 Plansee、丹麦 Topsoe Fuel Cell	潍柴动力
平管式		日本京瓷、美国西门子 - 西屋电气	浙江氢邦、浙江臻泰

（2）分析研判

单电池组件工作性能的长期稳定性是制约 SOFC 技术应用的瓶颈问题，涉及各电池组元及其材料的稳定性和可靠性。近年来，国内外 SOFC 企业已意识到，在保证应用所需输出功率的前提下，充分降低 SOFC 的运行温度是提高其在长期运行过程中结构与性能稳定性的根本途径。SOFC 运行温度的降低具体到单电池组件上主要有两条技术路线：①高离子电导率和高电催化活性空气电极材料的研发；②传统致密电解质（YSZ）膜厚度的降低（3～5μm）。近年来，国内高校和研究所在开发高性能 SOFC 电解质和电极材料方面投入了大量精力，研发出多种具有替代潜力的新型材料。但由于高校和企业缺乏深入合作，难以在 SOFC 大电池中验证材料的性能。国内 SOFC 企业目前已经掌握单电池组件的设计、批量化制造等关键技术，但在电池的性能稳定性与一致性方面和国外还存在差距，这主要是受限于国内目前的装备制造水平。因此，有必要和先进制造领域的龙头企业合作开发适合于 SOFC 单电池组件制造的精密加工设备。此外，国内在 SOFC 单电池组分原材料粉体——稀土方面具有得天独厚的优势。一旦国内 SOFC 企业在新材料和电解质薄膜的先进制造技术两个领域取得突破，国产 SOFC 单电池组件在性价比上将会优势明显。

（3）关键指标（见表 6.3-18）

表 6.3-18　SOFC 单电池组件关键指标

指标	单位	现状	2027 年	2030 年
单电池输出性能 （650℃下，0.8V，H_2/ 空气）	W/cm^2	≥ 0.5	≥ 0.6	≥ 0.7
性能一致性 （700℃下，0.8V，H_2/ 空气）	%	≤ 20	≤ 15	≤ 10
单电池性能耐久性[①] （700℃，0.8V 下放电 10000h）	电流衰减率 %/1000h	≤ 0.4	≤ 0.2	≤ 0.1

① 单电池为平板式电池，空气电极面积为 80cm^2；燃料电极测试气氛为（50%H_2+50%N_2），燃料利用率为 50%，空气电极测试气氛为（空气 +3%H_2O）；单电池夹在 SUS430 不锈钢连接体间进行测试。

3. 电解质

（1）技术现状

1）研发技术现状：美国、欧洲、日本等发达国家和地区在 SOFC 技术方面一直处于世界领先地位。美国 Bloom Energy 公司采用氧化钪稳定的氧化锆（ScSZ）为电解质支撑体，在 50kW 电堆上实现了 65% 的发电效率。日本三菱综合材料株式会社和关西电力株式会社联合开发出 $La_{1-x}Sr_xGa_{1-y}Mg_yO_{3-\delta}$（LSGM）电解质支撑构型的单电池，将其成堆后采用重整的城市煤气为燃料在 0.3A/cm^2 负载下恒流放电且稳定运行了 40 个热循环，燃料利用率达到 75%。氧化钇稳定的氧化锆（YSZ），是目前商业化 SOFC 电堆广泛采用的电解质材料，其电导率为 $10^{-2}S/cm$（800℃）。国内潮州三环开发的 1.5kW 标准电堆单元采用的是 YSZ 电解质，可串并联为大功率模组，电堆额定功率直流发电效率可以达到 68%，且在 SOFC 系统中运行 1 年后，电堆发电效率仍维持在 64%，衰减率约为 0.2%/1000h。佛山索弗克氢能源以 YSZ 为电解质，制备的微管式电堆在 700℃和氢气为燃料的工况下，功率达到 1kW，氢气利用率为 49%，在 7A 的恒流模式下，稳定运行了

340h。此外，基于质子导电机制的铈酸钡基和锆酸钡基质子导体电解质关键材料还未完全成熟，其电池电堆未商业化。

2）产品技术现状：目前掌握 SOFC 电解质大规模商业化技术的企业主要有美国清洁能源（Bloom Energy）、日本京瓷，以及国内的潮州三环、武汉华科福赛等。美国 Bloom Energy 公司是 SOFC 行业里的龙头企业，电解质为氧化钪稳定的氧化锆，主流产品是 50kW 规格，发电效率可达 65%，目前在美国、韩国、日本和印度等安装推广。2022 年该公司与三星重工合作，产品应用于船舶，年装机量可达 300MW，且近年来每年以 50% 的速度增长。在国内随着技术逐渐成熟，越来越多的企业进入 SOFC 行业，其中较为突出的是潮州三环，该公司自 2015 年开始开展 SOFC 电堆核心部件的开发和生产工作，在氧离子导体电解质方面，已经成为全球最大的 SOFC 电解质隔膜供应商和欧洲市场上最大的 SOFC 单电池供应商。目前，其电堆发电效率达 68% 以上，预计寿命可达到 5 年，具有良好的可靠性。其与广东省能源集团有限公司合作开展"210kW 高温燃料电池发电系统研发与应用示范项目"，该项目前后安装了 6 台 35kW SOFC 系统，总功率 ≥ 210kW，平均交流发电净效率为 61.8%，运行时间最长的机台已超过 5000h，系统热电联供效率高达 91.2%。此外，潍柴动力股份有限公司也在积极布局燃料电池业务。宁波索福人公司非常关注电池成本，电池为超薄阳极支撑的 YSZ，电堆在 40A 的电流下运行了 780h，且电堆无衰减，电效率达到 60.45%。

（2）分析研判

大面积薄型化是 SOFC 电解质未来发展的主要方向，是决定 SOFC 电堆运行温度能否继续降低，运行稳定性能否继续提高的关键技术。目前国内外商业化的电堆都是采用 YSZ 和 ScSZ 作为电解质，以 YSZ 为电解质的 SOFC 通常需要在 750 ～ 900℃下运行，以 ScSZ 为电解质的 SOFC 则能够在 700 ～ 850℃下稳定运行。大面积薄型化是 SOFC 电解质未来发展的主要方向，是决定 SOFC 电堆运行温度和运行稳定性的关键技术。目前，YSZ 是 SOFC 中最常用的高温（750 ～ 900℃）电解质材料之一，其高氧离子导电性和高温结构稳定性使其成为 SOFC 代表性电解质材料。随着 SOFC 商业化进程的推进，降低工作温度成为一个重要的研究方向。近年来，ScSZ 作为另一种潜在的电解质材料，也受到了广泛关注。与 YSZ 相比，ScSZ 在中低温（600 ～ 750℃）范围内具有更高的氧离子电导率，有利于降低电池的欧姆电阻，提高电池电化学性能。另一方面，ScSZ 在中低温下还表现出良好的化学和热稳定性，因此，采用 ScSZ 为电解质有助于提高电池的长期运行稳定性。

（3）关键指标（见表 6.3-19）

表 6.3-19 SOFC 电解质关键指标

指标	单位	现状	2027 年	2030 年
烧结厚度	μm	≤ 15	≤ 10	≤ 8
烧结致密度	%	≥ 99.5	≥ 99.8	≥ 99.9
电导率	S/cm（800℃）	≥ 0.01	≥ 0.01	≥ 0.01

4. 燃料电极

（1）技术现状

1）研发技术现状：目前，全球范围内 SOFC 阳极技术研发已经取得了一定的成果和突破。在材料方面，研究人员已经开发出多种高性能 SOFC 阳极材料，如金属 - 陶瓷复合阳极材料（Ni-YSZ、Cu-CeO$_2$ 等）、功能氧化物阳极材料（SrTiO$_3$、Sr$_2$MgMoO$_{6-\delta}$ 等）。这些材料具有良好的电导率和催化活性，能够提高 SOFC 的发电效率。近年来，我国研究人员开发出多种高性能 SOFC 阳极材料。例如，中国科学院上海硅酸盐研究所研制出的新型钙钛矿阳极材料（Ba$_{0.3}$Sr$_{0.7}$Fe$_{0.9}$Mn$_{0.1}$O$_{3-\delta}$、Sr$_2$FeMo$_{2/3}$Mg$_{1/3}$O$_{6-\delta}$），具有高电导率（800℃，H$_2$ 气氛下电导率为 13S/cm）和良好的稳定性；南京工业大学邵宗平团队研制的 La$_{0.75}$Sr$_{0.25}$Cr$_{0.5}$Mn$_{0.5}$O$_{3-\delta}$ 阳极材料，具有优异的抗积碳特性，其在 950℃、甲烷燃料中的极化电阻仅为 0.0078Ω·cm^2，表现出较好的催化活性和稳定性。这些新型阳极材料的研发为提高 SOFC 的发电效率提供了保障。广东省在 SOFC 阳极技术研发方面也取得了一些进展。华南理工大学与广东省科学院新材料研究所合作，成功研发出一种新型的（Ba$_{0.2}$Sr$_{0.8}$）$_{0.9}$Ni$_{0.07}$Fe$_{0.63}$Mo$_{0.3}$O$_{3-\delta}$ 钙钛矿阳极材料，采用该材料制备的单电池在 800℃氢气气氛下的极化电阻为 0.12Ω·cm^2，输出功率密度高达 904mW/cm^2；广东工业大学董东东团队与广东省科学院新材料研究所宋琛团队合作开发了等离子喷涂技术，用以调控阳极显微结构，采用小粒径晶粒提高界面活性位点，采用大粒径晶粒增加阳极的透气性，使阳极的透气性能由 6.74×10^{-6}cm^4/gf/s 提高至 14.8×10^{-6}cm^4/gf/s，将单电池的最大输出功率密度提高至 1158mW/cm^2，显著提高了单电池的电化学性能。近年来，华南理工大学刘江团队还研发出直接碳固体氧化物燃料电池，通过在电池阳极中施加催化剂（如 5%Fe），使单电池在 850℃、固体碳燃料中的峰值功率密度达 255mA/cm^2，在 200mA 恒电流模式下放电，其燃料利用率达 95%，获得了优良的电化学性能稳定性。

广东省内的企业正在 SOFC 阳极领域进行着积极的探索和实践。例如，潮州三环集团、深圳新能源研究院等企业都在 SOFC 阳极的研发和产业化方面取得了一些重要的进展。潮州三环集团通过技术自主创新、关键技术突破，成功建立起一整套适应阳极支撑型 SOFC 单电池生产的关键工艺，主要包括：①采用薄膜流延工艺制备薄膜片：薄膜厚度薄至 2μm±0.2μm；②高温烧结平整度控制工艺：烧结后瓷体无卷曲、变形等不良问题；③阳极支撑体抗弯曲强度 >65N，单电池在 750℃、甲烷水蒸气重整条件下的输出电压 >0.85V，输出电流达 13.1A，功率密度大于 0.3W/cm^2，1000h 衰减小于 0.1%。

2）产品技术现状：在 SOFC 阳极的全球产业化方面，一些国家已经取得了重要的进展。欧洲、美国、日本等国家在 SOFC 技术的研发和产业化方面处于领先地位。美国 Delphi 采用阳极支撑型电池开发了 3～5kW 电堆以及发电系统；美国通用电气（GE）利用 0.5～1mm 阳极支撑电池开发了 5.4kW 电堆；丹麦 Topsoe Fuel Cell 和美国 FuelCell Energy 通过优化阳极支撑体结构分别开发了 1kW 和 60kW 电堆模块；芬兰 Convion（Wärtsilä）在阳极方面进行了大量的研究和投资，开发出 20～50kW 发电系统。近年来，我国在 SOFC 技术方面进行了投入，积极推动 SOFC 技术的商业化应用和发展。我国已经拥有了一批优秀的研究机构和企业。例如，中国科学院上海硅酸盐研究所占忠亮团队、中国科学技术大学夏长荣团队、华南理工大学刘江团队等在 SOFC 阳极材料、制备技术等方面进行了深入的研究和探索。同时，一些企业如潮州三环、徐州华清京昆能源、宁波索福人、潍柴动力、壹石通、质子动力、氢邦科技等也在 SOFC 阳极领域进行了投资和研发，开发出适用于工业副产氢、天然气、煤气、甲醇，以及生物质气等多种碳氢燃料的阳极，实现了 SOFC 从粉末到产品各关键环节全产业链布局，为我国 SOFC 技术快速发展和应用奠定了坚实的基础。

然而，SOFC 阳极技术的国产化仍面临一些挑战和限制。首先，技术成熟度不足，SOFC 阳极需要进一步研究和改性，以提高其性能和稳定性，同时还需要降低阳极制备成本。其次，目前 SOFC 阳极技术的应用场景仍相对较少，需要拓展其在分布式发电、交通、航空航天等领域的应用。此外，政策和标准也是制约 SOFC 阳极技术国产化的重要因素之一，需要进一步完善相关政策和标准体系。

尽管已有部分广东企业（如潮州三环、佛山索弗克氢能源）涉足该技术的研发与生产，但在 SOFC 阳极技术的产业化方面仍面临一些挑战。首先，广东地区拥有一些涉足 SOFC 阳极技术的企业，但整体规模相对较小，技术水平也有待提高。其次，完整产业链和配套设施的缺乏也是制约 SOFC 阳极技术产业化进程的重要因素。

（2）分析研判

SOFC 阳极面临着诸多挑战。金属镍基阳极 Ni-YSZ/Ni-GDC 已成为当前规模化应用的 SOFC 阳极材料。但镍基阳极在高温、高湿、还原工况下存在氧化、团聚、迁移等问题，限制着 SOFC 性能的长期稳定性。SOFC 在高的燃料利用率下，阳极侧的氢分压降低，水分压升高，导致阳极侧的氧分压升高，Ni 颗粒易被氧化。对于工业尺寸的 SOFC 而言，其工作面积大，表面组分分布不均，阳极出口附近的氧分压更高，更容易发生 Ni 颗粒的氧化。Ni 颗粒的氧化不仅会导致阳极反应位点减少使阳极反应活性下降，也可能导致传导电子的 Ni 连通网络断裂，使电池欧姆电阻增大，造成电池性能的明显衰减。在极端情况下，由 Ni 颗粒氧化导致的体积膨胀可能会使阳极或电解质开裂，造成电池严重退化甚至失效。清华大学韩敏芳团队分析了 Ni 的临界氧化条件与电池输出电压、阳极局部电势之间的关系，将 "Ni 的临界氧化电动势" 作为电池阳极安全运行的限制条件。此外，SOFC 在还原后会依次经历活化阶段和老化阶段，活化阶段性能上升，老化阶段性能下降，活化阶段阳极孔隙率增加，气相扩散过程有所改善；老化阶段阳极 Ni 颗粒发生烧结团聚，有效 TPB 密度显著降低，阳极界面反应过程劣化。在电极中，较小的 Ni 颗粒会发生粗化或以 $Ni(OH)_x$ 形式迁移，在 SOFC 中 Ni 向外迁移，而在固体氧化物电解池（SOEC）中 Ni 向内迁移，在这两种情况下都会导致电池性能的衰退和电池串联电阻的增加。因此，未来 Ni 基阳极的研究方向将聚焦于提高电池在复杂工况下的耐久性，并通过调控阳极组成和显微结构抑制电池性能的快速退化。通过对 Ni-YSZ 阳极材料进行掺杂改性来提高活性组分的分散、抑制 Ni 颗粒团聚、改善 Ni 与载体间相互作用，是提高阳极电化学性能、抗积碳能力和长期运行稳定性的重要研究方向。

多元化钙钛矿材料是 SOFC 阳极材料未来的重要发展方向。当采用复杂燃料时包括天然气、合成气等，Ni 基阳极材料具有严重的积碳问题。钙钛矿阳极材料具有良好的抗积碳效应，但其催化活性较镍基阳极催化剂低。此外，在高温和还原气氛下，钙钛矿阳极材料的稳定性是一个重要的问题。因此，开发具有广泛燃料适应性、高活性、稳定的阳极材料是 SOFC 的一个重要的研究方向。

（3）关键指标（见表 6.3-20）

表 6.3-20　燃料电极关键指标

指标	单位	现状	2027 年	2030 年
电导率（金属陶瓷复合）	S/cm	>1000	>2000	>3000
电导率（陶瓷基）	S/cm	～25	>50	～70
孔隙率	%	30～50	30～50	30～50
曲率	—	10	8	6
支撑体强度	MPa	15	20	20
极化电阻	$\Omega \cdot cm^2$	0.1	0.08	0.06
稳定性（衰减 5%）	h	1000	5000	10000

5. 空气电极

（1）技术现状

1）研发技术现状：日本和美国在空气电极材料的研发上处于世界领先水平。目前 SOFC 制造商主流使用且技术成熟的第一代空气电极材料 LSM 和第二代空气电极材料 LSCF 均为这两国科学家首次发现。近年来，美国、欧洲、日本的科学家针对 LSM 和 LSCF 空气电极在 SOFC 工况下的表面 Sr 析出、Cr 中毒以及与电解质的界面结合变弱等问题展开研究，提出了一些有价值的性能退化机理和改善策略。国内空气电极的研发以高校和研究所为主力，如中国科学技术大学夏长荣团队，中国科学院大连化学物理研究所汪国雄团队，南京工业大学邵宗平团队，华南理工大学刘江、陈燕、陈宇团队，南华大学毕磊团队等，主要针对中低温（500～700℃）SOFC 下的应用，开发出各类新型组成和结构的空气电极材料，极化面比电阻在 600℃下达到 $0.1\Omega \cdot cm^2$，与 LSCF 在 800℃下相当。这些新型空气电极材料尽管在电催化性能指标上达到国际顶尖水平，但是仍处于实验室阶段，缺乏在大面积单电池中长期稳定性的验证，且大批量制备也未实现。广东省空气电极的研发水平目前属于国内先进水平，佛山科学技术学院陈旻课题组和武汉理工大学徐庆课题组联合研发的 Fe-Cr 基钙钛矿多孔空气电极具有比 LSCF 更为优异的热膨胀匹配性能和电催化活性，且在阴极极化测试中呈现出比 LSCF 更为优异的稳定性。

2）产品技术现状：国外空气电极产业发展较成熟，主要企业有美国 Nexceris-Fuel cell Materials、瑞典 Höganäs、挪威 Cerpotech、日本 KCM Corporation、日本 Dowa 电子材料等。美国 Fuel cell energy 公司制备单电池的空气电极面积为 81cm²、孔隙率为 30%，厚度为 50μm。在 750℃、50% 燃料利用率、空气电极气氛为 3%H_2O+ 空气、电流密度为 0.5A/cm^2、13704h 的阴极加速老化的测试条件下，其性能退化率仅为 0.26%/1000h，几乎达到美国能源部为 SOFC 项目所设定的目标，即退化率小于 0.2%/1000h。国内在空气电极领域处于跟跑阶段，已实现 LSM 和 LSCF 空气电极的国产化和批量化生产，主要企业有宁波索福人能源技术有限公司、苏州华清京昆新能源科技有限公司、青岛天尧实业有限公司、深圳通威新能源科技有限公司等。国产空气电极材料虽然在电催化活性上可以达到国外的水平，但是在 SOFC 单电池工况条件下的长期（10000h）以上稳定性还需要进一步验证。

（2）分析研判

在中温（600～800℃）或更低的运行温度下，电池的电极极化损耗主要（约70%）来自空气电极，提高空气电极的电催化活性对于降低电池的运行温度具有重要意义。电池工作性能的稳定性是制约 SOFC 技术应用的瓶颈问题。就空气电极而言，要求其在实际工作状态下具有高的化学、结构、热机械性能和电催化性能的稳定性。目前，SOFC 空气电极尚未完全达到高电催化活性和高稳定性的双重要求。难点在于空气电极电催化活性的提高往往伴随着其他方面性能的降低，反之亦然。其原因在于，空气电极的电催化活性和稳定性的变化可追溯到相同的本源，即材料的化学组成和点缺陷结构。

钙钛矿（ABO_3）具有化学组成的多样性和晶体结构的可变性，为调控其性能提供了广阔的空间，故此成为 SOFC 空气电极的重要基体。钙钛矿空气电极材料的一种典型组成模式是：A 位由 +3 价的镧系稀土离子（主体离子）和 +2 价的碱土离子（取代离子）共同占据，B 位为过渡金属离子。这种组成模式的 Co 基钙钛矿混合导体（LSCF）是迄今为止最具代表性的中温 SOFC 空气电极材料。与许多钙钛矿阴极一样，Co 基钙钛矿阴极也面临着高电催化活性和高稳定性难以协调的困难。Co 离子具有高氧化还原活性，这在赋予 Co 基钙钛矿以优异电催化活性的同时，也导致其热膨胀系数过大和结构稳定性不强。

探寻兼具高电催化活性和高稳定性的钙钛矿材料是第三代 SOFC 空气电极产业化发展的重点，A 位稀土 / 碱土离子和 B 位过渡金属离子的合理组合是实现高电催化活性和高稳定性的关键。目前已知的空气电极材料有上百种，大多数的设计思路都是在高电催化活性材料（比如 Co 基）组成的基础上，引入氧化还原稳定性较高的过渡金属元素（例如 Cu、Nb、Mo 等），以期改善其结构稳定性和降低其热膨胀系数。然而，这些空气电极材料的长期稳定性都欠佳，不能实际应用。因此，有必要从另一个方面寻求可能的途径，即在具有高结构稳定性的钙钛矿体系中寻找高电催化活性的空气电极材料。

此外，针对目前大规模商业化的 LSM 和 LSCF 空气电极在 SOFC 工况下的表面 Sr 析出和 Cr（连接体材料中的挥发组分）中毒的问题，有必要开展电极表面改性的工作，且改性手段能够适应工业化的生产流程，以提高空气电极性能的长期稳定性。

（3）关键指标（见表 6.3-21）

表 6.3-21　空气电极关键指标

指标	单位	现状	2027 年	2030 年
极化面比电阻 （700℃，两电极对称电池测试，500h）	$\Omega \cdot cm^2$	≤ 0.3	≤ 0.25	≤ 0.2
耐久性 - 极化面比电阻增长率 （700℃，阴极极化历史测试，36 个循环）	%	≤ 20	≤ 15	≤ 10
单电池性能 （700℃，0.8V 下放电 500h）	W/cm^2	≥ 0.5	≥ 0.65	≥ 0.8
单电池性能耐久性 - 电流衰减率[①] （700℃，0.8V 下放电 10000h）	%/1000h	≤ 1	≤ 0.8	≤ 0.5

资料来源：徐庆，黄端平，解肖斌，等 . 一种电催化性能的测试装置：ZL 202220925967.0[P]. 2022-8-12.

① 单电池为"Ni-YSZ/YSZ/CGO/ 空气电极"平板式电池。其中 Ni-YSZ 燃料电极支撑体厚度为 0.5mm，孔隙率为 40%；Ni-YSZ 燃料电极功能层厚度为 10μm，孔隙率为 30%；YSZ 电解质层厚度为 10μm，孔隙率 <5%；CGO 隔离层厚度为 5μm，孔隙率 <10%；空气电极厚度为 50μm，空气电极面积为 80cm²，孔隙率为 30%；燃料电极测试气氛为（50%H₂+50%N₂），燃料利用率为 50%，空气电极测试气氛为（空气 +3%H₂O）；单电池夹在 SUS430 不锈钢连接体间进行测试。

6. 连接体

连接体是 SOFC 电堆的关键部件之一，起着连接一片单电池空气电极和相邻另一片单电池燃料电极的作用。连接体是单电池相互串联的导线，同时也分隔着相邻单电池的氧化气体和还原气体。电堆的工作环境要求 SOFC 连接体材料必须满足以下三个基本条件：①良好的高温导电性。连接体作为将单电池连接成电堆的导线，必须具备较高的电子电导率，以降低连接体上的欧姆损失，从而使电堆的输出电压不会因内阻过大而明显衰减。此外，在 SOFC 电堆长期运行过程中，连接体的导电性不能因为结构变化、高温氧化等问题出现明显的衰减。②氧化和还原气氛中的稳定性。连接体分隔着氧化气体和还原气体，两侧存在着巨大的氧分压梯度，这就需要连接体材料具有优异的化学和物理稳定性。③与 SOFC 其他部件匹配和相容。连接体作为 SOFC 电堆中的连接部件，必须与其他部件有很好的匹配性和相容性。连接体的热膨胀性能应与电池材料的热膨胀性能相匹配（YSZ 电解质材料的热膨胀系数约为 $11 \times 10^{-6}/℃$）。工作过程中连接体不与阴极、阳极和密封材料等部件发生反应。

根据材料的不同，连接体可以分为陶瓷连接体、金属连接体以及涂层金属连接体三类。

陶瓷连接体由陶瓷材料加工而成，用于高温 SOFC 电堆（约 1000℃）中。陶瓷连接体材料主要是铬酸镧钙钛矿氧化物（$LaCrO_3$），优点是耐高温腐蚀，在高温氧化和还原气氛中都能保持结构稳定，可以实现高温下长期稳定工作。然而，陶瓷连接体的导电和导热性能较差。并且，陶瓷连接体韧性差，不易加工，制造成本高。

金属连接体是使用金属材料作为连接体，通常采用不锈钢合金。金属连接体在中温SOFC 电堆（600 ~ 800℃）中广泛使用。金属材料作为连接体相对于陶瓷材料具有以下明显的优势：①导电性能优异，电导率比陶瓷材料高了几个数量级；②导热性能优异，能使电堆中的热量分布更均匀，防止热应力的产生；③机械加工性能优异，方便加工成各种尺寸，且生产成本低。然而，金属合金在高温下会不可避免地被氧化腐蚀，进而在表面形成氧化层。氧化层的形成会造成连接体导电性的降低。

涂层金属连接体是在金属连接体的表面施加涂层，以提高基体金属的高温抗氧化性。涂层金属连接体的优势在于：①致密的涂层材料可以有效地阻止金属离子向外扩散或氧离子向内扩散，抑制氧化膜的生长，减缓金属连接体电导率的衰减；②涂层材料阻止合金基体中的 Cr 元素向外扩散和挥发，减少 Cr 对阴极的毒化。但同时，涂层金属连接体存在涂层剥落、工艺复杂和成本高等缺点。

随着高催化活性新材料的开发（各种中低温下高 ORR 催化活性的空气电极材料）和电解质薄膜技术的发展，SOFC 的运行温度已经降到 800℃以下。因此，金属连接体已经取代陶瓷连接体，成为目前 SOFC 电堆中最常用的部件。然而，金属连接体高温下的表面氧化和铬挥发是目前存在的两大难题，涂层材料的开发和制备工艺的改进有望进一步解决这两个问题。

各类型连接体性能及优缺点对比见表 6.3-22。

表 6.3-22　几类连接体性能特性对比

性能	陶瓷连接体	金属连接体	涂层金属连接体
工艺	烧结、切削	冲压、切削	冲压、切削、涂覆
抗弯强度	弱	强	强
导电性 /（S/cm）	>1（~800℃）	>1000（高温氧化前）	>60（~800℃）
高温抗氧化性	强	弱	较强
厚度	厚	薄	薄
生产周期	长	短	长
成本	高	低	较高
优点	高温稳定	易加工	高温稳定
缺点	电导率低，加工性差	高温氧化层的生成造成电导率降低，以及铬挥发造成阴极毒化	成本高，工艺复杂
适用范围 /℃	~1000（高温 SOFC）	<800（中低温 SOFC）	<800（中低温 SOFC）

Ⅰ. 陶瓷连接体

（1）技术现状

陶瓷连接体适用于高温 SOFC（~1000℃），其中钙钛矿型 LaCrO$_3$ 是最为普遍的陶瓷连接体。首先，LaCrO$_3$ 在 SOFC 运行环境下表现出较为优越的电导率，而且通过 Mg、Sr 或 Ca 等元素的掺杂，其电导率还能进一步提高；其次，LaCrO$_3$ 的熔点为 2510℃左右，在高温氧化气氛和还原气氛中能保持极高的稳定性；最后，LaCrO$_3$ 的热膨胀系数为

$9.5 \times 10^{-6}/℃$，与 SOFC 电堆其他部件较为接近。$LaCrO_3$ 的化学和物理性质在理论上满足了连接体的要求，但在实际使用过程中还是存在一些不可避免的缺陷：① $LaCrO_3$ 是 P 型半导体，其电导率会随着氧分压的降低而降低，这导致电导率在阳极还原气氛中有所下降；②烧结性较差，需要在 1600℃ 以上烧结才能致密，生产制备过程复杂、制备周期长；③ La 作为稀土元素，成本较高，增加了电堆生产成本；④ $LaCrO_3$ 作为陶瓷材料，极难加工成电堆所需的形状和尺寸。正是由于这些问题的存在，相关企业一直致力于开发其他可能的连接体材料。

（2）分析研判

陶瓷连接体因其成本较高、电导率较低以及烧结性能差等问题逐渐被淘汰，不会成为连接体的主流技术路线。目前国际和国内研发机构已经将 SOFC 的运行温度降到 800℃ 以下，特别是国内企业，研发重点均为中低温 SOFC，因此，进行陶瓷连接体开发的企业较少。

（3）关键指标（见表 6.3-23）

表 6.3-23　陶瓷连接体关键指标

指标	单位	现状	2027 年	2030 年
寿命	h	>30000	>40000	>50000
成本	元 /kW	≤ 800	≤ 600	≤ 400
氧化增重	$mg/cm^2/1000h$	≤ 0.4	≤ 0.3	≤ 0.2
Cr 挥发	$mg/cm^2/1000h$	$≤ 10 \times 10^{-3}$	$≤ 8 \times 10^{-3}$	$≤ 6 \times 10^{-3}$
面比电阻	$mΩ·cm^2/1000h$	≤ 200	≤ 150	≤ 100

Ⅱ. 金属连接体

（1）技术现状

1）研发技术现状：金属合金在高温下会不可避免地被氧化腐蚀，进而在表面形成氧化层。氧化层的形成不仅会影响连接体的导电性，还会影响连接体的完整性。金属连接体的氧化层必须具有足够高的电子导电性，这就要求生成的氧化层薄且致密；还需要有优异的保护性，使基体合金不再继续氧化或氧化缓慢；同时氧化层还应具有良好的粘附性，不易与金属基体之间形成裂缝甚至从基体上剥落。金属连接体的合金材料通常从商用的高温抗氧化合金中选取。目前高温合金中通常加入 Al、Si 或 Cr 元素，从而在合金表面形成致密的 Al_2O_3、SiO_2 或 Cr_2O_3 氧化层，这些氧化层的形成都具有优异的抗氧化保护性，都能满足高温抗氧化的要求，但作为连接体材料，还需要考察氧化层的导电性。Al_2O_3、SiO_2 的电阻率都高达 $1 \times 10^6 Ω·cm$ 以上，这样的氧化层会极大降低连接体的电导率。只有形成 Cr_2O_3 保护膜的高温合金适合作为连接体的材料。

目前，形成 Cr_2O_3 保护膜的高温合金主要有三类，分别为 Cr 基、Ni 基和 Fe 基。这三种合金作为连接体材料时各有优劣，表 6.3-24 展示了三种合金的热膨胀系数、生产成本等关键性能。

表 6.3-24　应用于 SOFC 中的不同合金关键性能比较

合金类型	晶体结构	CTE/（$10^{-6}K^{-1}$）RT 800℃	抗氧化性	机械强度	加工难度	生产成本
Cr 基合金	bcc	11.0～12.5	好	高	难	很高
Ni 基合金	fcc	14.0～19.0	好	高	容易	高
Fe 基铁素体	bcc	11.5～14.0	好	低	相当容易	低
Fe 基奥氏体	fcc	18.0～20.0	好	相当高	容易	低

2）产品技术现状：Fe 基铁素体不锈钢具有热膨胀系数匹配、易加工和成本低的优势，是目前应用最为广泛的金属连接体材料。作为连接体材料研究最为深入的铁素体不锈钢有 ZMG232、Crofer22 和 SUS430。ZMG232 是由 Hitachi Metal 公司开发的商用合金，其中 Cr 的含量为 22%。在 650～800℃ 的温度范围内，ZMZ232 合金具有较为稳定的氧化抗性，但其导电性却不能满足作为连接体的要求。Crofer22 合金的 Cr 含量也是 22% 左右，其最先由 Thyssen Krupp 公司用于汽车行业。Crofer22 合金中通常含有 0.5% 的 Mn，在高温氧化的过程中会形成双层的氧化层。表面一层是（Mn，Cr）$_3$O$_4$ 尖晶石，下面一层为 Cr$_2$O$_3$。尽管氧化层厚度有所增加，但是（Mn，Cr）$_3$O$_4$ 尖晶石的电导率比 Cr$_2$O$_3$ 的高了近 2 个数量级，因此双层结构氧化层的 Crofer22 合金的高温导电性反而比生成一层 Cr$_2$O$_3$ 的合金高。但由于合金中 Cr 含量较高，高温下 Cr 挥发严重，进而毒化阴极性能，这限制 Crofer22 合金在连接体中的应用。SUS430 合金是应用最为普遍的商用合金，具有制备简单、加工容易和成本低的特点。合金中的 Cr 含量在 17% 左右，相对低的 Cr 含量使其高温下的 Cr 挥发相对前两种合金有所减缓，但低的 Cr 含量也会造成一定程度的高温氧化抗性降低。

（2）分析研判

铁素体不锈钢是目前国内外 SOFC 公司电堆产品中使用的主流连接体材料，例如 Crofer22（Cr 含量约为 22wt.%）。国内华科福赛公司采用 SUS430（Cr 含量约为 17wt.%）为金属连接体，在电堆中长期运行后，金属连接体会被氧化，表面生成的 Cr$_2$O$_3$ 和 MnCr$_2$O$_4$ 会造成电阻增大。在 750℃ 电堆中运行 250h 后，SUS430 金属连接体的面比电阻达到 300mΩ·cm^2，造成电堆性能下降。

（3）关键指标（见表 6.3-25）

表 6.3-25　金属连接体关键指标

指标	单位	现状	2027 年	2030 年
寿命	h	>10000	>15000	>20000
成本	元 /kW	≤ 200	≤ 100	≤ 60
氧化增重	mg/cm^2/1000h	≤ 1	≤ 0.8	≤ 0.6

（续）

指标	单位	现状	2027 年	2030 年
Cr 挥发	mg/cm^2/1000h	$\leq 7 \times 10^{-3}$	$\leq 6 \times 10^{-3}$	$\leq 4 \times 10^{-3}$
面比电阻	m$\Omega \cdot$ cm^2/1000h	≤ 10	≤ 8	≤ 6

Ⅲ. 涂层金属连接体

（1）技术现状

1）研发技术现状：对比于研发新型的金属连接体材料，对目前的商用合金进行表面改性具有更高的可行性。特别是近年来，Fe-Cr 铁素体不锈钢，例如 Crofer22（Cr 含量约为 22wt.%）和 SUS430（Cr 含量约为 17wt.%），都被广泛应用于 SOFC 电堆中，它们不仅具有适配的 CTE，还具有良好的高温导电性和加工性。但在 SOFC 特定环境中长期工作，它们都表现出了氧化抗力不足和 Cr 挥发严重的问题。因此，需要在金属连接体表面施加保护涂层，一方面能提高合金的抗氧化能力，另一方面能抑制合金表面 Cr 的挥发。

为了达到理想的保护基体合金的效果，涂层材料必须满足以下几点要求：①涂层材料应该足够致密，从而可以有效地阻止金属离子向外扩散或氧离子向内扩散，抑制氧化膜的生长；②涂层材料需要具有尽可能高的导电性，施加涂层后的金属连接体在高温下氧化过程中应具备更优异的电子通道；③涂层材料还需要具有与金属基体相匹配的 CTE，在热循环过程中不易从合金表面剥落；④涂层材料本身应该不具备 Cr 元素，并且能阻止合金基体中 Cr 元素向外扩散和挥发，减少 Cr 对阴极的毒化；⑤涂层材料最好能同时适应氧化环境和还原环境，在两种环境中都能提高基体合金的氧化抗性。

目前涂层材料有以下三种：

活性元素氧化物涂层。将 La、Ce、Y 或 Co 等活性元素通过气相沉积或溶液涂覆的方式施加在合金表面，形成活性元素氧化物涂层，能显著降低合金的高温氧化速率，改善氧化层与基体合金的粘附性，并能降低合金表面 Cr 的挥发速率。但同时，活性元素氧化物涂层本身电阻率较高，降低连接体的电导率。

钙钛矿涂层。常用的 ABO$_3$ 型钙钛矿涂层有 LSM、LSC 等。钙钛矿涂层具有高的电导率，能提高基体金属的高温氧化抗性，并且不会降低连接体的电导率。但钙钛矿涂层材料具有较高的氧离子传导性，有利于氧离子的向内扩散，从而无法阻止氧化层增厚。

尖晶石涂层。常用的 A$_2$BO$_4$ 型尖晶石涂层有 MnCo$_2$O$_4$ 等。尖晶石涂层具有较好的导电性和稳定性，被认为是极具发展潜力的涂层材料。

各类型涂层性能特性对比见表 6.3-26。

2）产品技术现状：在三类涂层中，目前对尖晶石涂层的研究较多。美国西北太平洋国家实验室使用 MnCo$_2$O$_4$ 尖晶石作为涂层。国内华中科技大学分别探究了 MnCo$_2$O$_4$、NiCo$_2$O$_4$ 和 NiMn$_2$O$_4$ 等尖晶石涂层的性能，其中 MnCu$_{0.5}$Co$_{1.5}$O$_4$ 尖晶石的电导率达到 105.5S/cm，热膨胀系数为 $12.27 \times 10^{-6}/℃$，SUS430 金属连接体的热膨胀系数为 $12.44 \times 10^{-6}/℃$，涂层与金属基体热膨胀系数匹配。SUS430 金属连接体表面施加涂层在 750℃下高温氧化 1000h，其面比电阻 ASR 仅为 $0.3m\Omega \cdot cm^2$。国家重点研发计划"新能源汽车"专项中，对连接体的要求是施加涂层后连接体变形量 ≤ 1.5%，在氧化时间 ≥ 3000h 后，氧化增重 ≤ $2.5mg/cm^2$，面比电阻 ASR ≤ $30m\Omega \cdot cm^2$。

表 6.3-26　几类涂层性能特性对比

性能	活性元素氧化物涂层	钙钛矿涂层	尖晶石涂层
导电性	一般	好	好
提高基体氧化抗性	一般	一般	好
抑制 Cr 扩散	差	一般	好
厚度	薄	厚	厚
制备过程	短	较长	较长
成本	低	较高	较高

（2）分析研判

在金属连接体表面施加涂层是目前提高金属连接体抗氧化性最有效的办法，尖晶石涂层是未来发展的主流技术路线。活性元素氧化物涂层通常薄（小于 1μm）而多孔，在抑制 Cr 向阴极扩散和防止阴极 Cr 中毒方面效果不佳。由于在氧化环境中表现出 p 型电子传导，稀土钙钛矿作为涂层材料有着优良的导电性、热膨胀系数的匹配性和抗氧化能力。但当氧分压较低时，稀土钙钛矿的导电性有所降低，即燃料 / 阳极侧的稀土钙钛矿涂层的导电性相对较差。同时该种涂层能够运输氧离子，在烧结过程中会形成孔隙，不具备吸收 Cr 的能力，又因使用稀土元素而价格高昂，这几个问题极大地限制了稀土钙钛矿涂层的应用。与活性元素氧化物涂层和稀土钙钛矿氧化物涂层相比，尖晶石涂层在防止 Cr 通过涂层向外扩散方面表现出更好的性能，通过调整 A、B 阳离子的种类和配比，还可控制其烧结、导电和热膨胀特性。

选择合适的涂层制备技术及工艺对涂层的性能至关重要。结构致密、分布均匀的涂层不仅有利于后续的热处理，还能直接影响涂层的各项性能。溶胶 - 凝胶浸渍提拉法的成本较低，但与金属基体的粘附性较差。丝网印刷法操作简单，能获得厚度均匀可控的涂层，但此方法只能在平板连接体上制备涂层，对于特殊结构的金属连接体不适用。电沉积制备的涂层与基体结合较好、致密度较高，对于形状复杂的基体具有更好的覆盖率，但在后续热处理过程中容易出现因金属涂层中元素的内扩散而导致的破裂氧化，且难以精确控制化学计量比，如 Mn-Co 尖晶石中 Co/Mn 的比率。溅射镀膜技术的工艺温度较低，与基底附着性较好、易控制，但是成本较高、沉积效率较低。等离子热喷涂具有焰流温度较高、喷涂材料适应面较广（特别适合喷涂高熔点材料）、涂层密度较高、易于自动化、成本较低等优点，是未来连接体防护涂层制备的重要研究方向之一。但等离子喷涂需要控制的参数众多，如工作气体的成分和流量、电参数、送粉量、喷涂间距和喷涂方向、喷枪和产品工件的相应移动速度、粉体形貌等。综上所述，开发出合适的涂层制备技术；能有效降低涂层金属连接体的成本，并提高涂层金属连接体的长期稳定性。

（3）关键指标（见表 6.3-27）

表 6.3-27　涂层金属连接体关键指标

指标	单位	现状	2027 年	2030 年
寿命	h	>20000	>30000	>40000
成本	元 /kW	≤ 400	≤ 200	≤ 100
氧化增重	mg/cm²/1000h	≤ 0.5	≤ 0.4	≤ 0.3
Cr 挥发	mg/cm²/1000h	≤ 1×10^{-3}	≤ 0.8×10^{-3}	≤ 0.5×10^{-3}
面比电阻	mΩ · cm²/1000h	≤ 1	≤ 0.8	≤ 0.6

7. 电堆设计及组装技术

（1）技术现状

1）研发技术现状：美国、日本、德国等国家在 SOFC 电堆设计及组装技术方面处于国际领先地位。国外公司设计及组装的单堆功率近年来逐渐由 1kW 增大至 7kW，电堆中所使用单电池的尺寸也由 10cm×10cm 增大至 25cm×25cm。电堆使用寿命普遍能达到 4 万 h 以上，衰减率控制在 0.5%/1000h 以下。国内在电堆设计与组装技术方面距离国际先进水平仍有一定差距。广东潮州三环、宁波材料技术与工程研究所、哈尔滨工业大学（深圳）、中国矿业大学、华中科技大学等都在 SOFC 电堆设计及组装技术方面积累了多年的经验。其中广东潮州三环生产的电堆最为成熟，单堆功率为 1.5kW，运行寿命可达 1 万 h 以上。但是，国内企业和研究机构在电堆结构设计、电堆组装和密封等方面仍需进一步提升和优化。电堆在长期运行中存在电池密封和连接体的结合强度不稳定，易发生局部破裂等问题，这对电堆的使用寿命和性能衰减率构成了严重影响。

2）产品技术现状：美国在 SOFC 电堆方面处于世界领先地位。Bloom Energy 是由美国能源部（DOE）支持的国际知名 SOFC 上市企业，产品主要应用于数据中心分布式供电，已部署系统级产品超过 2 万个，全球发电量超过 160 亿 kWh。其第 4 代产品比第 1 代产品功率密度提升 5 倍，2021 年第 5 代产品功率密度进一步增加 50%，发电效率最高可达 65%。其电堆平均寿命为 4.9 年，最长为 7.7 年。日本的 SOFC 电堆开发主要基于新能源产业技术综合开发机构（NEDO）领导的 ENE-FARM 计划，产品主要用于家用燃料电池热电联供，主要厂商有京瓷、松下、东芝和爱信精机。京瓷的 SOFC 电堆从 2011 年起量产，其第三代产品输出功率为 700W，总体额定效率达到 55%（LHV），电堆能够连续运行约 90000h 或 360 个运行周期，相当于 12 年的运行寿命。欧洲 SOFC 电堆生产厂商包括 Ceres Power、Sunfire、Solid Power、Elcogen、Convion 和 Topsoe 等。

Elcogen 推出的商业用途 E3000 电堆的最大单堆功率为 3kW，电效率超过 75%。Elcogen 还开发了小型化电堆，由 15 片电池组成，可以提供 350W 的功率和 10 ~ 18V 的电压输出。广东潮州三环是国内 SOFC 行业的领先企业之一，也是 Bloom Energy 电池电解质的供应商。广东潮州三环自研的 1.5kW 电堆已经实现批量化生产，并已应用于自主开发的 25kW 系统中。然而，由于核心电堆的一致性和可靠性问题，国内在 SOFC 电堆设计及组装技术方面仍需要取得更多突破。

（2）分析研判

高性能、长寿命、大尺寸的电堆是未来 SOFC 电堆的发展方向。

1）高性能：SOFC 高性能的关键因素首先在于材料的研发。其高温运行条件不仅赋予了热力学和动力学上的优势，同时也对材料性能提出了更高的要求。例如，集流体需要同时具备良好的导电性和耐高温腐蚀性。不同组件的热膨胀系数需要相互匹配，以确保一定的机械强度和抗热冲击能力。另外，对电堆而言，流场和歧管的设计至关重要，因为燃料的均匀分布直接影响着电堆的输出性能和内部物理场的均匀性。

2）长寿命：电堆作为 SOFC 的核心部件，涉及高稳定性密封材料、高效稳定连接体材料、低热应力和热梯度，以及电堆核心技术的低成本开发。目前，全球只有少数公司掌握了长寿命、高可靠性电堆的设计与生产技术。最棘手的问题之一是电堆的密封材料，通常使用高温玻璃或陶瓷胶来实现密封，但由于电堆中玻璃、金属和电池片的热膨胀系数差异，在高温、电流和气流扰动的工作条件下，密封结构容易受损导致性能衰减，严重限制了电堆的起停次数。目前国内尚未很好地解决平板式 SOFC 电堆的密封问题，从而无法保证 SOFC 系统的使用寿命。

3）大尺寸：为了匹配大规模应用的需求，需要增加单个电堆的尺寸，即对电池片的有效面积进行增大。目前工业上常见的电池片尺寸在 80 ~ 130cm^2。例如，Sunfire 的电堆使用了 128cm^2 活性面积的单电池。Topsoe 在其 TSP-1 电堆中使用了 100cm^2 的单电池。在实验室研究中，已经有更大尺寸的单电池被开发和测试，如美国太平洋西北国家实验室（PNNL）报道的 300cm^2 单电池，以及德国于利希研究中心开发的有效面积为 360cm^2 的单电池。法国 CEA 已成功将 200cm^2 有效面积的单电池集成到了由 25 片电池组成的电堆中。在商业化应用中，尚未有使用大面积单电池组成的电堆产品出现。

（3）关键指标（见表 6.3-28）

表 6.3-28　SOFC 电堆关键指标

指标	单位	现状	2027 年	2030 年
发电效率	%	≥ 60	≥ 65	≥ 65
热电联产效率	%	≥ 85	≥ 90	≥ 90
寿命	h	>40000	>80000	>90000
衰减率	%/1000h	<0.4	<0.2	<0.1
电堆成本	元 /kW	<6000	<4000	<3000
系统成本	元 /kW	<40000	<12000	<10000

8. 系统

固体氧化物燃料电池（SOFC）系统主要由电堆、发电辅助系统和电气器件组成。电堆是系统发电核心。发电辅助系统主要包括燃料预处理子系统、燃料和空气供应子系统、热管理子系统和监测控制系统等。电气器件用于调节电堆发出的电能来匹配用电侧所需的电压、电流和频率。

（1）技术现状

1）研发技术现状：SOFC 系统研发主要聚焦在系统热力学特性、动态变工况特性和控制策略方面。SOFC 系统发电效率在 40%~55% 之间，热电联供效率在 85%~90% 之间，不同布局的设计方案对系统效率有很大影响。系统变工况特性方面，国内外研究集中在 SOFC 系统的各参数安全运行范围，研究发现电堆温度是系统变工况运行下的关键约束条件，可以通过调节燃料流量、空气流量、燃料利用率、空气过量比、尾气再循环比等参数应对外部负载变化，但基本都处于实验室仿真阶段，没有进行系统整机实验。SOFC 系统控制策略方面，国内外研究尚在起步阶段，应用的控制算法主要为传统 PID 控制和模糊控制，主要指标为系统负载跟踪能力，系统控制策略研发还需要从系统建模和控制理论等基础方面开展工作。

2）产品技术现状：美国在 SOFC 系统商业化上处于世界领先水平。Bloom Energy 公司拥有目前商业化最为成熟的 SOFC 系统，发电模组功率为 700kW，单个模块功率为 70kW，多模组结合下可满足几十兆瓦级的供电需求。其产品在苹果、谷歌、AT&T 等公司均有应用。另一家美国公司 FuelCell Energy，则有 250kW 的商业化 SOFC 系统，可为数据中心、医院等提供可靠电力。在欧洲，德国 Sunfire、意大利 SolydEra、芬兰 Convion 等公司专注于微型 SOFC 热电联供系统的开发，发电功率囊括 1kW、2.5kW、10kW 不同等级，系统热电总效率在 90% 以上。亚洲地区，日本是 SOFC 应用规模较大的国家，其中又以家用燃料电池热电联供系统 ENE-FARM 项目为代表，日本京瓷、大阪燃气、三菱日立等企业陆续推出了三代 ENE-FARM 产品，产品发电功率为 700W，热电联供总效率为 95%，可连续工作 9 万 h，提供 10 年售后。国内 SOFC 系统目前尚未进入大规模示范应用阶段。潍柴动力 2023 年发布了 120kW 金属支撑 SOFC 系统，可实现 60% 的发电效率和 92% 的热电联产效率。潮州三环 2023 年在广东惠州成功验收了 210kW 高温燃料电池发电系统研发与应用示范项目。该项目由 6 台 35kW 三环自研 SOFC 系统组成。在设备连续稳定运行超过 1000h 之后，国际知名的第三方认证机构 SGS 进行了现场检验，发现设备的交流发电净效率达到 64.1%，热电联供效率高达 91.2%，这表明其技术水平达到国际先进水平。

（2）分析研判

系统部件是 SOFC 系统的另一核心组成，也是 SOFC 系统运行的重要保障。SOFC 系统的高温运行特性，要求系统换热器、燃烧器、重整器等 BOP 设备也需要耐受长期高温环境，其中燃烧器部件还需要承受燃料出入口的大温度梯度。SOFC 系统还存在余热利用过程，电堆尾气需要经过多级换热器实现能量梯级利用，这就要求气体在气路中要保持一定压差，而现阶段 SOFC 电堆自身无法承受很高压力，因此需要研发低压降换热器等部件。

系统布局设计与优化是 SOFC 系统研发的关键。SOFC 运行温度在 750℃ 左右，系统需热和产热都很大。在起动环节需要吸收足够的热以保障电堆正常运行，运行时在燃料气预处理、燃料气 / 空气供应、电堆温度维持等环节也有大量热需求。而电堆尾气温度高，且含有未反应的燃料气，如何设计热量释放和换热网络，合理利用电堆自身热量，实现系统自热起动和余热回收，将会直接影响系统运行效率，并关系到能否充分发挥 SOFC 系统热电联供特性。此外，面向不同场景需求也需要配备不同的设计布局，在大功率发电场景下，应尽量使系统靠近发电区间，在供热需求下，则应以充分释放系统高品位热为目的进行系统设计。

系统控制策略是 SOFC 系统的研究重点。SOFC 系统是热电耦合系统，有着非线性、多变量的特点。特别是由于系统存在大量余热梯级利用过程，在外部负载变化的工况下，由于系统热相关时间常数和电相关时间常数差异大，没有成熟的控制策略，将会很容易出现系统失调，甚至造成电堆被破坏。此外目前 SOFC 系统各部件的控制模型还没有明确结论，使用机理模型、经验模型、半经验模型还是其他模型，仍需要进一步讨论。SOFC 的控制理论及控制方法研究也还处于起步阶段，一些传统控制方法如 PID 控制、串级控制、前馈控制对 SOFC 系统的适用性还值得研究，进一步的控制方法如内模控制、模糊控制、观测器、模型预测控制等也值得尝试。

6.3.2.2　技术创新路线图

现阶段，我国 SOFC 单电池研发处于国际跟跑阶段。电极、电解质材料批量化生产。连接体、涂层材料研发在国内小范围使用。初步掌握电堆制备技术，电堆与系统和国外存在一定技术差距。发电效率 ≥ 60%，热电联产效率 ≥ 85%，寿命 >40000h，衰减率 <0.4%/1000h，电堆成本 <6000 元 /kW，系统成本 <40000 元 /kW。

到 2027 年，我国 SOFC 单电池研发水平与国际差距缩小。电极、电解质材料批量化生产。连接体、涂层材料研发国内小范围使用。进一步掌握电堆制备技术，电堆与系统和国外差距缩小。发电效率 ≥ 65%，热电联产效率 ≥ 90%，寿命 >80000h，衰减率 <0.2%/1000h，电堆成本 <4000 元 /kW，系统成本 <12000 元 /kW。

到 2030 年，我国 SOFC 单电池研发达到国际先进水平。电极、电解质材料实现规模化生产。连接体、涂层材料研发小规模生产。全面掌握电堆制备技术，电堆与系统处于国际先进水平。发电效率 ≥ 65%，热电联产效率 ≥ 90%，寿命 >90000h，衰减率 <0.1%/1000h，电堆成本 <3000 元 /kW，系统成本 <10000 元 /kW。

图 6.3-6 为 SOFC 技术创新路线图。

6.3.2.3　技术创新需求

基于以上的综合分析讨论，SOFC 的发展需要在表 6.3-29 所示方向实施创新研究，实现技术突破。

SOFC技术

①单电池组件技术；②燃料电极技术；③空气电极技术；④连接体技术；⑤电堆技术

技术内容	现阶段	2027年	2030年
技术分析	我国SOFC单电池研发处于国际跟跑阶段，电极、电解质材料批量化生产、涂层材料研发在国内小范围使用，初步掌握堆制备技术，连接体、电堆与系统和国外存在一定技术差距。发电效率≥85%，寿命>40000h，系统成本<6000元/kW	我国SOFC单电池研发水平与国际差距缩小，电极、电解质材料批量化生产，涂层材料研发走在国内小范围使用，进一步掌握堆制备技术，连接体、电堆与系统处于国外先进水平。发电效率≥90%，寿命>80000h，系统成本<10000元/kW	我国SOFC单电池研发达到国际先进水平，电极、电解质材料实现规模化生产、涂层材料研发小规模量产，完全掌握堆制备技术，电堆与系统处于国际先进水平。发电效率≥65%，寿命>90000h，系统成本<12000元/kW
技术目标 — 单电池组件	单电池输出性能≥0.5W/cm²（650°C下，0.8V，H₂/空气），性能一致性≥20%（在700°C下），单电池性能耐久性<0.4%电流衰减率/1000h（在700°C下，0.8V下放电10000h）	单电池输出性能≥0.6W/cm²（650°C下，0.8V，H₂/空气），性能一致性≥15%（在700°C下），单电池性能耐久性≤0.2%电流衰减率/1000h（在700°C下，0.8V下放电10000h）	单电池输出性能≥0.7W/cm²（650°C下，0.8V，H₂/空气），性能一致性≤10%（在700°C下），单电池性能耐久性≤0.1%电流衰减率/1000h（在700°C下，0.8V下放电10000h）
燃料电极	电导率（金属陶瓷复合）>1000S/cm，孔隙率30%~50%，曲率10，支撑体强度15MPa，极化电阻0.1Ω·cm²，稳定性（衰减5%）1000h	电导率（金属陶瓷复合）>2000S/cm，孔隙率30%~50%，曲率8，支撑体强度20MPa，极化电阻0.08Ω·cm²，稳定性（衰减5%）5000h	电导率（金属陶瓷复合）>3000S/cm，孔隙率30%~50%，曲率6，支撑体强度20MPa，极化电阻0.06Ω·cm²，稳定性（衰减5%）10000h
空气电极	极化面比电阻≤0.3（2电极对称电池测试，500h后在700°C下），耐久性≤15%极化面比电阻增长率（700°C下，阴极极化历史测试，36个循环），单电池性能≥0.5W/cm²（在700°C下，0.8V下放电500h后），单电池性能耐久性≤1%电流衰减率/1000h（在700°C下，0.8V下放电10000h）	极化面比电阻≤0.25（2电极对称电池测试，500h后在700°C下），耐久性≤15%极化面比电阻增长率（700°C下，阴极极化历史测试，36个循环），单电池性能≥0.65W/cm²（在700°C下，0.8V下放电500h后），单电池性能耐久性≤0.8%电流衰减率/1000h（在700°C下，0.8V下放电10000h）	极化面比电阻≤0.2（2电极对称电池测试，500h后在700°C下），耐久性≤10%极化面比电阻增长率（700°C下，阴极极化历史测试，36个循环），单电池性能≥0.8W/cm²（在700°C下，0.8V下放电500h后），单电池性能耐久性≤0.5%电流衰减率/1000h（在700°C下，0.8V下放电10000h）
连接体	陶瓷连接体：寿命>30000h，成本≤800元/kW，氧化增重≤0.4mg/cm²/1000h，Cr释发≤10×10⁻⁴mg/cm²/1000h，面比电阻≤150mΩ·cm²/1000h；金属连接体：寿命>10000h，成本≤200元/kW，氧化增重≤1mg/cm²/1000h，Cr释发≤7×10⁻⁴kg/m²/1000h，面比电阻≤10mΩ；涂层金属连接体：寿命>20000h，成本≤400元/kW，氧化增重≤0.5mg/cm²/1000h，Cr释发≤1×10⁻⁴kg/m²/1000h，面比电阻≤1mΩ	陶瓷连接体：寿命>40000h，成本≤600元/kW，氧化增重≤0.3mg/cm²/1000h，Cr释发≤8×10⁻⁴mg/cm²/1000h，面比电阻≤150mΩ·cm²/1000h；金属连接体：寿命>15000h，成本≤100元/kW，氧化增重≤0.8mg/cm²/1000h，Cr释发≤6×10⁻⁴kg/m²/1000h，面比电阻≤8mΩ；涂层金属连接体：寿命>30000h，成本≤200元/kW，氧化增重≤0.4mg/cm²/1000h，Cr释发≤0.8×10⁻⁴kg/m²/1000h，面比电阻≤0.8mΩ	陶瓷连接体：寿命>50000h，成本≤400元/kW，氧化增重≤0.2mg/cm²/1000h，Cr释发≤6×10⁻⁴mg/cm²/1000h，面比电阻≤100mΩ·cm²/1000h；金属连接体：寿命>20000h，成本≤60元/kW，氧化增重≤0.6mg/cm²/1000h，Cr释发≤4×10⁻⁴kg/m²/1000h，面比电阻≤6mΩ；涂层金属连接体：寿命>40000h，成本≤100元/kW，氧化增重≤0.3mg/cm²/1000h，Cr释发≤0.5×10⁻⁴kg/m²/1000h，面比电阻≤0.6mΩ
电堆	发电效率≥60%，热电联产效率≥85%，寿命>40000h，衰减率<0.4%/1000h，电堆成本<6000元/kW，系统成本<4000元/kW	发电效率≥65%，热电联产效率≥90%，寿命>80000h，衰减率<0.2%/1000h，电堆成本<4000元/kW，系统成本<12000元/kW	发电效率≥65%，热电联产效率≥90%，寿命>90000h，衰减率<0.1%/1000h，电堆成本<3000元/kW，系统成本<10000元/kW
电解质	烧结厚度≥15μm，烧结致密度≥99.5%，电导率≥0.01S/cm(800°C)	烧结厚度≥10μm，烧结致密度≥99.8%，电导率≥0.01S/cm(800°C)	烧结厚度≥8μm，烧结致密度≥99.9%，电导率≥0.01S/cm(800°C)

图 6.3-6　SOFC 技术创新路线图

表 6.3-29　SOFC 技术创新需求

序号	项目名称	研究内容	预期成果
1	SOFC 关键材料及部件研发	研究低温高导电率、易烧结电解质及低温烧结工艺；开发超薄、高稳定性电解质薄膜制备工艺；优化 Ni-YSZ 阳极材料功能层微观结构与制备工艺；开发高活性、耐 Cr 蒸汽、稳定的阴极材料	在电解质膜制备温度、膜结构稳定性、膜厚度、阴阳极材料寿命、抗毒化能力等方面取得技术突破，技术达到国际先进水平
2	SOFC 系统开发及应用	开发高性能、长寿命、稳定的大尺寸、增强型阳极支撑单电池，优化阳极、电解质、阴极材料及结构组成，完成材料体系的适配和长周期验证；研发抗氧化金属连接体；开发高导电涂层材料及涂层制备工艺；优化连接体流场结构与歧管设计；研发热膨胀匹配的密封材料以及密封技术；开发高一致性电堆设计及组装技术；开发兆瓦级 SOFC 系统，优化 SOFC 系统控制策略	全面掌握 SOFC 单电池、电堆和兆瓦级系统的制备技术，在 SOFC 抗热振动性、工作寿命、一致性等方面取得技术突破，技术达到国际先进水平

6.4　氢加注技术

氢加注技术是将不同来源的氢气存储在加氢站内的大型储氢容器内，再通过加氢机加注至用户端储氢介质中，通常在加氢站内完成。因此，加氢站是连接氢能产业链上下游的枢纽，是氢能行业的中转站和补给站。目前加氢站的技术类型可按氢气来源分为站外制氢和站内制氢两类，按氢气存储方式可分为高压气态存储和液态存储两类，按气态氢加注压力等级可分为 35MPa、70MPa 及兼容 35MPa/70MPa 三类。

6.4.1　技术分析

站外制氢是指制氢厂统一制取的氢通过高压氢气运输、液氢运输和管道运输等方式输送到加氢站，其特点是氢气集中统一制取可以降低制氢成本。氢气在加注之前往往需要通过氢气压缩机将氢气加压到一定的压力，目前国内外加氢站配备的氢气压缩机主要包括液驱活塞式压缩机、隔膜式压缩机和离子式压缩机。站内制氢是指在加氢站内现场直接制取氢，不需要额外输送，目前站内制氢的技术路线主要是化石燃料重整制氢和电解水制氢，其中电解水制取的氢气经压缩机增压后进入高压储氢介质内存储或者通过高压差电解槽技术直接生产高压氢气。日韩欧美等国家自建设运行加氢站以来，其压力等级逐步提高至 70MPa 并形成主流，而国内加氢站中 35MPa 加注压力的加氢站占比高达 80% 左右。为适应规模化氢加注，液氢形式具有储氢容量高、易于运输等优势，日美等国在液氢加氢站建设方面也处于领先地位，已实现商业化应用。国内方面，从 2020 年起启动了近 20 个液氢制备项目，同时液氢加氢站项目也在逐渐推进，内蒙古、北京、河南、上海、广东、浙江等氢能产业聚集地都有液氢加氢站产业计划，其中 2021 年在浙江省平湖市建成全国首座液氢油电综合供能服务站——浙江石油虹光（樱花）综合供能服务站。

6.4.1.1 氢气压缩机

（1）技术现状

1）研发技术现状：氢气压缩机作为加氢站的关键核心装备，市场需求随着建站热潮而逐渐增加。其中，液驱活塞式压缩机通过液压油驱动活塞作往复运动，往复运动的活塞直接作用于氢气，实现氢气的压缩和输送。目前，国际上活塞式压缩机输出压力可达到100MPa，其中美国HydroPac公司研发的氢气压缩机输出压力为85.9MPa，技术较为领先。国内品牌如海德利森也已掌握液驱活塞式压缩机部分关键核心技术，并应用于国内多座70MPa加氢站，国产化进程加快。

隔膜式压缩机是靠隔膜在气缸中作往复运动来压缩和输送气体的往复压缩机。其与液驱活塞式压缩机的不同点主要是活塞和气体之间加入了液油和隔膜，增加了密封性，洁净度极高，但其应用场景有限，只适用于中小排量和高压的工况。目前国际上较先进的隔膜式压缩机排气压力可达100MPa，流量多集中在200~1300Nm^3/h，效率可达80%~85%，其中美国PDC公司的三层金属隔膜结构压缩机输出压力超过85MPa。在国内，广东佛燃天高依据其"十一五"期间的技术研发经验及项目积累，与多家顶尖高校合作，解决了70MPa加氢站的氢气增压难题。值得一提的是，广东佛燃天高90MPa隔膜式压缩机经检测，排量达到350Nm^3/h，已获得了第三方认证，为90MPa隔膜式压缩机国产化提供更为宝贵的经验；中鼎恒盛隔膜式压缩机流量排气压力可达90MPa，东德实业在2023年也推出90MPa隔膜式压缩机产品。

离子式压缩机的工作原理类似于液驱活塞式压缩机。不同之处在于使用了一种具有特殊物理化学性质的液体（离子液）充注到气缸中，并在液压活塞驱动下进行气体的压缩。在离子式压缩机方面，德国林德公司则是最具代表性的领先企业，该公司研制的离子式压缩机零件数量及成本已大幅减少，应用到加氢站的离子式压缩机最高的排气压力可达100MPa，流量最高为753Nm^3/h。国内目前处于技术研发阶段。

2）产品技术现状：在三种技术路线中，我国隔膜式压缩机应用最多，市场份额占到三分之二左右，成为国内市场主流；其次是液驱活塞式压缩机，市场份额为三分之一左右；而离子式压缩机由于制造工艺复杂，成本较高而应用较少，目前只有德国林德公司在部分项目中进行示范应用，市场份额不足1%。

在液驱活塞式压缩机市场中，德国麦格思维特生产的液驱活塞式压缩机能把5~20MPa的氢气增压至35~70MPa，用于加氢站内高压储氢，该系统已成功应用在世博会、亚运会及国内部分加氢站。在国内品牌中，海德利森以其成熟的技术占据着主要的市场份额，在全球率先将液驱活塞式压缩机应用于加氢站，参与海内外加氢站建设超100座。海德利森完成了2008年北京奥运会、2010年世博会加氢服务保障，在2018年和2019年参与了数座商业加氢站的建设，该公司的液驱活塞式压缩机还在2021年和

2022 年应用于泰山钢铁 / 宝武韶钢加氢站和北京冬奥会中国石化西湾子站。青岛康普锐斯自主研发的 90MPa 加氢站用压缩机产品已深入 10 个省份、近 20 个城市的加氢站，广泛应用于中国石化、国家能源集团、浙能集团、江苏国富氢能、上海氢枫等企业的大型加氢站。

目前，在国内供应隔膜式压缩机的企业有中鼎恒盛、丰电金凯威、北京天高、东德实业、羿弓氢能以及美国 PDC、德国 HOFER 等。其中，美国 PDC 以其产品质量稳定可靠占据了早期国内加氢站压缩机主要的市场份额。随着国内企业的发展，国产隔膜式压缩机也逐渐在国内加氢站投入使用，截至 2023 年初，已经有 3000 台中鼎恒盛制造的隔膜式压缩机在北京、武汉、郑州、佛山等地运转，支撑起中鼎恒盛在国内大流量氢气充装压缩机高达 90% 的市场占有率，以及 30% 的加氢站压缩机市场份额。

在离子式压缩机方面，国内外市场基本上被德国林德公司占据。目前，德国 BMW 公司和奥地利 Wien Energie 公司已将林德公司的离子式压缩机分别用于天然气加气站和氢能供应站。在国内，规划建设的山东淄博能源加氢站和上海安亭加气站都将使用林德公司生产的兼容 35MPa/70MPa 加气能力的双体 IC-90 离子式压缩机。

（2）分析研判

单台压缩比、高压密封性和耐久性是液驱活塞式压缩机的研发重点。对于单台压缩比较低的问题，一方面可以采取气缸并列的方式，在相同缸径的情况下，设计多级活塞压缩，提高压缩比；另一方面可以通过优化设计结构降低吸气压力，提高加注量，减少留存量的方式来克服。对于密封性问题，一方面需要考虑密封方式，可以采用直角密封、泛塞封和脚型密封等近年来常用的密封结构，也可以优化设计结构增强密封性；另一方面需要考虑密封材料的影响，对于密封圈等易损件，可以考虑采用增强聚四氟乙烯、聚酰亚胺等强度高、耐腐蚀性好的材料。由于氢气会使大多数种类的金属产生"氢脆"现象，所以压缩机上与氢气接触的零部件，如多级活塞、增压缸筒等需要着重考虑选材的耐久性能、抗氢脆特性等。

隔膜式压缩机是产业未来主流发展方向，需重点解决膜片等核心部件的寿命和稳定性等问题。隔膜式压缩机最易损坏的核心部件就是膜片，膜片作为隔绝氢气和高压气体的关键零部件，其寿命和稳定性直接影响着隔膜式压缩机的性能，而目前用于加氢站的国产隔膜式压缩机膜片寿命明显比进口产品偏低。未来的研究重点应当包括以下方面：①研究耐高压、长寿命、抗氢脆的膜片材料及表面改性技术，优化薄型膜片形变的型腔曲线，实现对膜片形变的微小控制；②开发耐高压、高效率缸体，优化液压油流动和分配方式，减少油腔容积，研究膜片在较小应力差下工作和高效率排气机理；③研究提高隔膜式压缩机的工作效率和压缩机系统的可靠性。

离子式压缩机在一定程度上兼具了液驱活塞式压缩机和隔膜式压缩机的综合优势，并可降低能耗 20% ~ 30%，提高加氢站充注能力及运行可靠性，是未来加氢站氢气增压的良好解决方案，被认为是"下一代产品"。当前离子式压缩机国产化率低，需要加快实现技术突破及产品落地。

（3）关键指标（见表 6.4-1）

表 6.4-1　氢气压缩机技术关键指标

技术类型	指标	单位	现阶段	2027 年	2030 年
液驱活塞式氢气压缩机技术	排气流量	Nm³/h	1000	1500	1800
	整机能耗	kWh/kgH$_2$	1.9	1.5	1.3
	活塞环寿命	h	1200	2000	2500
	压缩机密封泄漏率	%	0.30	0.23	0.17
隔膜式氢气压缩机技术	排气流量	Nm³/h	1300	2000	2500
	排气压力	MPa	90	90	90
	加氢能力	kg/ 天 / 台	300	500	600
	压缩比	—	25	28	30
	膜片寿命	h	5000	7000	9000
	成本	元 /kgH$_2$	9	7	5
离子式氢气压缩机技术	排气压力	MPa	—	50	90
	进气压力	MPa	—	0.5	0.5
	1MPa 处的排气流量	Nm³/h	—	200	400
	效率	%	—	65	68

6.4.1.2　加氢机

（1）技术现状

1）研发技术现状：不同来源的氢气存储在站内的大型储氢容器内，再通过加氢机为用氢设备加注。根据氢气状态的不同，加氢机可分为气态加氢机和液态加氢机。根据 EVTank 统计，截至 2023 年上半年，全球累计已经建成加氢站达到 1089 座，其中，中国累计建成加氢站为 351 座。根据 2023 中国氢能产业发展年报，截至 2023 年 12 月 25 日，全国已建成并运营的加氢站数量达到了 428 座，位居全球首位。

气态加氢机最重要的参数指标是加注压力。国际上，美日韩欧等国家和地区的加氢机技术起步早并实现技术突破，他们建设的加氢站超过 90% 配备的气态加氢机具有 70MPa 加氢能力。目前，我国已经建成的加氢站加注压力以 35MPa 为主，70MPa 占比较少，需要继续完成 70MPa 气态加氢机关键技术攻关，并经过加氢站应用验证，进一步提高性能与可靠性。

在液态加氢机方面，液氢泵作为液氢产业大规模发展的关键核心设备，需要在超低温下保持良好的机械性能，具备足够的强度和耐磨性以及可靠稳定的密封性。目前国外以林德公司为代表已成功研制了高压液氢泵，出口压力可达 87.5MPa。国内液氢泵目前仍处于产品研发阶段，中国航天科技集团六院 101 所在 2023 年成功开展了国内首台 70MPa 级液氢泵真实介质测试，试验最高出液压力达到 88MPa，填补了国内高压液氢测试领域的空白。

2）产品类技术现状：为了配合氢气存储和运输技术的发展，国内外加氢站都确立了同时发展高压气态加氢和液态加氢的技术路线。在气态加氢机方面，日本、韩国、德国和美国等地区的加氢站大部分都掌握了 70MPa 高压气氢加注技术。如美国 AP 公司拥有 65 年以上的氢气使用经验，AP 公司在全球一共参与了超过 250 个加氢站项目，积累了很多相关的实践经验和专利技术。国内方面，本土企业逐步突破国外技术垄断，自主研发逐见成效。2020 年 11 月，舜华新能源发布了第三代气态加氢机，集成了 35MPa 和 70MPa 两种压力等级的加注模式。2021 年 9 月，北京低碳院开发的 70MPa 气态加氢机成为国内首个获得国际认证的 70MPa 加氢机。液态加氢领域，国外产品研发同样处于领先地位。国外以林德公司为代表已成功研制了高压液氢泵，可单级压缩且最大加注能力达到 120kg/h，能耗仅有 0.6kWh/kg。国内高压液氢泵尚无成熟产品落地，目前在建的液氢加氢站主要采用进口产品。

（2）分析研判

70MPa 高压气态加氢及液态加氢已成为全球加氢基础设施技术的发展趋势，是我国氢加注技术的关键抓手。针对国内 70MPa 高压气态加氢机可靠性不足、响应慢等问题，未来应该重点开发 70MPa 加氢控制算法，提高灵敏调压控制、加氢精度控制、氢气预冷快速响应控制，开发加氢装备寿命评价与测试技术，研究寿命影响规律，优化提升可靠性，研发出低预冷能耗、高可靠性、长使用寿命的 70MPa 加氢机。在国外对液态加氢关键技术严密封锁的情况下，我们应重点开展高压液氢泵研制，研究液氢泵内流动特性机理，液氢泵关键零部件结构设计及强度分析，低温、高压、抗氢脆材料相容性和力学性能研究，液氢泵间隙的密封形式设计，液氢泵试验系统设计等，开发出低能耗高可靠性液氢泵及液态加氢机。

（3）关键指标（见表 6.4-2）

表 6.4-2　加氢机技术关键指标

技术类型	指标	单位	现阶段	2027 年	2030 年
气态加氢机	最大加注压力	MPa	70	70	70
	氢气泄漏速率	cm³/h	24	15	10
	加氢循环次数	万次	8	20	30
	成本	万元	45	35	25
液态加氢机	加注平均填充度	%	85	92	95
	加氢速度	kg/min	1.5	3	4
	氢气逃逸量	%	12	7	5

6.4.1.3　直接加注型电解堆

（1）技术现状

1）研发技术现状：日本本田率先完成直接加注型质子交换膜电解堆的技术研发，产氢压力分别为 35MPa 和 70MPa。由于阳极多孔扩散层强度高、不变形，本田通过对阳极进行高压强度设计，抑制质子交换膜在扩散层表面的变形。在密封方面，本田采用了阴阳极连通孔构件及零间隙密封技术，解决质子交换膜面内干湿不均匀的 O 形圈挤出等问题并完成验证，出口端 70MPa 氢气质量符合质子交换膜燃料电池车用氢气标准。而国内直接加注型质子交换膜电解制氢技术研究仍处于研发初期，尚未有 20MPa 以上的报道。

2）产品类技术现状：本田小型智能氢站 SHS 是全球首款集生产、存储和填充高压氢气三位一体的直接加注型高压电解制氢系统，通过利用太阳能发电并运用独创的高压差水电解槽技术，无需使用压缩机，支撑本田安装了全球第一座填充压力达到 70MPa 以上的高压水电解型制氢站，该智能氢站可输出压力为 77MPa 的氢气。国内暂未有相关产品投入使用的报道。

（2）分析研判

直接加注型电解槽是未来适应波动能源制氢加氢一体化的发展趋势。目前氢气加注过程中的压缩模块能量损耗较大，通过高压电解槽直接加注则能大幅减少能耗，并减小系统体积及成本。日本在 2016 年已完成电解槽制 70MPa 氢气直接加注样机开发，而我国在该领域布局较晚，与国际先进水平差距较大，应通过技术研发实现电解槽制 35/70MPa 氢气直接加注样机开发，并提高制氢加氢系统可靠性，实现核心零部件国产化，提高国际竞争力。

（3）关键指标（见表 6.4-3）

表 6.4-3 直接加注型电解堆技术关键指标

技术类型	指标	单位	现阶段	2027 年	2030 年
直接加注型电解堆	产氢压力	MPa	10	35	50
	2V 下的电流密度	A/cm^2	0.8	1.2	1.5
	额定功率及压力下运行时氧气中氢含量	%	2@50h	2@300h	2@500h

6.4.2 技术创新路线图

现阶段，我国已掌握部分液驱活塞式压缩机关键技术，隔膜式压缩机排气压力达 90MPa，离子式压缩机关键设备依赖于进口；气态加氢机加注压力达到 70MPa，液态加氢机关键设备依赖于进口；直接加注型电解堆可产氢压力为 10MPa。

到 2027 年，掌握大部分液驱活塞式压缩机关键技术，隔膜式压缩机排气压力达 90MPa，掌握部分离子式压缩机技术，关键设备仍依赖于进口；气态加氢机加注压力达到 70MPa，掌握部分液态加氢机技术，关键设备仍依赖于进口；直接加注型电解堆可产氢压力为 35MPa。

到 2030 年，推出下一代液驱活塞式压缩机，隔膜式压缩机排气压力达 90MPa，离子式压缩机关键设备部分国产化；气态加氢机加注压力达到 70MPa，液态加氢机关键设备部分国产化；直接加注型电解堆可产氢压力为 50MPa。

图 6.4-1 为氢加注技术创新路线图。

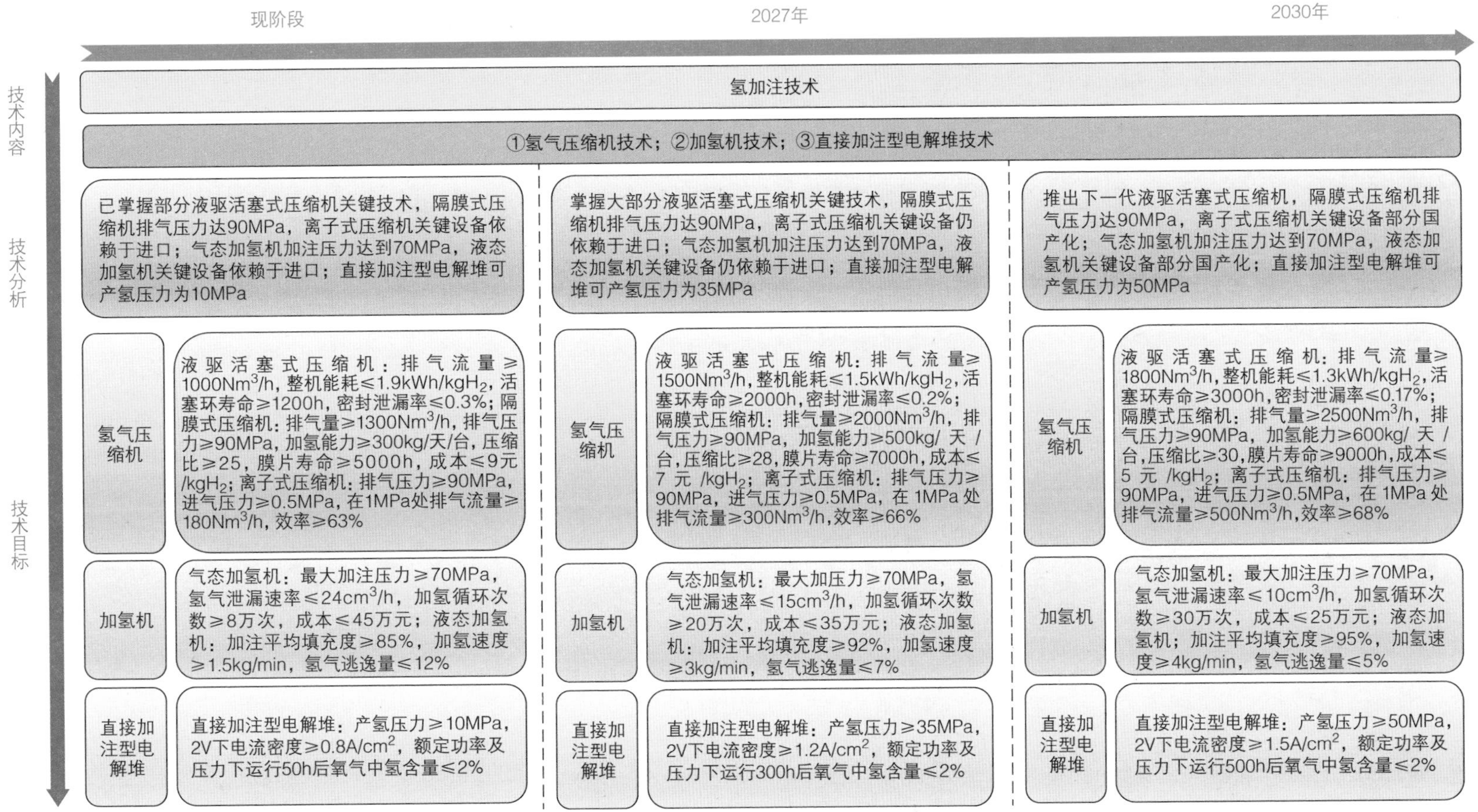
现阶段
2027年
2030年
技术内容
技术分析
技术目标
氢加注技术
①氢气压缩机技术；②加氢机技术；③直接加注型电解堆技术
已掌握部分液驱活塞式压缩机关键技术，隔膜式压缩机排气压力达90MPa，离子式压缩机关键设备依赖于进口；气态加氢机加注压力达到70MPa，液态加氢机关键设备依赖于进口；直接加注型电解堆可产氢压力为10MPa
掌握大部分液驱活塞式压缩机关键技术，隔膜式压缩机排气压力达90MPa，离子式压缩机关键设备仍依赖于进口；气态加氢机加注压力达到70MPa，液态加氢机关键设备仍依赖于进口；直接加注型电解堆可产氢压力为35MPa
推出下一代液驱活塞式压缩机，隔膜式压缩机排气压力达90MPa，离子式压缩机关键设备部分国产化；气态加氢机加注压力达到70MPa，液态加氢机关键设备部分国产化；直接加注型电解堆可产氢压力为50MPa
氢气压缩机
液驱活塞式压缩机：排气流量≥1000Nm³/h，整机能耗≤1.9kWh/kgH₂，活塞环寿命≥1200h，密封泄漏率≤0.3%；隔膜式压缩机：排气量≥1300Nm³/h，排气压力≥90MPa，加氢能力≥300kg/天/台，压缩比≥25，膜片寿命≥5000h，成本≤9元/kgH₂；离子式压缩机：排气压力≥90MPa，进气压力≥0.5MPa，在1MPa处排气流量≥180Nm³/h，效率≥63%
液驱活塞式压缩机：排气流量≥1500Nm³/h，整机能耗≤1.5kWh/kgH₂，活塞环寿命≥2000h，密封泄漏率≤0.2%；隔膜式压缩机：排气量≥2000Nm³/h，排气压力≥90MPa，加氢能力≥500kg/天/台，压缩比≥28，膜片寿命≥7000h，成本≤7元/kgH₂；离子式压缩机：排气压力≥90MPa，进气压力≥0.5MPa，在1MPa处排气流量≥300Nm³/h，效率≥66%
液驱活塞式压缩机：排气流量≥1800Nm³/h，整机能耗≤1.3kWh/kgH₂，活塞环寿命≥3000h，密封泄漏率≤0.17%；隔膜式压缩机：排气量≥2500Nm³/h，排气压力≥90MPa，加氢能力≥600kg/天/台，压缩比≥30，膜片寿命≥9000h，成本≤5元/kgH₂；离子式压缩机：排气压力≥90MPa，进气压力≥0.5MPa，在1MPa处排气流量≥500Nm³/h，效率≥68%
加氢机
气态加氢机：最大加注压力≥70MPa，氢气泄漏速率≤24cm³/h，加氢循环次数≥8万次，成本≤45万元；液态加氢机：加注平均填充度≥85%，加氢速度≥1.5kg/min，氢气逃逸量≤12%
气态加氢机：最大加压力≥70MPa，氢气泄漏速率≤15cm³/h，加氢循环次数≥20万次，成本≤35万元；液态加氢机：加注平均填充度≥92%，加氢速度≥3kg/min，氢气逃逸量≤7%
气态加氢机：最大加注压力≥70MPa，氢气泄漏速率≤10cm³/h，加氢循环次数≥30万次，成本≤25万元；液态加氢机：加注平均填充度≥95%，加氢速度≥4kg/min，氢气逃逸量≤5%
直接加注型电解堆
直接加注型电解堆：产氢压力≥10MPa，2V下电流密度≥0.8A/cm²，额定功率及压力下运行50h后氧气中氢含量≤2%
直接加注型电解堆：产氢压力≥35MPa，2V下电流密度≥1.2A/cm²，额定功率及压力下运行300h后氧气中氢含量≤2%
直接加注型电解堆：产氢压力≥50MPa，2V下电流密度≥1.5A/cm²，额定功率及压力下运行500h后氧气中氢含量≤2%
图 6.4-1　氢加注技术创新路线图

6.4.3 技术创新需求

基于上述综合分析，按照《能源技术革命创新行动计划（2016—2030 年）》和《"十三五"国家战略性新兴产业发展规划》的指导，结合我国氢能产业基础，氢加注技术的发展需要在表 6.4-4 所示方向实施创新研究，实现技术突破。

表 6.4-4 氢加注技术创新需求

序号	项目名称	研究内容	研究成果
1	氢气压缩机开发	研发隔膜式压缩机，包括：研究耐高压、长寿命、抗氢脆的膜片材料及表面改性技术，优化薄型膜片形变的型腔曲线，实现对膜片形变的微小控制，重点解决膜片材料不耐高压、寿命短、易氢脆的问题；开发耐高压、高效率缸体，优化液压油流动和分配方式，减少油腔容积，研究膜片在较小应力差下工作和高效率排气机理；研究提高隔膜式压缩机的工作效率和压缩机系统的可靠性	实现长寿命膜片关键材料突破，开发具有全部自主知识产权的长寿命高压隔膜式压缩机
2	加氢机研发	开发 70MPa 加氢控制算法，提高灵敏调压控制、加氢精度控制、氢气预冷快速响应控制，开发加氢装备寿命评价与测试技术，研究寿命影响规律，优化提升可靠性，研发出低预冷能耗、高可靠性、长使用寿命的 70MPa 加氢机，开展液氢泵关键零部件结构设计和液氢泵系统研制	研发出低预冷能耗、高可靠性、长使用寿命的 70MPa 加氢机，实现液氢泵关键零部件国产化

第 7 章
能源电子技术

CHAPTER 07

能源电子产业是电子信息技术和新能源应用深度融合产生并快速发展的新兴产业，是生产能源、服务能源、应用能源的电子信息技术及产品的总称。2024 年 1 月 29 日，工业和信息化部、教育部、科学技术部等七部门联合印发了《关于推动未来产业创新发展的实施意见》，首次将新型储能、能源电子列为未来产业。明确要求把握全球科技创新和产业发展趋势，重点推进未来能源等六大方向产业发展，加快发展新型储能，推动能源电子产业融合升级。在新型储能领域，能源电子技术贯穿储能器件、储能单元管理、能量变换、集成应用等多个环节。本章选取与新型储能领域密切相关的智能传感器、芯片和功率半导体器件等 3 个技术方向，分析技术现状，研判未来发展趋势。从储能电子的产业链来看，上游包括关键原材料供应和芯片的研发设计，中游器件的加工制造和封装测试，下游则为集成应用市场。我国在上游原材料供应的市场占比持续增长，芯片的研发设计水平上正积极向美国、欧洲、日本等国家看齐；在中游器件制造和测试的低端市场国产替代率不断提高，但高端市场仍由外国厂商垄断；下游集成应用市场蓬勃发展、需求旺盛。

7.1 智能传感器

智能传感器是实现储能单元状态监测、管理控制的基础，是通过将敏感元件、信号调理电路与微处理器集成在一块芯片上实现的。智能传感器带有微处理机，具有采集、处理、交换信息的能力。基于智能传感器精细的感知能力和更高的效率，能够提升储能安全性。安全性是新型储能规模化应用和发展的前提，是急需突破的重点方向。近年来，国内外电化学储能系统连续发生安全事故，全球累计公开报道的安全事故超过 80 起，并且随着装机规模的增长，安全事故多发的风险也随之增大。当前，以锂离子电池为代表的电化学储能作为一种基于化学反应原理的技术，其本质上存在材料老化、热失控、火灾风险等安全性短板问题。特别是在电力储能大规模应用中，电化学储能系统的安全是系统级的安全问题。

目前传感器的类型种类较多，在储能系统里面的应用形式也复杂多样，有传感器单独使用，也有多个传感器集成使用。针对目前传感器在储能领域的应用现状，本节将单独介绍压力、温度和气体传感器并进行分析研判，具体搭配方式，可根据实际应用场景进行判断。

7.1.1 技术分析

智能传感器集成了多种传感功能，可实现储能单元多维度物理参数采集，并基于多源数据实现储能单元状态精准估计。智能传感器基本结构一般包含传感单元、计算单元和接口单元，如图 7.1-1 所示。

全面部署智能传感器，其中包括温度、湿度、振动频率、超声波、局部漏电放电等多个微功耗无线传感器、低功耗无线传感器、传统有线传感器及其他智能辅助传感器，并建立接入汇聚节点形成组网。汇聚节点和接入节点通过接入管理各类信息，并对数据进行计算控制。再由接入节点，通过通信网络技术如 VPN、电力光纤等方式传输，保证信息数据的安全性及准确性，将信息数据传输至平台层，在平台层对数据进行计算分配管理，再由平台层将数据传输至电网智能运检系统中，对最后的数据进行展示和分析，确保新型储能电站能够稳定运行，从而实现新型储能系统智能化管控。

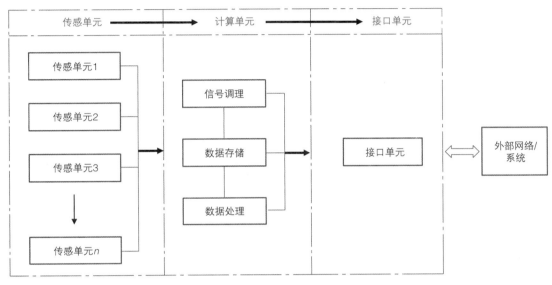

图 7.1-1　智能传感器基本结构

传感器技术的选择应根据具体的储能电站类型、应用需求和安全要求来确定。合理选择和配置传感器，结合数据采集和处理系统，可以实现对储能电站安全状态的准确监测和快速响应，提高储能设备安全性和可靠性。

7.1.1.1　温度传感器

电池工作温度实时传感监测可实现电池温度异常的早期预警与处置，以保证储能项目的长期、稳定、安全运行。以锂离子电池储能系统为例，系统由大量电池单体组成。一方面，电池单体有工作温度区间要求；过高或者过低温度都会对电池的充放电性能甚至安全性能产生不利的影响。另一方面，电池温度差不能过大，大量电池成组后易造成温度分布不均匀，进而导致不同电池内阻之间较大的差异，加重电池系统不一致性，影响电池系统充放电效率和安全运行。

（1）技术现状

1）研发技术现状：当前，温度传感器的研究聚焦于对电池单体内部温度的实时精确监测。和外部存在较大温差，对电池单体内部温度的检测更能反映电池内部的情况，更有利于电池异常的早期预警。因此，在单体方面，目前研究人员聚焦研制内置于电池的温度传感器，实现电梯内部温度的检测。2019 年，美国考文垂大学 Tazdin Amietszajew

博士研制出内置于 18650 电池的 NTC 温度传感器，该传感器可实时监测电池内部的温度变化，其检测精度达 ±2K，耗散系数达 15mW/℃。并且，相较于贴合于电池外部的温度传感器，在同等检测时间下，内置于 18650 电池的温度传感器检测出更大的温度变化。但是，对于大电池单体，其温度通常分布不均匀，单个传感器不能反映电池内部温度的分布状况。为解决该问题，2020 年，北京理工大学宋维力教授研制出内置于 NCM 软包电池的 7 合 1 温度传感阵列，该阵列的植入成功检测出软包电池内部的温度差异，而且该阵列的植入不影响软包电池的充放电性能。

在模组方面，目前研发人员侧重于开发算法，一方面以预测模组的热场分布，实现温度传感器的数量和分布位置的优化，降低成本。2024 年，印度马拉维亚国家理工学院 Aneesh Prabhakar 博士发表了针对由 32 个电池组成的模组的热场分布算法，结合机器学习算法，成功预测模组热失控风险位置，以此调整温度传感器的数量及分布位置。另一方面以预测电池的状况，实现对电池模组异常的早期预警。2022 年，同济大学韦莉博士开发出一种模型训练算法，该算法仅利用 3 个单体温度便可准确预测剩余 9 个单体温度，不仅有助于实现电池模组异常状态的早期预警，还降低了温度传感器的购置与安装成本，具有经济性和实用性上的优势。

2）产品技术现状：目前国内外均有面向储能应用的温度传感器，并且，国内外许多公司推出针对储能市场的电芯温度采集与模组温控管理的技术方案，例如美国 Honeywell、日本 Murata、武汉四方光电、深圳特普生等。目前，国内与国外储能温控技术方案相差不大，但在温度传感器自研方面，国内温度传感器在检测精度方面落后于国际先进水平。以美国 Honeywell 为例，其自研出不同种类的温度传感器，检测精度可达 ±0.5K（B 值 ±0.2%）。该企业与乌克兰 DTEK 公司合作，为当地提供首个电网级电池储能系统。而国内方面，以武汉四方光电为例，其自研出电池热失控监测用温度传感模组元件，检测精度为 ±2K。而深圳特普生针对不同储能应用场景，自研出不同储能专用的温度传感器，并推出基于 CCS 电池模组的不同温度采集与管理方案，电阻值和 B 值精度为 ±1%，成功服务于宁德时代、美国 Powin 等国内外公司。

（2）分析研判

我国在温度传感器开发方面具有较好的研究基础。在未来，面向储能市场的温度传感器的发展倾向于以下三个方面：①内置化，未来面向储能的温度传感器集成在电池内部，形成"储能 - 传感"一体化的智能电池；②自适应，未来面向储能的温度传感器可根据电池状态自动调整自身工作状态，提高运行效率；③集成化，未来面向储能的温度传感器将与其他功能元件集成，结合软件算法，构筑出面向储能应用的智能温控监测预警系统。但是目前，储能用温度传感器面临以下关键问题：①灵敏系数与稳定性难以兼顾；②精度较低、误差大；③抗电解液的腐蚀性液 / 气体能力差。为解决以上问题，需要优先攻关以下关键技术：①开发稳定性好，且具有高温度传感灵敏系数的材料；②开发可提取低温变化信号的滤波算法和滤波电路；③开发具有高热导率的散热衬底层；④开发可抗电解液腐蚀性液 / 气体的封装涂层。

（3）关键指标（见表 7.1-1）

表 7.1-1 温度传感器关键指标

指标	单位	现阶段	2027 年	2030 年
测量范围	℃	$-50 \sim 200$	$-70 \sim 400$	$-100 \sim 700$
响应时间	s	90	50	40
检测精度	K	±0.1	±0.01	±0.005
供电电压	V	$2 \sim 3$	$0 \sim 1$	$0 \sim 0.5$

7.1.1.2 气体传感器

电池热失控演化过程中温度的升高会导致电池内部电解液气化，甚至进一步触发新的气体串扰反应。研究发现电池热失控演化进程中，最先报警的是 H_2 气体传感器，其次为 CO 和 CO_2，最后是 VOC（挥发性有机化合物）。产气占比方面，研究显示 H_2、CO 和 CO_2 占比最高，除这 3 种主要的产气成分外，C_2H_4、CH_4 和 C_3H_6 的占比也都超过了 1%。在时间上，H_2 信号响应的时刻比温度信号响应的时刻提前约 580s，气体传感可以用来进行电池热失控前的早期安全预警。此外，电池热失控产气过程中会释放热量，使得电池温度上升，气体增多也会导致电池内部压力随之升高，因此气体信号耦合温度和气压信号进行电池健康状态评估，可以显著降低热失控误报率，提高预警的准确度，为储能电站的安全增加保障。

（1）技术现状

1）研发技术现状：储能气体检测分为电池内部产气过程监测和电池外部气体监测两种方式，而气体传感器根据检测原理可以分为金属氧化物气体传感器、光学气体传感器、电化学气体传感器和场效应晶体管气体传感器等。金属氧化物气体传感器和电化学气体传感器在 CO 和 VOC 的检测上具有较好的响应；场效应晶体管气体传感器对 H_2 有较高的灵敏度，H_2 通过时其伏安曲线发生位移，根据偏移量可获知氢气浓度。CO_2 在 4.26mm 波长处有特征吸收峰，适合通过光学气体传感器进行检测。

在科学研究层面，中国电力科学研究院使用光 - 声谱气体检测技术来监测热失控早期释放的特征气体（C_2H_4、CH_4、CO 等），能够起到非常好的预警效果。中国科学技术大学张永明团队提出一种基于气体检测模块的电池热失控特征气体探测方法，该团队构建的阵列传感器对 H_2、CO、CH_4 以及 C_2H_4 在内的多种气体均可进行精准识别与监测。国外研究者在电池内部产气监测方面做了一些尝试，利用光纤传感器植入电池内部检测氧浓度信息，使用光纤比色传感器监测锂离子电池过充电期间 CO_2 的释放。

2）产品技术现状：目前气体传感器生产厂商主要集中在日本、欧洲和美国，包括美国 Honeywell、日本 Figaro、英国 Alphasense、德国 EC Sense。而进入全球排名榜单的国内厂商仅有汉威科技（包括炜盛和汉威）一家，占据 4% 的市场份额。而在高端智能气体传感器市场细分领域，我国厂商的份额则仅约为 1%。Honeywell 公司以电化学气体传感器为主，同时涉足红外和催化类气体传感器，其产品既包括 H_2、O_2、CO_2 等较为常见气体传感器，也包括一些特殊气体传感器。Figaro 公司的产品主要以半导体型（MOS）气体传感器为主，也有结合 MEMS 的气体传感器产品；EC Sense 公司的固态聚合物电化学气体传感器性能优秀；Alphasense 公司的产品覆盖电化学、催化、光学和半导体四大类型气体传感器。

国内方面，汉威科技是目前国内唯一能生产半导体类、催化燃烧类、电化学类和红外光学类等四大类型气体传感器的企业，且有 CO、H_2、VOC、温湿度等多功能集成模组。此外，苏州慧闻在 MEMS 气体传感器及多功能集成模组上布局较多，自主研发的智能传感器模组 MSD3005 电池/储能安全监测模块，可用于判断当前环境中的危险气体等级（CO、H_2、DMC），可同时识别和检测异味含量，模组具有高灵敏度、高分辨率、低功耗的特点。MSD3005 系列模组的传感器是不同材料体系组成的多通道气体传感器，使用特定的调理电路和精确算法来判定当前环境中三种危险气体的预警等级，对于电池组安全的早期预警有非常实用的意义。此外，四方光电、盛密科技、奥松电子、上海松柏等也是国内重要的气体传感器厂商。

（2）分析研判

基于 MEMS 技术的微型化先进智能气体传感器是主流技术路线，符合微型化、集成化、模块化、低功耗、智能化的发展方向，且能兼容硅基加工工艺和批量化生产。MEMS 气体传感器是多学科交叉的复杂系统，整个产业链涉及设计、制造、封装测试、软件及应用方案等多个环节，集中了多学科领域的尖端成果，行业技术门槛高。与国内相比，欧美和日本等国家在 MEMS 的研究和制造上具有更深厚的基础，尤其在工艺研究上。比如美国高度重视 MEMS 工艺的保密价值，在传感器工艺方面拥有多项专利，覆盖了制造、封装、测试等多个环节，维护其在该领域的技术领先地位。当前，我国 MEMS 气体传感器技术尚处于初级阶段，需要在气敏功能材料、微电子机械系统、电学测量等模块的研究和工艺研发上进行技术攻关。

（3）关键指标（见表 7.1-2）

表 7.1-2　气体传感器关键指标

指标	单位	现阶段	2027 年	2030 年
浓度测量范围	ppb	$0 \sim 5000$	$0 \sim 300$	$0 \sim 10$
灵敏度	%	$R_{0(\text{in air})}/R_{s(\text{in 200ppmH2})} \geq 5$	$R_{0(\text{in air})}/R_{s(\text{in 200ppmH2})} \geq 10$	$R_{0(\text{in air})}/R_{s(\text{in 200ppmH2})} \geq 20$
工作温度	℃	$-40 \sim 85$	$-60 \sim 110$	$-100 \sim 200$
浓度斜率	—	$\leq 0.6(R_{500ppm}/R_{200ppm};H_2)$	$\leq 0.3(R_{500ppm}/R_{200ppm};H_2)$	$\leq 0.1(R_{500ppm}/R_{200ppm};H_2)$

7.1.1.3　压力传感器

对于电池单体及模组，一方面，在热失控前，电池内部会发生剧烈反应进而产生大量可燃气体，导致电池壳密闭空间内的压力不断增加。当超过防爆阀开启压力时，产生的可燃气体从防爆阀喷出，并剧烈燃烧，引发安全事故。另一方面，当电池循环充放电时，活性离子会在正负电极之间不断嵌入与脱出，导致隔膜收缩和负极片膨胀，造成电芯的形变与模组膨胀力的增大，严重时使得模组框架遭受破坏。因此，对电池压力的实时传感检测可有效判断电池及其模组的结构与密封状态，以及时发现处于异常状态的电池。

（1）技术现状

1）研发技术现状：目前对于压力的检测，研发人员侧重于将压力传感器集成在电池单体内部，实现对电池单体内部压力的检测。2023 年，厦门大学吴德志教授研制出内置于 NCM 方壳电池的柔性压力传感器，实现对电池循环充放电过程中内部压力的实时检测。同年，暨南大学郭团研究员与中国科学技术大学王青松研究员合作公开了一种内置于 18650 电池的光纤原位监测器件。其能有效检测出圆柱电池内部的压力，并且不受温度信号的串扰。

此外，研发人员还将气压传感器集成在电池中或者其周围，以实现对电池气压的检测。2020 年，英国南安普顿大学 Nuria Garcia-Araez 教授研制出集成有气压传感器的磷酸铁锂电池，该气压传感器探头集成在电池中，可以对电池充放电过程中内部的气压进行检测。2023 年，清华大学欧阳明高院士通过仿真计算揭示出圆柱电池热失控时内部气体扩散与压力之间的关系，并在电池中集成气压传感器与 VOC 传感器，成功验证该理论的正确性。同年，郑州大学金阳教授联合国网江苏省电力有限公司电力科学研究院与中广核新能源河南分公司合作公开出一种电池模组气压的检测方法，将 4 个气压传感器放置在电池周围，利用 4 个气压传感器传感输出信号的差异性，实现对电池模组风险的预警。

2）产品技术现状：目前国内外均有面向储能应用的压力传感器，但两者所推出的传感器的应用定位有差异。国外方面侧重于推出面向电池单体压力检测的压力传感器，例如美国森萨塔和欧米伽、荷兰恩智浦等。以荷兰恩智浦为例，该公司开发出专用于检测动力电池锂离子热失控的压力监测传感器，内置的 MCU 使其既能检测 40 ~ 250kPa 范围内的压力变化，精度达 ±1.2%，结合开发算法，还能根据压力信息实现决策的反馈。而国内方面更侧重于推出用于检测电池模组间膨胀力的压力传感器，例如厦门元能科技、深圳国微感知和钛深科技等。以厦门元能科技为例，其研制的压力分布膜测量系统可检测 0 ~ 5MPa 范围内的压力变化，主要用于检测电芯表面应力与平整度，以实现对模组间膨胀力的检测。类似地，深圳国微感知推出了柔性压力传感系统，可对电池外表面以及模组内部膨胀力进行实时监测，但是上述两者的检测精度较低（约 ±5%）。

（2）分析研判

在未来，面向储能市场的压力传感器的发展倾向于以下四个方面：①多原理。未来面向储能的压力传感器可实现对电池动 / 静态压力的全方位检测。②快响应。未来面向储能的压力传感器要求能对电池的瞬态压力变化快速响应，以及时发现并处置。③强稳定。未来面向储能的压力传感器要求不受其他外界信号（温度等）的干扰，并且还能长时间耐受电池产生的腐蚀性液体 / 气体。④低成本。未来面向储能的压力传感器要有较低的制造成本，以实现其在储能系统的大批量应用。但是目前，储能用压力传感器面临以下关键问题：①难以同时对低/高频压力进行传感；②检测下限过高；③抗电解液的腐蚀性液/气体能力差。为解决以上问题，需要优先攻关以下关键技术：①开发由压电元件和压阻（压容）元件组装的压力传感器，实现对电池低/高频的全方位检测；②开发低压灵敏检测新方法，例如：研制具有放大特性的场效应晶体管型压力传感器，设计具有特定表面微结构的压敏元件，开发可提取低压信号的滤波算法和滤波电路；③开发可抗电解液腐蚀性液/气体的封装涂层。

（3）关键指标（见表 7.1-3）

表 7.1-3 压力传感器关键指标

指标	单位	现阶段	2027 年	2030 年
稳定性次数	万次	100	100	100
最大可测压力	MPa	10	50	100
压力检测分辨率	Pa	5	0.5	0.05
检测压力频率	Hz	0 ~ 15	0 ~ 30	0 ~ 45
供电电压	V	1 ~ 2	0 ~ 1	0 ~ 0.5

7.1.2 技术创新路线图

现阶段已经掌握温度传感器 ±0.1K 左右的检测精度，响应时间为 90s；气体检测量程为 0 ~ 5000ppb；压力检测器分辨率可达 5Pa。

到 2027 年，掌握温度传感器 ±0.01K 左右的检测精度，响应时间为 50s；气体检测量程为 0 ~ 300ppb；压力检测器分辨率可达 0.5Pa。

到 2030 年，掌握温度传感器 ±0.001K 左右的检测精度，响应时间为 40s；气体检测量程为 0 ~ 10ppb；压力检测器分辨率可达 0.05Pa。

目前，智能传感器的应用主要受到了敏感元件的设计和传感性能优化、芯片运算能力及信号收发能力的制约。因此，其技术难点主要是敏感元件机理的性能及极端环境下的稳定性能提升、芯片的运算能力及信号收发能力的提升。智能传感器未来研发方向主要是提出高性能敏感机理、开发高性能敏感元件、开发高运算能力与信号收发能力芯片、组建智能监测与预警网络等。智能传感器技术创新路线图如图 7.1-2 所示。

7.1.3 技术创新需求

智能传感器行业的未来充满了机遇和挑战，需要加强技术创新、拓展市场应用、加大国际合作、提供政策支持、加强人才培养和完善产业链。在上述努力下，智能传感器行业将迎来更为广阔的发展前景，为推动国家和地方高新技术产业的发展做出重要贡献。近期，优先开发各类智能传感器先进敏感机理，提高智能传感器在电磁、高温等恶劣环境下的性能稳定性，开发智能传感器实时监控手段，提高智能传感器中的算法性能，统一各类智能传感器的接入标准，逐步构建智能感知监测网络等。基于以上的综合分析讨论，智能传感器的发展需要在表 7.1-4 所示方向实施创新研究，实现技术突破。

智能传感器技术

技术内容： ①开发高性能敏感机理；②开发更高性能芯片；③组建智能监测网络；④降低生产成本

技术分析

- 现阶段：现阶段已经掌握温度传感器 ±0.1K 左右的检测精度，响应时间为 90s；气体检测量程为 0~5000ppb；压力检测器分辨率可达 5Pa
- 2027 年：2027 年应掌握温度传感器 ±0.01K 左右的检测精度，响应时间为 50s；气体检测量程为 0~300ppb；压力检测器分辨率可达 0.5Pa
- 2030 年：2030 年应掌握温度传感器 ±0.001K 左右的检测精度，响应时间为 40s；气体检测量程为 0~10ppb；压力检测器分辨率可达 0.05Pa

技术目标

温度传感器
- 现阶段：可测温度：-50~200℃；检测精度：±0.1 K；响应时间：90s；供电电压：2~3V
- 2027 年：可测温度：-70~400℃；检测精度：±0.01 K；响应时间：50s；供电电压：0~1V
- 2030 年：可测温度：-100~700℃；检测精度：±0.001 K；响应时间：40s；供电电压：0~0.5V

气体传感器
- 现阶段：检测量程：0~5000ppb；工作范围：-40~+85℃；$R_0(\text{in air})/R_s(\text{in } 200\text{ppmH}_2)\geq5$；灵敏度：浓度斜率：≤0.6（$R_{500\text{ppm}}/R_{200\text{ppm}}$；$H_2$）
- 2027 年：检测量程：0~300ppb；工作范围：-60~+110℃；$R_0(\text{in air})/R_s(\text{in } 200\text{ppmH}_2)\geq10$；灵敏度：浓度斜率：≤0.3（$R_{500\text{ppm}}/R_{200\text{ppm}}$；$H_2$）
- 2030 年：检测量程：0~10ppb；工作范围：-100~+200℃；$R_0(\text{in air})/R_s(\text{in } 200\text{ppmH}_2)\geq20$；灵敏度：浓度斜率：≤0.1（$R_{500\text{ppm}}/R_{200\text{ppm}}$；$H_2$）

压力传感器
- 现阶段：稳定性次数：100 万次；最大可测压力：10MPa；压力检测分辨率：5Pa；检测压力频率：0~15Hz；供电电压：1~2V
- 2027 年：稳定性次数：100 万次；最大可测压力：50MPa；压力检测分辨率：0.5Pa；检测压力频率：0~30Hz；供电电压：0~1V
- 2030 年：稳定性次数：100 万次；最大可测压力：100MPa；压力检测分辨率：0.05Pa；检测压力频率：0~45Hz；供电电压：0~0.5V

（时间轴：现阶段　2027 年　2030 年）
（左侧栏目：技术内容　技术分析　技术目标）

图 7.1-2　智能传感器技术创新路线图

表 7.1-4　智能传感器技术创新需求

序号	项目名称	研究内容	预期成果
1	面向智能储能的植入式多元集成感知系统构筑	开发小型化、低功耗、植入式传感器件（如 MEMS 等）；开发集成小型化、高鲁棒植入式多元协同感知系统（如压力—温度—气体等）；建立热失控下电池内部的压力、温度、气体等时空演变模型，提取电池系统安全评估特征参数	系统整体面积小于 10mm^2；整体功率小于 5mW。系统至少集成压力、温度、气体等传感元件，其中压力检测范围为 $10^{-4} \sim 1$MPa，检测精度小于 1kPa；温度检测范围为 $-50 \sim 150$℃，检测精度小于 0.05℃；气体检测精度小于 1ppm。在此基础上，系统可集成声、光等传感元件；系统在电解液环境下传感器服役 10000h，传感性能误差小于 10%；热失控隐患预警准确率大于 90%，响应时间小于 1000ms
2	面向智能储能的全自供电型柔性感知系统构筑	开发自供电型传感器件（例如：压力、温度等）；开发集成可共形附着于电池弯曲表面的全自供电型柔性感知系统；建立热失控下电池外部的应变、压力、温度等时空演变模型，提取电池系统安全评估特征参数	系统具有柔韧性，可弯曲应变大于 50%，且在 50% 弯曲应变下，传感性能误差小于 5%。系统传感元件可自供电传感，集成至少压力和温度传感元件，其中压力传感灵敏系数不小于 1mV/kPa，检测下限小于 100Pa，冲击力下响应时间小于 1000ms；温度传感灵敏系数不小于 100μV/℃，精度小于 0.1℃，冲击温度刺激下响应时间小于 5s。服役 100 万次后传感性能误差小于 10%

7.2　芯片

在储能系统中，芯片是电子设备中实现电能转换、分配、检测等计算、控制功能的核心电子器件。新型储能系统中的芯片主要包括三类：电池管理芯片、电源管理芯片和通用控制芯片。

7.2.1　技术分析

7.2.1.1　电池管理芯片

（1）技术现状

电池管理芯片主要包括模拟前端（AFE）、微控制器（MCU）、A/D 转换器（ADC）、数字隔离器等，在储能 BMS 中实现电池电压、电流、温度采集，以及均衡控制和状态估计等功能。当电池在应用中出现过电压、欠电压，或温度超出允许范围，或充放电电流超过阈值时会及时报警，通知 MCU 断开电池与负载或者充电器的连接，对电池的安全性具有极重要的意义。为确保电芯一致性，电池管理芯片通常集成均衡功能，通过特定算法，同步所有电芯的充放，提高电池的能量利用率。

国外，美国亚德诺（ADI）、荷兰恩智浦（NXP）、美国德州仪器（TI）等国外企业处于垄断地位。高压储能的应用几乎被美国亚德诺的 ADBMS6830 和荷兰恩智浦的 MC33771 垄断，低压储能几乎被美国德州仪器的 BQ76952 占据了 70% 的市场。美国亚德诺的 ADBMS6830 芯片集成了高精度电压 ADC，单芯片可以支持最大 16 串电池同时监控，85V 高耐压，电池电压精度达 ±1.8mV，采用差分菊花链通信，可级联架构用于高压电池包，配备 I2C 或者 SPI 接口，休眠功耗为 4μA，被动均衡，通过 AECQ-100 认证，达到车规级 BMS 的要求，能够较好地满足储能市场需求。美国德州仪器的 BQ76952 在低压储能和两轮车的市场占比较大，该芯片集成了高精度 ADC，单芯片可支持 3 ~ 16 串电池同时监控，85V 高耐压，工作功耗低，具备综合保护功能。

国内，电池管理芯片在研发和制造方面距离国外还有较大差距。国内主要厂商有中颖电子、杰华特、南芯科技、必易微、雅创电子、赛微微电、比亚迪等。目前高压工艺可以达到国际水平，可支持 12 ~ 18 通道电池监控，但电压检测精度温漂性能差，难以实现全温度范围内的高精度采集。由于器件尺寸限制，若要达到和国际水平相同的耐压等级，内部器件尺寸增大，导致成本相对欧美要高。国内杰华特 JW3376 集成 14bit 的电压 ADC，监测精度为 ±5mV @25℃、2.3 ~ 4.3V，±20mV@-40 ~ 85℃、2.3 ~ 4.3V，集成 16bit 的电流 ADC，监测精度为 ±75μV @25℃、−100 ~ 100mV，通道温度检测精度为 ±1℃，可支持 11 ~ 16 串电池监控，3.3V LDO 输出，SPI 通信，休眠功耗为 18μA，具备被动均衡和综合保护功能，主要应用在低压储能市场。

（2）分析研判

国产替代是电池管理芯片的主要方向，高精度、低功耗、高可靠电池管理芯片是研发重点。由于电池的工作温度范围会集中在 −20 ~ 65℃，电池管理芯片要求在 −40 ~ 125℃ 温度区间稳定工作，需要采用宽温区的高压 BCD 工艺，并开发高精度电压 ADC 模块。在整个生命周期内保证芯片的高精度，需要芯片设计能力、制造工艺、器件参数全方位提升。低功耗是电池管理芯片的基本要求，且每节电池的功耗一致性也是 BMS 的重点，降低芯片的功耗会使得芯片的抗干扰性变差，可采取分时开启方式，开发低压器件，降低供电电压。

（3）关键指标（见表 7.2-1）

表 7.2-1　电池管理芯片关键指标

指标	单位	现阶段	2027 年	2030 年
静电放电（ESD）	kV	±2	±4	±6
IC 耐压	V	100	150	200
电压 ADC 精度（−40 ~ 125℃）	mV	±10	±5	±3
休眠功耗	μA	20 ~ 40	20	10
隔离通信速率	Mbit/s	1	2	4

7.2.1.2　电源管理芯片

（1）技术现状

国外，电源管理芯片处于先进水平。电源管理芯片包含多种类型，长续航、低功耗电源芯片，如美国德州仪器的 LM516x 系列、美国芯源（MPS）的 MP458x 系列；高绝缘等级隔离芯片，如美国德州仪器的 UCC21520、AMC1200 系列；复合型通信或采样芯片，如美国芯源的 MP4581 芯片为 100V 同步整流降压型 DC/DC 变换器，输入范围为 8 ~ 100V，可以适配多种终端不同串数电池包应用场景，最高占空比达 90%，100kHz ~ 1MHz 可配置开关频率，集成高边 625mΩ/低边 265mΩ 的 MOSFET，采用恒定导通时间（Constant-On-Time，COT）架构，同时搭配轻载跳频（Pulse-Skip Mode，PSM）模式，在轻负载条件下大幅度降低开关频率，从而使系统效率得到显著提高，延长电池包在转运过程中的待机时间。美国德州仪器的 UCC21520 芯片为隔离式双通道栅极驱动器，19ns 传输延时，共模瞬态抗扰度 >100kV/μs，隔离栅寿命 >40 年，高达 25V VDD 驱动耐压，双通道有效值高达 5.7kV 的绝缘耐压，可以满足多种拓扑的功率器件驱动，比如降压（Buck）型拓扑的高边和低边功率管驱动，谐振拓扑全桥 LLC 和半桥 LLC 的功率级驱动，以及逆变器部分的桥壁驱动。

国内，已初步具备新型储能领域所需电源管理芯片国产化能力，产品涵盖 5～100V DC/DC、650～1200V AC/DC、基本绝缘（有效值 2500V）以及增强绝缘（有效值 >5000V）的隔离驱动、隔离接口等模拟芯片。DC/DC 产品线国内较为齐备，已处于世界先进水平，包含低压、中压、宽压、高压 DC/DC，低功耗系列，降压控制器等，电压最大输入 100V，满足储能变流器以及 BMS 等各部件上形式多样的电源芯片需求。隔离产品线处于跟跑阶段，具备隔离驱动芯片的生产能力，初步满足对电力线电流电压的监控、功率器件的驱动以及强弱电之间信息的传输。国内初具规模的电源管理芯片公司主要有杰华特、芯朋微电子、圣邦微电子、韦尔股份、闻泰科技、华为海思、杭州士兰微等。

（2）分析研判

低功耗、高可靠是储能用电源管理芯片关键指标。电源管理芯片的低功耗包括两个方面：一是需要芯片本身在不做开关动作时的能耗要低；二是需要提高轻载效率。对于隔离产品线，隔离栅寿命和隔离信号抗扰性是开发的关键指标，为实现新型储能产品在各种恶劣环境条件下的长期稳定运行，需要在设计时考虑各项绝缘指标，对产品进行多项安规测试验证，其中，包括符合 VDE V 0884-11 标准的最大瞬态隔离耐压测试，符合 UL1577 标准的 1min 承受电压测试，以及共模瞬态抗扰性（CMTI）的测试。

高电压电源管理芯片是新型储能领域用电源管理芯片的主要发展方向。为了提升整体效率，减少线路上的损耗，新型储能系统的电池包管理部分以及电力电子变换器部分在往更高电压的方向发展。对于电源管理芯片，1500～2000V 涵盖功率范围从 12W 到数百瓦功率等级的芯片开发是未来的重点。

（3）关键指标（见表 7.2-2）

表 7.2-2　电源管理芯片关键指标

指标	单位	现阶段	2027 年	2030 年
静态电流	μA	100	20	10
高压工艺	V	1200	1500	2000
寄生延时	ns	25	19	19
最大工作绝缘电压（有效值）	V	1000	1500	2000
共模瞬态抑制	V/ns	50	100	150
绝缘寿命	年	—	20	40

7.2.1.3　通用控制芯片

（1）技术现状

DSP（Digital Signal Processor，数字信号处理器）是一种专门用于加速数字信号处理算法计算的微处理器，与 CPU、GPU、FPGA 并称为"四大通用芯片"。DSP 内部一般采用程序和数据分离的哈佛结构，具有专用硬件乘法器，广泛采用流水线操作，提供专用的计算指令，可以快速实现各种数字信号处理算法。依托丰富的数字信号处理指令、独立高效的存储和总线结构、完备的外设资源以及低功耗特性，DSP 能够快速完成信号采集、计算处理、控制矢量输出及通信数据交互，特别适用于实时控制应用场景。DSP 芯片具有独特的性能优势，在低功耗实时性场景优于其他同成本芯片。应用场景的增加及单套设备中采用数量的增多，DSP 的整体市场规模不断攀升。统计数据显示，2022 年全球 DSP 市场规模约达 129 亿美元。我国 DSP 芯片行业经过近几年的快速发展，已经形成了一定的技术基础和产品体系。2022 年我国 DSP 芯片市场规模约为 24 亿美元。在新型储能行业，储能变流器是 DSP 芯片的主要应用领域，利用监测单元提供的数据，DSP 芯片根据设定的策略和算法，实现对电池充放电过程的优化控制，确保电池在安全范围内工作，提高电池的效率和寿命。

国外，DSP 芯片行业竞争格局较为集中，美国引领 DSP 芯片技术发展和芯片供应，2020 年全球 DSP 芯片产量约为 20 亿颗，其中美国占比达 60% 以上。美国 AMI 公司于 1978 年推出了 S2811 信号处理设备，揭开了 DSP 芯片发展的序幕。美国 TI 公司在 1983 年推出了具有里程碑意义的 TMS320C10，微架构设计上采用了哈佛结构，提出了数字信号处理专用指令，奠定了 DSP 基本结构和技术路线。美国电话电报（AT&T）公司是第一家推出高性能浮点 DSP 芯片的公司，美国 ADI 公司的 TigerSHARC 和美国 TI 公司的 TMS320C66x 可同时处理定点和浮点运算。TI 公司在 2011 年推出了多核定浮点混合 DSP TMS320C6678，在 1.25GHz 工作频率下，能够实现 160GFLOPS 的计算性能，成为当时性能最高的 DSP。C7000 架构是 TI 公司最新推出的高性能 DSP，可在同一时钟周期内并发多条标量运算、矢量运算和内存访问，可作为专用加速器处理数据密集任务。TI 公司推出的 C2000 系列是目前广泛应用的产品之一，既具有 DSP 的处理能力，又具有 MCU 的集成优势，主要应用于数字电源和电机控制。

国内，DSP 研发起步较晚，但发展迅速。2004 年国防科技大学自主成功研制出"银河飞腾"系列高性能浮点 DSP YHFT-DSP/700，采用八发射超长指令字结构，其数据通路包含 8 个功能单元：2 个乘法部件、4 个 ALU 和 2 个访存单元，在 238MHz 主频下运算性能达到了 1428MFLOPS。中国电子科技集团第三十八研究所和第十四研究所也分别推出了自主研发的多核高性能 DSP 产品"魂芯二号"和"华睿二号"，这两款国产 DSP 芯片都采用了成熟的单指令多数据结构和超标量技术，通过增加专用指令和运算单元，在运算性能上实现了对 TMS320C6678 的赶超。中国科学院自动化研究所是国内主要开展 DSP 芯片技术研发的科研机构之一，自 20 世纪 90 年代开始致力于高性能 DSP 领域的研究工作，承担了多项国家重大任务，自主成功研制一系列具有国内领先、国际先进水平的 DSP 产品，填补我国多项空白，在国家相关领域获得成功应用，取得了优异的经济和社会效益。

（2）分析研判

国产化高精度、高可靠 DSP 芯片是未来主要攻关方向。储能变流控制相关算法的精度和分辨率越来越高，需要 64bit 双精度浮点数据格式来保证计算精度和误差。数据精度提升的同时，算法也日趋复杂，需要更高算力完成实时计算，预计达到 4000MMACS（Millions Multiply-Accumulates Per Second，每秒百万乘加次数）的算力指标需求，支持快速完成各变流控制算法的计算、迅速做出系统响应和完成控制操作。数据格式和算法的改进需要大容量的片上存储空间，采用更大容量的 Flash 来保存程序和需长期维护的关键数据，更大容量的 SRAM 来提供程序执行所需要的运行空间。不同的储能变流产品，控制芯片所连接外设的接口协议、控制模式等有较多差异，传统的外设接口和数量已不能满足扩展灵活化、产品多样化、开发简单化的需求，因此需要有灵活可编程的外设扩展方式来支持各种差异性产品的开发，以便适应多种接口协议、多种接口数量。在 DSP 芯片中嵌入小容量的可配置或可编程逻辑模块（eFPGA）是目前满足扩展需求的有效解决方案，40000 个 LUT（Look Up Table，查找表）规模的 eFPGA 即可满足基本外设接口扩展需求。

集成人工智能算力的 DSP 芯片是未来重要发展趋势。人工智能技术正全面赋能各行业，边缘端的应用场景也逐步引入人工智能技术，提升产品的智能化水平。在储能变流领域也将引入人工智能技术，从而实现预测电能供给、优化控制策略、提升电能转换效率、提高安全管理能力等。在 DSP 芯片中增加 100GOPS 的高能效人工智能算力，在满足传统数字信号处理的同时，支撑开展边缘端人工智能计算，满足未来智能化储能变流控制技术发展目标。

（3）关键指标（见表 7.2-3）

表 7.2-3　DSP 芯片关键指标

指标	单位	现阶段	2027 年	2030 年
每秒百万乘加次数	MMACS	400	1000	4000
数据精度	bit	32（浮点/定点）	64（浮点）	64（浮点）
片上存储	B	Flash：1M SRAM：200k	Flash：4M SRAM：512k	Flash：16M SRAM：2M
eFPGA	K LUT	0	10	40
AI 算力	GOPS	0	10	100

7.2.2　技术创新路线图

现阶段，基本掌握低串数采集芯片功能架构、DC/DC 变换技术以及隔离工艺；DC/DC 变换技术已实现大规模应用等；高压工艺以及隔离技术，高精度采集同国外仍有差距。

到 2027 年，掌握中高串数采集芯片功能架构、低功耗 DC/DC 变换技术以及高压隔离技术；高串数采集芯片、高压芯片、高可靠性控制芯片同国外仍有差距。

到 2030 年，掌握高精度采样技术、高压隔离技术、全电压范围低功耗芯片技术、低功耗边缘异构智能芯片技术；电源管理芯片核心产品自主可控。

图 7.2-1 为芯片技术创新路线图。

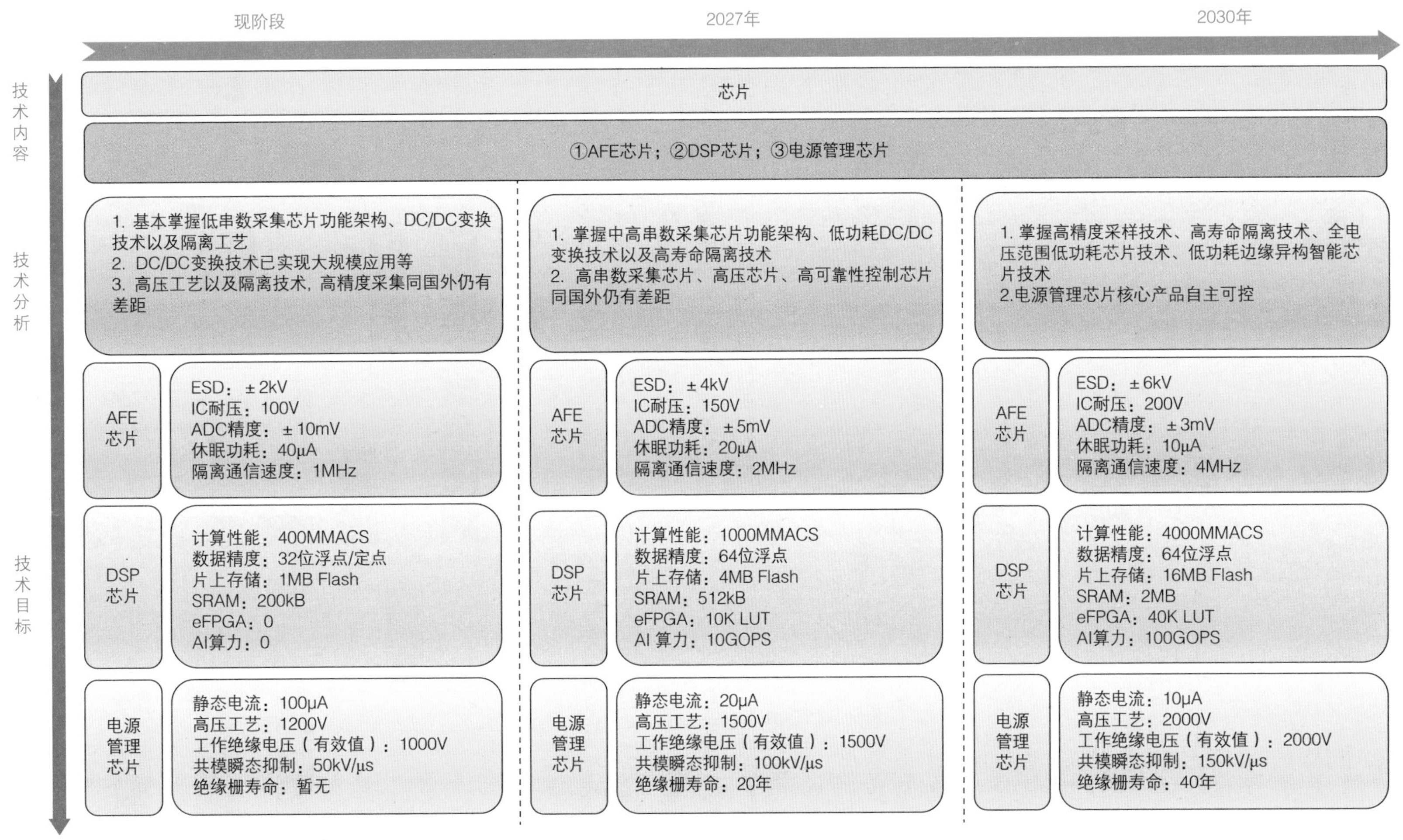

图 7.2-1　芯片技术创新路线图

芯片：①AFE芯片；②DSP芯片；③电源管理芯片

现阶段

技术分析：
1. 基本掌握低串数采集芯片功能架构，DC/DC变换技术及隔离工艺
2. DC/DC变换技术已实现大规模应用等
3. 高压工艺以及隔离技术、高精度采集采集同国外仍有差距

AFE芯片：
- ESD：±2kV
- IC耐压：100V
- ADC精度：±10mV
- 休眠功耗：40μA
- 隔离通信速度：1MHz

DSP芯片：
- 计算性能：400MMACS
- 数据精度：32位浮点/定点
- 片上存储：1MB Flash
- SRAM：200kB
- eFPGA：0
- AI算力：0

电源管理芯片：
- 静态电流：100μA
- 高压工艺：1200V
- 工作绝缘电压（有效值）：1000V
- 共模瞬态抑制：50kV/μs
- 绝缘栅寿命：暂无

2027年

技术分析：
1. 掌握中高串数采集芯片功能架构、低功耗DC/DC变换技术以及高寿命隔离技术
2. 高串数采集采集同国外仍有差距

AFE芯片：
- ESD：±4kV
- IC耐压：150V
- ADC精度：±5mV
- 休眠功耗：20μA
- 隔离通信速度：2MHz

DSP芯片：
- 计算性能：1000MMACS
- 数据精度：64位浮点
- 片上存储：4MB Flash
- SRAM：512kB
- eFPGA：10K LUT
- AI算力：10GOPS

电源管理芯片：
- 静态电流：20μA
- 高压工艺：1500V
- 工作绝缘电压（有效值）：1500V
- 共模瞬态抑制：100kV/μs
- 绝缘栅寿命：20年

2030年

技术分析：
1. 掌握高精度采样技术、高寿命隔离技术、全电压范围低功耗技术、低功耗边缘异构智能芯片技术
2. 电源管理芯片核心产品自主可控

AFE芯片：
- ESD：±6kV
- IC耐压：200V
- ADC精度：±3mV
- 休眠功耗：10μA
- 隔离通信速度：4MHz

DSP芯片：
- 计算性能：4000MMACS
- 数据精度：64位浮点
- 片上存储：16MB Flash
- SRAM：2MB
- eFPGA：40K LUT
- AI算力：100GOPS

电源管理芯片：
- 静态电流：10μA
- 高压工艺：2000V
- 工作绝缘电压（有效值）：2000V
- 共模瞬态抑制：150kV/μs
- 绝缘栅寿命：40年

左侧标注：技术内容　技术分析　技术目标

7.2.3 技术创新需求

基于以上的综合分析讨论,新型储能系统的芯片的发展需要在表 7.2-4 所示方向实施创新研究,实现技术突破。

表 7.2-4 芯片技术创新需求

序号	项目名称	研究内容	预期成果
1	高精度低温漂电池检测和均衡电池管理芯片的研究和应用	开发高精度低温漂的电池检测和均衡芯片,具体包括:研究晶圆级器件温度特性,研究晶圆级器件 ESD 放电,高串数采集芯片设计与开发	实现 ±3mV 采集精度,小尺寸晶圆面积实现高达 ±6kV 的 ESD,开发出 8 ～ 18 串、10 ～ 24 串以及更高串数的采集芯片
2	易扩展智能化电池控制芯片研究和应用	开发易扩展智能化电池控制芯片,具体包括:研究自主可控的控制处理器指令体系和架构,研究轻量级电池控制智能算法及加速结构,研究外设接口扩展的可编程技术	满足 48 串电池管理的 BMS 的实时计算需求,具备 CAN、SPI、PWM 等接口数量的灵活分配能力,开发出全自主可控、境内生产封测的控制芯片
3	低功耗开关电源芯片展频技术的研究和应用	开发低功耗开关电源芯片展频技术,具体包括:开发电源芯片在轻载下跳频模式,研究低功耗晶圆级器件制备技术	实现 μA 级别负载下效率 >60% 的效果,开发出 100 ～ 200V 低功耗电源芯片,满足储能产品更高的要求

7.3 功率半导体器件

功率半导体器件是电力电子装置中实现电能变换和电路开关控制功能的核心部件。功率半导体器件应用广泛,涉及交通、通信、新能源、储能等多个领域。在储能领域,功率半导体器件的应用场景如图 7.3-1 所示,充分展示了其在电力储能中的重要作用。在储能系统中,功率半导体器件成本占变流器总成本的 20% ～ 30%。

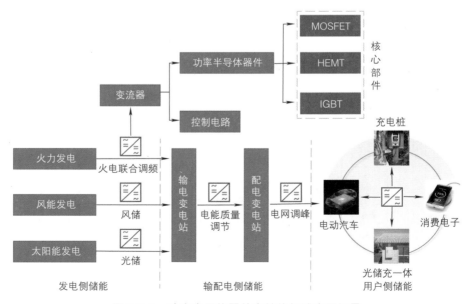

图 7.3-1 功率半导体器件在储能领域应用场景

按照工作电压分类，功率半导体器件可分为高压、中压和低压三类。高压器件的工作电压范围在 1000V 以上，中压器件的工作电压范围在 300 ～ 1000V，低压器件的工作电压范围在 300V 以下。按器件结构分类，功率半导体器件主要可分为金属 - 氧化物半导体场效应晶体管（MOSFET）、绝缘栅双极型晶体管（IGBT）和 GaN 高电子迁移率晶体管（GaN HEMT）等几类，如图 7.3-2 所示。

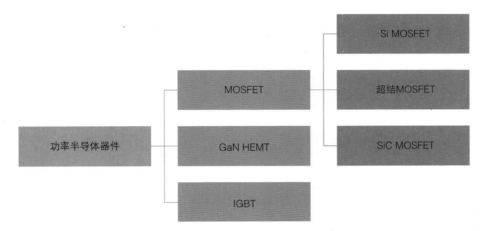

图 7.3-2　功率半导体器件主要分类

各类型功率半导体器件性能及优缺点对比见表 7.3-1。

表 7.3-1　几类功率半导体器件性能对比

性能	MOSFET			GaN HEMT	IGBT
	Si MOSFET	超结 MOSFET	SiC MOSFET		
衬底材料	Si	Si	SiC	Si/ 蓝宝石 / SiC 基 GaN	Si
耐压	<300V	300 ～ 900V	>1000V	50 ～ 900V	>1000V
导通电阻	大	较大	较小	小	小
开关频率	较高	较高	较高	高	低
成本	低	一般	高	较高	较高
优点	结构简单，工艺成熟，成本低	具有比 Si MOSFET 更优的耐压和开关性能	耐高压，高开关性能，低损耗	超高开关频率，低工作损耗	耐受高电压大电流
缺点	耐压水平低，电流容量小，效率不高	结构复杂，器件性能与 HEMT 差距明显	难加工，成本高	无法覆盖高耐压领域，成本高	驱动电路复杂，有拖尾电流，开关频率低
适用场景	300V 以下对耐压要求不高的消费电子、电动汽车等场景	300 ～ 900V 范围的消费电子、工业控制、新能源、汽车电子等场景	1000V 以上的基站电源、雷达、电力装备等耐高压高功率场景	900V 以下消费电子、5G 通信、航空航天等的高频场景	1000V 以上高铁、风电、太阳能发电等大电压大电流场景

7.3.1 技术分析

7.3.1.1 MOSFET

1. Si MOSFET

Si MOSFET 是一种利用栅极电压调控电流流动的硅基半导体器件，是目前低压储能领域的成熟技术路线，广泛应用于消费电子、电动汽车等电压要求 300V 以下的场合。与超结 MOSFET 和 GaN HEMT 相比，Si MOSFET 的器件结构相对简单，加工工艺成熟，因此生产成本极低；而与 IGBT 相比，其 MOSFET 结构赋予其更快的开关速度。然而，Si MOSFET 的缺点在于，受限于硅材料的物理特性，其耐压能力相较于超结 MOSFET、GaN HEMT、SiC MOSFET 等器件有所不足。随着第三代半导体器件技术的日益成熟，Si MOSFET 在高性能器件领域可能会逐渐被替代。但在对耐压及开关频率要求相对不高的市场中，由于巨大的成本优势，Si MOSFET 依然占据了重要地位。

Si MOSFET 的基本构成包括源极、漏极、栅极、沟道及漂移层。依据沟道区域的掺杂类型，可细分为 N 沟道 MOSFET 与 P 沟道 MOSFET。以 N 沟道 MOSFET 为例，当栅极施加正电压时，电子受吸引至沟道区域，进而形成导电通道。由于 N 沟道中导电的主要载流子是电子，其迁移率远高于空穴的迁移率（为 2 ~ 3 倍），故大功率应用多倾向于选择 N 沟道 MOSFET。N 沟道 MOSFET 根据栅极电压可细分为耗尽型与增强型。耗尽型 N 沟道 MOSFET 为常开器件，其栅源阈值电压为负值，栅源电压未低于阈值电压前不会阻断；而增强型 N 沟道 MOSFET 则为常关器件，其栅源阈值电压为正值，仅当栅源电压高于阈值电压时开关才会打开。一般而言，由于具备常关特性，储能系统多选用增强型 N 沟道 MOSFET。

早期的 Si MOSFET 结构以横向为主，常见于 10V 以上的功率集成电路及单片功率集成半导体电路中。然而，此类器件难以承受较高的漏源电压，且负荷电流能力有限，原因在于 N 区面积占据半导体表面大部分区域。为提升器件的耐压能力，出现了纵向 MOSFET 结构，通过充分利用体容来承受漏源电压，从而大幅提升器件的耐压能力。然而，纵向结构的器件因沟道尺寸增加而导致导通电阻增大。为应对此问题，20 世纪 90 年代后期研究人员引入了沟槽栅结构，将沟道区也设计成纵向，从而大幅降低导通电阻，进一步提升 MOSFET 的性能。因此，增强型 N 沟道纵向沟槽栅 MOSFET 已成为目前 MOSFET 的主流设计形式，其结构如图 7.3-3 所示。本路线图将对该类 MOSFET 进行深入的分析与研判。

（1）技术现状

1）研发技术现状：聚焦提升 Si MOSFET 在功率密度、开关频率和功耗等方面的性能，国内外的研究机构和企业纷纷对制备工艺和封装结构设计进行了深入的探索。国外，德国英飞凌设计了一种 TOLG（鸥翼式引脚 TO）封装结构，这种封装结构不仅具备与无引脚 TO（TOLL）相同的耐大电流能力，而且其封装规格与 TOLL 封装完全兼容，同时配备了鸥翼式引脚，使得热循环性能得到显著提升。国内，中国科学院微电子研究所采用高级刻蚀技术，成功开发出一种全隔离硅基环栅纳米线 MOSFET，其性能参数在同类器件中表现较好。广东省在 Si MOSFET 的技术研究上较为深入，佛山蓝箭电子所生产的 BR40N20 器件的最大源漏电压（V_{DS}）达到 200V，最大漏极电流（I_D）为 40A。

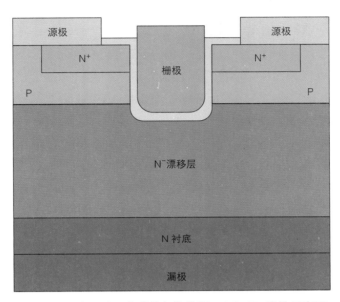

图 7.3-3　增强型 N 沟道纵向沟槽栅 MOSFET 结构示意图

2）产品技术现状：产品研发以低成本、高功率密度、长应用寿命为主要目标。经过多年的技术积累与发展，Si MOSFET 的技术已经相当成熟，近年来其产品的更新迭代速度已有所放缓。国外，德国、瑞士和美国等发达国家在这一领域处于领先地位。英飞凌在 2023 年成功推出了最新一代的功率 Si MOSFET，其最大源漏电压（V_{DS}）达到 40V，同时源极和漏极之间的电阻值 [$R_{DS(ON)}$] 仅为 0.44mΩ，相比上一代产品（1.32mΩ）降低了 66.7%。这一突破使得在更小的芯片尺寸下实现更高的功率密度成为可能。此外，英飞凌发布的 IRLS3036 系列 MOSFET 的最大漏极电流高达 270A，为大电流工作环境提供有力支持。国内，研发水平属于跟跑阶段，在导通电阻和最大漏极电流等关键参数方面与国际先进水平存在一定的差距，典型代表是华润微电子最新推出的高功率密度 Si MOSFET 系列产品，最大源漏电压为 40V，最大漏极电流为 200A，源极和漏极之间的电阻值为 1mΩ。广东省目前处于国内跟跑水平，具备较强的研发能力，典型代表是深圳威兆的 VSP003N04MST-G 系列，最大源漏电压为 40V，最大漏极电流为 150A，源极和漏极之间的电阻值为 1.8mΩ，典型栅极电荷为 44nC。

（2）分析研判

降低比导通电阻和开关损耗能提高器件的开关性能。通过减小栅极电荷可以有效提升开关速度，降低损耗，使器件在更高的频率下稳定运行，从而提升系统能量转换效率。为了调和导通电阻与电荷特性之间的矛盾，通常采用精密工艺技术对器件结构进行优化。其中，采用槽栅工艺制备沟槽 MOSFET 是降低比导通电阻的有效手段。在这种结构中，电流从源极穿越沟道直接进入沟槽底部的漂移区，并在整个元胞截面内扩散。与传统 MOSFET 相比，这种设计具有更小的元胞节距、更高的硅表面利用率和更低的导通电阻，使得器件工作频率可以达到 1MHz。为了进一步降低比导通电阻，可以通过减小总栅宽来减小元胞面积。然而，这种方法存在下限，因为减小元胞面积的同时，必须保证足够的源极接触面积和良好的反向击穿电压承受能力。此外，随着比导通电阻的降低，弥勒电容会增大，反而可能导致功率 MOSFET 的总功耗增加。另一方面，尽管细化单元间距可以降低源极和漏极之间的电阻，但单纯依赖这一方法会使栅极电荷增大。因此，设计动率 MOSFE 应重点考虑如何降低品质因数（FOM），即导通电阻与栅极电荷的乘积 $[R_{DS(ON)} \cdot Q_G]$。为此，进一步优化元胞结构设计成为降低 FOM 的主要发展方向。

高导热无引脚封装提高 Si MOSFET 功率密度。尽管传统的 TO-220 和 TO-247 封装结构在长时间内一直是功率器件的主流选择，并能应对大多数高功率应用的电压、电流和散热需求，但随着 Si MOSFET 在耐高压领域的竞争力下降，提升其电流能力、开关速度并降低成本变得尤为重要。这些传统封装通常适用于中等开关频率的器件，但其长引脚产生的寄生电感成为高频开关的限制因素。因此，开发无引脚封装不仅可以有效减少寄生电感，还有助于减小封装器件的体积，顺应了行业微型化的发展趋势。考虑到未来 Si MOSFET 的最大漏极电流有望超过 500A，散热性能变得尤为关键。受限于裸片尺寸和电流密度的增加，对器件封装层面的深入研究变得至关重要。通过引入高导热封装结构，可以显著提高器件的热传导和散热能力。这有助于器件在承受更大电流时更好地散热，降低温度上升，从而提高其可靠性和电流承受能力。例如，英飞凌在其最新一代器件中采用了铜夹结构，由于铜具有出色的热导性能，它可以迅速将器件产生的热量传导到外部环境。这种铜夹技术显著降低了器件与散热器之间的热阻，使热量更容易从器件传导到外部散热器，从而有效降低器件的工作温度。此外，铜夹技术还减少了器件与散热器之间的接触电阻，进而减少了能量损耗和热量积聚，提高了器件的整体效率。高导热无引脚封装在提高 Si MOSFET 的电流和开关频率极限方面具有显著优势，不仅简化了器件结构和加工工艺，还有助于成本控制，是 Si MOSFET 发展的重要方向。

（3）关键指标（见表 7.3-2）

表 7.3-2　Si MOSFET 关键指标

指标	单位	现阶段	2027 年	2030 年
最大漏极电流 （I_D @25℃ max）	A	>300	>330	>350
最大漏源导通电阻 （$R_{DS(on)}$ @10V max）	mΩ	<1.2	<1	<0.8
典型栅极电荷 （Q_G typ @10V）	nC	<100	<90	<80
输入电容（C_{iss}）	pF	<7000	<6500	<6000

2. 超结 MOSFET

超结 MOSFET 是一种结合超结技术的硅基半导体器件，是目前中压储能领域的一种过渡性技术路线，主要应用于包括 300～900V 范围内的消费电子、工业控制、新能源以及电动汽车等领域。其优势在于，与 Si MOSFET 相比，超结技术的运用使其具有更高的耐压性能及较低的比导通电阻。其缺点在于，受限于硅材料的性质，其开关性能与 GaN HEMT 相比较为逊色。此外，由于其结构相对复杂，其制造成本远高于传统 Si MOSFET，与 GaN 器件相比也不具有明显优势。随着第三代半导体器件成本的不断降低，GaN HEMT 可能会凭借突出的开关性能及能量转换效率而成为更优选择。尽管如此，超结技术作为一种电场调控技术，仍将持续受到广泛关注，未来有望出现超结 SiC MOSFET、超结 IGBT 等新型半导体器件。

超结 MOSFET 在继承传统垂直双扩散 MOSFET 的高输入阻抗、易驱动及高工作频率等优势的基础上，通过引入独特的电场调控技术，有效降低比导通电阻。这一改进不仅显著提升了器件的能量转换效率，而且大幅度减少了系统损耗，突破了传统硅器件的性能极限。超结 MOSFET 作为传统 MOSFET 的演进形态，其关键在于结构设计上的创新（见图 7.3-4）。通过在 N 型轻掺杂外延层中运用离子注入技术引入 P 柱结构，超结

MOSFET 形成了 N 柱与 P 柱交替排列的新型结构。通过调控 N 型外延层及 P 柱的掺杂浓度，使 N 柱和 P 柱在耐压状态下能够相互耗尽，实现电荷平衡，N 型漂移区与本征区趋于一致。由于漂移区的掺杂浓度与电场分布斜率成正比，超结 MOSFET 的漂移区纵向电场分布斜率相较于传统的平面 VDMOSFET 更为平缓，这极大地增强了器件的击穿电压。同时，N 柱和 P 柱的掺杂浓度相比传统 MOSFET 漂移区提高了约一个数

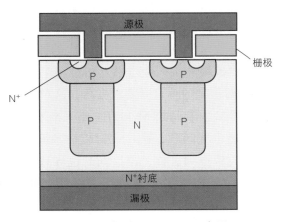

图 7.3-4 超结 MOSFET 示意图

量级，从而显著降低了器件的导通电阻。值得一提的是，超结结构对器件的开关速度和栅极电荷等其他性能参数并无影响。因此，将超结结构应用于功率 MOSFET 中，不仅调和了比导通电阻与击穿电压之间的矛盾关系，而且显著提升了器件的电力转换效率。

（1）技术现状

1）研发技术现状：国外，英飞凌推出了 CoolMOS™ S7 技术，可将器件导通电阻降低至 $10\mathrm{m}\Omega$，从而实现更低的比导通电阻 $R_{\mathrm{DS(on)}} \times A$。英飞凌还创新性地推出了首款顶部散热表面贴装器件封装（SMD）器件，这对于提升大功率超结 MOSFET 的散热性能具有显著作用。国内，在超结 MOSFET 领域的研究尚处于国际跟跑阶段，近年来在超结器件结构优化及制备工艺研究中取得了一定的进展。电子科技大学的研究团队通过在高掺杂 N 型漂移区上方引入一层薄氧化层，形成 P 型覆盖层，有效降低了器件的导通

电阻，并增强了耐压性能。经测试，器件击穿电压 BV 为 658V，比导通电阻 $R_{DS(on)}$ 为 31.2mΩ·cm²。在此基础上，团队在靠近漏端区域采用薄硅层增加器件的临界电场，进一步提升器件的击穿电压，器件 BV 达到 977V，$R_{DS(on)}$ 为 145mΩ·cm²。

2）产品技术现状：国外，德国、意大利、法国、瑞士、美国、日本等发达国家在超结 MOSFET 领域处于相对领先地位。英飞凌、东芝等企业已全面掌握了多次外延注入、深槽刻蚀等超结结构制备工艺的核心技术，其系列产品广泛覆盖 500～900V 的击穿电压范围，展现出业界领先的器件性能。其中英飞凌 CoolMOS™ P6 系列中的 IP-W60R041P6 产品的最大源漏电压为 650V，导通电阻已低至 41mΩ，使其在高功率密度电源应用中表现出色。国内，超结 MOSFET 产业化起步较晚，华润微电子是我国本土功率半导体 IDM 知名企业，成功掌握多外延工艺，生产的超结 MOSFET 系列产品电压等级覆盖 600～900V，其中 CRJQ41N65G2 系列产品的最大源漏电压为 650V，导通电阻为 41mΩ，与国际龙头企业英飞凌的产品性能相近，但可靠性仍有一定差距。广东省在超结 MOSFET 制造技术方面，目前仍处于国内跟跑阶段，深圳威兆半导体公司研发的超结 MOSFET VSU60R070HS-F 的最大源漏电压为 600V，导通电阻为 61mΩ。

（2）分析研判

攻克持续缩小的超结元胞尺寸与工艺加工能力不匹配问题是未来主要研究方向。目前，主流的超结结构制造方法主要包括多外延工艺和深槽刻蚀填充技术。尽管先进的多外延超结技术已经实现了超过 10 次的外延层次，但这种做法显著增加了工艺成本。相比之下，刻蚀填充工艺在步骤上相对简化，然而，当前高端超结的深槽刻蚀深宽比已超过 8:1，且对槽壁的垂直度要求极高，这对当前的加工工艺构成了严峻挑战。

贴片式封装超结 MOSFET 是未来发展重点。超结 MOSFET 面临着高开关频率所引发的电磁干扰问题，贴片式封装技术被视为解决该问题的关键。超结 MOSFET 以其极快的开关频率而著称，但这同时也导致了较高的 dv/dt 和 di/dt，从而使电路更易受到电磁干扰（EMI）噪声的影响，进而可能损害产品的安全性和可靠性。通过采用贴片式封装形式，可以有效降低器件的寄生电容，并减少器件开关时的振荡，从而显著改善超结 MOSFET 的 EMI 表现。

（3）关键指标（见表 7.3-3）

表 7.3-3 超结 MOSFET 关键指标

指标	单位	现阶段	2027 年	2030 年
最大漏源电压（V_{DS} max）	V	>900	>1000	>1200
最大漏极电流（I_D @25℃ max）	A	>100	>120	>150
最大漏源导通电阻（$R_{DS}(on)$ @10V max）	mΩ	<50	<40	<35
典型栅极电荷（Q_G）	nC	<60	<50	<40
输入电容（C_{iss}）	pF	<4000	<3500	<3000

3. SiC MOSFET

SiC MOSFET 是一种基于先进的第三代半导体材料 SiC 制造的功率器件，是目前高压储能领域需要重点发展的技术路线，主要用于工作电压 1000V 以上的基站电源、雷达、电力装备等耐高压高功率场景。其显著优势在于：与 Si MOSFET 相比，SiC MOSFET 凭借第三代半导体材料的卓越特性，展现出更高的耐高压能力；而与 IGBT 相比，SiC MOSFET 继承了 MOSFET 的优势，具有更佳的开关性能以及更低的工作损耗。然而，当前 SiC MOSFET 也存在一定的局限性：由于 SiC 材料的加工难度较高，且相关产业链尚未完善，导致其制造成本高于 IGBT。此外，与 IGBT 相比，SiC MOSFET 在承受大电流方面的能力尚显不足。不过，随着 SiC 材料加工技术的持续进步和制造成本的不断降低，SiC MOSFET 在高压应用领域中，特别是那些要求高开关频率和低损耗的领域，有望逐渐占据主导地位。

SiC MOSFET 是一种结合 MOSFET 以及 SiC 材料优势的新型功率半导体器件，主要由栅极（Gate）、漏极（Drain）和源极（Source）三部分组成，如图 7.3-5 所示。栅极是控制 SiC MOSFET 开关的核心部分，通过调节栅极电压来控制器件的导通和关断。当正向电压施加于 SiC MOSFET 的栅极时，PN 结之间将形成导电通道，使器件进入导通状态；反之，若施加反向电压，导电通道将被阻断，器件随即进入关断状态。SiC MOSFET 因其单极导通特性，相较于 IGBT 展现出更短的开关时间及更低的开关损耗。这一特性有助于减少电力传输设备的能耗、重量及体积，并提升设备在极端工作环境下的运行稳定性，因此在功率器件领域 SiC 材料越来越受到重视。总的来说，SiC MOSFET 凭借其宽带隙、高临界击穿电压及高开

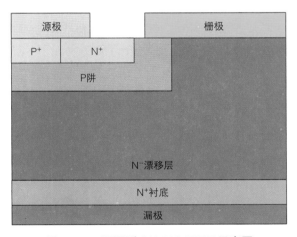

图 7.3-5　平面型 SiC MOSFET 示意图

关速度等诸多优点，在高压大功率领域展现出无可替代的竞争优势，目前已广泛应用于基站、服务器、电力装备等国民经济关键领域。随着 SiC 单晶材料制备工艺的日趋成熟，以及零微管密度和 SiC 外延生长等关键技术的不断突破，未来 SiC MOSFET 的器件性能将持续优化。

（1）技术现状

1）研发技术现状：国外，以美国 Wolfspeed 公司、日本罗姆公司和德国英飞凌公司为代表的企业占据主导地位，形成行业巨头垄断格局。这些公司的研究机构在 SiC MOS-FET 领域已深入至 10kV 电压等级，主要致力于提高导通电流能力和降低通态比导通电阻。例如，美国北卡罗来纳州立大学的研究室已成功研制出 15kV/10A 的高压 SiC MOS-FET 样品。目前，美国通用电气、Wolfspeed 以及日本罗姆等公司的 SiC MOSFET 实验室

样品已经达到 1200V/100A 水平。此外，美国陆军研究实验室亦发布了一款 1200 V/880A 的高功率全 SiC MOSFET 模块，大大拓展了 SiC MOSFET 的功率等级和应用领域。

国内，SiC MOSFET 起步相对较晚，但现已有超过 20 家产品制造单位。中国电子科技集团第五十五研究所、中车时代电气等企业已构建完整的 SiC 器件工艺线。在全球能源互联网研究院引领下，国内自主研发出 6.5kV/100A SiC MOSFET 模块。在此基础上，该项目组进一步研发出 6.5kV/400A 的全 SiC MOSFET 模块，与 Si IGBT 模块相比，在开关速度和开关损耗等方面具有显著优势，对于推动国内 SiC 模块的大功率化发展具有重要意义。然而，由于超高压 SiC MOSFET 的工艺相对较复杂，且受到国外 SiC 晶体材料和工艺设备的制约，国内在 10kV 超高压 SiC MOSFET 的研制上仍面临挑战。目前，国内外大部分商用 SiC 器件仍沿用传统 Si 器件的封装方式，而传统封装结构导致其杂散电感参数较大，在 SiC 器件快速开关过程中造成严重的电压过冲，也导致损耗增加及电磁干扰等问题，所以针对 SiC MOSFET 的封装技术同样是研究人员所关注的重点。

2）产品技术现状：国外，当前全球 SiC MOSFET 商业化技术的主导者主要为德国英飞凌、瑞士意法半导体、美国 Wolfspeed、日本罗姆半导体等企业，其市场占有率超过 80%。其中，英飞凌于 2023 年发布了一系列高性能 SiC MOSFET 产品，其最大源漏电压（V_{DS}）达到 2000V，最大漏极电流（I_D）为 123A，而源漏电阻 $R_{DS(On)}$ 仅为 12mΩ。国内，目前已有超过 20 家公司成功实现了 SiC MOSFET 的国产化与批量化生产，包括中国电子科技集团第五十五研究所、华润微电子、士兰微电子等。其中，华润微电子推出的 SiC MOSFET 产品的最大源漏电压为 1200V，最大漏极电流为 118A，源漏电阻 $R_{DS(On)}$ 为 17mΩ，然而与国际领先水平相比，仍存在较大差距。广东省目前在 SiC MOSFET 领域处于跟跑阶段，芯聚能半导体发布的 SiC MOSFET 系列产品的最大源漏电压为 1200V，最大漏极电流为 90A，源漏电阻为 16mΩ。

（2）分析研判

耐超高电压性能 SiC MOSFET 是未来主要发展方向。随着智能电网、高能激光等领域的不断发展，对于能够承受 10kV 以上超高压的功率器件的需求日益增加，对器件性能的要求也日益严格。尽管通过串联硅基器件，能将功率模块或系统的耐压能力提升至 10kV 以上，但这会导致模块结构变得复杂，限制了高温下的应用，增加了系统成本，并降低了系统效率。相比之下，采用 10kV SiC 功率器件无需复杂的串并联结构，从而能够减少系统元器件数量，减小设备体积，简化电路拓扑结构，降低寄生效应，提升电能转换效率，并降低系统成本。然而，由于曲率效应的存在，电场在 PN 结边缘处集中，这会导致功率半导体器件的反向阻断能力严重退化，进而可能导致器件提前击穿。因此，结终端技术在 10kV SiC 功率器件的设计和制备中具有至关重要的作用。目前，国际上 10kV 超高压 SiC 功率器件的结终端结构主要依赖于传统的 FLR（场限环）和 JTE（结终端扩展）。这些结构的击穿电压相对于理想平行平面结的击穿电压较低，导致结终端电压保护效率较低，同时终端面积较大，限制了晶圆片上芯片的数量。此外，传统结终端结构的工艺鲁棒性较差，这也是制约 10kV 超高压 SiC 功率器件发展和制备的关键因素之一。因此，改进和优化结终端结构，提升其工艺鲁棒性，是提升 10kV SiC 功率器件性能的关键。此外，在超高压场景下，SiC MOSFET 的电热性能同样值得关注。SiC 芯片的有源区面积仅为 Si 芯片的 1/5，故其表面键合线的数量较少，这使键合线上电流密度倍增，进而导致芯片发热量增加。针对该问题，需要进一步开发新型高热导率材料以及适用于 SiC 芯片模块的新型封装结构。

沟槽式 SiC MOSFET 设计也是未来主要发展方向。沟槽式 SiC MOSFET 设计能够显著缩小单元间距，并大幅度降低导通电阻。首先，通过在 SiC 沟槽侧壁构建栅极，可以获取更高的沟道迁移率，这意味着与平面器件相比，电子在通过沟槽栅极时遇到的阻碍更少，进而减少了通道电阻。其次，沟槽式 SiC MOSFET 有望消除平面 MOSFET 中的结型场效应晶体管（JFET）电阻，因为在该区域内，来自两个通道的电流被局限在 P 阱接触之间的狭窄通道中。此外，与平面栅极相比，垂直沟槽栅极的密度更高，从而能够减小单元间距并提升电流密度。然而，沟槽式 SiC MOSFET 顶部存在一个显著的峰值电场，这一电场强度是 Si 器件的 9 倍，这使得如何保护同样位于顶部的精细栅极氧化物免受电场影响成为一大挑战。为平衡这一问题，需要采用精细而复杂的器件布局，否则可能导致漂移区需要大幅度降额，从而削弱沟槽架构的优势。因此，沟槽式 SiC MOSFET 的一个明显劣势在于其设计复杂性更高，通常需要更多复杂的制造步骤，如深高能注入（如英飞凌所采用）或深沟槽刻蚀（如罗姆 Gen4 所采用），这些都会极大增加工艺的复杂性。

提升栅极氧化物质量能改善 SiC MOSFET 的可靠性。多年来，栅极氧化层早期失效一直是阻碍 SiC MOSFET 商业化的难题，引发了对其开关性能能否达到 Si 技术水平的可靠性疑虑。值得注意的是，SiC 器件上的 SiO_2 物理击穿场强与 Si 器件相当，这表明在 SiC 上制备的 SiO_2 的整体击穿稳定性与在 Si 上制备的相当。然而，SiC MOSFET 的栅极氧化层可靠性相较于 Si MOSFET 仍有不足，这主要归因于"外在"缺陷。这些外在缺陷表现为栅极氧化层的微小形变，导致局部氧化层变薄。这些形变可能源于外延或衬底缺陷等物理因素，也可能与介电场强降低有关，如金属杂质、颗粒或孔隙的存在。氧化物厚度对沟道电阻具有显著影响，特别是在 SiC 器件中，由于沟道电导率远低于体迁移率，沟道设计相对较短。MOSFET 的沟道电阻与栅极氧化层厚度成正比，在总导通电阻中占有相当大的比例，特别是在电压等级较低、漂移区电阻相对较小的器件中。尽管栅极氧化层的可靠性随氧化层厚度的增加而呈指数级提升，但导通电阻的增加仅为线性。在高温条件下，当漂移区电阻成为主导因素时，性能损失相对而言会较小。

（3）关键指标（见表 7.3-4）

表 7.3-4　SiC MOSFET 关键指标

指标	单位	现阶段	2027 年	2030 年
最大漏源电压（$V_{DS}\,max$）	V	>1700	>2000	>2300
最大漏极电流（I_D @25℃ max）	A	>100	>110	>120

（续）

指标	单位	现阶段	2027 年	2030 年
最大漏源导通电阻（$R_{DS(on)}$@10V max）	mΩ	<35	<30	<25
典型栅极电荷（Q_G）	nC	<150	<140	<130
输出电容（C_{oss}）	pF	<230	<220	<200

7.3.1.2　GaN HEMT

GaN HEMT 的核心机制在于通过调控异质结（多为 GaN 与 AlGaN）间的二维电子气（2DEG）来实现对电流流动的高效管理，属于中低压储能领域需要重点发展的技术路线，主要应用于工作电压 900V 以下的消费电子快充、5G 通信、航空航天等高频工作领域。GaN HEMT 的显著优势在于：二维电子气的存在使得电子能在器件内部实现高速、低损耗的传输。材料特性使得 GaN HEMT 拥有极低的导通电阻和栅极电荷，使其在高频环境下具有卓越的适应性。其不足在于：当前高质量单晶 GaN 衬底的制造难度较大，导致垂直型 GaN HEMT 尚未实现商业化应用。相较于 SiC MOSFET 和 IGBT，横向 GaN HEMT 的耐压能力稍显不足。再者，当前的 GaN 产业链尚不够成熟，使得其成本远高于传统的 Si MOSFET。但随着 GaN 产业链的逐步完善，未来 GaN HEMT 有望成为高性能中低压储能领域的主流技术。

GaN HEMT 的工作原理与 MOSFET 相似，通过调控栅极电压来控制电流流动。它利用 GaN 材料的高电子迁移率特性，实现高效率的能量传递，具有低导通电阻和高开关速度的特点。其工作机制主要基于两种异质材料（通常是 GaN 和 AlGaN）之间自然形成的二维电子气。GaN 和 AlGaN 之间的自然极化效应以及晶格不匹配产生的压电极化效应共同作用，导致异质结界面靠近 AlGaN 的一侧感应出极化电荷。由于 AlGaN 与 GaN 的带隙宽度差异，AlGaN 拥有更宽的带隙，为了维持电荷平衡，AlGaN 一侧的感应电荷流向 GaN 一侧，导致异质结界面交界处的能带弯曲，造成导带和价带的不连续。这种情况下，在异质结界面靠近 GaN 一侧形成了一个三角形的势阱。在异质结界面靠近 GaN 的一侧，导带底 E_C 的弯曲使得其低于费米能级 E_F，因此大量电子积聚在三角形势阱中。由于 AlGaN 具有更宽的带隙，其导带底 E_C 远高于 GaN 一侧的 E_C，导致异质结界面靠近 AlGaN 一侧形成高势垒，进而将电子限制在势阱内。这些电子聚集在异质结界面靠近 GaN 一侧的薄层中，限制了电子在 Z 方向上的运动，使其只能在 XY 平面内运动，因此该薄层被称为二维电子气。由于二维电子气限制了电子在 Z 方向上的移动，电子在二维电子气中的迁移速度极快，这也是 GaN HEMT 具有高电子迁移率的原因。GaN HEMT 的栅极与 AlGaN 势垒层进行肖特基接触，通过调控栅极电压，可以控制 AlGaN/GaN 异质结中势阱的深度以及二维电子气电子密度的大小，进而调控漏极输出电流。

目前市场上量产的 GaN 功率器件主要包括 E-mode GaN（增强型 GaN）和 D-mode GaN（耗尽型 GaN）产品（其结构见图 7.3-6）。这主要源于二维电子气在常温下的自然存在状态，导致源极和漏极在自然条件下（即栅极无电压时）相互导通，这与功率器件的常规使用规范不符。为了将 GaN 器件调整至常关状态，耗尽型 GaN HEMT 通常采用级联（Cascode）架构，也称为共源共栅型结构。具体操作是在内部集成串联一个低压增强型 N 沟道 MOSFET，将 Si MOSFET 的漏极与 HEMT 的源极相连，以确保在导通模式下两者具有相同的沟道电流。另一种方案是采用单体增强型 P-GaN 功率器件，其关键工艺是在 AlGaN 势垒顶部生长一层带正电的 GaN 层（P-GaN）。这层正电荷产生的内置电场方向与极化效应和压电效应相反，因此能有效耗尽二维电子气中的电子，从而形成增强型结构。

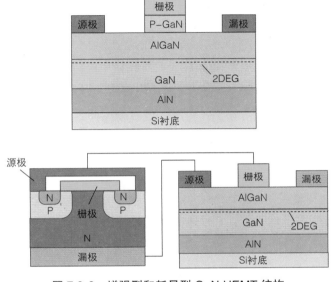

图 7.3-6 增强型和耗尽型 GaN HEMT 结构

（1）技术现状

1）研发技术现状：21 世纪以来，GaN 材料因其卓越的电气与热性能而备受瞩目。相较于传统的 Si MOSFET，GaN HEMT 展现出了优越的导通与开关性能。然而，由于 GaN 单晶制备工艺的复杂性，目前市场上的 GaN HEMT 主要采取横向结构，这在某种程度上限制了 GaN 器件在高压场景的应用。目前日本、美国、德国、中国在 GaN 研究领域处于全球领先地位。美国德州仪器发布的最新一代功率 GaN HEMT LMG3100R017 系列产品，最大源漏电压（V_{DS}）为 100V，最大漏极电流（I_D）为 97A，源漏电阻 $R_{DS(on)}$ 为 1.7mΩ，比上一代（4.4mΩ）降低了 61.4%，典型栅极电荷为 20.3nC，封装尺寸仅为 6.50mm×4.0mm，能以更小的尺寸实现更高的密度。目前我国在 HEMT 研发方面也取得了与国际水平相当的成就。典型代表是江苏能华微电子成功开发了超薄缓冲层外延技术，并发布了 1200V 增强型 GaN 单片集成平台，在 1200V 电压下的关态漏极电流仅为 100pA/mm；另外，华润微电子最新推出的高压 GaN 功率器件 CRNQ050C65，最大源漏电压为 650V，最大漏极电流为 37A，源漏电阻为 55mΩ，典型栅极电荷为 20nC。广东省目前处于国内领先、国际跟跑水平，尤其是在封装技术方面具备较强的研发能力，风华芯电是广东省知名的第三代半导体器件封测企业，其高耐压微型化封装工艺处于国内领先水平，采用企业自研的高集成度 SOP/TSSOP 封装、高耐压 TO 封装以及高密度

DFN/QFN 封装的相关产品多次被认定为广东省名优高新技术产品。

2）产品技术现状：目前，全球 GaN 行业尚处于发展的初期阶段，其中消费电子领域成为推动 GaN 应用的主要力量。近年来，GaN 功率器件的研发工作正在积极进行中，其主要目标是提高效率、提升开关频率以及实现微型化，从而推动技术的不断革新与进步。在国际上，美国、日本、英国等发达国家在这一领域处于相对领先的地位。总部位于加拿大的 GaN Systems 公司发布了最新一代 GaN 功率器件 GS-065-060-5-T-A，其最大源漏电压（V_{DS}）为 650V，最大漏极电流（I_D）为 60A，源漏电阻 $R_{DS(on)}$ 为 25mΩ，比上一代（50mΩ）降低了 50%，典型栅极电荷为 14nC。目前我国的研发水平与国际差距不大，典型代表是英诺赛科推出的高压 GaN 功率器件 INN700DA140C，其最大源漏电压为 700V，最大漏极电流为 32A，源漏电阻为 106mΩ，典型栅极电荷为 3.5nC。广东省目前处于国内领先水平，具备较强的研发能力，典型代表是珠海镓未来开发的 G2N65R015TB 系列产品，其最大源漏电压为 650V，最大漏极电流为 25A，源漏电阻为 15mΩ。

（2）分析研判

高性能耗尽型 GaN HEMT 是未来主要发展方向之一。耗尽型结构应用了共源共栅（Cascode）架构，这是目前商用 GaN 功率器件主要采用的一种技术。此架构通过配对 GaN HEMT 与低电压常关 Si MOSFET，成功实现了常关操作，这种架构可以最大化地发挥二维电子气传输容量的性能。Cascode 结构的驱动器完全兼容传统 N 沟道 MOSFET 控制器，相比于增强型器件，无需对驱动电路进行重新设计。同时，它继承了 GaN 器件低开关损耗以及低压 N 沟道 MOSFET 低栅极电荷的双重优势。鉴于现有的 MOSFET 技术也十分成熟，在设计制造方面不存在难以解决的问题。特别是在高达 1MHz 的开关频率操作中，Cascode 结构的 GaN HEMT 表现尤为出色。它不仅能与专为 Si MOSFET 设计的控制器无缝兼容，而且更便于实现大功率应用。然而，这种结构亦存在不足之处，首先由于耗尽型采用串联组合方式，与增强型存在显著差异，其在反向导电时会出现反向恢复现象。其次，两个串联器件的漏源电容间存在电荷不平衡，这可能导致关断时 Si MOSFET 雪崩风险加大，进而增加开关损耗并降低可靠性。最后，这两个器件的串联连接使得封装难度增加，同时在高频工作时易引入共源寄生电感，对器件的开关性能造成不利影响。为了克服这些缺点，一个可行的解决方案是引入开尔文源连接，以消除栅极驱动电路中的共源寄生电感（CSI）。此外，通过改进封装方式，如采用 Transphorm 公司的类硅引线键合片上芯片技术，可以有效减小寄生电感，避免额外引线键合或寄生电感的引入，从而提升器件的整体性能。

增强型 GaN HEMT 在栅极零偏压时可以使器件处于关断状态，因此具有更高的安全性，同时在节能和简化封装设计方面更具优势，是未来 GaN HEMT 的重要发展方向。增强型架构旨在通过 P 型掺杂 GaN 栅极金属下方区域来调整能带结构，进而调整栅极的导通阈值，从而实现常关型器件的功能。这种增强型 HEMT 设计能够充分发挥 GaN 材料高电子迁移率的特性，特别适用于高频工作环境。然而，该结构存在若干局限性：首先，它可能会降低二维电子气的电荷密度，进而影响 HEMT 的性能表现；其次，由于完全增强型栅极的驱动电压非常接近其击穿电压，电压安全阈值通常仅为 1.5V，这增加了在电压突升或寄生振铃情况下发生故障的风险，并且较低的栅极阈值电压可能导致噪声裕度降低，影响传输的稳定性；最后，栅极漏电流偏大，增加了栅极驱动器的功耗。为了缓解这些问题，通常需要使用电阻 - 电容电路和稳压电路来驱动栅极，并通过增加 P 层的厚度来提高驱动电压的安全阈值。

第三代半导体器件的封装与散热技术是下一阶段半导体技术的前沿发展方向。传统的 GaN 器件封装方式包括通孔式封装（TO 系列）、有引脚贴面封装（DSO 系列）以及无引脚封装（LGA、DFN 系列等），随着技术的进步，芯片封装正朝着更为紧凑、高度集成的方向发展。目前，系统级封装（SIP）技术是封装领域最具发展前景的技术之一。SIP 技术是通过将多个裸片及无源器件整合在单个封装体内，为集成电路封装提供了一种全新的解决方案。这种技术与 GaN HEMT 的结构高度契合，因为 HEMT 除了场效应晶体管外，还需要复杂的驱动电路。SIP 能在有限的空间内实现这些器件的高度集成，是减小寄生电感、优化高频电源设计的理想选择。在国际上，德州仪器、英飞凌等先进半导体器件设计及制造厂商已在此领域积极布局。而在国内，国星光电凭借其在 LED 封装领域的深厚经验，已在 GaN 器件 SIP 技术上取得显著优势。该公司已成功开发出多款运用 SIP 技术的 GaN 器件，广泛应用于 LED 驱动电源、移动快充等消费电子领域。随着封装体积的持续缩小，器件的功率密度不断提升，散热问题日益凸显。传统的 GaN 器件主要生长在蓝宝石或 Si 衬底上，这两种材料的导热性能均不佳。因此，GaN on SiC 衬底技术应运而生，同时减小 GaN 与 SiC 的厚度也能有效增强散热性能。此外，石墨烯薄膜在 GaN 器件封装级热管理中的应用也展现出新的可能性，而微流道主动散热方案同样具有广阔的应用前景。

（3）关键指标（见表 7.3-5）

表 7.3-5　GaN HEMT 关键指标

指标	单位	现阶段	2027 年	2030 年
最大漏源电压（$V_{DS} max$）	V	>900	>1000	>1200
最大漏极电流（I_D @25℃ max）	A	>70	>80	>100
最大漏源导通电阻（$R_{DS(on)}$ @10V max）	mΩ	<150	<130	<100
典型栅极电荷（Q_G）	nC	<10	<9	<7
输出电容（C_{oss}）	pF	<100	<90	<80

7.3.1.3　IGBT

IGBT 是一种结合双极型晶体管（BJT）与金属 - 氧化物半导体场效应晶体管（MOS-FET）技术的复合全控型电压驱动式功率半导体器件，属于高压储能领域中的成熟技术路线。IGBT 的优势在于：其融合了 MOSFET 的高输入阻抗和电力晶体管（GTR）的低导通压降，展现出卓越的高电压和大电流处理能力。其不足在于：相较于 MOSFET，IGBT 需要更高的门极驱动电压，使得驱动电路设计更为复杂。此外，由于少数载流子存储产生的拖尾电流，IGBT 的开关性能明显逊于 MOSFET。随着第三代半导体器件成本的降低，SiC MOSFET 对 IGBT 在高性能高压器件市场的地位构成挑战。尽管如此，鉴于 IGBT 在极端大电流处理方面的出色能力，预计两者将在未来一段时间内共存并互补，IGBT 仍将是超大电流应用的优选方案。

IGBT 是一个由 BJT 和 MOSFET 组成的复合全控型电压驱动式功率半导体器件，主要由栅极（Gate）、集电极（Collector）和发射极（Emitter）三部分组成，如图 7.3-7 所示。栅极在控制 IGBT 开关过程中起关键作用，通过调整栅极电压的高低，可以实现 IGBT 的导通和关断。IGBT 内部结构中包含 P 型半导体和 N 型半导体，两者通过中间层（绝缘层）分隔。当栅极施加正向电压时，P 型半导体中的空穴和 N 型半导体中的电子被吸引至栅极附近，形成耗尽层，其功能相当于 MOSFET 的栅极。此时，若在集电极和发射极间施加正向电压，将产生导通电流。相反，当栅极施加反向电压时，耗尽层中的电子和空穴被排斥，导致耗尽层变宽，IGBT 进入关断状态。IGBT 作为一种相对成熟的功率半导体器件，具有低导通压降、高耐压、耐受大电流等优点，适用于各种超大功率应用，尤其适用于直流电压为 1000V 及以上的变流系统如交流电机、变频器、高铁、风电、太阳能发电等大电压大电流场景。

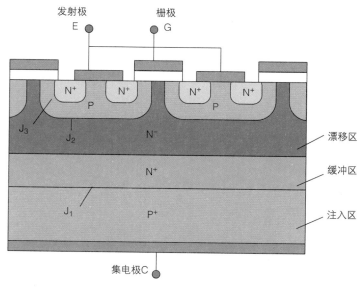

图 7.3-7　IGBT 结构示意图

（1）技术现状

1）研发技术现状：国外，德国、日本等国家在 IGBT 领域的技术水平处于领先地位。在 IGBT 单管领域，国际典型产品是英飞凌开发的 IGBT 7 单管系列，H7 采用最新型的微沟槽栅技术，通过优化元胞结构，显著降低了器件的导通损耗和开关损耗。具体而言，1200V H7 IGBT 芯片的最高开关频率可达 40kHz，最大电流可达 140A，最低 $V_{ce(sat)}$ 为 2V。国内，IGBT 单管开发已经接近国际先进水平，国内典型产品是新洁能公司研发的光伏用单管 IGBT NCE40TD120VT，该单管采用专有的沟道设计和场阻技术，可以达到 1200V/40A 的水平。在 IGBT 模块领域，国际典型产品是英飞凌开发的 IGBT 模块 FZ750R65KE3，该模块使用了 SiC 铝基板，可以实现 6500V 的耐压和 750A 的耐电流。国内耐高压 IGBT 模块研发达到了国际先进水平，株洲中车时代半导体公司建立了国内领先的高压大电流 IGBT 研发平台，实现了 6500V/750A IGBT 模块的研制。近年来，随着第三代功率半导体技术的不断进步，SiC IGBT 芯片的研究也取得了重大进展，美国 CREE 公司研制出的 SiC IGBT 芯片样品在世界上处于领先地位，其耐压等级达到了 27kV。国内，中国电子科技集团第五十五研究所在高压 SiC IGBT 芯片研究方面也取得了重要突破，成功研制出 20kV SiC IGBT 芯片样品。然而，由于技术难度较大，SiC IGBT 目前仍处于研发阶段，距离产业化仍有较大的差距。

2）产品技术现状：国外，全球领先的 IGBT 制造商如英飞凌、三菱、ABB 已在 1700V 及以上电压等级的工业 IGBT 领域确立了显著优势，同时在 3300V 及以上电压等级的高压 IGBT 技术领域近乎占据垄断地位。国内，IGBT 厂商如比亚迪半导体、士兰微、扬杰科技、新洁能、华微电子等主要集中在 1500V 以下的市场段。国际典型产品是英飞凌开发的 IGBT 模块 FZ750R65KE3，其能够承受高达 6500V 的电压和 750A 的电流，栅极电荷 Q_G 为 31μC，内部栅极电阻 R_{Gint} 为 0.75Ω。目前国内能实现 3300V 以上电压 IGBT 产业化的企业较少，但部分如中车时代电气和斯达半导体等企业的相关产品技术指标已经达到国际先进水平，代表性产品为中车时代电气的 6500V 高铁机车用 IGBT 芯片，已经在高铁系统上实现产业化应用。特别值得一提的是，广东省内的比亚迪半导体在中低压 IGBT 领域表现出色，其产品线覆盖了 650~1200V 的电压范围以及 10~200A 的电流范围。其自主研发的具有 FS 技术的 IGBT 反并联软快恢复二极管 BGN40Q120SD，利用 1200V 平面栅场技术，可实现 1200V/40A 的耐压耐电流和 2.2V 的饱和压降，充分满足大电流应用的需求，但其在高压 IGBT 领域的发展相对滞后。

（2）分析研判

IGBT 未来的研发重心将聚焦于提升高耐压与大电流处理能力。优化器件结构设计，特别是单位距离内电场变化率（即电场强度）的调控，有利于增强器件在高压和大电流环境下的稳定性和可靠性。过高的电场梯度可能引发局部电场集中，增加器件击穿风险，进而削弱其耐压能力。因此，降低电场梯度成为提升器件性能的关键。在设计过程中，需综合考量绝缘层厚度、材料介电常数及电场分布等因素。增加绝缘层厚度作为一种有效降低电场梯度的手段，能够减少电场集中，进而提升器件的耐压能力。同时，优化电场分布亦至关重要，通过设计电极结构和布局，使电场分布更为均匀，从而降低电场梯度。此外，引入均压结构设计方法，通过在器件结构中融入补偿电场结构，使器件内部电场分布更为均匀，进一步降低电场梯度，提升器件的耐压能力。

开发大功率器件高效散热技术是提高器件耐压耐电流极限的重要技术路线。目前

IGBT 单管的耐压性能难以满足高铁等超大功率应用场合，采用串并联封装技术可将多个 IGBT 连接在串联或并联电路中，显著提升整体电压和电流的承受能力。然而，与单芯片模块相比，这种多芯片串并联的封装模块结构更为复杂，可能导致内部芯片间存在显著的温差，进而引发热应力，甚至热失控现象。因此，对这类器件的热管理提出了更高的要求。目前市场上广泛采用的 IGBT 冷却技术主要包括空气冷却、热管和水冷技术。空气冷却技术依赖于空气对流来散热，其结构简单、维护方便，但在换热效率方面相对较弱，仅适用于低功率、低发热量、较低热流密度的场景。热管技术的引入显著提升了冷却性能，具有高可靠性和低泄漏风险，但在应用中会导致冷却器体积增大，限制了 IGBT 模块在紧凑性和集成度上的提升。随着 IGBT 模块功率密度的提高，结合风道设计、可靠性及噪声等多重约束，空气冷却与热管冷却技术的实施变得更加困难，难以满足设备的运行及散热需求。因此，水冷技术逐渐在大功率 IGBT 散热领域占据主导地位。水具有优良的导热性能和较大的比热容，几乎不会引发污染。与空气冷却相比，水冷技术能够实现更高的散热效率、更小的体积，散热系统布局更加灵活，特别适用于大功率 IGBT 模块的散热系统。目前，单相水冷冷板已成为大功率 IGBT 模块散热系统的首选冷却解决方案。然而，随着 IGBT 封装模块在耐高压、耐大电流及大功率化方面的发展加速，模块热负荷的增加使得单相水冷冷板逐渐难以满足日益增长的散热需求。因此，研发更有效的模块散热技术，如喷雾冷却、射流冲击冷却和微通道冷却等，是继续提高 IGBT 串并联后封装模块功率极限的关键。

（3）关键指标（表 7.3-6）

表 7.3-6　IGBT 关键指标

指标		单位	现阶段	2027 年	2030 年
IGBT	最大集电极 - 发射极电压（V_{CEmax}）	V	>1700	>2000	>2300
	最大集电极电流（I_{Cmax}）	A	>100	>150	>200
	饱和压降（$V_{ce(sat)}$）	V	<2	<1.7	<1.5
	最大栅极电压（V_{Gmax}）	V	>10	>15	>20
	开通损耗（E_{on}）	mJ	<10	<7	<5
	关断损耗（E_{off}）	mJ	<5	<4	<3

7.3.2　技术创新路线图

现阶段，在高压领域耐压性能落后，与国际优势企业产品有巨大差距。在中低压领域开关性能落后，与国际优势企业有一定差距。

到 2027 年，在高压领域耐压性能达到国内一流水平，但与国际优势企业产品仍有一定差距。在中低压领域开关性能与国际优势企业水平在关键参数方面基本达到一致。

到 2030 年，在高压领域耐压性能与国际优势企业产品存在更大竞争力。在中低压领域开关性能与国际优势企业水平在各项参数方面基本保持一致。

图 7.3-8 为功率半导体器件技术创新路线图。

功率半导体器件

①Si MOSFET；②超结 MOSFET；③SiC MOSFET；④GaN HEMT；⑤IGBT

技术内容

技术分析

	现阶段	2027年	2030年
技术分析	①在高压领域耐压性能落后，与国际优势企业产品有巨大差距 ②在中低压领域开关性能处于国内领先水平，但与国际优势企业有一定差距，基本掌握超结及GaN器件制备技术	①在高压领域耐压性能达到国内一流水平，但与国际优势企业产品仍有一定差距 ②在中低压领域开关性能与国际优势企业水平关键参数方面基本达到一致	①在高压领域耐压性能与国际优势企业产品存在更大竞争力 ②在中低压领域开关性能与国际优势企业水平各项参数方面基本保持一致

技术目标

MOSFET

现阶段	2027年	2030年
Si基： 最大漏极电流>300A，最大漏源导通电阻<1.2mΩ，典型栅极电荷<100nC，输入电容<7000pF Si基超结： 最大漏源电压>900V，最大漏源导通电阻<50mΩ，典型栅极电荷<60nC，输入电容<4000pF SiC： 最大漏源电压值>1700V，最大漏源导通电阻<35mΩ，典型栅极电荷<150nC，输出电容<230pF	Si基： 最大漏极电流>330A，最大漏源导通电阻<1mΩ，典型栅极电荷<90nC，输入电容<6500pF Si基超结： 最大漏源电压>1000V，最大漏源导通电阻<40mΩ，典型栅极电荷<50nC，输入电容<3500pF SiC： 最大漏源电压>2000V，最大漏源导通电阻<30mΩ，典型栅极电荷<140nC，输出电容<220pF	Si基： 最大漏极电流>350A，最大漏源导通电阻<0.8mΩ，典型栅极电荷<80nC，输入电容<6000pF Si基超结： 最大漏源电压>1200V，最大漏源导通电阻<35mΩ，典型栅极电荷<40nC，输入电容<3000pF SiC： 最大漏源电压>2300V，最大漏源导通电阻<25mΩ，典型栅极电荷<130nC，输出电容<200pF

GaN HEMT

现阶段	2027年	2030年
最大漏源电压>900V，最大漏极电流>70A，最大漏源导通电阻<150mΩ，典型栅极电荷<10nC，输出电容<100pF	最大漏源电压>1000V，最大漏极电流>80A，最大漏源导通电阻<130mΩ，典型栅极电荷<9nC，输出电容<90pF	最大漏源电压>1200V，最大漏极电流>100A，最大漏源导通电阻<100mΩ，典型栅极电荷<7nC，输出电容<80pF

IGBT

现阶段	2027年	2030年
最大漏源电压>1700V，饱和压降<2V，最大集电极电流>100A，最大栅极电压<10V，开通损耗<10mJ，关断损耗<5mJ	最大漏源电压>2000V，饱和压降<1.7V，最大集电极电流>150A，最大栅极电压<15V，开通损耗<7mJ，关断损耗<4mJ	最大漏源电压>2300V，饱和压降<1.5V，最大集电极电流>200A，最大栅极电压<20V，开通损耗<5mJ，关断损耗<3mJ

图 7.3-8　功率半导体器件技术创新路线图

7.3.3 技术创新需求

基于前面的综合分析，结合我国新型储能领域功率半导体相关产业基础，需要按照表 7.3-7 所示实施创新研究，实现技术突破。

表 7.3-7　功率半导体器件技术创新需求

序号	项目名称	研究内容	预期成果
1	沟槽式 SiC MOSFET 开发	研究沟槽结电荷效应，揭示电荷注入、电荷平衡对器件性能的影响机制；开展沟槽式 SiC MOSFET 结构优化设计，研究沟槽电极结构、栅极结构、沟槽形貌对器件性能的影响规律，获取最优结构设计参数；重点开展沟槽式 SiC MOSFET 制造工艺研究，开发深高能注入、深沟槽刻蚀等半导体制备工艺	实现沟槽式 SiC MOSFET 知识产权的自主可控
2	耐高压 GaN HEMT 开发	研究 GaN/AlGaN 异质结界面晶格匹配、缺陷类型及密度对器件耐高压性能的影响，开发低缺陷异质结界面制备工艺；研究 GaN HEMT 的掺杂浓度、结构布局以及缓冲层厚度对器件耐压性能的影响，获取器件最优设计参数；开发耐高压封装架构，仿真分析器件内部电场分布，提高电流分布均匀性；研究 GaN HEMT 在高压工作条件下的性能衰减机制和失效机理，建立耐高压 GaN HEMT 的寿命评估标准	开发低缺陷异质结界面制备工艺及高耐压封装架构，实现 GaN HEMT 耐电压极限提高
3	低成本 SiC/GaN 模块开发	开发 SiC/GaN 批量化制备技术，制备高结晶质量低缺陷密度的 SiC/GaN 材料；开展器件模块化集成技术研究，开发低成本高可靠封装技术；研究 SiC/GaN 模块在主、客观条件下的适应性，包括温度、湿度、气压等环境因素；开发满足储能行业标准和认证要求的器件电性能、热循环、力学性能等测试平台，建立故障分析模型，完善 SiC/GaN 模块评价规范标准	实现 SiC/GaN 模块低成本批量化生产，完善模块评价规范标准
4	高集成度 GaN HEMT 系统级封装（SIP）技术研究	开发高集成度 GaN HEMT 系统级封装架构，研究芯片及线路结构布局对系统电性能及封装尺寸的影响，降低电路阻抗并提高系统集成度；研究高热流密度散热技术，优化热界面材料及导热路径设计；研究低电磁干扰封装结构设计，通过电磁仿真分析引脚和布线对电磁窜扰的影响规律，提出电磁屏蔽方法	实现 GaN HEMT 高导热、低电磁干扰、高集成度的系统级封装
5	功率半导体器件高导热无引脚封装技术研究	开发高导热功率半导体封装架构，分析封装衬底材料/结构参数对器件应力应变演化规律，优化封装衬底组配及复合形式；研究功率半导体器件低热阻键合技术，开发异质界面低温无压键合工艺，揭示键合缺陷对器件热阻的影响规律；研究器件引脚对寄生电感的生成机制，开发功率半导体的无引脚封装架构，抑制寄生电感对高频开关器件的不利影响	实现功率半导体高导热无引脚封装器件的开发

（续）

序号	项目名称	研究内容	预期成果
6	面向储能领域的高可靠高散热 SiC/GaN 模块开发	开发 SiC/GaN 模块高可靠高散热封装架构，研究模块内部电热场分布规律，优化导热结构设计，探索新型高热导率材料（如石墨烯）在高导热封装架构中的应用；重点攻克微流道、相变传热等用于 SiC/GaN 模块的新型散热技术，建立微流道散热模型，优化流道结构设计；建立 SiC/GaN 模块可靠性测试平台，模拟储能系统工作环境下的热、电压、振动等环境因素对 SiC/GaN 模块的影响，分析模块性能衰减机制和失效机理，建立故障分析及寿命预测系统	开发 SiC/GaN 模块高可靠高散热封装架构，攻克微流道、相变传热等高效散热关键技术
7	面向前沿的第三代半导体器件超结技术研究	研究第三代半导体器件在超结设计中的电荷调控机制及其对器件性能的影响机理，通过能带工程优化电荷分离与传输效率；开发新型超结构及束流控制技术，通过调制超结区域的电场分布和优化电流密度分布改善器件性能；开发第三代半导体超结器件精确掺杂、高精度刻蚀、微纳加工等创新制造工艺，提出可提升界面质量与器件可靠性的加工理论	研究适配第三代半导体的超结结构制备工艺，实现第三代半导体超结器件的开发

第 8 章

储能系统集成技术

CHAPTER 08

如第 1 章图 1.4-1 所示，电化学储能电站一般由电池系统、变流系统、接网系统、能量管理系统四大系统构成。其主要组件电池组、电池管理系统（BMS）、储能变流器（PCS）、能量管理系统（EMS）等设备或模块功能逻辑关系如图 8-1 所示。将这些部件设备或模块有机集成，配合热管理和其他设备如消防设备、汇流柜等，使其成为功能完备、安全可靠的整体系统，并与传统的发、输、配、用各环节统筹协调，是储能电站建设的重要组成部分。

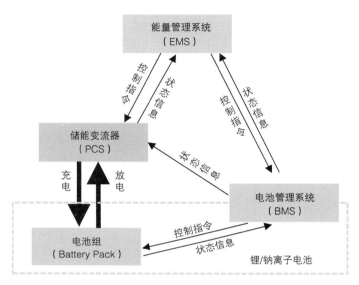

图 8-1　电化学储能系统集成拓扑示意图

储能的系统集成上承直流侧的电池设备和交流侧的变流设备，下接源网荷储协同的具体储能业务，涉及电化学、电力电子、电子信息、电力系统、管理等多个细分学科领域。随着储能在电力系统中的规模化应用，如何实现对大量储能设备的高效安全运行控制，是大规模储能健康发展的关键。

8.1　技术分析

8.1.1　电池管理系统（BMS）

BMS 集合各类传感器采集到的电池电压、温度等基本信息，并通过自身的管理策略和控制算法实现对电池运行状态的监测、管控和预警功能。BMS 作为储能电池系统的"大脑"，其软硬件开发涉及电化学、物理、电气和电子工程、计算机和数据科学等多个方面的知识和技术。

（1）技术现状

BMS 最重要的功能是电池状态监控与评估。一般而言，监测的对象是电压、电流和温度等，监测精度是对系统状态作出准确评估的基础，也是储能系统性能的重要保障。

BMS 一般采用多级分布式架构设计，根据储能系统的不同，分别采用两级或三级架构方案。

国际上，美国、日本、韩国等国家的 BMS 技术处于先进水平，具有代表性的企业、研发机构有特斯拉、松下、LG 化学、西门子、阿奎昂能源等。日本松下公司于 2019 年开发出一种可测量电池的电化学阻抗的电池管理技术，使用交流电流激励方法测量安装在运行设备中的锂离子堆叠电池模块的电化学阻抗，该技术旨在通过对测量数据的分析进行劣化诊断和故障估计来评估残值。美国特斯拉 Model S 电池模块采用先进的 BMS，电压测量误差达到 ±5mV，热不均衡性达到 ±5℃。

我国 BMS 已经实现商业化，处于国际领先水平。具有代表性的企业 / 研发机构有宁德时代、比亚迪、合肥国轩、力高、科列技术、亿能电子、华塑科技、科工电子、天邦达等。宁德时代掌握业内领先的高精度测量技术，总流总压精度可达千分之五，使用先进的 SoC 估计算法，有效消除累积误差的影响，实现精确计算，其中三元（NCM）电池估算精度在 3%，磷酸铁锂（LFP）电池在 5% 左右。广东省内的代表性企业有比亚迪、科列技术、亿能电子、天邦达、钜威等，其技术实力均在国内第一方阵之内。

（2）分析研判

目前，储能用 BMS 的主流路线是利用工业级的芯片，参考电动汽车 BMS 的主流方案，面向大容量储能电池并网的应用场景做适应性的开发。但简单平行替代会导致现有储能用 BMS 缺乏面向储能电池特性及电网应用需求的针对性，主要表现如下。

1）需要在硬件拓扑设计和软件算法上针对大规模储能进行适应性开发研究。面向电网应用需求，进行抗传导干扰测试、高压稳定性测试，探索不同环境条件下（如温度、湿度、电磁环境等）的适配性，分析不同电池类型对 BMS 的要求和响应特性等。

2）需要实现储能 BMS 所采用软硬件方案的国产化。开发具有自主产权的微处理器、高精度前端采集芯片、BMS 开发平台、BMS 测试验证体系和检测平台、大规模储能电池远程监控和故障预警功能等，避免被卡脖子。

3）需要提高储能系统故障诊断和安全预警能力。研究 BMS 对电池安全性的监测、故障诊断和及时响应能力，强化 BMS 的电池保护功能，确保系统在故障时能够迅速而有效地保护电池，提高储能电池的安全性，减少事故的发生。

4）需要建立完善的检测标准和认证体系。在储能领域，BMS 还缺乏对储能电池自身安全和可靠性的监管，检测和产品认证力度不足。这极大地影响了储能产品的推广及出口。

另一方面，目前 BMS 精确管理能力和可靠性仍有待提升。预计未来 BMS 将呈现以下发展趋势：

1）电池物理参数检测与估算多样化：BMS 通过监测数据估算出荷电状态（SoC）及健康状态（SoH），从而估算剩余电量和电池包老化程度。影响 SoC 估算精度的因素众多，动态高精度估算成为行业难题。开路电压 + 安时积分联用是主流，高精度算法（卡尔曼滤波法和神经网络法）是未来发展方向。目前 BMS 在温度检测及状态估算精确度方面仍存障碍，需增加更多新的检测参数。由于储能电池相对动力电池而言对体积和功率密度比要求略低，因此可以采用植入式传感器获得更多电池内部的信息，比如内部的压力、应力、温度、气体、阻抗等，从而使神经网络算法获得更好的训练，提高算法的估算精度。

2）云端 BMS：大数据、云计算和人工智能（AI）等新技术的兴起推动了 BMS 技术的调整升级，推动其向云端发展。云端 BMS 是将电池的剩余电量、环境和工况等数据实时传输至云端，由云端算法计算出电池管理策略，回传至 BMS，进而操控电池。这降低了本地嵌入式芯片的算力要求，但对通信带宽与信息处理速度提出了更高要求。

3）拓扑结构向分布式发展：主流的 BMS 拓扑结构主要有集中式和分布式两类。在集中式 BMS 中，CAN 总线是使用最广泛的通信方式，但随着对成本控制的压力越来越大，很多厂家都在向菊花链的方式转变。菊花链通信综合成本更低，通信稳定性更强。分布式 BMS 目前成本较高，但电池系统内部布局更加简单清晰，可拓展性更强。随着锂离子电池储能向高电压和模块化方面发展，分布式可重构 BMS 将是主流方向。为适应分布式 BMS 的需求，未来有可能更多地采用无线通信方式。无线 BMS 的尺寸更小，可提高设计灵活性，布置和维护更容易，无需维护线路，降低储能系统的重量和复杂性，同时可自然实现时间同步的测量，从而可以添加更多同步检测的功能。

（3）关键指标（见表 8.1-1）

表 8.1-1　BMS 关键指标

指标		单位	现阶段	2027 年	2030 年
国产化高精度储能电池管理硬件平台	单体电压采集精度	mV	5	2	1
	电芯温度采集精度	℃	1	1	1
	电流检测误差	%	±1	±0.5	±0.1
	2 年内漂移率	ppm	10	8	6
	电池管理芯片国产化率	%	50	70	100
国产化高精度储能电池管理算法及软件	SoC 估算误差	%	±5	±2	±1
	SoH 估算误差	%	±5	±3	±1

8.1.2　储能变流器（PCS）

PCS 接收能量管理系统（EMS）的指令，进行交-直流双向功率变换，从而控制储能电池充放电过程。PCS 是直流端储能电池与交流端电网（或交流负荷）进行能量交互的桥梁，直接决定储能系统涉网特性以及直流端动态输出特性，会在较大程度上影响电池的使用寿命。PCS 成本占电池储能系统总成本的 15%～20%，仅次于电池，是电池储能系统的关键核心环节。

（1）技术现状

PCS 在电路拓扑和控制设计上可以借鉴光伏逆变器，但需要提供双向电能可控流动。两大产业相互促进，协同发展。两类新能源电力电子产品的主要零部件类似，且在应用端也开始呈现高度的协同效应。在光伏逆变器已经取得非常大的市场规模的前提下，未来 PCS 的竞争格局与光伏逆变器趋同，延续光伏逆变器格局。

从国际市场份额的角度看，德国 SMA、德国 KACO、德国 Fronius、西班牙 Inge-team 以及德国 Siemens 五家欧洲企业占据了 70% 的市场份额。其中，德国的逆变器龙头 SMA 公司市占率达到了 44%，几乎占据逆变器市场的半壁江山。SMA 公司的产品覆盖户用高压储能逆变器 Sunny Boy Storage 系列、适用于 300kW 以下的并 / 离网储能系统的 Sunny Island 系列，以及适用于大型电站级储能系统的 Sunny Central Storage 系列。SMA 公司的 Sunny Central Storage 系列采用先进的构网型（Grid-Forming）控制技术，这极大地提高了太阳能电站在低系统强度条件下的并网能力。Siemens 公司更加注重 PCS 的集装箱型全集成与灵活使用，通过使用与 PCS、电池系统相同的通信基础设施，实现远程访问监控。近年来，我国 PCS 发展迅速，已在国际上取得领先地位，全球市场中 PCS 出货量排名前十位的中国供应商依次为阳光电源、科华数能、上能电气、古瑞瓦特、盛弘股份、南瑞继保、固德威、索英电气、汇川技术和首航新能源。

从国内市场份额的角度看，PCS 出货量排名靠前的中国供应商有上能电气、科华数能、索英电气、阳光电源、汇川技术、南瑞继保、盛弘股份、禾望电气、智光储能、平高电气和南网科技等。广东省在此领域处于国内领先水平。盛弘股份使用第三代半导体，创新研发出了全球首款 SiC 版本三相四线制工商业 PCS PWS1-125M，实现了直流宽电压范围 600~1000V 灵活配置，具备有功 / 无功四象限调节功能，可解决三相功率不平衡问题，最高转换率达到 99%。智光储能的核心产品是级联型高压大容量 PCS，该产品没有升压变压器环节，省去了其工作时的负载损耗及待机时的空载损耗，使得级联高压储能系统充放循环效率相比现有技术路线提升 2% ~ 3%，且在无任何电芯及电池簇并联情况下，35kV 高压直挂储能系统容量可达 25MW/50MWh，大大简化二次协调控制系统，达到国际领先水平。汇川技术在新推出的 IES1200 系列 PCS 上采用三电平拓扑结构，提升最高效率至 99%，令 ±100% 充放电转换时间小于 25ms，实现快速调度；并使用先进的中性点偏移技术，有效减小直流纹波电压，具备故障录波、波形读取分析等功能，实现快速故障定位。

从技术路线来看，PCS 按照电路拓扑结构和变压器配置方式可分为工频升压型和高压直挂型；根据级数不同，又可分为单级和双级拓扑；按输出电压，可以分为两电平、三电平、多电平三类，如图 8.1-1 所示。三电平拓扑结构可分为 I 型三电平和 T 型三电平。PCS 按照不同的应用场景适配不同的电压等级、容量大小、网络拓扑结构和工作模式；按应用场景，又分为家庭户用、工商业、集中式和储能电站四大类，分别对应小、中、大、超大额定输出功率。

其中，单级逆变器是最常见的 PCS 技术路线。单级逆变器通常采用硅或碳化硅（SiC）功率半导体器件，如 IGBT 和 SiC MOSFET 等，受功率器件的耐压水平限制，大多不超过 1500V。这种功率变换拓扑电路简单，控制方法成熟，但在高压大功率场合，单级逆变器的功率开关承受较大的电压电流应力，输出电压波形具有突变，导致输出电

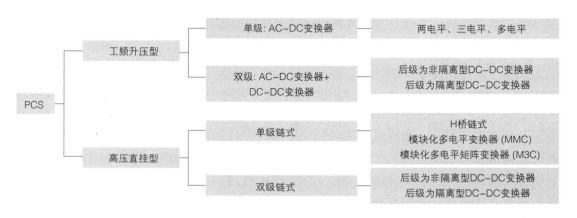

图 8.1-1　PCS 的电路拓扑分类

压失真，容易影响到负载稳定性。因此单级逆变器通常仅适用于小型和中型储能系统。

多电平逆变器是提高逆变器性能、耐压水平和效率的一种路线。它通过二极管钳位（Neutral Point Clamped，NPC）、飞跨电容、全桥级联（Cascaded H-Bridge，CHB）、模块化多电平换流器（Modular Multilevel Converter，MMC）等形式，串联多个子模块，电压跳变 dv/dt 小，输出波形更接近正弦波，减少谐波含量。多电平逆变器将单级逆变器的输出电压分解为多个电平，每个级联的子模块中的开关器件仅需承担较低的钳位电压，这降低了功率开关管的耐压要求，因此通常采用硅基 IGBT。这种技术路线适用于大型储能系统，具有更高的效率和更低的谐波失真。

单级结构简单且效率高，但电池容量拓展和输出电压控制灵活性差。双级 PCS 提高了电池容量和电压灵活性，但成本较高，控制相对单级 PCS 更复杂，效率更低。我国现有大容量储能系统多采用单级 PCS。目前低压并网 PCS 单机功率一般不超过 2MW，通常采用多个经变压器隔离的储能子系统并联的方式实现容量的扩大。将储能电池组并入 H 桥链式变换器的直流电容上，形成高压直挂链式 PCS 系统，如图 8.1-2 所示。这可以直接实现对巨量电池的"分割管控"，避免电池环流，解决安全性问题，大幅降低 BMS 的复杂性，缩短电池组间均流路径，同时可以省去工频变压器，有效提升系统的效率，降低成本。

（2）分析研判

中高压直挂式 PCS 虽能有效提升系统功率和效率，但实现复杂、维护困难。目前直挂 10kV 以上等级的 PCS 市场产品较少，综合性能还有待市场进一步验证。

此外，新近有功率变换拓扑实现电能路由的 10kV 以上等级高压直挂，如图 8.1-3 所示，采用模块化多电平矩阵变换器加高频变压器和全桥整流器的结构，可广泛适用于储能系统（及其他直流场景如港口岸电电源、电动汽车充电）。这类变流器可以直挂在比较高电压等级的电网，同等功率下降低电流，降低损耗和压降，避免使用昂贵的工频变压器，从而提高效率，降低成本，同时可以提高后级直流电压水平，简化配电的难度，扩大供电区域范围。

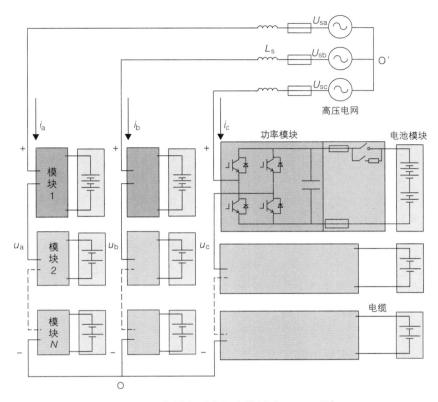

图 8.1-2 非隔离型高压直挂链式 PCS 系统

资料来源：蔡旭，李睿，刘畅，等.高压直挂储能功率变换技术与
世界首例应用 [J]，中国电机工程学报，2020，40(1): 200-211.

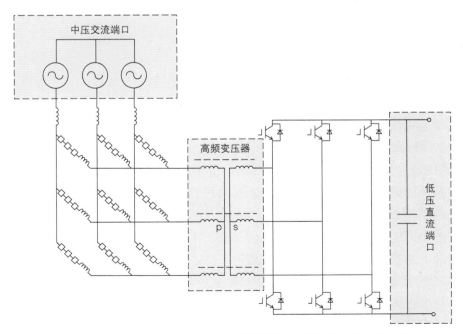

图 8.1-3 基于模块化多电平矩阵变换器的隔离型高压直挂 PCS 系统

未来，PCS 根据应用场景不同，将是多技术路线并存的发展格局，但呈现以下几点发展趋势：更大的单机容量；更高的产品可靠性；更强的环境耐受性；更优异的电网适应性；更环保的产品零部件；构网型控制策略支撑电网电压和主动惯量；智能化。随着大规模储能技术的快速发展，PCS 研究关键技术与问题如下。

1）并网友好型运行控制技术。多 PCS 并行容易因变压器漏抗及线路阻抗等原因而与电网产生关联耦合构成复杂的高阶电路结构，导致失稳，输出电流谐波含量增加，严重情况下甚至会造成并网公共连接点（PCC）电压发生谐振导致整个储能系统停机。新型电力系统本来就存在常规水电火电机组减少、电力电子负荷和风光新能源占比增加的趋势，导致电力系统中随机扰动增加、惯量减少、阻尼减弱，严重影响系统电压、频率稳定性，电网运行安全稳定性受到很大挑战。当前常见的 PCS 为跟网型变流器，控制成电流源，依赖锁相环跟踪与电网同步，需要电网提供稳定电压和频率才能稳定运行，无法像大型旋转同步发电机一样向系统提供惯量及阻尼支撑。上述差异性使得"双高"新型电力系统电网鲁棒性不断下降、动态/暂态运行稳定问题突出，无法实现高占比新能源的全额消纳。未来构网型控制将成为主流，使得 PCS 成为帮助电网稳定和黑启动的"干细胞"，通过采用功率同步控制，自主建立输出电压、频率。但仍需研究构网型变流器的同步稳定性、超调与振荡等动态特性，限流保护和暂态电流支撑等问题。

2）应用于储能的多端口高压直挂电力电子变压器配电技术。需要面向储能应用，开发直挂 10kV 以上高压的兆瓦级电能路由器，实现配电网侧多种电化学储能的高效融合与协同控制，研究内容主要包括：研究功率开关封装模块的疲劳失效机理、老化失效判据和无损检测方法；研究开关器件的健康度管理；研究 DC-AC 双向大容量功率变换电路拓扑及相应的全桥（半桥）电容电压波动抑制、相间与相内电容电压平稳控制、共模电压抑制、直流侧电流脉动抑制、端口间能量协调控制、充放电功率控制、有功/无功控制、离/并网切换控制策略，研制大功率高压直挂储能用兆瓦级电能路由器；研究 DC-AC 双向大容量功率变换电路在故障工况下的拓扑变化及故障定位、诊断和容错控制；研究大电流冲击对功率器件、电容器寿命的影响机制；研究并联器件模块与桥臂子系统的同步老化技术；基于数字孪生技术研究覆盖功率器件、桥臂子系统、整机系统的多层次全生命周期健康监测系统。

3）高压高频化技术。储能技术已从小容量小规模的研究和应用发展为大容量与规模化储能系统的研究和应用，串联的储能电池数量越来越多，电压等级随之提高，对功率变换电源模块及其功率器件有了更高的要求。提高电压等级在同等功率下意味着更小的电流、更小的配套线缆直径。为此可研究基于第三代半导体（如耐压 3.3kV 以上等级的 SiC 器件）的低开关损耗、高耐压和高可靠性的功率器件和模块，开发高耐压大容量 PCS，保证转换的高效率。此外，PCS 中磁性元件和电容器约占 1/3 体积和 1/3 以上的重量。电感和电容体积与设备中开关频率呈现出一定的反比例趋势。PCS 中功率半导体器件的高频工作可减小装置中磁性元件和电容器的容量要求，从而减小装置的体积，减轻装置的重量，降低装置的成本。这一点对使用较多高频变压器的隔离型高压直挂拓扑特别重要。目前高频化的常见办法是改进电路拓扑和控制方式，采用更加有效的软开关技术。如 1200V/300A 的 IGBT 用在普通开关电路中，开关频率一般只能到 20kHz，而用在软开关电路中，开关频率可达 40kHz。采用第三代半导体器件，如 SiC 或 GaN 器件，通常可以工作在 100kHz 以上。尤其是 GaN 器件，在隔离型 DC-DC 变换电路中往往可以工作在 500kHz 甚至 MHz 下。

（3）关键指标（见表 8.1-2）

表 8.1-2　PCS 关键指标

指标		单位	现阶段	2027 年	2030 年
并网输出特性	额定功率	MVA	≥ 1	≥ 5	≥ 10
	并网电压等级	kV	≤ 10	≥ 10	35
	惯量响应动作	s	≤ 0.5	≤ 0.4	≤ 0.2
	惯量时间常数	s	≥ 5	≥ 10	≥ 15
离网输出特性	直流侧输出电压范围	V	600~1500	800~1500	≥ 1500
	输出电压精度	%	±1	±0.5	±0.2
	最大交流电流	A	≤ 1200	≥ 1200	≥ 1500
	功率因数	—	0.99	0.99	0.99
最大效率		%	98.6	98.8	≥ 99
整机寿命		年	10	15	20
暂态过电流能力		pu	1.5	1.8	2.0
过电压能力		pu	1.4	1.6	1.8

8.1.3　能量管理系统（EMS）

EMS 是利用电子信息技术和智能算法对储能电站内主要设备进行实时监控和优化的管理系统，是储能系统的重要构成部分。作为储能系统运行的大脑，EMS 具有功率调度控制、电压无功控制、电池荷电状态 (SoC) 维护、平滑出力控制、经济优化调度、优化管理、智能维护及信息查询等功能，负责协调和管理储能系统的 BMS、PCS 和消防环控系统，实现系统监控、功率控制及能量管理。因此可靠、稳定、智能化的 EMS 是确保储能系统高效稳定运行的关键。

（1）技术现状

所有的系统优化和决策都基于数据。数据采集和监控是数字化储能能源管理系统的基础。数据采集使用各种传感器（如温度传感器、电流传感器、电压传感器等）和监测设备，安装在储能系统的关键位置，实时采集、整理和存储数据，获取关键参数，如电池状态、系统温度、电压、电流等。良好的数据采集确保了这些数据的准确性和完整性，为后续的分析和决策提供可靠的基础。采集的数据还能够用于诊断系统故障、预测可能发生的问题，并在出现异常时快速响应，确保系统的稳定性和安全性。

　　为此需要建立实时监控平台，用于接收和显示来自数据采集系统的实时数据，可以持续追踪储能系统 BMS、PCS、电表、电池电芯、逆变器等组件的状态和性能，实施数据处理和分析算法，对采集到的数据进行可视化，有助于发现异常情况，并及时发出警报，使操作人员可以采取相应的措施，防止问题进一步扩大。通过监控系统，可以实时了解系统运行情况，以便及时进行调整和优化，提高能源利用效率和系统性能。

　　在储能 EMS 领域，中国、美国和欧洲处于第一梯队，共同占据全球储能 EMS 市场份额的 80% 以上。目前国外储能 EMS 供应商主要有德国西门子能源、德国施耐德电气、美国通用电气等，这些企业在储能 EMS 领域有着深厚的技术积累，位列行业前茅。如西门子能源开发的先进储能 EMS 产品 Spectrum Power EMS，采用了领域特定语言（DSL）建模技术，可实现对电网的实时监控、运行调度和故障诊断。该系统还利用实时运行状态评估（RTSA）技术，通过高级算法和数据分析实现对电网动态状况的精确评估，确保电网稳定运行。此外，其开发的 EMS 操作平台 eGridOS EMS Platform 集成了人工智能（AI）优化算法和物联网（IoT）集成技术，能够实现对储能系统的智能管理和优化控制，通过实时数据分析和预测算法，提高能源利用效率和电网运行的灵活性。施耐德电气研发的储能 EMS 产品 EcoStruxure Microgrid Advisor 可以实时监测能源流动、负载需求和电网状态，并利用高级数据分析和人工智能优化算法，将千万级别的遥测量转换为几十个智能观测量，可根据预测模型进行智能调度，最大限度地提高微电网的运行效率和可靠性。

　　国内储能 EMS 供应商主要有华自科技、烟台德联软件、北京宝光智中、许继电气、国电南自、国能日新、安科瑞、轻舟能科、长园科技、科陆电子、南网科技等，这些企业具有先进的储能 EMS 研发技术，代表着中国 EMS 的先进水平。如宝光智中自主开发的宝光天权 BGMegrez 系统，是新一代一体化数据协同平台，稳定可靠、功能强大、性能卓越，集成了完整的 SCADA 监控功能和先进的 EMS 控制功能。该系统具有超大规模数据协同处理能力，通信接口丰富，适配多种协议，具备多维度感知、多目标多模式协同、全景式智能监测的能力。安科瑞自行研制的 Acrel-2000ES 储能 EMS 具有完善的储能监控与管理功能，实现了数据采集、数据处理、数据存储、数据查询与分析、可视化监控、报警管理、统计报表等功能，能够适应 $-20 \sim 60\,^{\circ}\!C$ 的宽温工作环境，抗干扰能力强，通信方式多样，并结合人工智能大数据技术，可以提供智能化的分配策略对电池组进行充放电控制。南瑞继保自主研发 EMS+PMS、PCS、BMS 全套储能核心控制设备，构建了储能"4S"一体化方案，实现电芯的长寿命安全运行和储能系统快速灵活的能量管理与功率控制。轻舟能科基于自研的储能高性能物联技术平台 Nova 在业内率先推出了"云边一体 EMS：轻 EMS"，实现了成本极低的全数据量秒级高频采集同步和高性能遥控。

　　广东省在国内储能 EMS 领域处于行业前列，供应商主要有长园深瑞、科陆电子、深圳车电网、中集智能、南网科技等。目前长园深瑞的储能 EMS 已在国内各大储能电站上得到广泛应用，市场占有率在国内名列前茅。中集智能依托其自身强大的平台研发能力和高可靠性高稳定性的硬件集成能力，打造了人工智能融合能源领域的综合能源"大脑"智慧能源管理 EMS 云平台，该平台可保障能源资产安全，提升资产利用效率，降低资产运维成本。其研发的储能 EMS 引入了自学习的微电网控制算法模型，可以适配实际环境，提供智能化策略，并设计了云端 + 场站架构，既可以实现单场站本地部署，也可以实现站群云端管理。南网科技从新型电力系统需求出发，开发出支持源、网、荷、储协同智慧运营调控的 EMS，支持海量数据接入，满足 AGC、AVC 等多模式调控需求。

（2）分析研判

融合智能算法、大数据和云计算、网络通信与远程监控、多能源协调管理以及可视化界面和用户交互等功能是当前 EMS 的主流技术路线，这些技术的应用使得 EMS 能够实现对储能系统的智能化管理和优化控制。然而目前 EMS 的广域协同管理和实时能量精细化调节能力还有待提高，在系统建模和优化、站场级多能源协调与管理方面需要更深入的研究，其安全和可靠性仍需进一步提高。此外，目前 EMS 的储能监控系统技术和应用权威认证标准不明确，行业标准缺乏统一规范。因此未来在储能系统的 EMS 上，需要重点关注和解决的问题和技术包括：

1）系统建模和优化：建立准确的储能系统模型是实现有效能量管理的关键。储能数字化 EMS 依靠先进的数据分析技术，需要结合传感器采集数据，对采集到的数据进行处理和分析，对系统状态进行更新，以了解储能系统的工作状态和性能表现，并根据实时能源需求和系统运行状况，动态调整放电速率和放电时间，最大化能源释放效率。需要解决的问题包括对储能设备特性的建模、系统参数的估计和高精度动态负荷预测和可控容量预测等。此外，还需要开发高效的优化算法，以实现能量管理能力、效率的提高和系统的稳定运行。

2）站场级多能源协调与管理：目前 EMS 管理的能源相对单一。未来能源系统必然将由传统单一能源供应系统逐步向多能源互补与集成系统过渡，通过多类型储能装置相结合形成多元储能系统。但目前缺乏多能源的有效协调控制和共享，难以实现整体能源效率的提高。随着多能源系统的发展，EMS 需要能够实现多能源之间的协调和管理。EMS 首先需要兼容支持各种协议，将设备及其数据全量接入，尤其是告警信息的接入，需要做到实时全面。此外，还涉及能源的调度和优化，包括储能系统、可再生能源和传统能源的协调运行、防逆流保护等功能，以实现能源的高效利用和系统的稳定性。通过快速高精度 EMS 技术，实现多场景储能技术，集成无功补偿、应急供电、调峰调频、电网扩容、削峰填谷、光伏接入等扩展功能，提供多样化的电网辅助服务和整体效能提升。

3）EMS 的安全和可靠性。储能系统中可能存在故障和异常情况，如电池衰减、短路、电压不平衡等。监测和评估多元储能系统的运行状态和性能，预防和处理故障以延长储能系统的寿命目前还没有重大工程和方法论指引。另外，与电动汽车的应用场景不同，在储能系统中，基于 EMS 调控 PCS 对电池包进行检测这一技术方向，非常值得发展。为此需要在能量管理过程中考虑安全和可靠性问题，持续监控储能相关设备的运行状态，结合数字孪生技术进行模型建立，反馈系统运行情况，预测容量衰减和寿命，提高故障诊断和管理的能力，及时定位和诊断故障，并采取相应的措施，防止潜在风险和故障对系统造成不可逆的损害，延长设备寿命并保证系统运行稳定，如切换备用储能单元、降低充放电速率等。相关技术包括安全控制策略的设计、应急措施的规划和实施、储能的容量确定和利用策略调整。

（3）关键指标（见表 8.1-3）

表 8.1-3　EMS 关键指标

指标	单位	现阶段	2027 年	2030 年
遥测量	变量个数	$\geq 0.1 \times 10^6$	$\geq 1 \times 10^6$	$\geq 5 \times 10^6$
遥信量	变量个数	$\geq 0.1 \times 10^6$	$\geq 1 \times 10^6$	$\geq 5 \times 10^6$
遥测信息响应时间	s	≤ 2	≤ 1	≤ 0.5
遥信变化响应时间	s	≤ 1	≤ 0.5	≤ 0.1
有功无功调控响应时间	s	≤ 0.2	≤ 0.1	≤ 0.04
系统可靠性	h	≥ 30000	≥ 50000	≥ 80000
硬件驱动方式	支持以太网、串口、WLAN 多种通信方式，支持 Modbus、IEC61850/IEC103/IEC104 等多种通信协议			

8.1.4　系统集成设计

随着储能集成系统容量增加，传统串联升压方案会面临一些挑战，比如，大容量储能系统所需电芯数量众多，安全风险较大；随着电芯循环次数增加，电芯本体差异化逐步体现，系统一致性变差。受上述两个因素制约，系统单机容量通常有限，随着并联设备增加，二次通信、协调控制变得更加复杂。目前市场上常见的集装箱式储能系统拥有 1500V 以上的高电压和 MWh 以上的能量，零部件数量和连接接口数以万计。因此微小设计或安装调试差异也可能谬之千里。系统集成商的经验不足或设计有缺陷会使得储能系统寿命又大打折扣，甚至带来意外事故造成资产减值。有分析报告显示，全球储能安全事故原因中 60%~80% 的事故是由非专业的系统集成所致。因此，储能系统的集成设计技术显得格外重要。

（1）技术现状

储能系统的集成设计主要考虑电池组（簇）与 PCS 的组合方式。按电气拓扑结构划分，储能系统集成可以划分为集中式、分布式、组串式、级联式、集散式。

1）集中式：集中式逆变技术将多个储能电池串联后形成高压簇，连到同一台 PCS 的直流输入端。目前在推广 1500V 直流侧的方案。PCS 追求大功率、高效率。因此集中式储能系统的电池往往经多簇并联后与 PCS 相连。多台 PCS 可并联工作，连接到同一台升压变压器。其特点是：输出功率高、设备数目少、产品的可靠性高、造价低廉。集中式 PCS 单路接入的电池簇数较多，难以对每一簇进行单独控制，可调节性较差。另外，对系统的维修也比较困难。集中式储能系统设计如图 8.1-4 所示。

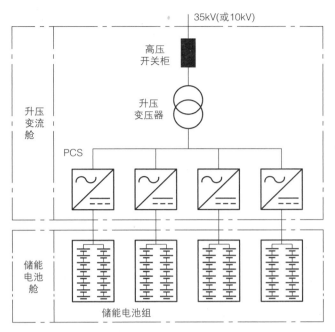

图 8.1-4 集中式储能系统设计

2）分布式：每一簇电池都与一个采用小功率、模块化设计的 PCS 单元连接。低压小功率的 PCS 可以并联工作，将分布式布置的小容量储能电池逆变后经过升压变压器进行并网。分布式储能系统可以对每一簇电池进行充放电控制，但需要用到的变流器数量较多，成本较高。分布式储能系统设计如图 8.1-5 所示。

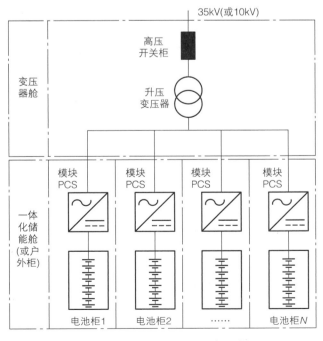

图 8.1-5 分布式储能系统设计

3）组串式：基于分布式储能系统架构，每一组串与一个 PCS 相连，采用电池单簇能量控制、智能化管理、全模块化设计等创新技术，在交流端并联并网，实现储能系统更高效应用。该装置适合于工业、商业、小规模的储能电站。其优势在于：体积小且重量轻，便于搬运和安装，维护方便，电池簇充放电可独立控制，系统效率较高。组串式 PCS 的缺点则包括电子元器件复杂繁多，生产研发也更为繁杂，而且产品的可靠性稍低；由于电源元件的电隙较小，故不宜在高海拔或室外安装，电气安全性稍差；多机并联难度高；机器数量多，增加了总故障率及系统监控难度；故障时难以断开等。当前组串式 PCS 仍是市场较为主流的选择。组串式储能系统设计如图 8.1-6 所示。

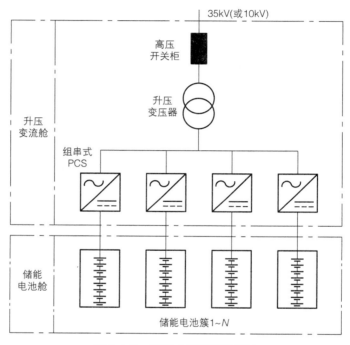

图 8.1-6　组串式储能系统设计

4）级联式：采用级联式或模块化多电平拓扑，电池组连接到全桥电路的直流侧实现单簇逆变，级联后直接接入 10/35kV 电压等级电网。变压器直挂电网的链式储能变换技术效率可达 98% 以上，比有变压器方案高约 3%。但电池组处于高压悬浮状态，绝缘成本增加。级联式储能系统设计如图 8.1-7 所示。

5）集散式：直流侧多分支并联，在电池簇出口增加 DC-DC 变换器将电池簇进行隔离，DC-DC 变换器汇集后接入集中式 PCS 直流侧。集散式储能系统设计如图 8.1-8 所示。

目前业内电池储能系统主要采取集中式，多组电池并联将引起电池簇之间的不均衡。组串式可以实现 PCS 和电池簇一对一精准化管理，可确保单簇电池或单台 PCS 在出现故障时不影响其他设备正常运行，提升系统寿命，提高全寿命周期放电容量。组串式 PCS 最大限度地提高了储能系统的可用容量，支持新旧电池混用，有效提升了电站收益。不同储能系统集成方式的电气拓扑结构对比见表 8.1-4。

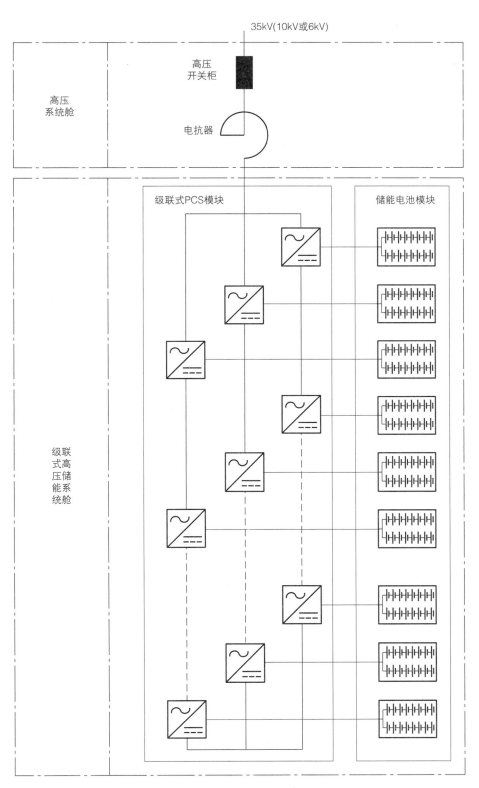

图 8.1-7　级联式储能系统设计

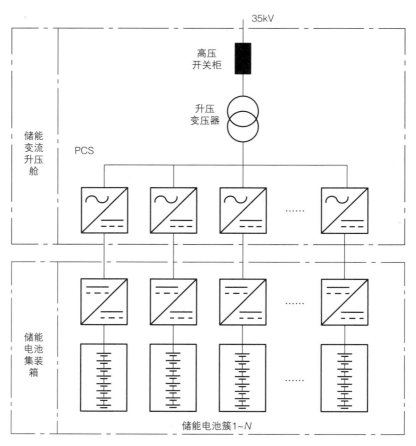

图 8.1-8　集散式储能系统设计

表 8.1-4　不同储能系统集成方式的电气拓扑结构对比

类型	集中式	分布式	组串式	级联式	集散式
功率变换	一级	一级	一级	10kV/35kV 直挂	两级
串并联方式	直流侧并联	交流侧并联	交流侧并联	只串不并	直流侧并联
电池簇管理维度	多电池簇	单电池簇	单电池簇	单电池簇	单电池簇
簇间环流抑制	电芯之间、电池簇之间的不一致性会增大	系统内无并联,避免直流侧并联产生并联环流、容量损失	系统内无并联,避免直流侧并联产生并联环流、容量损失	系统内无并联,不会出现均流问题,电池一致性更好	系统内无并联,避免直流侧并联产生并联环流、容量损失

　　国际上储能系统集成设计技术的发展呈现多样化趋势,美国、日本、韩国在这一领域具有一定的技术和市场领先优势。美国以特斯拉和通用电气等企业为代表,推动了储能系统的集成设计技术,尤其是在集中式和分布式储能系统的应用上。特斯拉的 Power-pack 和 Megapack 产品展示了其在大规模储能解决方案方面的领先地位,这些产品实现了高度的能量密度和效率,为电网稳定和可再生能源整合提供了关键支持。日本以松下和日立为代表的企业在储能系统集成设计上同样表现出色,特别是在电池技术和集散式

储能解决方案方面。日本的储能项目通常侧重于提高能源效率和促进太阳能等可再生能源的利用。韩国的 LG Chem 和三星 SDI 等企业在储能电池领域取得了突破,特别是在组串式和级联式储能系统设计方面,为电动汽车和电网提供了高效能的储能解决方案。

在国内,储能系统集成商既有以阳光、华为、上能、科华为代表的光伏企业,又有以宁德时代、比亚迪、蜂巢、欣旺达、亿纬锂能、鹏辉能源为代表的电池企业,还有以南瑞、中天、许继、南网科技为代表的电力企业。国内新增投运的电化学储能项目中,阳光电源的 PCS 和储能系统的出货均为国内第一。阳光电源是国内最早涉足储能领域的企业之一,专注于锂离子电池储能系统,可提供 PCS、锂离子电池、EMS 等储能核心设备。西安奇点能源推出智慧能量块——eBlock 储能系统产品,智慧能量块采用"All in One"的设计理念,创新性地将长寿命电芯、高效双向均衡 BMS、高性能 PCS、主动安全系统、智能配电系统以及热管理系统融于单个机柜,使每个能量块都具备能量存储和交直流功率变换的能力。组串式系统规模化应用趋势已见雏形,比如华能黄台 108MW/212MWh 项目是全球首座百兆瓦级分散式控制的大型储能电站(PCS 采用上能电气 1500V 组串式储能变流升压一体机);山东德州林洋光储 3MW/6MWh 项目也采用该系统架构(华为提供整套系统);由南方电网储能有限公司投资建设的我国首个移动式大容量高压级联电池储能电站(10kV/6MW)于 2023 年在河北保定投入商业运行。广东省在储能系统集成技术领域也处于领先地位,比如华为提出"一包一优化、一簇一管理"的智能组串式方案,解决集中式系统电池容量衰减、一致性偏差、容量失配等问题。比亚迪的 BYD Cube T28 产品,采用液冷、无过道、单侧开的结构设计,相对传统的集装箱方案,将能量密度提升了 90%。

大规模储能系统通常以集装箱作为载体,在其中组装了电池系统、BMS、PCS、EMS、冷却系统、消防系统以及照明和监控系统。然而在能量转换的过程中伴随着电能的消耗,特别是电池储能集装箱这样的能量密度高、结构封闭的设备,因其散热量高、全季节运行、对电池组温度管理要求高等特点,需要空调系统长期稳定运行。在这一过程中,整个集装箱储能系统会消耗大量的能量。目前集装箱储能系统多采用空调风冷的方式来进行热管理,其存在效率偏低、能耗偏高、温控精度不够、不均衡等问题,如何做好低能耗条件下精细化的热管理,实现比风冷更精准、更低能耗的热管理对于降低集装箱储能系统能耗至关重要。

综上所述,目前基于储能单元的兆瓦级及 10MW 级电池储能系统的集成已实现突破,技术指标基本满足电力系统应用需求;基于多机并联的百兆瓦级电池储能电站集成技术已有应用案例,并在多个电源侧、电网侧和用户侧储能电站示范或商业工程中得到应用;吉瓦级储能系统集成技术研究刚刚起步,相应的储能电站监控与能量管理技术亟须突破。

(2)分析研判

目前储能行业整体产能供求比高,碎片化市场、独立场景应用较多,系统集成主要为非标准模式项目,难以形成规模化可复制的效应。如何设计容量可拓展的模块化储能系统产品,满足不同应用场景的需求,并形成行业标准,将成为抢占市场的关键。为此需要重点关注和开发以下技术方向。

1）研究直挂高压的大容量高效率储能系统集成技术。高压级联方案相对传统串联升压在系统容量、电压等级、效率和系统安全等方面具有优势。高压级联方案采用级联链式或多电平桥式电路将"能量裂解"，即将大容量电池堆和大功率 PCS 裂解为小容量电池堆和小功率 AC-DC 变换单元，采用去并联组合，将电池堆离散化，既大幅度降低了电池堆电量，减少了电池堆内电池单体数量，又能灵活隔离故障模块，避免电池簇不一致性随电芯数而增大的问题。

2）开发基于多端口电力电子变压器的集成技术，替代工频变压器，同时挂载不同时长不同类型的储能电池，在设备层级进行能量调度，提高设备和器件的利用率。电力电子变压器除具备传统交流变压器的电压等级变换和电气隔离功能外，还可实现交直流变换、直流电源/负荷直接接入、无功补偿和谐波治理等功能。为此需要研究兆瓦级电能路由器接入不同类型不同时长储能电池时的能量协调控制技术，包括基于物理原理和数学方法，建立各个储能单元和整体系统的数学模型，利用仿真软件进行参数分析和性能评估，研究多端口系统的充放电控制电路拓扑结构设计、容量优化匹配方法、能量协调控制策略，设计多元储能系统的多样化辅助服务控制器，实现对电网电压频率偏差、区域控制偏差以及调峰、备用等服务需求的快速、准确和平滑响应。

3）研究高效智能热管理技术。研究通过热泵系统与间接式液体温度控制系统的耦合设计，缩小不同环境温度下电芯间的温差，确保电芯工作一致性，同时保障了 PCS 在不同环温下的满额运行，实现了能量利用最大化，并通过热泵系统与储能系统间的动态负荷匹配控制，最大限度地减少热泵系统的能耗，实现储能集装箱在不同工作环境下的高效稳定运行。相比于传统的风冷温控系统，大幅提升电芯的工作一致性，从而延长了储能系统的循环寿命，同时结构更加紧凑，提升了相同体积下的装机容量。另外需要研究液冷尤其是浸没式液冷技术在储能场景的低成本方案。

（3）关键指标（见表 8.1-5）

表 8.1-5　储能集成系统关键指标

指标	单位	现阶段	2027 年	2030 年
储能系统并网点（35kV 高压侧）效率	%	≥ 88	≥ 89	≥ 90
储能系统年可运行时间	天	≥ 330	≥ 340	≥ 350
年调度容量可用率	%	≥ 90	≥ 92	≥ 94
储能电站响应时间	s	1	0.8	0.5
储能电站调节时间	s	≤ 2	≤ 1.6	≤ 1.2
储能电站功率控制偏差率	%	≤ 2	≤ 1.5	≤ 1

8.1.5　数字化能源

数字化能源融合电力电子技术与数字技术，融合能量流与信息流，广泛用于新型电力系统能源基础设施、新型数字产业能源基础设施、新型电动出行能源基础设施。源网荷储互动，其本质是"比特"管理和增值"瓦特"，从而在比设备级或站场级更高的层次形成能量的聚合与管理，使得"发、输、配、用、储"各节点相互联系，协同优化，提高电力生产和能源利用的效率、可靠性和灵活性。其中储能可以解耦能量的生产和消耗，支撑电网稳定性，在能量和功率的平衡中发挥重要作用。储能系统可能包含不同类型的能源资源，如电池、超级电容器、储氢系统等。为此需要考虑不同能源资源之间的互操作性和兼容性，建立多能源协调管理来整合多种能源资源，确保系统各部分协调工作，提高系统整体性能。

（1）技术现状

与储能相关的典型应用包括电源侧配储和用户侧聚合参与需求响应。例如，随着新能源汽车数量的规模化增长，充电基础设施建设势在必行，充电桩与充电服务行业高速发展。为满足人们快捷充电需求，大功率快充越来越成为行业的主流配置，特别是以"光储充模式""储充模式"等为代表的电力解决方案将成为未来发展的新导向。储充一体化设备，可以从结构底层上提高"车 - 桩 - 网 - 储"各系统间的协调控制效率和降低整机能源转换消耗水平。通过在储能 EMS 中集成负荷聚合技术以及电动汽车参与需求响应下的信息与通信技术，以储充一体机为载体，将中小用户的需求响应资源聚合起来参与电网能量调度和辅助服务。近年来已有不少企业投入对数字化能源管理平台的开发和研究，例如深圳国际低碳城会展中心近零能耗场馆的创新实践，实现发储用一体化调度，支撑全生命周期精细化减碳，通过发储用智能协同和一体化调度，综合节能率最高可达 15%。

能源数字化的典型形态是虚拟电厂（VPP）。国际上，虚拟电厂理论和实践在发达国家已经成熟且各有侧重。其中，美国以可控负荷的需求响应为主，参与系统削峰填谷；日本侧重于用户侧储能和分布式电源，以参与需求响应为主；欧洲以分布式电源的聚合为主，参与电力市场交易。当前虚拟电厂的主导厂商分为 Shell、ABB、西门子、施耐德等能源电气巨头与 Kiwi Power 等虚拟电厂垂类厂商。ABB 提供涵盖全部软硬件需求的虚拟电厂全套解决方案，为其设计中央控制与优化系统，能够对发电机组、储能与负荷单元进行自动控制。值得注意的是，为了保持市场地位，行业内的主要参与者正在专注于采用高新技术。例如，美国虚拟电厂供应商 AutoGrid 系统公司与加拿大的恒温器制造初创公司 Mysa 合作，利用人工智能驱动的虚拟电厂平台和 Mysa 的智能恒温器技术，开发出公用规模的虚拟电厂。这些虚拟电厂可以利用其独特的资源禀赋，如分布式能源、灵活储能资源等，参与需求侧响应、调峰调频、辅助服务等电力市场交易，产生相应收益。

国内虚拟电厂正处于稳步发展中，以试点示范为主。工商储能、用户侧储能和充电站储能等灵活资源均可接入国内的虚拟电厂，其市场模式主要有三种：调峰辅助服务市场、调频辅助服务市场以及需求侧响应市场。随着两部制电价的实施，未来容量补偿市场也将逐渐出现。这将提高能源利用效率，降低运营成本，同时还能为电网调度和能源市场提供支持。根据德邦证券测算，预计 2025 年虚拟电厂运营市场空间可超 370 亿元，

2030 年需求响应市场空间规模预计达到 567 亿元，其中辅助服务市场空间规模预计达到 50 亿元，容量补偿市场空间预计达到 54 亿元，总体市场空间 2030 年有望超 600 亿元。通过对国内虚拟电厂行业的各个专利申请人的专利数量进行统计，排名前列的公司依次为国电南瑞、许继电气、科陆电子、易事特等。

在全国范围内，广东省虚拟电厂企业分布最为集中，且技术水平在国内位于第一梯队。头部企业包括科陆电子、南网科技、华为等。科陆电子采用虚拟同步发电和 PCS、VPP2000 能量管理调度系统和预测预判裕度控制技术，将新能源、储能和可调负荷融合在一起，实现输出功率稳定平滑上网，并使之具有可控制性和可调度性。2022 年，深圳建立了我国首个虚拟电厂调控中心，南网科技承接了该调控中心虚拟电厂主站研发项目，已完成市场化聚合资源接入及控制验证。

（2）分析研判

能源数字化需要建立包括储能在内的各种灵活可调控资源的聚合平台，并接入到园区多能协同或虚拟电厂中参与调度与响应。数字化能量管理系统的一个重要的功能就是对储能系统的运行进行协调控制，其中包括多能源协调管理、储能充放电策略优化、储能容量管理、跨系统的集成与优化、智能化算法和控制策略开发等。

准确的监测和有效的控制是储能数字化能源管理系统可靠性和安全性的最重要基础，但目前仍存在不少缺陷。储能数字化能源管理系统的运行严重依赖于系统采集信息，但这些数据采集的格式规范、通信协议等各不相同，数据的主权从属不同的利益主体，往往形成数据孤独，互不统属。在数字化能源管理系统领域，缺乏普遍适用的技术标准，可能导致不同系统之间的互操作性问题。整合多种设备和技术涉及多种不同厂商的产品，导致出现系统集成和兼容性方面的挑战。这使得系统的集成与调试费时费力。大量数据的采集、存储和分析还可能涉及用户隐私问题，需要有效的数据隐私保护措施。此外，网络连接增加了潜在的网络攻击风险，需要强化安全措施以防范数据泄露或系统被入侵。在控制领域，部分新兴技术和智能化算法在实际应用中可能存在不稳定的情况，需要更多的时间和验证来确保其可靠性。同时，目前的控制算法多是针对特定场景进行特异性优化，面对当前广泛的应用场景，缺乏自适应能力以及普适性。后续研究应着重关注：

1）研究系统集成普适性和互操作性。推动建立智能能源系统的统一标准，解决不同设备、系统之间的互操作性问题。进一步深化不同能源设备的集成和优化，以实现更有效的能源协同和系统整合。

2）深化能源相关设备模型建立及有效预测控制算法。用深度学习和机器学习技术，结合物理模型和数据驱动模型，构建更精确和复杂的设备模型，以提高预测准确性，并不断优化设备模型，考虑设备运行过程中的动态特性，提高模型对不同工况和突发事件的适应能力。研究 BMS、PCS 等设备的最优工况识别，利用实测数据实现对故障情况的预判、预警等。研究基于场景的自适应算法，通过对场景数据的采集和感知，形成全面感知、实时互联、分析决策、自主学习、动态预测、协同控制的智能系统，针对不同的控制目标，自发性地调节系统各种能源设备的协同作用，实现能源资源的最优配置和利用。

3）强化数据安全及传输规范化。推动制定和采用统一的数据采集、传输和存储标准，提高数据一致性和互操作性。采用更有效的数据传输协议和压缩算法，减少数据传输过程中的延迟和丢包，提高传输效率。另外，需要强化数据传输的安全措施，采用加密、安全认证等技术，保障数据传输过程的安全性和隐私保护。

（3）关键指标（见表 8.1-6）

表 8.1-6　数字化能源关键指标

指标	单位	现阶段	2027 年	2030 年
系统算法控制响应总时延	ms	<100	<80	<60
上升调节速率（不含控制器通信延时）	ms	<50	<40	<30
下降调节速率（不含控制器通信延时）	ms	<50	<40	<30
数据采集传输丢包率	%	≤ 96	≤ 97	≤ 98
动态工况下指标波动	%	≤ 5	≤ 3	≤ 2

8.2　技术创新路线图

未来，储能系统集成将向状态估计更精准、能量转换更高效、安全可靠性更高、集成设计模块化的方向发展。主要研究内容包括基于植入式传感器的电池系统多状态参量估计，储能通用化模块与系统设计方法，基于新型电力电子器件和拓扑结构的高效、高可靠、低成本能量转换技术，不同类型储能联合系统的设计与集成技术，电储能与其他能源、生产等系统的耦合技术等。

到 2027 年，储能电站 BMS 电压误差不大于 0.1%，温度误差不大于 1℃，PCS 额定功率下整流和逆变效率均不低于 98.5%，充电 / 放电转换时间均不大于 30ms，有功 / 无功功率响应时间均不大于 40ms；实现大规模储能工程设计、元件制造、设备装配、系统集成及生产运维等环节标准化、模块化；储能系统在配置灵活性、环境适应性、应用安全性、状态评估准确性、能量转换效率、寿命等方面显著提升，在设计、制造、运维、安全等多个环节与相关标准相契合；实现百兆瓦级电化学储能规模化应用和吉瓦级系统集成，百兆瓦级动力电池梯次利用技术发展成熟，系统集成成本降低到 200~350 元 /kWh。

到 2030 年，进一步提升储能系统的配置灵活性、环境适应性、应用安全性和运行可靠性。大规模储能实现完全商业化的成熟应用，技术经济性指标趋于稳定。不同类型的储能将在能源互联网中扮演主要的调节能力提供者角色，并成为电力市场中辅助服务商品化交易的重要支撑。吉瓦级系统集成技术广泛应用，系统集成成本降至 100~150 元 /kWh，寿命大于 20 年；除此之外，大量退役动力电池梯次利用也将成为远期储能中的一个重要组成，技术经济性将有显著提升，系统成本低于 400 元 /kWh。

储能系统集成技术创新路线图如图 8.2-1 所示。

锂离子电池储能集成技术

①电池管理系统(BMS); ②储能变流器(PCS); ③能量管理系统(EMS); ④系统集成设计技术

	现阶段	2027年	2030年
技术分析	BMS关键芯片受制于人，电池内部状态监测较少，估计精度不高，故障诊断和管理能力有限，附加价值不高，PCS的产量较高，但对电网电压和主动惯量的支撑有待提高。能量管理集成多侧重在站场级别	BMS关键芯片实现国产化，采用植入式传感器在线监测电池状态。PCS实现模块化设计和直挂高压应用，电源设备及电池元件实现在线监控和精准故障预警。源网荷各侧储能应用实现规模化发展并接入虚拟电厂	完全掌握BMS技术，实现具有自主产权的国产化。PCS实现设备的在线检测及大规模应用并与系统的协同。多元长短时储能实现并与市场化调控及其他能源及生产过程协同优化，弹性传输及重化经济化运行
技术目标 — BMS	BMS关键芯片如模拟前端采样芯片逐渐国产化。Pack高压监视的误差绝对值≤500mV，单体电芯电压监测误差绝对值≤10mV，电流监测误差绝对值±100mA	BMS的关键芯片自主产权率超过90%。Pack高压监视的误差绝对值≤100mV，单体电芯电压监测误差绝对值≤5mV，电流监测误差绝对值±50mA。失效预报的检出置信度≥95%，误报率≤1%	BMS实现复杂工况下电池全生命周期"电-热-力-气"参量动态变化的实时监控，失效预警检出置信度≥99%，无线传输式，BMS拓扑式和可重构式
技术目标 — PCS	功率开关采用Si IGBT为主，额定功率下整流和逆变效率均不低于96%，充电放电转换时间均不大于100ms	功率开关采用Si IGBT与SiC MOSFET混合封装为主。额定功率下效率均不低于98%，充电放电转换时间均不大于30ms	功率开关采用第三代半导体器件，额定功率下整流逆变效率均不低于99%，有功无功功率响应时间不大于10ms
技术目标 — 系统集成(含EMS)	研制具有自主知识产权的百兆瓦级储能系统，实现多个百兆瓦级储能系统接入电网中的示范应用，提出并接入技术规范	推广百兆瓦级储能系统在电力调峰、提高供电可靠性和电能质量等场合的应用，逐步开展百兆瓦级以上电站级的示范应用	实现电化学储能、压缩空气、热相变储能等不同类型的百兆瓦级大容量电网储能的协调互调和统一规划调控

图 8.2-1 储能系统集成技术创新路线图

8.3 技术创新需求

我国在电化学储能系统集成方面拥有较好的研究基础和创新条件。接下来要布局应用基础研究，对接重大科技项目，快速赶超国际先进水平。围绕储能系统高安全、高效率、高可靠、长寿命应用目标，需要从系统设计和装备集成角度持续提升其综合技术经济性。这些与新材料、高端装备制造、信息技术等密切相关，具有高度学科交叉和技术融合特征，难度非常大。主要技术难点为电池植入式传感监测，高容量功率变换器模块的设计与制造，储能系统安全预警、防护及消防灭火，储能系统全尺寸电热耦合模型与仿真，退役动力电池电芯和模块的健康状态与残值评估，梯次利用动力电池快速分选和重组等。

新型储能系统集成技术创新需求集中在寿命、回收和运营三个方面，例如循环寿命的预测及测试评价技术、低成本修复延寿技术、退役电池的梯次利用技术、绿色回收再生技术、安全检测及预警防护技术、多能协同优化技术等。新型储能系统集成技术未来发展的重点是围绕"长效设计、低碳制造、安全运维和绿色回收"的理念，加快技术创新和迭代升级，结合不同应用场景需求建立和完善标准体系。

1）寿命方面的改进：相关技术包括寿命提升和寿命检测两个方面。通过材料体系优化、结构创新设计、实时监测与故障预警、模块化和可重构式设计、修复再生等方式可以提高储能系统使用寿命，进而降低度电成本，减少资源浪费，这是新型储能技术开发的重要内容。另一方面，由于储能系统的复杂性，使用寿命受到运行环境、运行方式、电池一致性等较多因素的影响，而目前寿命预测大多停留于实验室阶段，因此急需结合实际工况开发面向用户的储能系统寿命有效预测及测试评价技术。

2）协同调控与运营：优先开展基于虚拟电厂的电池储能系统集成与控制关键技术研究；储能系统的虚拟同步机控制与集成关键技术研究；大容量模块化多电平储能系统集成技术研究；具备安全防护与预警、电池管理及能量管理功能的储能系统集成技术研究，规模化梯次利用电池的重组、集成和安全管理技术研究；储热系统的集成及工程应用技术研究等。

基于以上的综合分析讨论，储能系统集成技术的发展需要在表 8.3-1 所示方向实施创新研究，实现技术突破。

表 8.3-1 储能系统集成技术创新需求

序号	项目名称	研究内容	预期成果
1	植入传感器的储能电池智能监测系统关键技术及国产化	研究复杂物理场耦合条件下电芯"电-热-力-气-阻"传感芯片一体化集成技术和植入技术；研发多元传感信号低功耗采集技术；研究复杂储能工况下电池全生命周期"电-热-力-气"特性的演化规律；研究储能电池模组电化学、热、力、流、气多物理场耦合作	1. 传感器技术指标：电芯内部"热-力-气-电"多元物理量的检测准确度 ≥98%，传感器功率 ≤1mW，数据采集频率 ≥100Hz，信号传输延迟 ≤200ms 2. 封装技术指标：电解液环境对内置传感器的影响 ≤5%，内置传感器植入对电池的容量影响 ≤5%，稳定检测循环 ≥4000 圈

（续）

序号	项目名称	研究内容	预期成果
1	植入传感器的储能电池智能监测系统关键技术及国产化	用机制；结合电池数据驱动与机理驱动模型进行仿真研究电池模组内过充、过热、老化、内短路、外短路等过程中电、热等参数的演化规律；基于多元传感信号的储能电池失效分析、故障诊断和快速预警研究；研究可重构 BMS；研发储能系统全生命周期监测与可靠性评估数字孪生平台	3. BMS 指标：温度检测绝对误差 ≤ 0.5℃，应变检测绝对误差 ≤ 3με，特征气体探测极限 ≤ 10ppm。可实现电池 1kHz 及 500Hz 的阻抗检测，采样频率 ≥ 5kHz，单体电压检测误差 ≤ 0.2mV，全生命周期电池端电压估计误差 ≤ 2mV 4. 失效分析技术指标：失效预警的检出置信度 ≥ 95%，误报率 ≤ 1%，安全预警时间 ≥ 1h。实现基于云边端协同大数据的事故过程还原，可视化展示故障产生、演化过程
2	面向长短时混合储能的高压直挂大功率电能路由器开发	研究 SiC MOSFET 和 Si IGBT 的器件并联技术及相应的驱动保护技术，研究开关模块的可靠性设计，研制低成本、高可靠性的高电压大电流混合封装模块；研究功率开关封装模块的疲劳失效机理、老化失效判据和无损检测方法，研究开关器件的健康度管理；研究 DC-AC 双向大容量功率变换电路在故障工况下的拓扑变化及故障定位、诊断和容错控制，研究并联器件模块与桥臂子系统的同步老化技术；研究模块化串并联技术及拓扑结构，研发 10kV 以上高压直挂多端口电能路由器，研究多维解耦控制和能量协调技术	1. 研发高压大容量储能用多端口电力电子变压器重大设备，实现多款 MVA 级、10MVA 级产品，可直挂 10 ~ 35kV 配电网交流电 2. 三相电力电子变压器高压交流侧电压等级不低于 10kV，每相串联子模块数不低于 15 个。直流端口电压支持 850V，子模块并联输出时均流度低于 5%。隔离型双向 AC-DC 变换器在高频状态下实现宽功率高效化运行，峰值转换效率可达 98% 以上 3. 采用模块化设计，包含 AC 10kV/DC 850V 双向 AC-DC 变换器端口，DC 400~1000V/DC 850V 的双向 DC-DC 变换器储能端口和 380V 交流端口 4. 开发从器件到系统的多层级数字孪生健康监测平台，确保装置系统的安全长寿命运行；成本下降到低于 1 元 /W 甚至更低，每年产销值超过 1 亿元，利税超 1500 万元
3	基于虚拟电厂的分布式储能系统集群智能协同控制关键技术研究	1. 研究发、储、用各主体之间数据的采集与分享机制，高通量高并发数据传输技术，构建虚拟电厂大数据的数据底座；研究数据的处理、融合、整改方法；量化评估数据质量对虚拟电厂状态感知、远程计量、交易合约的影响 2. 研究高精度动态负荷预测技术、可调控灵活资源容量预测技术、多元储能系统的配置优化方法；研究受控资源的运行特性、调控响应特性、环保特性；研究规模化储能支撑调峰、调频、紧急功率支撑等辅助服务场景下的边际成本量化分析和价值评估方法及规模化储能参与辅助服务的商业模式，市场主体博弈对竞价方案和交易合约的影响 3. 研究云 - 边 - 端分布式计算技术与远程联动控制技术，研究源网荷储多类型调节对象、多品种调控需求的暂 / 稳态有功 / 无功多时间尺度调控能力动态评估和协同控制框架、最优经济性调控策略，研制自主可控、安全可靠、智能化的网关和运行控制装置	1. 开发虚拟电厂数据底座 1 套，汇聚形成发 - 储 - 配 - 用 - 云大数据服务平台；平台接入 ≥ 10 个不同资源，支持 ≥ 10 万个多类型分布式终端多协议高频数据采集和用电数据统一融合。历史数据存储时间 ≥ 1 年，数据存储量达到 PB 级。实现 TB 级数据秒级查询能力 2. 基于虚拟电厂数据底座开发用户侧虚拟电厂平台，聚合多类型分布式发电与分布式储能资源，接入 ≥ 10 个不同资源，聚合电能总量 ≥ 10MWh，参与需求侧响应累计 ≥ 1MW 3. 开发具有自主知识产权的含多类型储能源网荷储一体化能量控制系统；具备分层分区展示各层级资源的实时电压、电流、功率等，支持按行政区域、供电分区、负荷类型等聚类统计，实现负荷资源的分区分类分层监测，监视控制的遥信变位传送时间 ≤ 3s，遥测变化传送时间 ≤ 3s，遥测统计分析数据处理周期 ≤ 3s 4. 分布式储能单元调节响应能力实时在线评估误差 ≤ 5%；日前负荷预测精度 ≥ 80%，日内小时级负荷预测精度 ≥ 85%；用户侧互动装置事件告警判断准确率 ≥ 95%

（续）

序号	项目名称	研究内容	预期成果
3	基于虚拟电厂的分布式储能系统集群智能协同控制关键技术研发	4. 研究储能电池 SoC、SoH 在线估计技术，利用短时间的部分充放电数据来实现电池状态的高精度预测，研究减少电池寿命损耗的分布式储能充放电控制策略、分布式能量管理技术 5. 研究电能交易的匿名认证技术，研究虚拟电厂的测试及接入认证规范	5. 虚拟电厂下行指令达到毫秒级响应，局域网内通信时延 ≤ 100ms，广域网弱网络环境下数据压缩率达 60% 以上，支持远程计量，支持惯量调节的响应时间 ≤ 3s；支持频率调节的响应时间 ≤ 60s；支持需求调峰（填谷）的响应时间 ≤ 5min；分布式储能集群对电网调度指令的调节精度误差 ≤ 3% 6. 通过第三方验证形成国家、行业或团体标准。提出分布式能源多类型储能耦合指标体系及评估标准，其中，综合评估指标体系 ≥ 1 项，技术标准规范 ≥ 2 项

第 9 章
电化学储能电站安全技术

CHAPTER 09

9.1　电化学储能电站安全体系概述

随着可再生能源的快速发展和电网系统的日益复杂化，电化学储能电站已成为电力系统稳定运行的重要组织部分，储能设备及电站的安全性要求日益严苛。建立一个全面、科学的电化学储能电站安全体系变得尤为重要。本章旨在概述储能系统从设计、制造、运维到退役全过程的安全制度体系。通过分析电芯安全、电池系统安全、电站运维安全、并网安全以及用户侧储能安全的各个方面，指出当前在新型储能电站安全体系建设中存在的关键问题，并提出改进措施和建议。新型储能安全不仅关系到设备的稳定运行和使用寿命，更关系到公共安全和环境保护。因此，制度体系的建立和完善对于确保整个储能系统安全、高效运行至关重要。本章将深入探讨各个环节中的制度要求，为新型储能行业的安全发展提供理论和实践上的支持。电化学储能电站安全体系框架如图 9.1-1 所示。

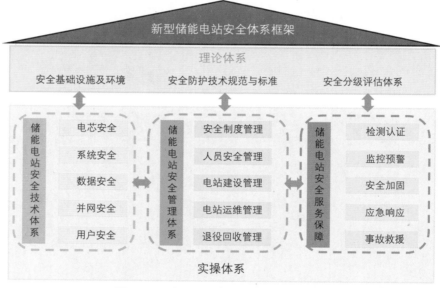

图 9.1-1　电化学储能电站安全体系框架

1. 电芯安全

电芯作为储能系统的核心组件之一，其安全性直接关系到整个系统的稳定性。在电芯的设计与制造阶段，必须遵循严格的工业标准和质量控制流程。这包括对原材料的选择、电芯结构的优化设计以及生产过程中的质量监控。特别是在电解液的选择、正负极材料的匹配以及隔膜技术的应用上，制度规范需详细规定材料的安全性标准和性能指标，确保电芯在极端条件下仍能保持稳定性和安全性。电芯在长期运行过程中可能会出现各种失效模式，如过热、内部短路等。因此，建立一套完善的失效分析制度是必要的。这包括失效分析的标准方法、所需设备的规范以及基于实际运行数据的寿命预测模型。制度应要求定期进行电芯的性能测试，包括但不限于电压、电流、温度等关键参数的监测，以及对异常情况的快速响应机制。

2. 电池系统安全

储能电池系统的安全运行离不开有效的热管理。针对不同类型和规模的储能系统，制度应明确规定热管理系统的设计标准和性能要求。这包括冷却系统的选择（风冷、液冷或浸没式液冷）和热管理系统的结构布局，以确保在高负荷运行时电池温度保持在安全范围内。同时，应制定相关标准，确保热管理系统的可靠性和效率，以及在极端环境下的适应性。

电池系统的安全防护涵盖主动安全和被动安全两个方面。主动安全技术包括实时监控系统的部署，能够及时检测和预警潜在的故障和异常情况。制度应要求安装高精度的传感器和先进的数据处理软件，以确保快速、准确地识别问题。被动安全技术则包括在设计阶段考虑的安全因素，如阻燃材料的使用、结构上的防护措施以及消防监测和抑制系统。这些技术的实施应遵循严格的工业和安全标准，确保在紧急情况下的有效性。

3. 电站运维安全

在储能电站的运维过程中，数据采集和管理是确保系统安全和效率的关键。制度应规定关于数据采集设备的选择、安装位置、精度标准和数据传输安全性的具体要求。此外，应用数字孪生技术，即创建储能电站的虚拟副本，可以有效地进行实时监控和故障诊断。制度应包括数字孪生的建模标准、数据同步机制以及应用场景，确保其能够准确反映实际电站的运行状态。对于电站运维而言，及时发现并预防潜在故障是至关重要的。制度应明确规定故障预警系统的建设标准，包括大数据分析技术的应用、智能运维软件的选择和使用，以及预警机制的设置。通过分析历史运行数据和实时监控数据，智能运维系统可以预测并预防可能的故障与事故，从而提高电站的运行安全性和效率。

4. 并网安全

在储能系统并网过程中，仿真模拟技术是一个关键环节，用于评估系统在实际电网环境中的表现和潜在风险。制度应规定详细的仿真模拟标准，包括仿真模型的建立、测试场景的设计以及性能评估指标。在电池仿真方面，由于存在较大的技术难度，制度应明确仿真模型的准确性和适用性标准，确保模拟结果能够有效指导实际应用。除仿真模拟外，现场实证技术也是确保储能系统并网安全的关键。制度应要求在实际电网环境中进行储能系统的测试运行，以验证仿真模拟的准确性和系统的实际表现。这包括对系统稳定性、响应速度以及与电网交互能力的评估。同时，还应制定相应的安全操作规范和应急响应流程，确保在出现问题时能够迅速有效地进行处理。

5. 用户侧储能安全

用户侧储能电站是距离用户最接近的一个储能节点，直接面向生产单位、公共场所和社区等人员及设备高度密集区域，因此用户侧储能电站安全的重要性毋庸置疑，提升用户侧储能的安全水平刻不容缓。不同于电源侧、电网侧储能电站，我国用户侧储能电站未形成独立的标准体系，其标准参考普通标准；未建立完善的运行安全监管制度，影响了用户侧储能产业发展。储能电站的安全管理是一个系统工程，电池质量安全管理、预警管理、消防安全管理等管理系统，共同组成了储能电站的安全管理系统。通过构建合理的安全管理技术、完善标准建造体系，可以有效降低用户侧储能电站的风险。

总体来讲，建立一个全面、科学的安全制度体系不仅是技术发展的需要，也是社会责任和环境保护的要求。通过制定和实施这些制度，可以有效地提升储能系统的安全性能，降低潜在风险，确保系统长期稳定运行。

9.2　电芯安全

9.2.1　技术分析

9.2.1.1　电芯设计与制造技术

电化学储能电站的安全性设计是一项系统性工程，需要从电芯、模组、电池系统、电池管理系统、能量变换系统、热管理系统、消防系统等多个方面统筹规划。储能电芯是储能系统的核心，只有保证储能电芯的本征安全，才能结合后端的管理系统实现储能场站安全稳定运行。研发难燃、不燃的电芯材料体系和优化电芯的结构设计是构建电芯本征安全的第一道防线；严格管控电芯的制造过程，降低电芯缺陷率，是构建储能电芯本征安全的第二道防线。因此，为确保储能电芯的本征安全，需要从电芯材料与结构的创新设计和智能制造两方面进行把控。

（1）技术现状

储能电芯是由正极、负极、隔膜、电解液/电解质和壳体等组成。电芯的结构设计，不仅影响各类材料性能的发挥，还会影响电芯整体的电化学性能和安全性能。随着储能产业的高速发展，不少储能企业通过技术迭代，不断增大电芯容量，从280Ah到大于300Ah，再到大于500Ah，以提高储能系统能量密度并降低系统成本。然而电芯容量的增大将导致产热量加大，热量分布不均匀的问题更加突出，导致热失控风险增大，热管理难度提升。因此安全问题成为储能电池容量提升后面临的首要难题。从行业内看，储能电池迭代升级的基本逻辑是通过材料创新和结构优化等策略在实现性能提升的同时从源头保证储能系统的本征安全。

在储能电芯结构设计方面，中国和美国处于领先地位。美国特斯拉（Tesla）将4680大圆柱电芯拓展应用至储能领域，在该系列电芯中运用了全极耳工艺，通过增大极耳面积拓宽热量传输通道，以提高散热效率，从而改善电池的热稳定性。在国内，远景动力推出315Ah储能专用电芯并实现量产：在电芯材料方面，通过正负极的特殊化处理减少电芯在使用过程中的副反应，从而延长电芯循环寿命并且提高电芯安全性；在结构设计方面，采用自主开发的一体注塑盖板，使电芯结构高度精简，过电流能力增强，可确保电芯全生命周期的稳定性能。蜂巢能源推出 325Ah 电芯，从底层创新出发，提出短刀结构设计，通过高速叠片技术进一步减小电芯整体厚度，实现电芯的长薄化，可将 1C 电流下的温升控制在 5℃以内。楚能新能源推出 306Ah/314Ah 大容量电芯，通过优化电解液配方和极耳结构设计，电阻同比降低 15%，温升降低 10%。广东省在此领域处于国内领先水平。亿纬锂能创新地研发了 628Ah 超大容量磷酸铁锂储能电池 LF560K，采用叠片技术解决电子电导集流设计难题，实现产品直流内阻（DCIR）降低 8%，并采用全新一代可呼吸隔膜，有效降低内短路引发的热失控风险，守护电芯安全。欣旺达在新推出的 314Ah 电芯上采用双绝缘设计，实现海水浸泡不失效的极致安全。鹏辉新能源采用超浸润低阻抗电解液技术，进行多晶界面膜构建，并结合高安全复合隔膜技术，使 314Ah 电芯兼顾卓越的热稳定性和界面整形，为电芯带来双安全保险，有效避免热失控发生。

　　在储能电芯制造技术方面，随着储能市场的快速发展，储能电池向着大型化和模块化的方向发展。在此过程中，储能单体电芯的制造技术尤为重要，需要进一步提高电芯产品一致性，降低产品缺陷率，从源头保证电池模组的高安全性和长循环寿命。目前主流电池企业正在通过制造工艺升级、产线智能化改造、过程监测强化等措施，优化电芯的生产工艺，并且通过精益化、数字化和智能化相结合的方式进行实践探索，实现提质、降本和增效的目的。目前国内企业在电芯智能制造方面处于国际领先地位，如宁德时代针对极片生产的复杂制程工艺，应用孔隙自由构筑的高速双层涂敷和亚微米级智能调控卷绕等技术，开发了具备自主知识产权的人工智能多级"云 - 边 - 端"联动缺陷检测系统，使产品一致性达到了 CPK2.0 以上，并对全程 3000 多个质量控制点进行缺陷检控，缺陷率控制到 9σ 的 ppb 级水平。蜂巢能源将自主研发的超高速叠片工艺技术和"蜂云平台"监控系统等核心技术相结合，在储能电芯的良率控制和大规模工业化量产方面取得重大进展，使其电芯工艺水平处于行业前列。广东省在储能电芯制造工艺领域处于国内领先地位，如亿纬锂能的 60GWh 储能超级工厂，集成了 5G 通信和数字孪生等工业 4.0 制造技术，强化数智化和集成化设计，建立全流程质量控制和全面信息化监控，保证产品的一致性和可靠性。珠海冠宇通过布局柔性生产线、应用智能装备和自动化物流、引入自动化闭环系统和控制系统、运用视觉检测和人工智能算法开展电池外观的不良检测，完善了电芯的智能化制造体系；同时利用 X 射线和 CT 检测，并融合机器视觉技术，可以对电池生产过程中的折痕、结构断裂、极片对齐度差等缺陷进行在线检测。比亚迪储能电池生产采用具有自动化和高精度的工业 4.0 制造技术，通过高精度传感器精确测量数据，利用自动化机械手臂进行微米级精准调节，严格控制生产精度。通过数字化在线监测系统随时监测产品质量，共设置近 1000 个质量控制点，把漏检率控制到零，提升储能电芯的高品质率。

　　（2）分析研判

　　未来储能电芯的设计与制造将向着"高品质、高效率、高稳定性"和"数字化、无人化、智能化"的趋势发展，将在成熟的自动化生产线基础上，耦合人工智能和大数据分析技术，不断深化智能化和数字化的融合，并以此为主线规划智能制造的发展路线。

随着储能电池市场的快速扩大，对储能电芯的品质提出了更高的要求。然而，高品质锂离子电池制造工艺和制造系统较为复杂，存在监测数据点多、数据实时采集难度大、海量数据复杂性强和数据价值挖掘难度高等挑战。以上制造痛点无法通过传统手段优化，亦没有现有样本可参照，只能通过应用智能制造的新技术和新理念，在实践中有针对性地去解决行业难题。因此，我国储能电池企业必须加快推进储能电池智能制造的发展步伐，通过技术的不断创新、产线的迭代升级和生产的规范化管理满足储能行业对电芯产品的高品质要求。

未来储能电芯的智能化制造应以工业互联网为基础，以数字化工厂为载体，实现物联网、大数据和人工智能等技术的相互融合。针对复杂的工艺制造工程，应建立覆盖全生产要素的制造执行系统，实现生产现场采集、分析、管理和控制的垂直一体化集成。需提升复合工艺流程中异构数据融合程度，基于大数据云架构实现数据分层汇聚，建立精准、高效的储能电池制造数据平台。应用数字孪生技术，建立大量的产品仿真设计模型，仿真机器生产过程中材料、极片变形、张力、摩擦和阻尼规律，耦合人工智能数据分析，在设备开发过程提供机器光学优化、机械精度优化和综合修正方案，可以达到提高制造合格率和生产效率的目的。此外，电池企业应以机器视觉在生产过程中的大规模运用为基础，将传统的数字图像处理和人工智能检测技术相融合，在产品在线监测过程实现设备端的图像采集和处理，并通过人工智能模型完成缺陷盘点，快速识别缺陷产品，提高全过程产品质量控制水平和良率。

（3）关键指标（见表 9.2-1）

表 9.2-1　电芯设计与制造技术关键指标

指标	单位	现阶段	2027 年	2030 年
电芯单体失效率	ppm	3	0.001	0.0005
1C 下电芯温升	℃	<5	<3	<2
单体电芯容量	Ah	>300	>700	>800

9.2.1.2　电芯失效分析技术

锂离子电池失效一般分为性能失效和安全性失效两种。前者是指电芯性能达不到应用的指标要求，主要包括自放电过大、低温放电容量减少和电池容量衰减过快等异常情况。后者是指电芯在机械滥用等滥用情况发生时或者使用不恰当的情况下出现具有较大安全隐患的失效情况，主要包括电池的内/外短路、电解液泄漏和电芯鼓包膨胀等异常情况。电芯失效分析的关键在于选择合适的测试分析手段，设计合理且有效的失效分析流程，从而找到电池失效的根本原因。需要针对锂离子电池不同的失效表现对分析流程和测试分析手段进行优化。常见的电芯失效分析方法主要有电池外观检测、电池无损检测、电池有损检测。

（1）技术现状

1）电池外观检测方面：工业上锂离子电池的外观检测方式从早期的人工检测逐步

向基于电荷耦合器件成像和数字图像处理的机器视觉技术方向发展。国外的机器视觉技术相对起步较早。视明锐（SmartRay）的 ECCO 95.020 3D 型视觉传感器，拥有超高分辨率和卓越的 3D 图像质量，可以呈现完整的电池 3D 模型。广东省在此领域处于国内领先、国际并跑的水平，具有较强的研发能力。奥普特作为全球锂离子电池视觉检测核心供应商，通过深度融合 2D、3D 及深度学习等多维视觉技术，攻克关键工序的行业检测难点。三姆森科技的电池外观缺陷检测设备，集分时曝光成像技术、多光谱成像技术、光度立体、人工智能多角度联合推断多种技术于一体，一次成像可采集多角度图像，合成光度立体效果图，能更好地突显出电芯的缺陷特征。

2）电池无损检测方面：无损检测是在不破坏电池整体的基础上，通过 X 射线或 CT 检测设备发出 X 射线，穿透到电池内部，对断裂、褶皱、异物等电芯缺陷结构进行识别，分析电池的失效原因。X 射线源是 X 射线检测设备和 CT 检测设备的核心部件之一，锂离子电池行业用的封闭式微焦点 X 射线源市场长期由海外企业（如日本滨松光子、美国赛默飞）占据主导，海外企业在热阴极工艺上已领先国内几十年。但国内企业正在逐渐填补该领域的技术空白，未来上游"卡脖子"的问题有望逐步得到缓解，目前锂离子电池 X 射线检测设备的国产化率已超 95%，且部分企业具备全球竞争力，如正业科技、日联科技、大成精密等。日联科技的 X 射线在线检查机搭配其自主研发的锂离子电池在线检测软件系统，可根据电芯内部的成像情况进行自动测量和判断，完成良品和不良品的分拣。广东正业科技目前在国内市场占主导地位，该公司开发的 X 射线无损检测设备可对电芯进行实时在线检测分析，通过自主研发的检测软件处理重建图像并进行自动测量和判断。在 CT 检测设备领域，行业主要以德国蔡司、德国依科视朗、日本尼康等外资企业为主，国产设备仍处于发展阶段，俐玛精测、奥影检测、日联科技等国内企业正在进行产业布局。蔡司 X 射线工业 CT 机可实现对电芯内部的穿透，并采用三维影像重建技术还原电芯内部的真实结构，提供高清晰度的图像和数据信息。在国内，日联科技的快速 3D-CT 智能检测设备基于自主研发的 CT 重建技术，搭载人工智能算法，可实现 3s 内重建产品完整的内部三维结构信息，自研微焦射线源检测精度小于 15μm，误判率小于 1%。俐玛精测的 RMCT-4000 CT 检测系统，能够在优于 0.5μm 的空间分辨率下对复杂结构和材质实现无损检测、失效分析和材料分析。

3）电池有损检测方面：针对电芯失效问题，若要深入挖掘电池失效的根本原因，需要对电池内部正负极材料、隔膜以及电解液等组分进行深入检测和综合分析。有损分析是在电池进行拆解后，根据电芯的失效情况有针对性地对正极、负极、界面、电解液和隔膜等关键材料和部件进行多维度联动的表征分析。例如通过 SEM、TEM、EDS、Raman、ICP、AFM 等测试设备的有损联用检测对正负极材料和隔膜的形貌、成分以及结构进行详细的表征，实现材料、电极、电池多个层级，跨越原子尺度到宏观尺度，涵盖结构、成分、界面、物性等多维度信息解析。电芯有损检测的技术难度相对较低，目前基本实现国产化，成熟度较高。我国锂离子电池检测相关企业有星云股份、杭可科技、泰坦新动力、德普电气、瑞能股份、恒翼能、蓝奇电子、宁波拜特、新威尔、上海昂华等，目前已经形成一定规模的自主研发能力。

（2）分析研判

结合先进表征技术和多尺度仿真模拟技术的储能电池失效分析是重点发展方向。将失效分析技术进行标准化和规范化处理，建立储能电芯的失效分析数据库，帮助高效且准确地分析储能电芯的失效机制。电芯的失效现象往往受多因素影响，既可能是设计不合理、制备过程异常、测试环节异常等外界因素导致，也可能是电池化学体系的材料结构破坏、组分变化等内在因素影响。电芯失效原因和失效现象之间的构效关系错综复杂，难以对失效原因进行准确的判定。因此针对具体的储能电芯失效现象，需要建立系统的失效分析方法和标准流程，设计合适的失效分析方案，开发高精度的表征技术联用平台，进行多维度联动表征和综合分析，更加全面地分析储能电芯的失效原因和失效机理，识别电芯失效的根本原因。

基于人工智能的无损在线电池检测技术是未来趋势。随着锂离子电池检测行业的发展朝着更加数字化、自动化和智能化的方向进行，锂离子电池的检测方式由传统的人工走向智能，有损走向无损，离线走向在线。电池无损检测分析是未来电芯失效分析的重要发展方向。在无损检测设备方面，X射线设备在深层次和多维度环境下的检测具有一定的局限性，相比之下CT设备在多场景、多层次条件下更具检测优势，可实现从二维静态逐渐往三维动态的检测技术方向发展，可直观地分辨出被测物体的内部细节，具有更高的空间分辨率和密度分辨率，适应性更广，因此CT设备将成为未来无损检测分析领域的主流设备。目前CT设备的发展趋势正向在线监测、自动识别的方向不断突破，除硬件因素外，还需通过模拟扫描过程中发生的物理效应，开发基于真实缺陷模型的模拟软件，并结合深度学习/人工智能技术，以大量实际数据作为缺陷识别依靠，排除人的主观意识对检测结果的妨碍，在提高检测效率的同时保证检测质量。

（3）关键指标（见表9.2-2）

表9.2-2　电芯失效分析技术关键指标

指标	单位	现阶段	2027 年	2030 年
图像重建时间	s	3	2	1
空间分辨率（50%MTF）	lp/mm	2.5	5	6
噪声（给定区域的标准偏差）	%	<0.35	<0.25	<0.20
检测范围	mm×mm	200×200	300×300	500×500
几何测量精度	μm	30	15	10

9.2.1.3　电芯寿命预测技术

储能电池（芯）寿命的准确预测对确保储能系统的稳定性、安全性和经济性至关重要。通过对电池寿命的准确预测，储能场站的运维人员能够合理规划维护和更换周期，避免因电池性能突然下降引起运营中断或安全事故发生，从而提高储能场站的运营效率和安全可靠性。电池寿命预测要通过多老化机理耦合模拟电池老化过程，并利用算法根据模型的输出结果完成对电池寿命衰减轨迹的预测。

（1）技术现状

国内外众多企业和研究团队对电池寿命预测开展了相关研究，通过对预测方法的不断优化与创新，电池寿命预测技术目前已经取得了较大的进展。人工智能、大数据等技术的快速发展为电池寿命预测模型和算法的开发提供了更大的数据存储平台和更强大的计算能力。在国外，日本丰田研究所与美国斯坦福大学研究团队合作，利用人工智能对受控锂离子电池测试的大量数据进行研究，设计了基于早期循环性能评估电池预期寿命的算法。瑞典 Silver Power System、伦敦帝国理工学院、伦敦电动汽车公司和瓦特电动汽车公司合作开展了一项实时电气数字孪生操作平台汽车研究项目，结合真实数据、机器学习和数字孪生来预测电池的退化状况。在国内，北京海博思创利用云平台技术，将电池监测模块、云端数据处理模块和电池管理模块三部分进行有机结合，提出"云＋电池管理系统"的电池寿命预测技术方案。电池监测模块实时监测电池的电压、电流、温度等参数，将数据实时传输到云端。云端数据处理模块基于电池在不同使用工况下的数据，建立电池老化机理数学模型，实现对电池状态和寿命的精确评估及预测。上海炙云新能源科技开发出电池检测及寿命预测产品，通过独创的电化学阻抗谱快速测量技术、数据－模型双驱动的电池状态评估技术，提出了电池状态评估＋云端大数据平台的新一代锂离子电池检测、维护和预警一体化方案，颠覆了依赖长时间充放电以及简单电压、电流数据的传统评估方法。昇科能源发布全球首个电池人工智能大模型 PERB 2.0，该模型基于 Masked Autoencoder 的自研架构，仅用 25% 的电池时序数据，就可以还原全部电池信息，还原度达到 99% 以上，并且同一个模型可以完成多项不同的任务，寿命评估误差率低于 2% 的同时预测效率可提升 3 倍。

随着对电池老化机理研究的逐渐深入，融合新的机理进行寿命预测，提高预测准确性也成为研究的重点。宁德时代未来能源（上海）研究院通过监测电芯早期循环数据预测电芯的老化曲线，针对正负极颗粒破碎问题，通过建立定量化表征技术与寿命模型的对应关系，构建高镍正极在电池层级的热－电－寿命耦合模型及衰减机制，同时分析电流、温度、SoC、存储静置时间等多种因素对动力电池内部老化速度的量化影响，建立多因素的老化机理寿命模型，有望实现剩余寿命（RUL）预测误差 ≤ 5%。上海派能能源科技从机理层面深入研究耦合 SEI 膜增厚及负极析锂副反应的电池寿命衰减机理模型，建立电池老化衰减全阶段的电化学－热－力等多物理场耦合模型，从机理层面深入研究多因子对寿命衰减的影响，开发了电池全生命周期的寿命循环衰减模型，实现不同工况下的高精度寿命预测。勤达科技开发了锂离子电池全生命周期的多机制混合模型，分析老化状况与性能损失，结合动力学限制和电池寿命性能损失的机制，提高预测效率、降低寿命预测成本。易来科得科技开发的寿命预测技术方案基于 SEI 成膜、析锂、产气、电解液消耗和界面阻抗增加等多种老化机理，并通过多孔电极真实微观结构和电化学机理仿真软件工具进行建模仿真，快速为用户提供高精度电池老化预测结果（误差 10%

以内）。

（2）分析研判

基于多因素耦合模型开发电池寿命预测技术是未来重点发展方向。随着锂离子电池领域的不断发展，电池寿命预测技术也愈发成熟。新型数据采集技术，如超声成像和光纤传感，可以帮助研究人员实时监测电池内部状态，而云平台、人工智能等技术为开发更准确模型和算法提供了便捷，但电池寿命预测技术的发展仍然受到极大的限制。对于大型储能工程而言，大规模的电池组由不同串并联方式构成，这些电池组之间存在状态差异和温度梯度，监测数据的采集、处理与分析任务量较大。同时在电池内部，电极反应往往和热力学、力学过程相互耦合，这些复杂的反应过程增大了预测模型和算法的复杂程度。因此，相关企业需要搭建更准确的多因素耦合模型，借助多因素耦合加速老化过程的高效组合方式，建立具有普适性的寿命预测技术；开发基于区块链技术的电池数据共享生态系统，通过数据共享系统，建立庞大的数据库，用于高效训练电池寿命预测算法，提升预测算法在不同地域、工况和气候下的预测精度；开发基于云计算技术、机器学习和大数据分析的电池寿命预测技术，从而实现高精度寿命预测算法的应用，更早、更快、更准确地进行电池寿命预测。

（3）关键指标（见表 9.2-3）

表 9.2-3　电芯寿命预测技术关键指标

指标	单位	现阶段	2027 年	2030 年
寿命衰减轨迹预测误差	%	8	4	3
寿命终止预测误差	%	5	3	2
模型预测所需时序数据量占比	%	25	15	10

9.2.2　技术创新路线图

现阶段，国内企业在电芯材料和结构的安全设计与极限智能制造领域处于国际领先水平；电芯失效分析设备方面，国内在逐步赶超国外企业，部分企业具备全球竞争力；电芯寿命预测技术处于国际领先水平。

到 2027 年，国内企业在电芯设计与制造方面处于国际领先水平；电芯失效分析设备具备全球竞争力；电芯寿命预测技术已开始应用于储能场站的运维管理。

到 2030 年，国内企业在电芯设计与制造方面处于国际领先水平；电芯失效分析设备具备全球竞争力；电芯寿命预测技术已大规模应用于储能电站的运维管理。

图 9.2-1 为电芯安全技术创新路线图。

9.2.3　技术创新需求

基于以上的综合分析讨论，电芯安全技术的发展需要在表 9.2-4 所示方向实施创新研究，实现技术突破。

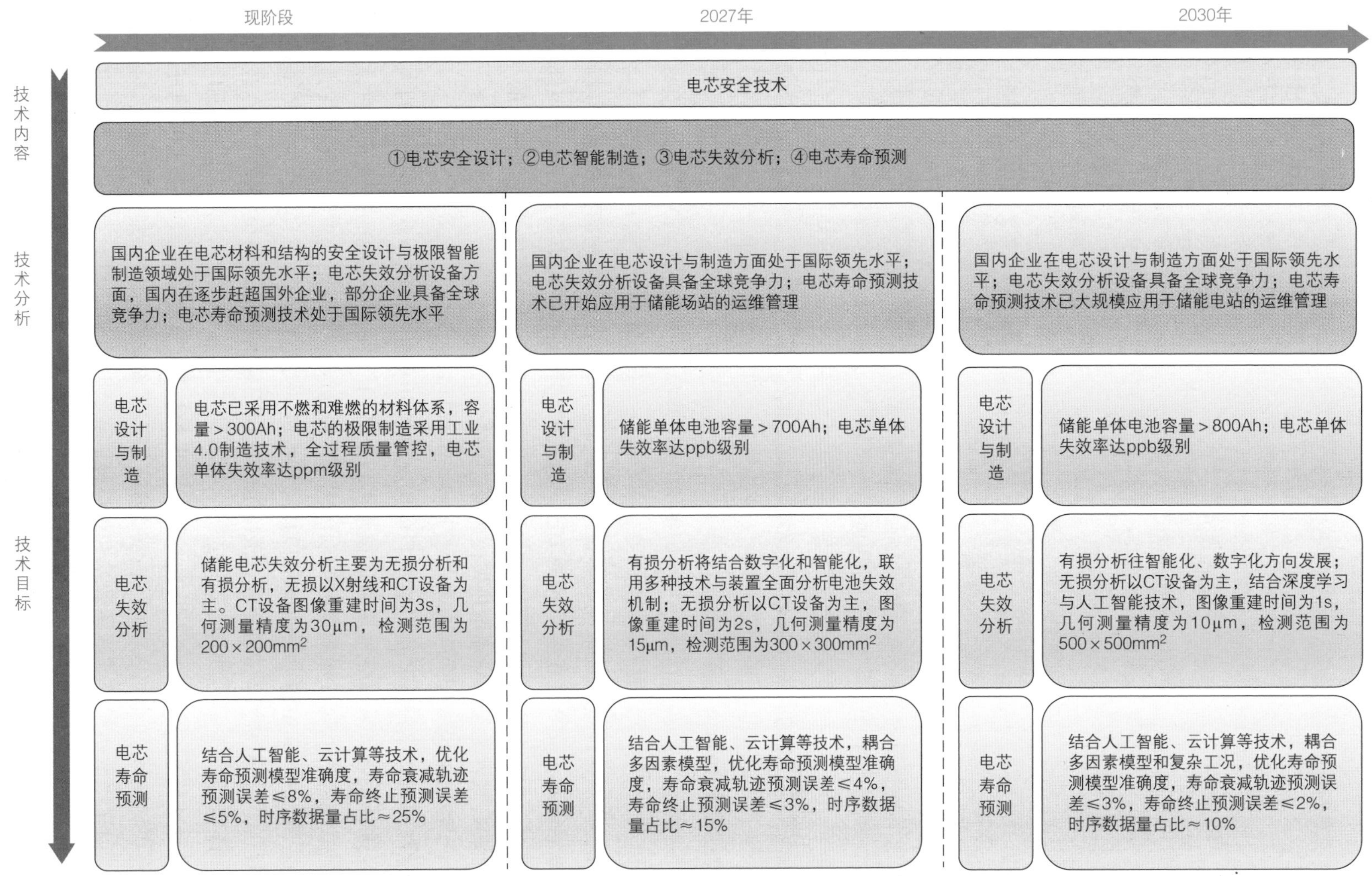

电芯安全技术

①电芯安全设计；②电芯智能制造；③电芯失效分析；④电芯寿命预测

	现阶段	2027年	2030年
技术分析	国内企业在电芯材料和结构的安全设计领域处于国际领先水平；电芯失效分析方面，国内在逐步赶超国外企业，部分企业赶超国外企业处于全球竞争力；电芯寿命预测技术处于国际领先水平	国内企业在电芯设计与制造方面处于国际领先水平；电芯失效分析设备具备全球竞争力；电芯寿命预测技术已开始应用于储能场站的运维管理	国内企业在电芯设计与制造方面处于国际领先水平；电芯失效分析设备具备全球竞争力；电芯寿命预测技术已大规模应用于储能电站的运维管理
电芯设计与制造	电芯已采用不燃和难燃的材料体系，电芯的极限制造采用工业4.0制造技术，全过程质量管控，电芯单体失效率达ppm级别，容量>300Ah	储能单体电池容量>700Ah；电芯单体失效率达ppb级别	储能单体电池容量>800Ah；电芯单体失效率达ppb级别
电芯失效分析	储能电芯失效分析主要为无损分析和有损分析，无损分析以X射线和CT设备为主。CT设备图像重建时间为3s，几何测量精度为30μm，检测范围为200×200mm²	有损分析将结合数字化和智能化，联用多种技术与装置全面分析电池失效机制；无损分析技术以CT设备为主，图像重建时间为2s，几何测量精度为15μm，检测范围300×300mm²	有损分析往智能化、数字化方向发展；无损分析以CT设备为主，结合深度学习与人工智能技术，图像重建时间为1s，几何测量精度为10μm，检测范围为500×500mm²
电芯寿命预测	结合人工智能、云计算等技术，优化寿命预测模型准确度，寿命衰减轨迹预测误差≤8%，寿命终止预测误差≤5%，时序数据量占比≤25%	结合人工智能、云计算等技术，耦合多因素模型，优化寿命预测模型准确度，寿命衰减轨迹预测误差≤4%，寿命终止预测误差≤3%，时序数据量占比≤15%	结合人工智能、云计算技术，耦合多因素模型，优化寿命预测模型准确度，寿命衰减轨迹预测误差≤3%，寿命终止预测误差≤2%，时序数据占比≤10%

图 9.2-1　电芯安全技术创新路线图

表 9.2-4　电芯安全技术创新需求

序号	项目名称	研究内容	预期成果
1	储能电芯失效分析技术	针对储能电芯失效现象背后错综复杂的失效机制，研究储能电芯失效分析技术，具体包括：探索人工智能进行数据处理和信息识别的方法，研究针对大容量储能电芯内部缺陷的快速识别筛查技术和在线无损检测技术；开发材料 - 电极 - 电芯多层级的系统失效分析技术和联用装置	建立储能电芯缺陷数据库和评估模型，通过无损在线监测技术，实现对电芯漏液、产气、工艺缺陷的快速识别（<5s），三维图像重构时间为2s，几何测量精度为15μm，检测范围为300×300mm^2；开发一套储能电芯多层级原位实验分析系统，实现不同工况下电芯的表征：界面与阳极析锂三维结构表征统计，分辨率≤50nm，电解液组分损耗量检测误差≤2%，极片三维结构分辨率≤20nm
2	储能电芯寿命预测技术	针对储能系统全寿命周期智能运维和安全预警的迫切要求，研究储能电芯寿命精准预测技术，具体包括：研究电 - 热 - 力 - 反应等多衰减因素耦合下的衰减机理，开发储能单体、模组、系统在复杂工况条件下寿命自然衰减预测模型和模拟仿真；研究不同机器学习算法和机理 - 数据融合模式在电芯性能和寿命预测方面的计算效率和准确性，构建电芯数字孪生模型	建立基于多因子耦合算法的寿命预测机理模型，实现基于15%的时序数据预测寿命衰减轨迹，预测误差应≤4%，寿命终止预测误差≤3%；基于数字孪生模型对电芯剩余寿命预测误差≤4%

9.3　电池系统安全

9.3.1　技术分析

9.3.1.1　热管理系统

在储能单体电池高倍率和高容量的发展趋势下，热管理系统的重要性不断增强，成为保障储能系统安全且稳定运行的关键。理想的热管理系统可以将储能系统内部温度控制在锂离子电池运行的最佳温度区间内（10～35℃），可保证模组内部温度的均匀性，从而延缓电池容量衰减并降低热失控风险。

（1）技术现状

储能热管理系统是根据电芯运行的工况要求以及电芯在工作状况下经受的内外热负荷状况进行设计，采用一种热管理技术实现电芯内部与外部环境的快速热交换，保证整个储能系统的温度保持在规定区间内。现阶段储能热管理系统的主流技术路线为风冷散热和液冷散热，其中液冷散热又可以按照结构进一步划分为冷板式液冷散热和全浸没式液冷散热。目前风冷散热和冷板式液冷散热的应用较为广泛，而全浸没式液冷散热的产业化程度相对较低。

风冷散热系统以空气为媒介，通过空调设备使空气在电池模组中不断循环，利用电池模块和空气之间的温差进行热量交换，具有系统结构简单、制造成本低、易维护等特点，但风冷散热系统的散热效率和均温性较差，且占地面积大，能耗较高，主要应用于小型储能电站。冷板式液冷散热技术，以液体作为换热媒介，通过冷却板与电池模块的接触进行热量交换，冷却速度快，可显著降低电池模块的局部高温和提升温度的均匀性，同时冷板式液冷散热系统的结构较为紧凑，占地面积小，可容纳更高能量密度的储能系统，主要应用于大型储能电站。

国外市场此前以风冷散热技术路线为主要方案，但目前头部企业已进阶到液冷散热方案。其中，美国 Fluence 在 2020 年以前的集成产品均为风冷散热方案，但是其随后推出的新一代电网级储能产品仅提供液冷散热配置。而美国特斯拉跳过了风冷散热专注于研发冷板式液冷散热，最新的大型储能产品 Megapack2 XL 采用了类似特斯拉汽车用的液冷热管理系统。而在国内，储能电池热管理系统的发展较为全面，风冷和液冷散热技术均处于国际领先地位。在风冷散热系统方面，宁德时代、比亚迪、阳光电源、远景能源、亿纬锂能等企业已布局多年，均有成熟的产品。宁德时代风冷散热产品 M14280 和 R1714280 系列具有高效和高稳定的特点。阳光电源 ST129CP-50HV 系列分布式风冷储能系统可在 −30~50℃ 下连续稳定工作，最高寿命可达 15 年。易事特推出的 EAST-Meta 元系列风冷工商业储能系统，采用高度集成的一体柜设计，通过智能温控技术，可将系统损耗降低 1%。在液冷散热系统方面，随着液冷散热技术逐渐被市场认可，国内储能企业开发的新一代储能系统大多采用冷板式液冷散热技术，包括宁德时代、比亚迪、阳光电源、海博思创、亿纬锂能、鹏辉能源、欣旺达、天合储能等企业，研发产品覆盖了电网级储能、工商业储能、户用储能等多元场景。宁德时代推出了基于液冷 CTP 技术的户外系统 EnerC，采用一体化高效液冷散热系统使单簇 416 个电芯的温差控制在 3℃ 以内，可将全系统 4160 个电芯温差控制在 5℃ 以内。阳光电源发布的 Power Titan 2.0 储能系统，采用液冷 PACK+ 液冷 PCS 的"全液冷"散热策略，并搭载人工智能仿生热平衡技术，系统具备速冷、微冷、加热三种控温模式，可根据电芯、环境温度和运行工况智能切换，辅电能耗降低 45%。海博思创推出的 HyperA2-C3354、HyperA2-C6709 系列产品，采用智能液冷温控系统，辅助功耗降低 20%，通过液冷管路设计，使储能电芯温差不超过 3℃，有效延长电池寿命。天合储能推出的循环液冷散热系统 Trina Storage Elementa，采用精细化热管理系统，散热性能提升 16%，系统温差可控制在 3℃ 以内，同时可降低 45% 的占地面积和 30% 的辅助功耗。电工时代推出 En-Whale 大容量一体化储能系统，该系统基于电芯温度可动态控制液冷散热机组运行，辅助功耗可降低约 20%，通过均衡各模块的冷却温度和流量控制，确保系统层级温差 <3℃，系统循环寿命延长 10%。广东省的相关储能企业在此领域处于国际领先水平，比亚迪推出国内首款通过 UL9540A 热失控测试和技术评估的液冷散热电池储能系统（型号：Cube T28），其空间利用率远高于风冷散热系统，已实现在极端高温 47℃、极端低温 −25℃ 环境下的工程化和规模化应用。欣旺达推出的 5MWh 液冷散热储能系统，采用高效智能液冷温控系统，使系统层级温差小于 5℃，系统温度一致性显著提升，温升明显降低，系统循环寿命提升 10%，辅助功耗降低 20%。

全浸没式液冷散热系统的成本较高且技术还未成熟，产业化应用相对较少，仍处于发展阶段。目前有楚能新能源、南网储能、佛山久安、易事特、科创储能等企业在进行全浸没式液冷散热技术的开发。广东省的相关企业在此技术领域处于国际领先地位。易事特与佛山久安合作开发的流动式浸没液冷箱系统可有效规避风冷和冷板式液冷散热潜在的安全风险，通过液体循环浸没技术实现超低区域温差，将不同区域电芯的工作温差控制在 2℃左右。南方电网、珠海科创、广东合一联合开发了一款全浸没式液冷散热电池储能系统，已成功应用到全球首个浸没式液冷散热储能电站——南方电网梅州宝湖储能电站。相比于常规冷却系统，该系统冷却功率可以降低 50% 左右，节能 20% 以上，能够实现电池运行温升不超过 5℃，同时可将系统内电芯温差控制在 1.8℃以内。

（2）分析研判

冷板式液冷散热技术是现阶段的主流热管理技术路线，而全浸没式液冷散热技术将是未来的主流发展方向之一。未来，储能系统将往更大容量和更多应用场景的方向发展，对热管理系统的要求越来越高，风冷散热系统的冷却能力已不足以满足储能系统的散热需求。相比之下，冷板式液冷散热系统能确保储能系统整体温度均匀，可延长储能电池寿命，比风冷散热更适合户外环境。然而冷板式液冷散热技术也存在局限性，如电芯发热部位主要是在极耳处，而其冷却板却在电芯底部，无法直接对极耳部位进行降温，存在"头热脚冷"的问题。因此，为满足储能系统的发展需求，开发高效、环保、安全并且经济的先进热管理技术是十分必要的。相较于风冷散热和冷板式液冷散热，全浸没式液冷散热系统是将储能电芯直接浸没于冷却液中，通过两者的直接接触显著提高换热效率，使系统内的电池获得更均匀的温度分布，可提高电池可用容量和延长循环寿命；空间利用率高，可大幅提高储能系统箱体能量密度；采用集中式冷却技术，提高冷却效率，大幅度降低系统能耗；采用具有灭火功能的非油类冷却液，可起到温控和消防融合的效果。因此全浸没式液冷散热有望成为储能系统新一代热管理技术。虽然全浸没式液冷散热技术带来的是储能领域制冷方式的变革，但现阶段的系统成本和运维成本高于风冷和冷板式液冷散热技术。此外，冷却液的选用和系统的设计仍存在一些缺陷，大规模商业应用模式还未完全成熟，实际效果还需市场进一步检验。综合已有研究以及全浸没式液冷散热技术的局限性，为使其能被更快应用于储能系统中，未来的研究应重点关注如下两个方面：①研发具有优异热传递性能、高燃点、高电气绝缘性能且价格低廉的冷却液，在提高安全性的同时降低全浸没式液冷散热的整体成本；②全浸没式液冷散热系统需要将电芯与液体冷却液直接接触，因此需要对储能系统进行安全隔离和泄漏控制等工作，以避免液体泄漏等安全问题。

（3）关键指标（见表 9.3-1）

表 9.3-1　全浸没式液冷散热系统关键指标

指标	单位	现阶段	2027 年	2030 年
系统内电芯温差	℃	<2	<1.4	<1.2
电芯运行温升	℃	<5	<3	<2
使用寿命	年	15	25	30

9.3.1.2　主动安全防护系统

电化学储能中，锂离子电池的热失控一旦发生，将难以控制，进而引发整个储能系统的燃烧爆炸，因此安全问题已经成为储能系统大规模应用面临的首要问题。在全球发生的几十起储能火灾事故中，绝大多数的事故发生在储能电站运行维护阶段，为解决这个阶段的储能安全问题，众多企业已研发用于储能电站的安全防护系统，保证储能电站的安全运行。安全防护系统可以分为主动安全防护系统与被动安全防护系统，主动安全防护系统涵盖储能系统日常运行的监测与预警；被动安全防护系统主要是在异常即将发生或已经发生阶段，利用多种探测器监测异常信号，触发消防系统快速介入，将事故扼杀于萌芽中。

主动安全防护系统通过构建储能电芯安全大数据监控平台，实现对储能电站运行电芯的实时在线监测，可精准评估各储能电芯的健康状态，实现对电芯异常情况和隐患的提前识别和预警，继而采取针对性的措施处理可能引发严重事故的风险点，从而保证储能电站安全稳定运行。

（1）技术现状

目前传统的 BMS 在大规模储能电站的安全监测方面仍有缺失，主动安全防护系统的补充可以及时发现存在诸如内短路故障的劣化电池，实现在线故障预警，提前消除事故风险。国内企业在此领域处于国际领先水平。如阳光电源将边端数据上传至阳光云平台，基于建立的大数据库，同时结合智能算法进行数据分析，实时推送结果，减少故障判断时间，实现对健康电芯的实时监测和病态电芯的提前预警。西清能源开发的储能主动安全诊断平台结合储能主动安全和智慧运维系统核心技术，基于 SaaS 云平台架构，利用云边协同技术，实时分析各分布式储能电站的安全状态，可同步实现风险源识别、电池故障监测和电池热失控预警，从而大幅度降低储能电站的安全风险，显著提升运检效率。清华四川能源互联网研究院基于多项自主研发的电池主动安全专利技术，开发储能电站主动安全及智能运维系统，利用大数据处理架构，使系统具备百万点数据的采集、存储与分析能力，可对电池的健康状态进行实时评估。东方旭能将自研的电池故障预测与健康管理平台和松下四维的电池故障诊断安全预警系统相结合，可从压差、温度和温升等多个方面，实时监测并评估各个电芯的健康状态，能够主动识别和精准定位电池内部风险隐患，从而实现主动安全预警，降低储能电站的故障风险。

（2）分析研判

采用端云融合的方案是储能电站主动安全防护系统的主流技术路线，智能化数据获取和智能化安全管理是主动安全防护系统的关键。储能电站的主动安全防护系统是根据大量实际运行数据建立的系统模型，可实现对运行电池状态的实时监测和评估。然而庞大的数据运算可能导致系统出现算力不足的情况，因此需要在云端增加运算设备，并基于大数据技术及人工智能算法，构建主动安全防护系统。在此背景下，目前国内外储能系统企业大都采用端云融合的方案进行日常的监控与运维，该方案通过强化设备端智能化数据获取分析能力，与云端大数据平台的模型算法优势相结合，建立端设备与云平台之间的通信联动，构建起涵盖整个系统全生命周期的智能化安全管理体系，实现储能系统的智能化监测和优化控制。为此，需要研发可靠的端云协同安全管控系统：①研究部署在设备端侧的监控设备与采集模块，实现对电池、逆变器、环境参数等状态高频率、多维度的数据采集；②建立设备端侧预警判断模型与知识库，进行简单去噪过滤、特征提取、初步判断等工作，实现对故障的快速定位与应急处置；③构建数字孪生系统知识图谱和优化云平台模型算法，完成大数据综合分析与最优控制判断，将控制指令和安全提醒下发到端侧设备。

（3）关键指标（见表 9.3-2）

表 9.3-2　主动安全防护系统关键指标

指标	单位	现阶段	2027 年	2030 年
非计划停运占比[1]	%	46	35	20
隐患检出提前时间	h	24	36	72
故障检测准确率	%	90	95	99

① 非计划停运占比 = 统计时间段内非计划停运次数 ÷（统计时间段内计划停运次数 + 统计时间段内非计划停运次数）。

9.3.1.3　被动安全防护系统

随着大容量和高倍率电芯成为储能行业的发展方向，储能系统的安全问题引起行业更大的担忧，储能被动安全防护系统的重要程度与日俱增。当主动安全防护系统失效，器件或者电芯的异常没有被提前识别和预警，储能系统出现明显异常甚至发生火灾，被动安全防护系统将快速介入，遏制火灾蔓延，防止事故扩大。

（1）技术现状

被动安全防护系统主要包含两个方面：一方面是探测，通过温度、气体、烟感等探测器对电芯热失控、火灾等异常情况进行早期探测；另一方面是消防抑制，当火灾发生时，消防系统迅速响应进行联动灭火，遏制火势蔓延。目前为应对不同情景下的复杂异常事故，主流企业的被动安全防护系统基本采用多级保护机制。国内企业在此领域处于国际领先水平。华为储能为实时感知储能系统环境状态，在储能系统内部布局了多个温度、湿度和烟感等探测器，当探测到可燃气体时，可快速起动排气系统将可燃气体排出，避免气体聚集引发燃爆；当探测到火情时，灭火装置迅速喷出清洁气体，快速灭火，避免事故扩大。首航新能源的 Power Magic 构筑了电芯级气消防 + 柜级气消防 + 水消防的消防系统架构，以及可燃气体排放 + 泄爆设计的"3+2"被动安全防护体系。大秦数能在储能系统中引入 Pack 电芯压力感知、实时绝缘检测、主动排气以及三级消防、三级熔断、被动防爆装置和全方位双层阻燃结构设计等被动安全举措。广东省目前处于国内领先水平，诸多储能企业在被动安全防护方面具有一定优势。比亚迪推出的 MC-I 储能系统设置有排气阀和防爆事故风机，可防止可燃气体聚集，同时配备了可燃气体、温度和烟雾探测器，从多维度实现预警防护，保障系统安全、稳定、可靠运行。易事特在储能集装箱内配置了复合探测器、气体灭火装置和机械式泄压阀等装置，采用柜内七氟丙烷和集中水消防技术，联合基于人工智能算法开发的三级消防技术，可实现对各类火情的极致控制，确保事故零发生。

除储能企业开发的被动安全防护系统外，许多致力于储能温控和消防服务的企业也开发了不少相关产品，可实现对储能电站的被动安全防护。如国安达开发的锂离子电池储能柜火灾抑制系统，采用分簇式集中探测技术和 Pack 级灭火防控技术，以电池簇为防护单元，进行极早期火情探测预警。其自主开发的气液两相气雾灭火技术通过高压气体使灭火剂二次激化，进行精准灭火、快速降温和持续抑制。千叶科技提出的储能系统消防解决方案，配备自主研发的火灾预警系统，可实时将储能舱内运行状态传到远程监控中心，在火灾发生初期进行预警，同时系统可做到毫秒级响应起动，定点喷射全氟乙酮灭火剂实现精准灭火，最大限度保障设备安全。青鸟消防在精准探测方面，发挥"朱鹮"芯片的底层探测优势以及感温／感烟／气体探测三位一体的跨界和复合型能力，打造出小型化的集约型探测器，可前置／内置于电池模组内，实现精准探测和定位异常电池模组；在灭火端，采用气体灭火与高压细水雾产品相配套的复合型方案。

（2）分析研判

被动安全防护系统的发展方向是实现更先进的探测预警、更快速的紧急响应和更先进的灭火。探测预警设备和消防技术是被动安全防护系统的关键核心。在探测预警方面，需将多级防控策略落实到探测端，不仅需要在储能舱内布设探测设备，更需要在每组电池簇，乃至每个电池模块上布设气体、温度等探测设备，以实现对隐患位置的精准识别和定位，从而进行更及时准确的反应。同时探测端还需开发多类高精度探测器结合的复合探测器，实现对火灾隐患各类信号的全方位识别侦测。在消防系统设计方面，构建 Pack 级、舱级到电站级的多级消防防控体系，提升消防系统精准和快速的灭火能力，尤其是 Pack 级消防的快速响应和灭火技术。在高效能灭火剂开发方面，气液复合灭火剂是未来的一种主流技术方向，复合灭火剂同时具备降温和灭火的双重功能，从而抑制电池复燃和热失控传播，但该技术还未成熟，仍需进一步开发。最后被动安全防护系统将进一步向智能化和一体化方向发展，应将该系统与 BMS 等运维管理系统相互联动，对探测器收集的数据进行诊断分析，实现对隐患的快速识别和快速响应处理。总体而言，通过多层面技术的发展，储能系统的被动安全防护系统将成为一种高效、智能和安全的消防解决方案，能够对潜在风险进行有效管控和对紧急情况进行迅速处置，为储能系统的安全运营提供有力的保障。

（3）关键指标（见表 9.3-3）

表 9.3-3　被动安全防护系统关键指标

指标	单位	现阶段	2027 年	2030 年
消防装置响应时间	ms	500	300	200
复燃抑制时间	h	24	40	50
扑灭明火时间	s	5	3	2

9.3.2　技术创新路线图

现阶段，国内企业在热管理技术领域处于国际领先水平，风冷、液冷散热均有成熟产品；主动安全防护系统的开发处于国际领先地位；被动安全防护系统已大规模应用。

到 2027 年，国内企业开始从冷板式液冷散热技术向全浸没式液冷散热技术过渡；主动安全防护系统和被动安全防护系统已大规模应用。

到 2030 年，国内企业以全浸没式液冷散热技术为主，均有成熟产品，已大规模应用；主动安全防护系统和被动安全防护系统已大规模应用。

图 9.3-1 为电池系统安全技术创新路线图。

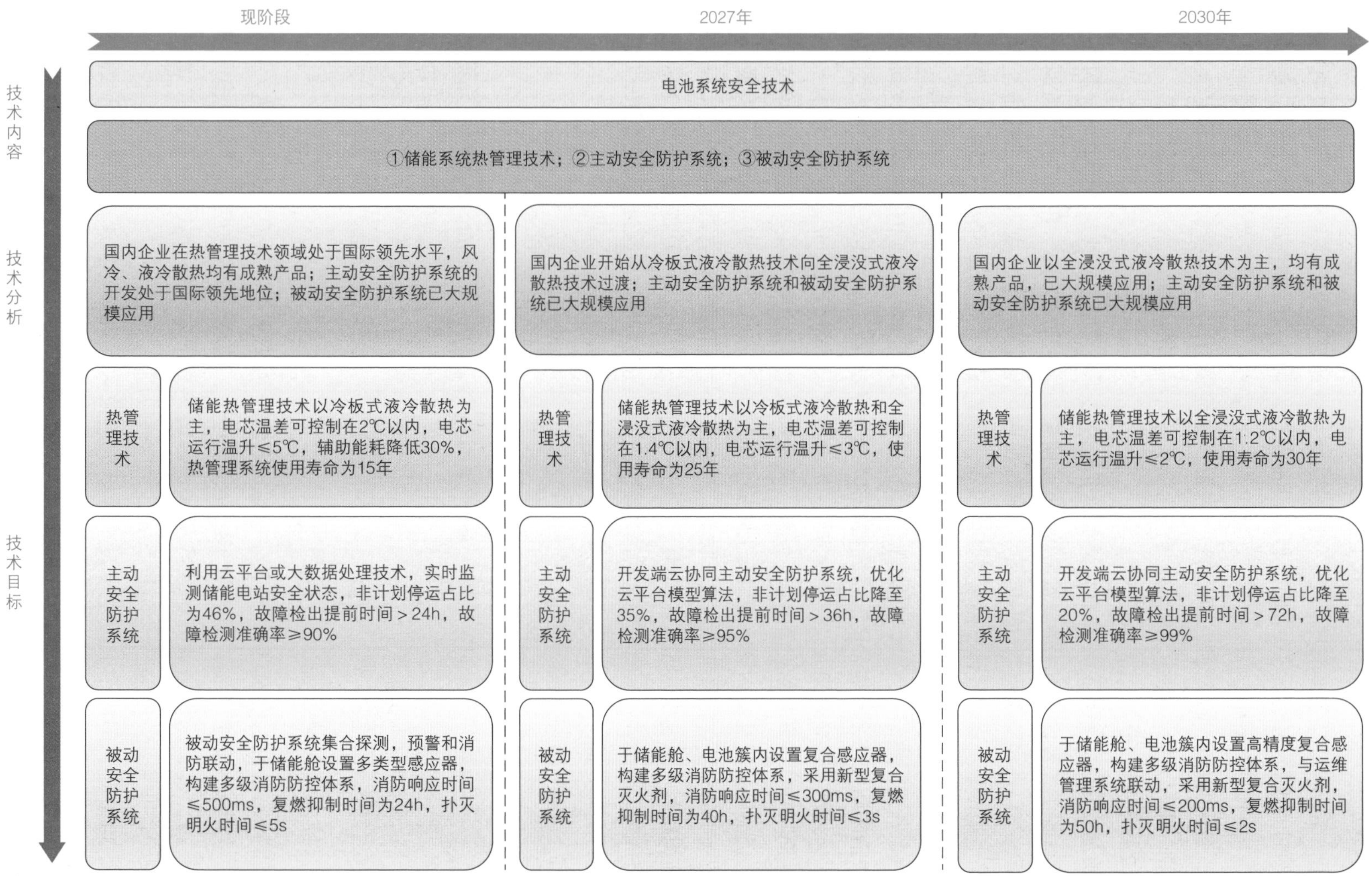
现阶段
2027年
2030年
技术内容
技术分析
技术目标
电池系统安全技术
①储能系统热管理技术；②主动安全防护系统；③被动安全防护系统
国内企业在热管理技术领域处于国际领先水平，风冷、液冷散热均有成熟产品；主动安全防护系统的开发处于国际领先地位；被动安全防护系统已大规模应用
国内企业开始从冷板式液冷散热技术向全浸没式液冷散热技术过渡；主动安全防护系统和被动安全防护系统已大规模应用
国内企业以全浸没式液冷散热技术为主，均有成熟产品，已大规模应用；主动安全防护系统和被动安全防护系统已大规模应用
热管理技术
储能热管理技术以冷板式液冷散热为主，电芯温差可控制在2℃以内，电芯运行温升≤5℃，辅助能耗降低30%，热管理系统使用寿命为15年
热管理技术
储能热管理技术以冷板式液冷散热和全浸没式液冷散热为主，电芯温差可控制在1.4℃以内，电芯运行温升≤3℃，使用寿命为25年
热管理技术
储能热管理技术以全浸没式液冷散热为主，电芯温差可控制在1.2℃以内，电芯运行温升≤2℃，使用寿命为30年
主动安全防护系统
利用云平台或大数据处理技术，实时监测储能电站安全状态，非计划停运占比为46%，故障检出提前时间＞24h，故障检测准确率≥90%
主动安全防护系统
开发端云协同主动安全防护系统，优化云平台模型算法，非计划停运占比降至35%，故障检出提前时间＞36h，故障检测准确率≥95%
主动安全防护系统
开发端云协同主动安全防护系统，优化云平台模型算法，非计划停运占比降至20%，故障检出提前时间＞72h，故障检测准确率≥99%
被动安全防护系统
被动安全防护系统集合探测，预警和消防联动，于储能舱设置多类型感应器，构建多级消防防控体系，消防响应时间≤500ms，复燃抑制时间为24h，扑灭明火时间≤5s
被动安全防护系统
于储能舱、电池簇内设置复合感应器，构建多级消防防控体系，采用新型复合灭火剂，消防响应时间≤300ms，复燃抑制时间为40h，扑灭明火时间≤3s
被动安全防护系统
于储能舱、电池簇内设置高精度复合感应器，构建多级消防防控体系，与运维管理系统联动，采用新型复合灭火剂，消防响应时间≤200ms，复燃抑制时间为50h，扑灭明火时间≤2s

图 9.3-1　电池系统安全技术创新路线图

9.3.3　技术创新需求

基于以上的综合分析讨论，电池系统安全技术的发展需要在表 9.3-4 所示方向实施创新研究，实现技术突破。

表 9.3-4　电池系统安全技术创新需求

序号	项目名称	研究内容	预期成果
1	电池热管理技术	针对储能系统单体电池高倍率、高容量的发展趋势，研究新型液冷散热技术，具体包括：开发绝缘性能优异、材料相容性好、热传递性能优异、环境友好、成本低的冷却液；攻克储能系统热管理控制技术，延长系统循环寿命，降低运维成本和辅助能耗，提高系统安全	额定运行工况下系统内电芯温差 ≤ 1.5℃，电池运行温升 ≤ 3℃，储能系统寿命延长 10%，辅助功耗降低 20% 以上，液冷系统使用寿命 ≥ 25 年
2	储能系统主动安全防护技术	针对规模化电化学储能应用面临的安全问题，研究储能系统主动安全防护技术，具体包括：开发基于大数据技术和人工智能算法、云平台等技术结合的智能化安全管理体系；构建预警模型与知识库，发展基于大数据分析的故障检测诊断技术；研发高效、可靠的全生命周期分级预警方法	开发的全寿命周期电池故障诊断技术诊断准确率 ≥ 95%；开发一套端云协同的智能化安全管理系统，实现提前 36h 隐患预警，提前 30min 事故预警，储能电站非计划停运占比降至 35%
3	储能系统被动安全防护技术	针对规模化电化学储能引发的安全担忧，研究储能系统被动安全防护技术，具体包括：研发高效、可靠的多级消防防控体系；采取多级探测策略，开发高精度复合探测器；开发清洁高效灭火技术；开发被动安全防护管理系统，对隐患和事故快速识别和处置	研发出锂离子电池储能系统先进灭火技术，3s 内扑灭电池初期火灾，40h 不复燃，系统覆盖范围 ≥ 5MWh，消防装置响应时间 ≤ 300ms；精准复合探测器具有氢气、一氧化碳、VOC（挥发性有机物）、火焰和温度探测等探测能力，具备自动化控制和实时监测能力；被动防护管理系统可与运维系统联动

9.4　电站运维安全

新型储能运维安全是确保其长期稳定运行的重要保障。当前，新型储能电站的运维面临着一系列问题，如电站设备种类繁多、运行环境复杂、相关标准不完善等。同时，频繁的安全事故也暴露出目前储能电站安全运维体系不完善、全寿命周期运维经验不足、数字化智能化水平不足等问题。为保障电站运维安全，可以从三个方面入手：①数据采集与管理；②安全监测与故障预警；③电站消防系统与灾害抑制。整合这三个方面的安全措施，可以提高储能电站运维的安全性和可靠性，保障电站的长期稳定运行。

9.4.1　技术分析

9.4.1.1　数据采集与管理

在储能电站的运维领域，数据的数字化采集与精准分析构成了安全管理的关键技术；大数据在监测设备状态和识别潜在故障方面扮演着至关重要的角色，更为安全运维决策提供了坚实的科学支撑。高保真的运维数据采集可以确保数据的准确性和完整性，实现对电芯、模组、电池簇、热管理系统和消防系统等各个方面的全覆盖，以及实时监控和全方位的智能保护。同时，高质量的数据管理将实现海量运行数据的高效传输和存储，并通过云计算、边缘计算、人工智能、数字孪生等先进数字技术，达成数据的智能处理与远程管理。因此，运行数据的数字化采集及其智能管理是确保储能电站可靠运行和安全运维的强大保障，并为储能电站的稳定性和安全性编织了多层严密坚实的防护网。

（1）技术现状

数据采集与管理系统的硬件、算法和功能的综合水平直接影响着储能电站的安全运维能力。高灵敏的传感器设计、高效率的数据传输方式、高可靠的算法架构与高精度的数字建模是实现数据"采集 - 传输 - 处理 - 存储 - 分析 - 可视化"全链条保护的关键基础。然而，复杂难测的运行环境与不断扩大的储能规模使得当前数据管理系统面临着采样精度不足、算力与存储能力有限、边云端交互缺乏、数据挖掘受限等问题。因此，软硬结合的数据采集和云边端协同的数据管理成为当前主流研究技术。

目前，中国和美国的储能数据采集与管理水平在全球明显领先于其他国家。美国爱依斯电力公司和德国西门子公司共同建立的 Fluence 公司是当前全球第二大的电池储能系统集成商，其于 2023 年推出了全球最大、最复杂的电池储能系统 Gridstack Pro。其数据管理系统可以访问数百万个数据点，并对系统架构的所有层进行全面的软件控制，实现更为先进的数据采集和热管理。我国的储能运维数据管理技术受益于完整的产业链和充足的产能，呈现出百花齐放、百舸争流的态势。大量科研机构和企业积极投入到该领域，推出各具特色的技术创新方案，全方位涵盖了储能安全运维的各个维度。例如，北京西清能源自主研发了氢气和二氧化碳预警传感器、高电压采样精度的 BMU/BCU 硬件、小型化主动均衡电路和云边资源协同处理平台。该数据管理方案解决了电芯级海量高频时序数据的轻量化压缩与存储，同时实现了储能运维数据的边缘侧下沉和实时高效计算。

广东是全国新型储能产业大省，众多头部企业在这一领域长期研发，技术水平全国领先。如深圳科敏在 2024 年储能技术展览会上推出多功能储能柜环境监测传感系统，该多功能传感器可将精准采集到的二氧化碳、可燃性挥发物质、温湿度、气压等关键环境数据，通过 433MHz 无线网络与无线网关快速、准确地传输到服务器上的云平台，实现数据的远程监控和管理。而全球储能安装和签约项目最多的阳光电源，则在智能硬件采集数据和智能分析诊断评估等方面开展技术创新。阳光电源开发的智慧能源管理平台集储能电站数据采集、监控、运维运营全套管理功能于一体，可实现 7 天 24h 不间断设备监控，数据存储年限大于 25 年，系统可靠性达到 99.99%。比亚迪开发的魔云 e.0 平台亦可实时监控储能运维数据和智能化管理储能运行状态，令维护成本降低 5%，保障储能系统 20 年安全可靠运行。此外，华为数字能源 FusionSolar 智能光储解决方案融合了数字孪生技术与电力电子技术，其数据管理系统可以感知并可视化储能电站的每一个部件，实现对储能电站的精细化监控与充放电管理，从而更为极致地保障了运维安全。

（2）分析研判

大规模储能电站协同高效管理的标准化、数字化、智能化是运维数据采集与管理的未来发展趋势与重点攻关方向。标准化将进一步统一数据格式，为智能传感终端采集到的数据建立信息流动渠道，确保储能设备全域泛在互联、数据安全传输、信息协同共享；数字化将通过先进的数据采集、处理和存储技术，实现对储能电站运行数据的实时监测和管理；智能化则包括利用人工智能、大数据分析等技术，优化安全运维中的算法框架，实现数据的智能分析与管理，提高储能电站的运行效率、鲁棒性和可靠性。

当前储能电站运维数据的标准化管理存在明显不足。一方面，储能电站的 BMS 和 PCS 往往来自不同厂家，其使用的数据格式、采样频率、传输规则和保存格式存在差异，为后续电站运行中的数字化管理与智能化应用造成巨大困难。另一方面，储能电站的安全运维需要不断提升安全状态感知能力，引入多种新型传感器和智能辅助系统进一步提高了数据的复杂程度和异构性，涉及的运维数据不仅包括结构化数据如电压、电流、功率，还包括大量的非结构化数据如气体浓度、图像和视频等。因此，制定统一的储能数据采集标准、开发高效智能的数据管理手段对于储能电站的规模化安全应用至关重要。中国电工技术学会于 2022 年发布了团体标准《电化学储能电站运行数据信息技术规范》（T/CES 097—2022），规范了储能电站运行数据信息采集、分类和描述等方面的内容，但相关规范仍需要进一步细化、完善和推广，以满足未来储能电站发展的需求。

新型储能电站规模化应用推广为其数字化智能化运维提出了新的挑战。2021 年特斯拉 Megapack 在澳大利亚发生火灾，其中一个重要的原因是由于储能电站的监控和数据采集系统需要 24h 才能"映射"到控制系统，导致操作人员未能实时获取电站内部信息，消防响应滞后。因此，提升储能电站的数字化水平，保证运维数据的实时监测和管理是未来重点研究方向。此外，现有储能运维系统大多仅为某个电站定制研发，缺乏通用性；多电站、多层级、多设备的有序管控与智慧运维体系也尚未建成，未能对储能电站在源网荷各环节的运维实现智能控制。为了解决多储能电站集中运维对传统云端集中计算造成的困境，华能清洁能源技术研究院首次提出面向储能运维的边云协同三级信息架构，满足 GWh 级电池储能单电站 300 万点 /s 级数据处理需求，实现了数据跨区传输延迟 <500ms，数据压缩率 <40%，长时间稳定运行丢包率 <0.005%，在线预测与评估用时 <500ms。但该系统对源网荷各环节多场景的可拓展性仍需进一步提升。目前，国内外电化学储能电站高水平集成和数智化运维的空白急需进一步填补。全系统的数字化与智能化是解决难题的关键，有效手段包括：①采用以云计算作为底层技术的云储能，降低运维成本与数据处理难度；②基于物联网、边缘计算等数字技术构建"云 - 边 - 端"架构，提升系统响应速度，降低能耗。

（3）关键指标（见表 9.4-1）

表 9.4-1　数据采集与管理技术关键指标

指标	单位	现阶段	2027 年	2030 年
云 - 端响应时间	s	2	1.5	1
数据压缩率	%	40	30	25
长期运行数据丢包率	%	0.005	0.004	0.003
数据跨区传输延迟	ms	500	450	400

9.4.1.2　安全监测与故障预警

　　储能电站的安全预警系统是运维安全的核心，它通过提升运行效率和支持智能化决策，极大地增强了电站的安全运行能力。鉴于电化学反应机理的复杂性和多物理场的交互作用，简单的电池状态监测如电压、电流和表面温度已不足以满足高效能管理系统的需求。因此，深入监测电池内部状态成为储能电站智能运维的关键。通过先进的故障诊断技术，实现对电站运行状态的全生命周期数据分析，及时预测和预警潜在的安全风险，不仅能够在问题出现的初期发现电池故障，还能显著缩短故障响应时间。这一系列措施将有效提升储能电站的安全性、运行效率和经济效益，为储能电站的安全稳定运行保驾护航。

　　（1）技术现状

　　电池安全监测是实现运维安全的基础，是保持电池一致性、提升运行效率和循环寿命、提升安全性的最关键因素。具体来看，运行中电池状态包括荷电状态（SoC）、剩余能量状态（SoE）、健康状态（SoH）等，以 SoC 估计为根本，其他状态估计可依托于 SoC 估计展开。对 SoC 估计算法而言，主要方法分为传统开路电压法、安时积分法、电化学模型法和机器学习法四类，各类方法各有优缺点：①开路电压法优点是算法简单、计算量小，但在线应用受制约；②安时积分法测量量少、计算简单，但存在误差积累问题；③电化学模型法物理意义明确，但计算过程复杂、参数难以精准测量；④机器学习法计算精度高，但计算量大、样本数需求量大。

　　电化学储能电池故障预警是保障安全运行的重要手段，中国和美国处于世界领先地位。例如，特斯拉的 Powerpacks 系统配备了先进的故障预警系统，通过与特斯拉的云端服务相结合，可以实时监测电池组的状态，并使用机器学习算法来预测潜在的故障和性能问题，提高系统的可靠性和效率。西门子的 Siestorage 储能解决方案也配备故障预警系统，通过实时监测电池组的各项参数，并结合先进的数据分析技术，能够及时识别电池组的异常行为，并提前预警运维人员进行维护。三星 SDI 也有故障预警功能的储能解决方案，利用传感器技术和数据分析算法，能够实时监测电池的性能，并提前预测可能出现的故障，以确保设备的安全运行。

　　在国内，由国网浙江省电力有限公司电力科学研究院自主研发，联合浙江宁波供电公司、华云信息科技有限公司共同落地实施的国内首个电网侧储能智能预警决策平台于宁波杭州湾新区 110kV 越瓷变储能电站投入试运行，标志着储能电站由传统运维模式迈入了全过程高效运维新模式。通过建立电池安全特征参量表征体系，将电池故障模型划分为四个动态边界条件，可提前预警电池故障，有效提高储能电站运行的安全性。郑州大学金阳研究团队通过搭建的原位光学和气体探测试验平台，在电池热失控前期产生的氢气能最早被探测到，探测时间比出现浓烟早 630s，比模组起火早 760s。郑州熙禾智能科技有限公司联合郑州大学电网储能与电池应用研究中心，研发出电化学储能早期安全预警系统，比热失控最快可提前 10min 发出预警信号，推动储能安全预警产业化。清安储能技术（重庆）有限公司采用电站实时充放电数据，电路模型、特定的信号处理及滤波计算方法，提取电芯早期微短路特征值，从而实现对磷酸铁锂电池早期微短路异常检测，在实际项目运用中，该算法提前 2 个月预警出电芯微短路故障，通过售后更换维护，电芯恢复正常。国网江苏省电力有限公司电力科学研究院研制的储能电站热失控多参量预警系统用于南京江北储能电站，该研究团队借助热失控过程中雾状样本搭建深度神经网络模型，比舱内消防主机检测到烟雾的时间早 22s，基于特征气体探测的预警信号发出时间提前 200s 左右，较发生热失控时间平均提前 720s 左右。

（2）分析研判

未来电化学储能安全预警将考虑潜在的科学重要性和工程应用需求，面向电池系统的安全状态监测和故障预警，结合大数据分析和人工智能算法的发展，激发更多的技术创新和变革性突破。将电池系统的安全状态（SoS）作为一种状态进行研究已经受到学术界和工业界的广泛关注，未来发展方向包括多源数据集成、数据分析与智能算法、实时监测与远程控制、预测性维护以及数据安全与隐私保护。由于对 SoS 精确数值计算的要求，电池在机械、电、热、电化学等多物理场和条件下的 SoS 监测将成为电池全寿命周期预诊断和健康管理的重要研究方向。目前，SoS 估计的准确性和实用性仍然面临着巨大的挑战。通过在不同物理场和条件下的研究，定义更多的子函数并对现有的子函数进行重新校准，可以进一步提高 SoS 估计的整体性能。此外，影响电池系统 SoS 的单个子函数还需要进一步深入研究。

基于人工智能算法的电化学储能电站状态估计和预测是未来电化学储能电站智能运维的重点发展方向。人工智能算法是对传统数学算法的补充，具有较强的分类能力和线性/非线性回归能力。随着电池系统大数据的完整性和准确性的提高，结合深度学习、强化学习等优化算法，可以提升电化学储能电站状态估计和预测的准确度。考虑到基于人工智能的方法对训练数据的数量和质量的高要求以及训练过程的高耗时性，进行各状态变量的准确估计，在算法训练时考虑电池内部的电化学参数，提高计算效率，将会是基于人工智能的方法面临的主要挑战。

（3）关键指标（见表 9.4-2）

表 9.4-2　安全监测与故障预警关键指标

指标	单位	现阶段	2027 年	2030 年
电池 SoC 估计误差	%	5	3	1
烟雾探测时间	s	22	500	800
热失控预警时间	s	720	1000	1500

9.4.1.3　电站消防系统与火灾抑制

在储能电站的运维中，火灾和爆炸是最重大的安全威胁，因此，消防系统和灾害抑制措施是安全运维的关键。锂离子电池火灾的复杂性远超传统燃料的火灾，需要根据电池的火灾特性来选择合适的消防系统、灭火剂和抑爆介质。为了提升储能电站的安全防护，定期对设备进行彻底检查和维护至关重要。此外，消防安全的设计理念是要设立多道防线：多维度探测器及其联网的监控中心构成了预警系统的第一道防线；合理设计的火灾隔离区域构成了第二道防线；系统配套的抑制及灭火装置是第三道防线；消防应急救援则构成第四道防线。因此，从消防系统的完善到火灾抑制策略的实施，多管齐下的管理策略是确保电站运维安全的关键所在。

（1）技术现状

电站消防系统与防灭火的技术不断发展，包括火灾监测、自动灭火、智能化与自动化、高效疏散、数据集成与管理等方面的创新，以提高火灾预防和抑制的效果和安全性。美国、韩国、欧洲和中国分别于 2008 年、2012 年、2013 年和 2014 年开始关注锂离子电池的火灾抑制，并首次提出与锂离子电池灭火相关的专利，但内容都是关于利用传统灭火剂开发新型锂离子电池热失控的灭火装置。针对储能电池火灾抑制研究，中国和美国处于领先地位，其中针对锂离子电池灭火剂及灭火系统，美国最早开始相关研究，而中国的研究更加丰富广泛。现有主流电池火灾抑制方式有水喷淋、二氧化碳、液氮、七氟丙烷（HFC-227ea/FM200）、细水雾、全氟己酮、气溶胶等。美国 3M 公司于 2001 年首次商业化的新型清洁防火产品 Novec 1230，通过物理抑制和化学抑制相结合的方式灭火。国内针对电池火灾的抑制方式和灭火介质也开展了大量的研究，中国科学技术大学王青松团队推出了一种将细水雾与 Novec 1230 的高冷却效果相结合的新型安全策略，可有效提升 Novec 1230 的冷却性能，在 400W 的加热功率下，电池热失控后 3s 释放灭火介质并持续 9s，可以将电池火在 2 ~ 3s 内熄灭不复燃。高效的电站消防系统不应仅依靠合适的灭火剂，而更应基于多学科交叉，比如结合烟雾 / 火灾 / 温度监测器 / 探测器和反馈系统。目前，对现有的灭火剂与自动化系统进行合理的组合和设计是实现高效完备电站消防系统的最可能途径。

在储能电站运维安全方面，中国和欧美处于领先地位。美国 Rosenbauer 公司和瑞典 Coldcut cobra 公司对于 Pack 级别的灭火方式提出了相似的解决方案：首先使用针刺喷嘴或高压喷嘴破坏电池包，然后在短时间内向电池包注入大量水，以此实现对电池火灾的抑制。对于系统层级的消防系统，全球目前的主流方式是采用"探测报警 - 灭火系统"耦合的方式进行设计。芬兰 Marioff 公司采用多种探测器与细水雾灭火系统结合，已经在多家电池制造商和研究项目的火灾测试中得到验证。瑞士 Stat-X 公司则提出了冷凝气溶胶灭火系统，Fireaway 和 DNA 根据 UL 9540A 对该系统进行了测试，并通过测试标准要求。

在国内，中科久安提出在电池箱内布置检测模块和雾化喷头，通过监测预警与消防主机联动，将火灾抑制剂输送至 Pack 内部，从而有效抑制电池包内部的热扩散；同时基于电池热失控模型和实验结果，他们还创新性地提出了"首次快速释放，而后多次缓释"的灭火方法。对于系统层级的消防系统，国内也有多家公司在积极进行尝试。哲弗智能系统提出了"主动安全 + 监测预警 + 被动安全 + 消防灭火"四级联动的全面智慧安防闭环解决方案。青鸟消防提出了使用"低压细水雾 - 气体灭火"耦合的灭火系统，低压细水雾的用水量更少、供电要求更低，对管材、管件及阀门等的承压要求更低。及安盾则与 Stat-X 采用了相似的路线，使用热气溶胶作为灭火装置，结合多维探测器与其他灭火剂共同作用，对储能电站进行多级防护。在 Pack 内部使用的脉冲气溶胶可以在 5s 内迅速扑灭电池火。广东省在此领域处于领先地位，瑞港消防开发了覆盖舱级到 Pack 级的一体化消防系统，采用设计浓度为 6% 的全氟己酮灭火剂，可以在 10s 内有效控制火灾。广州禹成自主研发了氢气、一氧化碳和感烟感温复合火灾探测器，能够提前 5 ~ 30min 对火灾进行预警，使用寿命大于 5 年，结合可自动控制的柜式灭火装置，喷射时间在 10s 内，可对储能电站火灾初期进行有效抑制。

（2）分析研判

未来电站消防系统与火灾抑制的发展方向包括智能化监测与预警、高效灭火技术等，同时结合自动化控制与数据集成来提升火灾预防和抑制的效果与安全性。首先，火灾探测和识别仍然面临挑战，因为电池火灾在初期的烟雾和温度变化较为隐蔽。其次，储能电站的灭火手段和灭火剂选择也是一个关键问题，不同类型的电池可能需要不同的灭火方法和灭火剂量，同时还带来了可能出现的次生危害，如有毒有害气体等。最后，系统的集成和互操作性将是未来大型储能电站运维安全的挑战，不同信号之间的交互传输与不同设备的协同响应将直接影响消防系统的反应速度与灭火效果。

解决这些技术痛点需要进一步的研究和创新，可以从以下几方面入手：①开发更先进的火灾探测预警技术，如利用多维传感器耦合、图像识别和机器学习算法进行预测等。目前广泛应用的依然是温度或一氧化碳等传感器进行火灾探测，探测手段过于单一且具有滞后性。未来将关注"电 - 热 - 气 - 力 - 声"多类型传感器共同作用，开发多层次、多空间的数据融合计算方法，实时准确感知锂离子电池关键状态参数的变化。②研究多类型灭火方法和材料，建立统一的灭火效果评估标准，在实际中应用多相态灭火剂针对不同类型的电池火灾进行针对性灭火。③推动新型灭火剂研发，如温度敏感性水凝胶喷雾、细水雾与微胶囊结合、雾化全氟己酮等方式，设计灭火效率高、环境友好型及可回收的新型灭火剂。④优化消防系统的设计和布局，确保各个环节之间的协同配合和信息共享，提高消防系统的响应速度和灭火效果。

（3）关键指标（见表9.4-3）

表 9.4-3　电站消防系统与火灾抑制关键指标

指标		单位	现阶段	2027 年	2030 年
预、报警信号		—	温度、电流、电压、烟雾、一氧化碳	温度、电流、电压、内阻、烟雾、一氧化碳、氢气	温度、电流、电压、内阻、烟雾、一氧化碳、氢气、声光、应力、应变
响应时间	水喷淋	s	60	40	30
	细水雾	s	30	20	10
	热气溶胶	s	30	20	10
系统可靠性		%	80	90	95

9.4.2　技术创新路线图

现阶段，国内在电站消防与火灾抑制方面的研究处于国际先进水平，但未形成成熟的产业体系，需要完善数据采集手段，结合安全监测实现故障预警及配套体系的产业化。

到 2027 年，国内企业开始将消防系统与火灾抑制设备耦合，以提高储能电站运维与安全系统容量与反应时间，达到全球领先水平。

到 2030 年，国内企业能够建立成熟全面的储能电站运维与安全系统，具备集运维监测、故障预警、火灾识别与火灾抑制于一体的能力。

图 9.4-1 为电站运维安全技术创新路线图。

电站运维安全技术

①数据采集与管理；②安全监测与故障预警；③电站消防系统与火灾抑制

	现阶段	2027年	2030年
技术分析	国内在电站消防与火灾抑制方面的研究处于国际先进水平，但未形成成熟的产业体系，需要完善数据采集手段，结合安全监测实现故障预测的产业化	国内企业开始将消防系统与火灾抑制设备耦合，以提高储能电站运维与安全系统容量与反应时间，达到全球领先水平	国内企业能够建立成熟全面的储能电站安全系统，具备集运维与故障预测、火灾识别与火灾抑制于一体的能力
技术目标——数据采集与管理	数据采集与管理以多系统协同为主，云-端响应时间≤2s；在数据记录保存方面，数据压缩率≤40%，丢包率≤0.005%	数据采集与管理采用基于量子云计算的多系统协同，云-端响应时间≤1.5s，数据压缩率≤30%，丢包率≤0.004%	建立统一的数据采集标准，基于量子云计算，与物联网技术，云-端响应时间≤1s，数据压缩率≤25%，丢包率≤0.003%
技术目标——安全监测与故障预警	安全监测与故障预警主要基于电路模型，SoC估计误差≤5%，烟雾探测预警时间≥22s，基于温度与烟雾弹出，热失控预警时间≥720s	安全监测与故障预警将结合多维物理参量，电池SoC估计误差≤3%，基于原位监测，烟雾探测预警时间≥500s，热失控预警时间≥1000s	基于多维物理参量建立特征数据库，电池SoC估计误差≤1%，多维态抑制预警时间≥800s，热失控预警时间≥1500s
技术目标——电站消防系统与火灾抑制	电站消防系统火灾抑制手段有限，覆盖系统容量≥1MWh/套，水基消防系统响应时间≤60s，系统可靠性≥80%	电气信号结合进行火灾探测，预报警信号种类≥8种，消防装置覆盖系统容量≥2MWh/套，消防系统响应时间≤40s，系统可靠性≥90%	采用多类型传感预警模式，预报警信号种类≥10种，多维抑制剂混合作用，覆盖系统容量≥4MWh/套，消防系统响应时间≤30s，系统可靠性≥95%

图 9.4-1　电站运维安全技术创新路线图

9.4.3　技术创新需求

基于以上的综合分析讨论，电站运维安全技术的发展需要在表 9.4-4 所示方向实施创新研究，实现技术突破。

表 9.4-4　电站运维安全技术创新需求

序号	项目名称	研究内容	预期成果
1	数据采集与管理技术	针对储能电站的运行数据格式、采样频率、传输规则差异大，存储及管理困难的问题，研究基于云计算与人工智能的数据采集与管理技术。具体包括：采用以云计算作为底层技术的云储能，降低运维成本与数据处理难度；基于物联网、边缘计算等数字技术构建"云 - 边 - 端"架构，提升系统响应速度，降低能耗	建立基于能量管理系统、电池管理系统、储能变流器与消防系统的多模态统一数据平台，通过云计算、物联网、边缘计算等技术，实现对储能电站运维系统的数据采集与管理。实现系统云 - 端响应时间 ≤ 1.5s，数据压缩率 ≤ 30%，长期运行数据丢包率 ≤ 0.005%
2	安全监测与故障预警技术	针对电池的 SoS 监测准确性与实用性低的问题，研究电池在机械、电、热、电化学等多物理场和条件下全寿命周期预诊断和健康管理。具体包括：定义更多的子函数并对现有的子函数进行重新校准；结合深度学习、强化学习等优化算法集成对电池系统状态进行估计和预测	建立电池安全状态评估模型，通过多维参量耦合的监测技术和多物理场耦合的仿真技术，实现电池 SoC 估计误差 ≤ 3%，烟雾探测时间 ≥ 500s，热失控预警时间 ≥ 1000s
3	电站消防系统与火灾抑制	针对储能电站消防系统与火灾抑制手段单一、互操作性差的问题，研究电站火灾识别、抑制与集成技术。具体包括：基于多维参量传感器与人工智能算法进行多方位火灾识别；研究多类型灭火方法和材料，建立统一的灭火效果评估标准；优化消防系统的设计和布局，提升消防系统集成度	初步建立储能电站运维与安全系统，拓展火灾识别与预警手段，实现可识别预警信号种类 ≥ 8 种；通过优化多相态灭火剂的耦合作用与不同灭火方法结合，实现单套消防设备覆盖系统容量 ≥ 2MWh；开发集成化消防系统，提高系统响应速度，实现水喷淋系统响应时间 ≤ 40s，细水雾与热气溶胶系统响应时间 ≤ 20s，消防系统可靠性 ≥ 90%

9.5　并网安全

电化学储能电站并网安全是指为了保障储能系统设备安全接入电力系统，保障电网安全稳定运行所采取的技术和管理措施。按照有关标准和管理规范，电化学储能并网前需要完成的并网安全评估工作包括：接入方案设计及评审；电池系统和变流器完成型式试验等第三方检测；储能电站涉网安全风险评估；短路计算、保护适应性分析、电能质量计算分析、控制策略对电网影响分析等涉网计算分析；并网运行仿真建模分析和模型参数测试。电化学储能并网后需要完成的并网安全评估工作包括：储能系统接入电网实证测试，涵盖功率控制测试、一次调频和惯量响应测试、故障穿越测试、电网适应性测试、额定能量测试、电能质量测试、保护与安全测试、通信与自动化测试、电能计量测试等内容；储能电站并网涉网试验。整体而言，仿真模拟和实证测试是保障电化学储能电站整体功能安全、设备安全、运行安全最有效的技术手段。

9.5.1 技术分析

9.5.1.1 仿真模拟技术

安全运行策略是电化学储能电站并网安全的核心，需从各风险载体多方面进行统筹考虑。仿真模拟技术是应用仿真硬件和仿真软件通过仿真实验，并借助某些数值计算和问题求解，反映不同场景下系统行为或过程的技术。采用该技术，可分别对储能单元、电能转换单元、电池管理系统、能量管理系统等进行建模仿真分析，应用在不同场景不同工况下储能电站的数字仿真实验，检验整体运行控制策略的效果，发掘控制和保护方面的安全风险。

（1）技术现状

在仿真软件方面，美国和加拿大处于领先地位。加拿大曼尼托巴高压直流输电研究中心开发了 PSCAD/EMTDC；美国 MathWorks 公司开发了 MATLAB 以及相关的工具包。为了解决纯数字仿真软件的仿真规模较小、仿真实时性较差的问题，加拿大曼尼托巴 RTDS 公司、Opal-RT Technologies 公司分别推出了 RTDS、RT-LAB 实时仿真平台，模拟实际硬件的行为，提供更为真实和准确的测试结果，同时减少仿真时间。在国内，中国电力科学研究院有限公司开发的电力系统分析综合程序（PSASP）软件平台，功能覆盖了电力系统分析计算的各个领域，数值计算方法达到了国际电力系统分析仿真领域的先进水平；中国电力科学研究院有限公司国家电网仿真中心开发的电力系统全数字实时仿真装置（ADPSS）等软件平台，为相关仿真试验提供了重要工具。

在系统建模方面，核心是对电池单元、电池管理系统、变流器及其控制系统、能量管理系统等电化学储能系统的建模和接入电网系统及工况的建模。通过对电化学储能系统的建模，主要关注接入电网各种运行工况模拟，对电池系统健康状态（SoH）和热失控风险进行评估。

1）SoH 估算：SoH 是体现储能电池健康状态的关键指标，中国、欧美、韩国的研究处于领先地位。美国内布拉斯加大学林肯分校（University of Nebraska-Lincoln）、加拿大滑铁卢大学（University of Waterloo）、韩国忠州大学（Chung-Ju National University）采用模型驱动与各种滤波相结合的方法；中国同济大学、浙江大学及德国亚琛工业大学（RWTH Aachen University）等采用电化学阻抗谱或内阻法；中国中山大学、中车时代电动汽车股份有限公司、潍柴动力股份有限公司、燕山大学采取安时积分法。目前仿真计算与实验测定的相对偏差 ≤ 5%，循环寿命预测的仿真结果与实测差异 ≤ 10%，温度响应特性仿真精度超过93%。但是，电化学储能系统的仿真精度受到多重因素的制约，包含模型的维度与精度、算法的有效性和稳定性、参数可靠性等。在实现完全实用化、高保真度的电池系统仿真过程中，仍面临着诸多技术和理论上的挑战与难题。

2）热失控预测：当电池存在过充过放、短路、过热、挤压等外界刺激，可能引发热失控，容易导致火灾事故，因此需要建立储能电池的热失控预测模型。

在热失控建模方面，中国和欧美处于领先地位。加拿大卡尔顿大学（Carleton University）和中国重庆大学针对单体电池针刺热失控，构建电热耦合模型，获得容量越高电池越容易发生热失控的结论。中国中山大学建立了机械冲击响应、电化学响应和温度响应的耦合模型，分析了锂离子电池的力学失效特征和电池短路后的开路电压、表面温度响应；基于锂离子电池的有限元模型，分析了加载速度对锂离子电池失效的影响。然而，尽管具有较高的精度，但是模型难以耦合电池电芯层摩擦、电解液影响、隔膜孔隙等因素，采用有限元模型对锂离子电池的失效分析不易建立与锂离子电池 SoC、电压、温度等物理量的联系。

（2）分析研判

发展电化学储能电站的全系统仿真模拟技术是储能电站并网安全的重点方向，为实现这样的目标，需要深入研究和解决的多个关键技术问题如下：

1）高精度储能电池模拟。储能电池是储能系统的核心组件，其性能和行为对整个系统的安全与稳定性具有决定性影响。因此，需要开发高精度的电池模拟技术，能够在硬件在环仿真中准确地模拟电池动态特性和行为，包括电池的充放电过程、健康状态变化、老化效应、热失控等。

2）储能电站安全评估技术。硬件在环测试平台必须准确地对大规模储能电站（百兆瓦时级）的整体安全性能进行全面评估，包括储能系统的电气性能、热性能等方面。通过建立完备的安全评估方法，可以及早发现和解决潜在的安全隐患，提高储能系统并网可靠性和稳定性。

3）储能电站自动化测试技术的规范化。对储能电站安全评估过程的自动化测试进行规范化，可以减少人工干预，提高测试的一致性和可重复性。

（3）关键指标（见表 9.5-1）

表 9.5-1 仿真模拟技术关键指标

指标		单位	现阶段	2027 年	2030 年
高精度多通道双向储能电池模拟器	电压模拟精度	mV	0.6	0.5	0.3
	通道数	个	24	48	56
仿真规模		—	—	十兆瓦时级	百兆瓦时级

9.5.1.2 实证分析技术

新型储能电站并网安全的实证分析技术，是通过电站工程实际运行工况数据来验证设备及系统既定的控制策略与方法的可行性与先进性的技术。实证分析平台主要是针对多种储能构成的储能电站，验证在不同工况下的真实工作状态及各类突发电网事件中，储能电站是否能满足初始设计功能而建设的多场景、多模块、多要素储能电站并网平台，通过对各类型电化学储能的实测验证，积累宝贵的数据和经验，为储能产品制造、调试、并网、验收、运行、检修、管理等相关标准的制订、修订等提供一手资料。

（1）技术现状

我国新型储能系统并网安全实证分析技术处于国际先进水平。国内已建成规模达百万千瓦级的储能系统动态模拟平台，可实现大规模新能源及储能系统总和仿真与全景"可观、可测、可控"的管控模式，但在低纬度、高湿热地区下极端天气和多场景多系统融合的实证实验仍然缺乏。代表性企业包括中国电力科学研究院有限公司、中国大唐集团新能源股份有限公司、中国华能集团清洁能源技术研究院有限公司、广州智光电气股份有限公司等。国家电网公司所属中国电力科学研究院有限公司建设的100kW级风光储微电网实验平台于2011年11月在国家能源大型风电并网系统研发（实验）中心张北试验基地正式投入运行，顺利完成24h连续孤网运行和并网/孤网无缝切换试验。该微电网实验平台包括140kW各类光伏发电系统、10kW小型风力发电机组、100kW/4h锂离子电池储能系统及超级电容器、滤波补偿装置，负荷为总容量100kVA的张北基地研究实验楼办公及生活负荷。平台具备微电网并网特性检测功能，采用风光储组网结构，并网/孤网双模式自动无缝切换暂态过渡时间小于20ms；开发的微电网智能监控系统，能够实现对微电网内储能系统、光伏发电系统等分布式电源的有功/无功功率控制，响应时间均小于0.5s；开发的基于功率预测的微电网能量管理系统（EMS），兼容了多目标优化控制及并网点功率控制等多种运行方式。大庆黄和光储实证研究有限公司于2021年10月建成由国家能源局批准建设的首个光伏、储能实证实验平台，总投资为57.3亿元，分5期建设，5年布置约640种实证实验方案，折算规模约为105万kW，包括光伏组件实证实验区、逆变器实证实验区、支架实证实验区、储能产品实证实验区、储能系统实验区、设备匹配实证实验区和现场智慧管理监测塔。2023年10月，国家电网青海省电力公司清洁能源发展研究院建成韵家口风光水储实验实证基地，并实现全面并网。韵家口风光水储实验实证基地建有1.5MW双馈式风力发电系统、0.866MW光伏发电系统、500kWh数字式锂离子电池储能系统等各种实验设备和防孤岛实验平台。广州智光电气股份有限公司成功开发新能源及储能电站并网测试装置的商业化产品，采用大容量电力电子设备——四象限变频电源，来实现对储能系统并网性能的检测，产品参数指标见表9.5-2。通过控制四象限变频电源输出电压的幅值、频率和相位，来模拟电网可能出现的各种故障和扰动，从而对被测试装置进行高低电压故障穿越、频率适应性、电压适应性和电能质量（谐波、间谐波、电压波动及闪变和三相不平衡）适应性、一次调频、模拟惯量和黑启动试验等并网性能测试。广州智光电气股份有限公司是国内储能系统并网安全测试装备的领军科技企业，由其提供的该测试装置已完成广东、湖南、河南、河北、福建、云南、重庆、山东、宁夏等地新能源/储能系统并网性能测试和涉网试验，保障了电力系统安全经济运行。

表 9.5-2　广州智光电气股份有限公司新能源及储能电站并网测试装置参数

指标		数值
系统参数	输出额定电压	400V、690V、6kV、10kV、35kV，偏差 <0.2%
	输出频率	50Hz，偏差 <0.005Hz
	三相电压不平衡	不平衡度 ≤ 0.05% 相位偏差 ≤ 1.2
	输出电压谐波	总谐波畸变率 ≤ 1%，奇次谐波电压畸变率 <1%，偶次谐波电压畸变率 <0.2%
	频率调节能力	20ms 内进行 ±0.1% 额定频率 f_N 的调节能力
	电压调节能力	20ms 内进行 ±1% 额定电压 U_N 的调节能力
功能参数	电压偏差适应性	$0.8pu<U_T<1.2pu$
	频率偏差适应性	40 ~ 70Hz
	三相电压不平衡适应性	0 ~ 30%
	电压波动及闪变	幅值：−30% ~ 30%；频率：0.5 ~ 25Hz
	谐波电压适应性	2~50 次谐波，谐波电压百分比可达到 10%
	高电压穿越	三相对称电压幅值 110% ~ 130%
	三相对称低电压穿越	三相电压跌落幅值 0% ~ 90%
	两相低电压穿越	两相电压跌落幅值 0% ~ 90%
	单相低电压穿越	单相电压跌落幅值 0% ~ 90%
	一次调频逻辑测试	多频率点连续测试，含一次调频特性测试、一次调频死区测试、一次调频 AGC 闭锁逻辑测试

资料来源：广州智光电气股份有限公司产品手册。

（2）分析研判

面向多类型供电系统和多场景应用环境的百兆瓦级电化学储能电站并网实证分析技术及装备是未来的主要发展方向，目的在于在实际大规模储能电站接入电网运行前，短时间内，通过各类测试设备及人工控制测试环境，在有限的区域内，获得等比例容量、相同特征的储能电站并网实际工况数据。电化学储能电站并网运行过程中，各类工况下对电网的冲击影响及各类电网环境中电化学储能电站实现设计功能的能力是最重要的两个关键问题。

针对当前检测设备实验过程中，自身会给内外部设备带来的各类影响，研制适配新型储能的多场景检测设备。研究内容包括：①检测设备的多环境适应性（南部丘陵、海洋等），包括检测设备材料、结构、功率器件等；②研制高性能、高精度检测设备等。

针对新型储能帮助电网进行可再生能源消纳的各类场景，研究新型储能参与调峰、调频、缓解电网阻塞等多场景并网运行特性，需要针对以下方向进行攻关：①建设规模化实证基地；②建设新型储能并网运行监测数据库；③构建新型储能故障预测算法。

针对电化学储能电站并网实证实验过程中，可能引发电网侧故障、电站内部测试设备损坏等风险，需要研究电化学储能电站并网实证保护策略和安全防护技术，主要包括：①研究制定针对电化学储能电站并网实验的应急保护机制；②综合成本、性能、多场景应用等因素，研制电化学储能电站实证验证保护设备；③研究针对大规模、多场景的电化学储能电站并网信息安全等级保护测评体系。

（3）关键指标（见表 9.5-3）

表 9.5-3　实证分析技术关键指标

指标		单位	现阶段	2027 年	2030 年
测试环境条件	温度	℃	−20~45	−25~50	−30~60
	相对湿度	%	≤ 95（设备无凝露）	≤ 97（设备无凝露）	≤ 98（可测试覆冰环境）
检测设备参数	向电网注入的电流谐波	%	<50	<40	<30
	向电网注入的电压谐波	%	<50	<40	<30
	输出频率偏差	Hz	<0.01	<0.005	<0.003
	可调节步长	Hz	≤ 0.01	≤ 0.005	≤ 0.003
	响应时间	ms	<20	<17	<15
	三相电压不平衡度	%	<1	<0.7	<0.5
	相位偏差	度（°）	<0.5	<0.4	<0.3
	一个周波内额定频率调节能力	%	±0.1	±0.08	±0.06
	一个周波内额定电压调节能力	%	±1	±1.5	±2

9.5.2　技术创新路线图

现阶段，国内企业在电化学储能电站的仿真模拟技术上处于先进水平，已拥有成熟的仿真软件产品，针对电池的健康状态估算和热失控预测技术仍然缺失；并网实证分析技术目前处于国际先进水平，针对百兆瓦级电化学储能的实证技术仍然缺失。

到 2027 年，国内企业逐步解决高精度储能电池建模、储能电站安全评估技术等问题，实现十兆瓦级高精度仿真；建成百兆瓦级储能电站实证示范工程，提高实证检测设备国产化率。

到 2030 年，国内企业全面实现百兆瓦级高精度仿真，并大规模应用；百兆瓦级储能电站实证技术大规模应用，国产化实证检测设备实现需求链全覆盖。

图 9.5-1 为并网安全技术创新路线图。

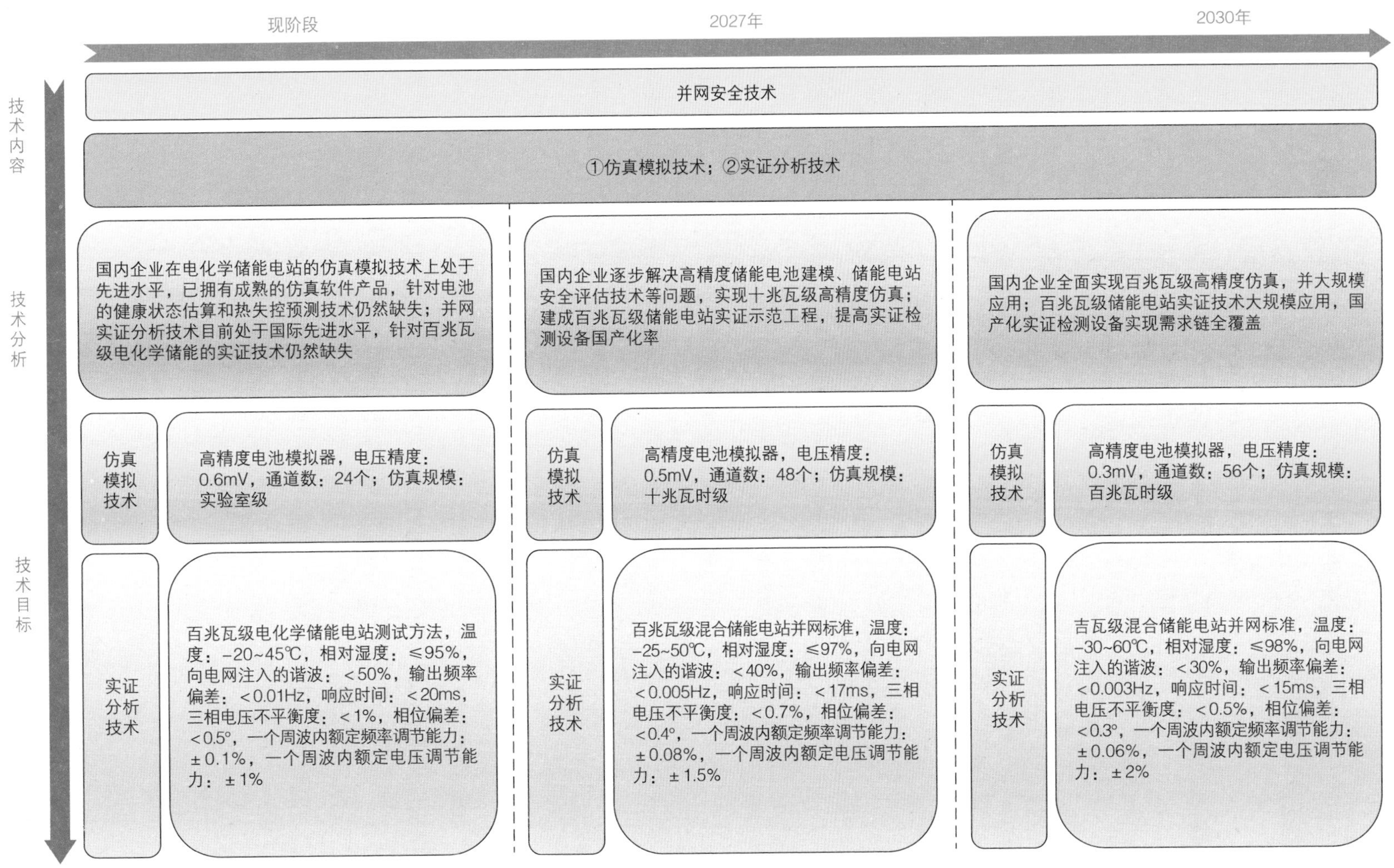

并网安全技术

①仿真模拟技术；②实证分析技术

	现阶段	2027年	2030年
技术内容	国内企业在电化学储能电站的仿真模拟技术上处于先进水平，已拥有成熟的仿真软件产品，针对电池的健康状态估算和热失控预测技术仍然缺失；并对百兆瓦实证分析技术目前处于国际先进水平，针对百兆瓦级电化学储能的实证技术仍然缺失	国内企业逐步解决高精度储能电池建模、储能电站安全评估技术等问题，实现十兆瓦级高精度仿真，建成百兆瓦级储能电站实证示范工程，提高实证测试设备国产化率	国内企业全面实现百兆瓦级高精度仿真，并大规模应用；百兆瓦级储能电站实证技术大规模链全覆盖应用，产化实证检测设备实现需求大规模覆盖
技术分析 仿真模拟技术	高精度电池模拟器，电压精度0.6mV，通道数：24个；仿真规模：实验室级	高精度电池模拟器，电压精度0.5mV，通道数：48个；仿真规模：十兆瓦时级	高精度电池模拟器，电压精度0.3mV，通道数：56个；仿真规模：百兆瓦时级
实证分析技术	百兆瓦级电化学储能电站测试方法，温度：-20~45℃，相对湿度：≤95%，向电网注入的谐波：<50%，输出频率偏差：<0.01Hz，响应时间：<20ms，三相电压不平衡度：<1%，相位偏差：<0.5°，一个周波内额定频率调节能力：±0.1%，一个周波内额定电压调节能力：±1%	百兆瓦级混合储能电站并网标准，温度：-25~50℃，相对湿度：≤97%，向电网注入的谐波：<40%，输出频率偏差：<17ms，响应时间：<0.005Hz，三相电压不平衡度：<0.7%，相位偏差：<0.4°，一个周波内额定频率调节能力：±0.08%，一个周波内额定电压调节能力：±1.5%	吉瓦级混合储能电站并网标准，温度：-30~60℃，相对湿度：≤98%，向电网注入的谐波：<30%，输出频率偏差：<15ms，响应时间：<0.003Hz，三相电压不平衡度：<0.5%，相位偏差：<0.3°，一个周波内额定频率调节能力：<0.06%，一个周波内额定电压调节能力：±2%

技术内容　技术分析　技术目标

图 9.5-1　并网安全技术创新路线图

9.5.3　技术创新需求

基于以上的综合分析讨论，并网安全技术的发展需要在表 9.5-4 所示方向实施创新研究，实现技术突破。

表 9.5-4　并网安全技术创新需求

序号	项目名称	研究内容	预期成果
1	高精度储能电池模拟技术	针对锂离子电池的动态特性和行为，研究高精度的电池模拟技术，具体包括：研究电池的充放电过程、健康状态变化、老化效应、热失控特性，提出相应的电池模型及参数识别方法；研制基于双向变流器的多通道高精度电池模拟器	研制高精度电池模拟器，电压精度为 0.3mV，通道数为 56 个，可用于百兆瓦级储能电站仿真
2	储能电站并网安全评估及自动化测试技术	建立完备的安全评估体系和方法，及早发现和解决潜在的安全隐患，提高储能系统的可靠性和稳定性，具体包括：研究储能电站并网安全评估方法；搭建自动化测试平台；构建储能电站自动化测试技术的规范化	形成储能电站并网安全评估规范；建成储能电站并网安全评估仿真平台，实现自动化测试及并网安全评估
3	小比例系统实证的全规模储能电站安全性能分析技术	通过小比例储能系统评估全规模储能电站安全性能，具体包括：搭建小比例储能系统；基于实测数据开展相关分析技术研究；搭建小比例系统实证的全规模储能电站安全性能分析平台	建成小比例系统实证的全规模储能电站安全性能分析平台
4	储能电站故障预警及健康管理技术	研究储能电站故障预警及健康管理技术，具体包括：研究单体 - 系统可靠性分析及测试方法；研究基于信息技术、人工智能推理的在役电池故障诊断及预警算法；研究储能电站数字孪生技术	建立储能站级故障预测及健康管理系统，寿命预测误差为 1%，热风险预测准确度为 99.8%；提出运行过程的全数字孪生技术
5	友好并网控制技术	研究储能电站采用构网型变流器控制技术，实现储能电站对电网频率支撑、并网点电压支撑以及电网阻尼控制等，以提高电网运行的稳定性，具体包括：研究适用于耦合型电化学储能的构网型变流器优化拓扑结构；研究适用于储能电站的构网型变流器的优化控制策略；研制构网型变流器样机	研制能提供频率、电压支撑的高效大功率构网型变流器，电网短路比适应范围为 1~100，惯量响应动作 $\leq$ 0.5s，惯量时间常数 $\geq$ 5s

9.6　用户侧储能安全

用户侧储能系统通常指在不同的用户用电场景下，根据用户的诉求，以降低用户用电成本、减少停电限电损失等为目的建设的储能系统，常见用户侧储能场景包括工商业用户、充电站、家庭、医院等场景。由于用户侧储能系统一般建设在用户内部场地或相邻位置，直接接入用户内部配电设施，一旦发生储能安全事故将直接危及用户侧的人员、财产安全。为综合保障用户侧储能系统安全，需要从用户侧的用电安全管控、消防安全防护以及安全性评价三个方面进行综合把控。

9.6.1　技术分析

9.6.1.1　用户侧用电监测与管理技术

以工商业园区为例，随着各种物联设备与分布式电源、储能系统接入电力系统，园区设备与用电负荷更加复杂多样，潜在用电安全隐患与不可控因素增多。因此，对园区全设备的用电状态监测与能源管控是保障其用电总体安全的关键，而由于园区设备规模较大，传统的人工巡检和告警模式已经难以满足用电安全的及时性和全面性要求。随着近年来智能电网的深入建设以及信息技术的广泛应用，目前在硬件层面已能够实现园区用电信息的准确采集、快速通信和自动控制，需进一步建立用电信息监测与管理系统平台，实现用电及储能设施综合管控与信息分析交互，保障用电用能安全。

（1）技术现状

用户侧用电监测与管理系统除具有一般的用电信息采集、用电设备控制等基本功能之外，还具备数据分析和预警、负荷辨识和预测等高级功能。目前在工商业用电监测系统功能实现方面，我国与欧美国家同处于领先地位。美国电力公司 Pacific Gas and Electric Company（PG&E）开发的数字化用电安全检查系统，可通过智能电表和传感器监测电力设备的电流、电压、功率等参数，实时分析和诊断各电力设备的运行状态，同时提供故障诊断和预警功能以帮助用户及时采取措施，大大提高了用电设备的安全性和可靠性。国内方面，上海安科瑞针对工商业园区开发的 Acrel-2000MG 储能系统电能管理系统，通过配合数据网关、多种传感器、保护测控单元、多功能仪表以及监控运维软件，能够实现对源（市电、分布式光伏）、网（用户内部配电网）、荷（固定负荷和可调负荷）、储能系统以及新能源汽车的充电负荷进行实时监测和优化控制。广东省在此领域处于国内先进水平，广州智能装备研究院面向工商业园区开发的中广智能耗监测管理系统具备数据采集、边缘计算、反向控制数据分析等功能，形成集区域能源控制、管理、运维一体化综合管理平台，全面提升园区的用能智能化管理水平。

（2）分析研判

目前国内外开发的用户侧用电监测与管理系统在功能和技术路线方面比较趋同，未来系统应进一步向低成本、高安全和智能联动的方向发展，在不引入新的安全隐患的前提下降低部署成本，并增强联动功能以切实保障用户侧储能场景的用电安全。

从长远角度来看，未来用电监测与管理系统应从以下三方面进一步攻关：①平台标准化建设。目前园区内部用电设备和监测设备的通信网络存在各类不同的技术和接口，尚未形成统一标准和规范，不利于系统平台的信息收集和数据分析，系统的推广遇到障碍。因此需要建立标准化的通信协议与数据格式规范，提升系统数据管理能力。②信息安全防护。园区内设备类型众多，通信方式多样，缺乏安全保护的系统平台存在诸多信息安全威胁，如隐私泄露风险、费用计量风险以及设备控制风险等。此外，电源、电网侧的网络专用、安全隔离等手段难以在用户侧有效实施。因此，未来一方面应借助认证防护、区块链等技术实现数据加密和本地存储运算等以保障系统信息安全，另一方面应建立相关标准规范实现对系统安全性的有效约束和监管。③智能化数据挖掘算法。园区用电状态特性相对复杂，目前系统平台很多故障识别和预警的功能仍采用简单的阈值触发，部分监测参数甚至仅限看板展示功能，未实现数据价值的深度挖掘。未来需进一步研究用电信息的智能数据分析技术，开发高准确率与稳定性的负荷辨识、故障诊断模型与算法。

（3）关键指标（见表 9.6-1）

表 9.6-1　用户侧用电监测与管理技术关键指标

指标	单位	现阶段	2027 年	2030 年
负荷辨识准确率	%	90	95	98
最大监测延迟	s	0.5	0.1	0.05

9.6.1.2　用户侧安全事故调查追溯

用户侧安全事故的社会影响恶劣，若处置不当，将严重阻碍储能在用户侧的推广应用，且用户侧储能系统安全事故偶发性强，往往需投入大量人力开展跨系统协作，事故调查和追溯存在较多困难。由于用户侧现有安全监控手段较为分散，监测、监控及消防系统之间缺乏数据互通，缺乏有效工具管理和归集事故日志、图片、视频等数据资源，不利于形成有效事故证据链以及知识凝练，导致事故追溯调查效率低下。随着 2020 年应急管理部消防救援局发布《关于进一步做好火灾调查工作的通知》进一步加强了火灾调查信息化的要求，开发能够面向用户侧安全事故调查追溯的信息化系统平台具有重要意义。

（1）技术现状

面对近年来用户侧高发的事故态势以及事故调查人员和能力的不足，传统的经验型调查技术已经难以满足当前事故调查和追溯的需要。信息化系统建设可促进消防事故调查从传统模式转向数字化模式，为事故调查提供辅助支撑、便捷的工作模板以及准确的工作向导。此外，通过对海量事故数据的挖掘和分析，有助于深入了解事故特点、原因，为类似事故调查追溯提供准确依据。

在消防事故信息平台的建设方面，美国处于全球标杆地位。随着"十四五"国家消防工作规划对消防工作信息化的要求，我国也逐步开展信息平台的建设工作，近年来正在逐步追赶。美国消防管理局自 1976 年建立了全国性的火灾事故报告系统 NFIRS，可帮助地方政府提高火灾报告和调查分析能力，并通过海量案例数据更准确地评估火灾原因；美国消防协会（NFPA）设有火灾数据组织系统 FIDO，详细记录了各火灾案例的火灾探测、自动灭火、烟气控制系统种类和性能，引起烟火蔓延的因素，火势发展各主要阶段之间的时间估计，各环节被耽搁的原因以及直接、间接损失的详细分析等，为火灾事故调查提供了极高价值。国内方面，应急管理部沈阳消防研究所开发的火灾事故调查信息化平台，具备专家远程指导、VR 勘验、现场辅助等信息化模块；该单位还开发了电器火灾调查指南系统，从通电状态调查、电器痕迹辨识、物证保全提取等多个维度建立知识图谱并开展人工智能辅助判断，提高了电器火灾类调查工作的时效性、精准性和科学性。广东省在此领域处于全国领先地位，广东省消防救援总队和广州市消防救援支队共同研发的火灾事故调查系统参照公安现场勘查系统设计火灾调查现场勘查模块，在火灾登记、现场勘验、询问和火灾认定环节设计大量结构化字段和大数据标签，大大优化了火灾调查效率和火灾管理流程。截至 2024 年 2 月，该系统已在全国 30 个消防救援总队、410 个消防救援支队、3077 个消防救援大队得到应用。

（2）分析研判

当前国内外并未专门建立面向用户侧储能安全事故的信息平台，缺乏对用户侧储能相关事故信息的积累。由于现有的平台功能定位互有重叠和侧重，在管理、预警、监控等功能定位存在差异，针对用户侧重复开发软件系统又会造成资源浪费。为了弥补系统平台功能不完整、服务对象不全面的问题，未来用户侧消防事故信息系统平台的建设思路应基于以下逻辑：首先要有一系列的数据，在此基础上研发一系列技术，然后基于各项技术来处理一系列业务，通过对各种业务和技术的组合来智慧构建系统平台的功能。因此，应从以下方面开展重点攻关：①打破系统平台数据孤立。应设计具有可兼容系统接口与数据标准化编码规则的信息平台，建立数据流通技术架构和商业机制，充分打通管理方、火警方、用户方之间信息联动交互，提升数据资源复用性，降低重复开发和部署成本。②研究事故数据智能分析与知识提取技术，实现事故调查知识与规则固化，打破人员经验性依赖，提升事故调查的客观性与准确性。

（3）关键指标（见表 9.6-2）

表 9.6-2　用户侧安全事故调查追溯关键指标

指标	单位	现阶段	2027 年	2030 年
消防安全事故信息化系统平台	—	构建本地化信息系统，用户侧用电安全、消防安全缺乏互联互通性，事故可追溯性不足	用户侧用电设施、消防设施之间实现数据交互，事故可追溯性提升	建立统一的消防事故大数据信息平台，实现事故智能调查分析

9.6.1.3　用户侧安全性评价技术

用户侧安全性评价是判定用户侧整个场景的安全性防护设备、措施、管理等是否符合要求的必要手段，其包含了一个庞大的评价体系，需要从电池安全、电气安全、运行状态、消防设计与配置、安装环境、工程规范性、可靠性与可维护性、运维管理、厂商服务等多个因素考虑。根据用户侧场景的实际情况和评价需求，安全性评价技术主要包含场景内危险因素的辨识和评价方法工具两方面。

（1）技术现状

危险因素辨识首先识别并评价用户侧场景可能导致人员伤亡、财产损失或环境破坏的危险和有害因素，需要运用科学的方法和手段对评价对象进行全面、系统、细致的排查和分析。进一步利用科学工具对所辨识的危险因素可能导致的危害程度进行量化分析和评价，确定风险的严重程度，制定风险等级。

英美国家在用户侧风险指标体系和评价方法方面处于领先地位，我国目前处于借鉴和跟跑状态。美国桑迪亚国家实验室研究报告《Grid-scale Energy Storage Hazard Analysis & Design Objectives for System Safety》使用系统理论过程分析 (STPA) 对电池储能电站进行危险性分析，从防止热失控传播、防止可燃气体积聚、确保消防员安全、热失控后的可恢复性以及系统数据可信性等方面构建了风险指标体系。英国的 IEC 系列标准 IEC 62933-5-1-2017、IEC 62933-5-2-2020 和 IEC 62619-2022 中率先规定了一系列安全性评价方法，包括故障类型及其影响分析（FMEA）、故障树分析（FTA）、危害与可操作性分析（HAZOP）等方法，被用于评价储能系统着火、爆炸或有毒气体排放的可能性。以上方法也被美国 UL 系列标准 UL 1973-2022 和 UL 9540-2023 所借鉴。挪威 DNV 公司 2015 年发布了锂离子电池储能系统安全性评价手册，使用故障模式、影响及危害性分析（FMECA）对不同层级故障的严重程度和概率进行量化，提出相应的缓解措施并形成最终的安全性评价报告。赫瑞瓦特大学马来西亚分校对 STPA 方法进行改进，提出了混合概率分析模式的安全性评价方法 (STPA-H)，在复杂储能电站的安全性评价中表现出明显优势。

国内方面，陕西省制定了地方标准《电化学储能电站安全风险评估规范》（DB61/T 1757—2023），从站址选择与平面布置、电池储能系统、消防系统、运行维护与应急管理等方面制定风险指标，并对各风险指标设置安全性分值，同时制定了储能电站的四级安全风险等级；中国电力科学研究院刘海涛团队针对用户侧电化学储能系统提出了相应安全性和可靠性指标建议，其中安全性评价指标包括电池系统和储能变流器的绝缘电阻、保护接地的连续性和故障诊断的准确率，可靠性指标主要向电力的稳定性靠拢，包括储能系统的可用系数、运行系数以及非计划停运率。综上可见，我国的风险评价指标体系仍主要面向储能系统本身，对用户侧场景中其他要素的安全性考虑不够。

（2）分析研判

用户侧储能场景复杂多样，单一的评价体系无法完整覆盖所有场景，且传统安全性评价方法在效率和时效性方面存在不足，因此构建面向不同储能场景的安全性评价体系，建立高效安全性评价方法是未来的攻关方向。需重点关注以下方面：①用户侧场景特有的风险指标体系。不同用户侧场景对风险的敏感性和侧重点不同，如储能充电站倾向于漏电故障、汽车着火、异常天气等风险，数据中心配储更关注电能质量、宕机风险、设备安全等因素，家庭储能则以人身财产安全风险为首要考虑。因此，需要面向不同用户侧场景构建专门的风险指标体系，提高安全性评价的针对性。②数字化赋能的安全性评价。借助数字仿真技术在设计规划阶段即可模拟用户侧储能系统的安全性水平，未来甚至可进一步构建用户侧储能数字孪生系统，建立用户侧储能全场景、全设备、全要素的数字化映射，基于数字孪生模型开展安全性评价可免去耗时耗力的现场评价，在运行过程中动态评估其安全风险，提高安全性评价的实时性，值得进一步关注。

（3）关键指标（见表 9.6-3）

表 9.6-3　用户侧安全性评价技术关键指标

指标	单位	现阶段	2027 年	2030 年
用户侧储能安全性评价体系	—	通用风险指标体系，传统分析工具	面向 3 类以上用户侧典型场景形成专用风险指标体系和高效安全性评价方法	基于数字孪生的用户侧安全性评价体系

9.6.2　技术创新路线图

现阶段，国内用电监测与管理系统在系统功能上已达到国外相似水平，在智能分析和诊断能力以及信息安全防护方面有待进一步提升。

到 2027 年，国内建立多种消防事故信息平台，但平台功能定位尚不够全面，缺乏对用户侧储能相关事故的信息积累。

到 2030 年，国内能够开展面向储能电站的安全性评价，但尚缺少针对用户侧具体场景的安全性评价体系。

图 9.6-1 为用户侧安全技术创新路线图。

	现阶段	2027年	2030年

技术内容：用户侧安全技术

①用户侧用电监测与管理；②用户侧安全事故调查追溯；③用户侧安全性评价

技术分析

现阶段：
- 国内用户侧用电监测与管理系统功能在系统任务达到国外相似水平，在智能分析和诊断能力及信息安全防护方面有待进一步提升
- 覆盖部分用电设备，系统负荷辨识准确率为90%，最大监测延迟为0.5s（用户侧用电监测与管理）
- 构建本地化信息系统，用户侧用电安全与消防安全缺乏互联互通，事故可追溯性不足（用户侧安全事故调查追溯）
- 以通用风险指标体系为主，采用传统安全性评价方法（用户侧安全性评价）

2027年：
- 国内近年来建立了多种消防事故信息平台，但平台功能定位尚不够全面，缺乏对用户侧储能相关事故的信息积累
- 覆盖50%以上场景设备，系统负荷辨识准确率不低于95%，最大监测延迟为0.5s（用户侧用电监测与管理）
- 用户侧用电设施、消防设施之间实现数据交互，事故可追溯性提升（用户侧安全事故调查追溯）
- 面向3类以上用户典型场景形成专用风险指标体系和高效安全性评价方法（用户侧安全性评价）

2030年：
- 国内能够开展面向储能电站的安全性评价，但尚缺少针对用户侧具体场景的安全性评价体系
- 覆盖90%以上场景设备，系统负荷辨识准确率不低于98%，最大监测延迟为0.1s（用户侧用电监测与管理）
- 建立统一消防事故大数据信息平台，实现高效智能化事故调查分析能力（用户侧安全事故调查追溯）
- 建立基于数字孪生的用户侧安全性评价体系（用户侧安全性评价）

图 9.6-1　用户安全技术创新路线图

467

9.6.3　技术创新需求

基于以上的综合分析讨论，用户侧安全技术的发展需要在表 9.6-4 所示方向实施创新研究，实现技术突破。

表 9.6-4　用户侧安全技术创新需求

项目名称	研究内容	预期成果
用户侧储能安全技术	针对用户侧储能场景设施复杂、靠近生产生活环境、人员资产密集等导致用电安全监控与消防安全防护难度大的问题，研究面向用户侧储能的安全技术，具体包括：开发用户侧智能用电监控与主动安全保护终端设备；研究用户侧场景安全性评价与消防安全配置方案设计；建立用户侧设备用电管理与能源管控系统平台等	开发具备负荷自主辨识、异常智能识别与主动安全保护的测控装置、终端设备和算法模型，异常识别准确率不低于 95%；建立多种用户侧场景的安全性评价指标体系与消防安全配置方案；开发用户侧全设备管理与全能源管控的综合系统平台，实现毫秒级管控决策，准确率不低于 95%

第 10 章
产业科技未来发展策略

CHAPTER 10

基于上述研究基础，为抢抓能源革命的重大战略机遇，构建我国新型储能发展的先发优势，本书围绕新型储能产业高质量发展需求，从政策、创新、技术、产业、生态等角度研究提出相关对策建议，为新型储能创新资源布局提供战略支撑。通过推动新型储能产业科技创新发展，以技术创新引领新型储能产业高质量发展，为我国加快锻造能源产业新优势、服务经济社会发展和保障国家能源安全提供强有力支撑。

10.1　强化政策供给的深度与广度

一是开展战略研究，找准发展难题及实施路径。依托国内优势科研机构，开展新型储能领域的前沿情报跟踪、分析和前瞻性预测工作，建立有效的专利技术分析和预警长效机制。组建高水平专家智库团队，强化新型储能创新发展研究，加强储能技术发展态势分析与研判，聚焦全生命周期生态系统，涵盖了新型储能产业链及技术链全景图、新型储能技术发展趋势、储能电池技术长短板分析等。

二是做好顶层设计，营造更好更优发展环境。建议研究编制新型储能规划文件，出台新型储能产业高质量发展、产品高质量发展等专项政策，明确十四五及中长期新型储能发展目标、实施路径及重点任务部署。引导有条件的地区开展新型储能专项政策研究，提出区域发展规模及项目布局，并做好与国家规划的衔接。持续加大政策支持和财政资金投入，发挥省投资基金杠杆作用，撬动大型国企、金融机构、产业和社会资本加强对新型储能的投资布局。

三是健全市场机制，引导储能发展进入快车道。明确新型储能作为独立市场主体参与市场交易，健全储能价格形成机制，鼓励建立合理的成本分摊及疏导机制。积极推动储能电站参与电力市场服务，细化独立储能、虚拟电厂等新型主体的交易机制与衔接方式，建立相关准入条件、技术标准等。探索新能源配储项目激励机制，构建有效的市场备案及竞配机制，对配套建设新型储能的新能源发电项目，在政策上给予倾斜。从储能融资成本和储能配套政策上发力，在保障电力系统安全稳定运行、电力安全供应的基础上，进一步提高新能源消纳水平。

10.2　加快构建全过程创新生态链

一是建设高能级创新平台，提升原始创新、自主创新能力。面向我国新型储能领域重大需求和战略布局，加快国家实验室体系和国家技术创新中心建设，推动国家级储能重点实验室、工程研发中心等研发平台布局，打造一批未来产业技术研究院，强化战略科技力量布局，构筑国家重大创新动力源，集聚优势创新资源，推动重大攻关工程实施及核心技术攻关。围绕产业链的发展布局和需求部署、强化创新链，强化区域创新生态系统内的高校、重点实验室、高水平研究院、科技园区等创新载体的创新协作，构建形成开放创新网络。引导有条件的地区，瞄准新型储能领域的短板弱项，成建制、成体系、机构化引进高端创新平台，吸引国家重大科技成果落地转化。

二是建立产业技术创新联盟，解决行业共性技术问题。实施以需求为牵引、以能够解决问题为评价标准的机制，推动建立多元参与、市场化运作、产学研用结合的新型储能技术创新体系。支持科技领军企业联合高校、科研院所等构建新型储能领域的创新联合体，实现产业需求直通科研平台，集中开展关键共性技术攻关，提高成果转化成效。鼓励地方政府、优势企业、科技服务机构、金融机构等联合建立新型储能领域的产业技术创新联盟，优化创新资源配置，推动资源共享、创新合作及商业模式创新。

三是推动交叉融合学科建设、复合型创新人才综合培养。完善新型储能领域学科布局，设立新型储能专业，推动一级学科建设，增加相关学科方向的硕士、博士招生名额。调动优势企业、高校院所等各方力量开展协同创新，推进专业学科建设与多学科人才交叉培养，通过产学研合作方式，推动创新链、产业链、资金链、人才链深度融合，将更多科技资源集聚到产业急需和行业前沿领域。充分发挥国家储能技术产教融合创新平台、国家大学科技园、制造业中试服务基地等重大平台，以及重大人才计划的带动作用，坚持引培并举，深化产教融合，精准引进一批海外知名专家及高层次人才团队，培育储能领域高层次人才及创新创业团队，塑造产业创新硬实力。赋予龙头企业和高水平研发机构人才"引育留用管"自主权，建立健全科技人才评价体系，最大限度调动科研人员的积极性。

四是构建新型储能公共服务体系，畅通科技成果转化途径。聚焦新型储能市场需求，支持建设成果转移转化平台和科技中介服务机构，完善标准评价与服务体系，引导开展重大科技成果捕捉、重大技术需求挖掘、成果供给与需求对接等。支持各地区采取改建、依托建设等方式建设新型储能科技成果转化中心，结合地域特色提供成果转化、信息支撑、资源对接等服务，为企业制定个性化方案，提升区域科技成果转化应用能力。充分发挥国家地方共建新型储能创新中心等平台的作用，聚力打造"研发—测试—中试—实证"为一体的服务平台，建立从技术开发、转移扩散到首次商业化应用的创新链条。完善新型储能科技成果常态化捕捉机制，主要对接国内重点高校、科研院所及重大平台，建立可转化成果项目库，常态化开展项目发现及转化工作。

10.3　体系部署核心技术攻关任务

一是紧贴产业科技需求，广泛征集技术攻关建议。面向储能产业链一线企业及科研机构广泛征集技术攻关需求建议，梳理对产业发展促进作用较大的技术攻关方向，持续凝练形成科技攻关项目，为体系化部署攻关任务提供有力支撑。如针对锂离子电池的安全性、经济性等问题，重点研发磷酸锰铁锂电池，有望短期内实现规模量产，在部分场景快速替代磷酸铁锂电池；针对钠离子电池的能量密度低、寿命短等问题，重点研发正极材料、电解液和制备工艺，将加速实现钠离子电池产业化；针对锂资源回收问题，重点研发快速检测装备和绿色提取工艺，实现锂离子电池材料的全周期低碳循环利用。

二是以企业为主体，创新项目组织实施机制。瞄准产业最紧急、最紧迫的问题，强化企业科技创新主体地位，快速部署新型储能领域重大攻关项目，通过企业出题、产业应用、市场验证等方式推进关键核心技术攻关。建立周密的攻关任务组织机制，重点依托新型储能各领域链主企业，采取揭榜挂帅、定向委托等方式组织推进核心技术与重大产品攻关。开展储能多元技术开发，攻关储能本体、全过程安全、智慧调控等方面的核心技术，推动锂离子电池储能的持续降本与规模化应用，加快液流电池储能、压缩空气储能等商业化步伐，推动钠离子电池储能、飞轮储能等规模化试验，探索氢储能、储热（冷）的研究与示范，提高新型储能技术创新能力。

三是依托战略科技力量，发挥举国体制整体效能。在大规模推动技术应用与产业发展的同时，加强面向中长期储能技术的研发布局和攻关，如长时储能技术作为制约新能源发展的"瓶颈"，可以通过发挥举国体制优势，强化产学研协作攻关。瞄准世界能源科技前沿，聚焦新型储能核心瓶颈和重大需求，引导战略科技力量增加研发投入，支持相关部门、研发机构和科技企业自上而下地布局科研项目，加快推动核心技术及重大装备研发。充分发挥新型举国体制优势，系统布局谋划国家重大攻关工程，建立跨部门协同攻关体系和部省市财政联动支持机制，探索快速响应、决策高效的扁平化管理模式，高质量推进新型储能技术攻关任务，提升研发组织效能。

10.4 推进产研协同壮大产业规模

一是孵化培育科技领军企业，打造形成行业头部品牌。围绕锂离子电池、钠离子电池、固态电池等重点产业领域，引导企业加大研发投入，促进创新要素向优势企业集聚，培育一批主业突出、技术引领能力强、具有国际竞争力的科技领军企业。主动对接行业龙头企业的发展需求，支持企业推进储能核心技术研发与技术改造，提升全产业链专业化协作和配套水平，促进大中小企业融通发展。依托具有核心竞争力和自主知识产权的龙头骨干企业，培育和延伸上下游产业链，推动从生产、建设、运营到回收的全产业链发展。

二是优化区域资源配置，构建合理有序的空间发展布局。优化新型储能区域布局，破除地方保护和区域壁垒，推动新型储能向产业基础好、配套体系完善、环境容量大的地区集聚，培育形成一批具有国际竞争力的新型储能产业集群。引导各地区结合资源禀赋、技术优势等条件错位发展，推动在西北大型风电光伏基地周边地区，工商业储能需求旺盛的江浙、广东地区，以及海上风电开发强劲的东部沿海地区，建设一批重大示范项目，加快重点区域新型储能试点示范。以各类园区为依托，培育建设一批特色鲜明、集中度较高、具备核心竞争力的新型储能特色产业园。推动建设一批国家储能高新技术产业化基地，集聚技术、人才、资金等创新资源，用高新技术改造提升储能产业，打造储能技术创新体系标杆。

三是策划布局重大项目，持续增强产业发展动能。推进电源侧、电网侧及用户侧的储能项目建设，结合实际需求布局建设一批配置储能的新能源发电项目，通过储能协同优化运行实现新能源的消纳利用。推动储能电站的规划建设及全过程管理，加强储能电站合规性管理，编制储能电站建设指引或相关标准，落实责任主体，强化储能电站从建设、并网到全生命周期的管理，提升储能电站的安全管理水平。新型储能重大项目优先列入重点建设项目计划，对符合条件的项目新增建设用地、能耗指标进行统筹安排。针对新型储能重大建设项目，在项目用地、环评、节能等审批上给予"绿色通道"。鼓励各地区优化主要污染物总量控制指标分配机制，将总量优先向储能重大项目倾斜。

10.5　构建以应用为牵引的新业态

一是发挥示范引领作用，打造多领域多场景应用样板。拓展新型储能技术多元化发展和示范应用，依托新型储能在电源侧、电网侧、用户侧各类应用场景，在锂离子电池储能、钠离子电池储能、压缩空气储能、液流电池储能、氢储能、飞轮储能等技术领域加快规模化验证和应用，推动在工商业园区、光储充电站、数据中心等领域建设一批储能示范应用项目。如在工业制造大市，充分挖掘用电侧储能市场，聚焦工商业用电大户和高电能质量要求的工业园区进行试点改造升级，为推动储能产业高质量发展探索经验。充分发挥我国应用场景丰富的优势，加快新型储能与智慧城市、乡村振兴、智慧交通等行业领域的跨界融合，运用人工智能等新兴技术打造数字化、智能化应用场景。通过市场化和金融支持手段引导长期资金投入，支持新能源与储能集成应用研究，推动新型储能技术规模化与商业化应用。加强对新型储能重大示范项目的分析和评估，为新技术、新产品、新装备的应用提供科学支撑。

二是探索新型储能商业模式，推动产业化进程提速。探索新型储能新业态新模式，推动共享储能、云储能、储能聚合等应用并开展集中管理调度，扩大新型储能应用规模。发挥大规模新型储能的重要作用，推动风能、太阳能及储能多能互补发展，建设跨区输送的大型清洁能源基地，提升外送通道利用率、新能源发电比例。鼓励结合源、网、荷不同需求探索储能多元化发展模式，探索多元互动市场自主定价权，允许市场交易双方自行定价，并制定配套相关市场交易规定。探索"投资多元化、运行一体化"的商业模式，允许多元化的储能投资，通过市场竞争，发现储能租赁价格，对电网安全运行有重要作用的储能项目以计划方式"兜底"。

三是构建技术标准及监管体系，满足储能发展和安全要求。按照新型储能系统需求，统筹开展储能标准体系的建设规划，针对不同应用场景推动储能标准制修订，构建形成完善的新型储能技术标准及管理体系。研究储能应用风险、使用规范，建立储能高效安全运行、设施检测认证、日常监督管理等标准体系，制定储能应急管理、梯级利用、环保回收等标准，实现储能项目全生命周期管理。建立储能设备制造、建设安装、运行监测等重点环节的安全标准及管理体系，筑牢储能安全防线。构建新型储能循环发展体系，建立储能产品集成企业回收和补贴机制，出台储能回收再利用支持政策，将补贴从储能建设环节逐渐向回收循环利用环节转移，扩大储能设施回收利用试点建设。

四是积极应对国际复杂局势，多方式多渠道推动国际合作。鼓励新型储能企业参与"一带一路"倡议，高质量推进全球化发展战略，加强对产品碳足迹和碳资产的管理与布局，积极参与国外大型储能项目建设。顺应欧洲、北美、东南亚、非洲等国家与地区的用能需求，支持优势储能企业开拓国际市场，推动储能产品出口运输、海外销售网络建设等，促进储能电池生产和出口，打造中国新型储能品牌名片。深入推进新型储能领域的国际合作，搭建交流合作与信息共享平台，强化与重要国家和国际金融机构的合作，探索产业链供应链合作、关键技术引进的共赢机制。支持中国新型储能技术和标准"走出去"，鼓励龙头骨干企业主导或参与国际标准制定，掌握一批产业标准话语权，强化海外知识产权布局，支撑引领新型储能产业发展。

附 录

APPENDIX

附录 A 锂离子电池产业链全景图

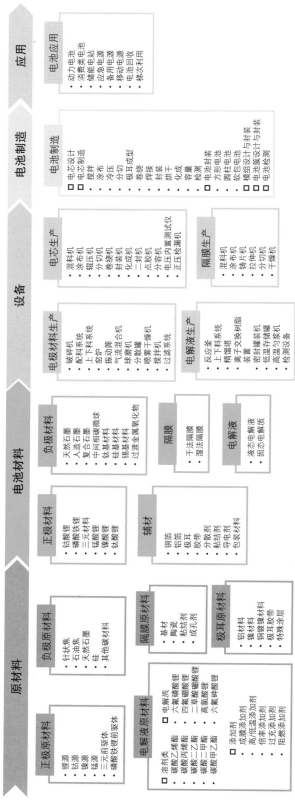

锂离子电池产业链全景图

附录 B　电化学储能电站产业链全景图

电化学储能电站产业链全景图

电池电芯 ＋ 器件与装备

电池电芯

锂离子电池
- 铁酸锂电池
- 钴酸锂电池
- 锰酸锂电池
- 镍酸锂电池
- 三元材料锂电池
- 碳酸铁锂电池
- 磷酸锰铁锂电池

钠离子电池
- 层状氧化物钠离子电池
- 聚阴离子钠离子电池
- 普鲁士蓝类化合物钠离子电池

液流电池
- 全钒液流电池
- 铁铬液流电池

器件与装备

电池管理系统（BMS）
- BMU 主控器
- CSC从控制器
- CSU均衡模块
- HVU 高压控制器
- BTU电池状态指示单元
- GPS通信模块
- 电池管理芯片
- 智能传感器

储能变流器（PCS）
- 控制电路板
- 功率器件模块
- 断路器
- 接触器
- 滤波器
- 电抗器
- 变压器
- 机柜

能量管理系统（EMS）
- 计算机
- 智能传感器
- 数据分析软件
- 操作系统
- 监控系统
- 显示系统

其他设备
- 能源路由器
- 开关设备
- 直流变换器
- 柔性配电设备
- 功率器件

储能系统集成与安装

储能电站集成
- 电池储能系统
- 电池模组/簇
- 电池管理系统
- 功率变换系统
- 储能变流器
- 保护控制系统
- 升压变压器
- 环网柜
- 后台监控系统
- 常规电气监控系统
- 能量管理系统
- 二次保护设备
- 交直流电源
- 站用电源
- 高压配电系统
- 传感器
- 开关设备
- 电池舱
- 电缆
- 空调
- 消防
- 土建

储能系统运维

储能系统运维
- 无人值守运维平台
- 虚拟电厂
- 源网荷储一体化智慧调控
- 电站巡检
- 电站保养
- 电站硬件升级

电力服务

储能系统应用
- 风光新能源电站储能
- 火储联调
- 数据中心储能
- 电网储能
- 户用储能
- 备用电源
- 应急电源

附录 C 本书编者分工

章号	章名	节号	执笔人	审稿人
第 1 章	概述	—	孙学良 何盛亚 汪科全 刘正青	成会明 田文颖 刘石
第 2 章	电化学储能	2.1 锂离子电池	胡江涛 李猛 刘中波 许东伟 夏悦 张哲旭 李腾飞	孙学良 李宝华
		2.2 钠离子电池	肖必威 赵尚骞	
		2.3 固态电池	梁剑文 王在发 赵昌泰	
		2.4 液流电池	李文甲 田镇宇 张建军	赵天寿
		2.5 铅炭电池	姜政志	朱平
		2.6 电池循环回收技术	余海军 詹文炜	谭泽 赖少媚
第 3 章	机械储能	3.1 压缩空气储能	黄正	刘石
		3.2 飞轮储能	张志洲	
第 4 章	电磁储能	4.1 超级电容器	朱景辉 王超	李卫东
		4.2 超导磁储能	宋萌 史正军	
第 5 章	储热（冷）	5.1 储热技术	李传 李千军 凌子夜 邓立生	宋文吉 刘石
		5.2 储冷技术	陈明彪	

（续）

章号	章名	节号	执笔人	审稿人
第6章	氢储能	6.1　制氢技术	李文甲 唐浩林 康雄武 赵耀洪	蒋利军 张锐明
		6.2　储氢技术	罗熳 叶建华 郭秀梅 郭英伦	
		6.3　燃料电池	陈旻 王荣跃 徐心海	
		6.4　氢加注技术	孟子寒	
第7章	能源电子技术	7.1　智能传感器	郭伟清 李毓祥	岳奥飞 高新华
		7.2　芯片	杜红霞 陈亮 林中坤	
		7.3　功率半导体器件	李宗涛 郭剑恒 徐亮	
第8章	储能系统集成技术	—	官权学 魏亮亮 张瑞锋 谭晓军 易斌	王超
第9章	电化学储能电站安全技术	9.1　电化学储能电站安全体系概述	刘石 段奇佑 杨晓光 詹文炜 刘彦辉 王浩 李世拯 高新华	易斌 杨韬略
		9.2　电芯安全		
		9.3　电池系统安全		
		9.4　电站运维安全		
		9.5　并网安全		
		9.6　用户侧储能安全		
第10章	产业科技未来发展策略	—	敖青 田文颖	饶宏 姜海龙